Vol.6
第六卷

现代有机反应

金属催化反应 Ⅱ
Metal Catalyzed Reaction

胡跃飞　林国强　主编

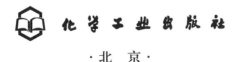化学工业出版社

·北 京·

本书是《现代有机反应》（1-10 卷）的其中一个分册，是第五卷《金属催化反应》的补充与延伸。书中精选了第五卷之外的一些重要的金属催化反应，对每一种反应都详细介绍了其历史背景、反应机理、应用范围和限制，着重引入了近年的研究新进展，并精选了在天然产物全合成中的应用以及 5 个以上代表性反应实例。参考文献涵盖了较权威的和新的文献。

本书可以作为有机化学及相关专业的本科生、研究生，以及相关领域工作人员的学习与参考用书。

图书在版编目 (CIP) 数据

金属催化反应 II / 胡跃飞，林国强主编. —北京：
化学工业出版社，2012.9 (2021.11 重印)
（现代有机反应：第六卷）
ISBN 978-7-122-14598-7

Ⅰ. 金…　Ⅱ. ①胡…②林…　Ⅲ. 金属-催化反应
Ⅳ. O643.32

中国版本图书馆 CIP 数据核字（2012）第 131719 号

责任编辑：李晓红　　　　　　　　　　　　装帧设计：尹琳琳
责任校对：周梦华

出版发行：化学工业出版社（北京市东城区青年湖南街 13 号　邮政编码 100011）
印　　装：北京虎彩文化传播有限公司
710mm×1000mm　1/16　印张 26¾　字数 478 千字　　2021 年 11 月北京第 1 版第 2 次印刷

购书咨询：010-64518888　　　　　　　　　　售后服务：010-64518899
网　　址：http://www.cip.com.cn
凡购买本书，如有缺损质量问题，本社销售中心负责调换。

定　　价：138.00 元　　　　　　　　　　　　　版权所有　违者必究

序 一

翻开手中的《现代有机反应》，就很自然地联想到 John Wiley & Sons 出版的著名丛书 "Organic Reactions"。它是我们那个时代经常翻阅的一套著作，是极有用的有机反应工具书。而手中的这套书仿佛是中文版的 "Organic Reactions"，让我感到亲切和欣慰，像遇见了一位久违的老友。

《现代有机反应》第 1~5 卷，每卷收集 10 个反应，除了着重介绍各种反应的历史背景、适用范围和应用实例，还凸显了它们在天然产物合成中发挥的重要作用。有几个命名反应虽然经典，但增加了新的内容，因此赋予了新的生命。每一个反应的介绍虽然只有短短数十页，却管中窥豹，可谓是该书的特色。

《现代有机反应》是在中国首次出版的关于有机反应的大型丛书。可以这么说，该书的编撰者是将他们在有机化学科研与教学中的心得进行了回顾与展望。第 1~5 卷收录了 5000 多个反应式和 8000 余篇文献，为读者提供了直观的、大量的和准确的科学信息。

《现代有机反应》是生命、材料、制药、食品以及石油等相关领域工作者的良师益友，我愿意推荐它。同时，我还希望编撰者继续努力，早日完成其余反应的编撰工作，以飨读者。

此致

周维善

中国科学院院士
中国科学院上海有机化学研究所
2008 年 11 月 26 日

序　二

美国的 "*Organic Reactions*" 丛书自 1942 年以来已经出版了七十多卷，现在已经成为有机合成工作者不可缺少的参考书。十多年后，前苏联也开始出版类似的丛书。我国自上世纪 80 年代后，研究生教育发展很快，从事有机合成工作的研究人员越来越多，为了他们工作的方便，迫切需要编写我们自己的 "有机反应" 工具书。因此，《现代有机反应》丛书的出版是非常及时的。

本丛书根据最新的文献资料从制备的观点来讨论有机反应，使读者对反应的历史背景、反应机理、应用范围和限制、实验条件的选择等有较全面的了解，能够更好地利用文献资料解决自己遇到的问题。在 "*Organic Reactions*" 丛书中，有些常用的反应是几十年前编写的，缺少最新的资料。因此，本书在一定程度上可以弥补其不足。

本丛书对反应的选择非常讲究，每章的篇幅恰到好处。因此，除了在科研工作中有需要时查阅外，还可以作为研究生用的有机合成教材。例如：从 "科里氧化反应" 一章中，读者可以了解到有机化学家如何从常用的无机试剂三氧化铬创造出多种多样的、能满足特殊有机合成要求的新试剂。并从中学习他们的思想和方法，培养自己的创新能力。因此，我特别希望本丛书能够在有机专业研究生的学习和研究中发挥自己的作用。

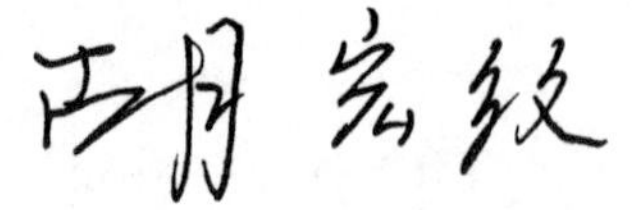

胡宏纹

中国科学院院士
南京大学
2008 年 11 月 16 日

前　言

　　许多重要的有机反应被赞誉为有机化学学科发展路途上的里程碑，因为它们的发现、建立、拓展和完善带动着有机化学概念上的飞跃、理论上的建树、方法上的创新和应用上的突破。正如我们所熟知的 Grignard 反应 (1912)、Diels-Alder 反应 (1950)、Wittig 反应 (1979)、不对称催化氢化和氧化反应 (2001)、烯烃复分解反应 (2005) 和钯催化的交叉偶联反应 (2010) 等等，就是因为对有机化学的突出贡献而先后获得了诺贝尔化学奖的殊荣。

　　与有机反应相关的专著和工具书很多，从简洁的人名反应到系统而详细的大全巨著。其中，"*Organic Reactions*" (John Wiley & Sons, Inc.) 堪称是经典之作。它自 1942 年出版以来，至今已经有 76 卷问世。而 1991 年由 B. M. Trost 主编的 "*Comprehensive Organic Synthesis*" 是一套九卷的大型工具书，以 10400 页的版面几乎将当代已知的重要有机反应类型涵盖殆尽。此外，还有一些重要的国际期刊及时地对各种有机反应的最新研究进展进行综述。这些文献资料浩如烟海，是一笔非常宝贵的财富。在国内，随着有机化学研究的深入及相关化学工业的飞速发展，全面了解和掌握有机反应的需求与日俱增。在此契机下，编写一套有特色的《现代有机反应》丛书，对各种有机反应进行系统地介绍是一种适时而出的举措。本丛书的第 1~5 卷已于 2008 年底出版发行，周维善院士和胡宏纹院士欣然为之作序。在广大热心读者的鼓励下，我们又完成了丛书第 6~10 卷的编撰，适时地奉献给热爱本丛书的读者。

　　丛书第 6~10 卷传承了前五卷的写作特点与特色。在编著方式上注重完整性和系统性，以有限的篇幅概述了每种反应的历史背景、反应机理和应用范围。在撰写风格上强调各反应的最新进展和它们在有机合成中的应用，提供了多个代表性的操作实例并介绍了它们在天然产物合成中的巧妙应用。丛书第 6~10 卷共有 1954 页和 226 万字，涵盖了 45 个重要的有机反应、4760 个精心制作的图片和反应式、以及 6853 条权威和新颖的参考文献。作者衷心地希望能够帮助读者快捷而准确地对各个反应产生全方位的认识，力求满足读者在不同层次上的特别需求。我们很高兴地接受了几位研究生的建议，选择了一组"路"的图片作为第 6~10 卷的封面。祈望本丛书就像是一条条便捷的路径，引导读者进入感兴趣的领域去探索。

丛书第 6~10 卷的编撰工作汇聚了来自国内外 23 所高校和企业的 45 位专家学者的热情和智慧。在此我们由衷地感谢所有的作者，正是大家的辛勤工作才保证了本丛书的顺利出版，更得益于各位的渊博知识才使得本丛书丰富而多彩。尤其需要感谢王歆燕副教授，她身兼本丛书的作者和主编秘书双重角色，不仅完成了繁重的写作和烦琐的联络事务，还完成了书中全部图片和反应式的制作工作。这些看似平凡简单的工作，却是丛书如期出版不可或缺的一个重要环节。本丛书的编撰工作被列为"北京市有机化学重点学科"建设项目，并获得学科建设经费 (XK100030514) 的资助，在此一并表示感谢。

　　非常遗憾的是，在本丛书即将交稿之际周维善先生仙逝了，给我们留下了永远的怀念。时间一去不返，我们后辈应该更加勤勉和努力。最后，值此机会谨祝胡宏纹先生身体健康！

胡跃飞
清华大学化学系教授

林国强
中国科学院院士
中国科学院上海有机化学研究所研究员

2012 年 10 月

物理量单位与符号说明

在本书所涉及的所有反应式中，为了能够真实反映文献发表时具体实验操作所用的实验条件，反应式中实验条件尊重原始文献，按作者发表的数据呈现给读者。对于在原文献中采用的非法定计量单位，下面给出相应的换算关系，读者在使用时可以自己换算成相应的法定计量单位。

另外，考虑到这套书的读者对象大多为研究生或科研工作者，英文阅读水平相对较高，而且日常在查阅文献或发表文章时大都用的是英文，所以书中反应式以英文表达为主，有益于读者熟悉与巩固日常专业词汇。

压力单位 atm, Torr, mmHg 为非法定计量单位；使用中应换算为法定计量单位 Pa。换算关系如下：

$$1 \text{ atm} = 101325 \text{ Pa}$$

$$1 \text{ Torr} = 133.322 \text{ Pa}$$

$$1 \text{ mmHg} = 133.322 \text{ Pa}$$

摩尔分数 催化剂的用量国际上多采用 mol% 表示，这种表达方式不规范。正确的方式应该使用符号 x_B 表示。x_B 表示 B 的摩尔分数，单位 %。如：

1 mol% 表示该物质的摩尔分数是 1%。

eq. (equiv) 代表一个量而非物理量单位。国际上通常采用 eq (eq.) 表示当量、等价量、等效量。本书中采用符号 eq. 表示的是化学反应中不同物质之间物质的量的倍数关系。

目　录

陈-林偶联反应

(Chan-Lam Coupling Reaction)

王娜　余孝其[*]

1 历史背景简述

芳基胺、芳基醚和芳基硫醚类化合物在天然产物、药物和染料等功能分子中普遍存在。因此，芳基化反应受到越来越多的关注。传统的 Ullmann 反应[1]由于剧烈的反应条件限制了其广泛应用。1995 年，Buchwald 课题组和 Hartwig 课题组同时发现了钯配合物催化的卤代芳烃与胺类化合物之间的碳-氮交叉偶联反应 (式 1 和式 2)[2]。

$$R^1 \diagdown X \ + \ HNR^2R^3 \ \xrightarrow[\substack{67\%\sim89\%}]{\substack{PdCl_2(o\text{-}Tol_3P)_2 \\ PhMe,\ NaOBu\text{-}t,\ 100\ ^\circ C}} \ R^1 \diagdown NR^2R^3 \quad (1)$$

$$R^1 \diagdown X \ + \ HN\diagup \diagdown \ \xrightarrow[\substack{72\%\sim94\%}]{\substack{PdCl_2(o\text{-}Tol_3P)_2,\ PhMe \\ LiN(SiMe_3)_2,\ 100\ ^\circ C,\ 2\ h}} \ R^1 \diagdown N\diagup \diagdown \quad (2)$$

该反应为 *N*-芳基化反应的广泛应用开创了新的途径。但是，由于需要使用价格昂贵的钯试剂使得该反应在应用上仍存在一定的局限性。因此，人们一直在探索更加简便、高效和廉价的芳基化反应方法。杜邦公司的 Chan 等人一直试图寻找新的芳基转移试剂作为杂原子芳基化反应的芳基受体。1996年，他们报道了在醋酸铜作用下三芳基铋作为受体的芳基化反应[3]。随后，他们继续寻找其它的芳基化试剂，最具有开创性的发现是引入芳基硼酸作为芳基受体的 Chan-Lam 偶联反应。这是由杜邦公司发展起来的合成芳基碳-杂原子键的重要反应之一，取名于对该反应做出巨大贡献的化学家 Dominic M. T. Chan 和 Patrick Y. S. Lam。芳基硼酸的引入解决了长期以来没有解决的许多问题[4]。

1998 年，Chan 课题组[5]、Lam 课题组[6]和 Evans 课题组[7]同时独立报道了芳基硼酸化合物在铜盐和有机碱催化下与含 N-H 或 O-H 键的化合物偶联形成芳基碳-杂原子键的反应。Chan 等人报道了在醋酸铜和有机碱的作用下，芳基硼酸可以分别与脂肪胺、芳香胺、酰胺、酰亚胺、脲、磺酰胺、氨基甲酸酯和酚等化合物在亲核位点发生偶联反应生成碳-氮或碳-氧杂芳香化合物 (式 3)[5]。

$$\text{(3)}$$

Lam 等人同时报道了以芳香杂环化合物 (包括咪唑、吡唑、三唑、四唑、苯并咪唑和苯并吡唑等) 作为亲核底物，在相似条件下经偶联反应生成碳-氮杂芳香化合物 (式 4)[6]。

$$\text{(4)}$$

X = N,CH; R = substituents or benzofused

Evans 等人也报道了醋酸铜和有机碱催化的二芳基醚的合成 (式 5)[7]，并将该方法用于甲状腺素的合成。与 Ullmann 反应相比较，该反应可以实现温和条件下合成二苯醚类化合物。

$$\text{(5)}$$

在 Chan、Lam 和 Evans 所报道的利用芳基硼酸作为受体进行的芳基化偶联反应中，反应温度、催化剂用量和碱的使用等与传统的芳基化反应条件有很大的进步。用于各种结构的芳基硼酸与 N-H 和 O-H 亲核试剂都具有较好的反应效果，大大拓展了这些反应的应用范围。现在，它们已经发展成为普遍使用的形成芳基碳-杂原子键的高效偶联方法。

Dominic M. T. Chan (陈明德) 出生于广州。1977 年在加拿大西安大略大学 (University of Western Ontario) 获得荣誉理学学士学位。1982 年在威斯康辛大学麦迪逊分校获博士学位，师从 Barry M. Trost 教授。他在同年加入杜邦公司，现在杜邦植保 (DUPONT CROP PROTECTION) 部门工作并获得诸多荣誉。

Patrick Y. S. Lam 出生于香港。1975 年在菲律宾雅典耀大学 (Ateneo De Manila University) 获得学士学位。1980 年在罗切斯特大学获得博士学位，师从 Louis E. Friedrich 教授。1980-1984 年，他在加利福尼亚大学洛杉矶分校从事博士后研究工作，其中后两年师从 Nobel 化学奖得主 Donald J. Cram 教授。他于

1984 年加入杜邦公司，2001 年又转入百时美施贵宝公司 (Bristol-Myers Squibb Co.)，现为 BMS 公司化学开发部主任。他主要致力于发展各类新技术用于药物开发，为临床应用提供具有新颖结构和生理活性的化合物。

2　Chan-Lam 偶联反应的定义和机理

2.1　Chan-Lam 偶联反应的定义

Chan-Lam 偶联反应是指铜盐催化 (或促进) 的芳基硼酸 (或锡烷、硅氧烷等) 与含 N-H、O-H 或 S-H 等的化合物的氧化偶联反应形成芳基碳-杂原子键的反应。如式 6 所示：反应的底物包括酚、醇、脂肪胺、芳香胺、酰胺、酰亚胺、脲、磺酰胺和芳香杂环化合物等。反应可由化学计量的铜盐促进或可被催化量的铜盐催化[8]。

$$\text{Ar-M} + \text{H-XR} \xrightarrow{\text{Cu}} \text{Ar-XR} \tag{6}$$

$$M = B(OH)_2, B(OR)_2, B(OR)_3{}^-, BF_3{}^-, SnMe_3, Si(OMe)_3$$

$$X = N, O, S$$

$$R = aryl, alkyl, H$$

相比于 Pd 催化形成 *N*-芳基化或 *O*-芳基化的 Buchwald-Hartwig 偶联反应来说，Chan-Lam 偶联反应可在室温和敞开体系等温和条件下进行，是一种具有重要用途的合成方法，是对 Suzuki-Miyaura's C-C 交叉偶联反应[9]的一种补充。

2.2　Chan-Lam 偶联反应的机理

早在 1998 年，Evans 在首次报道铜盐促进的苯酚与苯基硼酸的芳基化反应时就提出了反应的机理[7]。Evans 等人认为：该反应的机理与铜催化的芳基铋试剂 [Ar-BiAr$_2$(OAc)$_2$] 参与的偶联反应类似。如式 7 所示：首先，芳基硼酸与铜催化剂发生金属转移得到芳基铜配合物 **1**。接着，**1** 与酚结合形成芳基铜酚氧配合物中间体 **2**。该中间体可直接还原消除形成二芳基醚产物或是氧化为中间体 **3** 后，最后再发生还原消除得到产物。但是，该机理没有解决中间体氧化态的形成途径，不能确认中间体究竟是以 Cu(I) 还是 Cu(III) 的形式存在。由于该反应体系在氧化环境中 (空气或氧气等) 更有利于芳基化反应的进行，因此可以认为在还原消除之前 Cu(I) 可能已经被氧化成 Cu(III)。

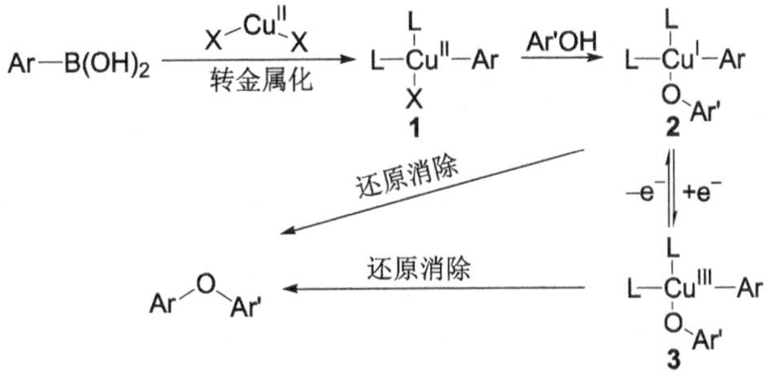

$$
Ar-B(OH)_2 \xrightarrow[\text{转金属化}]{X-Cu^{II}-X} \underset{\mathbf{1}}{\overset{L}{\underset{X}{|}}}L-Cu^{II}-Ar \xrightarrow{Ar'OH} \underset{\mathbf{2}}{\overset{L}{\underset{O}{|}}}L-Cu^{I}-Ar
$$

(7)

基于这个可能的机理，Collman 等人对于咪唑和芳基硼酸的偶联反应提出了如下的催化循环[10]：首先，苯基硼酸和铜催化剂之间发生金属转移生成芳基铜配合物 **4**。然后，配合物 **4** 与亲核试剂咪唑结合得到新的配合物 **5**。最后，配合物 **5** 中的 Cu(II) 被氧化成为 Cu(III) 生成 **6** 后发生还原消除得到产物。如式 8 所示：在还原消除中生成的 Cu(I) 再经氧气氧化成为 Cu(II) 参与下一个催化循环。

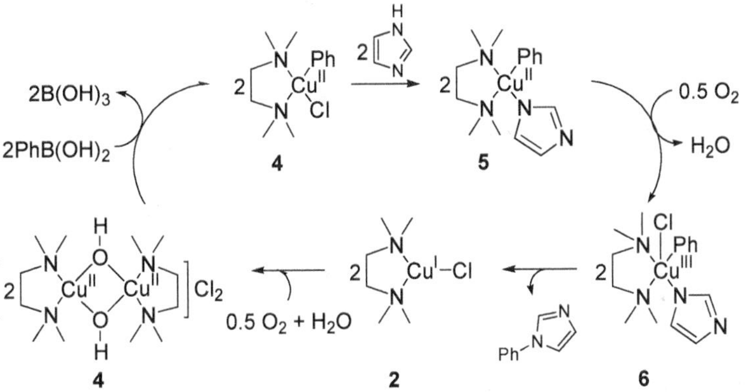

(8)

一般说来，Chan-Lam 偶联反应中通常需要使用过量的芳基硼酸 (1.5~2.0 eq.)。这主要是因为在铜盐催化或铜盐促进的反应中，不可避免地都会有一些可能的副反应发生 (例如：苯酚的生成)。Evans 等人推测：酚类副产物的生成可能是芳基硼酸在生成三聚硼酸时[11]释放出来的水分子与芳基化反应竞争的结果[7]。Lam 等人利用同位素标记的 $^{18}O_2$ 和 $H_2{}^{18}O$ 对机理进行研究，验证了 Evans 的推测[12]。如式 9 和式 10 所示：单独使用 $^{18}O_2$ 时，在分离的苯酚分子中没有检测到 ^{18}O。当使用 $H_2{}^{18}O$ 时，则发现了含有 ^{18}O 的酚产物的形成。这些结果充分地说明：酚的形成不是来自于气态氧而是来自反应中产生的水。

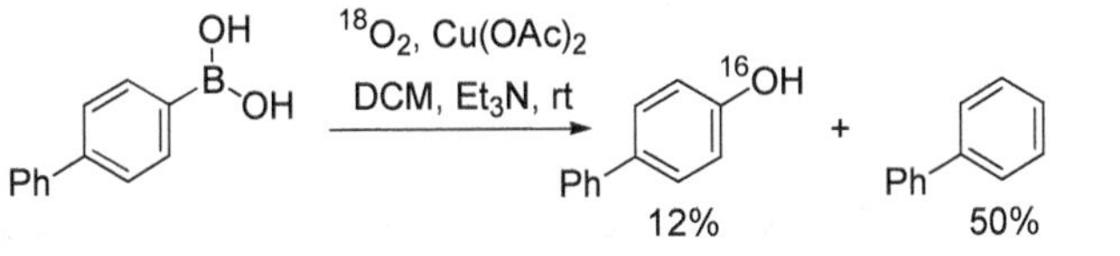

(9)

$$
\underset{\text{Ph}}{\overset{\overset{\text{OH}}{\underset{|}{\text{B}}}\text{-OH}}{\bigcirc}} \xrightarrow[\text{Cu(OAc)}_2,\ \text{DCM},\ \text{Et}_3\text{N},\ \text{rt}]{\text{H}_2{}^{18}\text{O}/{}^{16}\text{O}_2\ (10\ \text{eq.})} \underset{\text{Ph}}{\bigcirc}{}^{18}\text{OH} + \underset{\text{Ph}}{\bigcirc}{}^{16}\text{OH} + \underset{\text{Ph}}{\bigcirc} \qquad (10)
$$

$$
\underbrace{\qquad\qquad}_{22\%\ (3{:}2)} \qquad\qquad 25\%
$$

因此，目前关于 Chan-Lam 偶联反应更为普遍接受的机理如式 11 所示[8,13]：首先，芳基化合物 (酚、胺) 去质子化后与铜盐生成配合物 7。然后，配合物 7 与芳基硼酸发生金属交换形成芳基铜酚氧中间体 8。接着，中间体 8 经还原消除后生成偶联产物。中间体 8 更容易经过氧化生成相应的高氧化态三价铜盐配合物 9，配合物 9 更有效地进行还原消除得到偶联产物。在第一步反应中，发生快速的配位作用与底物促进的醋酸铜的溶解速度有关。醋酸铜在许多有机溶剂中的溶解度很差，当加入咪唑底物后溶液立即变为深蓝色，这说明底物促进了醋酸铜的溶解和配合物 7 的生成。第二步反应由于底物咪唑与铜的结合非常紧密，中间体 7 与芳基硼酸发生金属交换后再还原消除得到产物为慢反应步骤。

$$(11)$$

最近，Stahl 等人首次报道了芳基铜(III) 配合物与酰胺反应生成 C-N 键的机理。他们通过原位的光谱研究为反应中铜(III) 中间体的形成提供了证据，并为研究铜(III) 的基础有机金属化学提供了重要依据[14]。但是，有关铜盐催化的芳基硼酸的芳基化反应机理的报道仍比较少。总的说来，人们对于金属催化的 C-杂原子形成反应的认识要比对 C-C 形成反应的认识较浅些，要深入理解这个反应仍有大量的工作尚待进行。

3   Chan-Lam 偶联反应的催化体系

3.1   铜盐

铜盐是 Chan-Lam 偶联反应中最常用的催化剂。在早期 Evans 等人所报道的酚与芳基硼酸的偶联反应中,他们通过对铜盐的筛选发现无水醋酸铜具有最好的催化效果。使用 Cu(OPiv)$_2$、Cu(NO$_3$)$_2$、Cu(acac)$_2$、Cu(OCOCF$_3$)$_2$、CuSO$_4$、CuCl$_2$ 或者 Cu(ClO$_4$)$_2$ 时基本没有芳基化产物生成,而使用 Cu(OTf)$_2$ 时却生成大量的芳基硼酸自身偶联的产物。在 Chan-Lam 偶联反应发展的初期,醋酸铜是最常使用和最有效的铜盐,但用量一般在 1~2 eq. 之间。直到 2000 年,Collman 等人才首次报道了使用催化量铜盐催化的 Chan-Lam 偶联反应[10a]。如表 1 所示:他们使用催化量的 [Cu(OH)TMEDA]$_2$Cl$_2$ 为催化剂,首次实现了对咪唑类化合物的芳基化反应。实验结果显示:当催化剂用量降到 10% 的时候仍然可以获得很好的产率。通过对该反应条件进行优化,底物的范围可以扩展至许多电子特性和结构不同的芳基硼酸。一般可以获得从中等到较高的产率,苯并咪唑是最好的底物而得到最高的产率。

表 1　催化剂用量对反应产率的影响

序号	催化剂量/mol%	产率/%
1	2	5
2	5	54
3	7.5	62
4	10	71
5	15	73
6	20	72

　　但是,上述催化体系对于一些其它重要的含有 N-H、O-H 的底物 (例如:苯胺或苯酚等) 是不适合的。

　　2001 年,Lam 报道了对甲基苯基硼酸在 Cu(OAc)$_2$ 催化下的 C-N 和 C-O 键的交叉偶联反应。如表 2 所示:当醋酸铜用量在 10% 时,即可获得 69% 的产率。通过对底物进行扩展,实现了对多种胺类和 3,5-二叔丁基苯酚的交叉偶联[15]。

　　Buchwald 等人也报道了以铜盐催化的苯基硼酸对苯胺和脂肪胺的 N-芳基化反应[16]。他们在对铜盐的筛选中发现:Cu(OAc)$_2$、CuOAc 和异丁酸铜对于催化苯胺和苯基硼酸的偶联反应都是非常有效的,转化率达到 55%。以 2,6-二甲基吡啶为碱和十四酸为添加剂,多种苯胺类底物在含 10 mol% 的 Cu(OAc)$_2$ 催化剂的甲苯中室温反应 24 h 均可得到较好的结果。二芳基胺底物的产率在 58%~91%,脂肪胺底物可获得中等产率的 N-烷基化苯胺 (50%~64%)。

表 2 催化剂用量对反应产率的影响

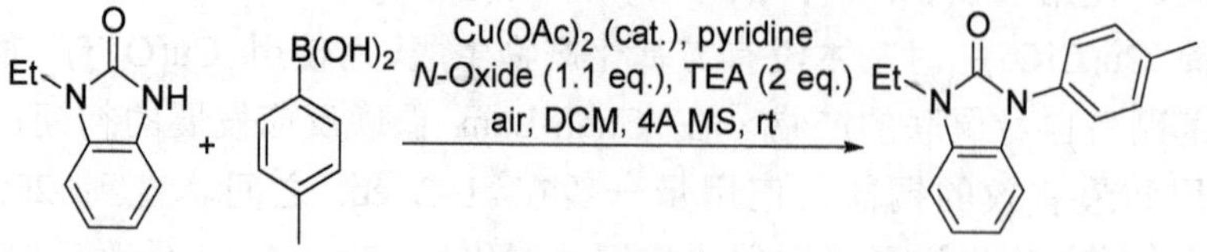

序号	Cu(OAc)$_2$ 用量/eq.	分离产率/%
1	0.01	14
2	0.05	41
3	0.1	69
4	0.2	70

　　2004 年，Yu 和 Xie 等人对苯基硼酸和咪唑偶联反应中的铜盐类型和用量进行了筛选[17]。虽然使用 0.1 mol% 的 CuCl 只得到少量的苯基咪唑，但使用 3~5 mol% 的 CuCl 即可获得很高的产率。其它一些 Cu(I) 盐也能较好地催化该反应，例如：CuBr、CuI 和 CuClO$_4$ 等。即使 Cu(II) 盐也可获得较好的催化效果，但需要较长的反应时间 (表 3)。许多 Chan-Lam 偶联反应选择无水 Cu(OAc)$_2$ 作为催化剂，通常还需要加入分子筛除去反应中可能生成的水。但是，Yu 等人使用 Cu(OAc)$_2$·H$_2$O 作为催化剂在不加入分子筛的情况下也能够获得很高的产率。

表 3 不同铜盐及用量对反应产率的影响

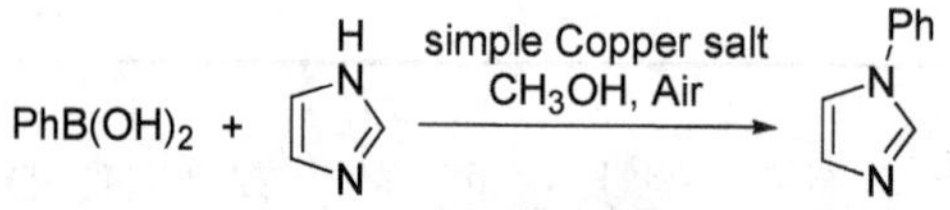

序号	铜盐	用量/mol%	产率/%
1	CuCl	0	0
2	CuCl	0.1	痕量
3	CuCl	1	40
4	CuCl	2	93
5	CuCl	3	98
6	CuCl	5	98
7	CuBr	5	98
8	CuI	5	98
9	CuClO$_4$	5	97
10	CuCl$_2$·2H$_2$O	5	96
11	Cu(OAc)$_2$·2H$_2$O	5	98
12	Cu(NO$_3$)$_2$·3H$_2$O	5	81

随着对 Chan-Lam 偶联反应条件的不断优化，三氟甲磺酸铜、氧化亚铜、氯化亚铜等铜盐也被发展应用于 Chan-Lam 偶联反应中。近年来，由于固相负载催化剂具有可回收利用和容易分离纯化等优点，固相负载铜盐催化剂在 Chan-Lam 偶联反应中也得到了广泛的应用。

2004 年，Chiang 等人报道了聚合物固载的 Cu-催化剂 **10** 催化的芳基硼酸与一系列含 *O-* 和 *N-*底物的偶联反应，在多种底物范围内均获得了较好的产率（式 12）。同时，该催化剂在空气中稳定并可回收重复利用[18]。

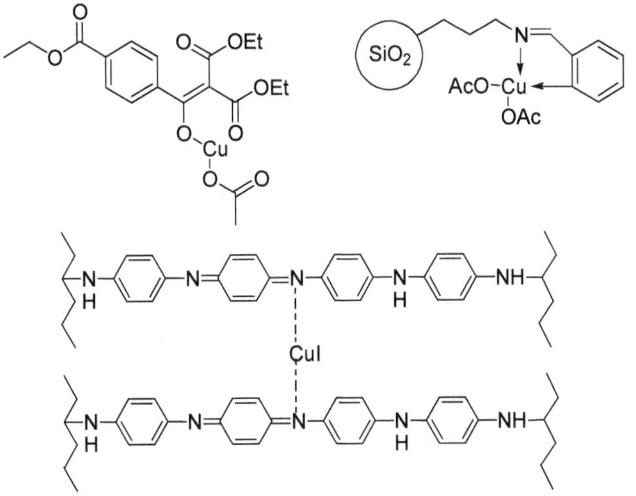

(12)

Kantam 等人报道：使用水滑石负载的 Cu-Al 催化剂可以使邻苯酰亚胺和丁二酰亚胺与芳基硼酸的偶联反应获得较好产率[19]。随后，他们又发展了以廉价易得、生物可降解的纤维素固载的 Cu(0) 催化的 *N-*芳基化反应[20]。在该催化剂作用下，咪唑与一系列不同取代的芳基硼酸偶联均得到较高的产率（80%~98%）。2006 年，Kantam 等人制备了铜交换的氟磷灰石 (CuFAP)，该试剂在芳基硼酸的偶联反应中取得了重要突破[21]。如式 13 所示：在不需要加入碱的条件下，该试剂催化的咪唑和胺类与不同芳基硼酸的偶联反应即可在较短的

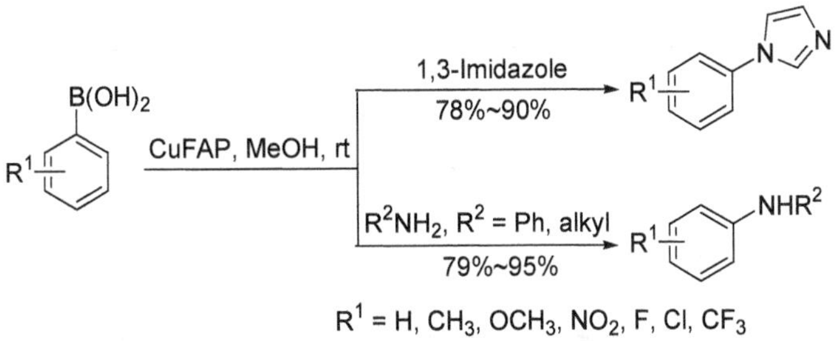

(13)

R^1 = H, CH_3, OCH_3, NO_2, F, Cl, CF_3

反应时间内取得很好的效果。在咪唑和苯基硼酸的偶联反应中，该试剂在经过 4
次循环使用后的产率仍高达 82%。随后，他们又制备了硅胶固载的醋酸铜配合
物 **11**[22] 和聚苯胺为载体的 CuI 催化剂 **12**[23]。在 *N*-杂环和芳基硼酸的芳基化
反应中，这些催化剂均取得了很高的催化效率并可以反复多次使用。

最近，Cai 等人报道了 L-脯氨酸功能化的氯乙酰苯乙烯固载的 Cu(II) 催化
剂 **13**。如式 14 所示：该试剂可以在温和的反应条件下催化芳基肟和芳基硼酸
的偶联反应，不仅易于回收且在重复使用多次后催化活性没有明显的损失[24]。

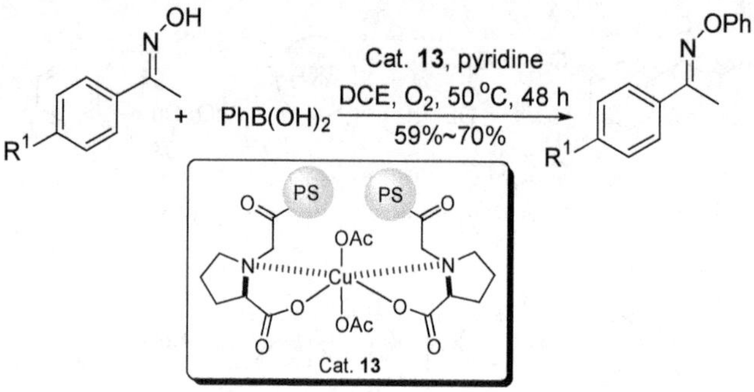

$$(14)$$

3.2 碱 (配体)

碱试剂在脱质子历程中有着重要的促进作用，长期以来一直是 Chan-Lam
偶联反应必不可少的添加剂。在众多的有机碱和无机碱中，使用最频繁的是吡啶
和三乙胺。对碱试剂的选择通常是根据底物的性质来决定的，在 Chan 等人的
研究中就发现：吡啶有利于脂肪胺和磺酰胺的 N-H 芳基化反应，而三乙胺则有
利于苯胺、酰胺、酰亚胺、脲和氨基甲酸酯的 N-H 芳基化以及苯酚的 O-H 芳
基化反应[5](表 4)。

表 4 吡啶和三乙胺分别作为碱对反应的影响

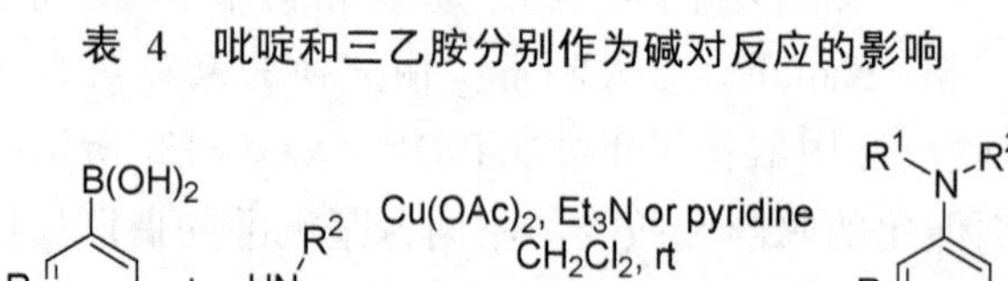

底物类型	底物	产物	叔胺	产率/%
脂肪胺	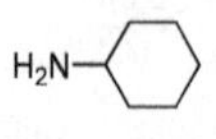 H₂N—(环己基)	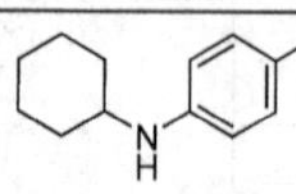 (环己基)—NH—(对甲苯基)	Et₃N	56
			吡啶	63
苯胺	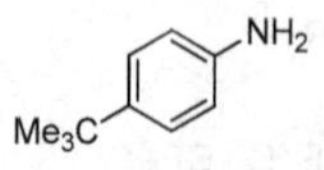 Me₃C—(苯基)—NH₂	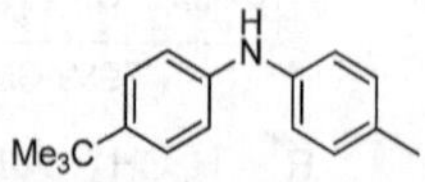 Me₃C—(苯基)—NH—(对甲苯基)	Et₃N	90

续表

底物类型	底物	产物	叔胺	产率/%
酰胺	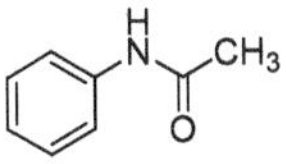	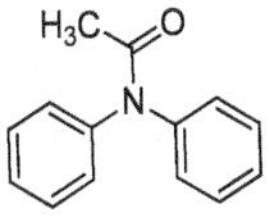	Et₃N	59
			吡啶	4
酰亚胺	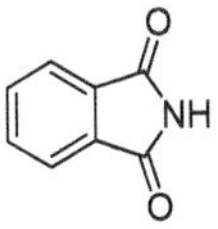	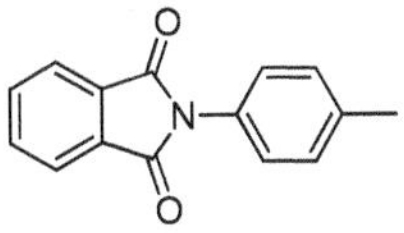	Et₃N	92
			吡啶	83
脲	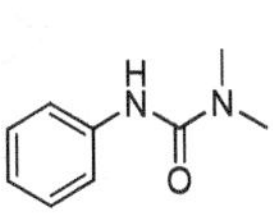	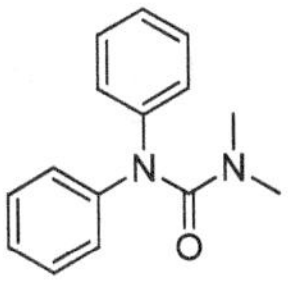	Et₃N	45
			吡啶	7
磺酰胺	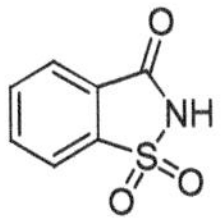	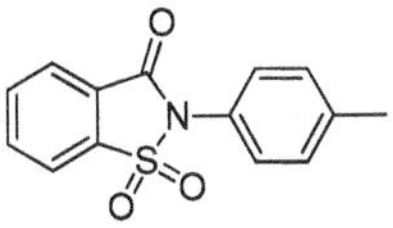	Et₃N	23
			吡啶	92
氨基甲酸酯	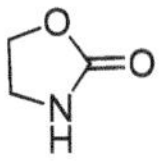	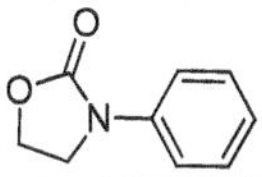	Et₃N	60

Collman 等人以咪唑为底物对铜盐和配体进行了筛选和优化。研究结果表明：许多双氮配体都能够有效地催化咪唑与苯基硼酸的偶联反应，最好的配体是 TMEDA (表 5)[10b]。

表 5　不同配体对反应的影响

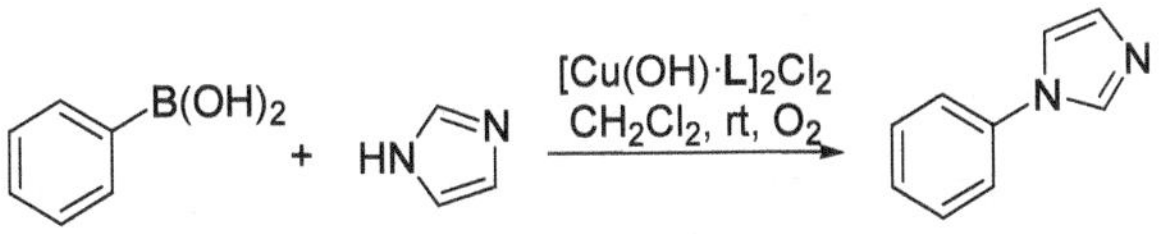

L	产率	L	产率	L	产率
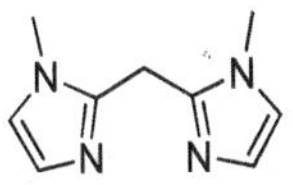	52%	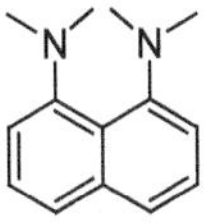	61%	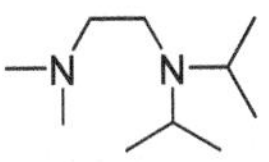	60%
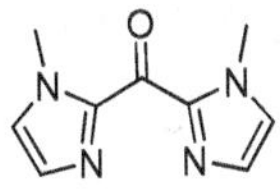	48%	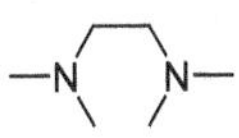	71%	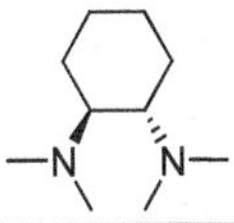	54%

续表

L	产率	L	产率	L	产率
(Octyl-imidazole ketone structure)	42%	(dimethyl triazinane structure)	52%	(dimethyl piperazine structure)	60%
(Ph-substituted imidazole ketone structure)	19%	(dimethyl piperidine structure)	63%	(DABCO structure)	46%
(bipyridine structure)	59%	Et–N–CH₂CH₂–N–Et (TEEDA)	60%	(sparteine structure)	50%
(phenanthroline structure)	49%	(tBu diamine structure)	45%	(DBU structure)	32%

Yu 等人也发现：在对碱基底物的 N-H 芳基化反应中，使用 TMEDA 比使用吡啶或者三乙胺可以获得更好的效果 (式 15)[25]。

$$
\text{(cytosine)} + \text{PhB(OH)}_2 \xrightarrow[\substack{\text{TEA, trace} \\ \text{pyridine, trace} \\ \text{TMEDA, 90\%}}]{\substack{\text{Cu(OAc)}_2\ \text{H}_2\text{O, base} \\ \text{aq. CH}_3\text{OH, rt, 45 min}}} \text{(N-Ph cytosine)} \qquad (15)
$$

有些碱试剂还具有配体功能，它们对反应的影响包括两个相反的方面。研究发现：一方面，大量三乙胺通过占据铜盐的配位点使反应速率减慢。另一方面，缺少三乙胺时底物与芳基硼酸会生成芳基硼酸的单酰胺产物。在 N-芳基化反应中，底物有时也可以起到碱试剂和配体的作用而无需使用外加的试剂。相反，O-芳基化反应中除了三氟硼酸盐参与的反应外，其它反应必需使用碱试剂或/和配体[13]。

3.3 溶剂

溶剂对于 Chan-Lam 偶联反应也有着很重要的影响。对于传统的 Chan-Lam 偶联反应，CH₂Cl₂、THF、DMF 和甲苯是常用的溶剂。溶剂对反应产率影响的次序大致为：CH₂Cl₂ ≫ 1,4-二噁烷 = NMP = THF = DMF ≫ EtOAc = 甲苯 = DMSO ≫ MeOH[26]。

近年来的研究表明：在质子性溶剂甚至水相体系中，Chan-Lam 偶联反应也能够获得较好的反应效果。由此可见：对该反应溶剂的选择并无具体规律可循，不同底物具有不同的芳基化反应条件。

2001 年，Collman 等人首次报道了用环境友好的水作为溶剂的 Chan-Lam 催化体系，实现了对咪唑类化合物的 N-H 芳基化反应[27]。但是，在水中的反应产率普遍低于在 CH$_2$Cl$_2$ 中的产率。例如：以咪唑为底物，在水中反应的产率为 42%，而在 CH$_2$Cl$_2$ 中的产率为 71%。他们的研究还发现：该反应在中性条件下可以得到较高的产率，增加酸性或碱性、在体系中加入相转移催化剂或增加溶剂的用量都会导致产率的下降。

2004 年，Yu 和 Xie 等人报道了极性溶剂对苯基硼酸和咪唑的芳基化偶联反应的影响。如表 6 所示[17]：简单的铜盐可以在多种有机溶剂和水的混合体系中有效地催化 Chan-Lam 偶联反应。

表 6　溶剂对反应产率的影响

PhB(OH)$_2$ + HN☐N $\xrightarrow{\text{Cu(OAc)}_2\cdot\text{H}_2\text{O, Solv.}}$ Ph—N☐N

序号	溶剂	产率/%
1	甲醇	98
2	乙醇	85
3	水	22
4	水-甲醇 (10:1)	22
5	水-甲醇 (1:1)	90
6	水-乙醇 (1:1)	90
7	水-THF (1:1)	92
8	水-丙酮 (1:1)	88
9	水-乙腈 (1:1)	58

但是，上述反应不能够在单一的 THF、丙酮或乙腈溶剂中进行，由此可见质子性水的参与对该反应有着重要的影响。他们推断：质子性溶剂 (甲醇、乙醇和水) 在反应中不仅仅是作为溶剂，还可能参与了与催化剂中心铜原子的配位作用。由于甲醇比乙醇的位阻小，生成的配位中间体更有利于反应物咪唑的进攻，因此，以甲醇作为溶剂的产率 (98%) 比乙醇作为溶剂的产率 (85%) 高。但是，使用它们与水的混合溶剂均得到了较高的反应产率。由此说明：参与配位的更多是水分子，它们位阻更小而得到更高的产率。但是，使用水为单一溶剂的反应却得到很低的产率 (22%)，这可能是因为硼酸在水的存在下会生成酚、苯、联苯和

二苯醚等副产物。

2004 年，Nishiura 等人报道：在非质子性溶剂 DMF 中加入一定量的水，可以促进苯并咪唑与各种芳基硼酸的偶联反应，以较高的产率得到 N-芳基化的苯并咪唑类化合物[28]。该反应不加入分子筛时效果更好，使用含水醋酸铜的效果比无水醋酸铜要好。对水的添加量的筛选结果显示：加入 1 eq. 的水能够得到最佳的促进效果。

3.4 添加剂

通常，在非质子性溶剂中进行的 Chan-Lam 偶联反应需要加入分子筛。Evans 等人认为：少量的水会对该类反应的产率有很大的影响。即使使用无水试剂和溶剂，但在苯基硼酸被转化成为三苯基硼氧烷的过程中也会产生水。所以，加入分子筛除水可以有效地提高反应的产率[7]。但是，近年来一些研究结果显示：在反应中加入分子筛并不是必需的，一定量的水还可以加速反应的进行。

许多研究均已证明：氧气在 Chan-Lam 偶联反应中有着很重要的作用，在空气或者氧气环境下的反应效果要远远好于在氩气保护下的情况。Lam 等人的研究发现：使用一些有机氧化物代替氧气同样可以获得 N-芳基化产物（式16)[15]。

$$(16)$$

Buchwald 等人报道了使用豆蔻酸为添加剂促进的铜盐催化的芳基硼酸与胺的偶联反应。他们认为：豆蔻酸通过与催化剂铜离子中心发生配位增加了铜盐在反应介质中的溶解性[16]。

3.5 其它反应条件

Chan-Lam 偶联反应在通常情况下都可以在室温条件下反应，这是 Chan-Lam 偶联反应的一个很大的优势。但是，在质子性溶剂中进行的反应通常需要在升高温度或者在回流条件下进行，以此达到缩短反应时间和提高产率的目的。由于芳基硼酸有可能发生诸多副反应,底物摩尔比一般以芳基硼酸过量 1 倍最为常见。

4 Chan-Lam 偶联反应中的有机硼试剂

自从 20 世纪 80 年代发现 Suzuki 偶联反应以来，有机硼试剂被迅速地发展并应用于偶联反应之中。1998 年，Chan、Lam 和 Evans 等课题组同时报道的胺类或者酚类化合物与芳基硼酸在铜盐的作用下发生偶联反应产生芳胺和芳醚。由于这类反应的稳定性和应用的广泛性，现在已经取得了很大的发展。通过不断地对反应条件进行优化，多种有机硼试剂也被用作 Chan-Lam 偶联反应的底物。

4.1 芳基硼试剂

在 Chan-Lam 偶联反应中，芳基化反应是研究最为普遍的一个反应，因此芳基硼试剂的应用最为广泛。其中，苯基硼酸及其衍生物是最常见的芳基硼试剂，许多芳基化反应都是以芳基硼酸作为受体的。由于苯基硼酸在无水条件下容易以多聚的形式存在，很难清楚地理解活性底物的真正结构形式。芳基硼酸酯化合物可以很稳定地以单体的形成存在并参与反应，它们在一些特定的反应中表现出了比芳基硼酸更好的活性。因此，芳基硼酸酯也在 Chan-Lam 偶联反应中得到了很好的应用。如表 7 所示：Chan 和 Lam 专门对苯基硼酸和苯基硼酸酯在 O-H 和 N-H 的芳基化反应中的反应活性进行了系统的研究[29]。

总的来说：在 Chan-Lam 偶联反应中使用硼酸酯比使用硼酸好。除了硼酸的频哪醇酯外，其它所有硼酸酯的反应结果基本上没有明显的差别。值得注意的是：使用三聚苯基硼酸（也就是苯基硼酸的环状无水形态）可以得到最好的结果，这与 Evans 等人早期的研究结果是一致的。

表 7 不同苯基硼试剂对反应的影响

序号	苯基硼试剂	产率/%		
		14	15	16
1	PhB(OH)₂	17	22	30
2	(PhBO)₃	43	40	62
3	PhB(OⁱPr)₂	39	29	61
4	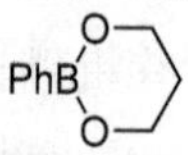 (结构式)	29	42	52
5	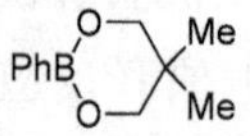 (结构式)	21	43	26
6	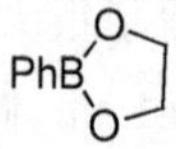 (结构式)	32	30	52
7	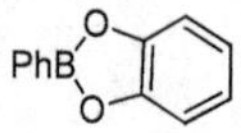 (结构式)	18	28	32
8	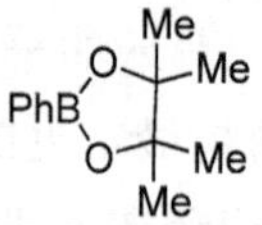 (结构式)	4	23	6

除了常见的苯基硼酸衍生物外，Su 等人报道了全氟的苯基硼酸与胺类的交叉偶联反应 (式 17)[30]。

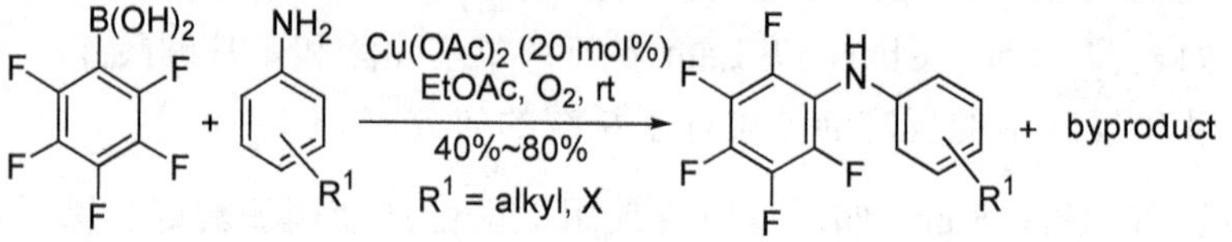

$$
\text{(17)}
$$

Wasielewski 等人报道了芳基硼酸酯与六元环亚胺在三乙胺存在下由铜盐促进的直接偶联反应。通过对硼酸酯的筛选发现：1,3-丙二醇硼酸酯的反应效果最好，与多种亚胺化合物反应也可以得到较好的产率[31]。如式 18 所示：使用该偶联反应可以合成一些具有光学性质的生色团化合物前体。

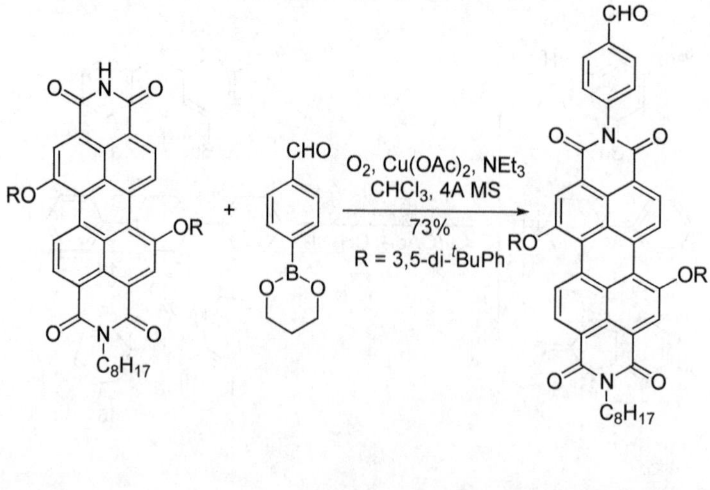

$$
\text{(18)}
$$

2008 年，Yu 等人报道了铜盐催化的三苯基硼氧烷对多种胺类的 *N*-芳基化反应。通过对条件的筛选发现：$Cu(OTf)_2$ 的效果最好，使用质子性溶剂均能获得不错的效果而使用非质子性溶剂几乎没有反应发生[32]。

另一种常见的芳基硼试剂是芳基硼酸盐化合物，它们可以很方便地通过硼烷或者硼酸与 KHF_2 反应制备。Batey 等人报道：在不同的使用条件下，使用芳基硼酸盐可以实现对 N-H (式 19)[33]或 O-H (式 20)[34]的 Chan-Lam 芳基化反应。

$$
R^1 \!\!-\!\!\text{—BF}_3K \xrightarrow[\substack{CH_2Cl_2,\ 25\sim40\ ^\circ C,\ O_2,\ 24\ h \\ 30\%\sim98\%}]{\substack{Cu(OAc)_2\cdot H_2O\ (10\ mol\%) \\ R^2R^3NH,\ 4A\ MS,\ rt,\ 5\ min}} R^1\!\!-\!\!\text{—N}\!\!\begin{smallmatrix}R^2\\R^3\end{smallmatrix} \qquad (19)
$$

$$
R^1 \!\!-\!\!\text{—BF}_3K \xrightarrow[\substack{4A\ MS,\ rt,\ 5\ min,\ O_2,\ 24\ h \\ 48\%\sim93\%}]{\substack{Cu(OAc)_2\cdot H_2O\ (10\ mol\%),\ R_2OH \\ DMAP\ (20\ mol\%),\ CH_2Cl_2}} R^1\!\!-\!\!\text{—O}\!\!-\!\!R^2 \qquad (20)
$$

通过对醋酸铜催化的 2-呋喃甲醇与不同取代的硼酸盐的反应进行考察 (式 21) 发现：富电子的 4-甲氧基苯基三氟硼酸盐可以得到最好的结果，缺电子的 4-乙酰基苯基三氟硼酸盐则不发生反应，环和烯基硼酸盐也可有效地参与该反应。

Miyaura 等人新发展了一种芳基三氧硼酸盐作为一类新型的 *N*-芳基化试剂。如式 22 所示：在 10 mol% 的 $Cu(OAc)_2$ 催化下，该试剂与伯胺、仲胺、芳香胺和咪唑等底物的反应均可得到很好的效果。与芳基硼酸或芳基三氟硼酸钾盐相比较，该类硼酸盐是一类更好的可在温和条件下获得高产率的芳基化试剂[35]。

4.2 烯基硼试剂

由于烯基硼试剂和苯基硼试剂一样都是硼与 sp^2-碳原子相连接，所以两者在反应性质上有很大的相似之处。如式 23 所示：Lam 等人报道了正己烯硼酸对杂环 N-H 和苯酚 O-H 的烯基化反应[36]。

$$\text{(23)}$$

Batey 等人报道了利用苯乙烯硼酸盐 **17** 和己烯硼酸盐 **18** 作为硼试剂与 2-呋喃甲醇的烯基化反应 (式 24)[33]。2006 年，Gothelf 等人报道了铜盐促进的芳基烯硼酸试剂 **19** 和 **20** 对碱基底物的 Chan-Lam 偶联反应。在传统的 Chan-Lam 偶联反应条件下，使用这些硼试剂成功地实现了对嘌呤和嘧啶的烯基化反应[37]。

$$\text{(24)}$$

最近，Merlic 等人报道了醋酸铜促进的乙烯基硼酸频哪醇酯与各种醇的交叉偶联反应[38]。如式 25 所示：该反应是一种在温和条件下合成烯基醚的有效方法。在该反应条件下，对酸不稳定的目标化合物 **21** 也可以取得较好的收率。

$$\text{(25)}$$

4.3 烷基硼酸

烷基硼酸由于容易发生 β-消除反应，它们的化学稳定性比苯基硼酸和烯基硼酸差很多。所以，使用烷基硼酸参与的 Chan-Lam 偶联反应比较少。2003 年，Batey 等人报道：在使用的反应条件下，烷基硼酸盐不能与 2-呋喃甲醇发生有效的 Chan-Lam 偶联反应，这可能是因为它们在与铜盐发生金属交换时具有很低的反应活性[34]。2008 年，Tsuritani 等人报道了环丙基硼酸与一系列吲哚和环酰胺的 *N*-环丙基化反应 (式 26)[39]。

$$R \underset{H}{\overset{N}{\boxed{\quad}}} + \overset{B(OH)_2}{\triangle} \xrightarrow[\substack{\text{Cu(OAc)}_2 \ (10 \ \text{mol\% or} \ 1.0 \ \text{eq.}) \\ \text{DMAP} \ (3.0 \ \text{eq.}), \ \text{NaHMDS} \\ (1.0 \ \text{eq.}), \ \text{air, PhMe, } 95 \ ^\circ\text{C} \\ 40\%\sim93\%}]{} R \underset{N}{\overset{}{\boxed{\quad}}} \underset{\triangle}{} \qquad (26)$$

如式 27 所示：Zhu 等人报道了醋酸铜促进的唑类、酰胺和磺酰胺类底物的环丙烷化反应，使用多种底物均可得到较好的产率[40]。

$$\boxed{}\underset{Z}{\overset{Y}{\underset{N}{\overset{X}{\diagdown}}}} H + \overset{B(OH)_2}{\triangle} \xrightarrow[\substack{\text{Cu(OAc)}_2 \ (1.0 \ \text{eq.}) \\ \text{bpy} \ (1.0 \ \text{eq.}), \ \text{Na}_2\text{CO}_3 \ (2 \ \text{eq.}) \\ \text{air, } (\text{CH}_2\text{Cl})_2, \ 70 \ ^\circ\text{C}, \ 2\sim6 \ \text{h} \\ 36\%\sim99\%}]{} \boxed{}\underset{Z}{\overset{Y}{\underset{N}{\overset{X}{\diagdown}}}} \triangle \qquad (27)$$

最近，Cruces 等人首次报道了使用甲基硼酸参与的 Chan-Lam 偶联反应，高度选择性地实现了对苯胺的单甲基化反应 (式 28)[41]。但是，基于烷基硼酸参与的 Chan-Lam 偶联反应的报道仍然较少。

$$R \overset{NH_2}{\boxed{}} + MeB(OH)_2 \xrightarrow[30\%\sim88\%]{\text{Cu(OAc)}_2, \ \text{Py, dioxane, reflux}} R \overset{NHMe}{\boxed{}} \qquad (28)$$

4.4 其它试剂

目前，Chan-Lam 偶联反应中最常用的仍是基于硼酸及其衍生物的芳基化 (烷基化) 试剂。除此之外，其它的一些试剂也可以用于 Chan-Lam 偶联反应中，例如：硅烷和锡烷等。

早在 Chan-Lam 偶联反应发展的初期，Lam 等人就报道了含 N-H 的底物与芳基三甲基硅烷的 *N*-芳基化反应。在反应中加入等物质的量的四丁基氟化铵 (TBAF) 有利于产生高价态的硅烷中间体 **22**，其在醋酸铜存在下作为一个更为有效的酰化试剂与 N-H 底物反应生成 *N*-芳基化产物 (式 29)。他们对碱的影响进行研究后发现：没有碱存在时的反应产率普遍高于吡啶或三乙胺存在时的产率。对于溶剂的影响进行考察显示：大部分的底物在 DMF 溶剂中反应产率优于以 CH$_2$Cl$_2$ 为溶剂的反应。一些在 CH$_2$Cl$_2$ 中不发生反应的底物在 DMF 中也可以获得较好的产率[42]。

$$PhSi(OMe)_3 + \text{(benzimidazole)} \xrightarrow[\text{Py (2.0 eq.), CH}_2\text{Cl}_2\text{, air, rt}]{\text{TBAF (2.0 eq.), Cu(OAc)}_2 \text{ (1.1 eq.)}}$$

$$\left[\text{(PhSi with F and OMe)}_3 \atop \mathbf{22}\right] \xrightarrow[\substack{\text{Py: CH}_2\text{Cl}_2\text{, 54\%; DMF, 79\%} \\ \text{TEA: CH}_2\text{Cl}_2\text{, 50\%; DMF, 76\%} \\ \text{No base: CH}_2\text{Cl}_2\text{, 58\%; DMF, 83\%}}]{} \text{(2-phenylbenzimidazole)} \tag{29}$$

随后，Lam 等人又报道了醋酸铜促进的三甲氧基苯基硅烷对杂环 α-甲酰胺的 N-芳基化反应。如式 30 所示：该反应可以在室温和空气敞开体系中进行，且不需要添加碱性试剂。对甲酰胺 α-位的杂原子进行比较显示：不同原子取代的反应活性次序大概是 N > O 和 S。这可能是因为 N-原子与铜有更好的配位能力（螯合作用）来稳定反应中间体，而中间体在氧气存在的条件下发生还原消除得到产物[43]。

$$\text{(pyridine-2-carboxamide)} \xrightarrow[61\%]{\substack{\text{PhSi(OMe)}_3\text{, Cu(OAc)}_2 \\ \text{TBAF, DMF, rt}}} \text{(N-phenyl pyridine-2-carboxamide)} \tag{30}$$

除了芳基硅烷试剂外，锡烷也可用于 Chan-Lam 交叉偶联反应中。Lam 等人报道：在杂环 NH 的芳基化反应时，以苯基锡烷作为芳基化试剂需要更高的反应温度（80 °C）。尽管如此，还是有很多含 NH 的底物仍然不能反应[44]。Lam 等人通过对反应条件进行改进发现：铜盐可以促进三甲基苯基锡烷与含 N-杂环、苯胺、酰胺和磺酰胺等的芳基化反应。如式 31 所示：TBAF 添加剂对该反应有着重要的影响，这可能是因为含有 F⁻ 离子的碱对该反应有很好的促进作用[45]。

$$R_2NH + \text{(PhSnMe}_3\text{)} \xrightarrow[40\%\sim80\%]{\substack{\text{Cu(OAc)}_2 \text{ (1.1 eq.), TBAF} \\ \text{(2 eq.), CH}_2\text{Cl}_2\text{, rt, 48 h}}} \text{(PhNR}_2\text{)} \tag{31}$$

如式 32 所示：Liebeskind 等人也报道了在非碱条件下铜盐催化的肟与有机锡试剂的交叉偶联反应[46]。

$$\text{(Ph}_2\text{C=N-OAc)} + PhSn(n\text{-Bu})_3 \xrightarrow[86\%]{\substack{\text{CuTC (20 mol\%)} \\ \text{DMF, 70 °C, 14 h}}} \text{(Ph}_2\text{C=N-Ph)} \tag{32}$$

5　Chan-Lam 偶联反应的类型

　　以芳基硼酸为受体的芳基化反应现已发展成为一类普遍使用的高效的 C-杂原子芳基化反应的方法。根据 Chan-Lam 偶联反应底物类型的不同，通常可以将反应分为 C-N 交叉偶联反应、C-O 交叉偶联反应和 C-S 交叉偶联反应等。其中，以 C-N 交叉偶联中的 *N*-芳基化反应研究最为普遍。

5.1　C-N 交叉偶联反应

5.1.1　以脂肪胺为底物

　　在 Chan-Lam 偶联反应发现的初期，Chan 等人就报道了苯基硼酸对脂肪胺的 N-H 芳基化反应[4]。在通常的反应条件下，不同胺类的活性大小为：环胺 > 伯胺 > 非环仲胺。他们还发现：在脂肪胺的芳基化反应中，加入吡啶作为碱试剂的效果要好于三乙胺的 (表 4)。

　　Cundy 等人也报道了对脂肪胺的芳基化反应，其结果也证明使用三乙胺作为碱试剂时多数苯基硼酸的反应效果并不理想[47]。如式 33 所示：含有供电子基团的苯基硼酸可以取得相对较好的效果。

$$R^1\text{-C}_6\text{H}_4\text{-B(OH)}_2 + HN\begin{matrix}R^3\\R^2\end{matrix} \xrightarrow[\text{DCM, rt, 48~72 h}]{\text{TEA (2 eq.), Cu(OAc)}_2\text{ (1 eq.)}} R^1\text{-C}_6\text{H}_4\text{-N}\begin{matrix}R^3\\R^2\end{matrix} \qquad (33)$$

R²R³NH ＼ R¹	4-N(CH₃)₂	4-OCH₃	2-OCH₃	4-CH₃	H	3-CF₃	3-NO₂
哌啶 (NH)	0%	82%	14%	58%	0%	0%	11%
正丁胺 (NH₂)	0%	39%	17%	43%	6%	21%	—

　　2001 年，Buchwald 等人报道了用铜盐催化的 Chan-Lam 偶联反应。如式 34 所示：使用肉蔻酸 (myristic acid) 作为配体和 2,6-二甲基吡啶 (2,6-lutidine) 作为碱试剂，各种脂肪胺的芳基化反应可以获得中等的产率。当使用伯胺化合物作为底物时，并没有发现双芳基化产物的生成[16]。

$$\text{(34)}$$

2003 年，Batey 等人报道了在无需加入配体和碱的条件下，铜盐催化的苯基硼酸或者苯基三氟化硼钾对胺类的 N-H 芳基化反应[33]。他们发现：使用一当量的催化剂得到的主要产物是二苯胺。这可能是因为在高剂量催化剂作用下苯基硼酸先与脂肪胺发生芳基化反应，然后形成的产物再发生消除得到了苯胺，最后苯胺再被多余的苯基硼酸进攻得到了二苯胺。但是，在将铜盐的用量降低到 10% 后即可实现脂肪胺和氨基酸酯盐酸盐的 N-H 芳基化反应。由于苯基硼酸在二氯甲烷中具有更好的溶解性，大多苯基硼酸底物可以得到很好的效果。硼酸盐和硼酸的反应活性对温度表现出相反的结果：室温下硼酸盐具有较高的反应性，而在 40 ℃ 的条件下硼酸具有较高的反应性（表 8）。

表 8　硼酸盐和硼酸的反应活性对温度表现出相反的结果

R^1R^2NH	产率[①]/%	产率[②]/%	R^1R^2NH	产率[①]/%	产率[②]/%
~~NH_2	89 (rt)	92 (rt)	(CH_3)_3C-NH_2	26(rt) —	—(rt) 39
(CH_3)_2CH-NH_2	98 (rt)	98 (rt)	(tetrahydrofuranyl)CH_2NH_2	83	91
Br~~NH_2·HBr	—	86	cyclohexyl-NH_2	79 (rt) —	—(rt) 85
EtO_2C-CH_2-NH_2·HCl	—	84	adamantyl-NH_2	57	67

续表

R¹R²NH	产率①/%	产率②/%	R¹R²NH	产率①/%	产率②/%
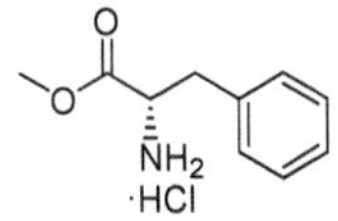 (苯丙氨酸甲酯·HCl)	–	90	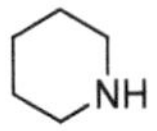 (哌啶) NH	78 (rt) / –	–(rt) / 86
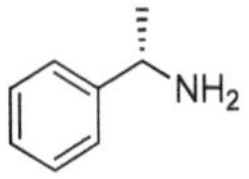 (α-甲基苄胺)	91 (rt)	–	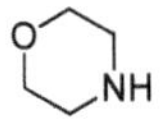 (吗啉)	81	90
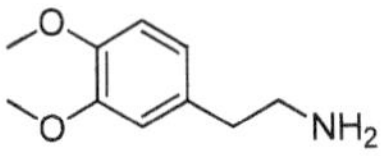 (二甲氧基苯乙胺)	90 (rt) / –	–(rt) / 95	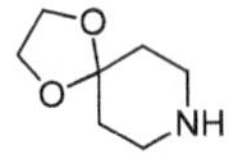 (1,4-二氧螺哌啶)	87	86
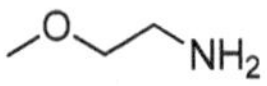 (甲氧基乙胺)	32 (rt) / 79	–(rt) / 94	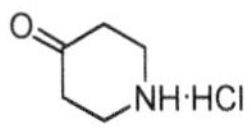 (哌啶酮·HCl)	–	83
 (甲氧基丙胺)	78 (rt) / –	–(rt) / 85	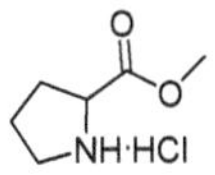 (脯氨酸甲酯·HCl)	–	74
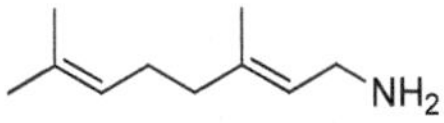 (香叶胺)	80	89	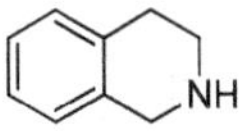 (四氢异喹啉)	72 (rt)	72 (rt)

① 反应物为 **1a** 时反应的产率。

② 反应物为 **1b** 时反应的产率。

5.1.2 以芳香胺为底物

1998 年，Chan 等人首次报道了 4-叔丁基苯胺的 N-H 芳基化反应。他们发现：在三乙胺作为碱试剂的条件下，它与多种取代苯基硼酸都能获得很好的反应效果。但是，他们并没有做更多的芳香胺类底物的扩展。2001 年，Buchwald 等人比较系统地报道了对于芳香胺的 Chan-Lam 偶联反应[16]。如式 35 所示：该反应使用醋酸铜作为催化剂、肉蔻酸作为配体和 2,6-二甲基吡啶作为碱，在敞开体系条件下进行反应。无论是供电子基团还是吸电子基团在对位取代的苯胺，都能获得很好的产率。当铜盐的用量增加到 10% 摩尔用量时，邻位有位阻基团取代的苯胺也可以获得很好的效果。

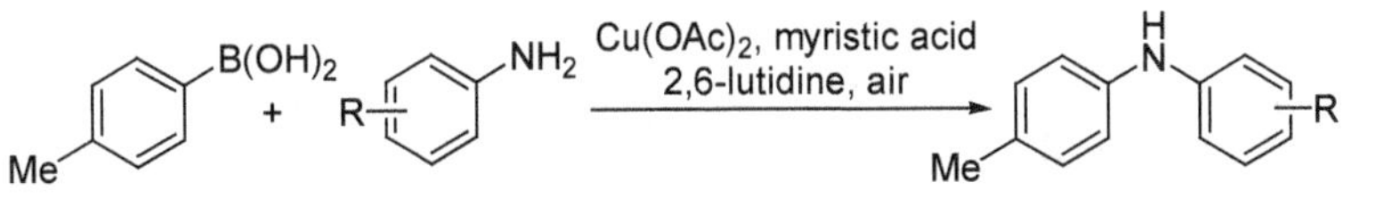

(35)

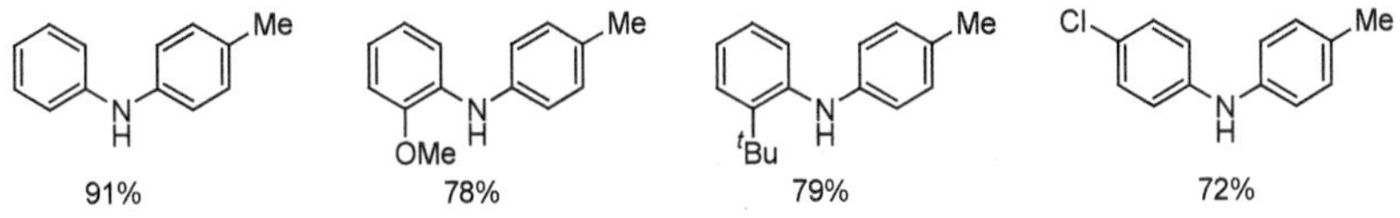

2009 年，Cruces 等人报道：使用铜盐促进的甲基硼酸与芳香胺的单甲基化 Chan-Lam 偶联反应，各种取代的苯胺都能获得较好的反应产率[41]。

5.1.3 氮杂环化合物

在各种氮杂环参与的 Chan-Lam 偶联反应中，唑类化合物是被研究最多的一种。1998 年，Chan 和 Lam 课题组就报道了醋酸铜促进的对唑类底物的 *N*-芳基化反应。如式 36 所示：该反应体系对于吡唑和咪唑或者苯并化合物的效果较好，但对三唑和四唑底物的反应效果较差。他们推测：这种现象可能是因为这些底物的 C-N 键形成的反应速率比较慢。因此，醋酸铜促进的芳基硼酸生成二苯醚的副反应会与其发生竞争。后来，Combs 等人报道了第一例铜盐催化的聚合物负载的杂芳环化合物的 *N*-芳基化反应[48]。

$$(36)$$

2000 年，Collman 等人首次实现了铜盐催化的 Chan-Lam 偶联反应。如式 37 所示[10a]：使用 10% 的 TMEDA 铜配合物可以高效催化取代咪唑的 *N*-芳基化反应。在该条件下，许多电子特性和结构不同的芳基硼酸和咪唑衍生物的偶联反应可以得到一般到非常好的产率。苯并咪唑可以得到最高的产率，而咪唑衍生物 **23** 和 **24** 却不发生反应。唑类化合物在 Chan-Lam 偶联反应中表现出了和其它的含氮化合物不一样的性质，它们更有利于在极性溶剂中反应。

$$(37)$$

2001 年，Collman 等人首次报道了咪唑底物在水相中进行的 Chan-Lam 偶联反应[27]。2004 年 Nishiura 等人发现：在 DMF 中加入一当量的水可以有效地促进铜盐催化的苯并咪唑的 N-芳基化反应[28]。如式 38 所示：Yu 等人详细地研究了在质子性溶剂中咪唑化合物的 Chan-Lam 偶联反应。在 CuI 的催化下，咪唑与不同取代的苯基硼酸可以发生偶联得到高产率的偶联产物。虽然该反应在醇中可以获得很好的效果，但在纯水中的反应效果并不太好。许多时候，在甲醇-水、乙醇-水、THF-水或者丙酮-水混合物中进行的反应也可以获得不错的产率。

$$(38)$$

各种取代吡啶酮和二嗪类杂环均可用作 N-芳基化反应的底物[49]，3-碘代吲唑的 N-芳基化反应可以获得中等的产率 (式 39)[50]。

$$(39)$$

Bekolo 等人报道了缺电子吲哚和吡咯的 N-芳基化反应[51]。如式 40 和式 41 所示：使用 N-乙基二异丙胺 (DIEA) 作为碱，在经典的 Chan-Lam 偶联反应条件下经长时间反应仍可获得较好的产率。

$$(40)$$

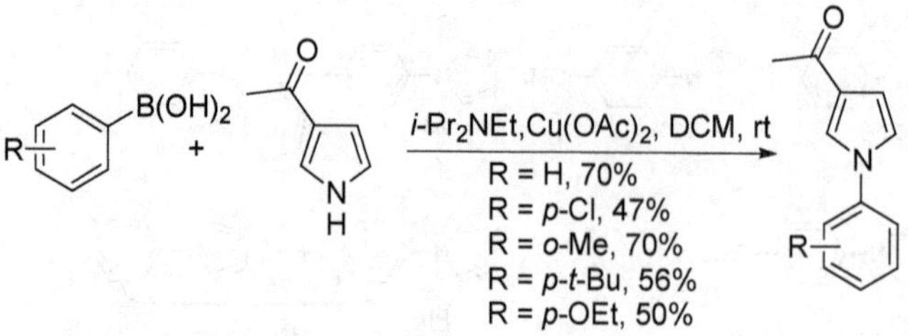

$$(41)$$

R = H, 70%
R = p-Cl, 47%
R = o-Me, 70%
R = p-t-Bu, 56%
R = p-OEt, 50%

5.1.4 以酰胺、磺酰胺和酰亚胺等为底物

在 Chan-Lam 偶联反应发现的初期，Chan 等人就报道了酰胺类化合物 (包括酰胺、酰亚胺和脲等) 作为底物进行的 Chan-Lam 偶联反应 (表 4)[5]。他们发现：在传统的 Chan-Lam 偶联反应条件下，磺酰胺的 N-H 芳基化反应有较好的效果 (式 42 和式 43)。

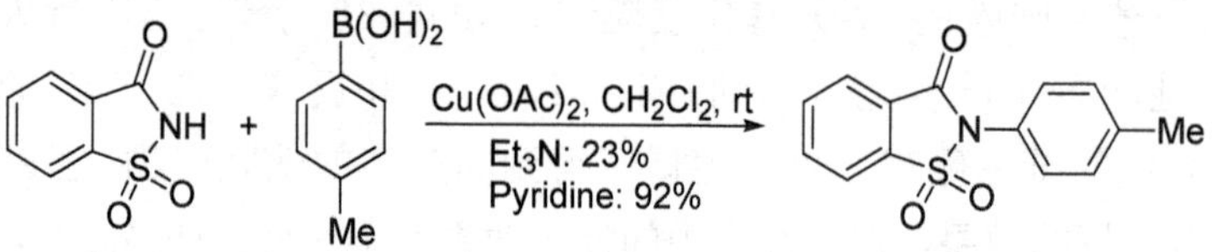

$$(42)$$

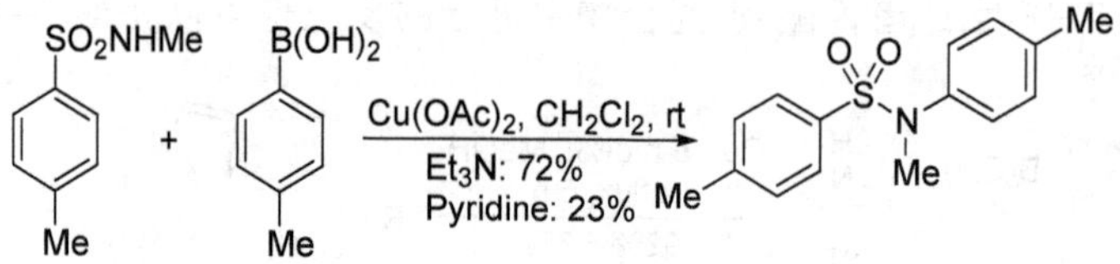

Et₃N: 23%
Pyridine: 92%

$$(43)$$

Et₃N: 72%
Pyridine: 23%

2000 年，Combs 等人研究了固相负载的磺酰胺的 Chan-Lam 偶联反应[52]。他们发现：在多种通过酰胺键固相负载后的胺化合物中，只有磺酰胺底物表现出了较好的反应活性 (式 44 和式 45)。

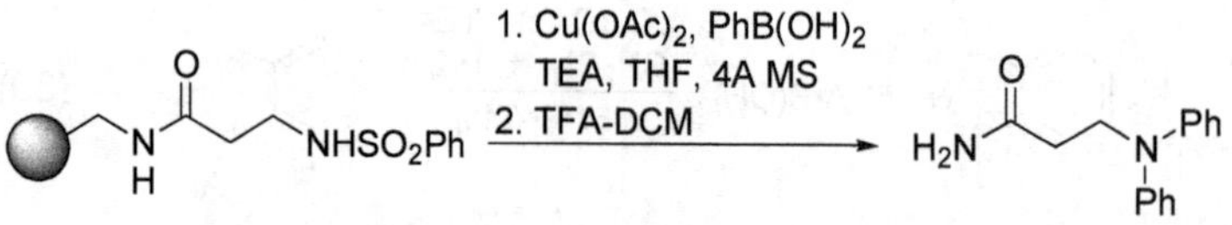

$$(44)$$

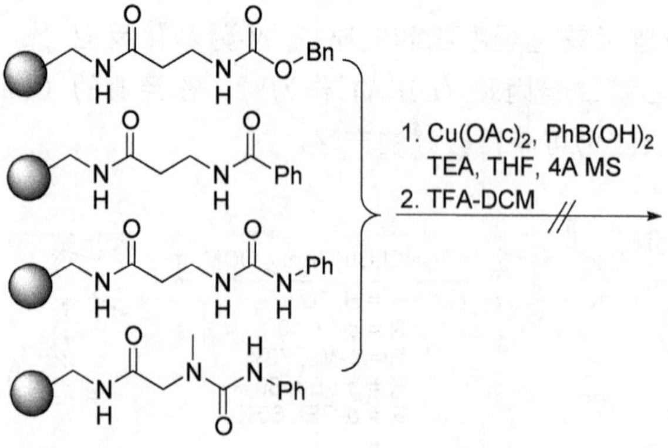

$$(45)$$

Cundy 等人也在早期就报道过以酰亚胺为底物的芳基化反应 (式 46)[47]。Yu 等人报道：在质子性溶剂甲醇中，亚胺与芳基硼酸之间的偶联反应均可取得较高的产率 (式 47 和式 48)[53]。值得注意的是：在通常的 Chan-Lam 偶联反应中都是使用过量的苯基硼酸，而该报道中使用过量的胺却获得了比之前都好的效果。

$$(46)$$

$$(47)$$

$$(48)$$

5.1.5 核酸碱基

碱基化合物是一类特殊的杂环化合物。它们是嘌呤和嘧啶的衍生物，也是核酸、核苷和核苷酸的主要组成成分。所以，对它们化学反应性质的研究备受化学家和生物学家的重视。2001 年，Gary-Schultz 等人报道了利用 Chan-Lam 偶联反应条件对嘌呤的 N-9 位进行芳基化的反应 (式 49)[54]。

$$(49)$$

随后 Gundersen 等人[55]和 Arterburn 等人[56]先后分别报道了对嘌呤 N-9 和 N-1 的芳基化反应。如式 50 所示：嘌呤与芳基硼酸发生偶联可用得到中等

$$(50)$$

到较好产率的具有生物活性的 9-芳基嘌呤产物。采用 1,10-邻菲啰啉作为配体，可以得到比一般常用的碱或配体更好的结果。

2005 年，Yu 等人报道了碱基在水和甲醇的混合溶剂中进行的 Chan-Lam 偶联反应。在温和的反应条件下，同时实现了对腺嘌呤 N-9 位和胞嘧啶 N-1 位的芳基化反应 (式 51 和式 52)[25]。对该反应的底物范围研究发现：尿嘧啶和胸腺嘧啶也是很好的 *N*-芳基化底物[57]。2006 年，Gothelf 等人利用传统的 Chan-Lam 偶联反应条件成功地实现了对 5 种天然碱基的 N-H 芳基化和烯基化反应 (式 53)[37]。

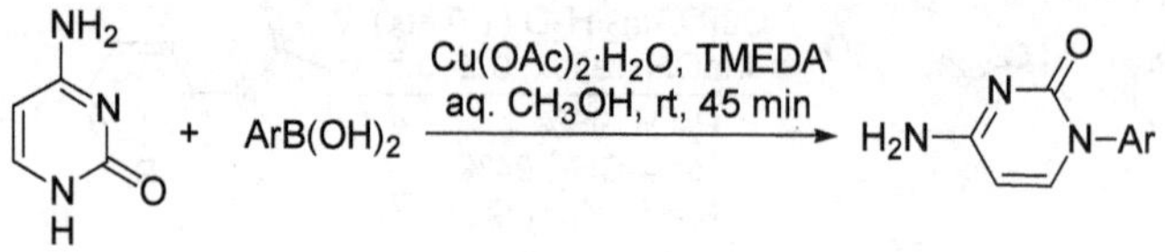
NH2
N
N
H
O
+ ArB(OH)2
Cu(OAc)2·H2O, TMEDA
aq. CH3OH, rt, 45 min
O
N
H2N
N–Ar

(51)

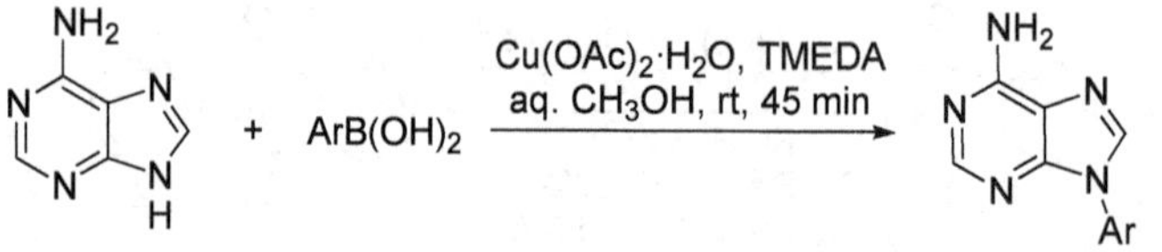
NH2
N
N
N
N
H
+ ArB(OH)2
Cu(OAc)2·H2O, TMEDA
aq. CH3OH, rt, 45 min
NH2
N
N
N
N
Ar

(52)

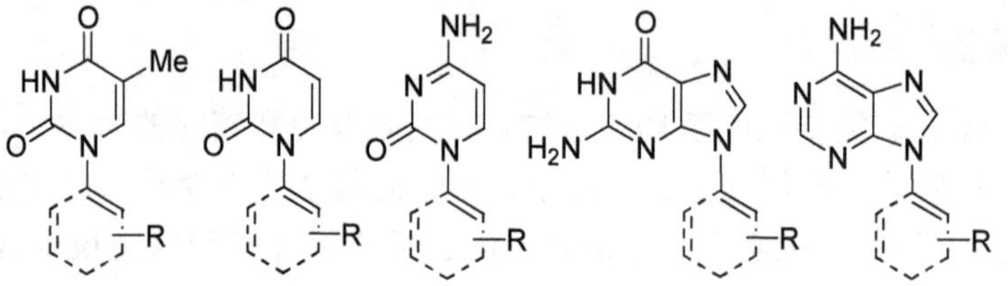
O
HN
Me
O
N
R
O
HN
O
N
R
NH2
N
O
N
R
O
HN
N
H2N
N
N
R
NH2
N
N
N
N
R

(53)

5.1.6 氨基酸酯

氨基酸和氨基酸酯是 Ullmann 缩合反应常用的底物。2001 年，Lam 等人报道了对甲苯基硼酸与 15 种氨基酸酯在室温条件下的偶联反应。与 Ullammn 反应相比较，该反应可以在非常温和的条件下进行。所有底物在反应过程中既没有发生消旋化，也没有改变立体构型 (94%~99%)，以中等产率得到 *N*-芳基化的目标产物 (式 54)[12]。

5.1.7 其它含 N-H 的底物

除了以上所提到的含 NH 底物外，还有一些特殊的含 NH 底物。最近，Fu 等人报道了以氨水为底物、利用 Chan-Lam 偶联反应制备苯胺的方法。通过对铜盐的筛选和反应条件的优化，使用 Cu_2O 作为催化剂时均可取得较好的效果 (表 9)[58]。

$$\text{(54)}$$

表 9　Cu_2O 作为催化剂时均可取得较好的效果

$$ArB(OH)_2 \ + \ NH_3 \cdot H_2O \xrightarrow[\text{MeOH, air, rt}]{Cu_2O\ (10\ mol\%)} Ar_2\text{-}NH$$

$ArB(OH)_2$	t/h	产率/%	$ArB(OH)_2$	t/h	产率/%
⟨phenyl⟩-B(OH)$_2$	15	80	Ph-⟨phenyl⟩-B(OH)$_2$	15	90
2-Br-⟨phenyl⟩-B(OH)$_2$	16	87	⟨naphthalen-1-yl⟩-B(OH)$_2$	16	92
3-Cl-⟨phenyl⟩-B(OH)$_2$	18	74	⟨naphthalen-2-yl⟩-B(OH)$_2$	16	86
2,4-Cl$_2$-⟨phenyl⟩-B(OH)$_2$	20	89	HOH$_2$C-⟨phenyl⟩-B(OH)$_2$	18	89
3-O$_2$N-⟨phenyl⟩-B(OH)$_2$	20	72	OHC-⟨phenyl⟩-B(OH)$_2$	18	83
3-MeO-⟨phenyl⟩-B(OH)$_2$	16	87	MeO-⟨(OHC)phenyl⟩-B(OH)$_2$	15	88
Me-⟨phenyl⟩-B(OH)$_2$	12	93	MeO$_2$C-⟨phenyl⟩-B(OH)$_2$	20	78

续表

ArB(OH)₂	t/h	产率/%	ArB(OH)₂	t/h	产率/%
〔isopropyl〕–B(OH)₂	12	88	HO₂C〔-B(OH)₂〕	24	65
〔dimethyl〕–B(OH)₂	12	92	H₂N〔-B(OH)₂〕	12	89
〔trimethyl〕–B(OH)₂	12	92	〔dibenzofuran-B(OH)₂〕	15	92
Ac〔thiophene〕-B(OH)₂	16	84			

如式 55 所示[59]：Cheng 等人报道了利用盐酸羟胺合成对称的二芳基胺的方法。使用 CuBr 为催化剂和乙腈为溶剂，他们合成了一系列对称的二芳基胺化合物。

$$ArBH(OH)_2 \ + \ NH_2OH \cdot HCl \ \xrightarrow[\substack{40\%\sim84\%}]{\substack{CuBr\ (20\ mol\%)\\K_2CO_3,\ MeCN}} \ Ar_2\text{-}NH \qquad (55)$$

Guo 等人报道了由 CuSO₄ 催化的芳基硼酸与叠氮化钠形成芳基叠氮化合物。如式 56 所示[60]：该反应具有较高的产率，生成的产物可以进一步与炔烃反应可得到 1-芳基-1,2,3-三唑化合物。

$$Ar\text{-}B\begin{matrix}OH\\OH\end{matrix} \ + \ NaN_3 \ \xrightarrow[\substack{70\%\sim93\%}]{\substack{CuSO_4\ (10\ mol\%)\\MeOH,\ rt,\ air}} \ Ar\text{-}N_3 \ \xrightarrow[\substack{64\%\sim96\%}]{RC\equiv CH} \ \begin{matrix}R\\ \end{matrix}\text{triazole}\text{-}Ar \qquad (56)$$

5.2 C-O 交叉偶联反应

5.2.1 酚类

1998 年，Chan 等人利用 Chan-Lam 偶联反应的条件首次实现了苯基硼酸与苯酚的 O-芳基化反应。如式 57 和式 57 所示：在三乙胺和 1~2 倍量的无水 Cu(OAc)₂ 存在下，实现了 4 个不对称二芳基醚的合成，富电子或缺电子的苯基硼酸均可用作合适的底物[5]。

$$\ ^tBu\text{〔}phenol\text{〕}OH \ + \ ^{B(OH)_2}\text{〔}benzene\text{〕}R \ \xrightarrow[\substack{R = H,\ 40\%\\R = Me,\ 73\%\\R = OMe,\ 73\%}]{Cu(OAc)_2,\ Et_3N,\ DCM,\ rt} \ ^tBu\text{〔}\text{〕}O\text{〔}\text{〕}R \qquad (57)$$

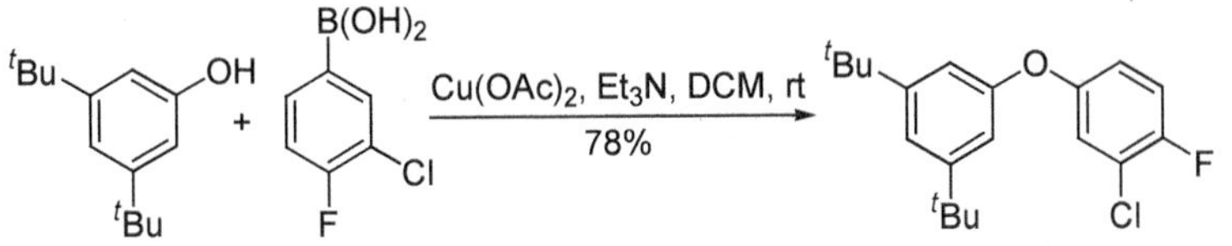

(58)

Evans 等人对不同取代的酚和苯基硼酸进行了研究，以较好的产率合成了不同取代的二芳基醚 (式 59)，进一步扩展了 Chan-Lam 偶联反应的应用范围[7]。供电子基团和吸电子基团取代的酚均可获得很好的结果，邻位上带有位阻取代基时也对反应产率没有明显的影响。由此可以看出：在 Chan-Lam 偶联反应中，酚类化合物的活性要高于胺类。通过利用芳基硼酸替代卤代烃的方法，进一步将该反应应用于甲状腺素的合成中。

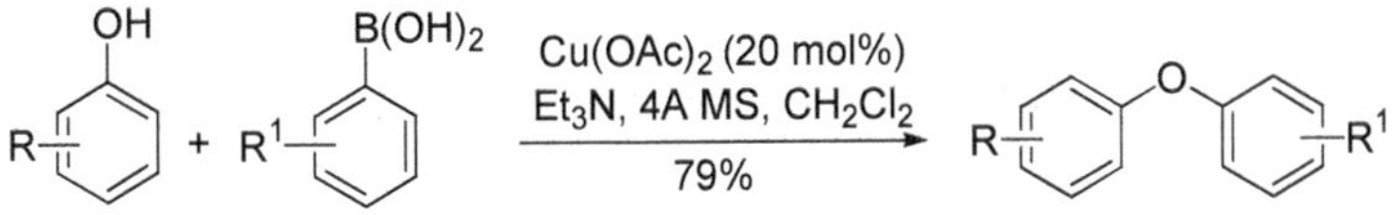

(59)

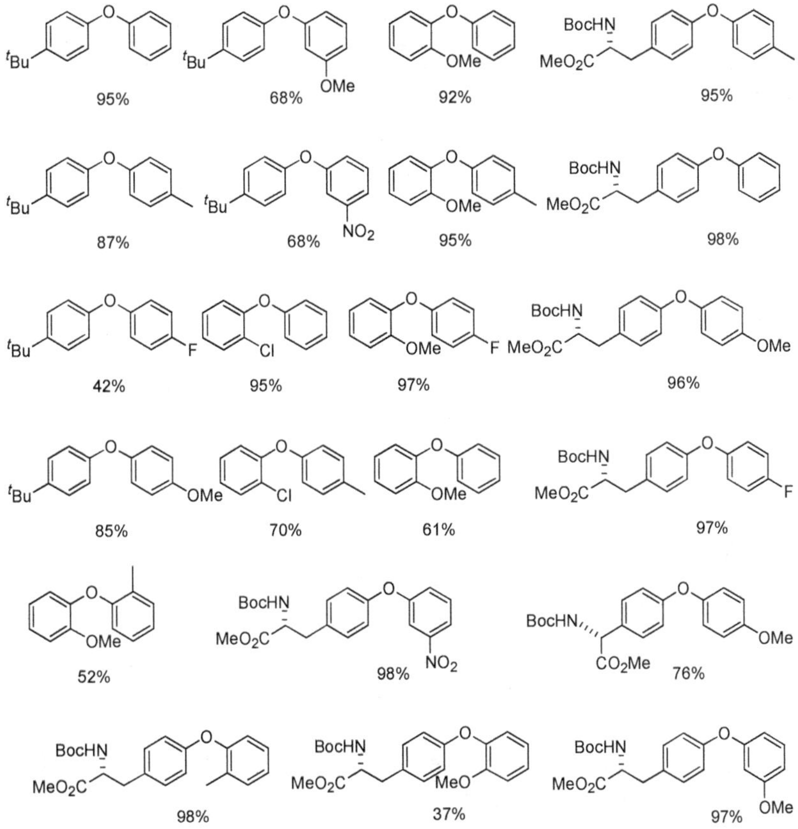

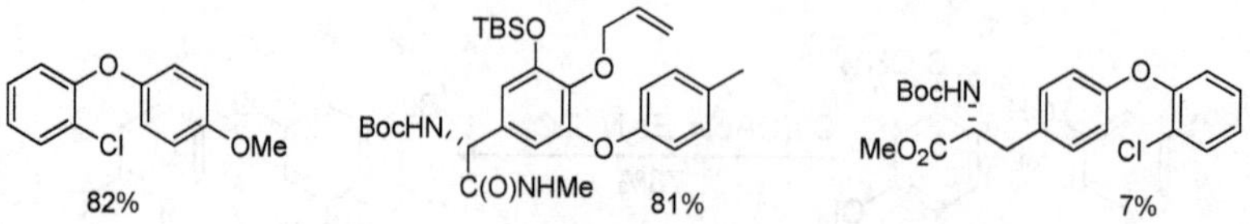

Evans 等人的研究发现：在 *O*-芳基化反应过程中可以得到大量酚和二苯醚副产物。这可能是由于反应过程中生成的水参与了反应，而水可能来自于硼酸脱水形成三聚硼酸的过程。随后，他们使用 0.33 倍量 (物质的量) 的三聚硼酸替代硼酸与酚偶联，得到了与 1 倍量硼酸反应相当的结果，从而证实了他们的推论。他们还发现：在空气或者氧气中反应能够获得更好的结果，反应产率比在氩气中反应通常要高一倍以上。

如式 60 所示[15]：Lam 等人使用 20 mol% 的铜催化剂和以氧气为氧化剂，3,5-二叔丁基苯酚和对甲基苯基硼酸可以发生交叉偶联得到 79% 的产率。但是，使用 TEMPO/空气、吡啶 *N*-氧化物/空气或者 [Cu(OH)(TMEDA)]$_2$Cl$_2$/O$_2$ 时只能得到较低的反应产率。

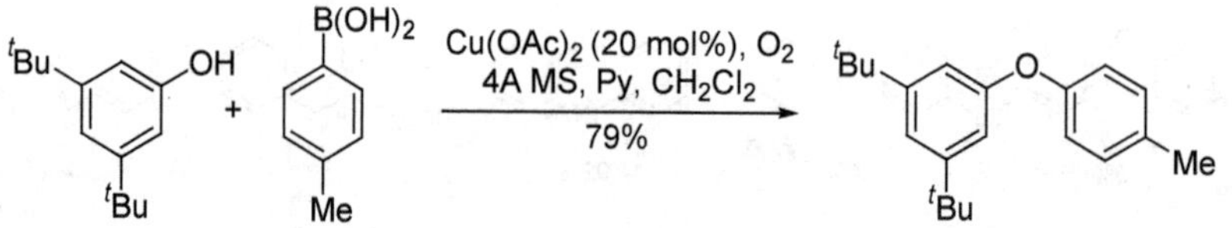

(60)

Rault 等人报道了卤代芳基杂环醚和二杂环醚的合成。他们发现：芳基酚或杂环酚的 pK_a 值越大，所形成的阴离子越不稳定，因此可以更有效地参与配位 (式 61 和式 62)[61]。

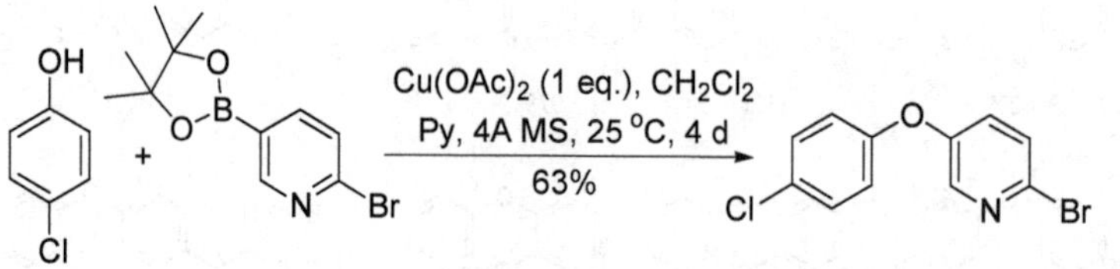

(61)

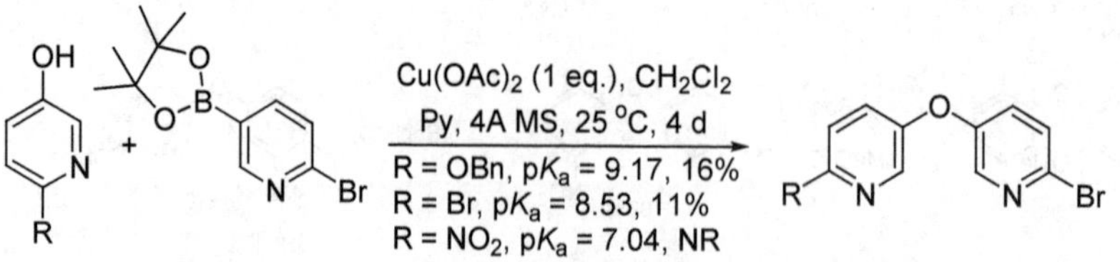

R = OBn, pK_a = 9.17, 16%
R = Br, pK_a = 8.53, 11%
R = NO$_2$, pK_a = 7.04, NR

(62)

最近，Eycken 等人报道了利用连续的微反应器合成技术成功地实现了酚羟基的 Chan-Lam 偶联反应，并取得了不错的效果 (式 63)[62]。

$$ (63) $$

Decicco 等人在合成系列金属蛋白酶抑制剂时，将芳基硼酸和酚的芳基化反应应用到分子内的芳基化反应中。如式 64 所示：该方法可为合成大环二芳基醚化合物提供了一条普适的路线[63]。

$$ (64) $$

如式 65 所示：Takeya 等人利用分子内 O-芳基化的反应合成 L,L-环异二酪氨酸。通过对碱进行筛选发现：使用 4-(二甲氨基)吡啶 (DMAP) 可以有效地抑制硼酸脱硼产物的生成，因此可以得到比使用三乙胺和吡啶作为碱时更高的产率[64]。

$$ (65) $$

5.2.2 醇类

多种含 OH 的醇类底物也可用于 Chan-Lam 偶联反应中。2003 年，Batey 等人报道了苯基三氟化硼钾与不同结构的醇之间的 O-芳基化反应。由于苯基三氟化硼钾不易被氧化生成苯酚，因此减少了二苯醚副产物的形成。如表 10 所示：多种不同类型的醇化合物 (包括烯醇和炔醇等) 均可用作该反应合适的底物[34]。

表 10 不同类型的醇化合物均可用作反应底物

序号	R-OH	产率/%	序号	R-OH	产率/%
1	Ph—CH=CH—CH₂OH	89	13	CH₂=CH—CH₂OH	93
2	Ph—CH₂CH₂CH₂OH	95	14	(戊烯醇)	74
3	CH₃CH₂CH₂CH₂OH	78	15	HO—(顺式戊烯醇)	83
4	苄醇	71	6	(香叶醇/牻牛儿醇)	87
5	4-Br-苄醇	94	17	MeO₂C—CH(—)—CH₂OH	90
6	4-O₂N-苄醇	75	18	(Boc)N(—CH₂OH)(—)	93
7	4-MeO-苄醇	80	19	Cbz-NH—CH₂CH₂CH₂OH	85
8	环戊二烯基甲醇	90	20	(CH₃)₂CHOH	71
9	CH₃—C≡C—CH₂OH	92	21	CH₂=CH—CH(OH)CH₃	69
10	F₃C—CH₂OH	82	22	Ph—CH(OH)CH₃	75
11	Cl—CH₂CH₂CH₂OH	95	23	环己醇	67
12	Br—CH₂CH₂CH₂OH	93	24	胆固醇	48

5.2.3 其它含 O-H 的底物

2001 年，Kelly 等人报道了苯基硼酸对 N-羟基邻苯二甲酰亚胺的 O-芳基化反应，并成功地运用这个反应合成了一系列的芳基氧胺类化合物 (式 66)[65]。

$$\text{N-羟基邻苯二甲酰亚胺} + R\text{—}C_6H_4\text{—}B(OH)_2 \xrightarrow[\text{C}_2\text{H}_4\text{Cl}_2,\ rt]{\text{[Cu], Py, 4A MS}}$$

(66)

$$\text{O-芳基邻苯二甲酰亚胺} \xrightarrow{\text{H}_2\text{NNH}_2} R\text{—}C_6H_4\text{—ONH}_2$$

5.3 C-S 交叉偶联反应

2000 年，Guy 等人报道了苯基硼酸对硫醇和硫酚的 *S*-芳基化反应。如式 67 所示：这也是第一例 C-S 键形成的 Chan-Lam 偶联反应。由于硫和氧的性质相近，所以该反应也具有很宽的底物范围[66]。

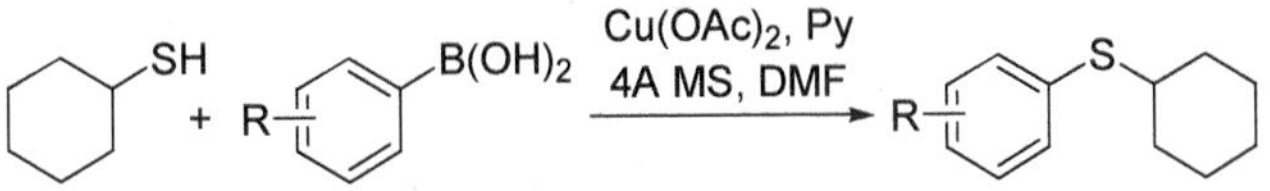

(67)

2009 年，Linhart 等人报道了利用 Chan-Lam 偶联反应进行的 *N,N*′-二乙酰基胱氨酸的 *S*-芳基化反应[67]。如式 68 所示：他们选用醋酸亚铜为催化剂、吡啶为碱试剂，在 DMF 溶液中实现了含有二硫键的胱氨酸衍生物的 *S*-芳基化反应，不同取代的苯基硼酸均可用于该反应。作者推导反应机理表明铜盐在该反应中可能起到两重作用：首先促进二硫键的断裂，然后再促进苯基硼酸的亲电进攻（式 69）。

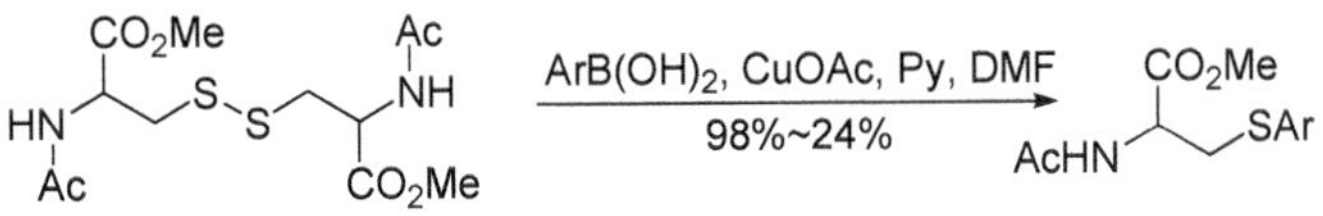

(68)

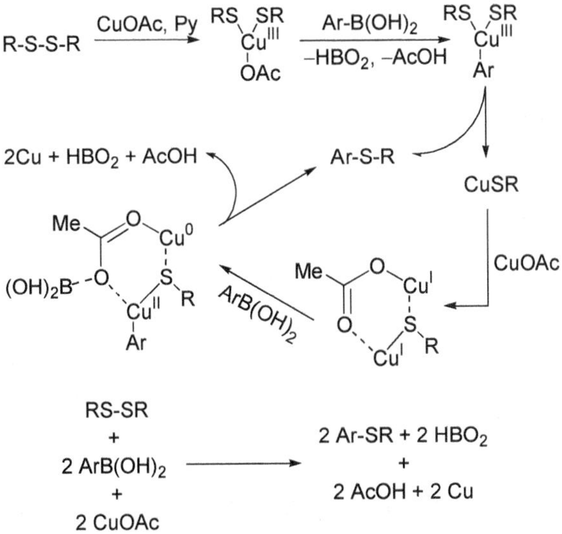

(69)

6 绿色化的 Chan-Lam 偶联反应

6.1 固相负载反应

早在 1999 年，Lam 等人首次报道了在微波照射条件下铜盐促进的固载芳杂环化合物的 *N*-芳基化反应[48]。以苯并咪唑、咪唑、吡唑获苯并三氮唑为底物，将它们通过 PAL 连接在 PS-PEG 树脂上后，再与对甲苯基硼酸发生交叉偶联反应。如式 70 所示：反应完成后，经三氟乙酸脱除载体即可得到 **25** 和 **26** 的混合物。反应产率为 56% 但产物纯度达到 96%。利用微波可以使那些在室温下反应很慢的反应可以很容易地进行，但不会生成酰胺链的 *N*- 或 *O*-芳基化副产物。

$$(70)$$

随后，Combs 等人报道了在铜离子的促进下固载化的磺酰胺 **27-29** 与芳基硼酸的偶联反应 (式 71)[52]。使用三乙胺作为碱试剂和四氢呋喃为溶剂，磺酰胺的 *N*-芳基化反应即使在室温下进行也可以得到较好的产率。

$$(71)$$

2002 年，Combs 等人将固载磺酰胺的 *N*-芳基化反应条件应用于固载脂肪胺的芳基化反应中。他们使用固载化的 **30~34** 为底物，合成了一系列脂肪伯胺

和脂肪仲胺的 *N*-芳基化反应产物 (式 72)。通过对酰胺 NH 的固载化反应后再脱去固载聚合物，可以很好地保留住酰胺 NH[68]。作者认为氨基 α-位的立体位阻可以减少 *N*-芳基化产物的反应活性，如式 73 和式 74 所示：以 **33** 为底物时，主要得到的是双芳基化的甘氨酸衍生物。而以 **34** 为底物时，则只得到单芳基化的丙氨酸衍生物，而没有观察到双芳基化产物。

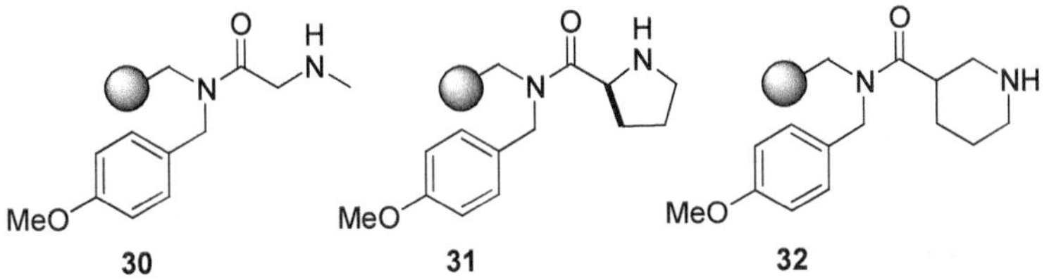

(72)

30　　　　**31**　　　　**32**

(73)

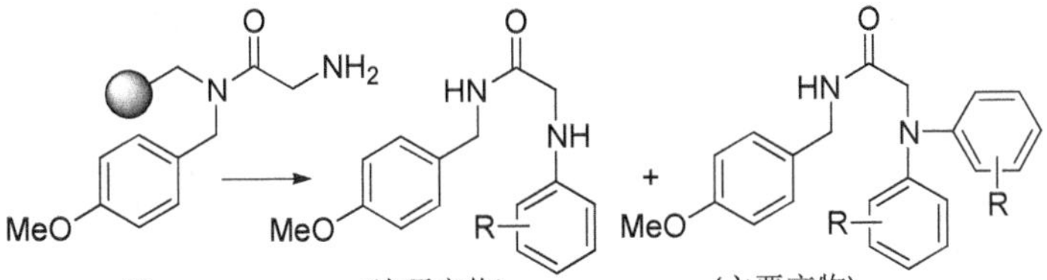

33　　　(次要产物)　　　(主要产物)

(74)

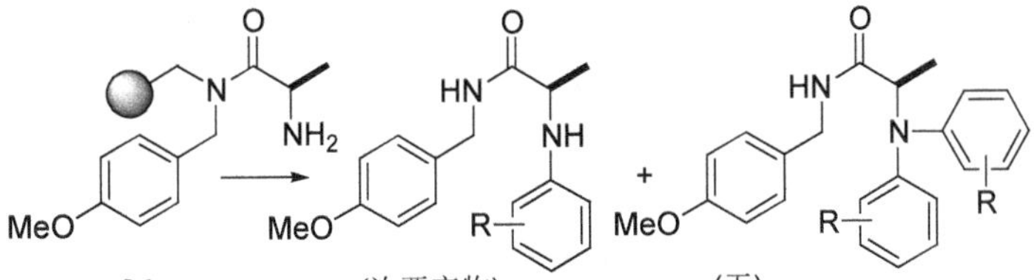

34　　　(次要产物)　　　(无)

6.2　微波反应

1999 年，Comb 等人在研究固载化的芳杂环化合物的 *N*-芳基化反应中就引入微波技术来减少反应时间和增加反应产率[48]。例如：在 1000 W 的微波发生器中反应 $3 \times 10\,s$ 与在 80 ℃ 下反应 48 h 得到的结果相当。

2006 年，Eycken 报道了一种低温微波技术促进的铜盐催化的 *N*-芳基化反应[69]。如式 75 所示：他们采用了一种冷却的微波技术使得在通常条件下不发生的反应得以进行，而将反应温度控制在 0 ℃ 可防止化合物的分解。

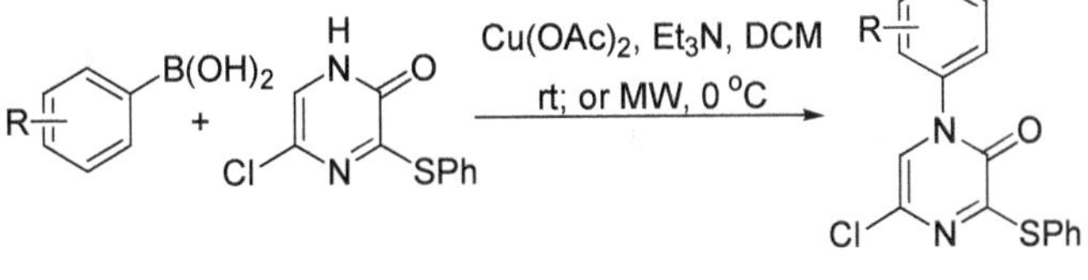

(75)

序号	R	产率/%	产率/%
		rt	0 °C, MW
1	3-CF$_3$	33	69
2	3-ClPh	75	90
3	3-BrPh	36	49
4	3-EtO	28	64
5	4-MeO	44	69
6	Ph	64	87

6.3 离子液体中的反应

近年来，离子液体已经发展成为一种绿色的反应介质。它们具有很高的热稳定性和对底物很好的溶解性等优点，已经在有机合成领域得到广泛的应用。

Kantam 等人报道[70]：在 Cu(OAc)$_2$·H$_2$O/[bmim][BF$_4$] 催化体系下，咪唑和不同取代苯基硼酸可以较高的产率发生偶联反应，生成相应的 N-芳基化产物（式 76）。与其它常规有机溶剂相比较（例如：DMF、THF、CH$_2$Cl$_2$ 和 CH$_3$OH），使用离子液体的效果非常明显。但是，在相同的条件下，离子液体 [bmim][Br] 和 [bmim][n-Bu$_4$Br] 却不具有催化活性。条件试验显示：芳香胺、脂肪胺、酰胺和磺酰胺等均可用作该反应合适的底物。

$$\text{(76)}$$

7 Chan-Lam 偶联反应在天然产物合成中的应用

7.1 替考拉宁糖苷配基的合成

替考拉宁 (Teicoplanin, 35) 又称太古霉素，是游动放线菌属 (Actinoplanes teichomyceticus) 发酵产生的一种糖肽类抗生素，对革兰阳性 (G+) 菌包括需氧菌和厌氧菌有良好的抗菌活性（式 77）[71]。其化学结构由 6 个结构相似的化合物组成，与万古霉素 36 相似。由于其结构上增加了脂肪酸侧链而具有较强的亲脂性，更加易于渗入组织和细胞，并通过阻碍胞壁的生物合成而导致细菌死亡[72]。

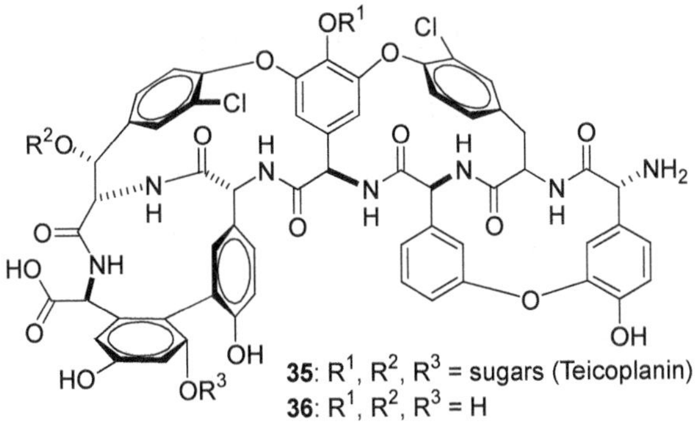

35: R^1, R^2, R^3 = sugars (Teicoplanin)
36: R^1, R^2, R^3 = H

(77)

Evans 等人报道一条关于 Teicoplanin agylcon (**37**) 的全合成路线[73]，其中的关键中间体 **40** 可以通过芳基硼酸 **38** 和酚 **39** 的偶联反应来合成。如式 78 所示：采用氧气作为氧化剂，可以在非常简单的反应条件下得到 80% 的偶联产物二芳基醚 **40**。尽管 **40** 分子中含有 3 个手性中心，但由于反应条件极其温和而没有观测到任何立体异构产物形成。最后，再通过多步转化完成了目标产物 **37** 的全合成。

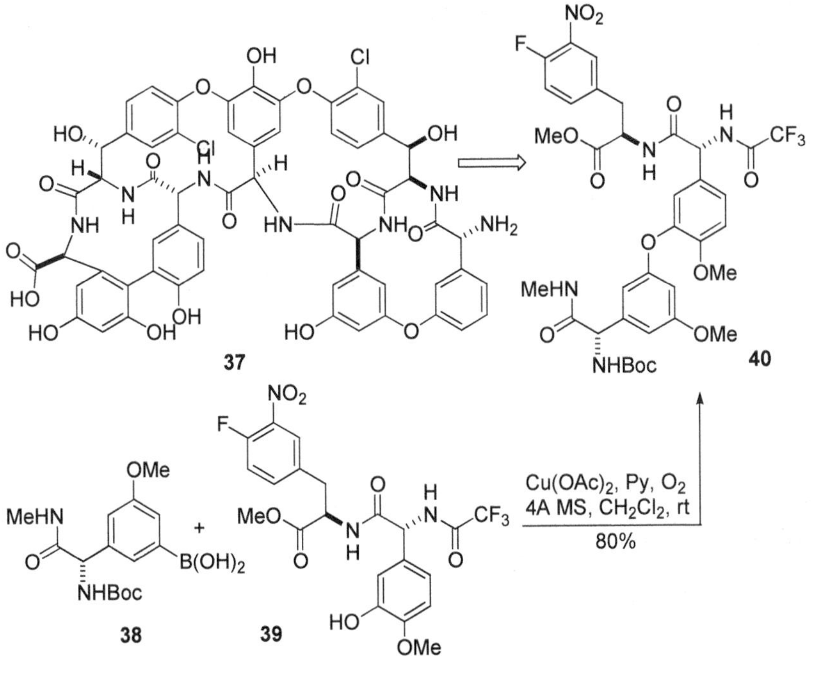

(78)

7.2 抗 HIV 试剂 Chloropeptin I 的合成

1994 年，有人从链霉菌 (Streptomysces sp.) WK-3419 菌丝体中分离得到的一种多肽类化合物 Chloropeptin I (**41**)(式 79)[74]。Chloropetin I 通过干扰 gp-120

糖蛋白与 T 淋巴细胞外周 CD4 受体的结合而阻止 HIV 病毒的复制,从而有效地抑制 HIV-1 病毒引起的细胞病变[74,75]。

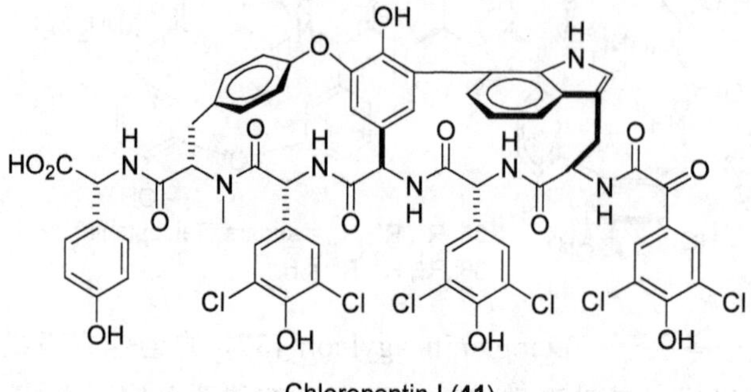

Chloropeptin I (**41**)

(79)

2003 年,Hoveyda 等人[76]利用分子内 O-芳基化反应作为关键步骤,首次完成了 Chloropetin I 的立体选择性全合成。如式 80 所示:他们以合成的中间体 **42** 为底物,通过分子内 C-O 偶联反应得到了中间体 **43**。他们首先采用 Chan 和 Evans 等建立的优化的反应条件,但产物的产率只有 15%~20%。特别是当反应物的用量增大到克数量级以上时,产率更低。但是,当反应中加入了 10 倍量 (物质的量) 的甲醇后,不仅反应产率可以增加到 50% 以上,而且反应时

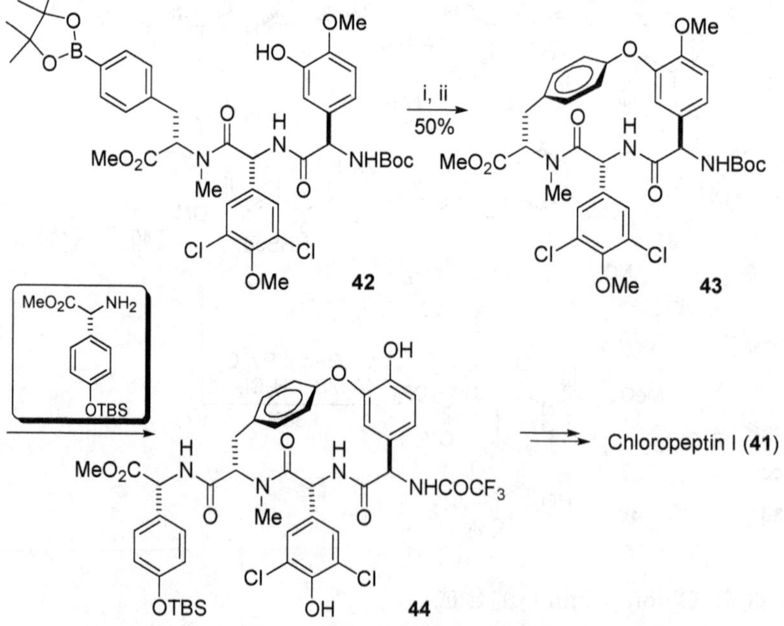

(80)

反应条件: i. NaIO₄ (3 eq.), NH₄OAc (3 eq.), aq. acetone, 22 °C, 12 h;
ii. Cu(OAc)₂ (3 eq.), Et₃N, MeOH, CH₂Cl₂, 22 °C, 4A MS, 5 h

间也由原来的 24 h 以上缩短到 3~6 h。他们推测：这可能是因为甲醇在反应中
与硼酸形成了硼酸酯或者增加了铜盐的溶解性。然后，**43** 再经酰胺化反应得到
重要中间体 **44**。最后，再通过多步转化完成了目标产物 **41** 的全合成。

7.3 AG3433 的合成

　　AG3433 (**45**) 是一种有效的基质金属蛋白酶 (MMPs) 抑制剂，在临床治疗
中发挥着重要的作用 (式 81)[77]。在合成 AG3433 的路线中，化合物 **46** 是一
个关键且必需的中间体。2001 年，Srirangam 等人报道了 Cu(II) 盐催化的交叉
偶联合成 *N*-芳基吡咯的反应[78]。如式 82 所示：他们使用 Cu(OAc)$_2$ 为催化剂，
通过芳基硼酸和吡咯的 *N*-芳基化反应有效地合成了 AG3433 中间体 **46**。在
该偶联反应中，电子效应起到了很大的作用，富电子基团的偶联活性大于缺电
子基团。

$$(81)$$

$$(82)$$

反应条件: i. Bis(pinacolato)diboron (1.1 eq.), Pd(dppf)Cl$_2$ (3 mol%)
KOAc (3 eq.), DMSO, 80 $^{\circ}$C, 18 h, 91%; ii. NaIO$_4$ (3 eq.), NH$_4$OAc
(2.2 eq.), acetone/H$_2$O, 18 h, 91%; iii. oxalyl chloride, DMF, DCE;
iv. EtOCOCOCl, AlCl$_3$, CH$_3$NO$_2$; v. Cu(OAc)$_2$/pyridine, CH$_2$Cl$_2$, rt,
3 d, 93%.

7.4 (*S,S*)-Isodityrosine 的合成

　　在 20 世纪 80 年代，有人从一种植物细胞的细胞壁的糖蛋白 (伸展蛋白)
中分离得到了 Isodityrosine (**47**)[79]。Isodityrosine 是一个含有二芳基醚的氨基酸

化合物，也是许多具有生物活性的天然产物的重要结构单元。在化合物的合成路线中，二芳基醚的构建是最为重要和最具有挑战性的步骤。

1999 年，Jung 等人报道：利用醋酸铜催化的天然氨基酸之间的 Chan-Lam 偶联反应作为关键步骤可以高效地完成 (S,S)-Isodityrosine 的合成[80]。如式 83 所示：在经典的 Chan-Lam 偶联反应条件下，L-苯丙氨酸衍生物 **48** 与 L-酪氨酸衍生物 **49** 反应可以高效地构筑二芳基醚结构。然后，化合物 **50** 经过简单的脱保护即可得到 Isodityrosine (**47**)。

(83)

8　Chan-Lam 偶联反应实例

例　一

N-正丁基苯胺的合成[33]

(苯基硼酸与脂肪伯胺之间的 Chan-Lam 交叉偶联反应)

$$PhB(OH)_2 + HN\!\!-\!\!\!\diagup\!\!\!\diagdown \xrightarrow[92\%]{\substack{Cu(OAc)_2 \cdot H_2O\ (10\ mol\%)\\ DMAP\ (20\ mol\%),\ CH_2Cl_2\\ O_2,\ 4A\ MS,\ rt,\ 24\ h}} Ph\!\!-\!\!\underset{H}{N}\!\!-\!\!\!\diagup\!\!\!\diagdown \quad (84)$$

在室温和搅拌下，将正丁胺 (72 mg, 1.00 mmol) 加入到苯基硼酸 (244 mg, 2 mmol)、Cu(OAc)$_2$·H$_2$O (20.0 mg, 0.100 mmol) 和 4A 分子筛 (750 mg) 的 CH$_2$Cl$_2$ (8 mL) 溶液中。生成的混合物在密封的 O$_2$ 气氛中搅拌 24 h 后，过滤

除去分子筛和不溶的副产物。真空浓缩得到的粗产品经柱色谱 (正己烷-乙酸乙酯, 9:1~3:1) 分离，得到淡黄色油状物质 *N*-正丁基苯胺 (137 mg, 92%)。

例　二

N-4′-甲苯基-4-叔丁基苯胺的合成[15]

(苯基硼酸与芳香胺之间的 Chan-Lam 交叉偶联反应)

$$\tag{85}$$

在反应瓶中加入对甲基苯基硼酸 (90 mg, 0.667 mmol, 2.0 eq.)、4-叔丁基苯胺 (53 μL, 0.333 mmol, 1.0 eq.)、醋酸铜 (6.1 mg, 0.333 mmol, 0.1 eq.)、4A 分子筛 (33 mg)、三乙胺 (93 μL, 0.667 mmol, 2.0 eq.)、TEMPO (57.3 mg, 0.367 mmol, 1.1 eq.) 和无水二氯甲烷 (3 mL)。生成的混合物在空气中室温搅拌反应 15 min (TLC 监测) 后，有 90% 的原料已经转化。然后，加入 2 mol/L NH₃-CH₃OH 溶液 (50 μL) 中止反应。减压蒸去溶剂后的残留物经柱色谱 (15% 乙酸乙酯-正己烷) 分离，得到 66 mg (82%) 目标产物。

例　三

苯基肉桂醚的合成[34]

(苯基硼酸盐与醇之间的 Chan-Lam 交叉偶联反应)

$$\tag{86}$$

在室温和搅拌下，将 (*E*)-肉桂醇 (268 mg, 2.0 mmol) 加入到 PhBF₃⁻K⁺ (736 mg, 4.0 mmol)、Cu(OAc)₂·H₂O (40 mg, 0.20 mmol)、DMAP (50 mg, 0.4 mmol) 和 4A 分子筛 (1.5 g) 的 CH₂Cl₂ (15 mL) 溶液中。生成的混合物在密封的 O₂ 气氛中搅拌 24 h 后，过滤除去分子筛和不溶的副产物。真空浓缩得到的粗产品经柱色谱 (正己烷-乙酸乙酯, 9:1~3:1) 分离，得到白色结晶固体苯基肉桂醚 (374 mg, 89%)。

例 四

N-(4-甲基苯基)咪唑的合成[17]
(苯基硼酸与杂环之间的 Chan-Lam 交叉偶联反应)

$$(87)$$

将对甲基苯基硼酸 (2 mmol)，咪唑 (2.4 mmol) 和 CuCl (5 mol%) 的无水甲醇 (10 mL) 溶液在通入干燥空气的条件下回流 3 h。反应完成后，减压蒸去溶剂。生成的残留物经硅胶柱色谱分离提纯得到目标产物 (98%)。

例 五

环己基苯基硫醚的合成[66]
(苯基硼酸与硫醇之间的 Chan-Lam 交叉偶联反应)

$$(88)$$

在氩气保护下，将环己基硫醇 (240 mg, 2.05 mmol)、苯基硼酸 (500 mg, 4.1 mmol, 2.0 eq.)、4A 分子筛 (500 mg, 75%)、醋酸铜 (560 mg, 3.08 mmol, 1.5 eq.)、吡啶 (0.5 mL, 6.15 mmol, 3.0 eq.) 的 DMF (20 mL) 溶液加热回流 3 h。反应结束后，反应液颜色由绿色变为深棕色。减压蒸去溶剂，生成的残留物经硅胶柱色谱分离提纯得到目标产物 (88%)。

9 参考文献

[1] (a) Ullmann, F.; Bielecki, J. *Chem. Ber.* **1901**, *34*, 2174. (b) Ullmann, F. *Chem. Ber.* **1903**, *36*, 2382. (c) Ullmann, F.; Sponagel, P. *Chem. Ber.* **1905**, *38*, 2211.

[2] (a) Louie, J.; Hartwig, J. F. *Tetrahedron Lett.* **1995**, 3609. (b) Guram, A. S.; Rennels, R. A.; Buchwald, S. L. *Angew. Chem., Int. Ed.* **1995**, *34*, 1348.

[3] Chan, D. M. T. *Tetrahedron Lett.* **1996**, *37*, 9013.

[4] Theil, F. *Angew. Chem., Int. Ed.* **1999**, *38*, 2345.

[5] Chan, D. M. T.; Monaco, K. L.; Wang, R.-P.; Winters, M. P. *Tetrahedron Lett.* **1998**, *39*, 2933.

[6] Lam, P. Y. S.; Clark, C. G.; Saubern, S.; Adams, J.; Winters, M. P.; Chan, D. M. T.; Combs, A. *Tetrahedron Lett.* **1998**, *39*, 2941.

[7] Evans, D. A.; Katz, J. L.; West, T. R. *Tetrahedron Lett.* **1998**, *39*, 2937.

[8] (a) Li, J. J. Name Reactions: A Collection of Detailed Mechanisms and Synthetic Applications, 4th Ed., Springer: **2009**. (b) Qiao, J. X.; Lam, P. Y. S. *Synthesis*, **2011**, *6*, 829.

[9] Miyaura, N.; Yanagi, T.; Suzuki, A. *Synth. Commun.* **1981**, *11*, 513.

[10] (a) Collmann, J. P.; Zhong, M. *Org. Lett.* **2000**, *2*, 1233. (b) Collmann, J. P.; Zhong, M.; Zhang, C.; Costanzo, S. *J. Org. Chem.* **2001**, *66*, 7892.

[11] Sautucci, L.; Triboulet, C. *J. Chem. Soc., Chem. Commun.* **1969**, 392.

[12] Lam, P. Y. S.; Bonne, D.; Vincent, G.; Clark, C. G.; Combs, A. P. *Tetrahedron Lett.***2003**, *44*, 1691.

[13] Hall, D. G. Boronic Acids: Preparation, Applications in Organic Synthesis and Medicine. Wiley: New York, **2005**.

[14] Huffman, L. M.; Stahl, S. S. *J. Am. Chem. Soc.* **2008**, *130*, 9196

[15] Lam, P. Y. S.; Vincent, D.; Clark, C. G.; Deudon, S.; Jadhav, P. K. *Tedrahedron Lett.* **2001**, *42*, 3415.

[16] Antilla, J. C.; Buchwald, S. L.*Org. Lett.* **2001**, *3*, 2077.

[17] Lan, J.-B.; Chen, L.; Yu, X.-Q.; You, J.-S.; Xie, R.-G. *Chem. Commun.* **2004**, 188.

[18] Chiang, G. C. H.; Olsson, T. *Org. Lett.* **2004**, *6*, 3079.

[19] Kantam, M. L.; Prakash, B. V.; Reddy, C. V. *J. Mol. Catal. A: Chem.* **2005**, *241*, 162.

[20] Reddy, K. R.; Kumar, N. S.; Sreedhar, B.; Kantam, M. L. *J. Mol. Catal. A: Chem.* **2006**, *252*, 136.

[21] Kantam, M. L.; Venkanna, G. T.; Sridhar, C.; Sreedhar, B.; Choudary, B. M. *J. Org. Chem.* **2006**, *71*, 9522.

[22] Likhar, P. R.; Roy, S.; Roy, M.; Kantam, M. L.; De, R. L. *J. Mol. Catal. A: Chem.* **2007**, *271*, 57.

[23] Kantam, M. L ; Roy, M.; Roy, S.; Sreedhar, B.; De, R. L. *Catal. Commun.* **2008**, *9*, 2226.

[24] Wang, L.; Huang, C.; Cai, C. *Catal. Commun.* **2010**, *11*, 532-536.

[25] Yue, Y.; Zheng, Z.-G.; Wu, B.; Xia, C.-Q.; Yu, X.-Q. *Eur. J. Org. Chem.* **2005**, 5154.

[26] Ley, S. V.; Thomas, A. W. *Angew. Chem., Int. Ed.* **2003**, *42*, 5400.

[27] Collmann, J. P.; Zhong, M.; Zeng, L.; Costanzo, S. *J. Org. Chem.* **2001**, *66*, 1528.

[28] Nishiura, K.; Urawa, Y.; Soda, S. *Adv. Synth. Catal.* **2004**, *346*, 1679 .

[29] Chan, D. M. T.; Monaco, K. L.; Li, R.; Bonne, D.; Clark, C. G.; Lam, P. Y. S. *Tetrahedron Lett.* **2003**, *44*, 3863.

[30] Zhong, W.; Liu, Z.; Yu, C.; Su, W. *Synlett* **2008**, *18*, 2888.

[31] Chernick, E. T.; Ahrens, M. J.; Scheidt, K. A.; Wasielewski, M. R. *J. Org. Chem.* **2005**, *70*, 1486.

[32] Zheng, Z.-G.; Wen, J.; Wang, N.; Wu, B.; Yu, X.-Q. *Beilstein J. Org. Chem.* **2008**, *4*, 1.

[33] Quach, T. D.; Batey, R. A. *Org. Lett.* **2003**, *5*, 4397

[34] Quach, T. D.; Batey, R. A. *Org. Lett.* **2003**, *5*, 1381

[35] Yu, X.-Q.; Yamamoto,Y.; Miyaura, N. *Chem. Asian J.* **2008**, *3*, 1517.

[36] Lam, P. Y. S.; Vincent, G.; Bonne, D.; Clark, C. G. *Tetrahedron Lett.* **2003**, *44*, 4927

[37] Jacobsen, M. F.; Knudsen, M. M.; Gothelf, K. V. *J. Org. Chem.* **2006**, *71*, 9183.

[38] Shade, R. E.; Hyde, A. M.; Olsen, J.-C.; Merlic, C. A. *J. Am. Chem. Soc.* **2010**, *132*, 1202.

[39] Tsuritani, T.; Strotman, N. A.; Yamamoto,Y.; Kawasaki, M. *Org. Lett.* **2008**, *10*, 1653.

[40] Be´nard, S.; Neuville, L.; Zhu, J. *J. Org. Chem.* **2008**, *73*, 6441.

[41] Gonza´lez, I.; Mosquera, J.; Guerrero, C.; Rodríguez, R.; Cruces, J. *Org. Lett.* **2009**, *11*, 1677.

[42] Lam, P. Y. S.; Deudon, S.; Averill, K. M.; Li, R.; He, M. Y.; DeShong, P.; Clark, C. G. *J. Am. Chem. Soc.* **2000**, *122*, 7600

[43] Lam, P. Y. S.; Deudon, S.; Hauptman, E.; Clark, C. G. *Tetrahedron Lett.* **2001**, *42,* 2427.

[44] Lam, P. Y. S.; Clark, C. G.; Saubern, S.; Adama, J.; Averill, K. M.; Chan, D. M. T.; Combs, A. *Synlett* **2000**, *5*, 674.

[45] Lam, P. Y. S.; Vincent, C.; Bonne, D.; Clark, C. G. *Tetrahedron Lett.* **2002**, *43*, 3091.

[46]　Liu, S.; Yu, Y.; Liebeskind, L. S. *Org. Lett.* **2007**, *9*, 1947

[47]　Cundy, D. J.; Forsyth, S. A. *Tetrahedron Lett.* **1998**, *39*, 7979.

[48]　Combs, A. P.; Saubern, S.; Rafalski, M.; Lam, P. Y. S. *Tetrahedron Lett.* **1999**, *40*, 1623

[49]　Mederski, W. W. K. R.; Lefort, M.; Germann, M.; Kux, D. *Tetrahedron* **1999**, *55*, 12757.

[50]　Collot, V.; Bovy, P. R.; Rault, S. *Tetrahedron Lett.* **2000**, *41*, 9053.

[51]　Bekolo, H. *Can. J. Chem.* **2007**, *85*, 42.

[52]　Combs, A. P.; Rafalski, M. *J. Comb. Chem.* **2000**, *2*, 29.

[53]　Lan, J.-B.; Zhang, G.-L.; Yu, X.-Q.; You, J.-S.; Chen, L.; Yan, M.; Xie, R.-G. *Synlet* **2004**, *6*, 1095.

[54]　Ding, S.; Gray, N. S.; Ding, Q.; Schultz, P. G. *Tetrahedron Lett.* **2001**, *42*, 8751.

[55]　Bakkestuen, A. K.; Gundersen, L.-L. *Tetrahedron Lett.* **2003**, *44*, 3359.

[56]　Strouse, J. J.; Jeselnik, M.; Tapaha, F.; Jonsson, C. B.; Parker, W. B.; Arterburn, J. B. *Tetrahedron Lett.* **2005**, *46*, 5699.

[57]　Tao, L.; Yue, Y.; Zhang, J.; Chen, S.-Y.; Yu, X.-Q. *Helv. Chim. Acta* **2008**, *91*, 1008.

[58]　Rao, H.; Fu, H.; Jiang, Y.; Zhao, Y. *Angew. Chem., Int. Ed.* **2009**, *48*, 1114.

[59]　Zhou, C.; Yang, D.; Jia, X.; Zhang, L.; Cheng, J. *Synlett* **2009**, *19*, 3198.

[60]　Tao, C.-Z.; Cui, X.; Li, J.; Liu, A.-X.; Liu, L.; Guo, Q.-X. *Tetrahedron Lett.* **2007**, *48*, 3525.

[61]　Voisin, A. S.; Bouillon, A.; Lancelot, J.-C.; Lesnard, A.; Rault, S. *Tetrahedron* **2006**, *62*, 6000.

[62]　Singh, B. K.; Stevens, C. V.; Acke, D. R.; Parmar, V. S.; Eycken, E V. V. *Tetrahedron Lett.* **2009**, *50*, 15.

[63]　Decicco, C. P.; Song, Y.; Evans, D. A. *Org. Lett.* **2001**, *3*, 1029.

[64]　Hitotsuyanagi, Y.; Ishikawa, H.; Naito, S.; Takeya, K. *Tetrahedron Lett.* **2003**, *44*, 5901.

[65]　Petrassi, H. M.; Sharpless, K. B.; Kelly, J. W. *Org. Lett.* **2001**, *3*, 139.

[66]　Herradura, P. S.; Pendola, K. A.; Guy, R. K. *Org. Lett.* **2000**, *2*, 2019.

[67]　Krouzelka, J.; Linhart, I. *Eur. J. Org. Chem.* **2009**, 6336.

[68]　Combs, A. P.; Tadesse, S.; Rafalski, M.; Haque, T. S.; Lam, P. Y. S. *J. Comb. Chem.* **2002**, *4*, 179.

[69]　Singh, B. K.; Appukkuttan, P.; Claerhout, S.; Parmar, V. S.; Eycken, E. V. *Org. Lett.* **2006**, *8*, 1863.

[70]　Kantam, M. L.; Neelima, B.; Reddy, C. V.; Neeraja, V. *J. Mol. Catal. A: Chem.* **2006**, *249*, 201.

[71]　(a) Parenti, F.; Beretta, G.; Berti, M.; Arioti, V. *J. Antibiot.* **1978**, *31*, 276. (b) Hunt, A. H.; Molloy, R. M.; Occolowitz, J. L.; Marconi, G. G.; Debono, M. *J. Am. Chem. Soc.* **1984**, *106*, 4891. (c) Barna, J. C. J.; Williams, D. H.; Stone, D. J. M.; Leung, T.-W. C.; Doddrell, D. M. *J. Am. Chem. Soc.* **1984**, *106*, 4895. (d) Nagarajan, R. *J. Antibiot.* **1993**, *46*, 1181.

[72]　(a) Williams, D. H. *Nat. Prod. Reports* **1996**, 469. (b) Foldes, M.; Munro, R.; Sorrell, T. C.; Shankar, S.; Toohey, M. *J. Antimicrob.Chemother.* **1983**, *11*, 21.

[73]　Evans, D. A.; Katz, J. L.; Peterson, G. S.; Hintermann, T. *J. Am. Chem. Soc.* **2001**, *123*, 12411.

[74]　(a) Matsuzaki, K.; Ikeda, H.; Ogino, T.; Matsumoto, A.; Woodruff, H. B.; Tanaka, H.; Omura, S. *J. Antibiot.* **1994**, *47*, 1173. (b) Gouda, H.; Matsuzaki, K.; Tanaka, H.; Hirono, S.; Omura, S.; McCauley, J. A.; Sprengeler, P. A.; Furst, G. T.; Smith, A. B. *J. Am. Chem. Soc.* **1996**, *118*, 13087. (c) Tanaka, H.; Matsuzaki, K.; Nakashima, H.; Ogino, T.; Matsumoto, A.; Ikeda, H.; Woodruff, H. B.; Omura, S. *J. Antibiot.* **1997**, *50*, 58. (d) Matsuzaki, K.; Ogino, T.; Sunazuka, T.; Tanaka, H.; Omura, S. *J. Antibiot.* **1997**, *50*, 66.

[75]　(a) Seto, H.; Fujioka, T.; Furihata, K.; Kaneko, I.; Takahashi, S. *Tetrahedron Lett.* **1989**, *30*, 4987. (b) Kaneko, I.; Kamoshida, K.; Takahashi, S. *J. Antibiot.* **1989**, *42*, 236.

[76]　Deng, H.; Jung, J.-K.; Liu, T.; Kuntz, K. W.; Snapper, M. L.; Hoveyda, A. H. *J. Am. Chem. Soc.* **2003**, *125*, 9032.

[77]　Deal, J. G.; Bender, S. L.; Chong, W. K. M.; Duvadie, R. K.; Caldwell, A. M.; Li, L.; McTigue, M. A.; Wickersham, J. A.; Appelt, K.; Almassy, R. J.; Shalinsky, D. R.; Daniels, R. G.; McDermott, C. R.; Brekken, J.; Margosiak, S. A.; Kumpf, R. A.; Abreo, M. A.; Burke, B. J.; Register, J. A.; Dagostino, E.

F.; Vanderpool, D. L.; Santos, O. Presented at the 217th National Meeting of the American Chemical Society, Anaheim, CA, March 21-25, **1999**, MEDI-197.

[78] Yu, S.; Saenz, J.; Srirangam, J. K. *J. Org. Chem.* **2002**, *67*, 1699.

[79] (a) Fry, S. C. *Biochem. J.* **1982**, *204*, 449. (b) Epstein, L.; Lamport, D. T. A. *Phytochemistry* **1984**, *23*, 1241. (c) Cooper, J. B.; Varner, J. E. *Biochem. Biophys. Res. Commun.* **1983**, *112*, 161.

[80] Jung, M. E.; Lazarova, T. I. *J. Org. Chem.* **1999**, *64*, 2976.

铜催化的炔烃偶联反应

(Copper-Catalyzed Coupling Reactions of Alkynes)

华瑞茂[*]　李杰

1　铜试剂在有机合成反应中的应用概要

铜是廉价的后过渡金属,铜盐和铜试剂参与的有机反应在发展有机合成新方法过程中发挥了重要的作用。例如:在 Ullmann 偶联反应中,金属铜粉被用于催化卤苯脱卤偶联生成联芳烃[1]、邻氯苯甲酸与苯胺偶联生成二芳基胺[2]或者酚钾盐与卤苯偶联生成二苯醚[3]。在优化的 Ullmann 偶联反应中，铜盐被用于诱导或催化的 sp^2-杂化的 C-C、C-N、C-P、C-O 和 C-S 键的形成反应[4]。

1859 年，Böttger 报道了首个有机铜试剂（含 Cu-C 键）Cu-C≡C-Cu 的合成。该试剂极不稳定并容易引发爆炸[5]，但其它稳定的有机铜试剂已经广泛地被用作亲核试剂。例如：RC≡CCu、Me_2CuLi 和 Ph_2CuLi 等，它们与缺电子的羰基化合物或 α,β-不饱和化合物等亲电试剂的反应已经成为形成 C-C 键的一类重要反应[6]。

随着过渡金属有机化学的发展，基于过渡金属诱导或催化的有机反应在合成化学中得到了广泛的应用。与传统的有机合成反应相比较，这类反应一般具有效率高、立体和/或区域选择性好的优点，为合成含多官能团复杂分子提供了高效和高选择性的合成途径。金属铜盐以及铜的配合物作为金属试剂和催化剂也发挥了重要的作用，一个典型的反应就是在亚铜盐的存在下可以提高 Grignard 试剂与 α,β-不饱和羰基化合物的 1,4-加成选择性。如式 1 所示：Grignard 试剂与 α,β-不饱和环己烯酮反应，主要生成 1,2-加成产物和经脱水生成 1,3-二烯衍生物。若加入催化量的 CuCl 作为催化剂，则主要生成 1,4-加成产物[7]。

$$(1)$$

在催化量 CuBr 的存在下，Grignard 试剂能与 1,6-共轭二烯酮进行高选择性的 1,6-加成反应，生成 α,β-不饱和酮衍生物。如式 2 所示：该反应已经成为工业规模全合成 Fulvestrant 的重要步骤之一[8]。

$$(2)$$

C-C 键形成的偶联反应是构建碳骨架的基本反应。特别是在 $C_{(sp2)}$-$C_{(sp2)}$ 和 $C_{(sp2)}$-$C_{(sp)}$ 键的形成偶联反应中，Pd(0)/Cu(I) 组合的双金属催化剂是常用的催化体系。Pd(0) 配合物的作用通常是基于 C-X 键（X = 卤素）的氧化加成反应，形成 C-Pd-X 中间体。而 Cu(I) 的作用是形成 Cu-C 中间体，然后再与 C-Pd-X 反应生成 C-Pd-C 中间体和 CuX。在从末端炔烃与卤代芳烃经 Sonogashira 交叉偶联合成内部炔烃的反应中，Pd(0)/Cu(I) 组合催化剂已经得到了最为广泛的应用[9]。在最近几年，基于 Pd(0)/Cu(I) 组合催化剂的应用在发展新型 C-C 键形成的偶联反应中发挥了积极的作用。如式 3 所示：在添加合适的配体时，Pd(acac)₂/CuI 能够有效地催化缺电子溴代芳烃与芳基羧酸的脱羧交叉偶联生成联苯衍生物[10]。在此偶联反应中，羧酸与 Cu(I) 发生脱酸反应生成 Cu-Ar 中间体被认为是发生偶联反应的重要步骤之一。

末端炔烃的 C-H 键具有特殊的反应特性，极易形成稳定的炔基铜化合物 R-C≡C-Cu。在许多炔烃经偶联反应生成 C-C 键和 C-杂原子键的反应中，原位生成的 R-C≡C-Cu 被证明是关键的中间体。虽然 Pd(0)/Cu(I) 组合的双金属催化剂是多种偶联反应的有效催化剂，但由于铜是一种廉价且低毒的金属，探索和建立铜盐诱导或催化的高效和高选择性的偶联反应是一项有意义的工作。事实上，近年来基于铜盐诱导或催化的各种偶联反应的研究已经取得了显著的进展[11]。因此，本章将重点综述铜盐催化的末端炔烃参与的 C-C 键和 C-杂原子键形成的偶联反应，以及这些偶联反应在天然产物和有机材料等合成中的应用。

2 铜催化炔烃的碳-碳键形成反应

2.1 内部炔烃的合成

末端炔烃 C-H 键与 C-X 键 (X: 杂原子) 的交叉偶联反应是合成内部炔烃最简单有效的方法。最典型的反应是末端炔烃与卤代芳烃之间的 Sonogashira 交叉偶联反应，在其钯-铜组合催化剂中铜盐被用作助催化剂[12]。由于 Sonogashira 交叉偶联反应的重要性，该反应得到了系统的研究和优化。人们发现：在适当的反应条件下，早期被认为只能作为助催化剂的 Cu(I) 也能单独催化该反应。

早在 1963 年，Castro 和 Stephens 就报道了碘代芳烃与炔基铜(I) 在吡啶溶液中回流生成芳基取代炔烃的反应。如式 4 所示[13]：该反应现在也被称之为 Castro-Stephens 偶联反应。他们认为：该反应过程包括有卤代芳烃 $C_{(sp2)}$-X 键 与炔基铜的氧化加成反应形成以及随后的 C-Cu 键的还原消除反应 (式 5)。

$$
\text{(芳环)}-I + Cu\!\!=\!\!\!=\!\!\!=\!\!Ph \xrightarrow[75\%\sim99\%]{Py, reflux} \text{(芳环)}-\!\!=\!\!\!=\!\!\!=\!\!Ph \qquad (4)
$$

R = H, MeO, NH₂, CO₂H, OH, NO₂

$$
\begin{array}{c}
ArX \\
+ \\
Cu\!=\!=\!R
\end{array}
\xrightarrow{\text{氧化加成}}
\begin{array}{c}
X \\
| \\
Ar-Cu\!=\!=\!R \\
\text{Cu(III) intermediate}
\end{array}
\xrightarrow{\text{还原消除}}
\begin{array}{c}
CuX \\
+ \\
Ar\!=\!=\!R
\end{array}
\qquad (5)
$$

当卤代芳烃的邻位含有亲核基团时，Castro-Stephens 偶联反应可以应用于苯 并双环化合物的合成。如式 6 所示：炔基铜(I) 与邻碘苯甲酸在 DMF 溶液中 回流 4 天可以生成 87% 的苯并吡喃酮衍生物[14]。

$$
\text{(邻碘苯甲酸)} + Cu\!=\!=\!^{n}Pr \xrightarrow[87\%]{DMF, reflux, 4 d} \text{(苯并吡喃酮)}\!-\!^{n}Pr \qquad (6)
$$

1992 年，Miura 等人最早报道了 Cu(I) 盐单独催化的末端炔烃与卤代芳烃的 Sonogashira 反应[15]。他们发现：在含有 K_2CO_3 的 DMF 溶液中，CuI/PPh₃ 能够 有效地催化末端炔烃与碘代芳烃的交叉偶联反应，高产率地生成内部炔烃产物 (式 7)。在碘代芳烃的交叉偶联反应中，CuBr 和 CuCl 也表现出与 CuI 相似的催化活性。

$$
Ph\!-\!\!=\!\!=\! + PhI \xrightarrow[98\%]{\substack{CuI\ (5\ mol\%),\ PPh_3\ (10\ mol\%) \\ K_2CO_3\ (1.5\ eq.),\ DMF,\ 120\ ^oC,\ 16\ h}} Ph\!-\!\!=\!\!=\!-Ph \qquad (7)
$$

传统的 Sonogashira 偶联反应一般是指卤代芳烃与末端炔烃的反应。但在最 近几年，用芳基硼酸代替卤代芳烃进行的偶联反应也得到了发展。Mao 等人报道： 使用 CuBr/rac-BINOL 可以催化苯硼酸与苯乙炔的偶联反应，高产率地生成二苯 乙炔 (式 8)[16]。铜盐和配体的用量对该反应有奇妙的影响，减少或增加铜盐和配 体的用量均大幅度地降低反应的产率。Cheng 等人报道：在无配体的存在下，CuI 也能够催化芳基硼酸与末端炔烃的偶联反应，而且缺电子炔烃具有较好的反应活 性 (式 9)[17]。但是，该反应必须添加用于活化 C-B 键的 Ag_2O 来提高反应的效率。

$$
PhB(OH)_2 + \!=\!\!=\!-Ph \xrightarrow[84\%]{\substack{CuBr\ (20\ mol\%),\ rac\text{-}BINOL\ (40\ mol\%) \\ Cs_2CO_3,\ DMF,\ 110\ ^oC,\ 24\ h}} Ph\!-\!\!=\!\!=\!-Ph \qquad (8)
$$

$$\text{ArB(OH)}_2 \ + \ \text{\textbf{≡}}\text{—Ph} \xrightarrow[\substack{\text{Cs}_2\text{CO}_3 \text{ (2.0 eq.), DCE, 80 }^\circ\text{C, 36 h} \\ 84\%}]{\text{CuI (15 mol\%), Ag}_2\text{O (2.0 eq.)}} \text{Ar}\text{—\textbf{≡}}\text{—Ph} \qquad (9)$$

Ar = Ph, R = Ph, 63%;   Ar = Ph, R = CO$_2$Et, 80%
Ar = p-ClC$_6$H$_4$, R = Ph, 36%;   Ar = p-ClC$_6$H$_4$, R = CO$_2$Et, 88%
Ar = p-MeOC$_6$H$_4$, R = Ph, 63%;   Ar = p-MeOC$_6$H$_4$, R = CO$_2$Et, 67%

  膦配体最常用于 Cu(I) 催化的 Sonogashira 反应，其它含氮或/和含氧原子[18]配体也可以用于该目的。Ma 等人报道：在 DMF 溶剂中，CuI/N,N-二甲基氨基乙酸催化的对溴氯苯和苯乙炔的偶联反应可以高产率地生成相应的内部炔烃 (式 10)[19]。他们还进一步研究了 CuI/L-proline 催化的邻溴苯胺衍生物与末端炔烃的偶联反应，建立了苯并吡咯衍生物合成的一锅反应方法 (式 11)[20]。Li 等人比较了含氮配体 (例如：DABCO、Et$_3$N、TMEDA 和 HMPA) 与 CuI 生成的组合催化剂在碘代芳烃的 Sonogashira 偶联反应中的催化活性，最后证明 CuI/DABCO 具有最好的催化活性[21]。Taillefer 等人考察了 Cu(II) 和 Cu(I) 盐与含氧和含氮配体的催化活性，结果发现 Cu(acac)$_2$ 配合物就是一个有效的催化剂 (式 12)[22]。

$$(10)$$

Cu(I) (10 mol%), Me$_2$NCH$_2$CO$_2$H (30 mol%), K$_2$CO$_3$, DMF, 100 $^\circ$C, 94%

$$(11)$$

CuI (2.0 mol%), L-proline (6.0 mol%), K$_2$CO$_3$, DMF, 80 $^\circ$C

R = H, R' = Ph, 95%; R = H, R' = p-ClC$_6$H$_4$, 85%
R = H, R' = p-MeOC$_6$H$_4$, 88%; R = p-MeO, R' = Ph, 87%
R = p-Et, R' = Ph, 94%; R = p-NO$_2$, R' = Ph, 71%

$$(12)$$

Cu(acac)$_2$ (10 mol%), L (30 mol%), K$_2$CO$_3$, DMF, 90~120 $^\circ$C, 63%~96%

R = EDG, EWG; R' = aryl, alkyl; L = PhCOCH$_2$COPh

  Cu(phen)(PPh$_3$)NO$_3$ 也可以用于催化邻碘苯酚衍生物与末端芳炔的偶联-环化反应，最终得到苯并呋喃产物 (式 13)[23]。

$$(13)$$

Cu(phen)(PPh$_3$)NO$_3$ (10 mol%), Cs$_2$CO$_3$, PhMe, 110 $^\circ$C, 24 h, 96%

Vogel 等人报道：在含有 Cs$_2$CO$_3$ 的 NMP 溶液中，CuI 与 Fe(II) 或 Fe(III) 盐生成的组合催化剂也可以催化碘代芳烃的 Sonogashira 偶联反应，CuI/Fe(acac)$_3$ 具有最好的催化活性[24]。但是，该催化剂体系不能催化溴代芳烃与末端炔烃的偶联反应。随后，Mao 等人发现：在含有 K$_3$PO$_4$ 的 DMSO 溶液中，CuI/Fe(acac)$_3$ 在溴代芳烃的 Sonogashira 反应中有一定的催化活性[25]。

当使用反应活性极高的高价碘盐代替碘代芳烃时，CuI 可以在室温和无配体条件下催化它们与末端炔烃的 Sonogashira 交叉偶联反应 (式 14)[26]。

$$\text{(14)}$$

微波辐射促进的有机合成反应在近 20 年来得到了很大的发展，微波辐射的最大特点是能极大地提高反应速率，并能实现在常规加热条件下难以进行的转化反应[27]。He 等人报道：在无配体存在下，微波辐射可以促进 CuI 催化的吸电子或给电子基团取代的碘代芳烃与富电子或缺电子取代的末端芳基炔烃的 Sonogashira 偶联反应。如式 15 所示[28]：该反应一般在 2~6 h 完成，生成 43%~87% 的内部炔烃。后来，Lamaty 等人报道了在 PEG 反应介质中使用微波辐射促进的 CuI 催化的碘代芳烃与苯乙炔的偶联反应 (式 16)[29]。

$$\text{(15)}$$

$$\text{(16)}$$

此外，可循环利用的负载型铜催化剂以及含铜纳米材料在碘代或活泼溴代芳烃与末端炔烃的 Sonogashira 偶联反应中也得到了应用[30]。这些催化剂不仅具有很高的催化活性，而且具有催化剂可以回收再利用和产物易分离纯化等优点。如式 17 所示：在 PPh$_3$ 配体的存在下，Cu$_2$O 纳米颗粒可以催化对甲氧基碘苯与苯乙炔的反应生成 93% 的偶联产物[31]。但是，与均相铜配合物催化体系相比较，这些催化体系存在有反应温度较高和底物普适性较窄等缺点。

$$\text{(17)}$$

2.2 1,3-丁二炔的合成

1,3-丁二炔及其衍生物是共轭的二炔分子，它们在有机合成反应、特别是在环化加成反应中得到了广泛的应用[32]。在许多天然产物[33]和具有特殊光、电性质的有机材料分子中[34]，1,3-丁二炔单元结构具有重要的功能作用。因此，对这类化合物的合成法研究是有机合成方法学的重要内容之一。

在对称 1,3-丁二炔衍生物的合成中，最简单和高效率的方法是两分子末端炔烃 C-H 键之间的氧化脱氢偶联反应 (式 18)。早在 1869 年，Glaser 就报道了在 NH₄OH 和氧气的存在下使用 CuCl 催化苯乙炔 (R = Ph) 的氧化脱氢偶联反应，高产率地生成 1,4-二苯-1,3-丁二炔产物。现在，该反应也被称之为 Glaser 偶联反应[35]。该反应的机理研究认为：在碱性条件下，CuCl 首先与末端炔烃的 C-H 键反应生成炔基铜(I) 中间体。然后，Cu(I) 中间体被氧化为 Cu(II) 中间体。接着，C-Cu(II) 键发生均裂生成炔基自由基和 Cu(I)。最后，炔基自由基经偶联二聚形成 1,3-丁二炔 (式 19)。Eglinton 等在 1956 年报道了类似的反应：直接使用等量或过量的 Cu(OAc)₂ 诱导末端炔烃脱氢偶联反应形成 1,3-丁二炔衍生物。有时，该反应也被称为 Eglinto 偶联反应 (式 20)[36]。反应机理研究认为：该反应的二炔产物也是通过炔基自由基的偶联二聚反应形成的。Hay 对 Glaser 偶联反应进行了改进，使用 TMEDA 或吡啶作为络合剂。有时，该反应也被称之为 Hay 偶联反应[37]。虽然有些文献使用 "Eglinton 偶联反应" 或 "Hay 偶联反应"，但这两个反应均是在 Glaser 偶联反应基础上进行的改良。因此，在大多数的文献中，Cu(I)、Cu(II) 和 Cu(I)/Cu(II) 诱导或催化的末端炔烃的偶联反应通称为 Glaser 偶联反应。在本节中也只使用 "Glaser 偶联反应" 的名称。Glaser 偶联反应是合成对称 1,3-丁二炔衍生物的最简单的方法，在合成低聚共

$$R{\equiv}H \ + \ H{\equiv}R \ \xrightarrow{-2\ "H"} \ R{\equiv}{\equiv}R \qquad (18)$$

$$R{\equiv}H \ \xrightarrow{CuCl,\ O_2,\ NH_4OH,\ EtOH} \ R{\equiv}{\equiv}R \qquad (19)$$

$$R{\equiv}H \ + \ Cu(OAc)_2 \ \xrightarrow{pyridine,\ MeOH} \ R{\equiv}{\equiv}R \qquad (20)$$
$$(\geqslant 1.0\ eq.)$$

轭多炔分子中也得到了广泛的应用。

Beifuss 等人系统地考察了 CuCl 在不同碱和配体存在下对 Glaser 偶联反应的催化活性。他们发现：碱和配体的性质对催化活性有着显著的影响。使用氧气为氧化剂和乙腈为溶剂，选择 2.0 mol% 的 CuCl、1.5 mol% 的 TMEDA 或 DBEDA 以及添加 DBU 或 DABCO 可以得到最好的结果。如式 21 所示[38]：在此条件下，苯乙炔衍生物均能顺利地进行偶联反应，高产率得到 1,4-二芳基-1,3-丁二炔。但是，该催化条件对烷基炔烃和杂原子芳基炔烃的催化活性不高。

$$
\underset{R}{\text{──≡}} \xrightarrow[\substack{R = H, 99\%; \ R = Et, 99\% \\ R = F, 97\%; \ R = OMe, 93\%}]{\substack{\text{CuCl (2.0 mol\%), O}_2\text{, TMEDA} \\ \text{(1.5 mol\%), DBU (1.0 eq.), rt, 24 h}}} \left(R\text{──≡}\right)_2 \quad (21)
$$

Hua 等人研究了在不同的溶剂中 CuCl 与不同碱组合在末端炔烃的 Glaser 偶联反应中的催化活性，发现 CuCl/piperidine 组合在 DMF 溶剂中使用具有很高的催化活性 (式 22)[39]。该催化剂的特点是底物的普适性广，脂肪族炔烃、富电子和缺电子芳基炔烃都能顺利地发生偶联反应。

$$
R\text{──≡──H} \xrightarrow[\substack{R = n\text{-}C_5H_{11}, 93\%; \ R = Cl(CH_2)_3, 90\% \\ R = NC(CH_2)_3, 87\%; \ R = Ph, 96\% \\ R = p\text{-}MeOC_6H_4, 89\%; \ R = o\text{-}CF_3C_6H_4, 94\%}]{\substack{\text{CuCl (2.0 mol\%), piperidine (10 mol\%)} \\ \text{in air, PhMe, 60 }^\circ\text{C, 6~8 h}}} R\text{──≡──≡──R} \quad (22)
$$

除了 O$_2$ 或空气作为氧化剂以外，I$_2$ (式 23)[40]和 NBS (式 24)[41]等也可于同样的目的。由于这些氧化剂在反应溶液中具有较好的溶解度，因此可以显著地提高偶联反应的效率。当使用 NBS 作为氧化剂时，偶联反应可以在温和的条件下进行，非常适用于含糖或氨基酸单元等复杂炔烃的偶联反应。

$$
Ph\text{──≡} \xrightarrow[99\%]{\substack{\text{CuI (1.0 eq.), I}_2\text{ (1.0 eq.), Na}_2\text{CO}_3 \\ \text{(2.0 eq.), DMF, 80 }^\circ\text{C, 3 h}}} Ph\text{──≡──≡──Ph} \quad (23)
$$

$$
\xrightarrow[\text{DIPEA (1.0 eq.), CH}_3\text{CN, rt, 4 h}]{\text{CuI (0.5 eq.), NBS (0.5 eq.)}} \quad (24)
$$

通过炔键连接的芳环大环分子具有刚性和基团的取向性，是超分子化学和有机材料化学研究的重要化合物之一[42]。Tsuji 等人报道：在吡啶溶剂中，CuCl/CuCl$_2$ 诱导的二分子末端二炔脱氢偶联反应可以生成 70% 的大环刚性分子 (式 25)[43]。

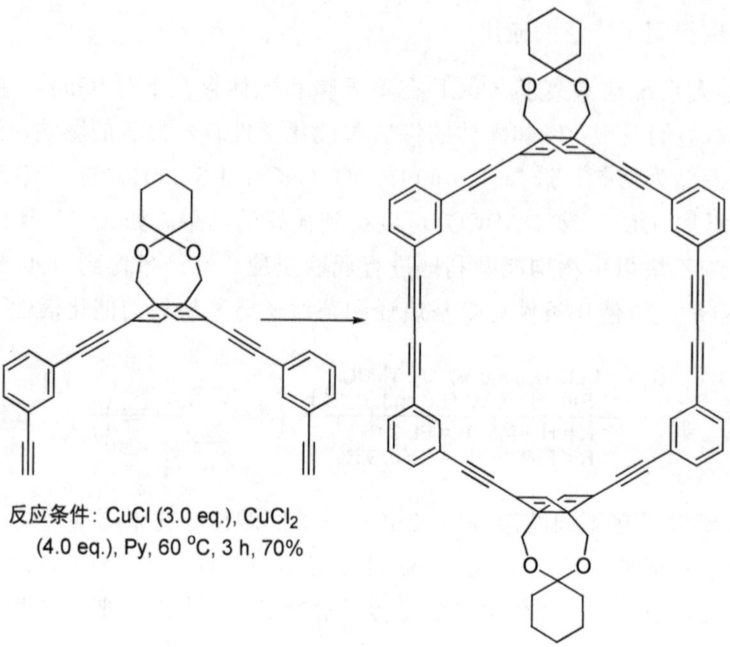

$$(25)$$

反应条件: CuCl (3.0 eq.), CuCl$_2$
(4.0 eq.), Py, 60 °C, 3 h, 70%

在 Glaser 偶联反应条件下，直接使用三个双炔发生分子间的环化脱氢三聚不能够得到理想的结果。这主要是因为反应中也生成了二聚环化产物和非环偶联产物的原因。如式 26 所示：Höger 等人巧妙地设计了以 1,3,5-三甲酸苯为分子

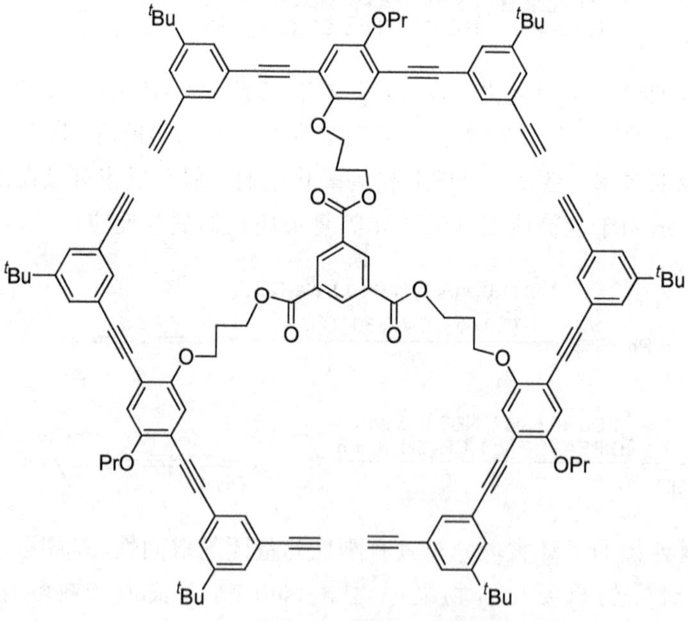

96% | CuCl (*ca.* 150 eq.)
CuCl$_2$ (*ca.* 20 eq.)
Py, rt, 99 h

(26)

模板的合成策略。他们将三个炔烃分子的空间位置固定下来，将分子间的 Glaser 偶联反应转化成为分子内的 Glaser 偶联反应。待偶联反应完成后，除去模板分子即可高产率得到三聚产物[44]。

在 Cu(OAc)$_2$ 的诱导下，共轭末端烯-炔底物也能顺利地进行二分子间的 Glaser 偶联反应。如式 27 所示[45]：该反应生成了具有新颖结构的共轭烯-炔-炔-烯环状化合物。

$$(27)$$

在铜盐诱导或催化下，炔基硼酸酯或炔基硼化合物也可以发生 Glaser 偶联反应生成对称的 1,3-丁二炔衍生物。Nishihara 等人报道：在极性溶剂 DMI 中 (DMI = 1,3-dimethyl-2-imidazolidinone)，等物质的量的 Cu(OAc)$_2$ 能够有效地诱导炔基硼酸酯的偶联反应，高产率地生成对称的二炔化合物 (式 28)[46]。Paixao 等人研究了 Cu(I) 和 Cu(II) 盐催化的 KBRF$_3$ (R = 炔基) 的 Glaser 偶联反应。他们发现：不同的溶剂和铜盐对偶联反应的影响都比较大[47]。在 DMSO 溶剂中，10 mol% 的 Cu(OAc)$_2$ 在 60 °C 就能够催化多种结构的炔基三氟硼化钾发生 Glaser 偶联反应，高产率地生成 1,3-丁二炔衍生物 (式 29)。这些反应体系的特点是无需添加有机碱，Cu(I) 和 Cu(II) 盐均显示出很好的催化活性。但是，在没有有机碱存在的情况下，Cu(OAc)$_2$ 对末端炔烃的 C-H 键没有催化活性 (式 30)。

$$(28)$$

$$(29)$$

R = Ph, 97%; n-C$_4$H$_9$, 86%; 88%; 87%

$$(30)$$

使用两种不同结构的末端炔烃发生分子间交叉偶联反应来合成不对称 1,4-二取代-1,3-丁二炔仍然是一个难点。因为每种炔烃均可以发生自身偶联，通常生成三种偶联产物。因此，使用炔烃 C$_{(sp)}$-X 键 (X = 杂原子) 与另一炔烃分子 C-H 键的交叉偶联反应已经成为制备不对称 1,3-丁二炔衍生物的主要方法之一。

使用炔基卤与炔基铜发生偶联反应可以合成不对称 1,3-丁二炔衍生物,该反应也被称为 Cadiot-Chodkiewicz 偶联反应 (式 31)[48]。其反应机理与 Castro-Stephens 偶联反应相似,包含有 C-X 键与炔基铜的氧化加成反应和 C-Cu 键的还原消除反应。由于末端炔烃很容易转化为炔基铜试剂,而 Cu(I) 可以在偶联反应中原位再生,因此 Cu(I) 催化的末端炔烃与 $C_{(sp)}$-X 键的偶联反应统称为 Cadiot-Chodkiewicz 偶联反应。

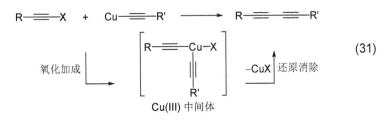

$$ \qquad (31) $$

Walton 等人报道:在碱性条件下,CuCl 可以在室温下催化苯乙炔与溴代三乙基硅乙炔的交叉偶联反应,生成中等产率的 Et_3Si 基团取代的不对称 1,3-丁二炔 (式 32)[49]。由于 $C_{(sp)}$-Si 键可以转化为 $C_{(sp)}$-H 键,在相同的催化剂体系中只要重复发生与溴代三乙基硅乙炔的交叉偶联反应就可以合成具有特殊光、电性质的低聚线型共轭炔烃分子。

$$
\begin{array}{c}
Ph\!-\!\!\equiv\!\!-H \\
+ \\
Et_3Si\!-\!\!\equiv\!\!-Br
\end{array}
\quad
\xrightarrow[\substack{NH_2OH\cdot HCl\ (15\ mol\%),\ DMF,\ rt \\ 50\%}]{CuCl\ (2.0\ mol\%),\ EtNH_2\ (1.6\ eq.)}
\quad
Ph\!-\!\!\equiv\!\!-\!\!\equiv\!\!-SiEt_3
$$

$$ \qquad (32) $$

$$
Ph\!-\!(\!\equiv\!)_{n+2}\!-\!H \xleftarrow{\ \ \ \ \ \ \ \ \ \ \ \ } nEt_3Si\!-\!\!\equiv\!\!-Br \quad Ph\!-\!(\!\equiv\!)_2\!-\!H
$$

CuCl 催化的 Cadiot-Chodkiewicz 偶联反应对底物官能团的兼容性非常好。如式 33 所示:在 95% 的乙醇溶剂中,3-溴-2-炔-1-丙醇 (n = 1)、4-溴-或 4-碘-3-炔-1-丁醇 (n = 2) 与 1-辛炔的交叉偶联反应能够在室温下顺利进行,高产率地生成相应的含羟基取代的不对称二炔产物[50]。当亚甲基的数目增加时 (n = 3, 4),反应产率的下降似乎与羟基的存在没有直接的关系。

$$
\begin{array}{c}
HO(CH_2)_n\!-\!\!\equiv\!\!-X \\
+ \\
n\text{-}C_6H_{13}\!-\!\!\equiv\!\!-H
\end{array}
\quad
\xrightarrow[\substack{{}^{n}PrNH_2,\ EtOH,\ in\ Ar,\ rt}]{CuCl\ (10\ mol\%),\ NH_2OH}
\quad
HO(CH_2)_n\!-\!\!\equiv\!\!-\!\!\equiv\!\!-n\text{-}C_6H_{13}
$$

$$ \qquad (33) $$

X = Br, n = 1, 97%; X = I, n = 2, 95%;
X = Br, n = 2, 98%; X = I, n = 4, 40%;
X = Br, n = 3, 66%; X = Br, n = 4, 37%

Mori 等人研究了有机硅化物在 C-C 键形成反应中的应用,他们发现:Cu(I) 能够诱导 $C_{(sp2)}$-Si 键的脱硅偶联反应[51],而 Cu(I)/Pd(0) 能够催化活化炔烃的

C$_{(sp)}$-Si 键[52]。与此同时，Hosomi 等人报道了将 C$_{(sp)}$-Si 键直接转化成为 C$_{(sp)}$-Cu 键的反应[53]。基于这些研究结果，Mori 等人研究了芳基炔硅烷与芳基氯代炔烃的交叉偶联反应，建立了不同于 Cadiot-Chodkiewicz 偶联反应底物的不对称 1,3-丁二炔的合成反应方法 (式 34)[54]。该反应具有两个特点: (1) 芳基氯代炔烃能有效地参与反应，而氯代炔烃在 Cadiot-Chodkiewicz 偶联反应中的反应性很低[55]; (2) 交叉偶联产物的产率受到取代基性质的影响较大: 芳基炔硅烷的芳基含给电子基团时的反应活性比含吸电子基团时高，R-基和 R'-基调换后的反应产率也有显著的不同。此外，在反应体系中加入 PdCl$_2$(PPh$_3$)$_2$ 作为共催化剂时，交叉偶联产物的产率大幅度降低，而氯代炔烃发生脱氯偶联生成对称 1,3-二炔的产率显著提高。

$$R = OMe, R' = H, 90\% (48 h)$$
R = OMe, R' = MeCO, 97% (48 h)
R = OMe, R' = Cl, 95% (48 h)
R = MeCO, R' = H, 69% (96 h)
R = MeCO, R' = OMe, 60% (48 h)
R = H, R' = OMe, 43% (48 h)

但是，Marino 等人报道: 在 CuCl 催化的三乙基硅乙炔与溴代炔烃的交叉偶联反应中，只生成交叉偶联的硅基取代 1,3-丁二炔 (式 35)[56]。

R = (HO)Me$_2$C, 97%;
R = Me$_2$NCH$_2$, 92%
R = n-C$_4$H$_9$, 92%
R = (HO)CH$_2$CH=C(Me)-, 92%

过渡金属催化的有机羧酸的脱羧偶联反应是一种新型的偶联反应，已经成为 C-C 键形成的有效反应之一[57]。Yu 等人研究了 CuI 催化的 3-芳基丙炔酸与末端炔烃的偶联反应，建立了合成不对称 1,3-丁二炔的新方法 (式 36)[58]。虽然该偶联反应的产率并不理想，但它却是对 Cadiot-Chodkiewicz 偶联反应的一个新发展。

R = Ph, R' = p-MeOC$_6$H$_4$, 51%
R = p-MeC$_6$H$_4$, R' = p-MeOC$_6$H$_4$, 53%
R = p-MeOC$_6$H$_4$, R' = n-C$_8$H$_{17}$, 32%

如式 37 所示[59]：将 Cadiot-Chodkiewicz 偶联反应和 Glaser 偶联反应结合使用，可以有效地合成共轭线型低聚炔烃分子。

(37)

二炔的合成反应也可以在超临界 CO_2、水和离子液体等反应介质中进行。Jiang 等人报道：在甲醇和超临界 CO_2 介质中，$CuCl_2$ 可以催化末端炔烃的脱氢偶联反应高产率地生成 1,3-丁二炔衍生物 (式 38)[60]。他们还进一步研究了在类似的反应介质中 CuCl 催化的 Cadiot-Chodkiewicz 偶联反应，也得到了高产率的交叉偶联产物 (式 39)[61]。Wang 等人也报道了在近超临界水中使用 $CuCl_2$ 催化的末端炔烃的 Glaser 偶联反应[62]。

$$R-\!\!\equiv\!\!-H \quad \xrightarrow[\substack{CuCl_2\ (2.0\ mol\%),\ NaOAc\ (2.0\ eq.) \\ MeOH,\ CO_2\ (14\ MPa),\ 40\ ^\circ C,\ 3\sim5\ h \\ R = Ph,\ 100\%;\ R = n\text{-}C_5H_{11},\ 95\% \\ R = n\text{-}C_6H_{13},\ 92\%;\ R = (HO)CH_2,\ 71\%}]{} \quad R-\!\!\equiv\!\!-\!\!\equiv\!\!-R$$ (38)

(39)

近年来，离子液体作为一类低挥发性的极性溶剂在一些有机合成反应中作为绿色反应介质。特别是在一些过渡金属配合物催化的反应中，离子液体和催化剂具有可回收和重复利用的优点[63]。如式 40 所示：在 [bmim]PF₆ 离子液体中，CuCl 在室温下就能够有效地催化 Glaser 偶联反应[64]。在 [bmim]OH 离子液体中，CuI 可以在无配体和碱的情况下有效地催化 Glaser 偶联反应[65]。

(40)

R = Ph, 95% (4.5 h); R = HOCH₂, 89% (7.5 h); R = n-C₄H₉, 95% (8.0 h)

除了简单的 Cu(I) 和 Cu(II) 盐可以作为 Glaser 偶联反应和 Cadiot-Chodkiewicz 偶联反应的均相催化剂或诱导剂外，Cu(II)-水滑石[66]、Cu(I)-沸石[67] 和 Cu(OH)$_x$/TIO$_2$[68]等负载型铜试剂也是偶联反应的有效催化剂。使用这些催化剂的最大优点是催化剂可以回收和循环利用。

2.3 共轭烯炔的合成

共轭烯-炔类化合物中含有碳-碳双键和碳-碳三键，它们既可以发生不饱和键的特征反应又能发生多种环化反应。因此，该类化合物已经成为有机合成的重要原料和中间体。共轭烯-炔化合物的合成方法主要有两种：(1) 末端炔烃 C-H 键与另一分子末端或内部炔烃的加成反应[69]；(2) 卤代烯烃在 Sonogashira 催化反应条件下与末端炔烃的交叉偶联反应。前一种合成方法的立体化学有时难以预测和控制，而后一种方法通常可以保持底物结构的构型，已经成为合成具有确定立体构型烯-炔化合物的有效方法。

Arase 等人首次报道：使用铜配合物催化的烯烃衍生物与炔烃衍生物的交叉偶联反应可以合成共轭烯-炔化合物[70]。他们发现：在 Cu(acac)$_2$ 的存在下，1-己烯基二环己基硼用 NaOH 处理后可以与 1-溴己炔发生交叉偶联反应，生成 75% 的烯-炔衍生物 (式 41)。反式烯烃能够在该反应中保持原有的立体构型，与使用 Pd(PPh$_3$)$_4$ 催化反应具有一样的立体选择性[71]。

$$(41)$$

传统的 Sonogashira 偶联反应使用 Pd/Cu 作为共催化剂，该共催化剂也能够有效地催化卤代烯烃与末端炔烃之间的交叉偶联反应制备烯-炔化合物。Suzuki 等人[72]最早报道了铜盐能够独立催化这类偶联反应的结果。在 HMPA 溶剂中，他们系统地研究了使用 Cu(I) 和 Cu(II) 盐催化碘代或溴代烯烃与末端炔烃的交叉偶联反应。他们发现：在碘代烯烃与 1-辛炔的反应中，CuI 和 CuBr 均是非常有效的催化剂，CuCl 也有一定的催化活性 (式 42)。但是，在溴代烯烃的反应中，CuI 和 Cu(OAc)$_2$ 具有较高的催化活性、CuBr 和 Cu(acac)$_2$ 具有较低的催化活性、CuCl 则完全没有催化活性 (式 43)。在这些反应条件下，所有偶联反应都具有极高的立体化学选择性，产物的构型与原料烯烃的构型保持一致。

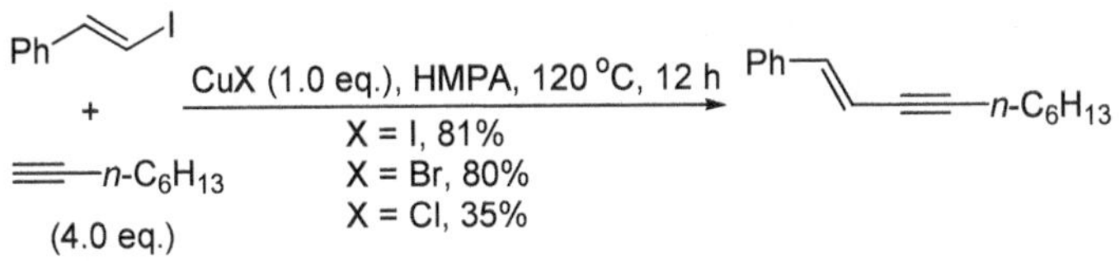
Ph
I
+
n-C6H13
(4.0 eq.)
CuX (1.0 eq.), HMPA, 120 °C, 12 h
X = I, 81%
X = Br, 80%
X = Cl, 35%
Ph
n-C6H13

(42)

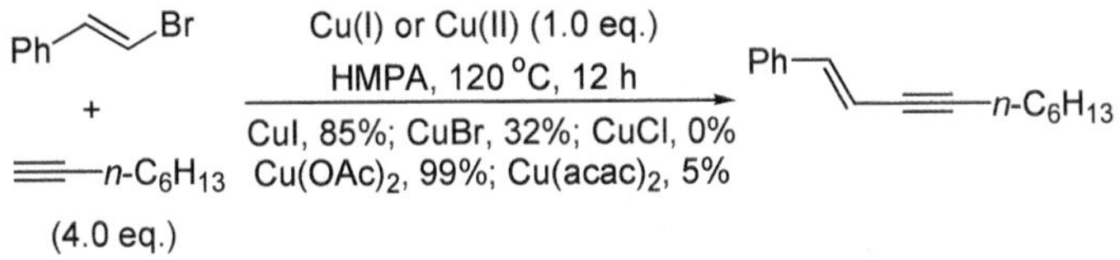
Ph
Br
+
n-C6H13
(4.0 eq.)
Cu(I) or Cu(II) (1.0 eq.)
HMPA, 120 °C, 12 h
CuI, 85%; CuBr, 32%; CuCl, 0%
Cu(OAc)2, 99%; Cu(acac)2, 5%
Ph
n-C6H13

(43)

随后，Miura 等人报道了 CuI/PPh_3 催化的 (*E*)-溴代烯烃与末端炔烃的偶联反应，高度立体选择性地生成 (*E*)-烯炔衍生物 (式 44)[15]。

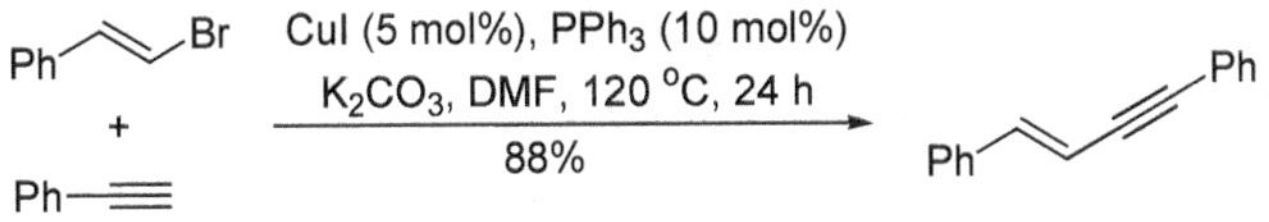
Ph
Br
+
Ph
CuI (5 mol%), PPh3 (10 mol%)
K2CO3, DMF, 120 °C, 24 h
88%
Ph
Ph

(44)

Venkataraman 等人考察了多种 Cu(I) 和 Cu(II) 试剂在碘代烯烃与末端炔烃交叉偶联反应中的催化活性和选择性。他们发现：通过选用相应的 (*E*)- 或 (*Z*)-的碘代烯烃衍生物作为交叉偶联反应的底物，就可以高度选择性地合成 (*E*)- 或 (*Z*)-烯炔 (式 45)[73]。

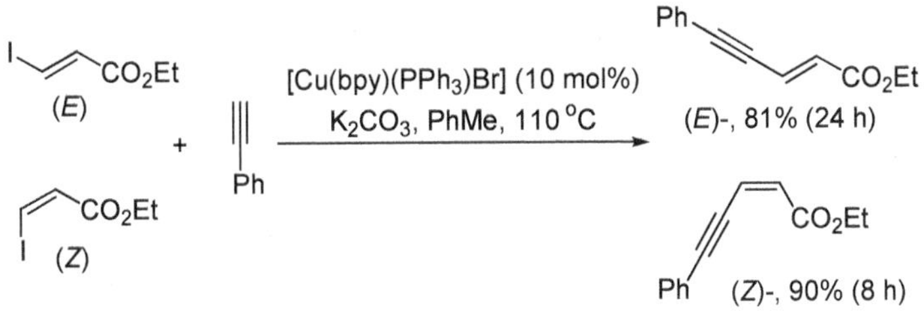
I
CO2Et
(E)
+
Ph
CO2Et
I
(Z)
[Cu(bpy)(PPh3)Br] (10 mol%)
K2CO3, PhMe, 110 °C
Ph
CO2Et
(E)-, 81% (24 h)
CO2Et
Ph
(Z)-, 90% (8 h)

(45)

在 CuI 的存在下，具有空间位阻的 1,2-二苯基-2-碘-丁二烯也能顺利地与苯乙炔发生交叉偶联反应生成多苯基取代的烯-炔衍生物 (式 46)[74]。

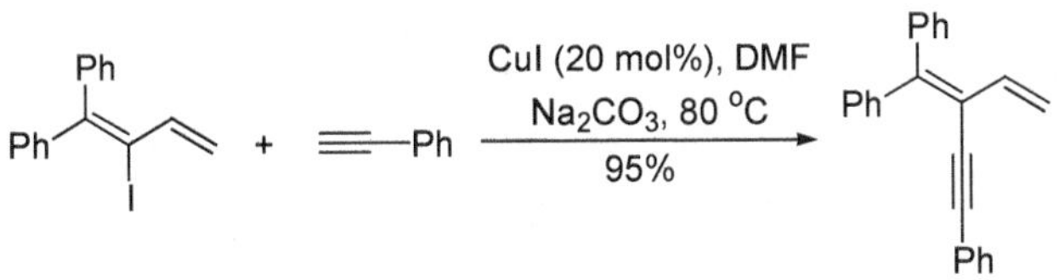
Ph
Ph
I
+
Ph
CuI (20 mol%), DMF
Na2CO3, 80 °C
95%
Ph
Ph
Ph

(46)

除了末端炔烃可以与卤代烯烃进行交叉偶联以外，硅炔的 $C_{(sp)}$-Si 键也可以与卤代烯烃进行偶联反应生成构型保持的烯-炔产物 (式 47)[75]。但是，这类反应需要使用化学计量的铜试剂才能得到高产率的目标产物。

$$(47)$$

使用 CuI 催化的分子内的碘代烯烃与末端炔烃的偶联反应，可以合成大环烯-炔分子 (式 48)[76]。

$$(48)$$

2.4 其它碳-碳键的形成反应

在一些重要的官能团化化合物的合成中，Cu(I) 和 Cu(II) 诱导或催化的末端炔烃 C-H 键的活化及其 C-C 键的形成反应已经得到了广泛的应用。例如：炔-酮类化合物是一类重要的化合物，其主要的合成方法之一是 Pd/Cu 催化的末端炔烃与酰卤的 Sonogashira 交叉偶联反应[77]。1997 年，Hosomi 等人首次发现：在 DMI 溶剂中，CuCl 可以催化将内部炔烃的 $C_{(sp)}$-Si 键直接转成化为 $C_{(sp)}$-Cu 键 (式 49)[53]。由此他们设计了 CuCl 催化的炔基硅烷与酰氯的交叉偶联反应，实现了 Cu(I) 试剂独立催化的炔-酮化合物的形成反应 (式 50)。

$$(49)$$

R = Ph, 81%; R = n-C$_6$H$_{13}$, 58%; R = t-Bu, 0%

$$(50)$$

R = R' = Ph, 85% (5 h); R = Ph, R' = t-Bu, 98% (5 h);
R = n-C$_6$H$_{13}$, R = t-Bu, 85% (5 h)

Zhang 等人也报道了 CuI 催化的末端炔烃 C-H 键、炔基硅烷 C-Si 键与草酸单酰氯酯或草酸单酰氯酰胺的交叉偶联反应。如式 51 所示：在室温下的 THF 溶剂中，苯乙炔参与的交叉偶联反应能够生成中等产率的偶联产物[78]。

$$(51)$$

R = O^{i}Pr, 77%; R = NEt$_2$, 50%

(1.2 eq.)

炔-酮化合物也可以通过碘代物、CO 和末端炔烃的三组分偶联反应来制备。例如：在 Et$_3$N 的存在下，Cu(TMHD)$_2$ 催化的碘丁烷与苯乙炔的羰基化反应可以高产率地生成相应的炔-酮产物 (式 52)[79]。

$$^nBuI + CO \underset{(20\ atm)}{} + \underset{Ph}{|||} \xrightarrow[80\%]{\substack{Cu(TMHD)_2\ (5\ mol\%),\ Et_3N \\ (3.0\ eq.),\ PhMe,\ 90\ ^\circ C,\ 14\ h}} Ph\!-\!\!\equiv\!\!-\!\!\overset{O}{\underset{^nBu}{C}} \qquad (52)$$

炔-铜化合物与烯丙基溴的反应是合成非共轭烯-炔化合物的有效方法之一[80]。Alper 等人报道：在相转移催化剂存在的 NaOH 水溶液中，CuCl 可以催化末端炔烃与烯丙基溴的反应，生成末端炔烃的烯丙基化产物[81]。在该反应体系中，交叉偶联反应产物的产率和化学选择性主要受到炔烃、烯丙基溴和相转移催化剂的结构和性质的影响。如式 53 所示：在相转移催化剂 TEBA 的存在下，苯乙炔与 3-溴丙烯反应生成三种产物的总产率为 89%。其中，正常交叉偶联产物的比例为 74%。

$$\underset{Ph}{|||} + Br\diagup\!\!\diagdown \xrightarrow[89\%\ (74:7:19)]{\substack{CuCl\ (20\ mol\%),\ aq.\ NaOH \\ TEBA\ (6.5\ mol\%),\ 20\ ^\circ C,\ 21\ h}} \begin{cases} \text{Ph}\diagup\!\!\diagup \\ \text{Ph} \quad (Z\!:\!E = 5\!:\!1) \\ \text{PhCH=C=CHCH=CH}_2 \end{cases} \qquad (53)$$

使用弱碱性添加剂可以显著地改善反应的化学选择性。如式 54 所示：在 K$_2$CO$_3$ 和 Na$_2$SO$_3$ 的存在下，CuI 催化的苯乙炔与烯丙基溴的交叉偶联反应可以生成 100% 产率和 100% 选择性的 1-苯基-4-戊烯-1-炔[82]。

$$\underset{Ph}{|||} + Br\diagup\!\!\diagdown \xrightarrow[100\%]{\substack{CuI\ (2.0\ mol\%),\ K_2CO_3 \\ Na_2SO_3,\ DMSO,\ rt,\ 4\ h}} Ph\diagup\!\!\!\equiv\!\!\!\diagdown\!\!\diagup \qquad (54)$$

此外，Wulff 等人报道了使用化学计量的 CuI 诱导的苄基 C-X 键与末端炔烃的交叉偶联反应 (式 55)[83]。Fu 等人报道：在 NBS 的存在下，CuBr 可以催化末端炔烃与 R$_2$NCH$_3$ 中位阻较小的末端 C-H 键进行偶联反应 (式 56)[84]。

$$R\!-\!\!\equiv + X\diagdown\!\!\diagdown_{R'}\!\!\bigcirc \xrightarrow[]{\substack{CuI\ (1.0\ eq.),\ K_2CO_3 \\ Bu_4NI,\ MeCN,\ 40\ ^\circ C}} R\!-\!\!\equiv\!\!-\diagdown_{R'}\!\!\bigcirc \qquad (55)$$

R = CO$_2$Me, CONMe$_2$, COPh, Ph, SiMe$_3$, alkyl
R' = EDG, EWG; X = Br, Cl

$$Ph\diagdown\!\!N\!\!\diagup + \underset{Ph}{|||} \xrightarrow[52\%]{\substack{CuBr\ (40\ mol\%),\ NBS\ (2.0\ eq.) \\ CH_3CN,\ 80\ ^\circ C,\ 6\ h}} Ph\diagdown\!\!N\!\!\diagdown\!\!\equiv\!\!-Ph \qquad (56)$$

邻三甲基硅基苯酚三氟甲磺酸酯是原位制备苯炔的有效前体[85]。如式 57 和式 58 所示[86]：CuI 可以催化它们与炔烃和烯丙基氯之间的反应生成内部炔烃。在微波辐射条件下，该反应在 30 min 内即可高产率生成不对称内部炔烃[87]。有意思的是：在 18-冠-6 的存在下，CuCl 催化的邻三甲基硅基三氟甲磺酸酯与苯乙炔的反应只生成极少量的二苯乙炔，而主产物是联苯基苯基乙炔 (式 59)[88]。

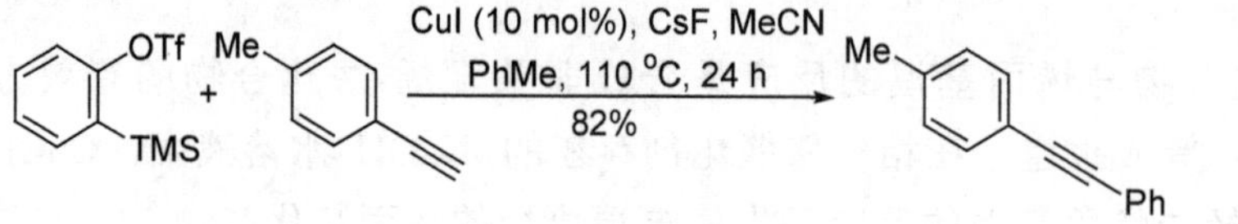

(57)

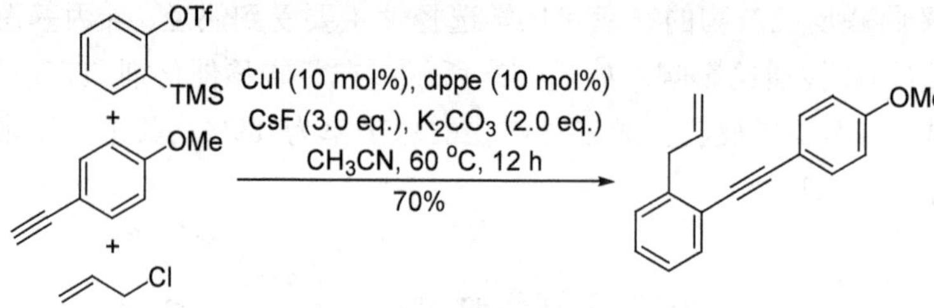

(58)

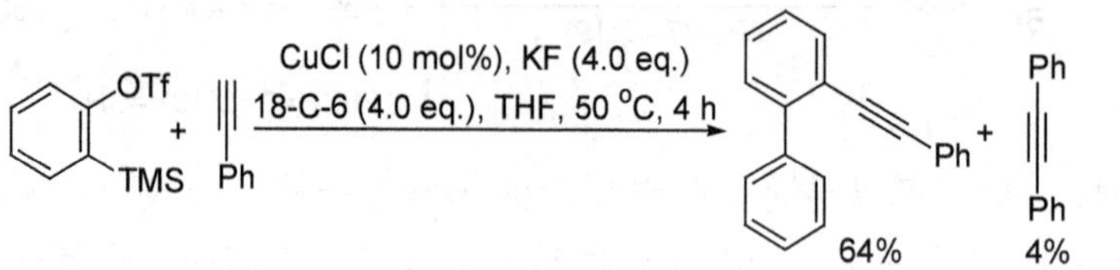

(59)

在邻三甲基硅基三氟甲磺酸酯与炔烃的偶联反应中，关键中间体可能是原位生成的炔基铜与苯炔的加成产物 (式 60)。

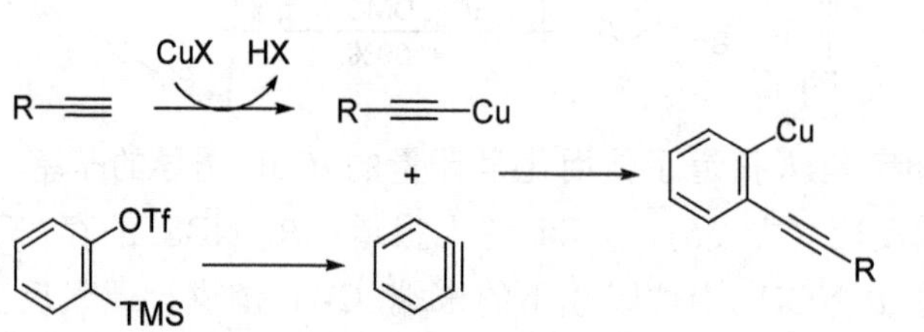

(60)

3　铜催化炔烃的碳-杂原子键形成反应

铜盐不仅可以催化末端炔烃的 C-C 键形成反应，而且也可以催化末端炔烃的 C-杂原子键的形成反应。由于含 C-杂原子键 (主要是第五和第六主族元素)

的炔烃是合成含这些杂原子基团的具有重要生物活性化合物的主要中间体，所以铜盐催化的 C$_{(sp)}$-杂原子键的形成反应研究主要集中在 C-N、C-P、C-S 和 C-Se 等的形成反应体系。

3.1　碳-氮键的形成反应

炔胺是合成碳环和杂环化合物的重要中间体[89]。关于它们的合成方法主要有两类：(1) 高价炔碘盐 (R-C≡C-IPh)OTf 与原位生成的 R$_2$NLi 的反应[90]；(2) 铜盐诱导或催化的炔卤 (R-C≡C-X) 与 N-H 键的交叉偶联反应。

2003 年，Danheiser 等人报道了 CuI/KHMDS 诱导的氨基甲酸酯的 N-H 键与炔溴的偶联反应 (式 61)[91]。

$$
\begin{array}{c}
\underset{MeO_2C}{\overset{R}{\diagdown}}N-H + Br-\!\!\!=\!\!\!-R' \xrightarrow[\text{KHMDS (1.0 eq.)}]{\text{CuI (1.0 eq.), rt}} \underset{MeO_2C}{\overset{R}{\diagdown}}N-\!\!\!=\!\!\!-R' \quad (61)
\end{array}
$$

R = CH$_2$CH$_2$Ph, R' = Ph, 76%
R = cyclohexyl, R' = Ph, 42%

在同一年，Hsung 等人首次报道：在 *N,N'*-二甲基乙二胺配体的存在下，CuI 或 CuCN 能够有效地催化炔基碘与含吸电子基团胺的 N-H 键进行交叉偶联反应生成炔胺 (式 62)[92]。除了噁唑啉酮衍生物中的 N-H 键容易发生交叉偶联反应生成 C$_{(sp)}$-N 键外，内酰胺、脲和氨基甲酸酯的 N-H 键也可以在相似的条件下发生偶联反应，但反应活性不如噁唑啉酮衍生物。他们还进一步优化了反应条件，在 CuSO$_4$·5H$_2$O/1,10-菲啰啉催化体系中实现了炔基溴与 N-H 键的偶联反应。但是，优化的反应体系仍旧局限于缺电子环酰胺的反应[93]。研究结果还表明：K$_3$PO$_4$ 的纯度对偶联反应的效率有显著的影响[94]。

$$
\begin{array}{c}
\text{CuX (5.0 mol\%), MeNHCH}_2\text{CH}_2\text{NHMe}\\
\text{(10 mol\%), K}_3\text{PO}_4\text{ (1.7~2.1 eq.)}\\
\xrightarrow[\text{R = }n\text{-Bu, X = CN, 54\%}]{\text{PhMe, 110 °C, 18~20 h}} \quad (62)\\
\text{R = }n\text{-Bu, X = I, 72\%}\\
\text{R = Ph, X = CN, 69\%}
\end{array}
$$

在 Cs$_2$CO$_3$ 的存在下，CuI/*N,N'*-二甲基乙二胺催化体系还可以应用于 1,1-二溴-1-烯烃与含吸电子基团胺的 N-H 键进行的交叉偶联反应 (式 63)[95]。实验结果显示：该反应可能经历了烯胺的形成及其脱 HBr 反应。有意思的是：钾盐的阴离子性质极大地影响催化反应的化学选择性，使用 K$_3$PO$_4$ 进行的反应主要形成双胺基化反应产物 (式 64)。

$$
\begin{array}{c}
\text{Br} \\
\text{R}
\end{array}
\begin{array}{c}
\text{Br}
\end{array}
+ \text{HN}
\begin{array}{c}
\text{R'} \\
\text{R''}
\end{array}
\xrightarrow[\substack{\text{or dioxane, 60 °C} \\ \text{R = aryl, alkyl}}]{\substack{\text{CuI (12 mol\%), MeNHCH}_2\text{CH}_2\text{NHMe} \\ \text{(18 mol\%), Cs}_2\text{CO}_3 \text{ (4 eq.), DMF, 70 °C}}}
\text{R} \equiv \text{NR'R''} \qquad (63)
$$

$$
\text{Cat.} \downarrow \qquad \left[\begin{array}{c} \text{NR'R''} \\ \text{R} \quad \text{Br} \end{array} \right] \qquad \uparrow \text{Cs}_2\text{CO}_3
$$

$$
\begin{array}{c}
\text{Br} \\
\text{Ph}
\end{array}
\begin{array}{c}
\text{Br}
\end{array}
+ \text{HN}
\begin{array}{c}
\text{O}
\end{array}
\xrightarrow[\substack{\text{(18 mol\%), K}_3\text{PO}_4 \text{ (4 eq.), PhMe, 60 °C}}]{\substack{\text{CuI (12 mol\%), MeNHCH}_2\text{CH}_2\text{NHMe}}}
\qquad (64)
$$

在 DMF 溶剂中,炔基溴与 *N*,*N*'-对-甲苯磺酰-1,2-乙二胺的反应可以高度化学选择性地生成二氢哌嗪衍生物 (式 65)[96]。反应机理研究表明:对甲苯磺酰基的存在是形成哌嗪 (六元环) 的关键因素。

$$
\begin{array}{c}
\text{R} \\
\text{|||} \\
\text{Br}
\end{array}
\begin{array}{c}
\text{Ts} \\
\text{HN} \\
\text{HN} \\
\text{Ts}
\end{array}
\xrightarrow[\substack{\text{K}_3\text{PO}_4, \text{DMF, 110 °C, 14 h} \\ \text{R = } n\text{-C}_6\text{H}_{13}, 77\%; \text{R = Ph, 49\%}}]{\substack{\text{CuI (12 mol\%), MeNHCH}_2\text{CH}_2\text{NHMe}}}
\qquad (65)
$$

除了 CuI/*N*,*N*'-二甲基乙二胺催化体系被广泛地研究外,CuI 与其它配体生成的催化体系也有报道。例如:Kerwin 等人报道了 CuI/1,3-二酮化合物催化的炔基溴与咪唑的偶联反应,但一般难以得到满意的产率 (式 66)[97]。当使用炔基氯和炔基碘进行反应时,产物的产率更低。

$$
\begin{array}{c}
\text{R} \\
\text{|||} \\
\text{Br}
\end{array}
+
\begin{array}{c}
\text{N} \quad \text{R'} \\
\text{N} \\
\text{H}
\end{array}
\xrightarrow[]{\substack{\text{CuI (5.0 mol\%), L (20 mol\%), Cs}_2\text{CO}_3 \\ \text{(2 eq.), dioxane, 4 A MS, 50~110 °C, 18 h}}}
\qquad (66)
$$

$$
\text{L =} \boxed{\begin{array}{c} \text{O} \quad \text{O} \\ \end{array}}
$$

过渡金属催化的末端炔烃 C-H 键的氧化脱氢偶联反应是合成 1,3-丁二炔的有效方法,也是高原子利用率形成 C-C 键的绿色反应 (参阅本章 2.2 节)。因此,研究末端炔烃 C-H 键与 N-H 键的直接脱氢偶联反应形成 C-N 键是一项有意义的工作。Stahl 等人在一个大气压的氧气下研究了 CuCl₂ 催化的末端炔烃与各种胺的 N-H 键的氧化脱氢偶联反应,实现了高原子利用率形成炔胺的合成[98]。如式 67 所示:将苯乙炔与噁唑啉酮在 70 °C 下反应 4 h,可以得到 89% 的偶联产物炔胺。在类似的条件下,其它的环状酰胺、磺酰胺和吲哚等胺类 N-H 键也能发生类似的偶联反应。由于末端炔烃容易发生自身的氧化偶联反应生成

1,3-丁二炔副产物，因此需要使用大大过量的胺才能得到高产率的炔胺，而且在反应过程中需要慢慢地滴加苯乙炔。

$$
\text{Ph}-\!\!\!\equiv\!\!\!\equiv + \underset{O}{O}\!\!=\!\!\!\big\rangle\!\!-\!NH \xrightarrow[89\%]{\begin{array}{c}\text{CuCl}_2\ (20\ \text{mol\%}),\ \text{Py}\ (2.0\ \text{eq.}),\ \text{Na}_2\text{CO}_3\\ (2.0\ \text{eq.}),\ \text{O}_2\ (1\ \text{atm}),\ \text{PhMe},\ 70\ ^{\circ}\text{C},\ 4\ \text{h}\end{array}} \underset{O}{O}\!\!=\!\!\!\big\rangle\!\!-\!N\!\!-\!\!\!\equiv\!\!\!\equiv\!\!-\text{Ph} \quad (67)
$$

3.2　碳-磷键的形成反应

铜盐催化的 C$_{(sp)}$-P 键的形成反应有两种类型：(a) 末端炔烃 C-H 键和 P-Cl 键的 Sonogashira 交叉偶联反应[99]；(b) 末端炔烃 C-H 键与 P-H 键的氧化脱氢偶联反应[100]。

如式 68 所示：在 CuI 的存在下，二苯基氯化膦与苯乙炔的交叉偶联反应可以在室温下顺利进行，高产率地生成炔-膦产物[99]。Han 等人报道了一种末端炔烃与磷酸酯 P-H 键直接脱氢偶联的反应，可以用于高原子利用率合成炔-磷酸酯产物 (式 69)[100]。

$$
\text{Ph}_2\text{PCl} + \text{Ph}-\!\!\!\equiv\!\!\!\equiv \xrightarrow[95\%]{\begin{array}{c}\text{CuI}\ (1\ \text{mol\%}),\ \text{NEt}_3\ (3.0\ \text{eq.})\\ \text{PhMe, rt, 6\!\sim\!8\ h}\end{array}} \text{Ph}_2\text{P}-\!\!\!\equiv\!\!\!\equiv\!\!-\text{Ph} \quad (68)
$$

$$
{}^i\text{PrO}-\!\!\overset{\overset{\displaystyle O}{\|}}{\underset{\underset{\displaystyle O^i\text{Pr}}{}}{P}}\!\!-\!\text{H} + \text{Ph}-\!\!\!\equiv\!\!\!\equiv \xrightarrow[83\%]{\begin{array}{c}\text{CuI}\ (1\ \text{mol\%}),\ \text{NEt}_3\ (0.2\ \text{eq.})\\ \text{DMSO, 55}\ ^{\circ}\text{C, 12\ h}\end{array}} {}^i\text{PrO}-\!\!\overset{\overset{\displaystyle O}{\|}}{\underset{\underset{\displaystyle O^i\text{Pr}}{}}{P}}\!\!-\!\!\!\equiv\!\!\!\equiv\!\!-\text{Ph} \quad (69)
$$

3.3　碳-硫和碳-硒键的形成反应

Suzuki 等人报道：在超声条件下，1-卤代炔与芳基亚磺酸铜可以在 THF 中发生亲核取代反应生成炔基芳基砜[101]。如式 70 所示：苯乙炔基碘与对甲苯亚磺酸铜的反应可以生成 77% 的苯乙炔基对甲苯基砜。但是，脂肪族炔碘或炔溴的反应只能得到低产率的目标产物，其主要副产物是 1,3-丁二炔。其它金属盐也可以催化该反应，但效果不如铜盐好。在 CuCO$_3$·Cu(OH)$_2$·H$_2$O 的诱导下，*p*-TolSO$_2$H 与苯乙炔基碘可以发生直接反应生成 49% 的砜化合物。

$$
\underset{R}{\overset{X}{|}}\!\!\!\equiv\!\!\!\equiv + (p\text{-TolSO}_2)_2\text{Cu}\cdot4\text{H}_2\text{O} \xrightarrow{\text{THF, ultrasonic}} R-\!\!\!\equiv\!\!\!\equiv\!\!-\text{SO}_2\text{Tol-}p \quad (70)
$$

$$
\begin{array}{l}
R = \text{Ph, } X = \text{I, 77\%}\\
R = n\text{-C}_6\text{H}_{13},\ X = \text{I, 34\%}\\
R = n\text{-C}_6\text{H}_{13},\ X = \text{Br, 14\%}
\end{array}
$$

在 DMSO 中,CuI 可以在温和条件下有效地催化末端炔烃与 S-S 键、Se-Se 键和 Te-Te 键的偶联反应,生成相应的 $C_{(sp)}$-E (E = S、Se、Te) 键产物 (式 71)[102]。

$$
\underset{R}{\overset{\parallel}{|}} + (PhE)_2 \xrightarrow[\substack{E = S, 20\ h, 99\% \\ E = Se, 20\ h, 97\% \\ E = Te, 72\ h, 83\%}]{\substack{CuI\ (5\ mol\%),\ K_2CO_3\ (1.0\ eq.) \\ DMSO,\ 30\ ^oC}} PhE\!\!=\!\!\!=\!\!Ph \qquad (71)
$$

Liu 等人报道:CuI 可以催化芳基丙炔酸与硫醇或硫酚的脱羧偶联反应,生成烯硫醚类化合物。如式 72 所示[103]:大多数经脱羧偶联反应生成的烯硫醚产物具有顺式构型。

$$
\overset{CO_2H}{\underset{R}{\bigcirc\!\!\!-\!\!\!=}} + R'SH \xrightarrow[\substack{78\%\sim95\%}]{\substack{CuI\ (4.0\ mol\%),\ Cs_2CO_3 \\ (1.2\ eq.),\ NMP,\ 90\ ^oC,\ 24\ h}} \overset{SR'}{\underset{R}{\bigcirc\!\!\!-\!\!\!\diagup}} + CO_2 \qquad (72)
$$

4　铜催化末端炔烃参与的多组分反应

多组分"一锅煮"串联反应是由简单的化合物合成多官能团化复杂分子的简单方法,筛选和优化高效的催化体系是实现高选择性多组分反应的关键因素。过渡金属配合物催化剂在发展这类反应中发挥了重要的作用,铜盐作为廉价的催化剂在催化炔烃参与的多组分反应中也得到了广泛的应用。

4.1　A3 反应

丙炔胺类化合物是有机合成反应的重要中间体,对其合成方法的研究是一项很有意义的工作。A3 偶联反应 (Aldehyde-Alkyne-Amine Coupling) 是合成丙炔胺的一种有效方法,近年来得到了广泛的研究 (式 73)。许多种过渡金属 (例如:Ir[104]、Au[105]、Ag[106]等) 都能有效地催化 A3 偶联反应,CuX 是最早被应用于该类反应的金属催化剂[107]。

$$
RCHO + R'\!\!=\!\!\!= + R''_2NH \xrightarrow{Cat.} \underset{R'}{\overset{NR''_2}{R\!\!-\!\!\overset{|}{\diagdown}\!\!=}} \qquad (73)
$$

A3 反应的重要研究内容之一是优化催化反应体系,使其能够在温和条件下进行以及拓展反应底物的适用范围。例如:在丁二酸的存在下,0.1 mol% 的 CuI

就可以有效地催化 A3 反应，高产率生成相应的丙炔胺衍生物 (式 74)[108]。

$$
PhCHO + \overset{|||}{\underset{Ph}{}} + \overset{O}{\underset{N}{\bigcirc}} \quad \xrightarrow[83\%]{\begin{array}{c} CuI\ (0.1\ mol\%),\ succinic\ acid \\ (6\ mol\%),\ PhMe,\ 100\ ^\circ C,\ 6\ h \end{array}} \quad \overset{Ph}{\underset{}{}} \qquad (74)
$$

　　末端炔烃经常被用作 A3 偶联反应的底物。但是，Sakai 等人的研究表明：含有 Me₃Si- 取代基的内部炔烃也能直接进行偶联反应[109]。如式 75 所示：CuCl 或 Cu(OTf)₂ 可以有效地催化对甲氧基苯甲醛、1-苯基-2-三甲基硅乙炔和六氢吡啶的反应。将它们在 1,4-二氧六环中回流 24 h 后，可以分别得到 87% 和 83% 的偶联产物。有意思的是：若使用 CuCl 和 Cu(OTf)₂ 共同催化该反应时，反应效率能够得到大幅度的提高，反应 6 h 后就能得到 96% 的目标产物。若该反应在乙腈溶剂中进行，其催化效率还能进一步被提高。

$$
\xrightarrow{\text{Cat., 1,4-dioxane, reflux}} \qquad (75)
$$

CuCl (10 mol%), 24 h, 87%
Cu(OTf)₂ (10 mol%), 24 h, 83%
CuCl (5 mol%)/Cu(OTf)₂ (5 mol%), 6 h, 96%
(in MeCN, 2 h, 99%)

　　A3 偶联反应中最常用的是仲胺，因为伯胺有可能生成 *N,N*-二取代的 1,6-二炔衍生物。Li 等人报道：在 CuBr 和 RuCl₃ 的共同存在下，伯胺与过量的末端炔烃和醛反应可以方便地合成二炔类化合物 (式 76)[110]。

$$
HCHO + \overset{|||}{\underset{Ph}{}} + PhNH_2 \quad \xrightarrow[62\%]{\begin{array}{c} CuBr\ (15\ mol\%),\ RuCl_3 \\ (5\ mol\%),\ H_2O,\ rt,\ 36\ h \end{array}} \quad Ph-N \qquad (76)
$$

　　CuI 催化的 A3 反应也可以在水溶液中进行，微波辐射对该反应有促进作用 (式 77)[111]。

$$
PhCHO + \overset{|||}{\underset{Ph}{}} + Et_2NH \quad \xrightarrow[90\%]{CuI\ (15\ mol\%),\ H_2O,\ MW} \quad Et_2N \qquad (77)
$$

　　为了回收和再利用催化剂，铜纳米颗粒[112]和负载型铜化合物[113]等已经被广泛地应用于 A3 反应。如式 78 所示：二氧化硅负载的 NHC-Cu(I) 不仅对 A3 反应具有极高的催化活性，而且可以多次循环使用[114]。若 A3 反应在离子液体中进行时，铜催化剂也可以方便有效地进行回收和再利用 (式 79)[115]。

$$
\text{HCHO} + \underset{\text{Ph}}{\text{|||}} + \underset{\overset{|}{\text{H}}}{\text{N}} \quad \xrightarrow[\substack{\text{solventless, rt, 24 h} \\ 95\%}]{\text{SiO}_2\text{-NHC-Cu(I)(2 mol\%)}} \quad \text{(78)}
$$

$$
\text{PhCHO} + \underset{\text{Ph}}{\text{|||}} + \underset{\overset{|}{\text{H}}}{\text{N}} \quad \xrightarrow[\substack{120\ ^\circ\text{C, 4 h} \\ 98\%}]{\text{CuI (2 mol\%), [bmim]PF}_6} \quad \text{(79)}
$$

4.2 不对称 A3 反应

在 A3 反应中,如果反应中的底物醛不是甲醛就可以产生新的不对称碳原子。若使用手性催化剂或手性诱导试剂,则有可能生成具有光学活性的丙炔胺衍生物。如式 80 所示:Knochel 等人报道了一种 CuBr/(R)-quinap 催化的不对称 A3 反应,反应在室温下即可生成手性的丙炔胺衍生物[116]。在该反应中,反应的效率和不对称诱导作用主要取决于底物的结构和反应条件。若在反应体系中加入分子筛,则可以同时提高反应的效率和立体选择性。

$$
\text{PhCHO} + \underset{\text{R'}}{\text{|||}} + \text{R''}_2\text{NH} \quad \xrightarrow[\substack{(5.5\ \text{mol\%}),\ (R)\text{-quinap} \\ 43\%\sim99\%,\ 32\%\sim96\%\ ee}]{\text{CuBr (5 mol\%), }(R)\text{-quinap}} \quad \text{(80)}
$$

(R)-quinap =

铜盐与手性氮配体的组合也是催化不对称 A3 反应的有效催化剂。Chan 等人报道:Cu(OTf)/手性席夫碱催化剂在室温下即可催化醛酸乙酯的 A3 反应,得到中等立体选择性的丙炔胺衍生物 (式 81)[117]。

$$
\xrightarrow[\substack{\text{L (10 mol\%), DCE, rt} \\ 80\%,\ 70\%\ ee}]{\text{Cu(OTf) (10 mol\%)}} \quad \text{(81)}
$$

L =

4.3 铜催化的其它多组分反应

铜盐也是催化多组分环化反应生成环状化合物的有效催化剂。如式 82 所示：CuCl/2,2'-联吡啶能够有效地催化苯甲醛、苯乙炔和甲基羟胺盐酸盐的三组分缩合环化反应，生成具有多取代的 β-内酰胺产物[118]。β-内酰胺是许多重要药物分子的单元结构，著名抗菌素青霉素的分子中就含有这类结构单元。虽然有很多反应可以构建 β-内酰胺环结构，但多数反应体系存在有原料复杂或反应条件苛刻等问题。使用 CuCl 催化的多组分反应可以在"一锅煮"条件下一步得到 β-内酰胺产物，具有原料简单易得和操作简单等优点。

$$(82)$$

有趣的是：在室温条件下，CuI 即可催化苯乙炔、邻溴苯磺酰叠氮化物和氯化铵的缩合反应，高产率地生成脒类化合物。该产物无需分离，在含有 1,10-菲啰啉、Cs_2CO_3 的 DMF 溶液中 80 ℃反应 1 h 即可进一步发生分子内的 N-芳基化反应，最终生成 2H-1,2,4-苯并噻二嗪 1,1-二氧化物类化合物 (式 83)[119]。

$$(83)$$

在铜盐的催化下，邻羟基苯甲醛的 A3 反应产物还可以发生分子内碳-碳三键与 O-H 键的加成反应生成苯并呋喃衍生物。Sakai 等人报道：Cu(OTf)$_2$ 或 CuCl 催化的邻羟基苯甲醛、1-三甲基硅基苯乙炔和六氢吡啶的反应可以较低的产率生成苯并呋喃衍生物。但是，使用 Cu(II)/Cu(I) 共催化剂和添加剂 DMAP 时，则可以显著地提高成环反应的产率 (式 84)[120]。其它研究工作表明：在含

$$(84)$$

Cu(OTf)$_2$ (5 mol%), 35% (NMR yield)
CuCl (5 mol%), 27% (NMR yield)
Cu(OTf)$_2$ (5 mol%) + CuCl (5 mol%), 60% (NMR yield)
Cu(OTf)$_2$ (5 mol%) + CuCl (5 mol%) + DMAP (1.0 eq), 71% (NMR yield)

有 Bu₄NBr 和 K₂CO₃ 的甲苯溶液中，CuI 单独就能有效地催化苯乙炔参与的环化反应 (式 85)[121]。显然，苯并呋喃衍生物的形成是因为 A3 反应产物在同一反应条件下又发生了分子内的环化加成反应。

$$式 (85)$$

CuBr 或 CuBr₂ 催化的 1-乙炔基苯胺参与的 A3 反应可以生成苯并吡咯衍生物 (式 86)[122]。在适当的反应条件下，A3 反应生成的含有邻对甲苯磺酸酯的丙炔胺产物可进一步发生环化反应生成苯并噁嗪衍生物 (式 87)[123]。该成环反应选择性地生成六元杂环，且选择性地生成具有 Z-构型的环外烯键。

$$式 (86)$$

$$式 (87)$$

取代噁唑啉酮是一类重要的 1,3-氮氧杂五元环化合物，具有抗菌和杀菌作用。在 CO₂ 气氛中，CuI 催化的 A3 的反应可以直接生成噁唑啉酮衍生物。如式 88 所示[124]：噁唑啉酮是 A3 反应的产物继续与 CO₂ 反应生成的。

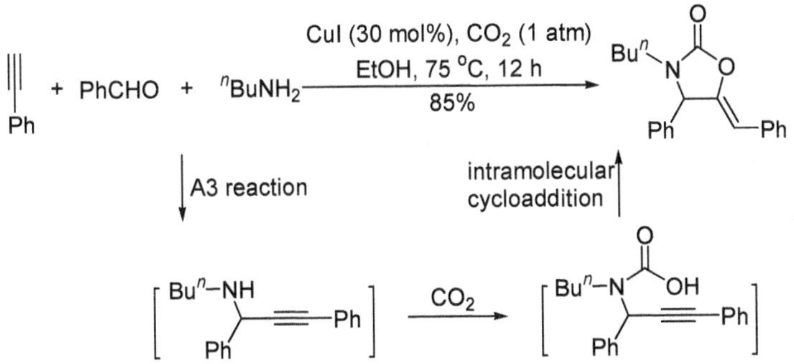

(88)

有趣的是：CuI 在室温下即可催化吡啶、酰氯或氯甲酸酯与末端炔烃的三组分反应，生成炔基取代的二氢吡啶类化合物 (式 89)[125]。

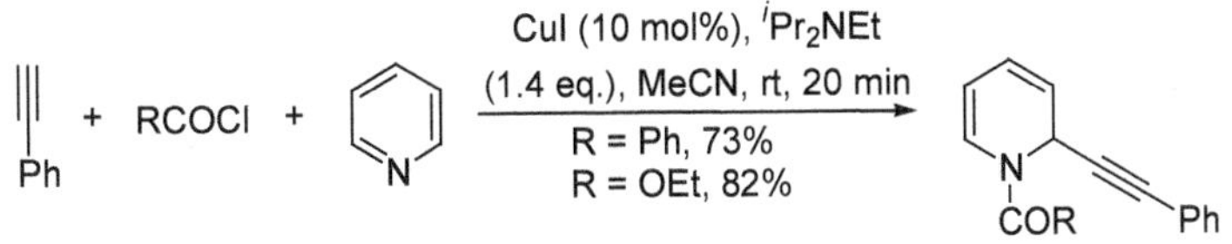

(89)

5 铜催化的炔烃偶联反应在有机材料分子合成中的应用

在许多有机功能化材料分子中含有碳-碳三键结构单元，铜催化的偶联反应在构建大环和线状共轭有机材料分子中也得到了广泛的应用。索烃和轮烃等连锁状分子是作为分子开关和分子机器的重要候选有机材料分子之一，建立这些复杂分子的简单合成方法是富有挑战性的工作。

如式 90 所示：Saito 等人巧妙地选择了两类底物作为合成索烃分子的反应物。一类是基于分子内末端炔烃的脱氢偶联反应可以成环的分子，另一类是含有与氮配位的 CuI 大环诱导剂。在这两类分子进行反应时，含有二炔基团的分子首先跨越 CuI 的两侧生成炔基铜。然后，末端炔基铜进行偶联反应并关环生成索烃，反应的产率可以达到 13%[126]。

光学活性的聚联萘是重要的手性材料，它们具有较高的热稳定性和构型稳定性，可作为液晶材料、非线性光学材料、可溶高温材料以及电化学传感器材料等。如式 91 所示：铜配合物催化的末端萘炔的偶联多聚反应是合成这类分子的有效方法[127]。

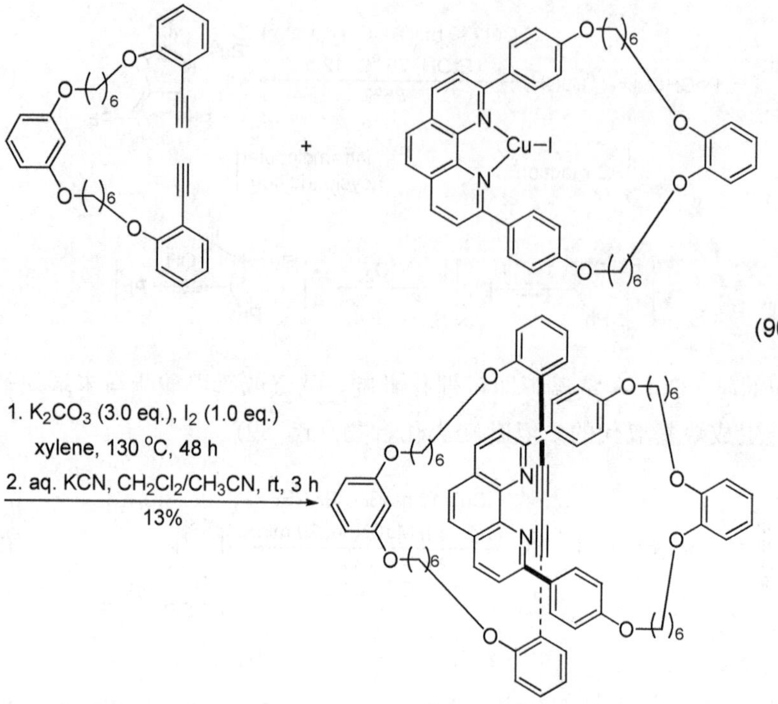

(90)

1. K₂CO₃ (3.0 eq.), I₂ (1.0 eq.)
   xylene, 130 °C, 48 h
2. aq. KCN, CH₂Cl₂/CH₃CN, rt, 3 h
   13%

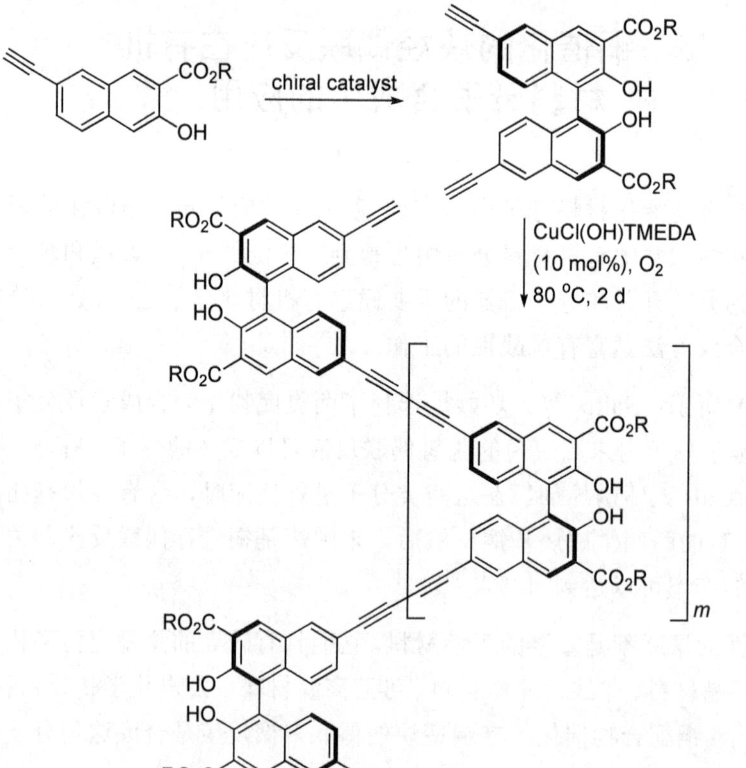

chiral catalyst

CuCl(OH)TMEDA
(10 mol%), O₂
80 °C, 2 d

(91)

6 铜催化的炔烃偶联反应在天然产物合成中的应用

许多天然产物分子中含有碳-碳三键结构单元。因此，铜催化的炔烃偶联反应在有些含炔基天然产物的全合成中被用作关键步骤。

如本章 3.1 所述，炔胺是合成 *N*-杂环的重要中间体，铜盐诱导或催化的炔卤与 N-H 键的偶联反应是形成炔胺的重要反应之一。天然产物 10-Desbromoarborescidine A 和 11-Desbromoarborescidine C 属于吲哚并六元含氮杂环类化合物。如式 92 所示：在它们的全合成路线中，$CuSO_4 \cdot 5H_2O$/1,10-菲啰啉催化的 1-溴炔烃与 N-H 键的偶联反应被用作中间体合成的关键步骤[128]。

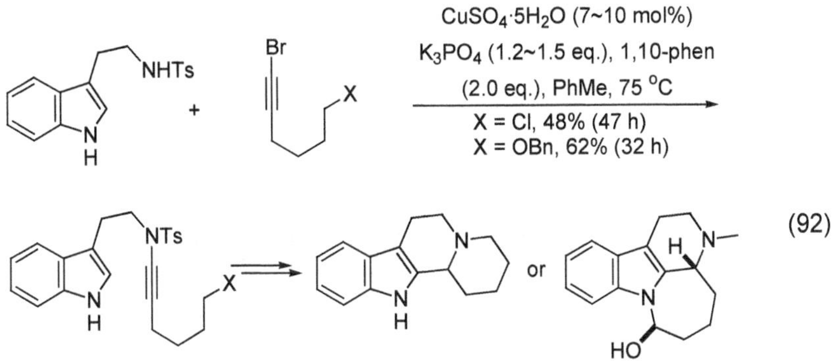

CuSO4·5H2O (7~10 mol%)
K3PO4 (1.2~1.5 eq.), 1,10-phen
(2.0 eq.), PhMe, 75 °C
X = Cl, 48% (47 h)
X = OBn, 62% (32 h)
NHTs
Br
X
NTs
or
HO

10-desbromoarborescidine A (from X = Cl)　11-desbromoarborescidine C (from X = OBn)

(92)

从东南亚植物 *Ochanostachys amentacea* 的嫩枝中可以分离得到多种含共轭三炔和四炔结构的天然产物，这些天然产物表现出有效的抗肿瘤活性。因此，建立这些低聚共轭炔烃天然产物的合成方法是一项有意义的工作[129]。Gung 等人报道了一条关于天然产物 (*S*)-Minquartynoic acid 和 (*S*)-18-hydroxy minquartynoic acid (式 93) 的全合成路线，铜催化的 1-溴炔烃与末端炔烃的 C-H 键的偶联反应被用作关键步骤。

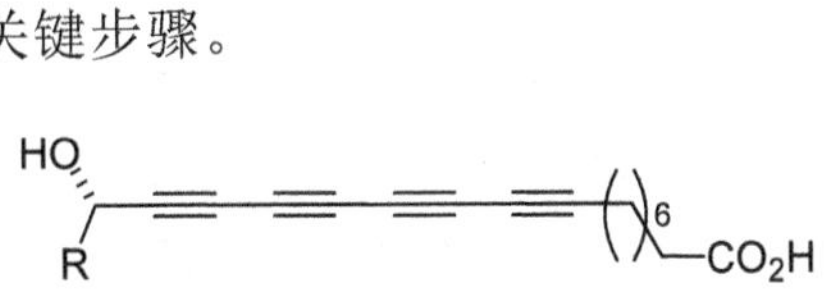

HO
R
6
CO2H

(93)

R = Me, (*S*)-Minquartynoic acid
R = CH_2OH, 18-Hydroxyminquartynoic acid

如式 94 所示：在低温条件下，CuCl 催化的 1,3-丁二炔与两种不同 1-溴炔烃的交叉偶联反应可以"一锅煮"实现天然产物 (S)-Minquartynoic acid 前体化合物的合成，产率可以达到 30%[130]。在相似的反应条件下，天然产物 (S)-18-Hydroxyminquartynoic acid 的合成产率为 31%[131]。由于利用了铜催化的 1,3-丁二炔与 1-溴炔的偶联反应，使这些天然产物的全合成能够在二步反应中完成。

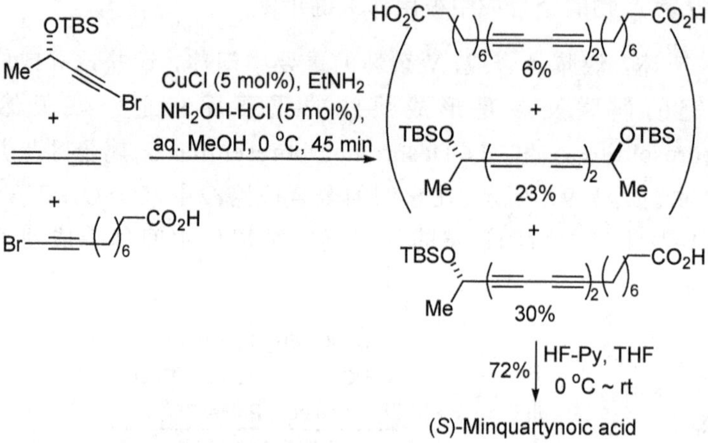

(94)

7 铜催化的炔烃偶联反应实例

例 一

十四碳-6,8-二炔的合成[39]

(铜催化的 Glaser-Hay 偶联反应)

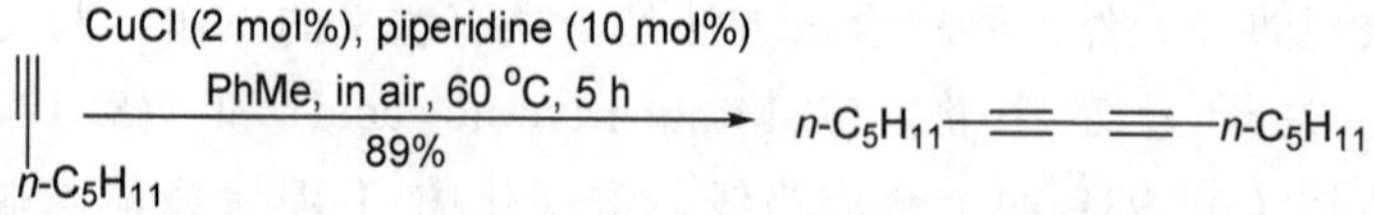

(95)

在圆底烧瓶中加入 1-庚炔 (481 mg, 5.0 mmol)、CuCl (10 mg, 0.1 mmol)、六氢吡啶 (45 mg, 0.52 mmol) 和甲苯 (4 mL)。生成的混合物敞口在 60 ℃ 下搅拌反应 5 h 后，减压蒸去溶剂和挥发性物质。残留物经硅胶柱色谱 (正己烷) 分离得到浅黄色产物 (423.4 mg, 89%)。

例 二

二苯乙炔的合成[15]

(铜催化的碘代芳烃的 Sonogashira 偶联反应)

$$Ph\text{---}\equiv + PhI \xrightarrow[\substack{98\%}]{\substack{\text{CuI (5 mol\%), PPh}_3 \text{ (10 mol\%)} \\ \text{K}_2\text{CO}_3 \text{ (1.5 eq.), DMF, 120 }^\circ\text{C, 16 h}}} Ph\text{---}\equiv\text{---}Ph \qquad (7)$$

在氮气氛中,将苯乙炔 (510 mg, 5 mmol) 和碘苯 (1.02 g, 5 mmol) 依次加入到含有 CuI (47.6 mg, 0.25 mmol)、PPh$_3$ (131.0 mg, 0.5 mmol) 和 K$_2$CO$_3$ (1.04 g, 7.5 mmol) 的 DMF (10 mL) 溶液中。在 120 $^\circ$C 下搅拌 16 h 后,将反应体系倒入水中。然后,用乙醚萃取,合并的萃取液用无水硫酸钠干燥。蒸去溶剂后得到的粗产品经硅胶柱色谱 (正己烷) 分离得到白色的二苯乙炔固体产物 (873 mg, 98%)。

例 三

3-己炔基-4-苯基噁唑烷-2-酮的合成[92]

(铜催化的偶联反应生成 C-N 键)

$$(96)$$

CuI (5.0 mol%), MeNHCH$_2$CH$_2$NHMe (10 mol%), K$_3$PO$_4$ (2 eq.)
PhMe, 110 $^\circ$C, 20 h
72%

将 4-苯基噁唑啉酮 (163 mg, 1.0 mmol)、K$_3$PO$_4$ (424 mg, 2.0 mmol) 和 CuCN (4.5 mg, 0.05 mmol) 加入到反应管中。随后再加入 N,N'-二甲基乙二胺 (10.7 μL) 和 1-碘苯乙炔 (261 mg, 1.0 mmol) 的甲苯溶液 (10 mL)。在 110 $^\circ$C 下反应 20 h 后,反应混合液用硅胶短柱过滤。蒸去溶剂后得到的残留物经硅胶柱色谱 (0~50% 的乙酸乙酯-正己烷) 分离得到偶联产物 (213.6 mg, 72%)。

例 四

苯乙炔基亚磷酸二异丙酯的合成[100]

(铜催化的炔烃和亚磷酸酯偶联生成 C-P 键)

$$(69)$$

CuI (10 mol%), NEt$_3$ (20 mol%)
DMSO, 55 $^\circ$C, 12 h
83%

在未经预处理的 DMSO 溶剂中 (1.0 mL)，加入亚磷酸二异丙酯 (83 mg, 0.5 mmol)、苯乙炔 (61.2 mg, 0.6 mmol)、CuI (9.5 mg, 0.05 mmol) 和三乙胺 (10.1 mg, 0.1 mmol)。生成的混合物在 55 °C 下搅拌反应 12 h 后，用乙酸乙酯萃取。蒸去溶剂后得到的残留物经硅胶柱色谱 (石油醚-乙酸乙酯) 分离得到偶联产物 (110.4 mg, 83%)

例 五

1,3-二苯基-3-六氢吡啶-1-丙炔的合成[115]

(铜催化的多组分 A3 反应)

$$\text{PhCHOH} + \text{\ } + \text{piperidine} \xrightarrow[98\%]{\substack{\text{CuI (2 mol\%), [bmim]PF}_6 \\ 120\ ^{\circ}\text{C, 4 h}}} \text{product} \qquad (79)$$

将 [bmim][PF$_6$] (2 mL) 和 CuCN (2 mg, 0.02 mmol) 生成的混合物在减压下加热到 80 °C 放置 30 min。然后，在氮气保护下加入六氢吡啶 (0.12 mL, 1.5 mmol)、苯甲醛 (106 mg, 1.0 mmol) 和苯乙炔 (0.16 mL, 1.2 mmol)。生成的混合物在 120 °C 下反应 2 h 后用乙醚萃取，离子液体不需处理可供下一次反应使用。蒸去溶剂后得到的残留物经硅胶柱色谱分离得到偶联产物 (270 mg, 98%)。

8　参考文献

[1]　Ullmann, F.; Bielecki, J. *Chem. Ber.* **1901**, *34*, 2174.

[2]　(a) Ullmann, F. *Chem. Ber.* **1903**, *36*, 2382. (b) Ullmann, F. *Liebigs Ann.* **1907**, *355*, 312.

[3]　Ullmann, F.; Sponagel, P. *Chem. Ber.* **1905**, 38, 2211.

[4]　(a) Sainsbury, M. *Tetrahedron* **1980**, *36*, 3327. (b) Bringmann, G.; Walter, R.; Weirich, R. *Angew. Chem.* **1990**, *102*, 1006. (c) Hassan, J.; Sevignon, M.; Gozzi, C.; Schulz, E.; Lemaire, M. *Chem. Rev.* **2002**, *102*, 1359. (d) Ley, S. V.; Thomas, A. W. *Angew. Chem., Int. Ed.* **2003**, *42*, 5400. (e) Ma, D.; Cai, Q. *Acc. Chem. Res.* **2008**, *41*, 1450.

[5]　Böttger, R. C. *Annalen* **1859**, *109*, 351.

[6]　Nakamura, E.; Mori, S. *Angew. Chem., Int. Ed.* **2000**, *39*, 3750.

[7]　Kharasch, M. S.; Tawney, P. O. *J. Am. Chem. Soc.* **1941**, *63*, 2308.

[8]　Brazier, E. J.; Hogan, P. J.; Leung, C. W.; O'Kearney-McMullan, A.; Norton, A. K.; Powell, L.; Robinson, G. E.; Williams, E, G. *Org. Proc. Res. Dev.* **2010**, *14*, 544.

[9]　(a) Sonogashira, K. *J. Organomet. Chem.* **2002**, *653*, 46. (b) Negishi, E.; Anastasia, L. *Chem. Rev.* **2003**, *103*, 1979. (c) Chinchilla, R.; Nájera, C. *Chem. Rev.* **2007**, *107*, 874.

[10]　Gooβsen, L. J.; Deng, G; Levy, L. M. *Science* **2006**, *313*, 662.

[11] (a) Finet, J. P.; Fedorov, A. Y.; Combes, S.; Boyer, G. *Curr. Org. Chem.* **2002**, *6*, 597. (b) Chemler, S. R.; Fuller, P. H. *Chem. Soc. Rev.* **2007**, *36*, 1153. (c) Carril, M.; SanMartin, R.; Domínguez, E. *Chem. Soc. Rev.* **2008**, *37*, 639. (d) Stanley, L. M.; Sibi, M. P. *Chem. Rev.* **2008**, *108*, 2887. (e) Evano, G.; Blanchard, N.; Toumi, M.; *Chem. Rev.* **2008**, *108*, 3054. (f) Reymond, S.; Cossy, J. *Chem. Rev.* **2008**, *108*, 5359. (g) Jerphagnon, T.; Pizzuti, M.G.; Minnaard, A. J.; Feringa, B. L. *Chem. Soc. Rev.* **2009**, *38*, 1039.

[12] (a) Cassar, L. *J. Organomet. Chem.* **1975**, *93*, 253. (b) Dieck, H. A.; Heck, R. F. *J. Organomet. Chem.* **1975**, *93*, 259. (c) Sonogashira, K.; Tohda, Y.; Hagihara, N. *Tetrahedron Lett.* **1975**, *50*, 4467.

[13] (a) Castro, C. E.; Stephens, R. D. *J. Org. Chem.* **1963**, *28*, 2163. (b) Stephens, R. D.; Castro, C. E. *J. Org. Chem.* **1963**, *28*, 3313.

[14] Batu, G.; Stevenson, R. *J. Org. Chem.* **1980**, *45*, 1532.

[15] (a) Okuro, K.; Furuune, M.; Miura, M.; Nomura, M. *Tetrahedron Lett.* **1992**, *33*, 5363. (b) Okuro, K.; Furuune, M.; Enna, M.; Miura, M.; Nomura M. *J. Org. Chem.* **1993**, *58*, 4716.

[16] Mao, J. C.; Guo, J.; Ji, S. J. *J. Mol. Catal. A: Chem.* **2008**, *284*, 85.

[17] Pan, C. D.; Luo, F.; Wang, W. H.; Ye, Z. S.; Cheng, J. *Tetrahedron Lett.* **2009**, *50*, 5044.

[18] (a) Wu, M. Y.; Mao, J. C.; Guo, J.; Ji, S. J. *Eur. J. Org. Chem.* **2008**, 4050. (b) Thakur, K. G.; Jaseer, E. A.; Naidu, A. B.; Sekar, G. *Tetrahedron Lett.* **2009**, *50*, 2865.

[19] Ma, D.; Liu, F. *Chem. Commun.* **2004**, 1934.

[20] Liu, F.; Ma, D. *J. Org. Chem.* **2007**, *72*, 4844.

[21] Li, J.-H.; Li, J.-L.; Wang, D.-P.; Pi, S.-F.; Xie, Y.-X.; Zhang, M.-B.; Hu, X.-C. *J. Org. Chem.* **2007**, *72*, 2053.

[22] Monnier, F.; Turtaut, F.; Duroure, L.; Taillefer, M. *Org. Lett.* **2008**, *10*, 3203.

[23] Bates, C. G.; Saejueng, P.; Murphy, J. M.; Venkataraman, D. *Org. Lett.* **2002**, *4*, 4727.

[24] Volla, C. M. R.; Vogel, P. *Tetrahedron Lett.* **2008**, *49*, 5961.

[25] Mao, J. C.; Xie, G. L.; Wu, M. Y.; Guo, J.; Ji, S. J. *Adv. Synth. Catal.* **2008**, *350*, 2477.

[26] Kang, S.-K.; Yoon, S.-K.; Kim, Y.-M. *Org. Lett.* **2001**, *3*, 2697.

[27] (a) Lidström, P.; Tierney, J. P.; Wathey, B.; Westman, J. *Tetrahedron* **2001**, *57*, 9225. (b) de la Hoz, A.; Diaz-Ortiz, A.; Moreno, A. *Chem. Soc. Rev.* **2005**, *34*, 164.

[28] He, H.; Wu, Y.-J. *Tetrahedron Lett.* **2004**, *45*, 3237.

[29] Colacino, E.; Daich, L.; Martinez, J.; Lamaty, F. *Synlett* **2007**, 1279.

[30] (a) Thathagar, M. B.; Beckers, J.; Rothenberg, G. *Green Chem.* **2004**, *6*, 215. (b) Zhang, L.; Li, P.; Wang, L. *Lett. Org. Chem.* **2006**, *3*, 282. (c) Biffis, A.; Scattolin, E.; Ravasio, N.; Zaccheria, F. *Tetrahedron Lett.* **2007**, *48*, 8761. (d) Wang, Z. L.; Wang, L.; Li, P. H. *Synthesis* **2008**, 1367.

[31] Tang, B. X.; Wang, F.; Li, J. H.; Xie, Y. X.; Zhang, M. B. *J. Org. Chem.* **2007**, *72*, 6294.

[32] (a) Gevorgyan, V.; Takeda, A.; Yamamoto, Y. *J. Am. Chem. Soc.* **1997**, *119*, 11313. (b) Gevorgyan, V.; Takeda, A.; Homma, M.; Sadayori, N.; Radhakrishnan, U.; Yamamoto, Y. *J. Am. Chem. Soc.* **1999**, *121*, 6391. (c) Jeevanandam, A.; Korivi, R. P.; Huang, I-w.; Cheng, C.-H. *Org. Lett.* **2002**, *4*, 807. (d) Doherty, S.; Knight, J. G.; Smyth, C. H.; Harrington, R. W.; Clegg, W. *Org. Lett.* **2007**, *9*, 4925. (e) Nishida, G.; Ogaki, S.; Yusa,Y.; Yokozawa, T.; Noguchi, K.; Tanaka, K. *Org. Lett.* **2008**, *10*, 2849.

[33] (a) Holmes, A. B.; Jennings-White, C. L. D.; Kendrick, D. A. *J. Chem. Soc., Chem. Commun.* **1983**, 415. (b) Crombie, L.; Hobbs, A. J. W.; Horsham, M. A. *Tetrahedron Lett.* **1987**, *28*, 4875. (c) Sttitz, A. *Angew. Chem., Int. Ed. Engl.* **1987**, *26*, 320. (d) Holmes, A. B.; Tabor, A. B.; Baker, R. *J. Chem. Soc., Perkin Trans. 1* **1991**, 3307. (e) Hoye, T. R.; Hanson, P. R.; *Tetrahedron Lett.* **1993**, *34*, 5043. (f) Iguchi, K.; Kitade, M.; Kashiwagi, T.; Yamada, Y. *J. Org. Chem.* **1993**, *58*, 5690.

[34] (a) Diederich, F.; Rubin, Y.; Knobler, C. B.; Whetten, R. L.; Schriver, K. E.; Houk, K. N.; Li, Y. *Science* **1989**, *245*, 1088; (b) Kanis, D. R.; Ratner, M. A.; Marks, T. J. *Chem. Rev.* **1994**, *94*, 195.

[35] Glaser, C. *Ber. Dtsch. Chem. Ges.* **1869**, *2*, 422.

[36] (a) Eglinton, G.; Galbraith, A. R. *Chem. Ind.* **1956**, 737. (b) Behr, O. M.; Eglinton, G.; Galbraith, A. R.;

Raphael, R. A. *J. Chem. Soc.* **1960**, 3614.

[37]   (a) Hay, A. S. *J. Org. Chem.* **1960**, *25*, 1275. (b) Hay, A. S. *J. Org. Chem.* **1962**, *27*, 3320.

[38]   Adimurthy, S.; Malakar, C. C.; Beifuss, U. *J. Org. Chem.* **2009**, *74*, 5648.

[39]   Zheng, Q.; Hua, R.; Wan, Y. *Appl. Organomet. Chem.* **2010**, *24*, 314.

[40]   Li, D. F.; Yin, K.; Li, J.; Jia, X. S. *Tetrahedron Lett.* **2008**, *49*, 5918.

[41]   Li, L. J.; Wang, J. X.; Zhang, G. S.; Liu, Q. F. *Tetrahedron Lett.* **2009**, *50*, 4033.

[42]   (a) Zhang, J.; Pesak, D. J.; Ludwick, J. L.; Moore, J. S. *J. Am. Chem. Soc.* **1994**, *116*, 4227. (b) Tobe, Y.; Utsumi, N.; Kawabata, K.; Naemura, K. *Angew. Chem., Int. Ed. Engl.* **1998**, *37*, 1285. (c) Hoger, S.; Meckenstock, A.-D.; Muller, S. *Chem. Eur. J.* **1998**, *4*, 2423.

[43]   Ohkita, M.; Ando, K.; Suzuki, T.; Tsuji, T. *J. Org. Chem.* **2000**, *65*, 4385.

[44]   Höger, S.; Meckenstock, A.-D.; Pellen, H. *J. Org. Chem.* **1997**, *62*, 4556.

[45]   Moriarty, R. M.; Pavlovic, D. *J. Org. Chem.* **2004**, *69*, 5501.

[46]   Nishihara, Y.; Okamoto, M.; Inoue, Y.; Miyazaki, M.; Miyasaka, M.; Takagi, K. *Tetrahedron Lett.* **2005**, *46*, 8661.

[47]   Paixo, M. W.; Weber, M.; Braga, A. L.; de Azeredo, J. B.; Deobald, A. M.; Stefani, H. A. *Tetrahedron Lett.* **2008**, *49*, 2366.

[48]   Chodkiewicz, W.; Cadiot, P. *C. R. Hebd. Seances Acad. Sci.* **1955**, *241*, 1055.

[49]   Eastmond, R.; Walton, R. M. *Tetrahedron* **1972**, *28*, 4591.

[50]   Montierth, J. M.; DeMario, D. R.; Kurth, M. J.; Schore, N. E. *Tetrahedron* **1998**, *54*, 11741.

[51]   Ikegashira, K.; Nishihara, Y.; Hirabayashi, G.; Mori, A.; Hiyama, T. *Chem. Commun.* **1997**, 1039.

[52]   Nishihara, Y.; Ikegashira, K.; Mori, A.; Hiyama, H. *Chem. Lett.* **1997**, 1233.

[53]   Ito, H.; Arimoto, K.; Sensui, H.-o.; Hosomi, A. *Tetrahedron Lett.* **1997**, *38*, 3977.

[54]   Nishihara, Y.; Ikegashira, K.; Mori, A.; Hiyama, T. *Tetrahedron Lett.* **1998**, *39*, 4075.

[55]   Philippe, J. L.; Chodkiewicz, W.; Cadiot, P. *Tetrahedron Lett.* **1970**, *11*, 1795.

[56]   Marino, J. P.; Nguyen, H. N. *J. Org. Chem.* **2002**, *67*, 6841.

[57]   (a) Tanaka, D.; Romerril, S. P.; Myers, A. G. *J. Am. Chem. Soc.* **2005**, *127*, 10323. (b) Baudoin, O. *Angew. Chem., Int. Ed.* **2007**, *46*, 1373. (c) Bonesi, S. M.; Fagnoni, M.; Albini, A. *Angew. Chem., Int. Ed.* **2008**, *47*, 10022.

[58]   Yu, M.; Pan, D.; Jia, W.; Chen, W.; Jiao, N. *Tetrahedron Lett.* **2010**, *51*, 1287.

[59]   Gibtner, T.; Hampel, F.; Gisselbrecht, J.-P.; Hirsch, A. *Chem. Eur. J.* **2002**, *8*, 408.

[60]   Li, J.; jiang, H. *Chem. Commun.* **1999**, 2369.

[61]   Jiang, H. F.; Wang, A. Z. *Synthesis* **2007**, 1649.

[62]   Li, P.-H.; Yan, J.-C.; Wang, M.; Wang, L. *Chin. J. Chem.* **2004**, *22*, 219.

[63]   (a) Welton, T. *Chem. Rev.* **1999**, *99*, 2071. (b) Dupont, J.; de Souza, R. F.; Suarez, P. A. Z. *Chem. Rev.* **2002**, *102*, 3667.

[64]   Yadav, J. S.; Reddy, B. V. S.; Reddy, K. B.; Gayathri, K. U.; Prasad, A. R. *Tetrahedron Lett.* **2003**, *44*, 6493.

[65]   Ranu, B. C.; Banerjee, S. *Lett. Org. Chem.* **2006**, *3*, 607.

[66]   Zhu, B. C.; Jiang, X. Z. *Appl. Organomet. Chem.* **2007**, *21*, 345.

[67]   Kuhn, P.; Alix, A.; Kumarraja, M.; Louis, B.; Pale, P.; Sommer, J. *Eur. J. Org. Chem.* **2009**, 423.

[68]   Oishi, T.; Katayama, T.; Yamaguchi, K.; Mizuno, N. *Chem. Eur. J.* **2009**, *15*, 7539.

[69]   (a) Rubina, M.; Gevorgyan, V. *J. Am. Chem. Soc.* **2001**, *123*, 11107. (b) Ogoshi, S.; Ueta, M.; Oka, M.; Kurosawa, H. *Chem. Commun.* **2004**, 2732. (c) Lee, C. C.; Lin, Y. C.; Liu, Y. H.; Wang, Y. *Organometallics* **2005**, *24*, 136. (d) Bassetti, M.; Pasquini, C.; Raneri, A.; Rosato, D. *J. Org. Chem.* **2007**, *72*, 4558.

[70]   Hoshi, M.; Masuda, Y.; Arase, A. *Bull. Chem. Soc. Jpn.* **1983**, *56*, 2855.

[71]   (a) Miyaura, N.; Yamada, K.; Suzuki, A. *Tetrahedron Lett.* **1979**, *20*, 3437. (b) Miyaura, N.; Suginome,

H.; Suzuki, A. *Tetrahedron Lett.* **1981**, *22*, 127.

[72]   Ogawa, T.; Kueume, K.; Tanaka, M.; Hayami, K.; Suzuki, H. *Synth. Common.* **1989**, *19*, 2199.

[73]   (a) Bates, C. G.; Saejueng, P.; Venkataraman, D. *Org. Lett.* **2004**, *6*, 1411. (b) Saejueng, P.; Bates, C. G.; Venkataraman, D. *Synthesis* **2005**, 1706.

[74]   Shao, L. X.; Shi, M. *Tetrahedron* **2007**, *63*, 11938.

[75]   Marshall, J. A.; Chobanian, H. R.; Yanik, M. M. *Org. Lett.* **2001**, *3*, 4107.

[76]   Coleman, R. S.; Garg, R. *Org. Lett.* **2001**, *3*, 3487.

[77]   (a) Tohda, Y.; Sonogashira , K.; Hagihara, N. *Synthesis* **1977**, 777. (b) Cox, R. J.; Ritson, D. J.; Dane, T. A.; Berge, J.; Charmant, J. P. H.; Kantacha, A. *Chem. Commun.* **2005**, 1037. (c) Karpov, A. S.; Müller, T. J. J. *Org. Lett.* **2003**, *5*, 3451.

[78]   Guo, M. J.; Li, D.; Zhang, Z. G. *J. Org. Chem.* **2003**, *68*, 10172.

[79]   Tambade, P. J.; Patil, Y. P.; Nandurkar, N. S.; Bhanage, B. M. *Synlett* **2008**, 886.

[80]   Normant, J. F. *Synthesis* **1972**, 63.

[81]   Grushin, V. V.; Alper, H. *J. Org. Chem.* **1992**, *57*, 2188.

[82]   Bieber, L. W.; da Silva, M. F. *Tetrahedron Lett.* **2007**, *48*, 7088.

[83]   Davies, K. A.; Abel, R. C.; Wulff, J. E. *J. Org. Chem.* **2009**, *74*, 3997.

[84]   Niu, M.; Yin, Z.; Fu, H.; Jiang, Y.; Zhao, Y. *J. Org. Chem.* **2008**, *73*, 3961.

[85]   (a) Himeshima, Y.; Sonoda, T.; Kobayashi, H. *Chem. Lett.* **1983**, 1211. (b) Kitamura, T. *Aust. J. Chem.* **2010**, *63*, 987.

[86]   Xie, C. S.; Liu, L. F.; Zhang, Y. H.; Xu, P. X. *Org. Lett.* **2008**, *10*, 2393.

[87]   Akubathini, S. K.; Biehl, E. *Tetrahedron Lett.* **2009**, *50*, 1809.

[88]   Yoshida, H.; Morishita, T.; Nakata, H.; Ohshita, J. *Org. Lett.* **2009**, *11*, 373.

[89]   Selected reports, see: (a) Zificsak, C. A.; Mulder, J. A.; Hsung, R. P.; Rameshkumar, C.; Wei, L.-L. *Tetrahedron* **2001**, *57*, 7575. (b) Katritzky, A. R.; Jiang, R.; Singh, S. K. *Heterocycles* **2004**, *63*, 1455. (c) Tanaka, K.; Takeishi, K.; Noguchi, K. *J. Am. Chem. Soc.* **2006**, *128*, 4586. (d) Couty, S.; Meyer, C.; Cossy, J. *Angew. Chem. Int. Ed.* **2006**, *45*, 6726. (e) Zhang, X.; Hsung, R. P.; Li, H.; Zhang, Y.; Johnson, W. L.; Figueroa, R. *Org. Lett.* **2008**, *10*, 3477. (f) Kim, J. Y.; Kim, S. H.; Chang, S. *Tetrahedron Lett.* **2008**, *49*, 1745. (g) Gourdet, B.; Lam, H. W. *J. Am. Chem. Soc.* **2009**, *131*, 3802. (h) Dooleweerdt, K.; Ruhland, T.; Skrydstrup, T. *Org. Lett.* **2009**, *11*, 221. (i) Li, H.; Hsung, R. P.; DeKorver, K. A.; Wei, Y. *Org. Lett.* **2010**, *12*, 3780.

[90]   (a) Stang, P. J.; Zhdankin, V. V. *Chem. Rev.* **1996**, *96*, 1123. (b) Zhdankin, V. V.; Stang, P. J. *Chem. Rev.* **2002**, *102*, 2523.

[91]   Dunetz, J. R.; Danheiser, R. L. *Org. Lett.* **2003**, *5*, 4011.

[92]   Frederick, M. O.; Mulder, J. A.; Tracey, M. R.; Hsung, R. P.; Huang, J.; Kurtz, K. C. M.; Shen, L.; Douglas, C. J. *J. Am. Chem. Soc.* **2003**, *125*, 2368.

[93]   (a) Zhang, X.; Zhang, Y.; Huang, J.; Hsung, R. P.; Kurtz, K. C. M.; Oppenheimer, J.; Petersen, M. E.; Sagamanova, I. K.; Shen, L.; Tracey, M. R. *J. Org. Chem.* **2006**, *71*, 4170. (b) Zhang, Y.; Hsung, R. P.; Tracey, M. R.; Kurtz, K. C. M.; Vera, E. L. *Org. Lett.* **2004**, *6*, 1151.

[94]   Dooleweerdt, K.; Birkedal, H.; Ruhland, T.; Skrydstrup, T. *J. Org. Chem.* **2008**, *73*, 9447.

[95]   Coste, A.; Karthikeyan, G.; Couty, F.; Evano, G. *Angew. Chem., Int. Ed.* **2009**, *48*, 4381.

[96]   Fukudome, Y.; Naito, H.; Hata, T.; Urabe, H. *J. Am. Chem. Soc.* **2008**, *130*, 1820.

[97]   Laroche, C.; Li, J.; Freyer, M. W.; Kerwin, S. M. *J. Org. Chem.* **2008**, *73*, 6462.

[98]   Hamada, T.; Ye, X.; Stahl, S. S. *J. Am. Chem. Soc.* **2008**, *130*, 833.

[99]   Afanasiev, V. V.; Beletskaya, I. P.; Kazankova, M. A.; Efimova, I. V.; Antipin, M. U. *Synthesis* **2003**, 2835.

[100]   Gao, Y. X.; Wang, G.; Chen, L.; Xu, P. X.; Zhao, Y. F.; Zhou, Y. B.; Han, L. B. *J. Am. Chem. Soc.* **2009**, *131*, 7956.

[101]　Suzuki, H.; Abe, H. *Tetrahedron Lett.* **1996**, *37*, 3717.

[102]　Bieber, L. W.; da Silva, M. F.; Menezes, P. H. *Tetrahedron Lett.* **2004**, *45*, 2735.

[103]　Ranjit, S.; Duan, Z.; Zhang, P.; Liu, X. *Org. Lett.* **2010**, *12*, 4134.

[104]　Satoshi, S.; Takashi, K.; Ishii, Y. *Angew. Chem., Int. Ed.* **2001**, *40*, 2534.

[105]　Wei, C. M.; Li, Z. G.; Li, C. J. *Org. Lett.* **2003**, *5*, 4473.

[106]　Wei, C. M.; Li, C. J. *J. Am. Chem. Soc.* **2003**, *125*, 9584.

[107]　(a) Youngman, M. A.; Dax, S. L. *Tetrahedron Lett.* **1997**, *38*, 6347. (b) McNally, J. J.; Youngman, M. A.; Dax, S. L. *Tetrahedron Lett.* **1998**, *39*, 967. (c) Dyatkin, A. B.; Rivero, R. A. *Tetrahedron Lett.* **1998**, *39*, 3647.

[108]　Ren, G.; Zhang, J.; Duan, Z.; Cui, M.; Wu, Y. *Aust. J. Chem.* **2009**, *62*, 75.

[109]　Sakai, N.; Uchida, N.; Konakahara, T. *Synlett* **2008**, 1515.

[110]　Bonfield, E. R.; Li, C. J. *Org. Biomol. Chem.* **2007**, *5*, 435.

[111]　Shi, L.; Tu, Y. Q.; Wang, M.; Zhang, F. M.; Fan, C. A. *Org. Lett.* **2004**, *6*, 1001.

[112]　Kidwai, M.; Bansal, V.; Mishra, N. K.; Kumar, A.; Mazumdar, S. *Synlett* **2007**, 1581.

[113]　(a) Li, P. H.; Wang, L. *Tetrahedron* **2007**, *63*, 5455. (b) Sreedhar, B.; Reddy, P. S.; Krishna, C. S. V.; Babu, P. V. *Tetrahedron Lett.* **2007**, *48*, 7882.

[114]　Wang, M.; Li, P. H.; Wang, L. *Eur. J. Org. Chem.* **2008**, 2255.

[115]　Park, S. B.; Alper, H. *Chem. Commun.* **2005**, 1315.

[116]　Gommermann, N.; Koradin, C.; Polborn, K.; Knochel, P. *Angew. Chem., Int. Ed.* **2003**, *42*, 5763.

[117]　Shao, Z. H.; Pu, X. W.; Li, X. J.; Fan, B. M.; Chan, A. S. C. *Tetrahedron: Asymmetry* **2009**, *20*, 225.

[118]　Zhao, L.; Li, C.-J. *Chem. Asian J.* **2006**, *1*, 203.

[119]　Kim, J.; Lee, S. Y.; Lee, J.; Do, Y.; Chang, S. *J. Org. Chem.* **2008**, *73*, 9454.

[120]　Sakai, N.; Uchida, N.; Konakahara, T. *Tetrahedron Lett.* **2008**, *49*, 3437.

[121]　Li, H.; Liu, J.; Yan, B.; Li, Y. *Tetrahedron Lett.* **2009**, *50*, 2353.

[122]　Ohta, Y.; Chiba, H.; Oishi, S.; Fujii, N.; Ohno, H. *J. Org. Chem.* **2009**, *74*, 7052.

[123]　Xu, X.; Liang, L.; Liu, J.; Yang, J.; Mai, L.; Li, Y. *Tetrahedron Lett.* **2009**, *50*, 57.

[124]　Yoo, W. J.; Li, C. J. *Adv. Synth. Catal.* **2008**, *350*, 1503.

[125]　Black, D. A.; Beveridge, R. E.; Arndtsen, B. A. *J. Org. Chem.* **2008**, *73*, 1906.

[126]　Sato, Y.; Yamasaki, R.; Saito, S. *Angew. Chem., Int. Ed.* **2009**, *48*, 504.

[127]　Morgan, B. J.; Xie, X.; Phuan, P.-W.; Kozlowski, M. C. *J. Org. Chem.* **2007**, *72*, 6171.

[128]　Zhang, Y.; Hsung, R. P.; Zhang, X.; Huang, J.; Slafer, B. W.; Davis, A. *Org. Lett.* **2005**, *7*, 1047.

[129]　Ito, A.; Cui, B. L.; Chavez, D.; Chai, H. B.; Shin, Y. G.; Kawanishi, K.; Kardono, L. B. S.; Riswan, S.; Farnsworth, N. R.; Cordell, G. A.; Pezzuto, J. M.; Kinghorn, A. D. *J. Nat. Prod.* **2001**, *64*, 246.

[130]　Gung, B. W.; Dickson, H. *Org. Lett.* **2002**, *4*, 2517.

[131]　Gung, B. W.; Kumi, G. *J. Org. Chem.* **2003**, *68*, 5956.

桧山偶联反应

(Hiyama Coupling Reaction)

陈孝云　　刘磊[*]

1　历史背景简述

偶联反应是指有机金属试剂 R-M 和亲电性的有机化合物 R′-X (X 是离去基团) 反应生成 R-R′ 的反应，通常使用过渡金属催化剂[1~10](式 1)。

$$R-M + R'-X \xrightarrow{\text{Pd or Ni}} R-R' \qquad (1)$$

M = Al (Nozaki-Oshima)
M = B (Suzuki-Miyama)
M = Li (Murahashi)
M = Mg (Kumada-Tamao-Corriu)
M = Si (Hiyama)
M = Sn (Migita-Kosugi, Stille)
M = Zn (Negishi, Normant)

1972 年以来，Kumada、Tamao 和 Corriu 等人先后报道了利用 Grignard 试剂在镍催化下进行的偶联反应[11,12]。此后，越来越多的金属有机试剂被用于构建 C-C 键的偶联反应，例如：有机锂、镁、硼、铝、锌和锡试剂等。其中，利用有机硼进行 C-C 键偶联的 Suzuki-Miyaura[1,7]反应是目前应用最为广泛的偶联反应之一。此外，Heck 反应和 Stille 反应等在有机合成中均有广泛的应用。

然而，长期以来有机硅试剂[13]参与的偶联反应发展相对缓慢。20 世纪 80 年代，Hiyama[14]等人首次将有机硅试剂用于偶联反应 (式 2)。此后，Denmark 等人[15]进一步改进了这类反应，从而逐渐形成了 Hiyama 偶联反应。目前，利用有机硅试剂在钯催化下进行 Hiyama 偶联反应已经成为构建 C-C 键的重要方法之一。该反应具有诸多的优点，例如：反应的原子经济性高、条件温和、产率和选择性高等。相对于 Negishi 反应的有机锌试剂、Stille 反应的有机锡试剂、Kumada-Tamao-Corriu 反应的有机镁试剂以及 Suzuki 反应的有机硼试剂等，有机硅试剂对环境污染小、容易储存、官能团的兼容性较好以及在反应中易于操作等。

$$R^1X + R^2SI \xrightarrow{\text{Pd, F}^-} R^1-R^2 \qquad (2)$$

R^1 = aryl, alkenyl, allyl
R^2 = alkenyl, allyl, alkynyl, aryl
SI = $SiMe_3$, $SiMe_{3-n}F_n$, $SiMe_{3-n}Cl_n$, $SiMe_{3-n}(OR)_n$

在早期的 Hiyama 偶联反应中，需要使用 TBAF 等含氟离子的试剂作为活化试剂。因此，一些带有硅保护基的化合物不能很好地参与反应，这在一定程度上限制了 Hiyama 反应的应用。近年来，随着新的硅试剂和新的活化试剂的应用以及水相和室温下 Hiyama 反应的发展，Hiyama 偶联反应得到越来越多的青睐。

Tamejiro Hiyama (桧山为次郎) 1946 年出生于日本，1975 年在京都大学工学部获得工业化学博士学位。1981-1992 年期间供职于相模中央化学研究所，并于 1992 年晋升为教授。1997 年被聘为京都大学工学研究科教授。曾获 1980 年日本化学会进步奖、2004 年日本液晶学会业绩奖、2007 年有机合成化学学会奖、2008 年日本化学奖等。1988 年，Hiyama 首次报道了以硅试剂作为反应底物的 Hiyama 偶联反应，并在后续工作中对该反应的进一步完善做出了巨大贡献。

2 Hiyama 反应的定义和机理

2.1 Hiyama 反应的定义

Hiyama 反应是指在钯或镍的催化下，烯基、芳基或烷基卤代物以及拟卤代物在活化试剂 (TBAF 或 TASF 等) 的作用下与有机硅试剂作用生成 C-C 键的偶联反应[9,14~19](式 3)。

$$R^1X \quad + \quad R^2Si \xrightarrow{\text{Pd, F}^- \text{ or base}} R^1-R^2 \qquad (3)$$

R^1 = aryl, alkenyl, ally, alkynyl, silyl
R^2 = alkenyl, allyl, alkynyl
X = Cl, Br, I, OSO_2CF_3, OCO_2Et
SiY_3 = $SiMe_{3-n}F_n$ (Hiyama)
$Si(OR)_3$ (Tamao-Ito)
☐Si—H, SiR_2OH (Denmark)
 R

2.2 Hiyama 反应的机理

目前广泛接受的 Hiyama 反应催化循环过程如图 1 所示，催化过程分为四步：氧化加成、转金属化、异构化和还原消除。其中，关键步骤是 C-Si 键的活化。一般情况下需要加入活化试剂 (氟离子或碱) 增大硅试剂中的 C-Si 键的极性来增大其反应活性，使得转金属化过程顺利完成 (图 1)。

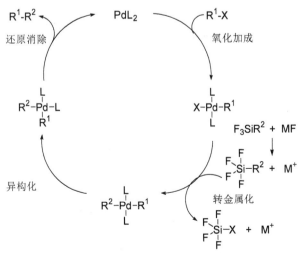

图 1 Pd 催化的 Hiyama 反应机理

在 Denmark 改进的 Hiyama 反应中，由于硅试剂分子中四元环的存在使得整个分子承受较大的环张力。因此，硅试剂的四元环在反应初始就被打开，再进一步活化生成硅醇后发生反应。

3 Hiyama 反应的试剂

3.1 Hiyama 反应底物

3.1.1 卤代芳香化合物

通常，Hiyama 反应中卤代烃反应速率顺序与 Heck 和 Suzuki 反应相同：即 R-I > R-Br >> R-Cl。芳环上缺电子取代基有利于增加卤代试剂的反应活性，而供电子基的存在则降低试剂的反应活性。起初，由于 Hiyama 反应所用的硅试剂反应活性较低，该反应所用的卤代物通常是活性最大的碘代物。随着反应条件的改进，溴代物也能发生反应。但是，尽管氯代试剂最廉价易得，它们较低的反应活性限制了其在 Hiyama 偶联反应中的应用。目前，氯代试剂只在一些特殊的 Hiyama 反应中作为反应底物。1996 年，Gouda[20]等人首次报道了在 $(i\text{-}Pr_3P)_2PdCl_2$、$(dcpe)PdCl_2$ 或 $(Et_3P)_2PdCl_2$ 催化下使用芳香氯代物作为底物进行的 Hiyama 反应。如式 4 所示：通过筛选适当的反应条件，产物的最高产率可达到 90% 以上。

$$\text{R-SI} \quad + \quad \text{Ar-Cl} \quad \xrightarrow{\text{Pd cat. (0.5~2.0 mol%)}} \quad \text{R-Ar} \tag{4}$$

R = aryl, alkenyl; SI = SiCl$_3$, Si(R)Cl$_2$, SiEtCl$_2$, SiMeCl$_2$, SiMe$_2$Cl
Pd cat. = $(Et_3P)_2PdCl_2$, $(dcpe)PdCl_2$, $(i\text{-}Pr_3P)_2PdCl_2$

1, 62%
2, 92% [(dcpe)PdCl$_2$)]

3, 62%

4, 73%~95%

5, 64%

6, 83% [(Et$_3$P)$_2$PdCl$_2$]

7, 83% [(Et$_3$P)$_2$PdCl$_2$]

8, 91% [(Et$_3$P)$_2$PdCl$_2$]

1999 年，Mowery[21]等人利用 $Pd_2(dba)_3$ 和 Cy_2PPh 成功地催化了取代联苯的合成。反应温度从以前的 120 °C 降低到 85 °C，具有反应时间短和产率较高的优点 (式 5)。该反应的现象比较特殊，使用芳环上有供电子取代基卤代物在 Hiyama 偶联反应中的产率反而较高。这与常见的供电子基的存在会降低试剂活性的性质不同。

$$PhSi(OMe)_3 + \text{（芳环）} \xrightarrow[\text{TBAF (2 eq.), DMF, 85 °C, 1~5 h}]{Pd_2(dba)_3 (10\ mol\%),\ L\ (15\ mol\%)} \text{（产物）} \quad (5)$$

L =（联苯 PCy₂ 结构）

9, R = 4-COCH₃, 47%; **10**, R = 4-CH₃, 63%; **11**, R = 4-OCH₃, 71%

Nolan[22]等人在 2000 年报道：使用 $Pd(OAc)_2$ 作为催化剂和二芳香基取代的咪唑盐作为配体，缺电子基团取代的氯代芳烃也可以得到较高的产率。但是，带有供电子基团的氯代芳烃的反应产率仍然较低 (式 6)。

$$\text{（苯基）}Si(OMe)_3 + Ar\text{-}Cl \xrightarrow[\text{(3 mol\%), dioxane, THF, 80 °C, 1~2 h}]{Pd(OAc)_2 (3\ mol\%),\ TBAF\ (2\ eq.),\ IPr\cdot HCl} \text{（产物）Ar} \quad (6)$$

$IPr\cdot HCl$ =（咪唑盐结构）

12, 4 h, 29%　**13**, 17 h, 19%　**14**, 3 h, 100%　**15**, 7.5 h, 81%

2005 年，Clarke[23]等人将微波反应条件应用于 Hiyama 反应，使得该反应的时间缩短至十几分钟。同时他们还在该反应中使用了一种新的氮膦配体，使得不太活泼的氯代芳香族化合物在该反应条件下也能与该类试剂发生较高效率的偶联反应。但是当苯环上有供电子的甲基时，氯苯几乎不发生反应 (式 7)。2006

$$Y\text{（芳环）}X + PhSi(OMe)_3 \xrightarrow[\text{(1.0 mol/L), MW, 115 °C, 18 min}]{\substack{[Pd(allyl)Cl]_2\ (1.25\ mol\%),\ \textbf{L 1}\ (3.7\ mol\%) \\ N\text{-mepip solution (2.5 mol\%), TBAF/THF}}} Y\text{（芳环）Ph} \quad (7)$$

L 1 = Cy_2P–N　N–　　**N-mepip** = HN　N–

95% (X = Cl)　95% (X = Br)　trace (X = Cl)　90% (X = Cl)
90% (X = Br)

年，Nájera[24]报道了微波辐射促进的水相 Hiyama 反应 (式 8)。

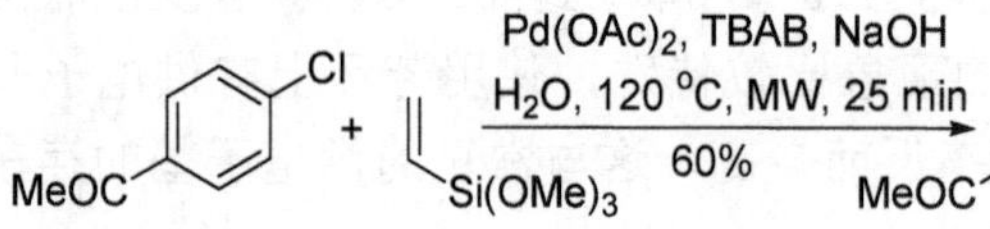

(8)

3.1.2 其它卤代物

3.1.2.1 卤代杂环化合物

1997 年，Hagiwara[25]等人发展了卤代 Hiyama 试剂。如式 9 所示：他们利用这类试剂合成了一系列杂环联芳香化合物，其中最不活泼的氯代物也能进行反应。

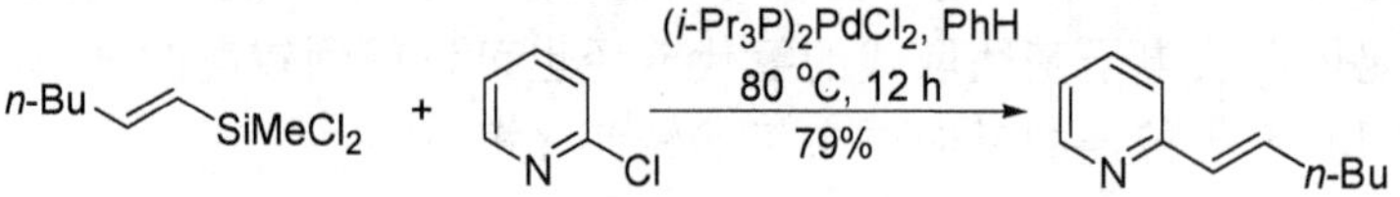

(9)

2005 年，Pierrat[26]等人用 PdCl$_2$(PPh$_3$)$_2$/PPh$_3$/CuI 催化溴代噻吩和溴代吡啶与硅试剂在室温下的反应。如式 10 所示：通过优化反应条件，反应产率可以分别达到 78% 和 85%。

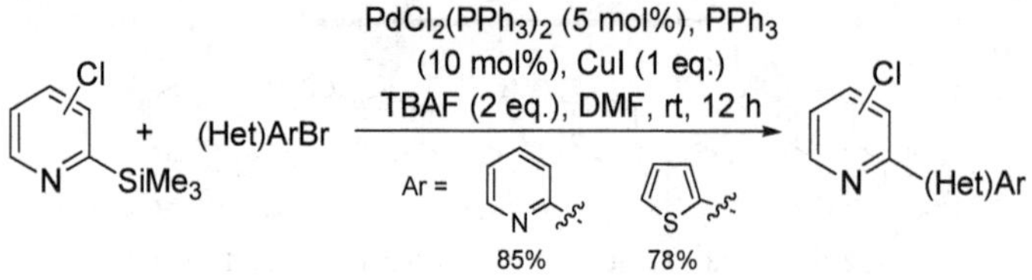

(10)

2006 年，Gordillo[27]等人报道：使用带有冠醚结构的配体与 PdCl$_2$ 生成的催化剂，溴代吡啶和硅试剂的 Hiyama 反应产率可以达到 90% 以上 (式 11)。

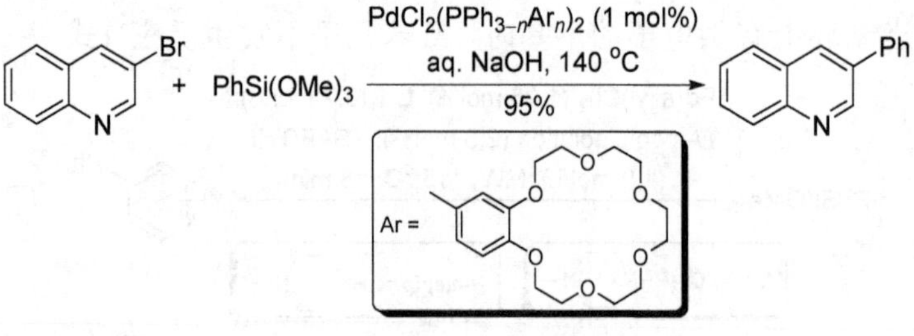

(11)

3.1.2.2 卤代烯烃

1988 年，Hiyama[14]等人报道了卤代烯烃与相应硅试剂的反应。一般来说，碘代或溴代烯烃比较容易发生反应，部分反应产率可以达到 90% 以上 (式 12)。

$$\text{(12)}$$

3.1.2.3 卤代烃

2004 年，Fu[28]等人报道了利用镍作为催化剂催化仲卤代烷烃与芳基三氟化硅试剂的 C-C 偶联反应。在最优条件下，部分反应产率可以达到 80% 以上 (式 13)。通过改变催化剂和控制反应条件，可以进一步扩大该反应的底物范围，使得部分氯代烷烃以及 α-卤代酮、酯和酰胺等均能发生 C-C 偶联反应[29]。

$$\text{(13)}$$

3.1.3 拟卤代物

3.1.3.1 芳香杂化硫酯或硫醚

2008 年，Eyckena[30]等人将芳香杂环的硫酯和硫醚用作 Hiyama 偶联反应的底物，进一步扩大了 Hiyama 偶联反应的应用。在式 14 所示的反应中，使用 Pd(PPh₃)₄/CuI 催化体系可以有效地抑制甲氧基化合物的形成。这类硫酯或硫醚能与一系列的硅试剂发生反应，产率可以达到 98%。

$$\text{(14)}$$

R^1	R^2	R^3	产率/%
Bn	Me	Ph	88
Ph(CH₂)₃	H	Ph	89
PMB	4-MeOPh	Ph	90
PMB	Bn	Ph	95
PMB	H	4-MeOPh	98
PMB	H	4-MePh	89

3.1.3.2 Ar-OTf

OTf 是一个不活泼的离去基团，由于具有较好的区域选择性而被广泛地应用于 Stille[31] 和 Heck[32~34] 反应。早在 1990 年，Hiyama[35,36] 等人就研究了不同的硅试剂与芳基或烯基 OTf 底物的反应效率 (式 15 和式 16)。他们发现：烯基硅试剂和较多 F-原子取代的硅试剂具有更高的反应活性。同年，该组又研究了 OTf 化合物在反应中的立体选择性和反应温度的关系[37]。他们发现升高反应温度会降低反应的立体选择性 (式 17)。

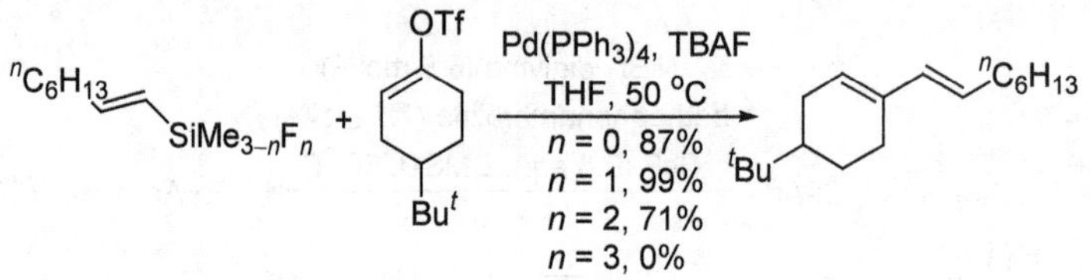

$$\text{(15)}$$

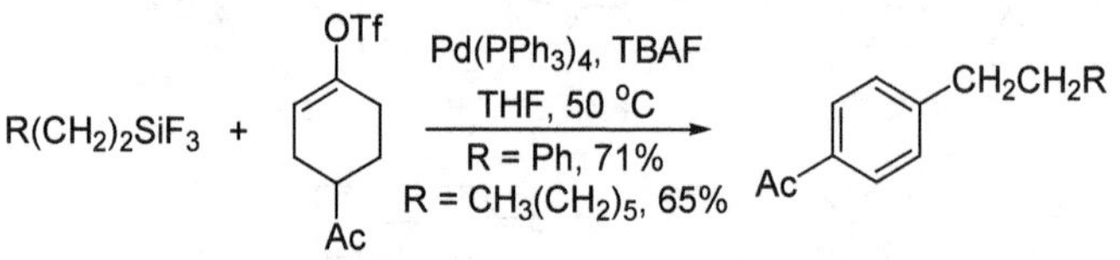

$$
\begin{aligned}
n &= 0, 87\% \\
n &= 1, 99\% \\
n &= 2, 71\% \\
n &= 3, 0\%
\end{aligned}
$$

$$\text{(16)}$$

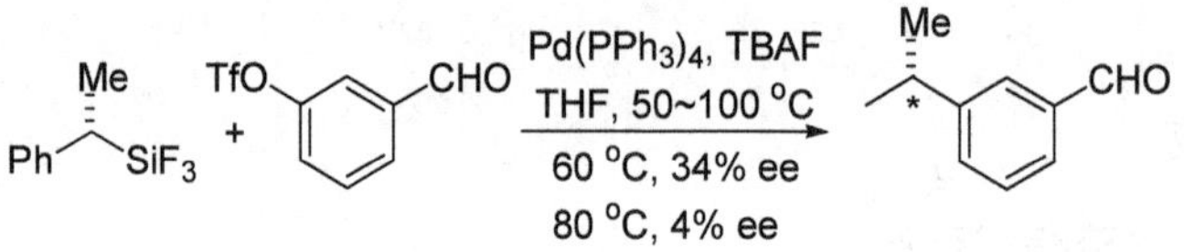

$$
\begin{aligned}
R &= Ph, 71\% \\
R &= CH_3(CH_2)_5, 65\%
\end{aligned}
$$

$$\text{(17)}$$

$$
\begin{aligned}
60\ ^{\circ}C, &\ 34\%\ ee \\
80\ ^{\circ}C, &\ 4\%\ ee
\end{aligned}
$$

3.1.3.3 Ar-OTs

Ar-OTs 是一类能够从苯酚制备得到的廉价而且稳定的化合物。因此，将此类化合物广泛应用于 C-C 偶联是所有偶联反应的重要研究课题。但是，此类化合物的反应活性较低，很少用于 Hiyama 偶联反应。2008 年，Wu[38] 等人将 Ar-OTs 用于 Hiyama 偶联反应得到了较高的产率。如式 18 和式 19 所示，当芳环上有卤原子时，Hiyama 反应首先发生在卤原子的位置。使用对甲苯磺酰基取代的烯烃作为底物，可以在 Hiyama 偶联反应中得到 80% 的产物。

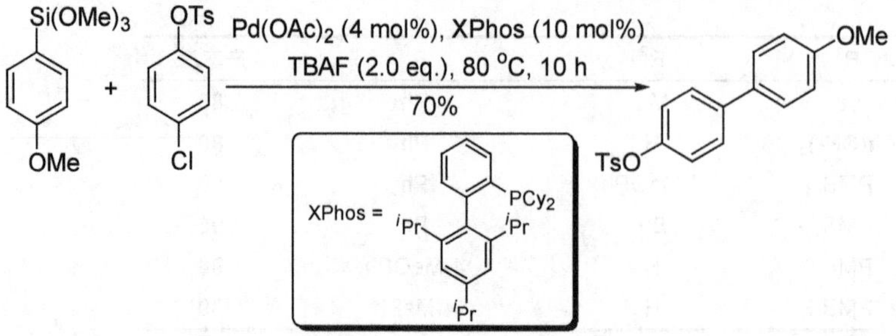

$$\text{(18)}$$

$$(19)$$

3.1.3.4 Ar-OMs

和 Ar-OTs 类似，Ar-OMs 也可以非常廉价地从苯酚直接反应制备。由于 OMs 和 OTs 基团一样具有较好的稳定性，在反应中易于控制。相对于 OTs 基团来说，OMs 基团具有更高的原子经济性。但是，OMs 基团的反应活性更低。直到 2008 年，Wu[39]等人才首次将含有 OMs 基团的化合物用作 Hiyama 偶联反应的底物，并且高产率地合成了一系列的联芳基化合物（式 20）。2009 年，Kwong[40]等人发现：在上述反应中加入 0.25~0.50 倍量的 AcOH 可以有效抑制 Ar-OMs 的分解，使 C-C 偶联的产率得到进一步的提高。但是，加入过量的 AcOH 会使反应速率明显下降。

$$(20)$$

3.1.3.5 碳酸酯类丙烯烃

2009 年，Bauerlein[41]等人报道：在离子液体溶液中，环乙烯基乙基碳酸酯可以与硅试剂发生 Hiyama 偶联反应。如式 21 所示：碳酸酯基作为偶联反应的活性基团在该反应中表现出较高的活性。

$$(21)$$

3.2 硅试剂

3.2.1 三甲基取代的硅试剂

在早期的 Hiyama 反应中使用的硅试剂主要是三甲基取代的乙烯基硅、炔基硅或丙烯基硅化合物等 (图 2)。这类硅试剂反应活性不高，只能与部分碘代芳香化合物、碘代或溴代烯烃、烯丙烃、炔烃等反应生成相应的 C-C 偶联产物。这些反应还需要使用较强的氟离子活化剂 (例如：TBAF 等)，而简单的 KF 几乎不能用于活化该反应。值得注意的是，芳香基取代的三甲基硅烷试剂很少被用于 Hiyama 偶联反应。

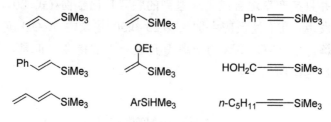

图 2　早期的不饱和链烃硅试剂

3.2.2 烷氧基取代的硅试剂

1989 年，Ito 等人[16]将烷氧基硅试剂应用于 Hiyama 偶联反应。烷氧基在硅原子上的取代增强了硅基团的吸电子能力，因此也增大了 C-Si 键的极性。实验结果表明，烷氧基取代烯基硅试剂的反应活性大于三甲基烯基硅试剂，硅试剂的反应活性程度与取代的烷氧基个数有关。如式 22 所示：二取代烷氧基的硅试剂具有最高的反应活性。

$$\text{RSiX}_3 \quad + \quad \text{1-Np-I} \quad \xrightarrow[\substack{\text{SiMe}_2(\text{OEt}), 95\% \\ \text{SiMe}(\text{OEt})_2, 96\% \\ \text{Si}(\text{OEt})_3, 54\%}]{\text{Pd cat., TBAF, 50 °C, 5 h}} \quad \text{R-1-Np} \qquad (22)$$

R =

SiX₃ =
SiMe₂(OEt)
SiMe(OEt)₂
Si(OEt)₃

之后，带有烷氧基的硅试剂被广泛应用于 Hiyama 偶联反应中。除了烯基烷氧基硅试剂外，炔基烷氧基硅试剂和芳香基烷氧基硅试剂也被广泛地应用于该目的[42~47](式 23)。

$$R = Et \qquad\qquad R = Me, Et, CH_2CF_3 \qquad\qquad (23)$$

3.2.3 含有硅氧杂环的烯基硅试剂

炔烃很容易和卤代硅烷反应生成烯基取代硅烷，随后与分子内的羟基反应生成环状硅醚[48]。1989 年，Ito 等人[16]利用 β-羟基炔制备了烯基取代的五元环硅醚，然后将其应用于 Hiyama 偶联反应。合成了立体选择性高达 99% 的产物 (式 24)。该反应使用三甲基烯基硅试剂和氟代硅试剂是无法实现的，因此利用环硅醚试剂进行的 C-C 偶联反应越来越受到关注。

$$(24)$$

2001 年，Denmark[49]等人利用 β-羟基炔合成了五元环硅醚类试剂 (式 25)。使用环硅醚与碘代芳基化合物反应，可以较高的产率制备一系列 β-烯醇类化合物。该反应在室温下进行，但反应时间较使用二乙氧基烯基硅醚的反应时间长一些。

$$(25)$$

同年，Denmark[50] 等人报道了利用环化方法合成了一系列不同碳数的环硅醚试剂 (式 26)，它们能够与多种不同取代基的碘代芳香化合物发生 Hiyama 偶联反应 (式 27~式 31)。在没有其它同分异构体干扰的情况下，使用这些环硅醚试剂进行的反应具有较高的产率和选择性 (Z-型产物)。

$$(26)$$

$$(27)$$

$$(28)$$

$$(29)$$

$$(30)$$

$$(31)$$

2002 年，Denmark 等人[51]又报道了一类利用 Hiyama 偶联反应来合成中环化合物的方法。他们使用自身带有碘和环硅醚的双官能团化合物为底物，合成了一系列含有八个碳原子以上的碳环产物。在该反应过程中，缓慢滴加反应物是成功的关键所在，否则会产生较多的分子间反应的产物。如式 32 所示：这些反应一般需要 45~75 h，产率在 55%~70% 之间。

$$(32)$$

20, 70%   **21**, 63%   **22**, 71%   **23**, 55%   **24**, 72%

2003 年，Denmark 等人[52]创造性地改用 α-羟基炔的二聚硅醚来制备环硅醚试剂，并将这类硅醚试剂应用于烯丙醇类衍生物的制备。如式 33~式 35 所示：他们首先使用 α-羟基炔和一个二聚硅醚反应，生成 α-羟基炔的二聚硅醚。然后，利用二聚硅醚发生分子内环化反应，分别生成两种正反异构的环硅醚试剂。实验结果显示：正反异构的环硅醚试剂在 Hiyama 偶联反应中具有很好的立体选择性。E-型环硅醚试剂反应后生成 Z-型产物，而 Z-型环硅醚试剂反应后生成 E-型产物。E-型环硅醚试剂更容易发生 Hiyama 偶联反应，产率一般在 80% 以上。Z-型环硅醚试剂的反应效率较低，产率一般在 50%~65% 之间。

i. Pt(DVDS), ^{i}Pr$_2$EtN, MeCN/CH$_2$Cl$_2$, 0 °C, 5.5 h;
ii. [RuCl$_2$(C$_6$H$_6$)]$_2$, CH$_2$Cl$_2$, reflux, 1.5 h

最近，Marciniec 等人[56]在前人[53~55]工作基础上报道了含有两个硅氧键的环硅醚试剂的合成和应用 (式 36)。在 E-型二芳香基乙烯基丁二烯的合成中，使用该试剂可以得到立体选择性较高的 E-型产物 (式 37 和式 38)。

$$(37)$$

$$(38)$$

2001 年，Denmark[57]等人报道了乙烯基聚硅氧烷的合成及其在 Hiyama 反应中的应用（式 39）。这类试剂具有毒性小和廉价的优点，适用于在芳香化合物的芳环上引入双键的 C-C 偶联反应。这类硅试剂与芳环上带有供电子基的碘代化合物反应较慢，并且反应时需要三倍量（物质的量）的活化剂（TBAF）。

$$(39)$$

25, 88%　　**26**, 63%　　**27**, 88%　　**28**, 72%　　**29**, 64%

3.2.4　氟取代硅试剂

早在 1989 年，Hiyama[58,59]等人就已经报道了使用氟代硅试剂与卤代物的偶联反应（式 40）。之后，他们又陆续发展了一些氟取代的硅试剂。虽然氟代硅试剂是继三甲基硅试剂之后的一类重要硅试剂[60~62]，但它们因在 Hiyama 反应条件下不够稳定而正逐渐被淘汰。

$$(40)$$

3.2.5 氯取代的硅试剂

1996 年，Gouda[20]等人报道了氯代硅试剂与卤代化合物的偶联反应。1997 年，Gouda 等人使用这类硅试剂参与的 Hiyama 反应合成了一系列具有液晶性质的化合物 (式 41 和式 42)[63]。

$$\text{Ar-SiRCl}_2 + \text{X-Ar'} \xrightarrow{\text{Pd(OAc)}_2, \text{PPh}_3, \text{NaOH}} \text{Ar-Ar'} \qquad (41)$$

3.2.6 芳香杂化取代化合物

使用噻吩环或吡啶环等杂环作为硅原子上的取代基团，可以制备出一系列具有特殊性质的硅试剂。这类硅试剂可以用于制备含有杂环的偶联产物[64~66]。

1997 年，Ito 等人[64]合成了含有噻吩环和甲基吡咯环取代的硅试剂。如式 43 所示：使用这些硅试剂可以经 Hiyama 偶联反应制备杂环衍生物。有趣的是，它们的单取代的甲氧基硅醚比二甲氧基和三甲氧基取代硅醚的反应活性更高，可以用 $CuOC_6F_5$ 代替常规的 Pd 催化剂。

2001 年，Yosgida[67,68]等人将用于 Heck[66]反应的二甲基烯基(2-吡啶基)硅烷应用于 Hiyama 偶联反应。该硅试剂和其它硅试剂类似，首先在 TBAF 作用下脱去 2-吡啶基生成硅醇。然后，硅醇再与碘代物反应生成 Hiyama 偶联产物 (式 44~式 46)。

$$(44)$$

$$(45)$$

$$(46)$$

如式 47 所示[66,67]：反应产物的立体构型与硅试剂保持一致。在特定的反应条件下，该硅试剂还可以实现单一位点的特定反应 (式 48)[66~68]。

$$(47)$$

反应条件：
1. **ArI-1**, Pd (0.5 mol%), TFP (2 mol%), Et$_3$N, THF, 50 ^{o}C
2. **ArI-2**, Pd (5 mol%), TBAF (1.5 eq.), 60 ^{o}C

$$(48)$$

反应条件：
1. **ArI-1**, 10% Pd/TEP, Et₃N, THF, 60 °C, 3 h
2. **ArI-2**, TBAF (1.5 eq.), 60 °C, 14 h

2002 年，Hiyama[68]等人在上述实验的基础上制备了二甲基烯基(2-噻吩基)硅烷。这种新试剂发生的 C-C 偶联反应的机理与烯基(2-吡啶基)硅烷[65,66]相似：噻吩基团在碱性条件下离去生成硅醇，硅醇再与碘代物发生 Hiyama 偶联。如式 49 和式 50 所示：该反应能够在室温下进行并得到很高的产率，产物的立体构型与硅试剂保持一致。2008 年，Vitale 等人还将此方法应用于鬼柏苦类似物的合成 (式 51)[69]。

$$(49)$$

i. P(^{t}Bu)₃, 1-octyne, Pt(DVDS); ii. 1-octyne, RhCl(PPh₃)₃, NaI

$$(50)$$

30, *E*-, 97%   **31**, *E*-, 94%   **32**, *E*-, 96%   **33**, *Z*-, 98%

$$(51)$$

2002 年，Hiyama 等人报道了使用一种不稳定的二氯乙基芳香硅烷参与的反应 (式 52)[70]。在该反应中，因为 2-吡啶基上的氮原子可以与硅原子发生配位而使得反应更易进行[71]。2006 年，Pierrat[71]等人对上述反应进行了优化，使用三甲基(2-吡啶基)硅试剂作为 Hiyama 偶联反应的硅试剂。如式 53 所示：该试剂具有较高的活性和稳定性，能够很好地应用于联杂芳环化合物的制备。

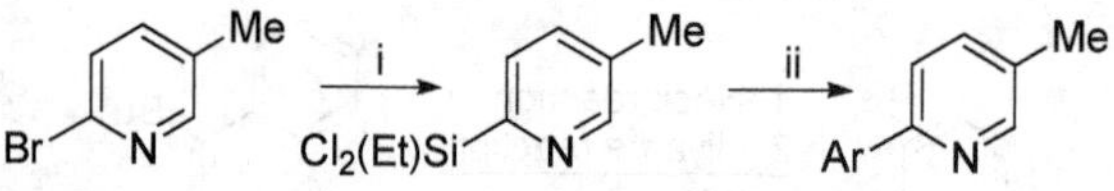

$$(52)$$

i. *n*-BuLi, THF, −78 °C; EtSiCl₃, −78~25 °C, 1 h.

ii. Ar-X, PdCl₂(PPh₃)₂, KF, DMF, 120 °C.

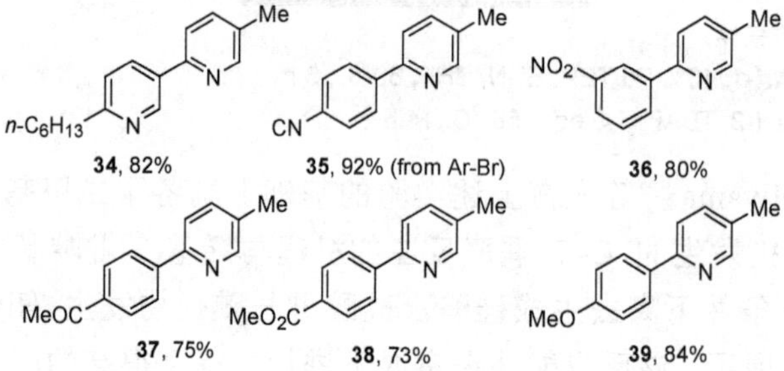

34, 82%   **35**, 92% (from Ar-Br)   **36**, 80%

37, 75%   **38**, 73%   **39**, 84%

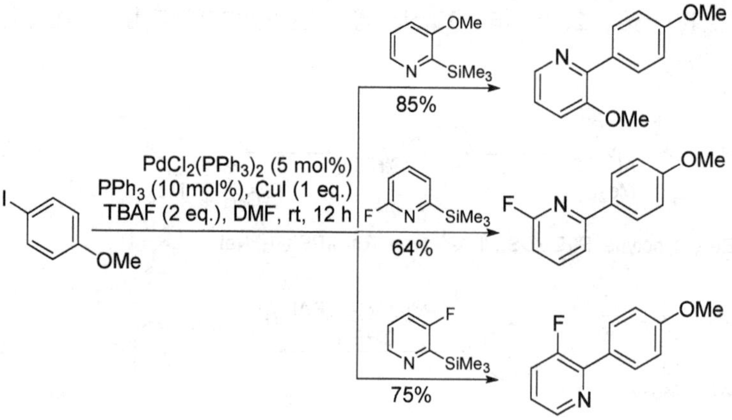

$$(53)$$

PdCl₂(PPh₃)₂ (5 mol%)
PPh₃ (10 mol%), CuI (1 eq.)
TBAF (2 eq.), DMF, rt, 12 h

85%

64%

75%

3.2.7 其它硅试剂

3.2.7.1 三(三甲基硅基)乙烯硅

2008 年，Wnuk 等人[72]报道了三(三甲基硅基)乙烯硅作为硅试剂进行的 Hiyama 反应。在该反应中，硅试剂首先被 H₂O₂ 氧化生成更加活泼的硅醇或硅烷。然后，硅醇或硅烷在 Pd 试剂的催化下与芳香卤代物、卤代杂环或烯卤发生 Hiyama 偶联反应。值得注意的是：当该硅试剂是 *E*-构型时，发生偶联反应生成的产物依旧保持 *E*-构型。若硅试剂是 *Z*-构型时，则生成 *E*-构型和 *Z*-构型两种异构体的混合物 (式 54)。

3.2.7.2 8-TBDMS-1-萘醇

2008 年，Akai 等人[73]报道了叔丁基二甲基硅取代萘酚进行的 Hiyama 偶联反应。在该反应中，酚羟基与硅原子配位形成有利于 Hiyama 偶联反应的中间体。因此，该反应不需要使用氟离子活化剂就可以顺利进行 (式 55)。

$$(54)$$

$R^2 = Ph, CH=CHPh, CH=C(CH_3)_2, 4-BuC_6H_4,$ [thiophene], [pyridine], [naphthyl]

$$(55)$$

4 Hiyama 反应条件

4.1 Pd 催化剂

Hiyama 偶联反应的催化剂体系主要包括钯金属化合物和配体两个部分。前者包括无机钯盐 [例如：Pd(OAc)$_2$、PdCl$_2$]、有机钯试剂 [例如：Pd(PPh$_3$)$_4$、Pd$_2$(dba)$_3$、Pd$_2$(dba)$_3$ 或 PdCl$_2$(ally)$_2$] 等。

4.1.1 配体

4.1.1.1 膦配体

膦配体作为经典的配体，被广泛应用于 Suzuki[74]、Heck[75,76]和 Stille[77]等催化偶联反应中。早在 1982 年，这类配体就被应用于硅试剂和卤代物的 C-C 偶联反应中[18]。如式 56 所示：当时使用的是结构最简单的 PPh$_3$ 和 P(o-Tol)$_3$ 作为配体。

$$(56)$$

之后，更多的不同结构的膦配体被不断地应用在 Hiyama 偶联反应中[21,45]。2006 年，有人报道在 Hiyama 偶联反应中使用 PdCl$_2$/(o-Tol)$_3$P[78]催化体系。2008 年，Wu 等人[38]用 Pd/Phos 类膦配体催化体系成功地催化了拟卤代物与硅试剂的 Hiyama 偶联反应 (图 3)。在膦配体中，当磷原子上的取代基为供电子基时，Pd 和卤代物之间的氧化加成变得更加容易。但是，随着供电子基的增加，膦配体对氧和水等更加敏感而增加了使用的难度。

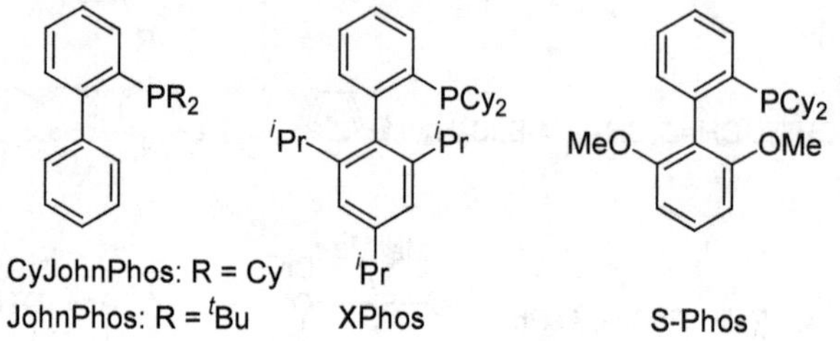

图 3 常见的 Phos 类膦配体

4.1.1.2 膦酯配体

鉴于膦配体的缺点，人们发展了膦酯配体。最早在 Hiyama 反应中使用膦酯配体的报道出现在 1988 年[14]，类似的例子在 2001 年再次出现[79]。2006 年，Lee 等人[80]又报道了将一系列膦酯配体成功地应用于 Hiyama 偶联反应的结果 (图 4)。膦酯配体不仅具有对氧气和水较好的稳定性，而且大部分膦酯配体都是价格便宜的商业产品。

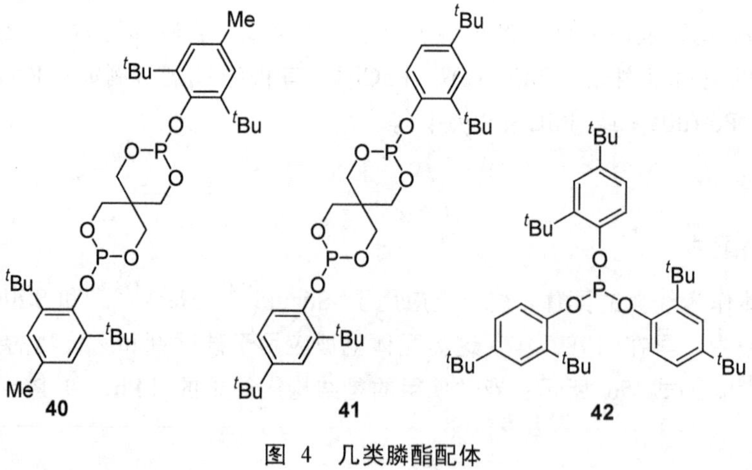

图 4 几类膦酯配体

4.1.1.3 非膦配体

2000 年，Nolan 等人[23]成功地将 IPr·HCl 这种仿膦卡宾配体应用在

Hiyama 反应中 (图 5)[81]。在 60 ℃ 下，溴代芳烃和活化的氯代芳烃的反应产率可以达到 90% 以上。但是，该催化体系在芳环带有供电子基的氯代芳烃的反应中具有较低的催化效率。

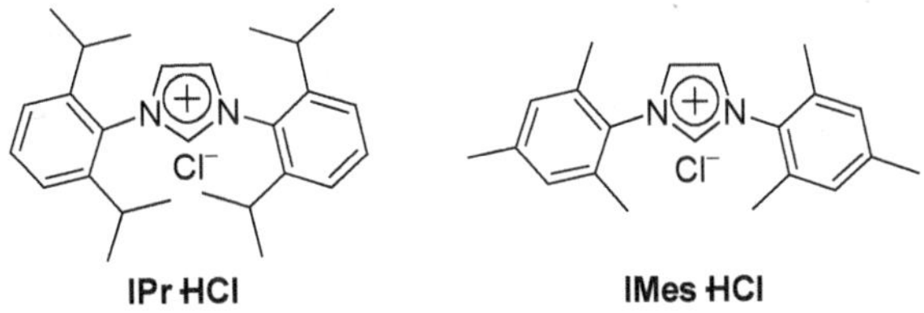

图 5　IPr·HCl 和 IMes·HCl 仿膦卡宾配体

2004 年，Clarke[23]将用于 Suzuki[82]偶联反应中的一氮配体应用在 Hiyama 偶联反应中。这一类氮配体的制备方法简单且不需特别纯化，产物具有较好的稳定性而容易储存 (式 57)。如式 58 所示：氮配体与 Pd 形成的催化中间体具有确定的立体结构。在微波条件下，使用 [Pd(allyl)Cl)]₂/**L1**/N-甲基哌嗪 （**L1** 为配体） 催化体系可以高效地催化 Hiyama 反应。使用溴代芳香化合物活化的芳基氯代物作为底物时，催化反应产率可以达到 90% 以上。

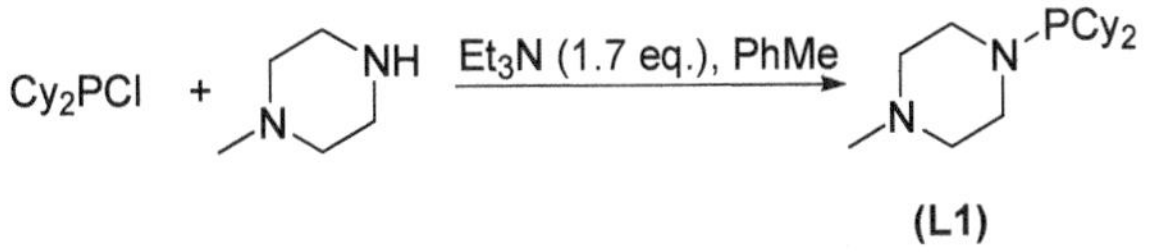

$$(57)$$

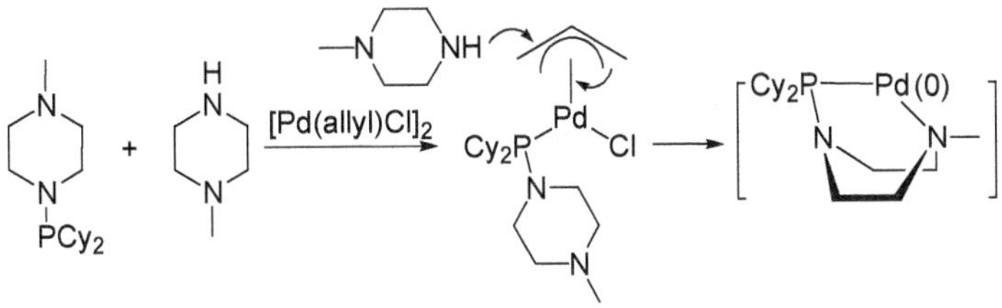

$$(58)$$

2005 年，Li 等人[83]将已经用于 Suzuki[84]、Sonogashira[85]和 Stille[86]偶联反应中的配体 DABCO (三亚乙基二胺) 用于催化 Hiyama 反应。该催化体系具有催化效果较好和底物范围较宽的优点，而且价格低廉。

2006 年，Mino 等人[87]发展了一类新的非卡宾 N-配体，并将这些配体应用于 Sonogashira 和 Hiyama 反应。如图 6 所示：在 Hiyama 反应中，这些配体具有催化效率高和对空气稳定的优点。

2008 年，Tsai 等人[88]合成出一种新的正离子配体 (式 59)。将该配体用于 Pd(NH₃)₂Cl₂ 催化的 Hiyama 反应时，反应可以在水溶液和敞开体系中直接进行。该水溶液可以循环催化 Hiyama 反应，且循环催化效率保持稳定。

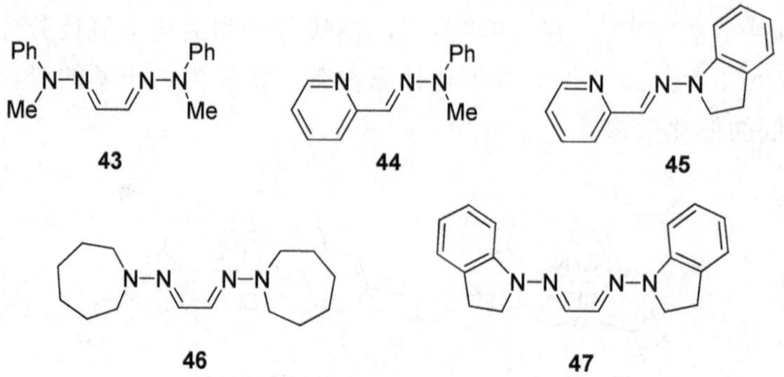

图 6　几类含 N-原子的配体

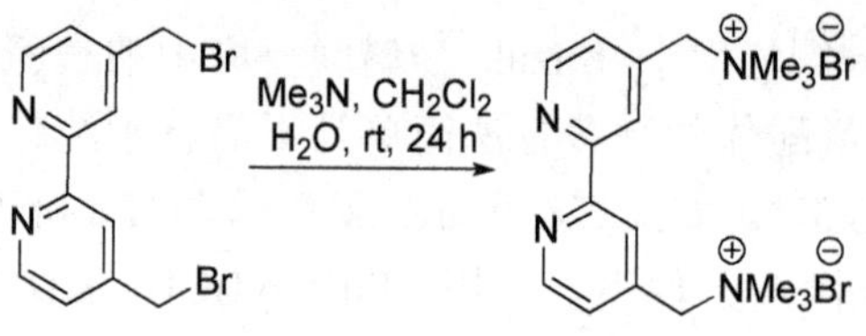

(59)

　　由于烯烃配体的极性和 C-C 偶联产物的极性相似，因此分离较为困难。2009 年，Bäuerlein[41]等人发展了一种新的离子型 π-酸性烯烃配体 (图 7)，并将它们应用于 Hiyama 偶联反应。

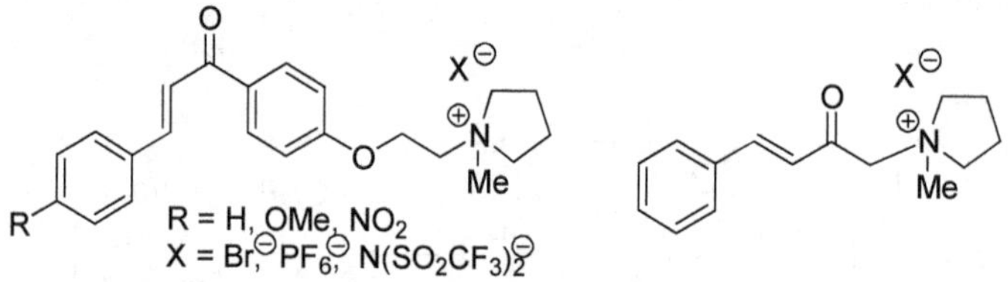

图 7　离子型 π-酸性烯烃配体

4.1.2　环钯化合物

　　与其它催化偶联反应一样，环钯试剂最常被用作 Hiyama 偶联反应的催化剂或者催化剂的前体物。1997 年，Mateo 等人[89]在 Pd(PPh₃)₄ 的基础上合成了一种新的环钯化试剂，并根据这一环钯化试剂的制备方法来制备 Hiyama 反应中的环钯催化剂。实验研究发现：新的环钯催化剂能够成功地促进 Hiyama 反应中最为重要的转金属化步骤 (式 60)。

　　2005 年，有人报道了一系列使用大位阻的 β-二亚胺配体制备的环钯化合物 (式 61)[90]。这类环钯化合物能够很好地应用于 Suzuki 偶联反应，但是对 Heck 和 Hiyama 偶联反应的催化效果不佳。

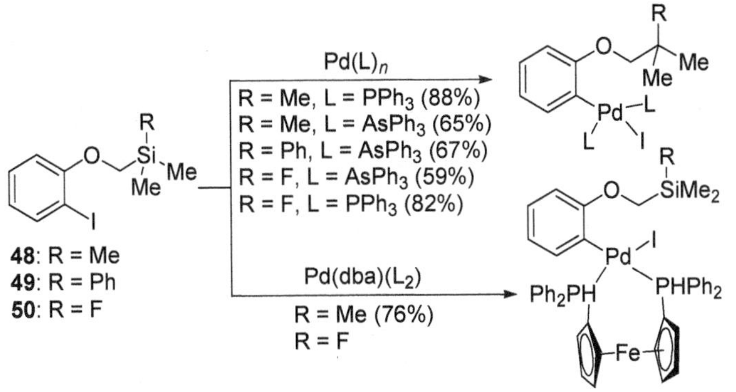
Pd(L)$_n$
R = Me, L = PPh$_3$ (88%)
R = Me, L = AsPh$_3$ (65%)
R = Ph, L = AsPh$_3$ (67%)
R = F, L = AsPh$_3$ (59%)
R = F, L = PPh$_3$ (82%)
48: R = Me
49: R = Ph
50: R = F
Pd(dba)(L$_2$)
R = Me (76%)
R = F

(60)

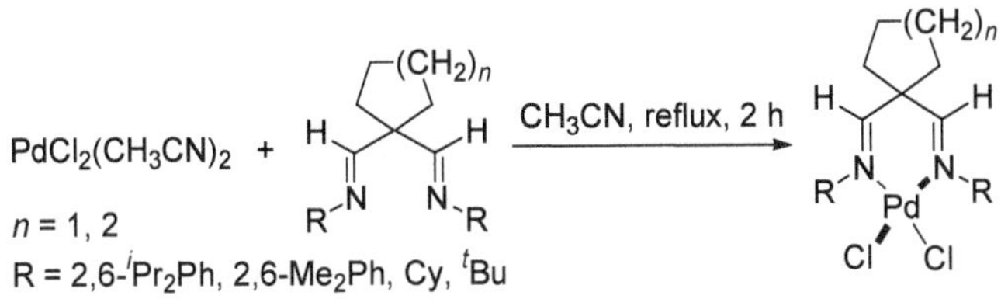
PdCl$_2$(CH$_3$CN)$_2$ +
CH$_3$CN, reflux, 2 h
n = 1, 2
R = 2,6-^{i}Pr$_2$Ph, 2,6-Me$_2$Ph, Cy, ^{t}Bu

(61)

2006 年，Nájera[24,91,92]等人利用 4-羟基苯乙酮肟衍生物与 Pd 反应生成一类新的环钯催化剂 (图 8)。这类催化剂可以在水溶液中使用，即使在没有氟离子存在的条件下也能够有效地催化 Hiyama 偶联反应。当反应使用 NaOH 作为活化剂时，其催化剂量可以低至 0.01~1 mol% 之间。

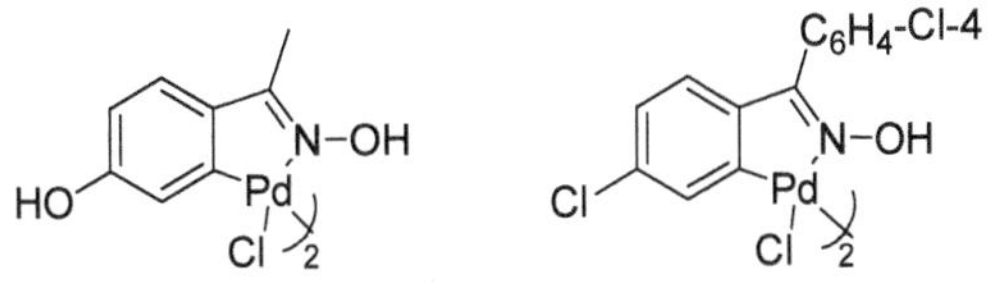

图 8 4-羟基苯乙酮肟衍生物与 Pd 反应生成的环钯化催化剂

2008 年，Inés 等人[93]合成了一系列不对称的钳形环钯化合物 (图 9)，并将它们用于 Suzuki、Sonogashira 和 Hiyama 偶联反应中。这类环钯化合物不仅稳定而且活性较高。它们能够在水溶液中催化反应，是一类环境友好型的催化剂。

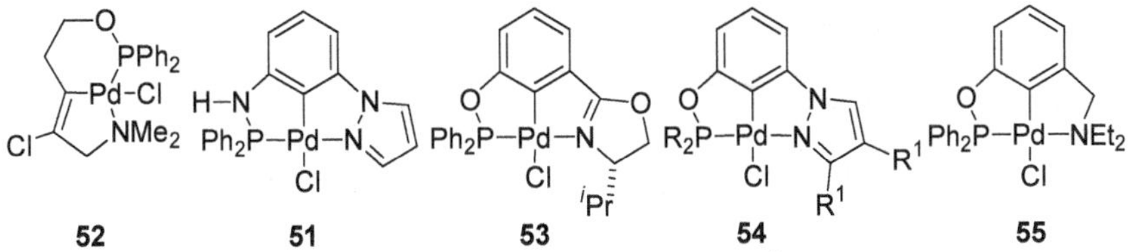
52
51
53
54
55
R = H, Me; R^1 = Ph, Cy

图 9 几种不对称钳形环钯化合物

2009 年，Chen 等人[94]利用 *N*-卡宾合成了一系列的含 *N*-杂环的环钯化合物 (图 10)。并将它们用于催化 Suzuki 和 Hiyama 反应。实验结果表明：在催化芳基溴代物和氯代物的 Hiyama 反应中，四配位单卡宾环钯化合物比五配位化合物更加有效，双卡宾环钯化合物的催化效果比单卡宾环钯化合物差。如果与金属中心配位的模块上带有供电子基团，则会抑制配体与金属中心接近而降低催化剂的活性。

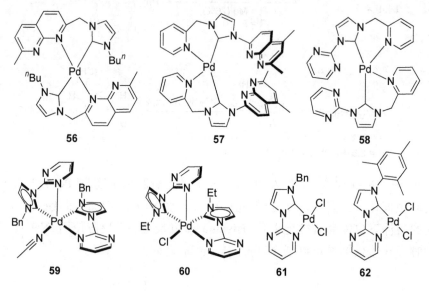

图 10　含 *N*-杂环的环钯化合物

4.1.3　纳米钯催化剂

早在 2001 年，就有纳米粒子作为催化剂的报道[95]。目前，纳米催化剂已经被广泛地用于催化 Suzuki[96,97]、Sonogashira[98]、Heck[99]和 Hiyama 等偶联反应。如图 11 所示：由于核-壳类型的 Ni-Pd 纳米团簇物制备简单，它们最早被Rothenberg 等人[100]用于催化 Hiyama 偶联反应。

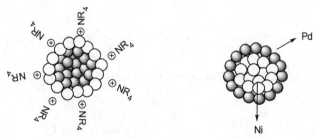

图 11　核-壳类型的 Ni-Pd 的纳米团簇物

2007 年，有报道[101]称 Pd-金属的纳米催化剂也可用于催化 Hiyama 偶联反应。该纳米 Pd-催化剂可以用 K_2PdCl_4 的水溶液在室温下直接制备，且稳定性好。即使在不使用任何配体的情况下，也可以高效地催化溴代芳香化合物与硅试剂的 Hiyama 偶联反应。一般认为：纳米 Pd 的催化机理与均相 Pd 催化的 Hiyama 偶联反应相似[102,103]。

4.1.4 Pd(cat.)/CuI 体系

在某些特殊的反应条件下，需要用到 $PdCl_2$/CuI 这样的双金属催化体系[30,71]。如图 12 所示：CuI 在 Hiyama 反应的催化循环中可以抑制芳卤的自身偶联。

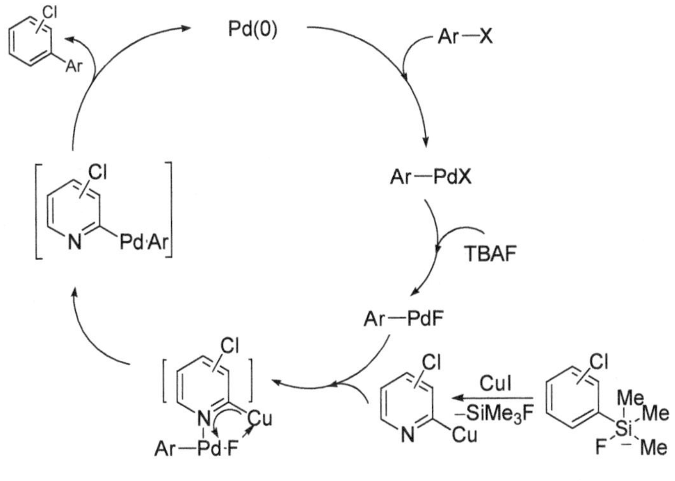

图 12 CuI 在 Hiyama 反应的催化循环中的作用

4.2 Ni 催化剂

Ni-催化剂[104,105]曾被广泛地用于芳卤和烯卤等之间的 C-C 偶联反应，例如：Suzuki[106,107]、Heck[108]和 Negishi 偶联反应[109]。2004 年，Fu 等人[19,29,110]将 Ni-催化剂成功地应用到仲卤代烷烃的 Hiyama 偶联反应中。在 Ni-催化的仲卤代试剂与硅试剂之间的交叉偶联反应中仲卤代烃[19]可以扩展到 α-卤代酮、酯、腈、膦酯和酰胺等。使用手性氨基醇作为配体 (图 13)[29,110]，N-催化的 α-卤代羰基化合物与芳基硅试剂的偶联反应能够得到高度对映选择性的 α-芳香取代羧酸类衍生物 (式 62)[110]。进一步将这些羧酸还原，便可得到高度对映选择性的醇类衍生物。

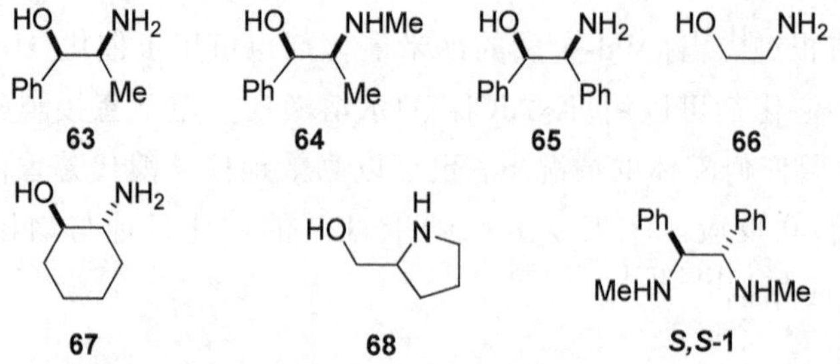

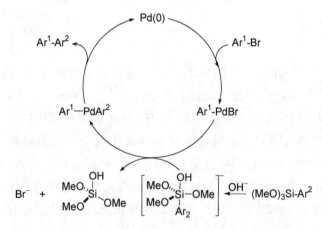

图 13　手性的连氨基醇配体

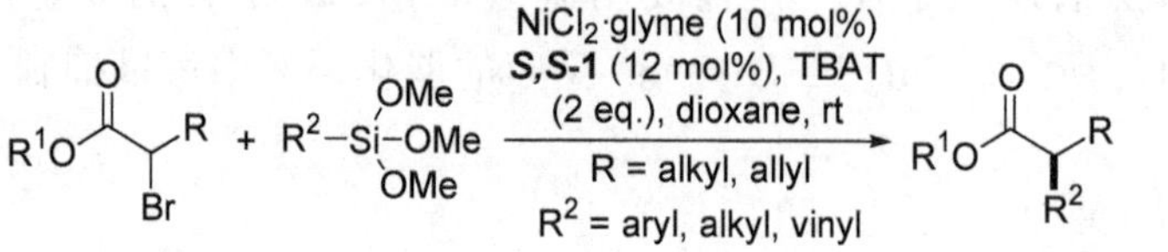

$$R^1O \underset{Br}{\overset{O}{\bigg|}} R + R^2-\overset{OMe}{\underset{OMe}{Si}}-OMe \xrightarrow[\begin{array}{c}R = \text{alkyl, allyl}\\ R^2 = \text{aryl, alkyl, vinyl}\end{array}]{\begin{array}{c}\text{NiCl}_2\cdot\text{glyme (10 mol\%)}\\ \textbf{\textit{S,S-}1}\text{ (12 mol\%), TBAT}\\ \text{(2 eq.), dioxane, rt}\end{array}} R^1O \underset{R^2}{\overset{O}{\bigg|}} R \qquad (62)$$

4.3　活化剂

在 Hiyama 偶联反应中，需要加入活化剂用于活化硅试剂，使其能够完成催化循环中的转金属化步骤。活化剂可以简单地分类为含氟离子活化剂和无氟离子活化剂。TBAF 是最常用的含氟离子活化剂，TASF[36]、TEA[18]、TASF[89]、KF[36,70]和 TBAT[110]等也常用作该目的 (作用原理如图 1 所示)。NaOH 是最常用的无氟离子活化剂，有时也使用 TBAB[24,91,92] 作为活化剂 (作用原理如图 14 所示)[111]。值得指出的是：利用氟离子活化的 Hiyama 反应在合成中的应用受到了很大的限制。例如：在合成带有三烷基硅保护基的化合物时，就不能用利用氟离子来活化的 Hiyama 偶联反应。因此，利用 NaOH 等作为活化剂可以扩大Hiyama 反应的应用范围。

图 14　NaOH 作为活化剂的 Hiyama 偶联反应机理图

4.4 溶剂和温度

Hiyama 反应所用的有机溶剂一般都是极性溶剂，例如：THF、DMF、DMA、DMI、HMPA 和乙腈等。随着催化剂的不断更新，对水和空气稳定的催化体系得到越来越广泛的应用。此外，还有用离子液体作为反应溶剂的例子[41]。

早期的 Hiyama 偶联反应一般在 100 ℃ 以上进行。随着实验条件的不断优化，目前的 Hiyama 反应温度通常在 60 ℃ 左右进行，少数情况在室温下[26,49]即可发生。微波辐射也被用于 Hiyama 偶联反应的热源[23]，微波条件下的反应一般可以在十几分钟内完成。

5 Hiyama-Denmark 反应

Hiyama-Denmark 偶联反应在传统的 Hiyama 偶联反应的基础上使用活性更大的硅试剂进行的偶联反应。其催化循环过程与 Hiyama 偶联反应类似，但它们的硅试剂活化过程和转金属化过程有一定的区别。

5.1 反应机理

Hiyama-Denmark 偶联反应需要经历四个步骤：氧化加成、转金属化、正反异构和还原消除。其中，硅试剂的活化和转金属化部分与经典的 Hiyama 催化循环不同。一般认为，Denmark 反应中的硅试剂首先被转化成为硅醇。然后，硅醇在碱的作用下生成醇盐，醇盐再与卤化物和 Pd 催化剂生成的 Pd 活性中间体发生加成反应，形成 Pd-O 键。最后，在另一分子的硅醇盐作用下完成金属交换。在整个过程中，硅醇盐既是反应物又是活化剂 (式 63)[112,113]。

(63)

5.2 反应试剂和条件

5.2.1 硅试剂

5.2.1.1 取代硅醇试剂

在 Hiyama-Denmark 偶联反应中，常用的硅醇类硅试剂的主要结构如图 15 所示。大多时候使用的硅醇是二甲基硅醇[113~123]，有时候也会使用二乙基硅醇[118]。这些硅醇中的另一个取代基团可以是烯基[113,120]、炔基[116]或者芳香基团。其中，芳香基团可以是带有苯环的芳香化合物[114,115]，也可以是芳香杂环化合物[117~119,121]。

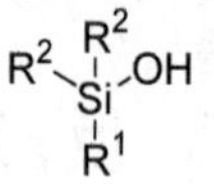

R¹ = alkenyl, alkynyl, aryl
R² = Me, Et

图 15　硅醇类硅试剂

5.2.1.2 烯基取代硅醇试剂

2001 年，Denmark 等人[113]将烯基硅醇试剂应用在 Hiyama 偶联反应，克服了只能使用含氟试剂作为活化剂的问题。另外，烯基硅醇试剂在反应中可以使得产物的构型 (Z/E) 和烯基硅醇试剂的构型保持一致 (式 64~式 66)[113,120]。

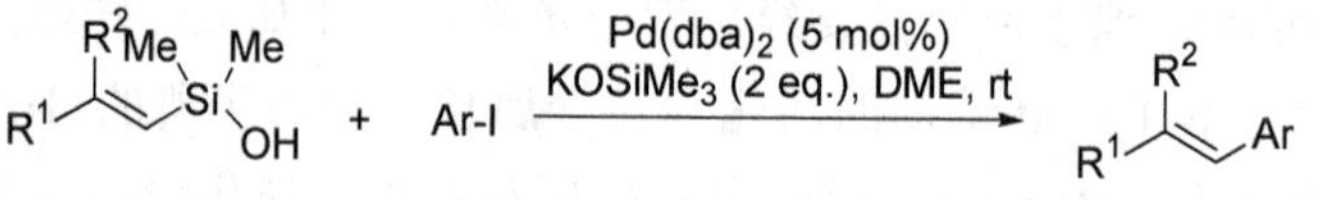

$$R^1 = R^2 = n\text{-}C_5H_{11}; \ Ar = 1\text{-naphthyl, phenyl, 4-(CH}_3CO)C_6H_4,$$
$$4\text{-(CH}_3O)C_6H_4, \ 4\text{-(NO}_2)C_6H_4, \ 4\text{-(EtO}_2C)C_6H_4, \ 2\text{-(TBSOCH}_2)C_6H_4 \tag{64}$$

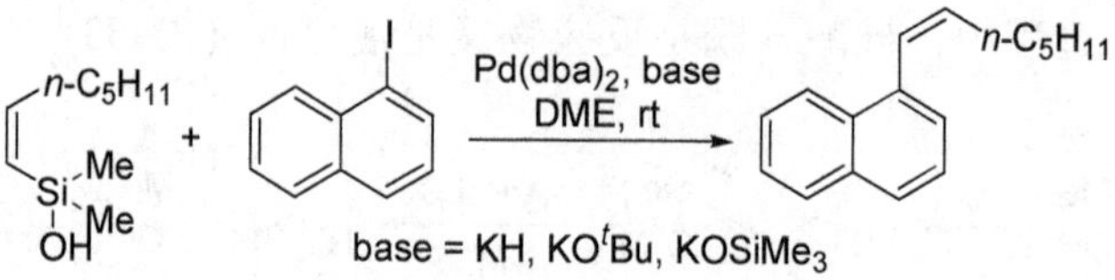

base = KH, KO^{t}Bu, KOSiMe$_3$ (65)

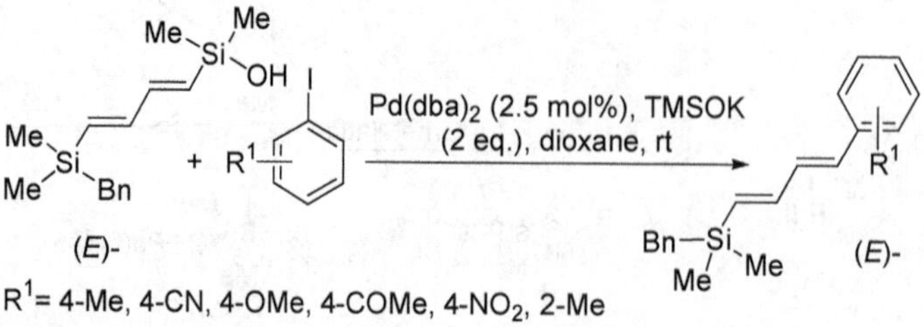

$$R^1 = 4\text{-Me, 4-CN, 4-OMe, 4-COMe, 4-NO}_2, \ 2\text{-Me} \tag{66}$$

5.2.1.3 炔基取代硅醇试剂

共轭炔烃在合成化学中有着重要的应用，它们可以经 Sonogashira 偶联反应制备。2003 年，Denmark 等人[116]成功地利用 Hiyama 偶联反应从炔基硅醇试剂和芳基碘化物来合成共轭芳基炔。如式 66 所示：该反使用 KOTMS 作为活化剂，加入 CuI 可以抑制芳基碘化物的自身偶联。

$$
\underset{C_5H_{11}}{\overset{H}{|||}} + SiHClMe_2 \xrightarrow{i,ii} \underset{C_5H_{11}}{\overset{SiMe_2OH}{|||}} \xrightarrow{iii} \underset{C_5H_{11}}{\overset{Ar}{|||}} \tag{67}
$$

反应条件：i. n-BuLi; ii. [RuCl$_2$(p-cymene)]$_2$; iii. ArI, PdCl$_2$(PPh$_3$)$_2$ (2.5 mol%), TMSOK (2 eq.), DMF, rt

5.2.1.4 芳基取代硅醇试剂

2000 年，Hiyama 等人发现[114]利用芳基取代硅醇试剂与碘代物的偶联反应可以制备联芳香化合物。如式 68 所示[114,115]：在该反应中 Ag$_2$O 被用作活化剂。2003 年，Denmark 等人改进了该反应，使用 Cs$_2$CO$_3$ 即可达到同样的活化效果。

$$
\tag{68}
$$

Cs$_2$CO$_3$·nH$_2$O, [allylPdCl]$_2$

Ag$_2$O, Pd(PPh$_3$)$_4$

5.2.1.5 芳香杂环取代的硅醇试剂

2004 年，Denmark 等人[117]实现了 2-吲哚取代硅醇试剂与芳香卤代物的 Hiyama 偶联反应。当采用 Pd$_2$(dba)$_3$ 作为催化剂和 NaO^{t}Bu 作为活化剂时，Boc 保护的 2-吲哚二甲基硅醇和碘代芳烃能够发生高效的偶联反应 (70%~84%) (式 69)。由于 2-吲哚基的亲核性不强，特别是用 Boc 保护后的吲哚基亲核性会更弱，这使得 Hiyama 偶联的关键步骤转金属化过程较难进行。但是，在报道的反应条件下，该反应仍然能够很好地进行并得到较高的产率。这和反应所用的催化剂、助催化剂 (CuI) 和活化剂 (NaO^{t}Bu) 等有很大关系。在同一优化条件下，将 N-甲基吲哚也能发生相同的反应。2006 年，Denmark 等人对这一反应底物进行了拓宽，并进一步优化了反应条件 (式 70)[121]。

$$
\tag{69}
$$

Pd$_2$(dba)$_3$, CHCl$_3$, CuI

NaO^{t}Bu, PhMe, 25~60 °C

70%~84%

$$\text{(70)}$$

2005 年，Denmark 等人[119]利用 [3+2]-环加成反应制备了一系列的 3,5-二取代的异噁唑基二甲基硅醇。使用这类硅醇作为底物，可以经 Hiyama 偶联反应制备 4-芳基异噁唑化合物 (式 71)。在该反应中，催化剂 (Pd₂(dba)₃)、助催化剂 [Cu(OAc)₂]、活化剂 (NaOᵗBu) 和溶剂 (1,4-二氧六环或甲苯) 均对偶联反应的产物和产率有较大的影响。

$$\text{(71)}$$

5.2.1.6 烯基取代四元环硅烷

1999 年，Denmark 等人发现：在氟离子活化下，烯基取代的四元环硅烷能够与卤代物发生 Hiyama 反应[124~126]。由于小环结构的存在，使得硅烷分子具有较高的角张力 (79° 对比于 109°)。因此，促使亲核试剂进攻 Si-原子形成五配位的硅试剂来减小角张力 (79° 对比于 90°) (式 72)[126]。在氟离子的作用下，烯基取代的四元环硅烷会开环生成烯基取代硅醇或二聚成硅醚。硅醇是较好的 Hiyama 反应硅试剂，硅醚也能被氟离子活化后进行 Hiyama 偶联反应。

$$\text{(72)}$$

1999 年，Denmark 等人报道[124]：烯基取代的四元环硅醚经 Hiyama 偶联反应能够生成立体专一性的产物 (式 73)。

$$\text{(73)}$$

5.2.2 催化剂

Hiyama-Denmark 反应中使用的催化剂一般都是简单的钯化合物，例如：Pd(PPh$_3$)$_4$[116,125]、Pd(dba)$_2$[113,120]、Pd$_2$(dba)$_3$[117,119]、[Pd(allyl)Cl]$_2$[115] 或 PdCl$_2$(PPh$_3$)$_2$[116]等。在使用这些 Pd-催化剂时一般不需要使用外加的配体。

5.2.3 活化剂

在 Hiyama-Denmark 反应中，除了使用 TBAF[124,125]等含氟离子活化剂外，还可以使用 Ag$_2$O[114,123]、TMSOK[116,120]、NaO^{t}Bu[117,119]、NaH[121] 或 Cs$_2$CO$_3$[115]等非氟离子活化剂。Ag$_2$O 与普通意义上的碱差别较大，一般认为 Ag$_2$O 与硅试剂和卤代物均发生了作用。一方面，Ag$_2$O 中的 Ag 原子与卤原子作用使卤原子更快地从卤代物和钯催化剂形成的中间体上脱离下来。另一个方面，Ag$_2$O 中氧原子可以作为亲核试剂进攻硅试剂中的 Si 原子，使 C-Si 键极性增加而更容易发生转金属化[114,125]。

5.2.4 溶剂和温度

Hiyama-Denmark 反应中最常用的溶剂包括：THF、DMF 和 DME 等。此外，甲苯和 1,4-二氧六环等也常用于该反应。一般而言，该反应需要的反应温度比经典 Hiyama 反应较低，很多反应在 60 °C 以下或者室温就能够达到较好的效果。

6　立体专一性 Hiyama 反应在合成中的应用

实验结果表明：在 Hiyama 偶联反应中，烯基取代的硅试剂生成的产物的构型 (Z- 或 E-) 和硅试剂保持一致。2006 年，Katyama 等人[127]利用烯基硅试剂在 Hiyama 偶联反应中的立体专一性，合成一系列反式的低聚苯乙烯 (OPVs) (式 56)。近年来，由于低聚苯乙烯具有成为光电器件的潜力而备受瞩目。但是，由于该低聚物的长度、双键的顺反异构都会影响其作为光电器件的性能。因此高效合成一系列长短不一样的、顺反异构的低聚苯乙烯，并研究其在紫外光作用下性能的变化就尤为重要。一般来说，用 Suzuki-Miyaura 交叉偶联合成 cis-OPVs。而用 (E)-烯烃硅试剂和碘代芳香化合物进行 Hiyama 偶联来制备 trans-OPVs。如式 74 所示，用 E-型该类硅试剂和碘苯在 [Pd(allyl)Cl]$_2$ 作为催化剂、TBAF 作为碱室温下反应[128]，可得到 > 99% 的 E-型产物，该反应的产率高达 71%。

$$(74)$$

当用 1,4-二乙烯基苯取代硅试剂中的苯乙烯时，可获得 E,E-型硅试剂。用这一硅试剂与碘苯在上述相同条件下反应以制备 E,E-型产物 (式 75)。该反应的产率为 31%，但产物的 $E,E > 99\%$。

$$(75)$$

在式 76 中，其中 Hiyama 偶联的所用条件的与式 74 和式 75 中一样。不同的是用对溴苯乙炔制备对溴苯乙烯基硅试剂，在该硅试剂与碘苯进行完一次 Hiyama 偶联之后，利用产物中活性溴制备苯乙炔，之后再次制备苯乙炔基类硅试剂，以进行下一次 Hiyama 偶联来制备更长链的低聚苯乙烯。其中，制备的 trans-OPV3 的 $E,E,E > 99\%$，总产率为 39%。制备的 trans-OPV4 的 $E,E,E,E > 99\%$，总产率为 30%。

随着芪类化合物在生物化学[129]和光电材料方面[130]的应用越来越广，寻找高选择性合成反式二苯乙烯类化合物的方法在该领域中变得极为重要。之前合成该类化合物的方法，例如：Suzuki 偶联[131]和 Heck 偶联[132]等，立体选择性普遍不高。2006 年，Marciniec 等人[133]利用 E-型 4-氯苯乙烯类硅试剂立体专一性地合成了 E-4-氯二苯乙烯 (式 77)。该反应以 Pd$_2$(dba)$_3$ 作为催化剂，TBAF 作为碱，在 30 °C 温度下反应一定时间后，反应产率均大于 80%，$E/Z > 98/2$。

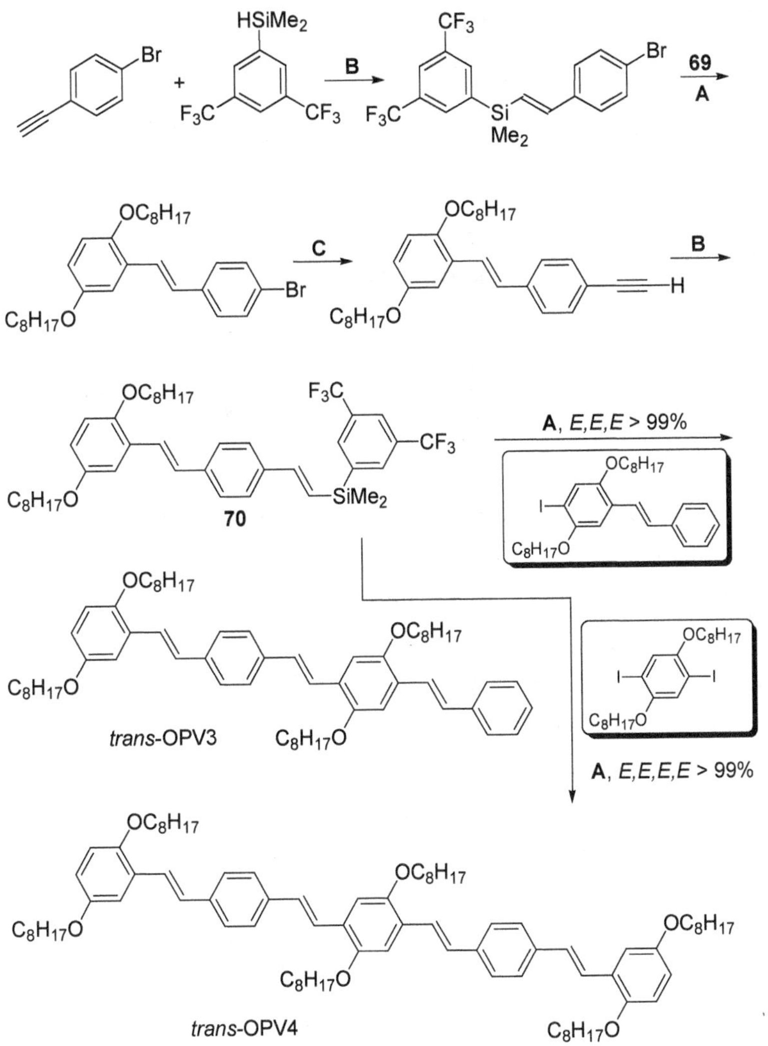

(76)

反应条件：
A. [Pd(allyl)Cl]$_2$ (5 mol%),TBAF·3H$_2$O, THF, rt
B. RuHCl(CO)(PPh$_3$)$_3$, CH$_2$Cl$_2$, rt
C. HC≡CSiMe$_3$, PdCl$_2$(PPh$_3$)$_2$, CuI, Et$_3$N

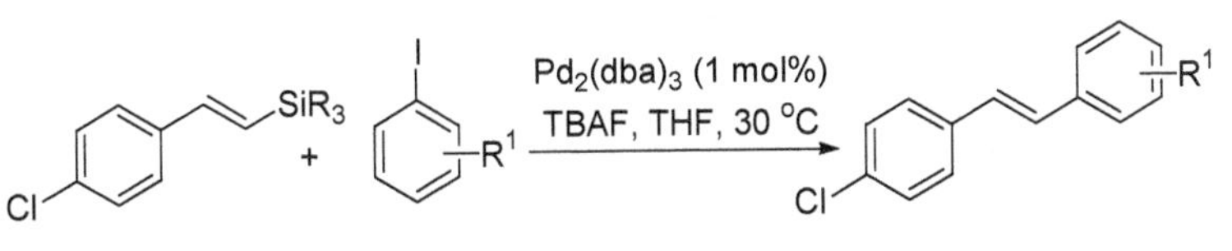

(77)

如式 78 所示[134]：利用 E-型的 1,2-二硅烷取代的烯烃进行 Hiyama 偶联 /Narasaka 酰基化连续反应，还可以制备 α,β-不饱和羰基化合物。首先，利用高立体选择性的烯烃硅试剂与碘苯反应，制备立体机构一定的苯乙烯类硅试剂，之后再在 [RhCl(CO)$_2$]$_2$ 催化下与乙酸酐发生 Narasaka 反应制备立体结构一定的

α,β-不饱和芳香羰基化合物。这种高选择性合成立体结构一定的 α,β-不饱和芳香羰基化合物的方法在有机合成及天然产物合成方面有较大的意义。

$$(78)$$

7 Hiyama 反应在天然产物合成中的应用

Hiyama 偶联反应和其它偶联反应一样，可以用于天然产物及其相似物的合成。维生素 A 及其衍生物可以使用硼试剂 (Suzuki 偶联)[135,136]或锡试剂 (Stille 偶联)[137,138]进行 C-C 偶联来制备。但是，有机锡试剂具有较大的毒性，而有机硼试剂的化学稳定性比较差。2009 年，López 等人将有机硅试剂进行的 Hiyama 偶联反应成功地应用于维生素 A 及其类似物的立体专一性合成[139]。如式 79 所示：使用硅试剂作为偶联试剂具有化学稳定性高、毒性小、容易操作和价格便宜等诸多优点。

$$(79)$$

Hiyama 偶联反应也被用于天然抗癌产物鬼柏苦类化合物的合成中[69]。其合成过程如式 80 所示。在该类化合物的合成过程中充分利用了烯基取代硅试剂在反应中的立体专一性的优点。

(80)

此外，在天然产物 Tubelactomicins 的合成中也用到 Hiyama 偶联反应[140]。Tubelactomicins 是近期从诺卡氏菌中分离出来的天然产物，对那些具有抗药性的抗酸菌具有很强的活性。具体的应用到 Hiyama 偶联反应的合成过程如式 81 所示。

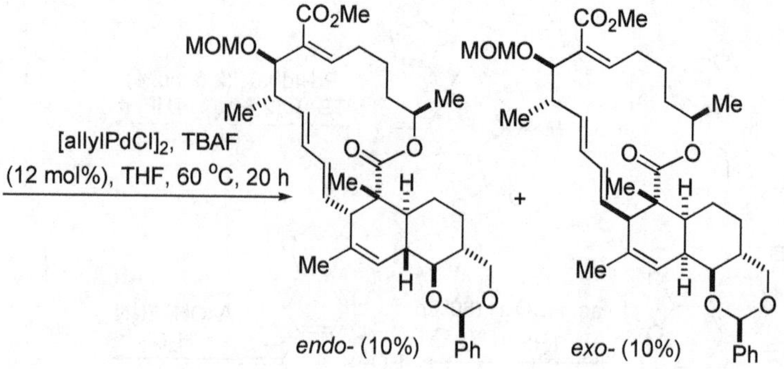

endo- (10%)　　　*exo-* (10%)

(81)

8　Hiyama 反应实例

例　一

1-庚烯基苯的制备[124]

(环丁硅烷试剂的 Hiyama 偶联反应)

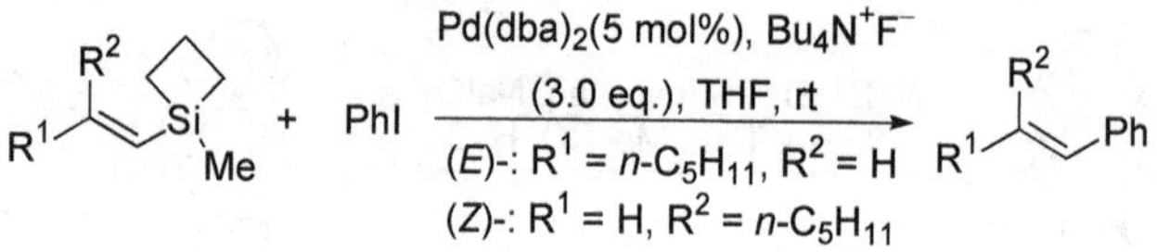

(82)

(E)-: $R^1 = n$-C_5H_{11}, $R^2 = H$
(Z)-: $R^1 = H$, $R^2 = n$-C_5H_{11}

在室温和搅拌下，将四正丁基氟化铵的 THF 溶液 (1.0 mol/L, 3 mL, 3 mmol) 加入到干燥的 (E)-1-甲基-1-庚烯基环丁硅烷 (201 mg, 1.1 mmol) 中。待放热结束并降至室温后，再依次加入碘苯 (112 μL, 205 mg, 1.0 mmol) 和 Pd(dba)$_2$ (29 mg, 0.05 mmol)。生成的混合物在室温下继续搅拌 10 min 后，经过一个小的 SiO$_2$ 柱进行粗分离。蒸去溶剂，生成的残留物用色谱柱分离纯化，得到无色油状产物 (91%)。

例　二

4-甲氧基-4′-乙酰基联苯的制备[115]

(芳香取代硅醇试剂的 Hiyama 偶联反应)

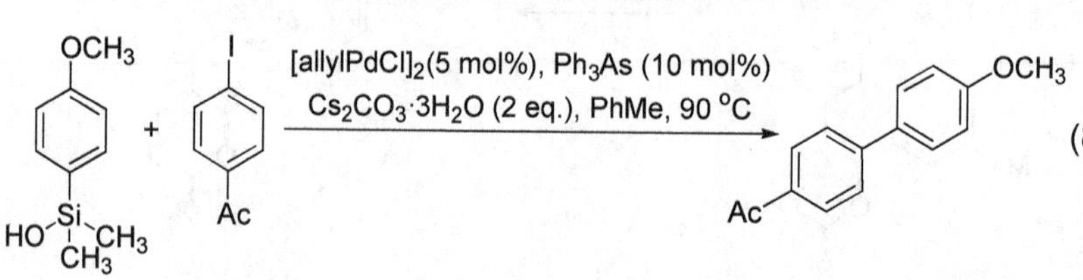

(83)

在室温和氩气保护下，将 H₂O (108 mL, 6.0 mmol) 慢慢滴加到无水碳酸铯 (651 mg, 2.0 mmol) 的甲苯 (1.0 mL) 悬浮液中。生成的固液混合物继续在室温下搅拌反应 10 min 后，再依次加入 4-碘苯乙酮 (651 mg, 2.0 mmol)、(4-甲氧基苯基)二甲基硅醇 (218 mg, 1.2 mmol)、催化剂 [allylPdCl]₂ (18.3 mg, 0.05 mmol) 和配体三苯胂 (30.6 mg, 0.1 mmol)。将生成的混合物在氩气保护下加热至 90 °C 搅拌反应 3 h 后，冷却至室温。蒸去溶剂，生成的棕色固体用柱色谱 (环己烷-乙酸乙酯, 20:1) 分离纯化得到产物。再经 EtOH 重结晶后得到 206 mg (91%) 白色固体状产物。

例　三

4-乙酰基苯乙烯的制备[24]

(无氟活化剂和微波促进的水相 Hiyama 偶联反应)

(84)

将 50% 的 NaOH 水溶液 (0.05 mL, 1.25 mmol) 加入到由 4-溴苯乙酮 (0.5 mmol)、三甲氧基乙烯硅 (1 mmol)、TBAB (1 mmol) 和 Pd(OAc)₂ (0.1 mol%) 在 H₂O (1 mL) 中形成的浑浊液中。然后，用隔膜将反应器密闭。将反应混合物加热至 120 °C 后，用 40~45 W 的微波照射 10 min。将反应混合物冷却至室温后，用乙醚萃取。合并的有机层依次用 2 mol/L 的 NaOH 溶液、2 mol/L 的 HCl 溶液和饱和食盐水 (2 × 20 mL) 洗涤。经 MgSO₄ 干燥后，蒸去溶剂生成的残留物用硅胶柱色谱分离纯化得到纯品 (90%)。

例　四

3-氯-2-吡啶基吡啶的制备[26]

(卤代杂环硅试剂的 Hiyama 偶联反应)

(85)

在室温下，将 PdCl₂(PPh₃)₂ (35 mg, 0.05 mmol)、PPh₃ (26 mg, 0.1 mmol) 和 CuI (188 mg, 1 mmol) 溶于已脱气的 DMF (5 mL) 溶液中。之后，再向该混合物

中依次加入 2-溴吡啶 (79 mg, 0.5 mmol)、3-氯-2-(三甲基硅)吡啶 (186 mg, 1 mmol) 和 TBAF (2 mmol, 1.0 mol/L THF 溶液)。生成的黑色混合物在室温下搅拌反应 12 h 后,用硅藻土填充过滤,并依次用 NH_4OH、H_2O、THF 和 Et_2O 洗涤。滤液用 Et_2O 洗萃取两次,合并的有机相用 $MgSO_4$ 干燥。蒸去溶剂,生成的残留物用硅胶柱色谱分离纯化得到纯品 (65%)。

例 五

3-甲氧基联苯的制备[39]

(芳香拟卤代物与芳香硅试剂的 Hiyama 偶联反应)

$$\text{(86)}$$

将 $Pd(OAc)_2$ (2.2 mg, 4 mol %)、XPhos (11.9 mg, 10 mol%) 和 3-甲氧基苯基甲磺酸 (50.5 mg, 0.25 mmol) 加入反应试管。在氮气保护下,用注射器向反应试管中依次加入三乙氧基(苯基)硅烷 (120 mg, 0.5 mmol)、^{t}BuOH (0.5 mL) 和 TBAF (0.5 mol, 1.0 mol/L THF 溶液)。生成的混合物在 90 ^{o}C 反应一定时间后,冷却到室温。然后,直接用硅胶柱色谱分离纯化得到纯品 (97%)。

9　参考文献

[1]　Miyaura, N.; Suzuki, A. *Chem. Rev.* **1995**, *95*, 2457.

[2]　Yamamura, M.; Moritani, I.; Murahashi, S. *J. Organomet. Chem.* **1975**, *91*, C39.

[3]　Stille, J. K. *Angew. Chem. Int., Ed. Engl.* **1986**, *25*, 508.

[4]　Stille, J. K. *Pure Appl. Chem.* **1985**, *57*, 1771.

[5]　Erdik, E. *Tetrahedron* **1992**, *48*, 9577.

[6]　Hatanaka, Y.; Hiyama, T. *Synlett* **1991**, 845.

[7]　Suzuki, A. in: *Metal-Catalyzed Cross-Couplings Reactions*, Diederich, F.; Stang, P. J. (Eds.), Wiley-VCH, Weinheim, **1998**, 49.

[8]　Mitchell, T. N. in: *Metal-Catalyzed Cross-Coupling Reactions*, Diederich, F.; Stang, P. J. (Eds.), Wiley-VCH, Weinheim, **1998**, 167.

[9]　Hiyama, T. in: *Metal-Catalyzed Cross-Coupling Reactions*, Diederich, F.; Stang, P. J. (Eds.), Wiley-VCH, Weinheim, **1998**, 421.

[10]　Brase, S.; de Meijere, A. in: *Metal-Catalyzed Cross-Coupling Reactions*, Diederich, F.; Stang, P. J. (Eds.), Wiley-VCH, Weinheim, **1998**, 99.

[11]　Tamao, K.; Sumitani, K.; Kumada, M. *J. Am. Chem. Soc.* **1972**, *94*, 4374.

[12] Corriu, R. J. P.; Masse, J. P. *J. Chem. Soc., Chem. Commun.* **1972**, 144.

[13] Negishi, E. *Acc. Chem. Res.* **1982**, *15*, 340.

[14] Hatanaka, Y.; Hiyama, T. *J. Org. Chem.* **1988**, *53*, 918.

[15] Denmark, S. E.; Sweis, R. F. in: *Metal-Catalyzed Cross-Couplings Reactions,* de Meijere, A.; Diederich, F. (Eds.), Wiley-VCH, Weinheim, **2004**, 163.

[16] Tamao, K.; Kobayashi, K.; Ito, Y. *Tetrahedron Lett.* **1989**, *30*, 6051.

[17] Denmark, S.; Sweis, R. F. *Acc. Chem. Res.* **2002**, *35*, 835.

[18] Hallberg, A.; Westerlund, C. *Chem. Lett.* **1982**, 1993.

[19] Powell, D. A.; Fu, G. C. *J. Am. Chem. Soc.* **2004**, *126*, 7788.

[20] Gouda, K.; Hagiwara, E.; Hatanaka, Y.; Hiyama, T. *J. Org. Chem.* **1996**, *61*, 7232.

[21] Mowery, M. E.; DeShong, P. *Org. Lett.* **1999**, *1*, 2137.

[22] Lee, H. M.; Nolan, S. P. *Org. Lett.* **2000**, *2*, 2053.

[23] Clarke, M. L. *Adv. Synth. Catal.* **2005**, *347*, 303.

[24] Alacid, E.; Nájera, C. *Adv. Synth. Catal.* **2006**, *348*, 2085.

[25] Hagiwara, E.; Gouda, K.; Hatanaka, Y.; Hiyama, T. *Tetrahedron Lett.* **1997**, *38*, 439.

[26] Pierrat, P.; Gros, P.; Fort, Y. *Org. Lett.* **2005**, *7*, 697.

[27] Gordillo, A.; de Jesús, E.; López-Mardomingo, C. *Org. Lett.* **2006**, *8*, 3517.

[28] Powell, D. A.; Fu, G. C. *J. Am. Chem. Soc.* **2004**, *126*, 7788.

[29] Strotman, N. A.; Sommer, S.; Fu, G. C. *Angew. Chem., Int. Ed.* **2007**, *46*, 3556.

[30] Mehta, V. P.; Sharma, A.; der Eyckena, E. V. *Adv. Synth. Catal.* **2008**, *350*, 2174.

[31] Echavarren, A. M.; Stille, J. K. *J. Am. Chem. Soc.* **1987**, *109*, 5478.

[32] Clyne, D. S.; Jin, J.; Genest, E.; Gallucci, J. C.; Rajanbabu, T. V. *Org. Lett.* **2000**, *2*, 1125.

[33] Alonso, D. A.; Najera, C.; Pacheco, M. C. *Adv. Synth. Catal.* **2002**, *344*, 172.

[34] Beletskaya, I. P.; Kashin, A. N.; Karlstedt, N. B.; Mitin, A. V.; Cheprakov, A. V.; Kazankov, G. M. *J. Organomet. Chem.* **2001**, *622*, 89.

[35] Hatanaka, Y.; Hiyama, T. *Tetrahedron Lett.* **1990**, *31*, 2719.

[36] Hiyama, T.; Hatanakat, Y. *Pure Appl. Chem.* **1994**, *66*, 1471.

[37] Hatanaka, Y.; Hiyama, T. *J. Am. Chem. Soc.* **1990**, *112*, 7793.

[38] Zhang, L.; Wu, J. *J. Am. Chem. Soc.* **2008**, *130*, 12250.

[39] Zhang, L.; Qing, J.; Yang, P.Y.; Wu, J. *Org. Lett.* **2008**, *10*, 4971.

[40] So, C. M.; Lee, H. W.; Lau,C. P.; Kwong, F. Y. *Org. Lett.* **2009**, *11*, 317.

[41] Bauerlein, P. S.; Fairlamb, I. J. S.; Jarvis, A. G.; Lee, A. F.; Müller, C.; Slattery, J. M.; Thatcher, R. J.; Vogt, D.; Whitwooda, A. C. *Chem. Commun.* **2009**, 5734.

[42] Hatanaka, Y.; Matsui, K.; Hiyama, T. *Tetrahedron Lett.* **1989**, *30*, 2403.

[43] Lee, H. M.; Nolan, S. P. *Org. Lett.* **2000**, *2*, 2053.

[44] Mowery, M. E.; DeShong, P. *Org. Lett.* **1999**, *1*, 2137.

[45] Mowery, M. E.; DeShong, P. *J. Org. Chem.* **1999**, *64*, 1684.

[46] Shibata, K.; Miyazawa, K.; Goto, Y. *Chem. Commun.* **1997**, 1309.

[47] Gordillo, Á.; de Jesús, E.; Lopez-Mardomingo, C. *Chem. Commun.* **2007**, 4056.

[48] Tamao, K.; Maeda, K.; Tanaka, T.; Ito, Y. *Tetrahedron Lett.* **1988**, *29*, 6955.

[49] Denmark, S. E.; Pan, W. *Org. Lett.* **2001**, *3*, 61.

[50] Denmark, S. E.; Yang, S. M. *Org. Lett.* **2001**, *3*, 1749.

[51] Denmark, S. E.; Yang, S. M. *J. Am. Chem. Soc.* **2002**, *124*, 2102.

[52] Denmark, S. E.; Pan, W. *Org. Lett.* **2003**, *5*, 1119.

[53] Shotwell, J. B.; Roush, W. R. *Org. Lett.* **2004**, *6*, 3865.

[54] Heitzman, C. L.; Lambert, W. T.; Mertz, E.; Shotwell, J. B.; Tinsley, J. M.; Va, P.; Roush, W. R. *Org. Lett.* **2005**, *7*, 2405.

[55] Babudri, F.; Farinola, G. M.; Naso, F.; Ragni, R.; Spina, G. *Synthesis* **2007**, *19*, 3088.

[56] Pawluć, P.; Hreczycho, G.; Suchecki, A.; Kubicki, M.; Marciniec, B. *Tetrahedron* **2009**, *65*, 5497.

[57] Denmark, S. E.; Wang, Z. G. *J. Organomet. Chem.* **2001**, *624*, 372.

[58] Hatanaka, Y.; Hiyama, T. *J. Org. Chem.* **1989**, *54*, 268.

[59] Hiyama, T.; Shirakawa, E. *Top. Curr. Chem.* **2002**, *219*, 61.

[60] Hatanaka, Y.; Goda, K.; Hiyama, T. *J. Organomet. Chem.* **1994**, *465*, 97.

[61] Hatanaka, Y.; Goda, K.; Okahara, Y.; Hiyama, T. *Tetrahedron* **1994**, *50*, 8301.

[62] Hatanaka, Y.; Fukushima, S.; Hiyama, T. *Tetrahedron* **1992**, *48*, 2113.

[63] Hagiwara, E.; Coda, K.; Hatanaka, Y.; Hiyama, T. *Tetrahedron Lett.* **1997**, *38*, 439.

[64] Ito, H.; Sensui, H.; Arimoto, K.; Miura, K.; Hosomi, A. *Chem. Lett.* **1997**, 639.

[65] Itami, K.; Nokami, T.; Yoshida, J. *J. Am. Chem. Soc.* **2001**, *123*, 5600.

[66] Itami, K.; Nokami, T.; Ishimura, Y.; Mitsudo, K.; Kamei, T.; Yoshida, J. *J. Am. Chem. Soc.* **2001**, *123*, 11577.

[67] Itami, K.; Mitsudo, K.; Kamei, T.; Koike, T.; Nokami, T.; Yoshida, J. *J. Am. Chem. Soc.* **2000**, *122*, 12013.

[68] Hosoi, K.; Nozaki, K.; Hiyama, T. *Chem. Lett.* **2002**, 31, 138.

[69] Vitale, M.; Prestat, G.; Lopes, D.; Madec, D.; Kammerer, C.; Poli, G.; Girnita, L. *J. Org. Chem.* **2008**, *73*, 5795.

[70] Hiyama, T. *J. Organomet. Chem.* **2002**, 653, 58.

[71] Pierrat, P.; Gros, P.; Fort, Y. *Org. Lett.* **2005**, *7*, 697.

[72] Wang, Z. Z.; Pitteloud, J. P.; Montes, L.; Rappy, M.; Derane, D.; Wnuk, S. F. *Tetrahedron* **2008**, *64*, 5322.

[73] Akai, S.; Ikawa, T.; Takayanagi, S.; Morikawa, Y.; Mohri, S.; Tsubakiyama, M.; Egi, M.; Wada, Y.; Kita, Y. *Angew. Chem., Int. Ed.* **2008**, *47*, 7673.

[74] Martin, R.; Buchwald, S. L. *Acc. Chem. Res.* **2008**, *41*, 1461.

[75] Spencer, A. *J. Organomet. Chem.* **1983**, *258*, 101.

[76] Beller, M.; Zapf, A. *Synlett* **1998**, 792.

[77] Littke, A. F.; Schwarz, L.; Fu, G. C. *J. Am. Chem. Soc.* **2002**, *124*, 6343.

[78] Li, J. H.; Deng, C. L.; Xie, Y. X. *Synthesis* **2006**, 969.

[79] Murata, M.; Shimazaki, R.; Watanabe, S.; Masuda, Y. *Synthesis* **2001**, 2231.

[80] Ju, J. H.; Nam, H. G.; Jung, H. M.; Lee, S. W. *Tetrahedron Lett.* **2006**, *47*, 8673.

[81] Lee, H. M.; Nolan, S. P. *J. Organomet. Chem.* **2000**, *2*, 69.

[82] Clarke, M. L.; Cole-Hamilton, D. J.; Woollins, J. D. *Dalton Trans.* **2001**, 2721.

[83] Li, J. H.; Deng, C. L.; Liu, W. J.; Xie, Y. X. *Synthesis* **2005**, 3039.

[84] Li, J. H.; Liu, W. J. *Org. Lett.* **2004**, *6*, 2809.

[85] Li, J. H.; Zhang, X. D.; Xie, Y. X. *Synthesis* **2005**, 804.

[86] Li, J. H.; Liang, Y.; Wang, D. P.; Liu, W. J.; Xie, Y. X.; Yin, D. L. *J. Org. Chem.* **2005**, *70*, 2832.

[87] Mino, T.; Shirae, Y.; Saito, T.; Sakamoto, M.; Fujita, T. *J. Org. Chem.* **2006**, *71*, 9499.

[88] Chen, S. N.; Wu, W. Y.; Tsai, F. Y. *Tetrahedron* **2008**, *64*, 8164.

[89] Mateo, C.; Fernández-Rivas, C.; Echavarren, A. M.; Cárdenas, D. J. *Organometallics* **1997**, *16*, 1997.

[90] Domin, D.; Benito-Garagorri, D.; Mereiter, K.; Fröhlich, J.; Kirchner, K. *Organometallics* **2005**, *24*, 3957.

[91] Alacida, E.; Nájera, C. *Adv. Synth. Catal.* **2006**, *348*, 945.

[92] Alacid, E.; Nájera, C. *J. Org. Chem.* **2008**, *73*, 2315.

[93] Inés, B.; SanMartin, R.; Churruca, F.; Domínguez, E.; Urtiaga, M. K.; Arriortua, M. I. *Organometallics* **2008**, *27*, 2833.

[94] Zhang, X. M.; Xia, Q. Q.; Chen, W. Z. *Dalton Trans.* **2009**, 7045.

[95]   Zhong, C. J.; Maye, M. M. *Adv. Mater.* **2001**, *13*, 1507.

[96]   Thathagar, M. B.; Beckers, J.; Rothenberg, G. *J. Am. Chem. Soc.* **2002**, *124*, 11858.

[97]   Thathagar, M. B.; Beckers, J.; Rothenberg, G. *Adv. Synth. Catal.* **2003**, *345*, 979.

[98]   Thathagar, M. B.; Beckers, J.; Rothenberg, G. *Green Chem.* **2004**, *6*, 215.

[99]   Zhu, Y. H.; Peng, S. C.; Emi, A.; Su, Z. S.; Monalisa; Kempd, R. A. *Adv. Synth. Catal.* **2007**, *349*, 1917.

[100]   Pachón, L. D.; Thathagar, M. B.; Hartl, F.; Rothenberg, G. *Phys. Chem. Chem. Phys.* **2006**, *8*, 151.

[101]   Srimani, D.; Sawoo, S.; Sarkar, A. *Org. Lett.* **2007**, *9*, 3639.

[102]   Ranu, B. C.; Dey, R.; Chattopadhyay, K. *Tetrahedron Lett.* **2008**, *49*, 3430.

[103]   Lerebours, R.; Wolf, C. *Synthesis* **2005**, 2287.

[104]   Duñach, E.; Franco, D.; Olivero, S. *Eur. J. Org. Chem.* **2003**, 1605.

[105]   Netherton, M. R.; Fu, G. C. *Adv. Synth. Catal.* **2004**, *346*, 1525.

[106]   Ishiyama, T.; Abe, S.; Miyaura, N.; Suzuki, A. *Chem. Lett.* **1992**, 691.

[107]   Gonzalez-Bobes, F.; Fu, G. C. *J. Am. Chem. Soc.* **2006**, *128*, 5360.

[108]   Condon-Gueugnot, S.; Leonel, E.; Nedelec, J. Y.; Perichon, J. *J. Org. Chem.* **1995**, *60*, 7684.

[109]   Jensen, A. E.; Knochel, P. *J. Org. Chem.* **2002**, *67*, 79.

[110]   Dai, X.; Strotman, N. A.; Fu, G. C. *J. Am. Chem. Soc.* **2008**, *130*, 3302.

[111]   Shi, S. Y.; Zhang, Y. H. *J. Org. Chem.* **2007**, *72*, 5927.

[112]   Denmark, S. E.; Sweis, R. F. *J. Am. Chem. Soc.* **2004**, *126*, 4876.

[113]   Denmark, S. E.; Sweis, R. F. *J. Am. Chem. Soc.* **2001**, *123*, 6439.

[114]   Hirabayashi, K.; Mori, A.; Kawashima, J.; Suguro, M.; Nishihara, Y.; Hiyama, T. *J. Org. Chem.* **2000**, *65*, 5342.

[115]   Denmark, S. E.; Ober, M. H. *Org. Lett.* **2003**, *5*, 1357.

[116]   Denmark, S. E.; Tymonko, S. A. *J. Org. Chem.* **2003**, *68*, 9151.

[117]   Denmark, S. E.; Baird, J. D. *Org. Lett.* **2004**, *6*, 3649.

[118]   Denmark, S. E.; Ober, M. H. *Adv. Synth. Catal.* **2004**, *346*, 1703.

[119]   Denmark, S. E.; Kallemeyn, J. M. *J. Org. Chem.* **2005**, *70*, 2839.

[120]   Denmark, S. E.; Tymonko, S. A. *J. Am. Chem. Soc.* **2005**, *127*, 8004.

[121]   Denmark, S. E.; Baird, J. D. *Org. Lett.* **2006**, *8*, 793.

[122]   Denmark, S. E.; Baird, J. D. *Chem. Eur. J.* **2006**, *12*, 4954.

[123]   Napier, S.; Marcuccio, S. M.; Tye, H.; Whittaker, M. *Tetrahedron Lett.* **2008**, *49*, 3939.

[124]   Denmark, S. E.; Choi, J. Y. *J. Am. Chem. Soc.* **1999**, *121*, 5821.

[125]   Denmark, S. E.; Wehrli, D.; Choi, J. Y. *Org. Lett.* **2000**, *2*, 2491.

[126]   Denmark, S. E.; Sweis, R. F. *Chem. Pharm. Bull.* **2002**, *50*, 1531.

[127]   Katayama, H.; Nagao, M.; Ozawa, F.; Ikegami, M.; Arai, T. *J. Org. Chem.* **2006**, *71*, 2699.

[128]   Katayama, H.; Taniguchi, K.; Kobayashi, M.; Sagawa, T.; Minami, T.; Ozawa, F. *J. Organomet. Chem.* **2002**, 645, 192.

[129]   Cushman, M.; Nagarathnam, D.; Gopal, D.; Chakraborti, A. K.; Lin, C.M.; Hamel, E. *J. Med. Chem.* **1991**, 34, 2579.

[130]   Martin, R.E.; Diederich, F. *Angew. Chem., Int. Ed.* **1999**, 38, 1350.

[131]   Eddarir, S.; Abdelhadi, Z.; Rolando, C. *Tetrahedron Lett.* **2001**, *42*, 9127.

[132]   Hamza, K.; Abu-Reziq, R.; Avnir, D.; Blum. J. *Org. Lett.* **2004**, 6, 925.

[133]   Prukała, W.; Majchrzak, M.; Pietraszuk, C.; Marciniec, B. *J. Mol. Catal. A* **2006**, *254*, 58.

[134]   Thiot, C.; Mioskowski, C.; Wagner, A. *Eur. J. Org. Chem.* **2009**, 3219.

[135]   Uenishi, J.; Matsui, K.; Wada, A. *Tetrahedron Lett.* **2003**, *44*, 3093.

[136]   de Lera, A. R.; Iglesias, B.; Rodríguez, J.; Alvarez, R.; Lopez, S.; Villanueva, X.; Padros, E. *J. Am. Chem. Soc.* **1995**, *117*, 8220.

[137]　Wada, A.; Fukunaga, K.; Ito, M.; Mizuguchi, Y.; Nakagawab, K.; Okano, T. *Bioorg. Med. Chem.* **2004**, *12*, 3931.

[138]　Wada, A.; Matsuura, N.; Mizuguchi, Y.; Nakagawa, K.; Ito, M.; Okano, T. *Bioorg. Med. Chem.* **2008**, *16*, 8471.

[139]　Montenegro, J.; Bergueiro, J.; Saa, C.; Lopez, S. *Org. Lett.* **2009**, *11*, 141.

[140]　Anzo, T.; Suzuki, A.; Sawamura, K.; Motozaki, T.; Hatta, M.; Takao K.; Tadano, K. *Tetrahedron Lett.* **2007**, *48*, 8442.

熊田偶联反应

(Kumada Coupling Reaction)

胡惠媛　刘磊[*]

1 历史背景简述

过渡金属催化的交叉偶联反应是构建 C-C 和 C-X (X = O，N，S 等) 键的重要手段[1]。早期的交叉偶联反应产率较低且产物复杂，并没有引起人们的重视。1972 年，Kumada 等人报道了 $NiCl_2(dpe)$ 催化下格氏试剂与芳基氯化物或乙烯基氯化物的偶联反应 (式 1)[2]。

$$\text{（1）}$$

同年，Corriu 等人也报道了由 $Ni(acac)_2$ 催化的同类反应，产物保留了卤代烯烃上双键的构型 (式 2)[3]。

$$\text{（2）}$$

此类反应被称之为 Kumada 反应或 Kumada-Corriu 反应，有时也被称为 Kumada-Tamao-Corriu 反应。Kumada 反应是第一个真正具有实用性的交叉偶联反应，开启了过渡金属催化交叉偶联反应研究的新时代。1975 年，Murahashi 首次报道了钯催化的 Kumada 型偶联反应[4]。

Kumada 反应所使用的格氏试剂，是在实验室和工厂条件下都比较容易得到的反应原料，同时以较廉价的 Ni 化合物作为催化剂。该反应具有条件温和、产率较高和选择性好的优点，在合成天然产物、液晶材料、聚合物和新型配体等方面已经得到广泛的应用。但是，该反应有很多缺点，例如：Ni 化合物有一定的毒性。反应中所使用的格氏试剂太活泼且对水及空气敏感、对羰基和氰基等基团的兼容性也较差。该反应过程中还会产生大量的含 Ni 和 Mg 的废弃物，这些均在一定程度上限制了 Kumada 反应的应用。

Makoto Kumada (1920-2007) 在 1943 年毕业于日本京都大学。1950 年在大

阪城市大学任助理教授，1962 年起在京都大学任教授至 1983 年退休。为了表彰他在有机硅化学方面的成就，1967 年，美国化学会授予了他弗雷德里克斯坦利基平奖，这是美国化学会第一次将国家奖授予日本科学家。1972 年，Kumada 发现了现在以他名字命名的 Kumada 反应。此外，他在聚硅烷和有机硅化学方面的研究也取得了很高的成就。2007 年，Kumada 因病去世，享年 87 岁。

Robert Corriu (1934-) 在 1961 年毕业于法国 Université de Montpellier (蒙波利埃一大)。1964 年任 Université de Poitiers (普瓦提埃大学) 助理教授，1969 年任 Université des Sciences et Techniques du Languedoc (蒙波利埃二大) 教授。他早年主要致力于金属有机化学的研究，近年其研究重心转移到可作为新材料及溶胶-凝胶前体的有机金属聚合物方面。他杰出的化学成就早年就已经得到广泛认可，曾多次荣获法国化学会 (1969 年和 1985 年)、法国国家科学研究院 (CNRS，1982 年，银奖) 和美国化学会 (1984 年) 的奖项。1991 年 Corriu 当选为法国科学院院士。

2　Kumada 偶联反应的定义和机理

Kumada 反应是指格氏试剂与卤代芳烃或烯烃在催化剂的作用下发生的碳-碳键的偶联反应。近年来，人们已经将 Kumada 反应的底物范围扩大到了卤代烷烃。该反应常用的催化剂为 Ni 或 Pd 等过渡金属的配合物，其反应通式如式 3 所示。其中 X 为离去基团，通常是卤素，也可以是 OTf、OR、SR 或 SeR 等。

$$RX \ + \ R^1MgY \ \xrightarrow{\text{Cat.}} \ R-R^1 \tag{3}$$

以含配体的二价 Ni 催化的 Kumada 反应为例，其目前被广泛接受的反应机理包含四个步骤 (图 1)[2]：首先，二价 Ni-催化剂被格氏试剂还原成为 Ni(0)L$_n$。然后，该活性催化剂再与亲电试剂 RX 发生氧化加成，生成配合物中间体 **1**，此步骤为整个反应的决速步。接着，格氏试剂与中间体 **1** 经转金属化生成配合物中间体 **2**。最后，中间体 **2** 经过还原消除历程得到产物 R-R^1，同时再生成中间体 **1** 完成整个催化循环。

2002 年，Kambe 等人提出了二烯烃参与的 Kumada 偶联反应机理 (式 4 和图 2)[5]。与经典 Kumada 反应机理相比较，丁二烯在从 Ni(0) 向 Ni(II) (中间体 **1**) 的转化过程中起到了更重要的作用。所形成的中间体 **1** 与卤代烃的反应性降低而与格氏试剂的反应性增强，生成关键中间体 **2**。最后，再经过氧化加成和还原消除过程得到偶联产物。

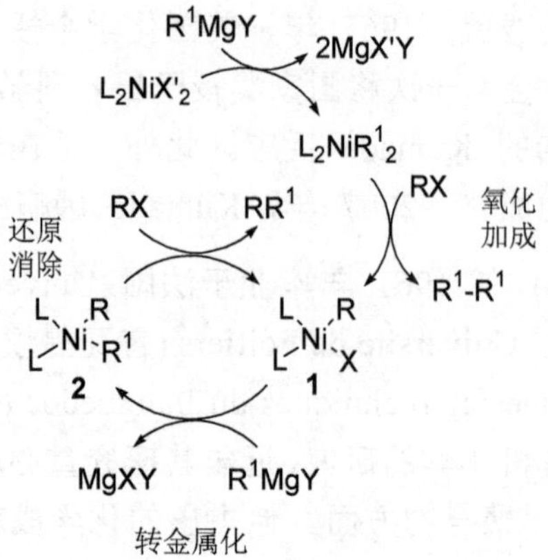

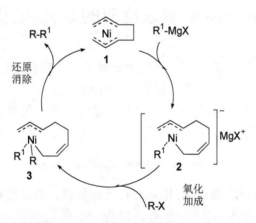

图 1 Kumada 偶联反应机理 (I)

$$RX + R^1MgY \xrightarrow[R = alkyl; X = Cl, Br, OTs]{NiCl_2, \textit{trans}-H_2C=CHCH=CH_2} R-R^1 \tag{4}$$

图 2 Kumada 偶联反应机理 (II)

　　自 1975 年 Murahashi 首次报道钯催化的 Kumada 型偶联反应以来，钯催化的 Kumada 反应一直是研究的热点。一般认为钯催化的 Kumada 反应历程遵循机理 (I) 的步骤[6]。2009 年，Knochel 等报道：以 Pd(OAc)$_2$/膦配体为催化剂和在碘代烷的存在下，Kumada 偶联反应可以在室温下几分钟内完成 (式 5)。他们认为这个钯催化的 Kumada 反应可能是经过自由基历程完成的 (图 3)[7]。

$$Ar^1\text{-}Br + Ar^2\text{-}MgX \xrightarrow{LPd (cat.), R\text{-}I} Ar^1-Ar^2 \tag{5}$$

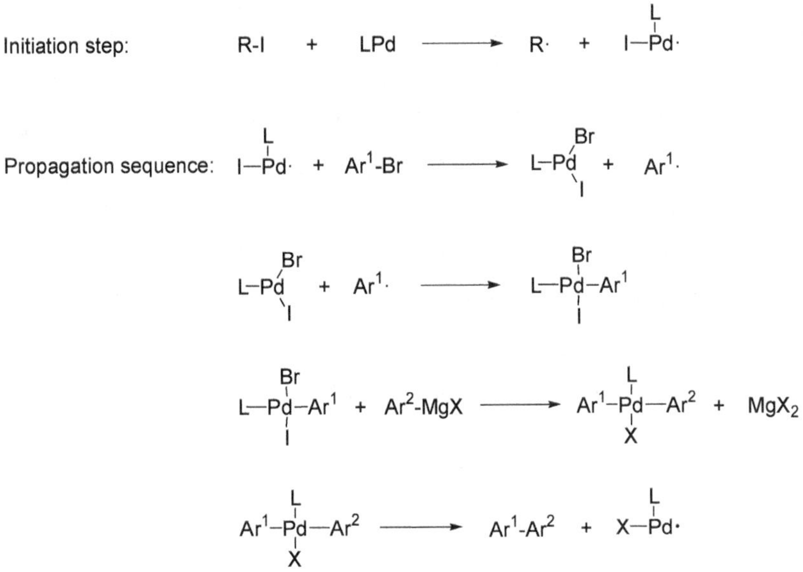

Initiation step:　　R-I　+　LPd　⟶　R·　+　I—Pd·
　　　　　　　　　　　　　　　　　　　　　　　　　|
　　　　　　　　　　　　　　　　　　　　　　　　L

Propagation sequence:　I—Pd·　+　Ar^1-Br　⟶　L—Pd　+　Ar^1·
　　　　　　　　　　　　|　　　　　　　　　　　　|
　　　　　　　　　　　　L　　　　　　　　　　　　I
　　　　　　　　　　　　　　　　　　　　　　　　Br

　　　　Br　　　　　　　　　　　　　　　　Br
　　　　|　　　　　　　　　　　　　　　　|
　　L—Pd　+　Ar^1·　⟶　L—Pd—Ar^1
　　　　|　　　　　　　　　　　　|
　　　　I　　　　　　　　　　　　I

　　　Br
　　　|
　L—Pd—Ar^1　+　Ar^2-MgX　⟶　Ar^1—Pd—Ar^2　+　MgX$_2$
　　　|　　　　　　　　　　　　　　　　|
　　　I　　　　　　　　　　　　　　　　X
　　　　　　　　　　　　　　　　　　　L

　　L
　　|
Ar^1—Pd—Ar^2　⟶　Ar^1-Ar^2　+　X—Pd·
　　|　　　　　　　　　　　　　　　|
　　X　　　　　　　　　　　　　　　L

图 3　自由基历程 Kumada 偶联反应机理

　　除了 Ni 和 Pd 催化剂外，Fe 化合物早在 1971 年就被 Kochi 等人用作 Kumada 偶联反应的催化剂[8]，但是其应用一直没有得到广泛的关注。近年来，由于 Fe-化合物廉价、无毒和环境友好的优点，关于 Fe-催化的 Kumada 反应的报道有所增加[9~14]。但是，关于其反应机理尚有争议，目前主要有三种假设：(1) 经历氧化加成、转金属化和还原消除的经典过渡金属催化的偶联反应历程[8b,12]；(2) 由格氏试剂还原 Fe-盐，生成带两个形式负电荷的 Fe-催化剂进行催化的反应[10a,b]；(3) 经历自由基历程[10c,11,13b]。此外，Oshima 等人还报道了 Co-化合物催化的 Kumada 反应，并提出了可能的反应机理[15]，在此不一一赘述。

3　Kumada 偶联反应的催化条件

3.1　催化剂前驱体

　　如前所述，Kumada 偶联反应可以被 Ni、Pd、Fe 或 Co 等过渡金属催化，其中又以 Ni 和 Pd 的催化体系最为常见。值得注意的是，无论何种金属参与催化过程，根据参与反应的真正活性成分的形式都可以将催化体系分为均相催化和非均相催化[16]。传统的偶联反应催化体系大部分属于均相催化，该方法具有催化效率高的优点。但是，其高昂的使用和回收成本限制了该方法在工业上的应用。在非均相催化方法中，催化剂被连接在一定的固体基质上进行反应。这既保留了催化剂的催化活性又简化了回收过程和降低了成本，使得非均相催化剂在工业上具有良好的应用前景。如果按照催化体系中有无配体来分类，过渡金属催化剂前驱体可以分为无配体参与和需要配体参与两种类型。对于 Kumada 反应来说，前者包括 Ni(acac)$_2$、NiCl$_2$、Pd$_2$(dba)$_3$ 和 Pd(OAc)$_2$ 等化合物，而后者则为 Ni(tpp)$_2$Cl$_2$、Ni(dppp)$_2$Cl$_2$、Ni(PPh$_3$)$_2$Cl$_2$、Pd(PPh$_3$)$_4$、Pd(PPh$_3$)$_2$Cl$_2$ 和 Pd(dppf)Cl$_2$ 等以及它们与各类常见的配体生成的配合物。Kumada 偶联反应经过近四十年的发展，配体类型不断推陈出新，与常见配体配合后的催化剂前驱体我们将在配体一节中介绍，本节主要介绍各类固相负载的新型催化剂前驱体。

3.1.1 无机基质负载的催化剂前驱体

在 Kumada 反应中，最常用作催化剂前驱体负载基质的物质是活性炭和硅胶。2001 年，Lipshutz 等人首次将 Ni/C 用于催化包括 Kumada 反应在内的一系列芳基氯化物的交叉偶联反应，反应中真正的活性成分为 Ni(0)/C (式 6)[17]。

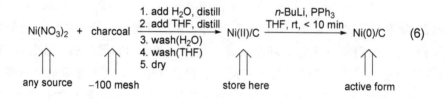

Lipshutz 等人的进一步研究发现：在实际催化过程中，Ni/C 的作用模式更接近于均相催化[18]。经过一次反应，大约有 78% 的 Ni 从负载基质上解脱下来。但是，活性炭孔隙内外的 Ni 存在有一个分布动态平衡，且 Ni 更倾向于分布在孔隙内。因此，在反应溶液内只能检测到痕量金属成分。反应结束后，只需要简单的过滤即可实现催化剂的循环利用。在实际操作中，Ni(II)/C 催化剂前驱体可直接用于 Kumada 反应。因为反应中所使用的格氏试剂可以通过自身的氧化偶联将 Ni(II)/C 还原为 Ni(0)/C，但最后生成 2:1 的交叉偶联/自身偶联产物的混合物。其可能的反应机理如图 4 所示。

2004 年，Styring 等人报道了首例硅胶负载的 Kumada 反应催化剂前驱体 (式 7)[19]。实验结果显示：拥有较长连接臂的 **Styring 1** 对反应的催化效果优于 **Styring 2**，同时表现出更多的均相催化特点。这主要是因为硅胶有较大的比表面积，**Styring 2** 的刚性结构会妨碍反应物接近催化剂活性中心。由于硅胶机械强度高且在有机溶剂中不会溶胀，**Styring 1** 还可用于小型连续反应器体系。

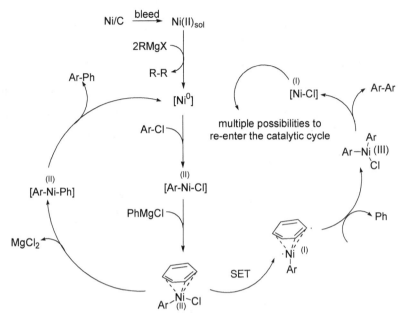

图 4 Ni/C 催化无配体参与的 Kumada 偶联反应机理

$$(7)$$

Styring 1   **Styring 2**

3.1.2 聚合物负载的催化剂前驱体

聚合物负载基质可分为有机聚合物和无机聚合物两类。目前，用作 Kumada 反应催化剂前驱体负载的有机聚合物主要是修饰的聚苯乙烯树脂 (PS)。Styring 等人首次报道了大孔 Merrifield 树脂 (基于苯乙烯和氯甲基苯乙烯共聚物的聚苯乙烯树脂，可与不超过单体组分 5% 的二乙烯基苯交联共聚) 负载的催化剂前驱体 (式 8)[20]。此类催化剂在室温下即可显示出较高的催化活性，重复使用十次后催化活性也无明显降低，而且在回收过程中仅有 1% 左右的损失。但是，Styring 等人没有明确指出该类催化剂的催化途径。

$$(8)$$

Styring 3   **Styring 4**   **Styring 5**
Ref. 20a   Ref. 20b   Ref. 20c

= Merrifield resin

2009 年，Jones 等人报道了与 1% 乙二胺交联共聚的聚苯乙烯负载的 Ni(acac)$_2$[21](式 9)。在室温下，该催化剂前驱体即可有效地催化对溴苯甲醚与苯基格氏试剂的 Kumada 反应。由于格氏试剂的作用，反应中可溶性 Ni 从负载基质上脱离下来发挥真正的催化作用。但是，该催化剂重复使用三次后的催化活性会明显降低，且在回收中有 46% 的 Ni 损耗。这些说明：由于催化剂前驱体的活化和再生依赖于 Ni 的释放和俘获，因此在不延长反应时间的前提下其高催化效率不是可持续的。

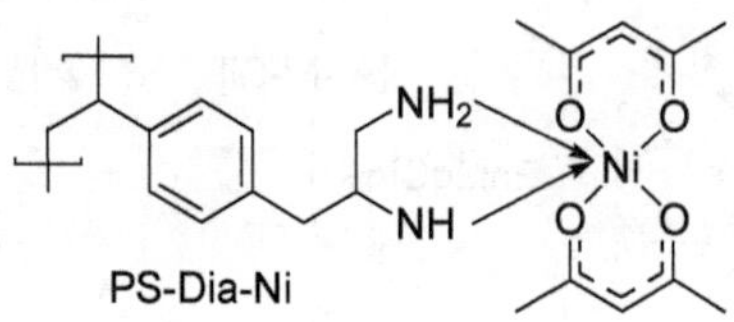

(9)

3.1.3 纳米催化剂前驱体

早在 20 世纪 40 年代，纳米粒子就被用于催化有机反应[22]。随着时间的发展，纳米粒子催化以其高效和环境友好的特点引起了广泛的注意。目前已知的用于过渡金属催化交叉偶联反应的纳米催化体系有两类：一类是直接将金属纳米粒子用作催化剂，另一类则是固相负载型纳米催化剂。Kumada 反应中所使用纳米催化剂前驱体多属于后者，其负载相为具有规整纳米介孔结构的 **SBA-15**[21] 和 **MCM-41**[23](式 10)。此类聚合硅材料具有比表面积大、孔径规整可调、分离方便和可循环使用的特点。反应物和产物可以通过载体基质的纳米孔洞自由交换，即使延长反应时间也没有一般催化体系催化活性饱和的问题[23]。

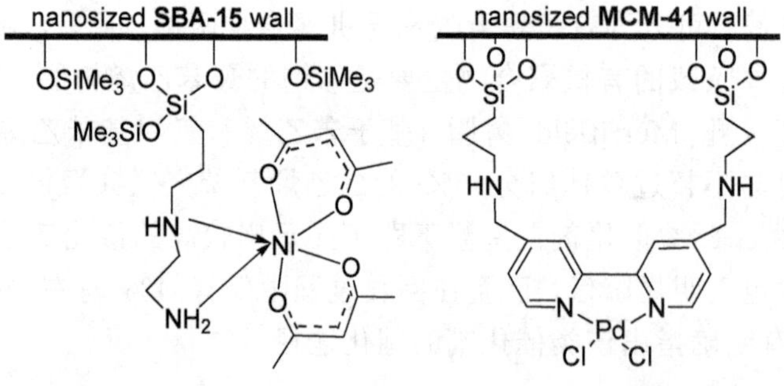

(10)

SBA-Dia-Ni, Ref. [21]   MCM-41-Pd, Ref. [23]

3.2 配体

从最初的膦配体到近期的碳卡宾配体，各种配体参与的 Kumada 反应在近四十年中取得了极大的发展。按照配体中参与配位的原子种类，我们可以将它们简单地分类为膦配体、氮配体和碳配体。其中，以膦配体形式种类最为多样，我们在本节中将所有含磷的二齿和三齿配体全部归为膦配体进行介绍。

3.2.1 膦配体

(1) 单齿膦配体

PPh$_3$ 是 Kumada 反应中使用最早的单齿膦配体,目前仍有广泛应用[3,24~26]。López 等利用 Pd$_2$(dba)$_3$/PPh$_3$ 体系实现了烷基碘与炔基亲核试剂的 sp^3-sp 型 Kumada 偶联反应[27]。通过改变磷原子上的取代基,人们发展了一系列 PR$_3$ 型配体 (式 11)。烷基取代的膦配体具有更高的电子密度,可以用于催化一些活性较低的芳基氯化物[28]和杂环化合物[29]的偶联反应。

$$\tag{11}$$

目前,对空气和水稳定的膦配体引起了人们广泛的关注。Li 等人[30]报道了首个对空气和水稳定的膦氧单齿配体,它们可以用于催化包括 Kumada 反应在内的一系列偶联反应 (式 12)。

$$\tag{12}$$

此后,Li 等人又报道了对空气稳定的膦硫单齿配体 **(t-Bu)$_2$P(S)H**。如式 13 所示:该配体与 Ni(COD)$_2$ 一起可以在室温下催化未活化的芳基氯化物的 Kumada 反应,且给出较高的收率。这与一般认识上的含 S-化合物会毒化过渡金属催化剂有很大不同[31]。2008 年,Wolf 等人成功将 **POPd** 用于催化邻位取代的芳基卤化物和格氏试剂的偶联反应,并将底物范围扩大到富电子的芳基氯化物[32]。

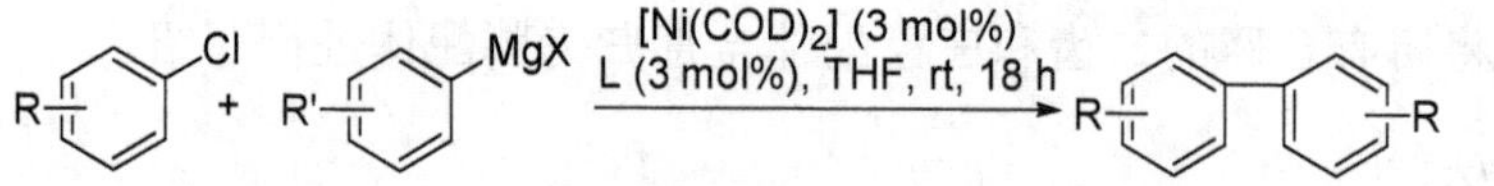

$$R \underset{}{\overset{Cl}{\bigominus}} + R' \underset{}{\overset{MgX}{\bigominus}} \xrightarrow[\text{L (3 mol%), THF, rt, 18 h}]{\text{[Ni(COD)}_2\text{] (3 mol%)}} R \bigominus \bigominus R \quad (13)$$

Ackermann 等人研究了一系列杂原子取代二级膦氧配体对 Kumada 反应的催化作用 (式 14)[33~35]。

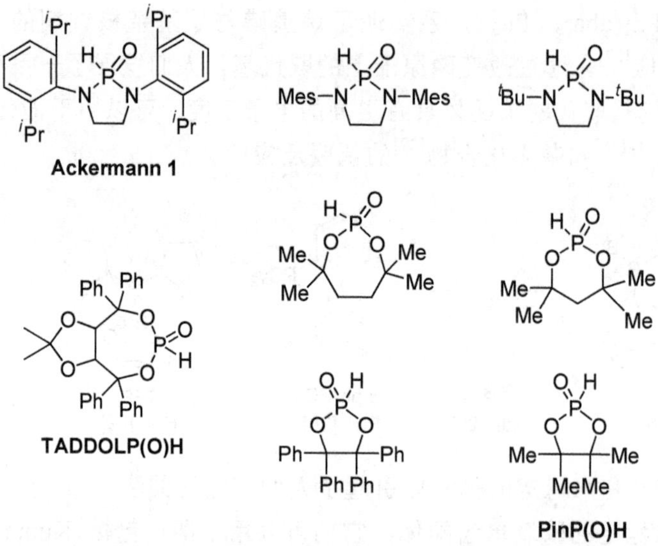

Ackermann 1

TADDOLP(O)H

PinP(O)H

(14)

在镍盐存在下,氮原子上具有芳基取代和位阻较大的膦氧配体具有较高的催化活性。其中,**Ackermann 1** 更是可以与 Ni(acac)₂ 配合在室温下催化富电子芳基氟化物的 Kumada 偶联反应 (式 15)[33]。而在 Pd-催化的条件下,**TADDOLP(O)H** 则表现出较高的活性[34]。当底物是芳基苯磺酸酯时,氧原子取代的仲膦氧配体表现出了较好的催化效果。其中,通过频哪醇得到的配体 **PinP(O)H** 可以催化包括吡啶和喹啉等杂芳基化合物在内的富电子或缺电子芳基苯磺酸酯的 Kumada 反应[35]。

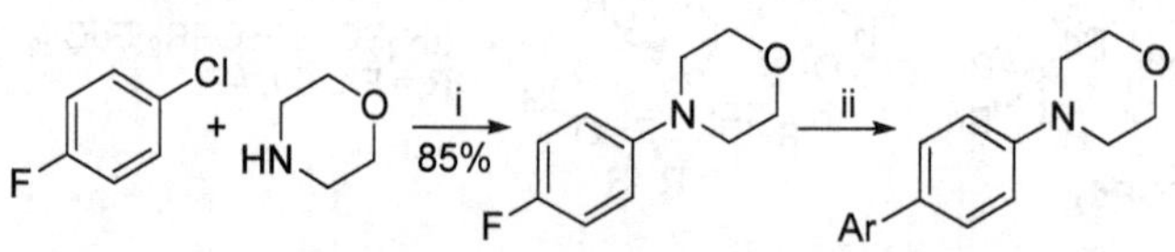

(15)

反应条件: [Pd(dba)₂] (5 mol%), **Ackermann 1** (10 mol%), NaOᵗBu;
[Ni(acac)₂] (5 mol%), **Ackermann 1** (5 mol%), ArMgX, 20 ℃, THF;
Ar = Ph, 81%; Ar = 4-MeOC₆H₄, 73%

(2) 双齿膦配体

双齿膦配体也是最早用于 Kumada 反应的配体之一,目前仍然被广泛使用。最常见的双齿膦配体为各类烃基取代的双膦化合物,例如:DPPE、DPPF、DPPM、

DPPB、DPPP 和 Xantphos 等 (式 16 和相应的参考文献)。

值得一提的是：2,2-DPPP 能与 Ni-盐形成不同寻常的稳定四元螯合环状配合物 [NiX$_2$(2,2-DPPP-P,P′)] (X = Cl, Br)。与相应的 DPPM 配合物相比较，这种螯合环状配合物对 Kumada 反应具有更好的催化作用[46]。Xantphos 是一个结构特殊的双膦配体，第一例 Fe-催化的未活化烷基伯卤代烃和伯烷基格氏试剂间 sp^3-sp^3 偶联反应就是在该配体存在下完成的[14]。含二茂铁结构的 Josiphos 配体在固体和溶液中均对空气稳定，可以在室温下与 Pd-盐和芳基苯磺酸酯形成稳定的配合物。如式 17 所示[41,42]：在苯磺酸酯的偶联反应中，Pd-盐和配体的量仅为底物的 0.1~1 mol%[43]。

作为重要而价格昂贵的手性配体，BINAP 在不对称催化反应中有着广泛应用[47]。在不涉及不对称催化的反应中，更多使用的是结构类似但价格便宜的含膦双齿配体。如式 18 所示：在 Pd-催化的 *sec*-BuMgCl 与乙烯基卤代烃的偶联反应中，BIPHEP 表现出比 DPPE 和 DPPF 更好的反应活性和选择性[48]。类似的，NUPHOS 也在溴苯与 *sec*-BuMgBr 的偶联反应中表现出极好的催化效果。尤其是 1,2,3,4-Ph$_4$-NUPHOS，它参与的催化反应的初始 TOF 达到了惊人的

6900[49]。除了 BINAP 型配体外，Dahlenburg 等人还报道了一类含有环己烷的手性双膦配体，它们的 Ni-配合物可以用于催化不对称 Kumada 偶联反应[50]。

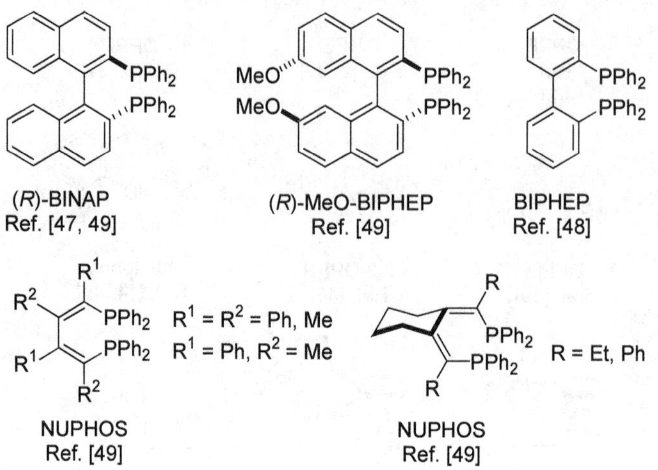
PPh2
PPh2
(R)-BINAP
Ref. [47, 49]
MeO
MeO
PPh2
PPh2
(R)-MeO-BIPHEP
Ref. [49]
PPh2
PPh2
BIPHEP
Ref. [48]
R1
R2
PPh2
PPh2
R1
R2
R1 = R2 = Ph, Me
R1 = Ph, R2 = Me
NUPHOS
Ref. [49]
R
PPh2
PPh2
R
R = Et, Ph
NUPHOS
Ref. [49]

(18)

杯芳烃是一类具有环状网篮结构的聚苯酚，独特的结构使其在催化领域有着广泛的应用[51]。如式 19 所示[52,53]：含有杯芳烃结构的双膦配体与镍形成的配合物可以高效地催化芳基溴化物的 Kumada 反应。与传统的双膦配体相比较，该类配体在溶液中与金属形成配合物时的咬角 (bite angle) 可以发生变化。当咬角增大时，P-原子上的取代基与中心金属原子上另两个取代基间空间作用力增大，有利于插入步骤的发生 (式 20)。Sémeril 2 与 [NiCp(COD)]BF_4 形成的配合物催化芳基溴化物的 TOF 最高可达 21250 [53]。

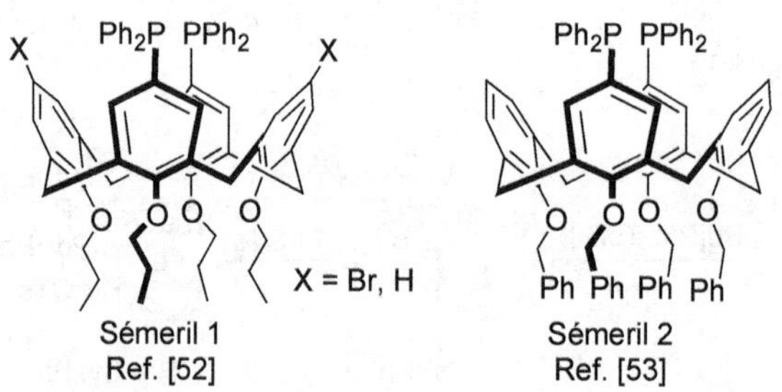
Ph2P PPh2
X
X
X = Br, H
Sémeril 1
Ref. [52]
Ph2P PPh2
Ph Ph Ph Ph
Sémeril 2
Ref. [53]

(19)

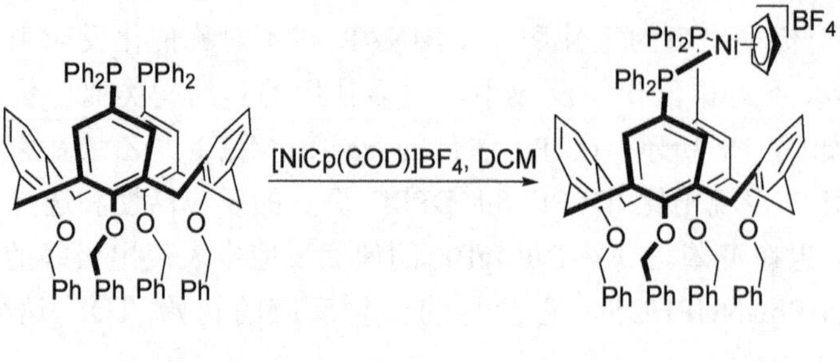
Ph2P PPh2
Ph Ph Ph Ph
[NiCp(COD)]BF4, DCM
Ph2P
Ni
BF4
Ph2P
Ph Ph Ph Ph

(20)

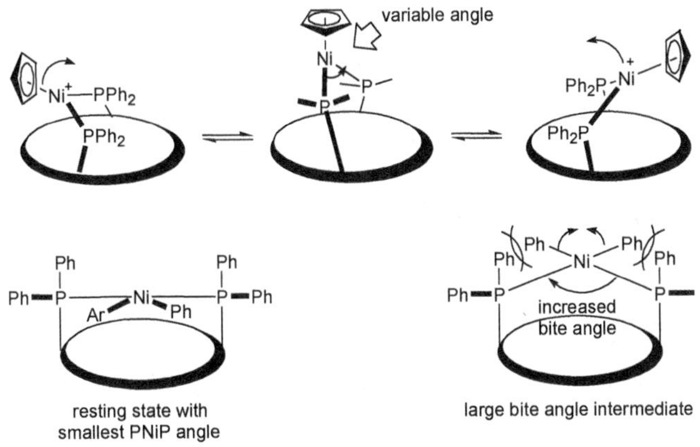
variable angle
resting state with
smallest PNiP angle
increased
bite angle
large bite angle intermediate

具有孤对电子的 N-原子或 O-原子也可以与 Ni 等过渡金属配位。因此，*P-N* 双齿配体[54~58]和 *P-O*[59]双齿配体在 Kumada 反应中也有应用 (式 21)。2005 年，Nakamura 等人报道：有些 *P-O* 双齿配体可以在反应中同时与 Ni 和 Mg 结合形成具有双金属中心的环状中间体。它们具有极高的催化活性，甚至可以催化多氟芳烃和多氯芳烃的偶联反应[59]。值得注意的是：有些二齿配体虽含有可提供孤对电子的原子，但是反应中却是 C-原子参与配位。例如，*S*-Phos 实际上是一个 *P-C* 配体。

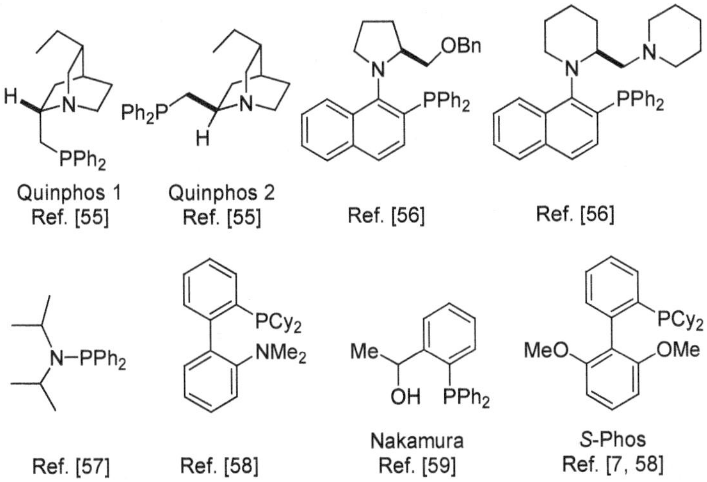
Quinphos 1
Ref. [55]
Quinphos 2
Ref. [55]
Ref. [56]
Ref. [56]
Ref. [57]
Ref. [58]
Nakamura
Ref. [59]
S-Phos
Ref. [7, 58]

(21)

(3) 三齿膦配体

常见的三齿膦配体包括含 *P,N,P*-、*P,N,N*- 和 *P,C,P*- 等类型。与二齿膦配体不同，三齿配体可以和过渡金属形成对空气稳定的配合物，反应中直接使用这些配合物作为催化剂前驱体 (式 22)。其中 *P,N,N*-型配体形成的配合物的催化活性最高，*P,N,P*-型次之。研究发现：反应物空间位阻增加对于含 *N*-三齿膦配体配合物的催化活性影响不大，而配体位阻增加则会导致配合物催化活性的降低[61]。

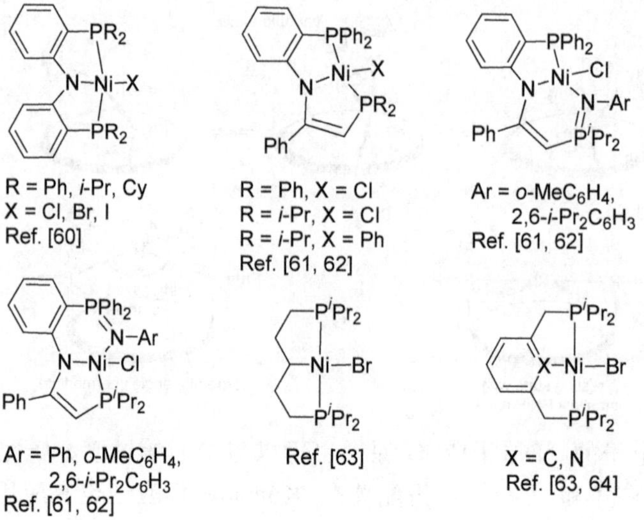

R = Ph, *i*-Pr, Cy
X = Cl, Br, I
Ref. [60]

R = Ph, X = Cl
R = *i*-Pr, X = Cl
R = *i*-Pr, X = Ph
Ref. [61, 62]

Ar = *o*-MeC$_6$H$_4$,
2,6-*i*-Pr$_2$C$_6$H$_3$
Ref. [61, 62]

(22)

Ar = Ph, *o*-MeC$_6$H$_4$,
2,6-*i*-Pr$_2$C$_6$H$_3$
Ref. [61, 62]

Ref. [63]

X = C, N
Ref. [63, 64]

3.2.2 氮配体

由胺类、亚胺类或含氮杂环化合物组成的 *N,N,N*-三齿配体是 Kumada 反应中最常见的氮配体类型 (式 23)。此类配体与 Ni 形成的配合物大多对空气和水稳定, 可以直接作为催化剂的前驱体在反应中使用。与三齿膦配体相比较, 三齿氮配体的催化活性更高, [(MeNN$_2$)Ni-Cl] 甚至可以催化多氯烷烃与烷基格氏试剂的偶联反应, 但催化剂用量有时高达 12 mol%[64b]。

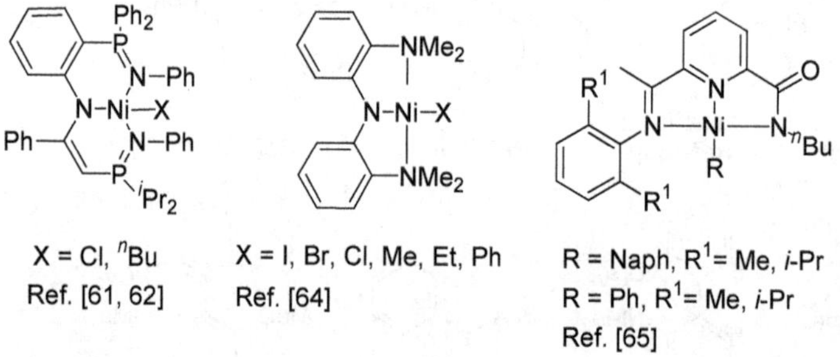

X = Cl, ^{n}Bu
Ref. [61, 62]

X = I, Br, Cl, Me, Et, Ph
Ref. [64]

R = Naph, R^1= Me, *i*-Pr
R = Ph, R^1= Me, *i*-Pr
Ref. [65]

(23)

如式 24 所示, Wang 等人在 2007 年还报道了一类 *N,N,O*-配体, 它们与 Ni 或 Pd 形成稳定的配合物可以用于催化芳基溴化物和碘化物的偶联反应[66]。

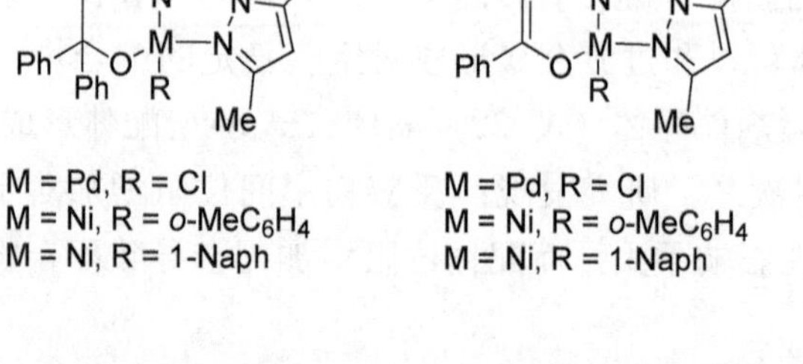

M = Pd, R = Cl
M = Ni, R = *o*-MeC$_6$H$_4$
M = Ni, R = 1-Naph

M = Pd, R = Cl
M = Ni, R = *o*-MeC$_6$H$_4$
M = Ni, R = 1-Naph

(24)

3.2.3 碳配体

Kumada 反应中最常用的碳配体是 N-杂环卡宾 (N-Heterocyclic carbenes, NHC) 配体。由于 N-杂环卡宾自身的给电子效应和较强的碱性，它们与金属形成的配合物具有很高的催化活性。在具体的 Kumada 反应中，可以通过改变 N-杂环卡宾配体的空间位阻和富电性实现对催化剂反应活性和选择性的调控。因此，N-原子上取代基的数量、性质、位置以及 N-杂环本身的种类对催化效果都有直接的影响[67]。

在 Kumada 反应中，N-杂环卡宾配体 IMes 和 IPr 的应用最为广泛 (式 25)。1999 年，Nolan 等人利用 Pd$_2$(dba)$_3$/IPrHCl 首次实现了芳基氯化物的 Kumada 偶联反应[68]。但是，该反应体系需要加热到 80 $^{\circ}$C 才能得到最佳收率。此后的研究表明：Ni(acac)$_2$ 具有比 Pd-催化剂更好的催化活性。Ni(acac)$_2$ 催化的 Kumada 偶联反应可以在室温下进行，且配体咪唑盐的阴离子种类对反应的活性和选择性均无影响[69]。后来，Belle 等人报道了首例利用 N-杂环卡宾/Pd 体系催化的烷基氯化物的偶联反应[70]。

IMes, Ref. [68, 69]

IPr, Ref. [68, 69]

R^1 = R^2 = Me, IMesPd(NQ)
R^1 = IPr, R^2 = H, IPrPd(NQ)
Ref. [28, 70]

(25)

近年来，人们发展出很多新型 N-杂环卡宾配体。如式 26 所示：它们可以与金属离子形成稳定的配合物，直接作为催化剂前驱体用于偶联反应[70~78]。与金属盐/配体催化体系相比较，这类配合物通常具有更高的催化活性。例如：在 **Bouwman 4** 的 Ni-配合物催化下，对甲氧基氯苯的偶联反应只需要 12 min 即可完成，且产率高达 97% (式 27)[76]。除了 Ni 的 NHC 配合物外，Co 的 NHC 配合物近年来也被用于催化 Kumada 偶联反应[75,79]。Co 的 NHC 配合物具有毒性低和价格便宜的优点，对其催化性质的研究已经成为新的热点。

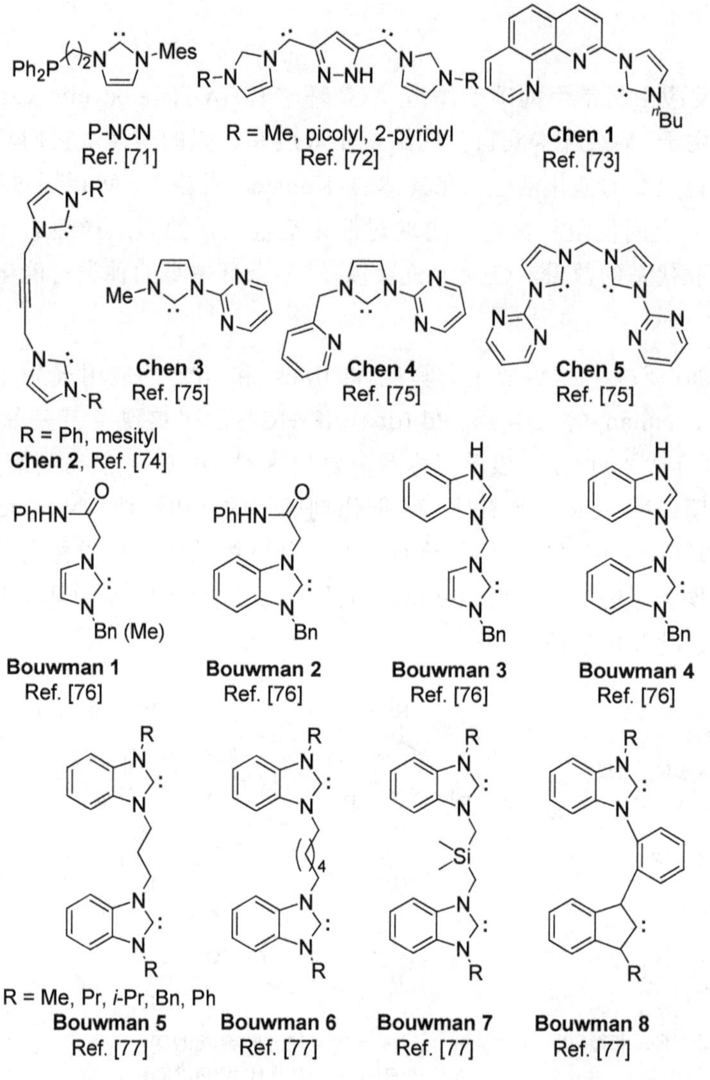

Ph₂P(-)₂ N-Mes

P-NCN
Ref. [71]

R = Me, picolyl, 2-pyridyl
Ref. [72]

Chen 1
Ref. [73]

R = Ph, mesityl
Chen 2, Ref. [74]

Chen 3
Ref. [75]

Chen 4
Ref. [75]

Chen 5
Ref. [75]

(26)

Bouwman 1
Ref. [76]

Bouwman 2
Ref. [76]

Bouwman 3
Ref. [76]

Bouwman 4
Ref. [76]

R = Me, Pr, *i*-Pr, Bn, Ph

Bouwman 5
Ref. [77]

Bouwman 6
Ref. [77]

Bouwman 7
Ref. [77]

Bouwman 8
Ref. [77]

Cat., THF, rt, 12 min
97%

Cat. =

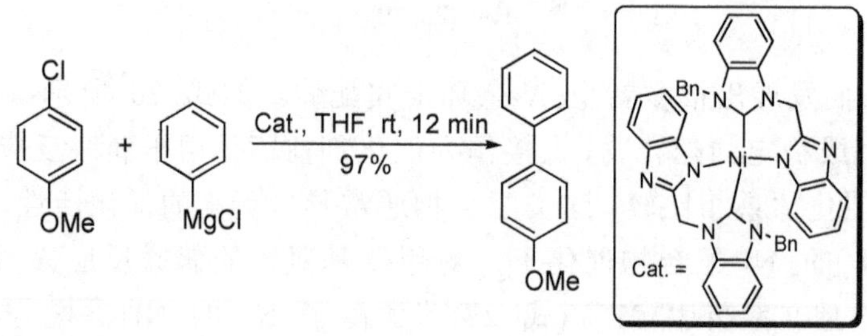

(27)

值得注意的是：含有一个或两个 NHC 给体的螯合配体具有 NHC 配体的优势和螯合配体的热稳定性。但是到目前为止，只有很少的 *C,N,C-*[80] 和 *N,N,C-*[73](C = NHC 的碳给体) 型配合物被报道。如式 28 所示：**Chen 2** 是第

一例 *C,C,C*-型 NHC 螯合配体。该配体形成的 Ni-配合物可以在室温下高效催化芳基卤代物与杂环芳基氯的 Kumada 偶联反应，催化剂用量仅为 0.5 mol%[74]。

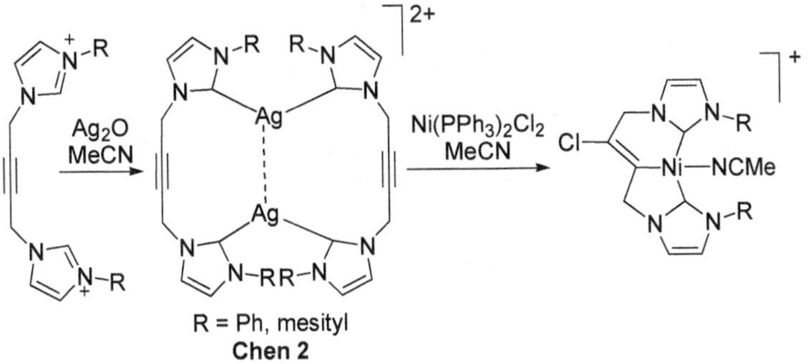
Ag2O
MeCN
Ni(PPh3)2Cl2
MeCN
R = Ph, mesityl
Chen 2

(28)

除了 *N*-杂环卡宾配体外，二烯烃也可以作为配体参与反应，COD 和 1,3-丁二烯[5,81]等最常用于该目的。它们可以单独使用，与其它配体联合使用可以取得更好的催化效果。如式 29 所示，[$Ni_2(^iPr_2Im)_4(COD)$] 甚至可以用于催化全氟甲苯的偶联反应[82]。

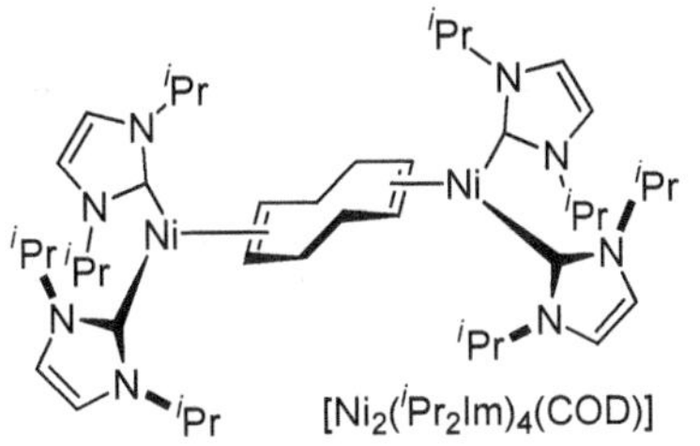
[Ni2(iPr2Im)4(COD)]

(29)

3.2.4 氧配体

由于氧原子自身给电子能力较弱，因此较少被用作 Kumada 反应的配体。2009 年，Li 等人报道了一例使用 1,3-二硝酮结构的 *O,C,O*-配体促进的 Kumada 反应。如式 30 所示：它们的 Ni-配合物显示出较好的催化效果。在部分底物的反应中，TON 高达 9.5×10^5 [83]。

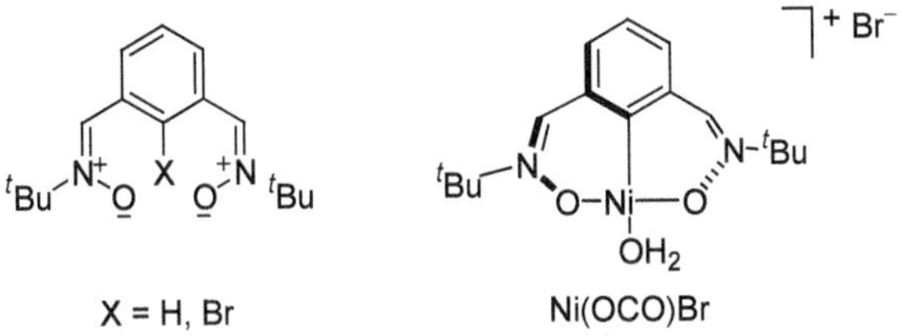
X = H, Br
Ni(OCO)Br

(30)

3.3 溶剂

Kumada 反应中常用的溶剂包括：THF、Et$_2$O、甲苯、乙腈、二氯乙烷和二氧六环等。由于格氏试剂过高的反应活性，DMF 和 NMP 等官能团化的极性溶剂不能用于该类反应。目前，尚无有关 Kumada 反应中溶剂效应的系统研究。但是，从具体反应物的比较性研究可以看出溶剂对反应效率的影响 (式 31)[84]。

$$\text{(31)}$$

3.4 添加剂

添加剂在偶联反应中主要起稳定中间体和抑制副反应的作用，Kumada 反应中用到的添加剂较少。Organ 等人报道在 PEPPSI 类配合物催化的芳基氯化物的偶联反应中，使用 LiCl 作添加剂可以极大地提高反应的产率 (式 32)[85]。

$$\text{(32)}$$

2009 年，Hu 等人在辛溴烷的偶联反应中使用了 TMEDA、NEt$_3$,、NEt^{i}Pr$_2$ 以及 HMTA 作为添加剂。其中 TMEDA 显示出最好的促进效果，可以将反应产率由原来的 20% 提高到 85% 左右[64c]。

4　Kumada 偶联反应中的亲电试剂

4.1　卤代烃

卤代芳烃是 Kumada 偶联反应中研究最早和最广的亲电试剂，其反应活性的次序大概为：Ar-I > Ar-Br >> Ar-Cl >> Ar-F。其中，芳基氯化物由于价格便宜和来源丰富而成为研究的热点。1999 年，Nolan 等人[68]报道了第一例未活化氯代芳烃的 Kumada 偶联反应。目前，已有多个催化体系可以成功地催化这类反应[18b,30b,31~34,52,61~63,65,67,71~74,77,78,85~87]。如式 33 所示[32]：甚至具有空间位阻的氯代芳烃与邻位取代芳基格氏试剂的偶联反应也可以在室温下顺利地进行。

$$ (33) $$

相对于氯代芳烃，对 C-F 键的催化活化具有一定的挑战性[88,89]。在早期的 Kumada 反应中，氟苯与烷基氯化镁的偶联反应就已经被报道[90,91]。Herrmann 等人指出 C-F 键的活化需要有一个富电子金属原子中心参与，这一中心可以由低价态金属与大位阻的强 Lewis 碱电子给体构成[92]。他们选择使用 Ni(acac)$_2$ 和 HIPrBF$_4$ 来构建富电子中心，成功地实现了氟代芳烃和芳基格氏试剂的偶联反应。氟代杂环芳烃的 π-电子密度比苯环低，使用给电子能力相对较弱的 DPPE、DPPP 或 DPPF 等作为配体也可以实现与芳基格氏试剂的偶联反应[93]。此后，Walther[87]和 Ackermann[33]等也相继报道了氟代芳烃的 Kumada 偶联反应。但是，他们报道的反应体系都是对单氟取代芳烃有效，而对六氟代苯之类的多氟芳烃则完全无效[33]。直到 2006 年，Radius 等人使用 [Ni$_2$(^{i}Pr$_2$Im)$_4$(COD)] 作为催化剂才实现了全氟代甲苯的 Kumada 偶联反应 (式 34)[82]。

$$ (34) $$

除了上述卤代芳烃外，卤代烷烃[5,14,25,64,70,81,94]和卤代烯烃[39,95~99]也可以进行 Kumada 偶联反应。与芳基和烯基卤代烃相比较，未活化的卤代烷烃的氧化加成速度较慢，所生成金属-烷基中间体也容易发生 β-氢消除反应。因此，它们的偶联反应也比较难以进行。在已经报道的催化体系中，主要使用的配体包括 1,3-丁二烯[5,81]、Xantphos[14]、N-杂环卡宾[70] 和 MeNN$_2$[64]等。烯基亲电试剂在 Kumada 反应中的应用比较广泛。2008 年，Nakamura 等人报道：利用廉价的氯化铁代替 Pd-等贵金属催化剂，可以实现烯炔的高产率和高度立体选择性 Kumada 偶联反应 (式 35)[99]。

$$R^1 \!-\!\!\equiv\!\!-\!H \quad \xrightarrow[\text{(1.2 eq.)}]{\substack{\text{MeMgBr (1.2 eq.)}\\\text{LiBr (1.2 eq.)}}} \quad \xrightarrow{\text{FeCl}_3\ (0.5\sim1\ \text{mol}\%)}$$

(35)

$$\xrightarrow{\text{RX, THF, 60 }^{\circ}\text{C}} \quad R^1\!-\!\!\equiv\!\!-\!\!\begin{array}{c}R^2\\ \diagup\\ \diagdown R^3\end{array} \quad \text{up to 99\% yield}$$

（式中 $\begin{array}{c}R^2\\X\!=\!\!\diagup\\ \diagdown R^3\end{array}$，X = Br, OTf）

4.2 卤代杂环化合物

卤代杂环化合物可以和格氏试剂反应生成取代杂环化合物，这一反应在生物、医药和新材料领域有重要意义。例如：低聚噻吩 (Oligothiophene) 在有机半导体领域有着广泛应用。使用噻吩卤代物与格氏试剂之间的 Kumada 反应是合成该类化合物最常用到的方法[100]，NiCl$_2$(dppp) 和 PdCl$_2$(dppf) 是最常用的催化剂。值得注意的是：可以利用多卤代噻吩在 2(5)-位和 3(4)-位两处电子密度不同的特点进行区域选择性反应 (式 36 和式 37)[101~103]。当噻吩环上有吸电子取代基时，2(5)-位区域选择性将表现得更加明显。

(36)

(37)

吡啶和嘧啶是最主要的六元杂环化合物，它们的衍生物广泛存在于自然界中，许多合成药物分子中也含有吡啶或嘧啶环。作为典型的缺电子芳香化合物，吡啶和嘧啶也是最常见的氮杂环 Kumada 反应底物[7,10a,72,73,83,86]。与噻吩类似，由于环上电子密度不同，多卤代吡啶和嘧啶的 Kumada 反应也可以实现较好的区域选择性 (式 38 和式 39)[104,105]。

(38)

(39)

除了上述两类杂环化合物外，异喹啉[106]、嘌呤[107]、咪唑并[1,5-α]吡啶[108]和三嗪化合物[10a,109]等也可以进行 Kumada 偶联反应。嘌呤分子中的 C-2、C-6 和 C-8 三个反应位点均可发生反应，其中以 C-6 的反应活性最高。Hocek 等人报道：在铁催化的 6,8-二氯代嘌呤与 MeMgCl 的反应中，可以得到 C-8 位占优势的取代产物（式 40）[107]。但是，当将格氏试剂换成 PhMgBr 或者 BnMgCl 时，C-8 的区域选择性则不复存在。

$$\text{（40）}$$

4.3 烯醇醚和烷氧基化合物

烯醇醚中的 C-O 键也可以在催化剂作用下与格氏试剂反应[110]。当采用不同配体时，产物的立体化学会有所变化（式 41）。此外，乙基或者异丙基格氏试剂和烯醇醚反应时会生成还原产物。

$$\text{（41）}$$

MeMgX, L = tpp, **1:2** = 4:1, 75% **1**
MeMgX, L = dppp, **1:2** = 1:2, 81%

烷氧取代芳基化合物也可以与格氏试剂发生偶联反应（式 42）[111]。芳醚结构广泛存在于一些具有药理活性的分子中，因此这一偶联反应在药物合成中有重要的应用。在该反应中，选择合适的溶剂对反应效率有着重要影响，非极性醚类溶剂有利于反应的进行，例如：$(EtO)_2CH_2$、Bu_2O、$^iPr_2O$ 和 $tAmOMe$（$tAm = CEtMe_2$）。此外，该反应对于羟基和氨基官能团有良好的兼容性。

$$\text{（42）}$$

R = Me, Solv. = $(EtO)_2CH_2$, 100 °C, 94%
R = Me, Solv. = $(EtO)_2CH_2$, 105 °C, 72% (MW 30 min)
R = $(CH_2)_2O$, Solv. = $Me(EtO)_2CH_2$, 100 °C, 77%
R = $(CH_2)_2NMe_2$, Solv. = $(EtO)_2CH_2$, 95 °C, 99%
R = MOM, Solv. = $tAmOMe$, 80 °C, 92%
R = TMS, Solv. = $tAmOMe$, 60 °C, 70%

4.4 磺酸酯化合物

Kumada 反应中常见的磺酸酯化合物主要有两类：对甲苯磺酸酯 (OTs) 取代物和三氟甲基磺酸酯 (OTf) 取代物。OTf 取代物具有较高的反应活性，最常用的催化剂是 NiCl$_2$(dppp)[112]。OTs 取代物虽然反应性较差，但具有原料价格便宜、来源丰富和耐水解性能好的优点。因此，对 OTs 取代物的偶联反应的研究也成为热点[113]。Fe(acac)$_3$ 可以催化活化 OTs 取代物的 Kumada 偶联反应，然而对于未活化 OTs 取代物没有任何催化效果[10b]。但是，Pd(0)/Josiphos[42,43,114] 和 Pd(0)/PinP(O)H[35]体系对未活化 OTs 取代物显示出良好的催化效果。如式 43 所示[42,114]：在 Pd(0)/Josiphos 催化体系作用下，乙烯基 OTs 化合物与芳基格氏试剂反应时会生成 1,2-迁移产物。

$$\text{(43)}$$

R = Cy, R' = H; CH$_3$C$_6$H$_4$MgBr, 35 min, 91%, A:B = 0:1
R = i-Pr, R' = Me; CH$_3$C$_6$H$_4$MgBr, 1.5 h, 77%, A:B = 1:4
R = t-Bu, R' = H; CH$_3$C$_6$H$_4$MgBr, 30 min, 63%, A:B = 1:10
R = t-Bu, R' = H; CH$_3$OC$_6$H$_4$MgBr, 70 min, 80%, A:B = 1:19

4.5 硫醚化合物

乙烯基和芳基硫化物都可以进行 Kumada 偶联反应，通常乙烯基硫化物的反应活性较高[115~117]。2008 年，Love 等人使用硫醚通过 Kumada 偶联反应成功地制备了 1,1-双取代烯烃。如式 44 所示[118]：PhCH$_2$MgCl、ArMgBr 和 TMS-CH$_2$MgCl 都可以得到收率良好的产物。但是，使用正丁基氯化镁和乙烯基溴化镁时则得不到 1,1-二取代产物。此外，硫醚取代的杂环化合物也可以与格氏试剂发生反应，NiCl$_2$(dppp) 和 NiCl$_2$(PPh$_3$)$_2$ 均表现出较好的催化效果[119,120]。

$$\text{(44)}$$

4.6 硒醚化合物

氧、硫和硒同为 VIA 族元素，因此硒醚也可以进行偶联反应[121]。一般而言，硒醚的反应活性大于相应的硫醚化合物。Se-C 键断裂速率视碳原子的类型而定，其大概次序为：Se-C$_{(sp3)}$ > > Se-C$_{(sp2)}$。当 Se-原子连接两个相同类型碳原子时，两个 Se-C 键的断裂概率也基本相同。此时，需要使用相当于两倍硒醚的格氏试剂生成两种产物 (式 45)。进一步的研究表明：DPPP 配体对烷基格氏试剂参与的偶联反应具有较好的催化效果，而 PPh$_3$ 配体对于空间位阻较大的硒醚更有效。此外，双键取代的硒醚有良好的立体选择性，在产物中能够保持双键立体构型。

$$
\begin{array}{ccc}
\underset{Ph}{\overset{PhSe}{\diagdown}} \quad + \quad PhMgBr & \xrightarrow{\text{NiCl}_2(\text{PPh}_3)_2,\ \text{Et}_2\text{O, reflux}} & \underset{Ph}{\overset{Ph}{\diagdown}} \quad + \quad Ph\text{-}Ph \\
& & 88\% \qquad 114\%
\end{array} \tag{45}
$$

4.7 磷酸酯化合物

与对甲苯磺酸酯化合物相比较，磷酸酯化合物具有价格更便宜和稳定性更高的优点。因此，磷酸酯化合物也是一类重要的偶联反应的底物[122]。除了常见的 Ni- 与 Pd-催化体系外，Fe-催化剂在烯醇磷酸酯与格氏试剂的反应中也表现出不同寻常的催化活性 (式 46)[123]。

$$
\begin{array}{c}
\diagup\diagdown\diagup\diagdown\text{OPO(OEt)}_2 \quad + \quad MgBr\diagdown\diagup\diagdown\diagup\diagdown\diagup\diagdown\text{OMgCl} \\
E > 99\% \\
\Big\downarrow \quad \text{Fe(acac)}_3\ (1\%),\ \text{THF, 20 °C, 20 min} \\
\diagup\diagdown\diagup\diagdown\diagup\diagdown\diagup\diagdown\text{OH} \qquad 79\%,\ E > 96\%
\end{array} \tag{46}
$$

2009 年，Skrydstrup 等人报道了 PdCl$_2$ 催化的无配体烯醇磷酸酯的 Kumada 偶联反应。如式 47 所示[124]：该反应可以在无配体和室温下进行，成为非常经济的 C-C 健偶联方法。

$$
\underset{R = \text{alkyl, Ar}}{R{\overset{O}{\diagdown}}OP(OPh)_2} \quad + \quad ArMgX \xrightarrow{\text{PdCl}_2\ (2\ \text{mol}\%),\ \text{Ligand-free, rt}} \underset{R = \text{alkyl, Ar}}{R\diagdown Ar} \tag{47}
$$

4.8 芳基氰化物

苯环或芳杂环上的氰基也可以和格氏试剂发生偶联反应。由于格氏试剂可以与氰基发生生成亚胺的反应，因此在反应中需要首先加入 ^{t}BuOLi 或 PhSLi 与格氏试剂反应使其转化成为 RMgO-^{t}Bu 或 RMgSPh，降低它们对氰基的加成活性[125]。如式 48 和式 49 所示：这些反应对于酯基、烷氧基和含碱性氮的取代基都有良好的兼容性。

$$
\underset{Me_2N}{\diagup\diagdown}\text{CN} \quad + \quad PhMgO^t Bu \xrightarrow[\substack{82\%}]{\substack{\text{NiCl}_2(\text{PMe}_3)_2,\ \text{THF} \\ 60\ °C,\ 6\ h}} \underset{Me_2N}{\diagup\diagdown}Ph \tag{48}
$$

$$(49)$$

5　Kumada 偶联反应中的亲核试剂

与其它偶联反应相比较，Kumada 偶联反应的亲核试剂种类较少。事实上，所用的亲核试剂基本局限于传统的格氏试剂，它们与许多官能团具有较差的兼容性。虽然 Knochel 等人成功地制备了含有官能团的格氏试剂，但这些试剂具有稳定性较差和对温度敏感的缺点。因此，它们一般无法在需要加热的反应体系中使用[126]。例如：Knochel 等人报道了含酯基、氰基和 N-甲基的格氏试剂与烯基卤代物、卤代吡啶酮和芳基溴化物的偶联反应[7,127,128]。使用 Pd(dba)$_2$/配体或 CuCN·2LiCl 作为催化剂，这些反应可以在室温以下甚至低至 –40 ℃ 反应，经十几个小时才能完成[127,128]。2009 年，Knochel 等人发现[7]：以烷基碘为引发剂和 Pd(OAc)$_2$/S-Phos 或 PEPPSI 为催化剂，芳基溴化物和含官能团格氏试剂的偶联反应在室温下反应 5 min 就可以完成，产率最高可达 98%。

2007 年，Buchwald 等人报道了在 –20~–65 ℃ 温度范围内进行的 Pd-催化 C$_{(sp2)}$-C$_{(sp2)}$ Kumada 偶联反应[58]。如式 50 所示：该反应中的卤代物和格氏试剂都可是多官能团化合物，反应条件对氰基、胺 (氨) 基、酯基和杂环等官能团均具有很好的兼容性。令人惊讶的是：该反应甚至可以用来制备反应活性很低的多氟代芳烃。

$$(50)$$

　　2009 年，Hu 等以 [(MeNN₂)Ni-Cl] 为催化剂，在室温下成功进行了多官能团格氏试剂与未活化的 β-氢烷基卤代烃的 C$_{(sp3)}$-C$_{(sp2)}$ 偶联反应[64c]。该反应具有反应时间短 (1 h) 和催化剂用量少 (3 mol%) 的优点，伯碘 (溴) 代物和一些仲碘代物都可以高效地进行反应。特别重要的是：该反应对于酯基、胺 (氨) 基、氰基、醚、硫醚、醇、吲哚、吡咯、呋喃和 NBoc 等基团都有良好的兼容性。这一工作对提高 Kumada 反应的经济性和拓展应用范围具有积极意义。

6　Kumada 偶联反应的选择性

6.1　立体选择性

　　一般而言，Kumada 偶联反应的产物中保留了卤代烯烃上的双键构型，反应具有立体专一性。但是，使用含有 β-氢的格氏试剂会发生消除反应而降低反应产率[129]。如式 51 所示：Hoffmann 等人研究了不同催化体系中手性格氏试剂与乙烯溴的偶联反应。他们指出：在 Fe 和 Co-催化下产物的外消旋化现象主要是由于转金属化历程中的单电子转移 (SET) 造成的[130]。

NiCl₂(dppf)	**1:2** = 95:5;	**1**: 60%, 88% ee
NiCl₂(−)diop	**1:2** = 89:11;	**1**: 80%, 89% ee
PdCl₂(dppf)	**1:2** = 95:5;	**1**: 58%, 88% ee
PdCl₂(−)diop	**1:2** = 86:14;	**1**: 55%, 89% ee
Fe(acac)₃	**1:2** > 95:5;	**1**: 35%, 53% ee
Co(acac)₂	**1:2** > 95:5;	**1**: 30%, 55% ee

　　与使用手性底物的 Kumada 反应相比较，手性配体参与的 Kumada 反应数量更多一些[50,55,56]。Aoyama 等人报道：在 Pd 配合物和手性配体存在下，使用反式溴代烯烃立体可以选择性地合成具有光学活性的偶联产物 (式 52)[56]。研究还发现：在使用手性配体催化的 Kumada 反应时，产物的光学纯度和优势对映异构体构型与溶剂的种类、卤素的性质和手性配体的结构都有关系[131]。

6.2 区域选择性

杂环芳基化合物由于环上杂原子的存在，使得环上碳原子的电子密度不同。因此，多卤代杂环化合物在偶联反应时具有一定的区域选择性[101~107]。如式 53 所示[132]：首先，2,3,5-三溴苯并呋喃通过 Negishi 偶联反应得到 2-位反应的偶联产物。然后，再通过 Kumada 偶联反应选择性地得到 5-位取代的产物。最后，再通过 Negishi 反应得到 3-位偶联的最终产物。

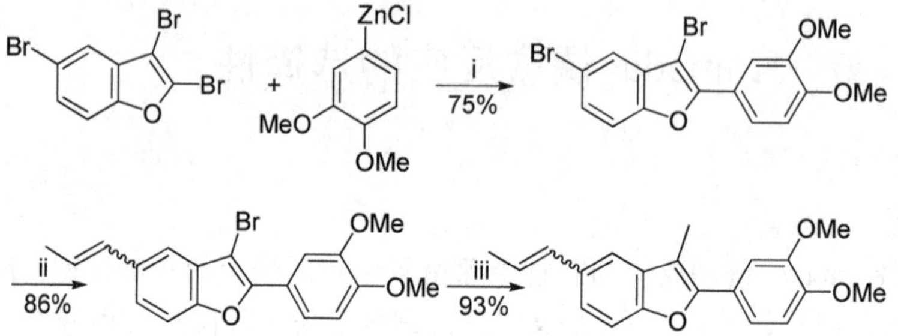

(53)

反应条件：i. [PdCl$_2$(PPh$_3$)$_2$], rt, THF; ii. MeCH=CHMgBr, [NiCl$_2$(dppe)], rt, THF; iii. MeZnCl, [PdCl$_2$(dppf)], reflux, THF

7 非传统 Kumada 偶联反应

7.1 微波反应

微波反应作为新兴的绿色化学反应手段在 Kumada 反应中也有应用。与传统反应手段相比，微波辅助的 Kumada 反应时间短，不需要惰性气体保护，在密封容器中即可以发生反应 (式 54)[133]。

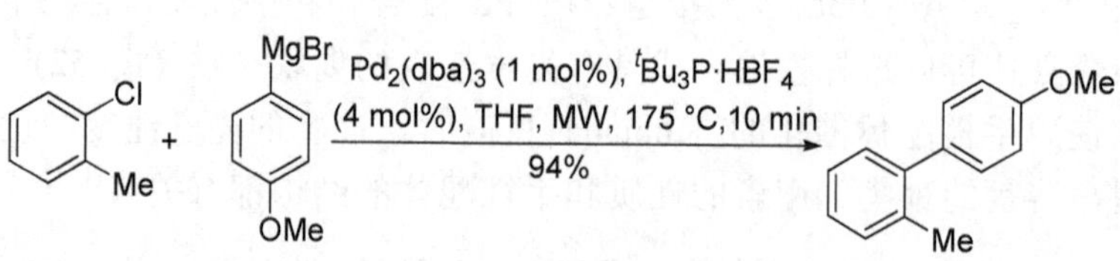

(54)

微波反应的高速特点使得它在催化剂筛选方面有着传统反应无法比拟的优势。Dankwardt 等人利用微波反应成功地筛选出一系列可以活化 C-F 键的 Ni-或者 Pd-催化体系[134]。如式 55 和式 56 所示：Ni(acac)$_2$P(OAr)$_3$ 催化对甲基氟苯的偶联反应在微波条件下产率高达 93%，而传统加热条件下产率只有 79%。

$$\text{(图)} + \text{PhMgBr} \xrightarrow[\substack{\text{Ni(acac)}_2\text{P(OAr)}_3, \text{ THF} \\ \text{MW, 100 °C,15 min}}]{93\%} \text{Me}\!\!-\!\!\text{Ph} \qquad (55)$$

$$\text{(图)} + \text{PhMgBr} \xrightarrow[\substack{\text{Ni(acac)}_2\text{P(OAr)}_3, \text{ THF} \\ \text{80 °C,15 h}}]{79\%} \text{Me}\!\!-\!\!\text{Ph} \qquad (56)$$

7.2 离子液体中的反应

与传统挥发性有机溶剂相比，离子液体 (IL) 具有热稳定性好、挥发性低、正常使用条件下几乎不可燃的优点。离子液体本质上包含有阴离子与阳离子两个部分，它们同时具有缺电子体系和富电子体系双重特性。因此，在离子液体介质中可以进行一般有机溶剂中不能进行的反应。离子液体的两个组分必须对反应物是惰性的，否则在反应过程中有可能与反应物发生副反应。Clyburne 等人在 Kumada 偶联反应中使用了鏻离子液体 (PhosILs) 作为介质。如式 57 所示[135]：其中的阳离子为烷基季鏻离子，阴离子为氯离子 (PhosIL-Cl) 或癸酸根离子 (PhosIL-C_9H_{19}COO)。令人惊讶的是，在该离子液体中对氟甲苯也可以发生偶联反应生成 42% 的偶联产物。

$$\text{(结构式)} \qquad X = \text{Cl, } C_9H_{19}CO_2 \qquad (57)$$

8 Kumada 偶联反应在药物及天然产物合成中的应用

8.1 Kumada 偶联反应在氟比洛芬合成中的应用

氟比洛芬 (flurbiprofen) 是英国布兹公司开发的一种非甾体抗炎镇痛药。该药物于 1976 年上市销售，其化学名为 2-(2-氟-4-联苯基) 丙酸。作为非甾体消炎镇痛药中的优秀品种，氟比洛芬可用于治疗类风湿关节炎、骨关节炎、强直性脊柱炎、外伤性疼痛和其它疼痛。如式 58 所示[136]：其前体药物氟比洛芬酯的制备就使用了 Kumada 偶联反应。

$$\text{(结构式)} + \text{Br}\!\!-\!\!\text{CO}_2\text{Me} \xrightarrow[\substack{\text{NiCl}_2(\text{PPh}_3)_2 \\ \text{THF, } -25\,^\circ\text{C}}]{78\%} \text{(结构式)} \qquad (58)$$

8.2 Kumada 偶联反应在康普立停 A4 合成中的应用

康普立停 A4 (Combretastatin A4) 是一类从非洲灌木中提取出的具有二苯乙烯结构的强效微管蛋白聚集抑制剂。作为一种肿瘤血管靶向药物 (Vascular targeting agents)，Combretastatin A4 具有高效和低毒的抗肿瘤活性。

通过对 Combretastatin A4 结构的研究发现：保持双键顺式构型对其生物学活性有着重要意义。目前，通过 Wittig 反应、Suzuki 偶联反应以及 Sonogashira 偶联反应等都可以制备 Combretastatin A4。但是，在产率和双键构型控制方面很难令人满意。在 Kumada 偶联反应中，卤代烯烃双键的构型会在产物中得到保持。利用这一反应特性，Camacho-Dávila 等人在 2008 年通过 Kumada 偶联反应成功地制备了顺式 Combretastatin A4，总收率达到 40% (式 59)[137]。

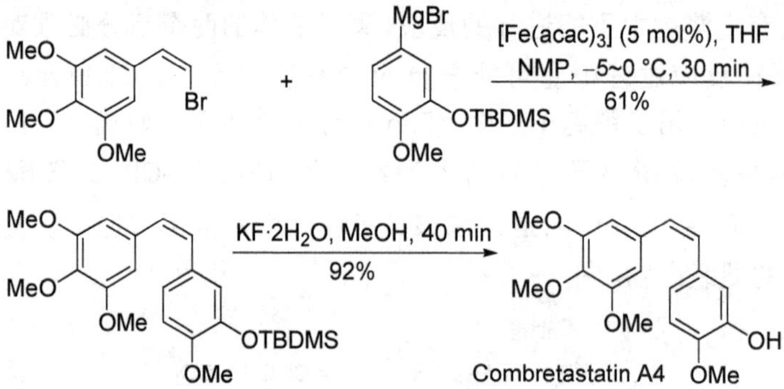

(59)

8.3 Kumada 偶联反应在二色花鼠尾草酮合成中的应用

二色花鼠尾草酮 (Dichroanone) 是从二色鼠尾草中提取的一类具有 [6-5-6] 三环中心的天然有机物，其天然产物为左旋结构。2006 年，Stoltz 等人成功合成了右旋二色花鼠尾草酮 [(+)-Dichroanone]。如式 60 所示[138]：他们通过 Kumada 偶联反应成功地实现了对烯酮的芳构化反应。

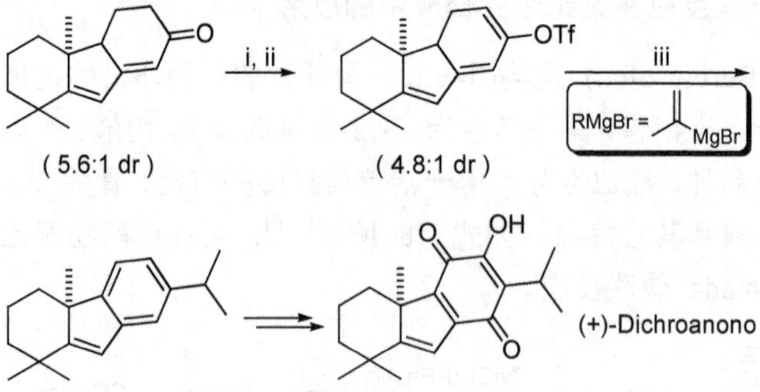

(60)

反应条件: i. LDA, THF, −78 °C, 30 min; ii. PhN(Tf)₂, −78~23 °C, 5 h; iii. RMgBr (2 eq.), Pd(PPh₃)₄ (5 mol%), THF, 23 °C, 1 h (65% for 3 steps)

9   Kumada 偶联反应反应实例

例 一

2-甲基联苯的合成[30b]

(氯代芳烃的 Kumada 偶联反应)

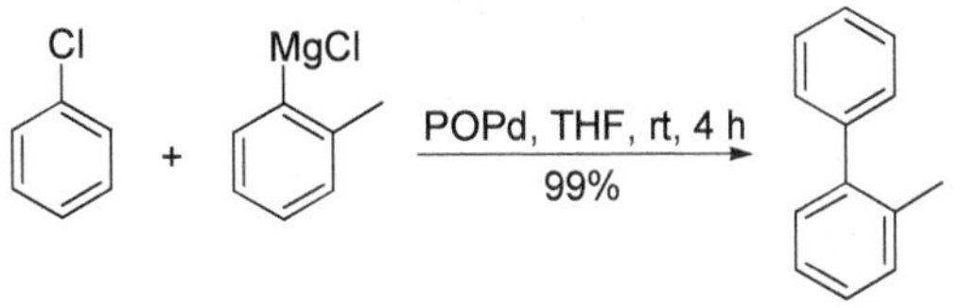

(61)

在室温和搅拌下，将邻甲苯氯化镁的 THF 溶液 (15 mmol, 1.0 mol/L) 在 5 min 内滴加到 POPd (50 mg, 0.1 mmol) 和氯苯 (1.13 g, 10 mmol) 的 THF (10 mL) 溶液中。生成的混合物继续搅拌 4 h 后，加入水 (10 mL) 淬灭反应。然后，用 Et$_2$O (300 mL) 稀释，分出的有机相依次用水 (50 mL) 和盐水 (50 mL) 洗涤。经 MgSO$_4$ 干燥后蒸出溶剂，生成的粗产品通过柱色谱分离得到产物 (1.66 g, 99%)。

例 二

2-乙基-4,6-二甲氧基-1,3,5-三嗪的合成[109]

(氯代杂环芳烃的 Kumada 偶联反应)

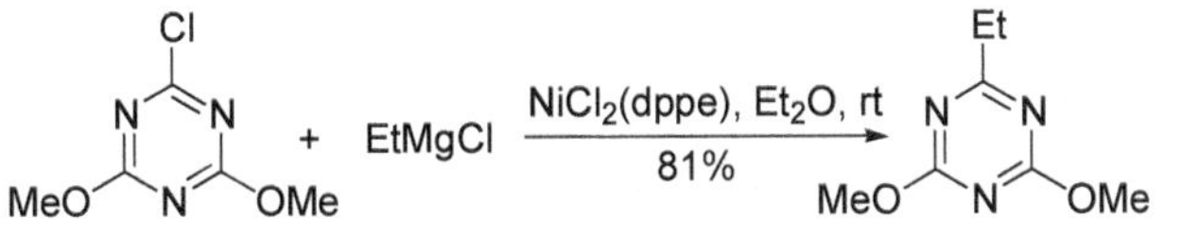

(62)

在 0 ℃ 和搅拌下，将乙基氯化镁的乙醚溶液 (1.15 eq.) 滴加到由 2-氯-4,6-二甲氧基-1,3,5-三嗪 (0.5 g, 2.85 mmol)、NiCl$_2$ (dppe) (0.05 eq.) 的乙醚溶液中。反应体系在室温下搅拌至反应完全后 (TLC 和 GLC 监控)，用饱和 NH$_4$Cl 溶液淬灭反应。用三氯甲烷萃取，合并的萃取用 Na$_2$SO$_4$ 干燥。减压蒸出溶剂，生成的残留物经柱色谱 (洗脱剂为石油醚和乙酸乙酯) 分离，得到白色固体产物 (产率 81%)。

例 三
4-甲氧基联苯的合成[35]
(磺酸酯的 Kumada 偶联反应)

$$\text{(OTs,OMe-benzene)} + \text{(MgCl-benzene)} \xrightarrow[\substack{\text{dioxane, 80 °C, 22 h} \\ 93\%}]{\text{Pd(dba)}_2, \text{PinP(O)H}} \text{MeO-biphenyl} \quad (63)$$

在室温和 N$_2$ 保护下，将苯基氯化镁的 THF 溶液 (1.5 mol/L, 1 mL, 1.5 mmol) 滴加到 Pd(dba)$_2$ (14.4 mg, 0.025 mmol, 2.5 mol%) 和 PinP(O)H (8.2 mg, 0.05 mmol, 5 mol%) 的二噁烷 (4 mL) 溶液中。在室温下搅拌 5 min 后，加入 4-甲氧基苯磺酸酯 (278 mg, 1 mmol)。接着，将反应体系升温至 80 °C 搅拌 22 h。反应结束后将体系冷却至室温，加入盐酸 (2 mol/L, 2 mL)、乙醚 (50 mL) 和水 (30 mL)。分出的水相用乙醚萃取，合并的有机相用 MgSO$_4$ 干燥。蒸出溶剂后生成的残留物通过柱色谱 (洗脱剂为正戊烷和乙醚) 分离，得到白色固体的产物 (172 mg, 93%)。

例 四
5-辛基呋喃-2-甲酸甲酯的合成[64c]
(烷基卤代物和含官能团格氏试剂之间的 Kumada 偶联反应)

$$\text{C}_8\text{H}_{17}\text{I} + \text{(CO}_2\text{Me-furan-MgCl)} \xrightarrow[\substack{\text{THF, rt, 1 h} \\ 65\%}]{\text{[(MeNN}_2\text{)Ni-Cl], O-TMEDA}} \text{(CO}_2\text{Me-furan-C}_8\text{H}_{17}\text{)} \quad (64)$$

在 0 °C 和搅拌下，向 O-TMEDA (228 μL, 1.2 mmol) 的 THF (6 mL) 溶液中加入 i-PrMgCl 的 THF 溶液 (2 mol/L, 600 μL, 1.2 mmol)。搅拌 20 min 后，再向体系中一次性加入 5-氯呋喃-2-甲酸甲酯 (1 mmol) 的 THF (2 mL) 溶液。所得混合物在室温下搅拌 10 min 后，用注射泵将上述混合物在 1 h 内加入到正辛碘烷 (5 mmol) 和 [(MeNN$_2$)Ni-Cl] (10.4 mg, 0.03 mmol) 的 THF (2 mL) 溶液中。滴加完毕后，反应体系继续在室温下搅拌 1 h，然后用饱和 NH$_4$Cl 溶液 (30 mL) 淬灭。所得混合溶液用乙醚萃取，合并的有机相用 Na$_2$SO$_4$ 干燥。减压蒸出溶剂得到的残留物通过柱色谱 (洗脱剂为己烷和乙醚) 分离，得到淡黄色液体产物 (产率 65%)。

例 五

2-正丁基-5-三正丁基锡烷基-1-二氢吡咯的合成[120]

(硫醚化合物的 Kumada 偶联反应)

$$
\text{MeS} \diagdown\diagup \text{SnBu}_3 + {}^n\text{BuMgCl} \xrightarrow[\substack{80\%}]{\substack{\text{NiCl}_2(\text{dppp}), \text{PhMe} \\ 22\ ^\circ\text{C}, 15\ \text{min}}} {}^n\text{Bu} \diagdown\diagup \text{SnBu}_3 \tag{65}
$$

在室温和 N_2 保护下，将正丁基氯化镁的 THF 溶液 (2 mol/L, 81 μL, 0.16 mmol) 滴加到 NiCl$_2$(dppp) (3.6 mg, 0.0066 mmol) 的甲苯溶液 (1 mL) 中。搅拌 5 min 后，再逐滴加入 2-硫甲基-5-三正丁基锡烷基-1-二氢吡咯 (60 mg, 0.15 mmol) 的甲苯溶液 (0.5 mL)。反应体系继续搅拌 15 min 后，加入水淬灭反应。生成的混合物用己烷萃取，合并的有机相用 Na$_2$SO$_4$ 干燥。减压蒸出溶剂得到的残留物通过柱色谱 (洗脱剂为乙酸乙酯和己烷) 分离，得到淡褐色油状产物 (50 mg, 80%)。

10 参考文献

[1] (a) de Meijere, A.; Diederich F. (Eds.) *Metal-Catalyzed Cross-Coupling Reactions*, Wiley VCH, Weinheim, 2004. (b) Kharasch, M. S.; Reinmuth, O. *Grignard Reagents of Nonmetallic Substances*, Prentice-Hall Inc., New York, **1954.**

[2] Tamao, K.; Sumitani, K.; Kumada, M. *J. Am. Chem. Soc.* **1972**, *94*, 4374.

[3] Corriu, R. J. P.; Masse, J. P. *Chem. Commun.* **1972**, 144.

[4] Yamamura, M.; Moritani, I.; Murahashi, S. *J. Organomet. Chem.* **1975**, *91*, C39.

[5] (a) Terao, J.; Watanabe, H.; Ikumi, A.; Kuniyasu, H.; Kambe, N. *J. Am. Chem. Soc.* **2002**, *124*, 4222. (b) Terao, J.; Ikumi, A.; Kuniyasu, H.; Kambe, N. *J. Am. Chem. Soc.* **2003**, *125*, 5646.

[6] Hillier, A. C.; Grasa, G. A.; Viciu, M S.; Lee, H. M.; Yang, C.; Nolan S. P. *J. Organomet. Chem.* **2002**, *653*, 69.

[7] Manolikakes, G.; Knochel, P. *Angew. Chem., Int. Ed.* **2009**, *48*, 205.

[8] (a) Tamura, M.; Kochi, J. K. *J. Am. Chem. Soc.* **1971**, *93*, 1487. (b) Smith, R. S.; Kochi, J. K. *J. Org. Chem.* **1976**, *41*, 502.

[9] (a) Cahiez, G.; Marquais, S. *Pure Appl. Chem.* **1996**, *68*, 53. (b) Cahiez, G.; Avedissian, H. *Synthesis* **1998**, 1199. (c) Dohle, W.; Kopp, F.; Cahiez, G.; Knochel, P. *Synlett* **2001**, 1901.

[10] (a) Fürstner, A.; Leitner, A.; Méndez, M.; Krause, H. *J. Am. Chem. Soc.* **2002**, *124*, 13856. (b) Fürstner, A.; Leitner, A. *Angew. Chem., Int. Ed.* **2002**, *41*, 609. (c) Martin, R.; Fürstner, A. *Angew. Chem., Int. Ed.* **2004**, *43*, 3955.

[11] Nakamura, M.; Matsuo, K.; Ito, S.; Nakamura, E. *J. Am. Chem. Soc.* **2004**, *126*, 3686.

[12] Nagano, T.; Hayashi, T. *Org. Lett.* **2004**, *6*, 1297.

[13] (a) Bedford, R. B.; Bruce, D. W.; Frost, R. M.; Goodby, J. W.; Hird, M. *Chem. Commun.* **2004**, 2822.

(b) Bedford, R. B.; Betham, M.; Bruce, D. W.; Danapoulous, A. A.; Frost, R. M.; Hird, M. *J. Org. Chem.* **2006**, *71*, 1104.

[14] Dongol, K. G..; Koh, H.; Sau, M.; Chaia, C. L. L. *Adv. Synth. Catal.* **2007**, *349*, 1015.

[15] (a) Tsuji, T.; Yorimitsu, H.; Oshima, K. *Angew. Chem., Int. Ed.* **2002**, *41*, 4137. (b) Ohmiya, H.; Tsuji, T.; Yorimitsu, H.; Oshima K. *Chem. Eur. J.* **2004**, *10*, 5640. (c) Ohmiya, H.; Wakabayashi, K.; Yorimitsu H.; Oshima, K. *Tetrahedron* **2006**, *62*, 2207.

[16] Corbet, J.-P.; Mignani G. *Chem. Rev.* **2006**, *106*, 2651.

[17] (a) Lipshutz, B. H. *Adv. Synth. Catal.* **2001**, *343*, 313. (b) Lipshutz, B. H.; Tasler, S. *Adv. Synth. Catal.* **2001**, *343*, 327.

[18] (a) Lipshutz, B. H.; Tasler, S.; Chrisman, W.; Spliethoff, B.; Tesche, B. *J. Org. Chem.* **2003**, *68*, 1177. (b) Tasler, S.; Lipshutz, B. H. *J. Org. Chem.* **2003**, *68*, 1190.

[19] Phan, N. T. S.; Browna, D. H.; Styring, P. *Green Chem.* **2004**, *6*, 526.

[20] (a) Styring, P.; Grindon, C.; Fisher, C. M. *Catal. Lett.* **2001**, *77*, 219. (b) Haswell, S. J.; O'Sullivan B.; Styring, P. *Lab. Chip.* **2001**, *1*, 164. (c) Phan, N. T. S.; Brown, D. H.; Adams, H.; Spey, S. E.; Styring, P. *Dalton Trans.* **2004**, 1348.

[21] Richardson, J. M.; Jones, C. W. *J. Mol. Catal. A* **2009**, *297*, 125.

[22] (a) Rapino, L. D.; Nord, F. F. *J. Am. Chem. Soc.* **1941**, *63*, 2745. (b) Rapino, L. D.; Nord, F. F. *J. Am. Chem. Soc.* **1941**, *63*, 3268. (c) Kavanagh, K. E.; Nord, F. F. *J. Am. Chem. Soc.* **1943**, *65*, 2121.

[23] Tsai, F.-Y.; Lin, B.-N.; Chen, M.-J.; Mou, C.-Y.; Liu, S.-T. *Tetrahedron* **2007**, *63*, 4304.

[24] Anctil, E. J.-G.; Snieckus, V. *J. Organomet. Chem.* **2002**, *653*, 150.

[25] Yang, L.-M.; Huang, L.-F.; Luh, T.-Y. *Org. Lett.* **2004**, *6*, 1461.

[26] Finze, M. *Inorg. Chem.* **2008**, *47*, 11857.

[27] López, S.; Fernández-Trillo, F.; Midón, P.; Castedo, L.; Saá, C. *J. Org. Chem.* **2006**, *71*, 2802.

[28] Frisch, A. C.; Zapf, A.; Briel, O.; Kayser, B.; Shaikh, N.; Beller, M. *J. Mol. Catal. A* **2004**, *214*, 231.

[29] Mehta, V. P.; Modha, S. G.; der Eycken, E. V. *J. Org. Chem.* **2009**, *74*, 6870.

[30] (a) Li, G. Y.; Zheng, G.; Noonan, A. F. *J. Org. Chem.* **2001**, *66*, 8677; (b) Li, G. Y. *J. Organomet. Chem.* **2002**, *653*, 63.

[31] Li, G. Y.; Marshall, W. J. *Organometallics* **2002**, *21*, 590.

[32] Wolf, C.; Xu, H. *J. Org. Chem.* **2008**, *73*, 162.

[33] Ackermann, L.; Born, R.; Spatz, J. H.; Meyer, D. *Angew. Chem., Int. Ed.* **2005**, *44*, 7216.

[34] Ackermann, L.; Gschrei, C. J.; Althammer, A.; Riederer, M. *Chem. Commun.* **2006**, 1419.

[35] Ackermann, L.; Althammer, A. *Org. Lett.* **2006**, *8*, 3457.

[36] Seo, Y.-S.; Yun, H.-S.; Park, K. *Bull. Korean Chem. Soc.* **1999**, *20*, 1345.

[37] Adamczyk, M.; Watt, D. S. *J. Org. Chem.* **1984**, *49*, 4226.

[38] Park, M.; Buck, J. R.; Rizzo, C. J. *Tetrahedron* **1998**, *54*, 12707.

[39] Payne, A. D.; Bojase, G.; Paddon-Row, M. N.; Sherburn M. S. *Angew. Chem., Int. Ed.* **2009**, *48*, 4836.

[40] Meng, Q.; Sun, X.-H.; Lu, Z.; Xia, P.-F.; Shi, Z.; Chen, D.; Wong, M. S.; Wakim, S.; Lu, J.; Baribeau, J.-M.; Tao, Y. *Chem. Eur. J.* **2009**, *15*, 3474.

[41] Shen, Q.; Shekhar, S.; Stambuli, J. P.; Hartwig, J. F. *Angew. Chem., Int. Ed.* **2005**, *44*, 1371.

[42] Limmert, M. E.; Roy, A. H.; Hartwig, J. F. *J. Org. Chem.* **2005**, *70*, 9364.

[43] Roy, A. H.; Hartwig, J. F. *J. Am. Chem. Soc.* **2003**, *125*, 8704.

[44] Schwier, T.; Sromek, A. W.; Yap, D. M. L.; Chernyak, D.; Gevorgyan, V. *J. Am. Chem. Soc.* **2007**, *129*, 9868.

[45] Roques, N.; Saint-Jalmes, L. *Tetrahedron Lett.* **2006**, *47*, 3375.

[46] Barkley, J.; Ellis, M.; Higgins, S. J.; McCart, M. K. *Organometallics* **1998**, *17*, 1725.

[47] (a) Miyashita, A.; Yasuda, A.; Takaya, H.; Toriumi, K.; Ito, T.; Souchi, T.; Noyori, R. *J. Am. Chem. Soc.* **1980**, *102*, 7932. (b) Miyashita, A.; Takaya, H.; Souchi, T.; Noyori, R. *Tetrahedron* **1984**, *40*, 1245

[48] Ogasawara, M.; Yoshida, K.; Hayashi, T. *Organometallics* **2000**, *19*, 1567.

[49] Doherty, S.; Robins, E. G.; Nieuwenhuyzen, M.; Knight, J. G.; Champkin, P. A.; Clegg, W. *Organometallics* **2002**, *21*,1383.

[50] Dahlenburg, L.; Kurth, V. *Inorg. Chim. Acta* **2001**, *319*, 176.

[51] Asfari, Z.; Böhmer, V.; Harrowfield, J.; Vicens J. (Eds.), *Calixarenes*, Kluwer, Dordrecht, **2001**, pp. 513-535.

[52] Sémeril, D.; Lejeune, M.; Jeunesse, C.; Matt, D. *J. Mol. Catal. A* **2005**, *239*, 257.

[53] Monnereau, L.; Sémeril, D.; Matt, D.; Toupet, L.; Mota A. J. *Adv. Synth. Catal.* **2009**, *351*, 1383.

[54] Hayashi, T.; Konishi, M.; Fukushima, M.; Kanehira, K.; Hioki, T.; Kumada, M. *J. Org. Chem.* **1983**, *48*, 2195.

[55] Pellet-Rostaing, S.; Saluzzo, C.; Halle, R. T.; Breuzard, J.; Vial, L.; Guyaderb, F. L.; Lemairea, M. *Tetrahedron: Asym.* **2001**, *12*, 1983.

[56] Horibe, H.; Fukuda, Y.; Kondo, K.; Okuno, H.; Murakamia, Y.; Aoyama, T. *Tetrahedron* **2004**, *60*, 10701.

[57] Zhang, L.; Cheng, J.; Zhang, W.; Lin, B.; Pan, C.; Chen, J. *Synth. Commun.* **2007**, *37*, 3809.

[58] Martin, R.; Buchwald, S. L. *J. Am. Chem. Soc.* **2007**, *129*, 3844.

[59] Yoshikai, N.; Mashima, H.; Nakamura, E. *J. Am. Chem. Soc.* **2005**, *127*, 17978.

[60] Liang, L.-C.; Chien, P.-S.; Lin, J.-M.; Huang, M.-H.; Huang, Y.-L.; Liao J.-H. *Organometallics* **2006,** *25*, 1399.

[61] Wang, Z.-X.; Wang L. *Chem. Commun.* **2007**, 2423

[62] Sun, K.; Wang, L. Wang, Z.-X. *Organometallics* **2008**, *27*, 5649.

[63] Castonguay, A.; Beauchamp, A. L.; Zargarian, D. *Organometallics* **2008**, *27*, 5723.

[64] (a) Vechorkin, O.; Csok, Z.; Scopelliti, R.; Hu, X. *Chem. Eur. J.* **2009**, *15*, 3889. (b) Csok, Z.; Vechorkin, O.; Harkins, S. B.; Scopelliti, R.; Hu, X. *J. Am. Chem. Soc.* **2008**, *130*, 8156. (c) Vechorkin, O.; Proust, V.; Hu, X. *J. Am. Chem. Soc.* **2009**, *131*, 9756. (d) Vechorkin, O.; Hu, X. L. *Angew. Chem., Int. Ed.* **2009**, *48*, 2937.

[65] Shen, M.; Hao, P.; Sun, W.-H. *J. Organomet. Chem.* **2008**, *693*, 1683.

[66] Wang, Z.-X.; Chai Z.-Y. *Eur. J. Inorg. Chem.* **2007**, 4492.

[67] Kremzow, D.; Seidel, G.; Lehmann, C. W.; Fürstner A. *Chem. Eur. J.* **2005**, *11*, 1833.

[68] Huang J.; Nolan S. P. *J. Am. Chem. Soc.* **1999**, *121*, 9889.

[69] Böhm, V. P. W.; Weskamp, T,; Gstöttmayr, C. W. K.; Herrmann, W. A. *Angew. Chem., Int. Ed.* **2000**, *39*, 1602.

[70] Frisch, A. C.; Rataboul, F.; Zapf, A.; Beller, M. *J. Organomet. Chem.* **2003**, *687*, 403.

[71] Wolf, J.; Labande, A.; Daran, J.-C.; Poli, R. *J. Organomet. Chem.* **2006**, *691*, 433.

[72] Zhou, Y.; Xi, Z.; Chen, W.; Wang, D. *Organometallics* **2008**, *27*, 5911.

[73] Gu, S.; Chen, W. *Organometallics* **2009**, *28*, 909.

[74] Liu, A.; Zhang, X.; Chen, W. *Organometallics* **2009**, *28*, 4868.

[75] Xi, Z.; Liu, B.; Lu, C.; Chen, W. *Dalton Trans.* **2009**, 7008.

[76] Berding, J.; van Dijkman, T. F.; Lutz, M.; Spek, A. L.; Bouwman, E. *Dalton Trans.* **2009**, 6948.

[77] Berding, J.; Lutz, M.; Spek A. L.; Bouwman, E. *Organometallics* **2009**, *28*, 1845.

[78] Schneider, S. K.; Rentzsch, C. F.; Krüger, A.; Raubenheimer, H. G.; Herrmann, W. A. *J. Mol. Catal. A* **2007**, *265*, 50.

[79] Hamaguchi, H.; Uemura, M.; Yasui, H.; Yorimitsu H.; Oshima, K. *Chem. Lett.* **2008**, *37*, 1178.

[80] (a) Pugh, D.; Boyle, A.; Danopoulos, A. A. *Dalton Trans.* **2008**, 1087. (b) Inamoto, K.; Kuroda, J.; Hiroya, K.; Noda, Y.; Watanabe, M.; Sakamoto, T. *Organometallics* **2006**, *25*, 3095.

[81] Terao, J.; Naitoh, Y.; Kuniyasub, H.; Kambe, N. *Chem. Commun.* **2007**, 825.

[82] Schaub, T.; Backes, M.; Radius, U. *J. Am. Chem. Soc.* **2006**, *128*, 15964.

[83] Zhang, Y.; Song, G.; Ma, G.; Zhao, J.; Pan, C.-L. Li, X. *Organometallics* **2009**, *28*, 3233.

[84] Macklin T. K. Snieckus, V. *Org. Lett.* **2005**, *7*, 2519.

[85] Organ, M. G.; Abdel-Hadi, M.; Avola, S.; Hadei, N.; Nasielski, J.; O'Brien, C. J.; Valente, C. *Chem. Eur. J.* **2007**, *13*, 150.

[86] Xi, Z.; Liu, B.; Chen, W. *J. Org. Chem.* **2008**, *73*, 3954.

[87] Lamm, K.; Stollenz, M.; Meier, M.; Görls, H.; Walther, D. *J. Organomet. Chem.* **2003**, *681*, 24.

[88] Richmond, T. G. *Angew. Chem., Int. Ed.* **2000**, *39*, 3241.

[89] Braun, T.; Perutz, R. N. *Chem. Commun.* **2002**, 2749.

[90] Kiso, Y.; Tamao, K.; Kumada, M. *J. Organomet. Chem.* **1973**, *50*, C12.

[91] Cahiez, G.; Lepifre, F.; Ramiandrasoa, P. *Synthesis* **1999**, 2138.

[92] Böhm, V. P. W.; Gstöttmayr, C. W. K.; Weskamp, T.; Herrmann, W. A. *Angew. Chem., Int. Ed.* **2001**, *40*, 3387.

[93] Mongin, F.; Mojovic, L.; Guillamet, B.; Trécourt, F.; Quéguiner, G. *J. Org. Chem.* **2002**, *67*, 8991.

[94] Rojo, I.; Teixidor, F.; Kivekäs, R.; Sillanpää, R.; Viñas, C. *Organometallics* **2003**, *22*, 4642.

[95] Shao, L.-X.; Shi, M. *Org. Biomol. Chem.* **2005**, *3*, 1828.

[96] Shi, M.; Liu, L.-P.; Tang, J. *J. Org. Chem.* **2005**, *70*, 10420.

[97] Li, Q.; Shi, M.; Lyte, J. M.; Li, G. *Tetrahedron Lett.* **2006**, *47*, 7699.

[98] Qiu, J.; Gyorokos, A.; Tarasow, T. M.; Guiles, J. *J. Org. Chem.* **2008**, *73*, 9775.

[99] Hatakeyama, T.; Yoshimoto, Y.; Gabriel, T.; Nakamura, M. *Org. Lett.* **2008**, *10*, 5341.

[100] (a) Shi, C.; Yao, Y.; Yang, Y.; Pei, Q. *J. Am. Chem. Soc.* **2006**, *128*, 8980. (b) Ponomarenko, S. A.; Kirchmeyer, S.; Elschner, A.; Alpatova, N. M.; Halik, M.; Klauk, H.; Zschieschang, U.; Schmid, G. *Chem. Mater.* **2006**, *18*, 579. (c) Zhang, X.; Köhler, M.; Matzger A. J. *Macromolecules* **2004**, *37*, 6306. (d) Ponomarenko S.; Kirchmeyer, S. *J. Mater. Chem.* **2003**, *13*, 197. (e) Coppo, P.; Cupertino, D. C.; Yeatesb, S. G.; Turner, M. L. *J. Mater. Chem.* **2002**, *12*, 2597. (f) Jones C. L.; Higgins, S. J. *J. Mater. Chem.* **1999**, *9*, 865. (g) Naudin, É.; Mehdi, N. El; Soucy, C.; Breau, L.; Bélanger, D. *Chem. Mater.* **2001**, *13*, 634. (h) Li, Z. H.; Wong, M. S.; Tao, Y.; Fukutani, H. *Org. Lett.* **2007**, *9*, 3659.

[101] Carpita, A.; Rossi, R. *Gazz. Chim. Ital.* **1985**, *115*, 575.

[102] (a) Jayasuriya, N.; Kagan, J. *Heterocycles* **1986**, *24*, 2901. (b) Rasmussen, S. C.; Pickens, J. C.; Hutchison, J. E. *J. Heterocycl. Chem.* **1997**, *34*, 285.

[103] Clot, O.; Akahori, Y.; Moorlag, C.; Leznoff, D. B.; Wolf, M. O.; Batchelor, R. J.; Patrick, B. O.; Ishii, M. *Inorg. Chem.* **2003**, *42*, 2704.

[104] Quallich, G. J.; Fox, D. E.; Friedmann, R. C.; Murtiashaw, C. W. *J. Org. Chem.* **1992**, *57*, 761.

[105] Scheiper, B.; Bonnekessel, M.; Krause, H.; Fürstner, A. *J. Org. Chem.* **2004**, *69*, 3943.

[106] Ford, A.; Sinn, E.; Woodward, S. *J. Chem. Soc., Perkin Trans. 1* **1997**, 927.

[107] Hocek, M.; Hocková, D.; Dvoráková, H. *Synthesis* **2004**, 889.

[108] Shibahara, F.; Yamaguchi, E.; Kitagawa, A.; Imai, A.; Murai, T. *Tetrahedron* **2009**, *65*, 5062.

[109] Samaritani, S.; Signore, G.; Malanga, C.; Menicagli, R. *Tetrahedron* **2005**, *61*, 4475.

[110] Wenkert, E.; Michelotti, E. L.; Swindell, C. S.; Tingoli, M. *J. Org. Chem.* **1984**, *49*, 4894.

[111] Dankwardt, J. W. *Angew. Chem., Int. Ed.* **2004**, *43*, 2428.

[112] (a) Busacca, C. A.; Eriksson, M. C.; Fiaschi, R. *Tetrahedron Lett.* **1999**, *40*, 3101. (b) Clyne, D. S.; Jin, J.; Genest, E.; Gallucci, J. C.; RajanBabu, T. V. *Org. Lett.* **2000**, *2*, 1125. (c) Ikunaka, M.; Maruoka, K.; Okuda, Y.; Ooi, T. *Org. Process Res. Dev.* **2003**, *7*, 644.

[113] (a) Kobayashi, Y.; Mizojiri, R. *Tetrahedron Lett.* **1996**, *37*, 8531. (b) Bolm, C.; Hildebrand, J. P.; Rudolph, J. *Synthesis* **2000**, *7*, 911. (c) Zim, D.; Lando, V. R.; Dupont, J.; Monteiro, A. L. *Org. Lett.* **2001**, *3*, 3049. (d) Hamann, B. C.; Hartwig, J. F. *J. Am. Chem. Soc.* **1998**, *120*, 7369. (e) Kawatsura, M.; Hartwig, J. F. *J. Am. Chem. Soc.* **1999**, *121*, 1473. (f) Kubota, Y.; Nakada, S.; Sugi, Y. *Synlett* **1998**, 183. (g) Huang, X.; Anderson, K. W.; Zim, D.; Jiang, L.; Klapars, A.; Buchwald, S. L. *J. Am.*

Chem. Soc. **2003**, *125*, 6653.

[114] Lindhardt, A. T.; Gøgsig, T. M.; Skrydstrup, T. *J. Org. Chem.* **2009**, *74*, 135.

[115] (a) Wenkert, E.; Ferreira, T. W.; Michelotti, E. L. *J. Chem. Soc., Chem. Commun.* **1979**, 637. (b) Wenkert, E.; Fernandes, J. B.; Michelotti, E. L.; Swindell, C. S. *Synthesis* **1983**, 701. (c) Wenkert, E.; Shepard, M. E.; Mcphail, A. T. *J. Chem. Soc., Chem. Commun.* **1986**, 1390.

[116] Okamura, H.; Miura, M.; Takei, H. *Tetrahedron Lett.* **1979**, *20*, 43.

[117] (a) Gerard, J.; Hevesi, L. *Tetrahedron* **2001**, *57*, 9109. (b) Gerard, J.; Hevesi, L. *Tetrahedron* **2004**, *60*, 367. (c) Itami, K.; Mineno, M.; Muraoka, N.; Yoshida, J.-I. *J. Am. Chem. Soc.* **2004**, *126*, 11778.

[118] Sabarre, A.; Love, J. *Org. Lett.* **2008**, *10*, 3941.

[119] Wenkert, E.; Hanna, M.; Leftin, M.; Michelotti, E. *J. Org. Chem.* **1985**, *50*, 1125.

[120] Mans, D. M.; Pearson, W. H. *J. Org. Chem.* **2004**, *69*, 6419.

[121] Okamura, H.; Miura, M.; Kodugi, K.; Takei, H. *Tetrahedron Lett.* **1980**, *21*, 87.

[122] (a) Cossy, J.; Belotti, D. *Tetrahedron* **1999**, 55, 5145. (b) Sahlberg, C.; Quader, A.; Claesson, A. *Tetrahedron Lett.* **1987**, 24, 5137. (c) Hayashi, T.; Katsuro, Y.; Okamoto, Y.; Kumada, M. *Tetrahedron Lett.* **1981**, 22, 4449. (d) Miller, J. A. *Tetrahedron Lett.* **2002**, 43, 7111. (e) Armstrong, R. J.; Harris, F. L.; Weiler, L. *Can. J. Chem.* **1982**, 60, 673. (f) William, A. D.; Kobayashi, Y. *J. Org. Chem.* **2002**, 67, 8771. (g) Larsen, U. S.; Martiny, L.; Begtrup, M. *Tetrahedron Lett.* **2005**, *46*, 4261.

[123] Cahiez, G.; Habiak, V.; Gager, O. *Org. Lett.* **2008**, *10*, 2389.

[124] Gauthier, D.; Beckendorf, S.; Gøgsig, T. M.; Lindhardt, A. T.; Skrydstrup, T. *J. Org. Chem.* **2009**, *74*, 3536.

[125] (a) Miller, J. A. *Tetrahedron Lett.* **2001**, *42*, 6991. (b) Miller, J. A.; Dankwardt, J. *Tetrahedron Lett.* **2003**, *44*, 1907.

[126] (a) Hiriyakkanavar, I.; Baron, O.; Wagner, A. J.; Knochel, P. *Chem. Commun.* **2006**, 583. (b) Knochel, P.; Dohle, W.; Gommermann, N.; Kneisel, F. F.; Kopp, F.; Korn, T.; Sapountzis, I.; Vu, V. A. *Angew. Chem., Int. Ed.* **2003**, *42*, 4302.

[127] (a) Bonnet, V.; Mongin, F.; Trécourt, F.; Quéguiner, G.; Knochel, P. *Tetrahedron Lett.* **2001**, *42*, 5717. (b) Dohle, W.; Kopp, F.; Cahiez, G.; Knochel, P. *Synlett* **2001**, 1901. (c) Bonnet, V.; Mongin, F.; Trécourt, F.; Quéguiner, G.; Knochel, P. *Tetrahedron* **2002**, *58*, 4429.

[128] (a) Bonnet, V.; Mongin, F.; Trécourt, F.; Breton, G.; Marsais, F.; Knochel, P.; Quéguiner, G. *Synlett* **2002**, 1008. (b) Dohle, W.; Lindsay, D. M.; Knochel, P. *Org. Lett.* **2001**, *3*, 2871.

[129] Bhanage, B. M.; Zhao, F.; Shirai, M.; Arai, M. *Catal. Lett.* **1998**, *54*, 195.

[130] Hölzer, B.; Hoffmann, R. W. *Chem. Commun.* **2003**, 732.

[131] Consiglio, G.; Morandini, F.; Piccolo, O. *Tetrahedron* **1983**, *39*, 2699.

[132] Bach, T.; Bartels, M. *Tetrahedron Lett.* **2002**, *43*, 9125.

[133] Walla, P.; Kappe, C. O. *Chem. Commun.* **2004**, 564.

[134] Dankwardt, J. W. *J. Organomet. Chem.* **2005**, *690*, 932.

[135] Ramnial, T.; Taylor, S. A.; Bender, M. L.; Gorodetsky, B.; Lee, P. T. K.; Dickie, D. A.; McCollum, B. M.; Pye, C. C.; Walsby, C. J.; Clyburne, J. A. C. *J. Org. Chem.* **2008**, *73*, 801.

[136] Yamaura, Y.; Tomiyoshi, Y. JP 2004339085, 2003 (*Chem. Abstr.* **2005**, *142*, 23095).

[137] Camacho-Dávila, A. A. *Synth. Commun.* **2008**, *38*, 3823.

[138] McFadden, R. M.; Stoltz, B. M. *J. Am. Chem. Soc.* **2006**, *128*, 7738.

过渡金属催化的 C-H 键胺化反应
(Transition Metal-Catalyzed C-H Amination)

付 华

1 过渡金属催化的 C-H 键胺化反应的简述及其意义

    C-H 键胺化反应是将非活化的 C-H 键直接并选择性转化成为 C-N 键的一

类反应。在该类反应中，原本非常牢固的 C-H 键在外界条件诱导下变弱，与相应的氮源反应形成 C-N 键。众所周知，C-H 键在有机化合物中无处不在，而含氮化合物在化学、生物、医学和材料科学等领域具有重要作用[1~6]。特别是现有的很多药物分子中都含有 C-N 键，因此实现这种转化在合成化学中有重大的意义[7~12]。

最早的 C-H 键胺化反应可以追溯到 1878 年 A. W. Hofmann 的研究工作。他在研究 *N*-氯代胺和 *N*-溴代胺对酸碱的耐受性时意外发现：在浓硫酸中，*N*-溴代-2 丙基哌啶在 140 ℃ 时能够形成叔胺 **1** (式 1)[13]。

$$\text{(1)}$$

Hofmann 的这个发现在此后沉寂了数十年，直到 Löffler 等人将该反应用于合成吡咯环后才为人们所熟知。后来，人们称该反应为 Hofmann-Löffler 反应[14]。在该反应中，底物 *δ*-C-H 键首先被活化，随后与 *N*-原子形成 C-N 键。后来，人们以链状 *N*-卤代胺为原料使用该反应合成了大量的氮杂环化合物。如式 2 所示[15]：1940 年，Coleman 等人将 *N*-氯-*N*-正丁基乙酰胺在 140 ℃ 的浓硫酸中反应得到了 50% 四氢吡咯产物。

$$\text{(2)}$$

但是，该反应需要在强酸条件下进行，其自由基机理导致反应的选择性较差，许多时候难以得到高产率的目标产物。近些年来，过渡金属催化的 C-H 键胺化反应取得了较大进展，表现出高效和高选择性等优点。在这些催化反应中，使用的金属催化试剂、氮源、脱氢试剂 (氧化试剂) 以及添加剂不尽相同，涉及到的反应类型以及活化的 C-H 键种类也千差万别，有很多里程碑式的发现。

1982 年和 1984 年，Breslow 小组和 Mansuy 小组分别采用 ArSO$_2$N=IPh 作为氮源 (氮卡宾)，实现了经 C-H 键胺化反应构建 C-N 键的反应[16,17]。1983 年，Barton 小组使用氯胺-T 代替上述氮卡宾也已实现上述反应[18]。如式 3 所示[20~22]：1983 年，Breslow 使用催化剂 Rh$_2$(OAc)$_2$，成功地实现了分子内 C-H 键的胺化反应[19]。后来，Muller 小组对这类反应进行了系统的研究 (式 3)[20~22]。Evans 等人发现：许多金属离子复合物可以诱导环丙烯衍生物与 ArSO$_2$N=IPh

的反应形成 C-N 键，其中包括铜盐。这一发现标志着铜盐第一次显示能够促进 C-H 键胺化反应的能力[23~25]。

$$(3)$$

过渡金属催化的 C-H 键胺化反应，其反应效率高度依赖于合适的催化剂、脱氢试剂 (氧化试剂)、添加剂和氮源的选择和开发。其反应类型多样，底物千差万别，脱氢试剂 (氧化试剂) 和金属催化剂也各式各样。这里将根据催化剂和 C-H 键胺化反应类型来分别介绍，然后举出采用该类反应在天然产物合成方面的应用实例。

2 过渡金属催化的 C-H 键胺化反应的一般机制

过渡金属催化 C-H 键胺化反应的机制在其发展的早期并不清楚，直到近些年才慢慢被人们所认识。但是，由于新的反应和新的催化剂不断涌现，且这些反应的中间体很难捕获或监测，现有的这些机制也只能说是到目前为止的研究进展，后续反应机理的研究还有很长的路要走。

根据已有的研究发现，过渡金属催化的 C-H 键胺化反应的机制[26]主要有两种。第一种是基于 C-H 键插入机制，也就是氮卡宾中间体机制。如式 4 所示：反应过程中首先形成氮卡宾，然后插入到 C-H 键中使 C-H 键断裂，最后形成 C-N 键。第二种是基于 C-H 键的活化机制，反应过程不同于氮宾中间体机制。如式 5 所示：C-H 键在催化循环的第一步就已经断裂 (过渡金属插入 C-H 键中)，然后直接与氮源形成 C-N 键。

$$(4)$$

$$(5)$$

从以上两种机制可以看出，后来发展的基于过渡金属催化 C-H 键活化机制是早期的氮卡宾中间体机制的一种补充和发展，较好地解释了到目前为止已发现的一些 C-H 键胺化反应。

3 过渡金属催化的分子内 C-H 键胺化反应

过渡金属催化的分子内 C-H 键胺化反应，就是利用过渡金属作为催化剂，实现分子内关环的同时将 N-原子引入环内，为合成氮杂环化合物提供了有用的合成方法。在这方面做出巨大贡献的当属 Du Bois 教授，他利用铑金属催化剂很好地实现了分子内 C-H 键胺化反应，还把这些发现很好应用到了天然产物的合成中。实现分子内 C-H 键胺化反应的金属催化剂有很多种，下面将分别加以介绍。

3.1 铑催化的分子内 C-H 键胺化反应

相对于其它金属催化剂，铑催化剂在催化分子内 C-H 键胺化反应中具有开创性作用。到目前为止，铑催化剂的应用最多，覆盖面也最为广泛。

2001 年，Du Bois 等人报道：在回流的 CH_2Cl_2 溶液中，使用 5 mmol% 的 $Rh_2(OAc)_4$ 或 $Rh_2(tpa)_4$ 可以催化碳酰胺的分子内 C-H 键胺化反应。如式 6 所示[27]：在该反应中，同时还使用 $PhI(OAc)_2$ 作为氧化剂和 MgO 作为碱 (用于中和反应过程中产生的 HOAc)，生成 44%~83% 的杂环产物。2004 年，他们又开发了更高效的 $Rh_2(esp)_2$ 催化剂，实现了磺酰胺的分子内 C-H 键胺化反应 (式 7 和式 8)[28]。

$$
\begin{array}{c}
Rh_2(OAc)_4 \text{ or } Rh_2(tpa)_4 \ (5 \text{ mmol\%}) \\
PhI(OAc)_2 \ (1 \text{ eq.}), MgO \ (2.3 \text{ eq.}) \\
40\ ^\circ C, CH_2Cl_2 \\
\hline
44\%\sim83\% \\
tpa = triphenylacetate
\end{array}
\tag{6}
$$

$$
\begin{array}{c}
0.15 \text{ mol\% } Rh_2(esp)_2 \\
PhI(OAc)_2, MgO, CH_2Cl_2 \\
\hline
92\%
\end{array}
\tag{7}
$$

2003 年，Du Bois 等人报道：使用 PhI(OAc)$_2$ 作为氧化剂和 MgO 作为碱试剂，Rh$_2$(oct)$_4$ 催化的分子内 C-H 键胺化反应可以高产率地合成环状磺酰胺（式 9）。如式 10~式 12 所示：其他人也相继报道了铑催化的类似反应[29~32]。

2004 年，Müller 等人开发出了一种新型手性铑催化剂 [Rh$_2$((S)-nttl)$_4$]。如式 13 所示[33]：该催化剂可以有效地催化分子内 C-H 键胺化反应，显示出较高的立体选择性。

$$（13）$$

反应条件：i. NH$_2$SO$_2$Cl, NMP, 0 $^\circ$C, then rt, 3.5 h; ii. [Rh$_2$((S)-nttl)$_4$], PhI(OAc)$_2$, MgO; 38%~90% for 2 steps.

2005 年，Lebel 等人报道：采用 6 mmol% 的 Rh$_2$(tpa)$_4$ 即可催化 O-磺酰碳酰胺的分子内 C-H 键胺化反应。如式 14 所示[34]：反应不需要氧化试剂，在 K$_2$CO$_3$ 存在下的 CH$_2$Cl$_2$ 溶液中室温下即可得到 64%~87% 的产物。

$$（14）$$

2006 年，P. Compain 等人报道：使用 PhI(OAc)$_2$ 作为氧化剂和 MgO 作为碱试剂，Rh$_2$(oct)$_4$ 可以有效地催化分子内 C-H 键胺化反应得到七元环酰胺产物（式 15）[35]。

$$（15）$$

2006 年，Du Bois 等人报道：在氧化剂 PhI(OAc)$_2$ 的存在下，使用催化剂 Rh$_2$(esp)$_2$ 可以实现了脲和胍的分子内关环。如式 16 所示[36]：该反应具有很好的立体选择性。

$$（16）$$

2006 年，Reddy 等人报道了一种手性催化剂 Rh$_2$(S-TCPTAD)$_4$ 催化的分子内 C-H 键胺化反应。如式 17 所示[37]：以 K$_2$CO$_3$ 作为碱试剂，在室温下的二氯甲烷溶液中实现了 N-(O-甲苯磺酰基)碳酰胺的分子内环化反应。该反应具有较高的产率和良好的立体选择性。

$$(17)$$

2007 年，Stokes 等人报道了一种 $Rh_2(O_2CC_3F_7)_4$ 催化的分子内 C-H 键胺化反应。如式 18 所示[38]：在 30~60 °C 的甲苯溶液中实现了叠氮化物的分子内 C-H 键胺化反应，生成的吲哚类化合物最高产率可达 98%。

$$(18)$$

2008 年，Driver 等人报道：在 4A 分子筛的存在下，铑催化剂 $Rh_2(O_2CC_3F_7)_4$ 或 $[Rh_2(O_2CC_7F_{15})_4]$ 均可有效地催化芳基叠氮类化合物分子内 C-H 键胺化反应。如式 19 所示[39]：该反应具有产率高和反应条件温和的优点。

$$(19)$$

2009 年，Stokes 等人报道了利用铑催化剂 $Rh_2(O_2CC_3F_7)_4]$ 或 $[Rh_2(O_2CC_7F_{15})_4]$ 催化的芳基叠氮化合物的分子内 C-H 键胺化反应。如式 20 所示[40]：该反应在比较温和的条件下得到 71%~91% 的咔唑类化合物。

$$(20)$$

反应条件：i. $Rh_2(O_2CC_3F_7)_4$ (5 mol%)，4A MS (100%)，PhMe，60 °C；
ii. $Rh_2(O_2CC_7F_{15})_4$ (5 mol%)，4A MS (100%)，CH_2Cl_2，60 °C.

3.2 钌催化的分子内 C-H 键胺化反应

与铑催化剂相比较，钌催化的 C-H 键胺化反应相对较少。但是，这些例子表现出条件温和、高效和高立体选择性等优点。

1996 年，Tollari 等人使用 Ru₃(CO)₁₂ 为催化剂和 DIAN-ME 为配体，在乙醇-水溶剂中完成了 2-硝基查尔酮的分子内 C-H 键的胺化反应。如式 21 所示[41]：该反应可以生成较高产率的 2-酰基吲哚和 2-酰基喹啉产物。

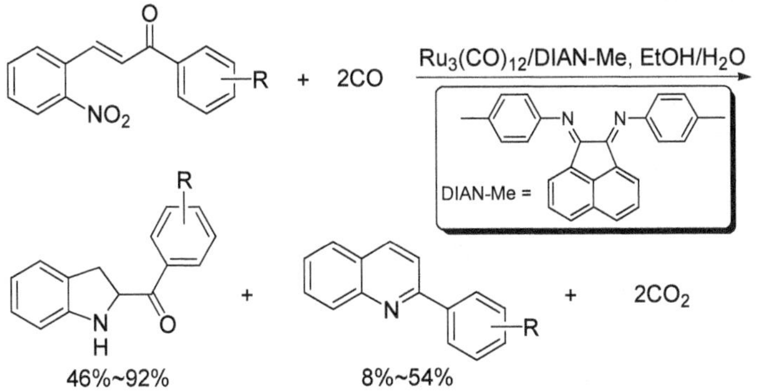

(21)

46%~92%   8%~54%

2002 年，Che 等人报道：使用 PhI(OAc)₂ 作为氧化剂和 Al₂O₃ 作为碱试剂，[Ru(tpfpp)(CO)] 能够在 40 °C 有效地催化磺酰胺的分子内 C-H 键胺化反应 (式 22)[42]。

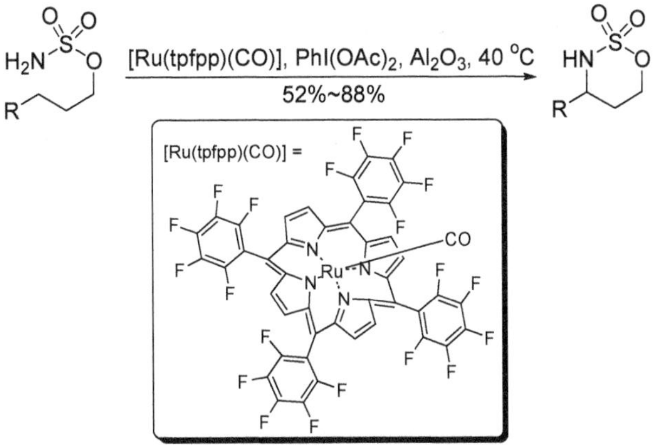

(22)

2003 年，Che 等人又报道：在类似的反应条件下，[Ru(F₂₀-TPP)(CO)] 可以有效地催化硫酸胺或磺酰胺的分子内 C-H 键胺化而形成环胺化合物 (式 23 和式 24)[43]。

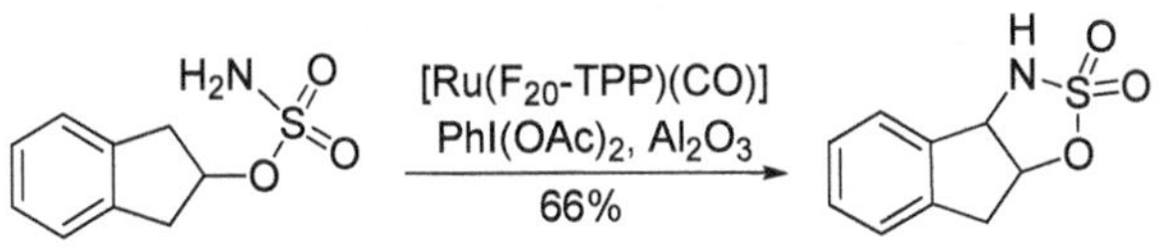

(23)

$$(24)$$

2009 年，Shou 等人使用芳基叠氮和烯基叠氮类化合物作为底物，利用 RuCl₃ 在 85 ℃ 下实现了分子内 C-H 键的胺化反应。如式 25~式 27 所示[44]：该反应具有广泛的底物范围，可以用于多种杂环化合物的合成。

$$(25)$$

$$(26)$$

$$(27)$$

3.3 钯催化的分子内 C-H 键胺化反应

作为 C-H 键胺化反应第二种机制的代表，钯催化的分子内胺化反应在近些年来有了突飞猛进的发展，已经成为金属催化的分子内 C-H 键胺化反应的研究热点之一。

2002 年，Kitamura 等人报道：在 80 ℃ 的 DMF 溶液中，Pd(PPh₃)₄ 可以催化肟衍生物的分子内 C-H 键胺化反应。如式 28~式 30 所示[45]：采用不同的添加剂，可以成功地合成吡咯、嘧啶和异喹啉类氮杂环类化合物。

$$(28)$$

$$(29)$$

$$(30)$$

2005 年，Buchwald 等人采用 Cu(OAc)$_2$ 和氧气作为氧化剂，使用 Pd(OAc)$_2$ 催化的分子内 C-H 键胺化成功地合成了咔唑类衍生物。如式 31 所示[46]：该反应具有产率高和底物范围广等优点。

$$(31)$$

2008 年，Gaunt 等人使用相同的氧化剂和催化剂，在甲苯溶剂中室温下合成了咔唑类衍生物。如式 32 所示[47]：该方法具有催化剂用量少、反应条件温和、产率高的优点。

$$(32)$$

2007 年，Hiroya 等人报道：采用 Cu(OAc)$_2$ 和 AgOCOCF$_3$ 作为氧化剂，Pd(OAc)$_2$ 可以有效地催化腙的分子内 C-H 键胺化反应。如式 33 所示[48]：该方法具有反应条件温和、效率较高等优点，是一种合成二氮杂环化合物的新方法。

$$(33)$$

反应条件: Pd(OAc)$_2$, DMSO, 50 °C, Cu(OAc)$_2$, AgOCOCF$_3$

2007 年，White 等人利用二亚砜类化合物为配体和醌为氧化剂，使用 Pd(OAc)$_2$ 催化剂有效地实现了烯丙基的分子内 C-H 键胺化。如式 34 所示[49]：该反应呈现出很好的立体选择性。

$$\text{(34)}$$

2009 年，Yu 课题组利用 Pd(OAc)$_2$ 作为催化剂、Ce(SO$_4$)$_2$ 或内盐化合物 **1** 作为氧化剂，成功地实现了三氟甲磺酰基保护的脂肪胺的分子内 C-H 键胺化反应。如式 35 所示[50]：该反应生成二氢吲哚衍生物，具有产率较高和底物适用范围较广的优点。

$$\text{(35)}$$

反应条件: i. Pd(OAc)$_2$ (15 mol%), Ce(SO$_4$)$_2$ (3 eq.), DMF (6 eq.), DCM, 100 $^\circ$C, 6 h; ii. Pd(OAc)$_2$ (10 mol%), **1** (2 eq.), DMF (6 eq.), DCM, 120 $^\circ$C, 72 h.

2010 年，Hartwig 等人采用 Pd(dba)$_2$ 作为催化剂和 Cs$_2$CO$_3$ 作为碱试剂，在 150 $^\circ$C 的甲苯溶液中实现来肟酯衍生物的分子内 C-H 键胺化反应。如式 36 所示[51]：该反应生成吲哚类产物，具有产率较高和催化剂用量很少 (1 mol%) 的优点。

$$\text{(36)}$$

2010 年，Doi 等人采用 PdCl$_2$ 和 Cu(OAc)$_2$ 为催化剂、氧气为氧化剂，在 120 $^\circ$C 的 DMSO 溶液中实现了酰胺的分子内 C-H 键胺化反应。如式 37 所示[52]：该反应生成 4-芳基-2-喹啉酮类产物，具有产率较高和底物的适用面较广的优点。

$$\text{(37)}$$

3.4 其它过渡金属催化的分子内 C-H 键胺化反应

除了铑、钌和钯之外，其它过渡金属催化剂也能够催化实现分子内 C-H 键胺化反应。其中也不乏有一些新颖、高效且环境比较友好的新方法，例如：Cu、Mn、Co 和 Ag 等金属催化剂均可用于该目的。

2004 年，He 等人报道：采用 AgNO$_3$ 作为催化剂、^{t}Bu$_3$tpy 作为配体、Ph(OAc)$_2$ 作为氧化剂，在回流的乙腈溶液中以较高的产率实现了酰胺和磺酰胺的分子内 C-H 键胺化 (式 38 和式 39)[53]。

$$\text{H}_2\text{N} \underset{R}{\overset{O}{\diagup}} \quad \xrightarrow[\text{58\%\textasciitilde 85\%}]{\substack{\text{AgNO}_3 \text{ (4 mol\%), }^t\text{Bu}_3\text{tpy (4 mol\%)} \\ \text{PhI(OAc)}_2, \text{CH}_3\text{CN, 82 }^o\text{C}}} \quad \underset{R}{\overset{O}{\text{HN}\diagup\text{O}}} \qquad (38)$$

$$\text{H}_2\text{N} \underset{R}{\overset{O\,\,O}{\diagup}} \quad \xrightarrow[\text{53\%\textasciitilde 90\%}]{\substack{\text{AgNO}_3 \text{ (4 mol\%), }^t\text{Bu}_3\text{tpy (4 mol\%)} \\ \text{PhI(OAc)}_2, \text{CH}_3\text{CN, 82 }^o\text{C}}} \quad \underset{R}{\overset{O\,\,O}{\text{HN}\diagup\text{O}}} \qquad (39)$$

2007 年，Driver 等人采用 ZnI$_2$ 作为催化剂，在二氯甲烷溶剂室温下实现了二烯基叠氮化物的分子内 C-H 键胺化反应，成功地合成了吡咯化合物。如式 40 所示[54]：该反应条件温和、催化剂用量少、最高产率可达 95%。

$$R^1 \underset{R^2 \,\, N_3}{\diagdown} \overset{O}{\underset{}{\diagup}} R^3 \quad \xrightarrow[\text{43\%\textasciitilde 95\%}]{\text{ZnI}_2 \text{ (5 mol\%), CH}_2\text{Cl}_2\text{, rt}} \quad \underset{R^1}{\overset{R^2}{\diagdown}} \underset{\text{N}}{\diagdown} \underset{H}{\overset{O}{\diagup}} R^3 \qquad (40)$$

2007 年，Zhang 等人报道：钴催化剂 Co(TPP) 可以催化磺酰叠氮与邻位 C$_{(sp^3)}$-H 键反应形成五元环磺酰胺。如式 41 所示[55]：该反应过程中不需要加入任何其它氧化剂和添加剂。

$$(41)$$

2007 年，Buchwald 等人报道：以氧气为氧化剂和醋酸为添加剂，Cu(OAc)$_2$ 可以在 100 ^{o}C 的 DMSO 溶液中催化脒的分子内 C-H 键胺化反应。如式 42 所示[56]：该反应可以用于苯并咪唑类化合物的合成，具有收率高和底物适应性好的优点。

$$R^1 \underset{NH}{\overset{H}{\bigsqcup}} \xrightarrow[R^2]{N} \xrightarrow[\begin{array}{c}\text{Cu(OAc)}_2 \text{ (15 mol\%), HOAc}\\ \text{(5 eq.), DMSO, O}_2, 100\ ^\circ\text{C, 18 h}\\ 68\%\sim89\%\end{array}]{} R^1 \underset{H}{\overset{N}{\bigsqcup}} R^2 \qquad (42)$$

2008 年，Driver 等人报道了 FeBr$_2$ 催化的芳基叠氮类化合物的分子内 C-H 键胺化反应。如式 43 所示[57]：该反应在回流的二氯甲烷溶液中生成苯并咪唑类产物。这个铁催化的反应不仅可以在温和条件下进行，还显示出了高效、经济和环境友好等优点。

$$R \underset{N_3}{\overset{NH_2}{\bigsqcup}} + ArCHO \xrightarrow[]{MgSO_4,\ CH_2Cl_2,\ 25\ ^\circ C} \left[R \underset{N_3}{\overset{N=\overset{}{\bigsqcup}Ar}{\bigsqcup}} \right]$$

$$\xrightarrow[54\%\sim92\%]{\text{FeBr}_2 \text{ (30 mol\%), 4A MS (150\%), 40 }^\circ\text{C}} R \underset{H}{\overset{N}{\bigsqcup}} Ar \qquad (43)$$

2009 年，Driver 等人报道了 [(cod)Ir(OMe)]$_2$ 催化的邻位取代的芳基叠氮类化合物的分子内 C-H 键胺化反应。如式 44 所示[58]：该反应在 25 ℃ 的苯溶液中进行，以较高的收率得到了二氢吲哚类产物。

$$R \underset{N_3}{\overset{\overset{Ar}{\bigsqcup}H}{\bigsqcup}} \xrightarrow[\begin{array}{c}\text{[(cod)Ir(OMe)]}_2 \text{ (2 mol\%)}\\ \text{PhH, 25 }^\circ\text{C, 15 h}\\ 52\%\sim82\%\end{array}]{} R \underset{NH}{\overset{Ar}{\bigsqcup}} \qquad (44)$$

$$\left[R \underset{\overset{+}{N}}{\overset{\overset{Ar}{\bigsqcup}H}{\bigsqcup}} \right]_{[Ir]^-}$$

2009 年，Allen 等人报道：使用简单的 CuCl$_2$ 作为催化剂，可通过两步反应实现 N-磺酰基氧氮丙啶的分子内 C-H 键胺化反应。如式 45 所示[59]：该反应为氮杂环化合物的合成提供了一个新方法。

$$\underset{Ph}{\overset{O\bigsqcup N-Bs}{\bigsqcup}} \xrightarrow[\begin{array}{c}\text{CuCl}_2 \text{ (2 mol\%)}\\ \text{LiCl (4 mol\%), acetone}\end{array}]{} \left[\underset{Ph}{\overset{OH}{\underset{NBs}{\bigsqcup}}} + \underset{Ph}{\overset{O}{\underset{NHBs}{\bigsqcup}}} \right] \qquad (45)$$

$$\underset{Ph}{\overset{NBs}{\bigsqcup}} \xleftarrow[\text{overall 81\%}]{\text{NaBH(OAc)}_3, \text{ HCl, THF}}$$

2010 年，Zhang 等人报道：使用 [Co(II)(Por)] 催化的磷酰叠氮化物的分子内 C-H 键胺化反应可以得到环邻酰胺化合物。如式 46 和式 47 所示[60]：该反应不需要进加入任何氧化剂和添加剂，可以在温和条件下有效地合成六元和七元氮环产物。

$$(46)$$

$$(47)$$

3.5 过渡金属催化的分子内 C-H 键胺化反应特点

从近些年来过渡金属催化分子内 C-H 键胺化反应的实例来看，这类反应具有如下特点：

(1) 经过近些年的发展，特别是近三年的发展，过渡金属催化的分子内 C-H 键胺化反应得到了突飞猛进的发展。其底物适用范围越来越宽，可以合成各种氮杂环化合物。不仅反应产率一般较高，而且能够合成手性目标产物。为合成含有氮杂环的天然产物和药物提供了有用的参考。

(2) 在众多金属催化中，存在有前面所述的两种机制；即氮卡宾中间体机制和基于 C-H 键活化的机制。两种机制互为补充，C-H 键活化机制的反应和方法发展得很快，新的反应机制可能会不断出现。

(3) 虽然目前已有的过渡金属催化的 C-H 键分子内胺化反应具有许多优点，但也存在一些不足。例如：使用的过渡金属催化剂大多数为贵重和高毒性的铑、钌和钯等金属，而廉价和低毒的铜或铁催化剂使用得还比较少。另外，这类反应只能发生在电子效应及空间效应相对比较合适的 C-H 键上，一些较难活化的 C-H 键还不能发生。

4 过渡金属催化的分子间 C-H 键胺化反应

由于过渡金属催化的 C-H 键分子内胺化反应具有良好的反应活性和立体选择性。因此，人们试图通过分子间的胺化反应实现在偶联的同时在产物分子中引入氮原子。但是，因为分子间反应的特殊性，要实现此类转化还有较大的挑战。与过渡金属催化的 C-H 键分子内胺化反应相比，分子间胺化反应不能像分子内的胺化反应那样容易地利用过渡金属的配位作用插入到邻近的 C-H 键中。因此，它们的反应更倾向于 C-H 键的活化机制。虽然分子间胺化反应的机制与分子内胺化反应不尽相同，但近些年来其发展速度非常快，也同样涌现出了许多新反应。下面根据过渡金属催化剂和 C-H 键的种类分别加以介绍。

4.1 铜催化的分子间 C-H 键胺化反应

铜催化的分子间 C-H 键胺化反应相对于其它金属来说更为廉价，近些年发展迅速，特别是那些基于 C-H 键活化机制的分子间胺化反应。

2003 年和 2007 年，Pérez 等人先后报道了采用 Tp^{Br3}Cu(NCMe) 催化的脂肪烃和芳香烃的 C-H 键胺化反应。如式 48 所示[61,62]：PhI=NTs 被用作这些反应中的氮源化合物。

(48)

2006 年，Power 等人报道：使用 ^{t}BuOOAc 作为氧化剂和在分子筛的存在下，Cu(OTf)$_2$ 和含氮配体生成的催化剂体系可以成功地催化苄基 C-H 键的胺化反应 (式 49)[63]。

2006 年，Yu 课题组利用 Cu(OAc)$_2$ 作为催化剂和空气作为氧化剂，在 130 ℃实现了 2-苯基吡啶中邻近吡啶环的苯基 C-H 键的活化，得到了 74% 的分子间胺化反应产物 (式 50)[64]。

$$(49)$$

反应条件：Cu(OTf)$_2$ (2 × 5 mol%), 1,10-phen. (5 mol%),
t-BuOOAc (1.5 eq.), 4A Ms, DCE

$$(50)$$

2007 年，Yu 等人报道：使用 PhI(OAc)$_2$ 作为氧化剂和 TsNH$_2$ 或 PhI=NTs 作为氮源，Cu(CF$_3$SO$_3$)$_2$ 可以在 CH$_2$Cl$_2$ 溶液中催化邻近氧原子的 C-H 键的胺化反应 (式 51)[65]。

$$(51)$$

2007 年，Nicholas 等人利用 [Cu(CH$_3$CN)$_4$]PF$_6$ 作为催化剂和 TsNNaCl 作为氮源，在无水条件下实现了苄基 C-H 键的胺化反应 (式 52)[66]。

$$(52)$$

2007 年，Fu 等人建立了一种方便实用的铜催化的邻近氮原子 C$_{(sp3)}$-H 键的胺化方法。如式 53 所示[67]：该方法使用 CuBr 作为催化剂和 ^{t}BuOOH 作为氧化剂，实现了简单的酰胺底物分子间 C-H 键酰胺化反应。2008 年，他们又建立了另一种铜催化分子间 C-H 键胺化的方法。该方法采用 CuBr 作为催化剂和 NXS (X 为 Br 或 Cl) 作为氧化剂，在乙酸乙酯中实现了 C$_{(sp3)}$-H 键的胺化反应。如式 54 和式 55 所示[68]：该反应具有条件温和、产率较高和底物范围较宽的优点。

$$(53)$$

$$\text{(54)}$$

$$\text{(55)}$$

$$X = Br, Cl; \quad Y = CH_3, CH_2, O; \quad Z = C, SO$$

2010 年，Powell 等采用 [MeCN]$_4$Cu(I)PF 作为催化剂和 3-CF$_3$C$_6$H$_4$CO$_3$$t$-Bu 作为氧化剂、在 23 ℃ 下实现了苄基 C-H 键的磺酰胺化反应。如式 56 所示[69]：该反应具有产率较高和条件温和的优点。

$$\text{(56)}$$

2008 年，Fu 等人采用铜催化的 C-H 键的酰胺化反应合成了一系列亚酰胺产物。如式 57 所示[70]：该方法使用 CuBr 为催化剂和 NBS 为氧化剂，在乙腈和四氯化碳的混合溶剂中 70 ℃ 反应数小时即可实现醛基 C-H 键的胺化反应，具有反应条件温和、经济和高效等优点。

$$\text{(57)}$$

2008 年，Shi 等人利用 CuCl 作为催化剂，以 (*R*)-DTBM-SEGPHOS 为手性配体和二叔丁基二氮吖酮为氮源，在 C$_6$D$_6$ 溶液中室温下实现了共轭二烯烃的胺化环合反应。如式 58 所示[71]：用该方法合成的一系列氮杂环化合物具有产率较高和立体选择性的优点。2009 年，他们采用铜催化的方法实现了酮的 α-位 C-H 键胺化反应。如式 59 所示[72]：该反应条件比较温和，构建的氮杂环化合物的产率在 31%~54% 之间。

2009 年，Wang 课题组利用二价铜盐作为催化剂，在 80 ℃ 的甲苯溶液中实现了 *N*-对甲苯磺酰基氮杂环丙烷与腙的胺化反应。如式 60 所示[73]：该反应以空气中的氧气作为氧化剂，以较高的产率得到了一系列六元氮杂环产物。

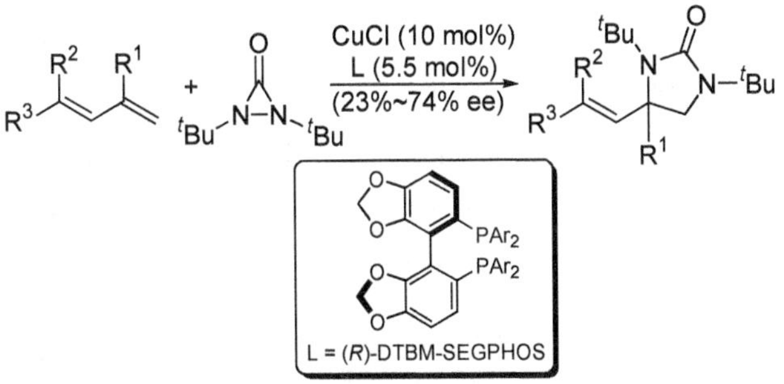

$$(58)$$

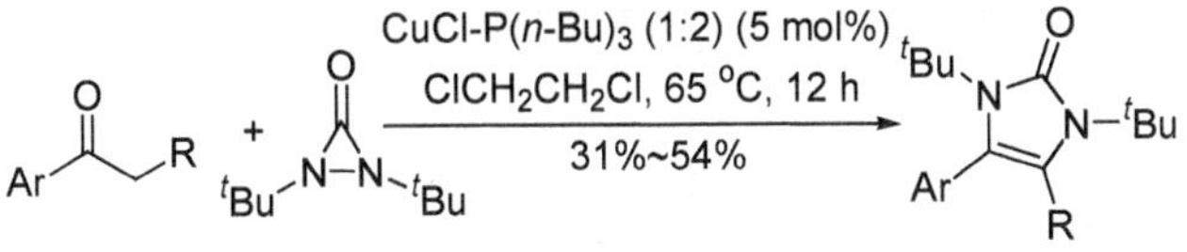

L = (R)-DTBM-SEGPHOS

$$(59)$$

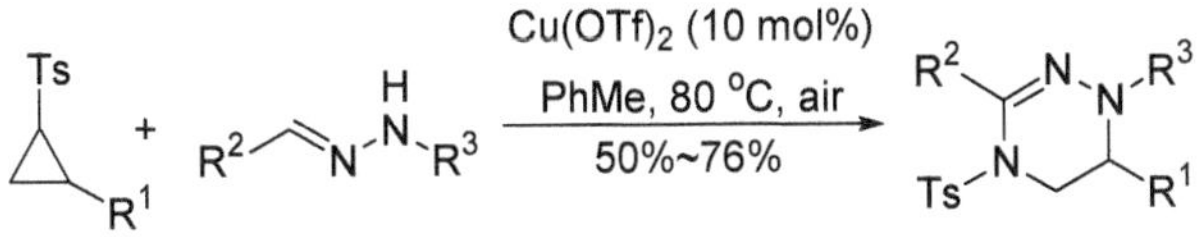

$$(60)$$

2009 年，Mori 课题组利用 Cu(OAc)$_2$ 作为催化剂、三苯基膦作为配体和氧气作为氧化剂，在 140 ℃ 的二甲苯溶液中有效地实现了 C$_{(sp2)}$-H 键的胺化反应 (式 61)[74]。

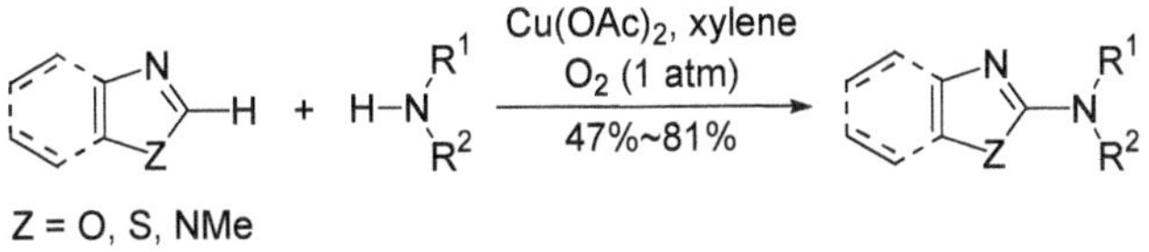

$$(61)$$

Z = O, S, NMe

2010 年，Su 等人报道：使用 TEMPO/O$_2$ 作为氧化剂和叔丁醇钾作为碱试剂，Cu(OAc)$_2$ 可以在 DMF 溶液中有效地催化多氟苯和唑类化合物的 C$_{(sp2)}$-H 键与芳香伯胺的分子间胺化反应 (式 62 和式 63)[75]。

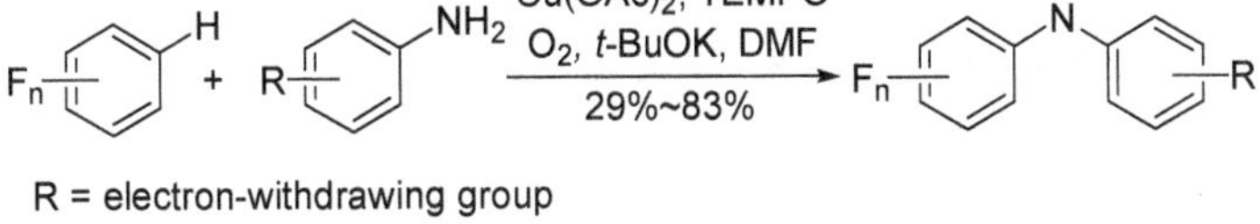

$$(62)$$

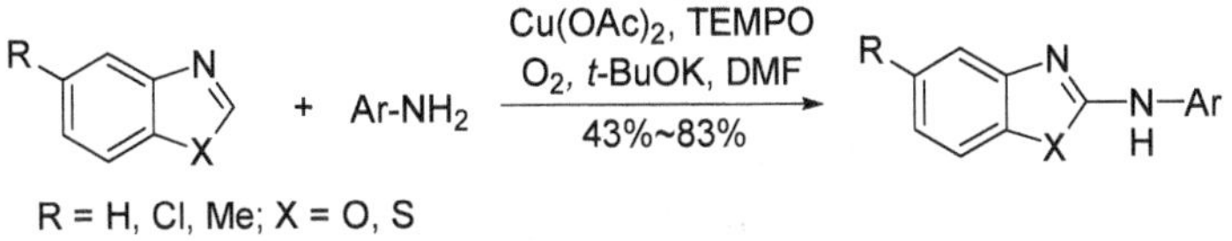

R = electron-withdrawing group

$$(63)$$

R = H, Cl, Me; X = O, S

4.2 钯催化的分子间 C-H 键胺化反应

在分子间胺化反应中，钯催化剂和铜催化剂一样是基于 C-H 键活化机制。

虽然钯催化剂比铜催化剂更昂贵和具有较大的毒性，但钯催化的分子间胺化反应可以在温和条件下实现较高的催化效率。

2006 年，Yu 等人利用芳香环上肟基的邻位效应，使用 Pd(OAc)$_2$ 作为催化剂和 K$_2$S$_2$O$_8$ 作为氧化剂实现了在芳香环的 C$_{(sp2)}$-H 键和脂肪肟邻位 C$_{(sp3)}$-H 键的酰胺化反应。如式 64 和式 65 所示[76]：该反应呈现出了较好的区域和化学选择性。

$$R \overset{N^{\diagup OCH_3}}{\underset{}{\bigcirc}} + H_2NCOR' \xrightarrow[88\%\sim96\%]{\substack{Pd(OAc)_2 (5\ mol\%) \\ K_2S_2O_8,\ DCE}} R \overset{N^{\diagup OCH_3}}{\underset{NHCOR'}{\bigcirc}} \qquad (64)$$

$$\overset{N^{\diagup OCH_3}}{\underset{}{\bigcirc}} + H_2NCOR' \xrightarrow[76\%\sim93\%]{\substack{Pd(OAc)_2 (5\ mol\%) \\ K_2S_2O_8,\ DCE}} \overset{N^{\diagup OCH_3}}{\underset{NHCOR'}{\bigcirc}} \qquad (65)$$

2006 年，Stahl 等人利用 PdCl$_2$(CH$_3$CN)$_2$ 作为催化剂和 PhI(OAc)$_2$ 作为氧化剂，在 80 ℃ 的 DCE 中实现了烯烃的分子间 C-H 键胺化反应。如式 66 所示[77]：该反应不仅产率较高，且具有较高的立体选择性。

$$\overset{}{\underset{R}{\diagup\diagdown}} + HN\overset{O}{\underset{O}{\bigcirc}} \xrightarrow[30\%\sim84\%]{\substack{PdCl_2(CH_3CN)_2 \\ PhI(OAc)_2\ (2\ eq.),\ DCE}} \underset{R}{\overset{NPhth}{\diagup\diagdown}}OAc \qquad (66)$$

2008 年，White 等人报道：使用三价铬盐添加剂和对苯醌作为氧化剂，双亚砜/Pd(OAc)$_2$ 配合物可以有效地催化烯丙烃 C$_{(sp3)}$-H 键与磺酰胺的分子间胺化反应。如式 67 所示[78]：该反应不仅产率较高，且具有较高的立体选择性。

$$\underset{R}{\overset{H}{\diagup\diagdown}} + MeOC(O)NHTs \xrightarrow[52\%\sim72\%]{} R\diagup\diagdown\overset{Ts}{\underset{O}{N}}OMe \qquad (67)$$

$$E:Z > 20:1$$

反应条件：PhSOCH$_2$CH$_2$SOPh, Pd(OAc)$_2$ (10 mol%), BQ (2 eq.),
　　　　Cr^{III}(salen)Cl (6 mol%), TBME (0.66 mol/L), 45 ℃, 72 h.
TBME = *tert*-butyl methyl ether

2008 年，Houlden 等人利用 Pd(OTs)$_2$ 作为催化剂和对苯醌作为氧化剂，在 60 ℃ 的甲苯溶液中实现了 1,2-二烯烃与芳基脲的分子间 C-H 键胺化反应（式 68）[79]。

$$\underset{Me_2N\overset{}{\underset{O}{\diagdown}}}{\overset{}{\bigcirc}}\text{-NH} + \diagup\diagdown\diagup\diagdown R \xrightarrow[45\%\sim82\%]{\substack{(MeCN)_2PdCl_2\ (10\%),\ BQ \\ (1.0\ eq.),\ PhMe,\ 60\ ^{\circ}C,\ 1\ h}} \underset{Me_2N\overset{}{\underset{O}{\diagdown}}}{\overset{}{\bigcirc}}\diagdown R \qquad (68)$$

2008 年，Liu 等人报道：使用顺丁烯二酸酐作为添加剂、乙酸钠作为碱试剂、4 A 分子筛作为吸水剂和氧气作为氧化剂，Pd(OAc)₂ 可以在 35 ℃ 的 DMA 溶液中催化烯丙基的 C-H 键分子间胺化反应。如式 69 所示[80]：该反应生成烯丙胺衍生物，具有产率较高和反应条件温和的优点。

$$R'O\underset{O}{\overset{}{\diagup}}NHTs + \diagdown R \xrightarrow[\substack{\text{MA (40 mol\%), NaOAc (25 mol\%)} \\ \text{4A MS, DMA, 35 }^\circ\text{C} \\ 53\%\sim87\%}]{\text{Pd(OAc)}_2\text{ (10 mol\%), O}_2\text{ (6 atm)}} R'O\underset{O}{\overset{\text{Ts}}{\diagup}}N\diagdown R \quad (69)$$

2009 年，Cenini 等人使用 [Pd(Phen)₂][BF₄]₂ 作为催化剂和 CO 作为还原剂，实现了芳基硝基化合物与炔烃的分子间胺化反应生成吲哚环产物。如式 70 所示[81]：

$$\text{(70)}$$

2010 年，Ishii 使用 Pd(OCOCF₃)₂/NPMoV 作为催化剂和空气中的氧气作为氧化剂，在 40 ℃ 的 THF 溶剂中实现了烯丙基与酰胺的分子间 C-H 键胺化反应。如式 71 所示[82]：该反应显示出产率较高和条件温和等特点。

$$R^1PhNH + \diagdown R^2 \xrightarrow[\substack{\text{THF, 40 }^\circ\text{C, air (10 atm)} \\ 46\%\sim75\%}]{\text{Pd(OCOCF}_3)_2\text{/NPMoV}} R^1PhN\diagdown R^2 \quad (71)$$

NPMoV = molybdovanadophosphate salt

4.3 铑催化的分子间 C-H 键胺化反应

铑催化剂广泛应用在分子内 C-H 键胺化反应中，它们在分子间 C-H 键胺化反应也取得了较好的结果。

2002 年，Yamawaki 等人使用 Rh₂(S-TCPTTL)₄ 作为催化剂和磺酰胺作为氮源，在二氯甲烷溶剂中成功地实现了苄基和丙烯基 C(sp3)-H 键的分子间胺化反应。如式 72 和式 73 所示[83]：该反应具有产率较高和立体选择性好等特点。

$$\text{(72)}$$

$$\text{(图)} \quad \xrightarrow[\text{54\%}]{\begin{array}{c}\text{Rh}_2(S\text{-TCPTTL})_4 \\ \text{(2 mol\%), CH}_2\text{Cl}_2\end{array}} \quad \text{(图) NHNs} \qquad (73)$$

2006 年，Davies 课题报道：使用 PhI(OAc)$_2$ 作为氧化剂和磺酰胺作为氮源，Rh$_2$(TCPTAD)$_4$ 可以高产率和高立体选择性地催化苄基 C-H 键的酰胺化（式 74）[84]。

$$\text{(图)} \quad \xrightarrow[\text{95\%, 94\% ee}]{\text{NsNH}_2/\text{PhI(OAc)}_2, \text{Rh}_2(\text{TCTAD})_4} \quad \text{(图) NHNs} \qquad (74)$$

2006 年，Lebel 等人报道：采用碳酸钾为碱试剂和磺酰胺作为氮源，Rh$_2$(TPA)$_4$ 可以在室温下的二氯甲烷溶液中有效地催化烃类分子间 C-H 键的胺化反应。如式 75 所示[85]：该反应条件温和且收率较高，脂肪烃和芳香烃均可用作合适的底物。

$$R^1\text{(图)}R^2 + Cl_3C\text{(图)}\underset{H}{N}\text{-OTs} \quad \xrightarrow[\text{50\%~87\%}]{\begin{array}{c}\text{Rh}_2(\text{TPA})_4 (5\text{~}6 \text{ mol\%}) \\ K_2CO_3 (3 \text{ eq.})\end{array}} \quad \underset{R^1}{\overset{\text{NHTroc}}{\text{(图)}}}R^2 \qquad (75)$$

2007 年，Murry 等人报道：使用 PhI(OC(O)^{t}Bu)$_2$ 作为氧化剂和乙酸异丙基酯 (IPAC) 作为溶剂，Rh$_2$(esp)$_2$ 可以有效地催化醛与磺酰胺的偶合反应形成酰亚胺产物（式 76）[86]。

$$R\text{(图)}_H + H_2N\text{(图)}R' \quad \xrightarrow[\text{62\%~94\%}]{\begin{array}{c}\text{PhI(OC(O)}^t\text{Bu})_2, \text{Rh}_2(\text{esp})_2 \\ \text{(2 mol\%), IPAC, 0~50 }^{\circ}\text{C}\end{array}} \quad R\text{(图)}\underset{H}{N}\text{(图)}R' \qquad (76)$$

2008 年，Dauban 等人报道：使用 PhI(OCOt-Bu)$_2$ 作为氧化剂和磺酰胺作为氮源，手性铑催化剂 [Rh$_2$((S)-nta)$_4$] 可以在二氯甲烷和甲醇的混合溶剂中催化烃类化合物的分子间 C-H 键胺化反应。如式 77 所示[87]：该反应底物包括苄基型、烯丙型化合物和烷烃类化合物，反应具有良好的收率和立体选择性。

$$(77)$$

4.4 其它过渡金属催化的分子间 C-H 键胺化反应

除了铜、钯或铑催化剂常常用于催化分子间的 C-H 键胺化反应外，其它一些过渡金属也同样可以催化分子间 C-H 键胺化反应，其中包括：钌、锰、银、金、钴、铁等试剂。特别是铁试剂催化的反应发展最为迅猛，为人们提供了一种经济和高效的 C-H 键胺化的新方法。

2000 年，Che 等人采用 Ru(Me₃tacn)(L₂)(L')] 作为催化剂和 PhI=NTs 作为氮源，在室温下实现了分子间烯丙基位 C-H 键的胺化反应 (式 78 和式 79)[88]。

Me₃tacn = N, N', N''-trimethyl-1,4,7-triazacyclononane

L = CF₃CO₂⁻; L' = CF₃CO₂⁻ or H₂O

2001 年，Jung 等人采用手性锰催化剂和 PhI=NNs 作为氮源，在 5 ℃ 的二氯甲烷溶液中实现了分子间烯丙基位 C-H 键的胺化反应 (式 80)[89]。

2003 年，Cenini 等人采用二价钴卟啉的配合物作为催化剂和芳基叠氮类化合物作为氮源，成功实现了分子间苄基位 C-H 键的胺化反应 (式 81)[90]。遗憾的是，这种反应产率较低。

2005 年，Yun 等人采用 $[(PCy_3)_2(CO)(Cl)Ru=CHCH=C(CH_3)_2]^+BF_4^-$ 作为催化剂、在 80 ℃ 的苯溶液中实现了芳基胺烯和 1,3-二烯烃分子间的胺化反应 (式 82)[91]。

$$
\begin{array}{c}
\text{PhNH}_2 + \text{H}_2\text{C=CH}_2 \xrightarrow[\text{71\%}]{\text{Ru cat., PhH, 80 ℃}} \text{PhNHCH}_2\text{CH}_3 + \text{2-methylquinoline} \quad (82)
\end{array}
$$

48 : 52

2005 年，Widenhoefer 等人采用铂催化剂和苯甲酰胺作为氮源，在 140 ℃ 的三甲基苯中实现了苯乙烯类化合物与酰胺分子间的胺化反应 (式 83)[92]。

$$
\text{PhCONH}_2 + \text{4-R-styrene} \xrightarrow[\substack{\text{P(4-C}_6\text{H}_4\text{CF}_3)_3 \text{ (5 mol\%)} \\ \text{Mesitylene, 140 ℃} \\ \text{45\%~80\%}}]{\text{[PtCl}_2(\text{CH}_2\text{=CH}_2)]_2 \text{ (2.5 mol\%)}} \text{product} \quad (83)
$$

2007 年，He 等人采用 AgOTf 的含氮配体配合物作为催化剂和 PhI=NNs 作为氮源，在 50 ℃ 实现了苄基位 C-H 键的胺化反应 (式 84)[93]。

$$
\text{indane} + \text{NsN=IPh} \xrightarrow[\text{70\%}]{\text{AgOTf/L, CH}_2\text{Cl}_2, 50 ℃} \text{1-NHNs-indane} \quad (84)
$$

$$
L = \text{4,7-diphenyl-1,10-phenanthroline}
$$

2007 年，He 等人采用 $AuCl_3$ 作为催化剂和 PhI=NTs 作为氮源，在二氯甲烷中室温下实现了芳环上 $C_{(sp^2)}$-H 键和苄基 C-H 键的分子间胺化反应。如式 85 和式 86 所示[94]：该反应具有产率较高和反应条件温和等特点。

$$
\text{1,3,5-R}^1\text{R}^2\text{R}^3\text{-benzene} + \text{PhI=NNs} \xrightarrow[\text{61\%~90\%}]{\text{AuCl}_3, \text{CH}_2\text{Cl}_2, \text{rt}} \text{product} \quad (85)
$$

$$
\text{indane}(_n) + \text{PhI=NNs} \xrightarrow[\text{32\%~62\%}]{\text{AuCl}_3, \text{CH}_2\text{Cl}_2, \text{rt}} \text{1-NHNs-product}(_n) \quad (86)
$$

2008 年，Widenhoefer 等人采用 (NHC)AuCl 和 AgOTf 作为催化剂和氨基甲酸酯作为氮源，在 23 ℃ 的 1,4-二氧六环中实现了二烯基化合物的分子间胺化反应，反应产物具有较高的产率 (式 87)[95]。

$$\text{Me} \diagdown \diagup \diagdown_{\text{OBz}} + H_2NCbz \xrightarrow[84\%]{\substack{(NHC)AuCl\ (5\ mol\%),\ AgOTf \\ (5\ mol\%),\ dioxane,\ 23\ ^oC,\ 5\ h}} BzO \diagup \diagdown \diagup \underset{Me}{\overset{NHCbz}{|}} \qquad (87)$$

2008 年，Fu 等人使用廉价的 FeCl$_2$ 作为催化剂、NBS 作为氧化剂、酰胺和磺酰胺作为氮源，在乙酸乙酯中实现了苄基 C$_{(sp3)}$-H 键的分子间胺化反应。如式 88 所示[96]：该方法具有廉价、低毒和反应产率较高等优点。

$$R^1 \diagdown\diagup CH_2R^2 + H_2N \overset{O}{\underset{}{\overset{||}{X}}} R^3 \xrightarrow[60\%\sim81\%]{\substack{FeCl_2\ (10\ mol\%) \\ NBS\ (1.1\ eq.),\ EtOAc}} R^1 \diagdown\diagup \overset{R^2}{\underset{}{\overset{|}{CH}}} \overset{O}{\underset{H}{N}} \overset{O}{\underset{}{\overset{||}{X}}} R^3 \qquad (88)$$
$$X = C,\ SO$$

2008 年，Chan 等人使用 10 mol% 的钌配合物作为催化剂，在室温下催化醛与 PhI=NTs 的偶合反应形成酰亚胺化合物 (式 89)[97]。

$$R \overset{O}{\underset{}{\overset{||}{C}}} H + PhI=NTs \xrightarrow[60\%\sim99\%]{\substack{[Ru(TPP)CO]\ (10\ mol\%) \\ CH_2Cl_2,\ rt,\ 30\ min}} R \overset{O}{\underset{}{\overset{||}{C}}} \overset{}{\underset{H}{N}} Ts \qquad (89)$$

[Ru(TPP)CO]

2008 年，Marks 等人报道：使用 La[N(SiMe$_3$)$_2$]$_3$ 可以有效地催化醛与仲胺的偶合生成酰胺化合物。如式 90 所示[98]：该反应不需要加入氧化剂和碱试剂。

$$R \overset{O}{\underset{}{\overset{||}{C}}} H + HN \overset{R^1}{\underset{R^2}{}} \xrightarrow[27\%\sim98\%]{\substack{La[N(SiMe_3)_2]_3 \\ C_6D_6,\ 25\ ^oC,\ 24\ h}} R \overset{O}{\underset{}{\overset{||}{C}}} N \overset{R^1}{\underset{R^2}{}} \qquad (90)$$

2009 年，Chang 等人采用 AgCO$_3$ 作为催化剂、有机酸作为添加剂和 DMF 作为氮源和溶剂，在 130 ^oC 下实现了 C$_{(sp2)}$-H 键的分子间胺化反应。如式 91 所示[99]：该反应的最高产率可达 91%。

$$R \overset{\overset{O}{\diagup}}{\underset{N}{\diagdown}} H + H \overset{O}{\underset{}{\overset{||}{C}}} N \overset{Me}{\underset{Me}{}} \xrightarrow[41\%\sim91\%]{\substack{AgCO_3,\ acid \\ 130\ ^oC,\ 12\ h}} R \overset{\overset{O}{\diagup}}{\underset{N}{\diagdown}} N \overset{Me}{\underset{Me}{}} \qquad (91)$$

4.5 过渡金属催化的分子间 C-H 键胺化反应的特点

自 2000 年以来，过渡金属催化的分子间 C-H 键胺化反应得到了迅速的发展。近几年内涌现了许多新反应，概括起来有以下特点：

(1) 与过渡金属催化分子内 C-H 键胺化反应一样，分子间胺化反应的金属催化剂种类非常多。特别是近年来发展的铁催化反应，更为经济和环保。胺化反应的氮源种类也各种各样，磺酰胺化合物的应用较多一些。这些反应条件大多数都比较温和，很多反应可在室温条件下进行。

(2) 在分子间 C-H 键胺化反应中，大多是基于 C-H 活化机制进行的。铜和钯催化的反应更是如此。分子间 C-H 键胺化反应大都发生在一些"活化"的 C-H 键上，例如：苄型和烯丙型的 C-H 键。反应当中用到的氧化剂种类也较多，最常使用的是：NBS、PhI(OAc)$_2$ 和氧气等。

(3) 虽然过渡金属催化分子间 C-H 键胺化反应有很多优点，但它们的底物范围比较狭窄，反应只能发生在一些比较特殊的位点上。有些反应使用的添加剂比较多，影响了反应的经济性。在天然产物合成中，分子间胺化反应的应用例子还较少。因此，在经济、绿色和推广应用等方面还面临很大挑战。

5 过渡金属催化的 C-H 键胺化反应在天然产物合成中的应用

众所周知，许多天然产物和药物分子含有氮原子，因此构建 C-N 键在天然产物合成中尤为重要。过渡金属催化的 C-H 键胺化反应提供了一个非常好的构建 C-N 键的方法。由于过渡金属催化 C-H 键胺化反应显示出了产率较高、反应条件温和、且具有良好的立体选择性，近些年一些反应已经在天然产物合成中得到应用。其中，最为著名的当属 Du Bois 教授发现的一些反应，甚至有人将这些反应称之为"Du Bois"反应。

5.1 (+)-Gonyautoxin 3 的合成

(+)-Gonyautoxin 3 (式 92) 是细胞毒素 PSPs 的一个成分，它能够通过干扰钠离子通道来抑制细胞传导。人们想通过对它的母核结构进行修饰来研制出一种离子通道调节剂，用于治疗由离子通道引起的疾病。这种药物就是通常所说的离子通道受体药物。

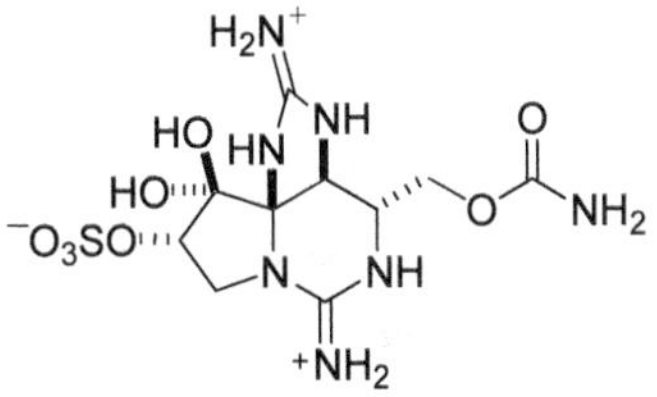

$$ (92) $$

(+)-Gonyautoxin 3

(+)-Gonyautoxin 3 的分子结构中含有三个氮杂环和五个手性碳原子。2008年，Du Bois 课题组成功地将过渡金属催化的 C-H 键胺化反应应用到了该化合物的合成中[100]。在他们报道的全合成路线中，吡咯环上发生的铑催化的 C-H 键胺化反应为构筑化合物的三环母核结构起到了重要作用。如式 93 所示：首先，选用廉价易得的 L-丝氨酸甲酯作为起始原料，经过简单的几步反应得到二环中间体 **1**。然后，在 Rh$_2$(esp)$_2$ 的催化下，中间体 **1** 的脒基发生分子内 C-H 键胺化反应生成三环化合物 **2**。此步反应具有很好的立体选择性，反应产率为 61%。最后，三环化合物 **2** 经过适当的修饰后得到目标产物 (+)-Gonyautoxin 3。

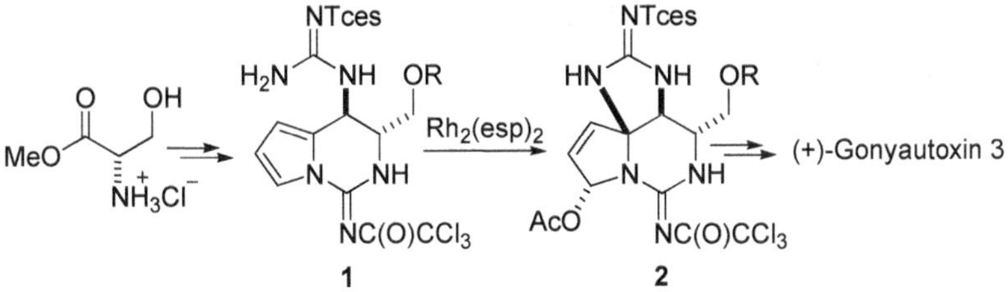

$$ (93) $$

1   **2**

5.2 (−)-Agelastatin A 的合成

1993 年，有人从海洋生物中分离得到一种溴代吡咯生物碱 Agelastatin A (式 94)。由于其特殊的结构和对癌细胞的细胞毒性，引起了化学工作者对其进行全合成的兴趣。文献中已经报道了七条关于 Agelastatin A 的全合成路线，每条路线所使用的策略和方法都不尽相同[101]。

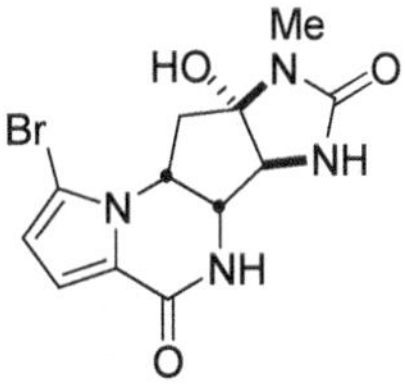

$$ (94) $$

Agelastatin A

Du Bois 课题组成功地将铑催化的分子内胺化反应应用于该化合物的全合成，提供了一种高度立体选择性合成此类化合物的方法。在全合成过程中，铑催化的 C-H 键胺化反应是整个合成途径的关键步骤。如式 95 所示：他们首先选用非常容易得到的内酰胺 **3** 作为起始原料，经过几步简单的转化生成氨基磺酸酯 **4**。然后，在 Rh₂(esp)₂ 的催化下，磺酸酯 **4** 发生分子内 C-H 键胺化反应生成氮杂环丙烷 **5**。该步反应的催化剂用量很小，具有高度的立体选择性。生成的产物非常容易分离，单一对映异构体的产率高达 95%。接着，环丙烷 **5** 经过几步反应得到 C-O 键断裂开环的硒化物 **6**。硒化物 **6** 经过开环和关环以及适当的修饰后生成 **7**，最后经溴代反应生成最终产物 (–)-Agelastatin A。

$$(95)$$

5.3 乌头碱 B/C/D 环系的合成

乌头碱 (式 96) 是从乌头科植物中提取出来的一种生物碱，具有止痛和退热的功效，具有 C_{19}-双萜的框架结构。虽然该类化合物早在 50 多年前已为人们所了解，但是有关它们的全合成工作却很少有文献报道[102]。

$$(96)$$

Du Bois 课题组将过渡金属催化的 C-H 键胺化反应应用到化合物 B/C/D 环的合成中收到了很好的效果。其中，使用铑催化的 C-H 键胺化反应构建环内酰胺是整个合成路线的关键步骤。如式 97 所示：首先，采用 3-乙氧基-2-环己烯-1-酮作为起始原料，经几步反应依次生成中间体 **8** 和 **9**。然后，在 Rh₂(esp)₂

的催化下，中间体 **9** 发生分子内 C-H 键胺化反应生成内酰胺化合物 **10**。该步反应具有高度的立体选择性，收率可达 85%。最后，酰胺化合物 **10** 在碳酸钾和 BF$_3$·OEt$_2$ 的作用下生成目标化合物。

$$(97)$$

6　过渡金属催化的 C-H 键胺化反应实例

例　一

2-甲基庚烷-4-氨基磺酸酯的分子内胺化反应[103]
(铑催化的分子内 C-H 键胺化反应)

$$(98)$$

将 2-甲基庚烷-4-氨基磺酸酯 (262 mg, 1.25 mmol)、MgO (116 mg, 3.0 mmol)、PhI(OAc)$_2$ (443 mg, 1.4 mmol) 和 Rh$_2$(OAc)$_4$ (2 mol%) 的 CH$_2$Cl$_2$ (8 mL) 混合物在 40 ℃ 搅拌直到原料完全消耗。然后冷却至室温，将反应液用 CH$_2$Cl$_2$ (20 mL) 稀释后过滤。固体残留物用 CH$_2$Cl$_2$ (2 × 15 mL) 冲洗，合并的滤液经减压蒸馏除去溶剂。生成的残留物用硅胶柱色谱 (二氯甲烷-正己烷，6:1) 分离纯化，得到白色固体目标产物 (225 mg, 87%)。

例 二
9-乙酰基-2-甲基咔唑的合成[46]
(钯催化的分子内 C-H 键胺化反应)

$$(99)$$

在氮气保护的手套箱中，将无水 Cu(OAc)$_2$ (36.3 mg, 0.2 mmol) 加入到 2-乙酰氨基联苯 (42.3 mg, 0.2 mmol)、Pd(OAc)$_2$ (2.3 mg, 0.01 mmol) 和分子筛粉末 (40 mg) 的混合物中。然后，在氩气氛下用注射器加入甲苯 (2 mL)。生成的混合物用氧气洗涤三次后，密封的反应管在 120 $^{\circ}$C 的油浴中加热 12 h。待反应体系冷至室温后，依次加入蒸馏水 (1 mL)、氨水 (3 mL) 和乙酸乙酯 (3 mL)。分出有机相，水相用乙酸乙酯 (3 × 2 mL) 萃取。合并的有机相用无水硫酸钠干燥、过滤和浓缩。生成的残留物用硅胶柱色谱 (正己烷-乙酸乙酯，93:7) 分离纯化，得到白色固体目标产物 (44 mg, 98%)，熔点 87 $^{\circ}$C。

例 三
N-[2-(吡啶基)-苯基]对甲苯磺酰亚胺的合成[64]
(铜催化的分子间 C-H 键胺化反应)

$$(100)$$

将 2-苯基吡啶 (46.5 mg, 0.3 mmol)、Cu(OAc)$_2$ (54.6 mg, 0.3 mmol) 和对甲苯磺酰胺 (103.0 mg, 0.6 mmol) 的乙腈 (1 mL) 混合物在 130 $^{\circ}$C 搅拌反应 24 h。然后，依次加入二氯甲烷 (20 mL) 和饱和的 Na$_2$S 溶液 (10 mL) 淬灭反应。过滤后的滤液用饱和食盐水洗涤两次，有机相用无水硫酸钠干燥。蒸去溶剂后的残留物用硅胶柱色谱 (正己烷-乙醚，1:2) 分离纯化，得到白色固体目标产物 (71.9 mg, 74%)。

例　四

N-乙酰基-4 硝基苯甲酰胺的合成[70]
(铜催化的醛基分子间 C-H 键胺化反应)

(101)

在室温和氮气氛下，将对硝基苯甲醛 (151 mg, 1 mmol)、乙酰胺 (71 mg, 1.2 mmol) 和 CuBr (7 mg, 0.05 mmol) 依次加入到圆底烧瓶中。搅拌 15 min 后，再加入 NBS (1.5 mmol, 267 mg)。生成的混合物在 90 ℃ 搅拌反应 15 h 后，冷至室温。过滤的残留物用乙酸乙酯洗涤三次 (3 × 2 mL)，滤液在减压下蒸去溶剂。生成的残留物经硅胶柱色谱 (石油醚-乙酸乙酯，1:1) 分离纯化，得到白色固体目标产物 (193 mg, 93%)，熔点 236~238 ℃。

例　五

N-(二苯甲基)苯甲酰胺的合成[96]
(铁催化的分子间 C-H 键胺化反应)

(102)

将二苯甲烷 (202 mg, 1.2 mmol)、FeCl₂ (13 mg, 0.1 mmol)、NBS (195 mg, 1.1 mmol)、苯甲酰胺 (121 mg, 1 mmol) 的 EtOAc (2 mL) 混合物在 50 ℃ 搅拌反应 6 h。然后冷却至室温，过滤的滤渣用乙酸乙酯洗涤两次，滤液用无水硫酸钠干燥后蒸去溶剂。生成的残留物经硅胶柱色谱 (石油醚-乙酸乙酯，15:1) 分离纯化，得到白色固体目标产物 (195.2 mg, 68%)，熔点 168~170 ℃。

7　参考文献

[1] Godula, K.; Sames, D. *Science* **2006**, *312*, 67.

[2] Bergman, R. G. *Nature* **2007**, *446*, 391.

[3] Cho, J.-Y.; Tse, M. K.; Holmes, D.; Maleczka Jr., R. E.; Smith III, M. R. *Science* **2002**, *295*, 305.

[4] Chen, H.; Schlecht, S.; Semple, T. C.; Hartwig, J. F. *Science* **2000**, *287*, 1995.

[5] Labinger, J. A.; Bercaw, J. E. *Nature* **2002**, *417*, 507.

[6] Li, Z.; Bohle, D. S.; Li, C.-J. *Proc. Natl. Acad. Sci. USA* **2006**, *103*, 8928.

[7] Racci, A. Ed. *Modern Amination Methods*, Wiley-VCH: Weinheim, 2000.

[8] Johannsen, M.; Jorgensen, A. *Chem. Rev.* **1998**, *98*, 1689.

[9] Muller, T. E.; Beller, M. *Chem. Rev.* **1998**, *98*, 675.

[10] Salvatore, R. N.; Yoon, C. H.; Jung, K. W. *Tetrahedron* **2001**, *57*, 7785.

[11] Muller, P.; Fruit, V. *Chem. Rev.* **2003**, *103*, 2905.

[12] Halfen, J. A. *Curr. Org. Chem.* **2005**, *9*, 657.

[13] Wolff, M. E. *Chem. Rev.* **1963**, *63*, 55.

[14] Löffler, K.; Freytag, C. *Ber.* **1909**, *42*, 3427.

[15] Coleman, G. H.; Schulze, C. C.; Hsppens, H. A. *Proc. Nat Acad. Sci. USA* **1940**, *47*, 264.

[16] Breslow, R.; Gellman, S. H. *J. Chem. Soc. Chem. Commun.* **1982**, 1400.

[17] Mansuy, D.; Mahy, J. P.; Dureault, A.; Bedi, G.; Battioni, P. *J. Chem. Soc., Chem. Commun.* **1984**, 1161.

[18] Barton, D. H. R.; Haymotherwell, R. S.; Motherwell, W. B. *J. Chem. Soc., Perkin Trans.* **1983**, *1*, 445.

[19] Breslow, R.; Gellman, S. H. *J. Am. Chem. Soc.* **1983**, *105*, 6728.

[20] Muller, P.; Baud, C.; Jacquier, Y.; Moran, M.; Nageli, I. *J. Phys. Org. Chem.* **1996**, *9*, 341.

[21] Nageli, I.; Baud, C.; Bernardinelli, G.; Jacquier, Y.; Moran, M.; Muller, P. *Helv. Chim. Acta* **1997**, *80*, 1087.

[22] Muller, P.; Baud, C.; Nageli, I. *J. Phys. Org. Chem.* **1998**, *11*, 597.

[23] Evans, D. A.; Faul, M. M.; Bilodeau, M. T. *J. Org. Chem.* **1991**, *56*, 6744.

[24] Evans, D. A.; Faul, M. M.; Bilodeau, M. T. *J . Am. Chem. Soc.* **1994**, *116*, 2742.

[25] Evans, D. A.; Faul, M. M.; Bilodeau, M. T.; Anderson, B. A.; Barnes, D. M. *J. Am. Chem. Soc.* **1993**, *115*, 5328.

[26] Collet, F.; Dodd, R. H.; Dauban, P. *Chem. Commun.* **2009**, 5061.

[27] Espino, C. G.; Du Bois, J. *Angew. Chem., Int. Ed.* **2001**, *40*, 598.

[28] Espino, C. G.; Fiori, K. W.; Kim, M.; Du Bois, J. *J. Am. Chem. Soc.* **2004**, *126*, 15378.

[29] Wehn, P. M.; Lee, J.; Du Bois, J. *Org. Lett.* **2003**, *5*, 4823.

[30] Padwa, A.; Stengel, T. *Org. Lett.* **2002**, *4*, 2137.

[31] Parker, K. A.; Chang, W. *Org. Lett.* **2005**, *7*, 1785.

[32] Levites-Agababa, E.; Menhaji, E.; Perlson, L. N.; Rojas, C. M. *Org. Lett.* **2002**, *4*, 863.

[33] Fruit, C.; Müller, P. *Tetrahedron: Asymmetry* **2004**, *15*, 1019.

[34] Lebel, H.; Huard, K.; Lectard, S. *J. Am. Chem. Soc.* **2005**, *127*, 14198.

[35] Toumieux, S.; Compain, P.; Martin, O. R.; Selkti, M. *Org. Lett.* **2006**, *8*, 4493.

[36] Kim, M.; Mulcahy, J. V.; Espino, C. G.; Du Bois, J. *Org. Lett.* **2006**, *8*, 1073.

[37] Reddy, R. P.; Davies, H. M. L. *Org. Lett.* **2006**, *8*, 5013.

[38] Stokes, B. J.; Dong, H.; Leslie, B. E.; Pumphrey, A. L.; Driver, T. G. *J. Am. Chem. Soc.* **2007**, *129*, 7500.

[39] Shen, M.; Leslie, B. E.; Driver, T. G. *Angew. Chem., Int. Ed.* **2008**, *47*, 5056.

[40] Stokes, B. J.; Jovanovic, B.; Dong, H.; Richert, K. J.; Riell, R. D.; Driver, T. G. *J. Org. Chem.* **2009**, *74*, 3225.

[41] Cenini, S.; Bettettini, E.; Fedele, M.; Tollari, S. *J. Mol. Catal. A: Chem.* **1996**, *111*, 37.

[42] Liang, J.-L.; Yuan, S.-X.; Huang, J.-S.; Yu, W.-Y.; Che, C.-M. *Angew. Chem., Int. Ed.* **2002**, *41*, 3465.

[43] Liang, J.-L.; Yuan, S.-X.; Huang, J.-S.; Che, C.-M. *J. Org. Chem.* **2004**, *69*, 3610.

[44] Shou, W. G.; Li, J.; Guo, T.; Lin, Z.; Jia, G. *Organometallics* **2009**, *28*, 6847.

[45] Kitamura, M.; Narasaka, K. *Chem. Rev.* **2002**, *2*, 268.

[46] Tsang, W. C. P.; Zheng, N.; Buchwald, S. L. *J. Am. Chem. Soc.* **2005**, *127*, 14560.

[47] Jordan-Hore, J. A.; Johansson, C. C. C.; Gulias, M.; Beck, E. M.; Gaunt, M. J. *J. Am. Chem. Soc.* **2008**,

130, 16184.

[48] Inamoto, K.; Saito, T.; Katsuno, M.; Sakamoto, T.; Hiroya, K. *Org. Lett.* **2007**, *9*, 2931.

[49] Fraunhoffer, K. J.; White, M. C. *J. Am. Chem. Soc.* **2007**, *129*, 7274.

[50] Mei, T.-S.; Wang, X.; Yu, J.-Q. *J. Am. Chem. Soc.* **2009**, *131*, 10806.

[51] Tan, Y.; Hartwig, J. F. *J. Am. Chem. Soc.* **2010**, *132*, 3676.

[52] Inamoto, K.; Saito, T.; Hiroya, K.; Doi, T. *J. Org. Chem.* **2010**, *75*, 3900.

[53] Cui, Y.; He, C. *Angew. Chem., Int. Ed.* **2004**, *43*, 4210.

[54] Dong, H.; Shen, M.; Redford, J. E.; Stokes, B. J.; Pumphrey, A. L.; Driver, T. G. *Org. Lett.* **2007**, *9*, 5191.

[55] Ruppel, J. V.; Kamble, R. M.; Zhang, X. P. *Org. Lett.* **2007**, *9*, 4889.

[56] Brasche, G.; Buchwald, S. L. *Angew. Chem., Int. Ed.* **2008**, *47*, 1932.

[57] Shen, M.; Driver, T. G. *Org. Lett.* **2008**, *10*, 3367.

[58] Sun, K.; Sachwani, R.; Richert, K. J.; Driver, T. G. *Org. Lett.* **2009**, *11*, 3598.

[59] Allen, C. P.; Benkovics, T.; Turek, A. K.; Yoon, T. P. *J. Am. Chem. Soc.* **2009**, *131*, 12560.

[60] Lu, H.; Tao, J.; Jones, J. E.; Wojtas, L.; Zhang, X. P. *Org. Lett.* **2010**, *12*, 1248.

[61] Díaz-Requejo, M. M.; Belderraín, T. R.; Nicasio, M. C.; Trofimenko, S.; Pérez, P. J. *J. Am. Chem. Soc.* **2003**, *125*, 12078.

[62] Fructos, M. R.; Trofimenko, S.; Díaz-Requejo, M. M.; Pérez, P. J. *J. Am. Chem. Soc.* **2006**, *128*, 11784.

[63] Pelletier, G.; Powell, D. A. *Org. Lett.* **2006**, *8*, 6031.

[64] Chen, X.; Hao, X.-S.; Goodhue, C. E.; Yu, J.-Q. *J. Am. Chem. Soc.* **2006**, *128*, 6790.

[65] He, L.; Yu, J.; Zhang, J.; Yu, X.-Q. *Org. Lett.* **2007**, *9*, 2277.

[66] Bhuyan, R.; Nicholas, K. M. *Org. Lett.* **2007**, *9*, 3957.

[67] Zhang, Y.; Fu, H.; Jiang, Y.; Zhao, Y. *Org. Lett.* **2007**, *9*, 3813.

[68] Liu, X.; Zhang, Y.; Wang, L.; Fu, H.; Jiang, Y.; Zhao, Y. *J. Org. Chem.* **2008**, *73*, 6207.

[69] Powell, D. A.; Fan, H. *J. Org. Chem.* **2010**, *75*, 2726.

[70] Wang, L.; Fu, H.; Jiang, Y.; Zhao, Y. *Chem. Eur. J.* **2008**, *14*, 10722.

[71] Du, H.; Zhao, B.; Yuan, W.; Shi, Y. *Org. Lett.* **2008**, *10*, 4231.

[72] Zhao, B.; Du, H.; Shi, Y. *J. Org. Chem.* **2009**, *74*, 4411.

[73] Hong, D.; Lin, X.; Zhu, Y.; Lei, M.; Wang, Y. *Org. Lett.* **2009**, *11*, 5678.

[74] Monguchi, D.; Fujiwara, T.; Furukawa, H.; Mori, A. *Org. Lett.* **2009**, *11*, 1607.

[75] Zhao, H.; Wang, M.; Su, W.; Hong, M. *Adv. Synth. Catal.* **2010**, *352*, 1301.

[76] Thu, H.-Y.; Yu, W.-Y.; Che, C.-M. *J. Am. Chem. Soc.* **2006**, *128*, 9048.

[77] Liu, G.; Stahl, S. S. *J. Am. Chem. Soc.* **2006**, *128*, 7179.

[78] Reed, S. A.; White, M. C. *J. Am. Chem. Soc.* **2008**, *130*, 3316.

[79] Houlden, C. E.; Bailey, C. D.; Ford, J. G.; Gagne, M. R.; Lloyd-Jones, G. C.; Booker-Milburn, K. I. *J. Am. Chem. Soc.* **2008**, *130*, 10066.

[80] Liu, G.; Yin, G.; Wu, L. *Angew. Chem., Int. Ed.* **2008**, *47*, 4733.

[81] Ragaini, F.; Ventriglia, F.; Hagar, M.; Fantauzzi, S.; Cenini, S. *Eur. J. Org. Chem.* **2009**, 2185.

[82] Shimizu, Y.; Obora, Y.; Ishii, Y. *Org. Lett.* **2010**, *12*, 1372.

[83] Yamawaki, M.; Tsutsui, H.; Kitagaki, S.; Anada, M.; Hashimoto, S. *Tetrahedron Lett.* **2002**, *43*, 9561.

[84] Reddy, R. P.; Davies, H. M. L. *Org. Lett.* **2006**, *8*, 5013.

[85] Lebel, H.; Huard, K. *Org. Lett.* **2007**, *9*, 639.

[86] Chan, J.; Baucom, K. D.; Murry, J. A. *J. Am. Chem. Soc.* **2007**, *129*, 14106.

[87] Liang, C.; Collet, F.; Robert-Peillard, F.; Müller, P.; Dodd, R. H.; Dauban, P. *J. Am. Chem. Soc.* **2008**, *130*, 343.

[88] Au, S.-M.; Huang, J.-S.; Che, C.-M.; Yu, W.-Y. *J. Org. Chem.* **2000**, *65*, 7858.

[89] Flanigan, D. L.; Yoon, C. H.; Jung, K. W. *Tetrahedron Lett.* **2005**, *46*, 143.

[90]   Ragaini, F.; Penoni, A.; Gallo, E.; Tollari, S.; Gotti, C. L.; Lapadula, M.; Mangioni, E.; Cenini, S. *Chem. Eur. J.* **2003**, *9*, 249.

[91]   Yi, C. S.; Yun, S. Y. *Org. Lett.* **2005**, *7*, 2181.

[92]   Qian, H.; Widenhoefer, R. A. *Org. Lett.* **2005**, *7*, 2635.

[93]   Li, Z.; Capretto, D. A.; Rahaman, R.; He, C. *Angew. Chem., Int. Ed.* **2007**, *46*, 5184.

[94]   Li, Z.; Capretto, D. A.; Rahaman, R. O.; He, C. *J. Am. Chem. Soc.* **2007**, *129*, 12058.

[95]   Kinder, R. E.; Zhang, Z.; Widenhoefer, R. A. *Org. Lett.* **2008**, *10*, 3157.

[96]   Wang, Z.; Zhang, Y.; Fu, H.; Jiang, Y.; Zhao, Y. *Org. Lett.* **2008**, *10*, 1863.

[97]   Chang, J. W. W.; Chan, P. W. H. *Angew. Chem., Int. Ed.* **2008**, *47*, 1138.

[98]   Seo, S. Y.; Marks, T. J. *Org. Lett.* **2008**, *10*, 317.

[99]   Cho, S. H.; Kim, J. Y.; Lee, S. Y.; Chang, S. *Angew. Chem., Int. Ed.* **2009**, *48*, 9127.

[100]   Mulcahy, J. V.; Du Bois, J. *J. Am. Chem. Soc.* **2008**, *130*, 12630.

[101]   When, P. M.; Du Bois, J. *Angew. Chem., Int. Ed.* **2009**, *48*, 3802.

[102]   Conrad, R. M.; Du Bois, J. *Org. Lett.* **2007**, *9*, 5465.

[103]   Espino, C. G.; Wehn, P. M.; Chow, J.; Du Bois, J. *J. Am. Chem. Soc.* **2001**, *123*, 6935.

金属催化环加成反应合成七元碳环化合物

(Metal-Catalyzed Cycloadditions for Synthesis of Seven-Membered Carbocycles)

廖伟　余志祥[*]

1　七元碳环在天然产物中的重要性

有机化学是现代科学技术的核心之一。它能够为现代科学技术提供各种功能分子 (例如：药物分子、材料分子和农药分子等)，从而使这些科学技术可以服务于人类。有机化学中的有机合成为实现这一目标提供了有力的工具，它使人们能从简单易得的原料出发，利用各种不同的化学反应来合成复杂的目标分子。从维勒 (Friedrich Wöhler) 合成尿素 (1828 年) 开始，有机合成化学走过了二百年的光辉历程。今天，虽然人们合成各种分子的能力已经有了很大的提高，但是仍然有许多挑战性的课题 (例如：合成的原子经济性和步骤经济性等) 等待着化学家们去解决[1]。而这其中的一个主要课题是如何发现和发展高效的构建七元碳环化合物的反应，因为许多具有重要生理和生物活性的天然产物都含有七元碳环骨架 (图 1)。

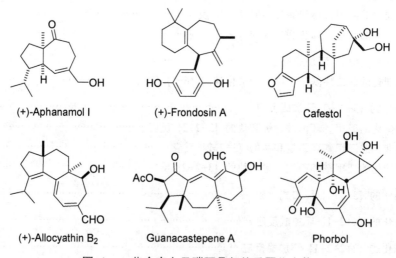

(+)-Aphanamol I　　(+)-Frondosin A　　Cafestol

(+)-Allocyathin B$_2$　　Guanacastepene A　　Phorbol

图 1　一些含有七元碳环骨架的重要化合物

为了研究这些天然产物及其类似物的生理和生物活性并从中发现新的药物分子，化学家需要能够快速高效地合成这些天然产物及其类似物。而在这些天然产物及其类似物的合成中，如何高效地构建七元碳环往往会成为合成工作的瓶颈之一[2]。合成七元碳环的方法不多，常用的分子内关环策略合成环状化合物一般对三至六元环较为有效，而对七至十二元环则成功率很低。目前，用于合成七元环的主要方法是周环类型的环加成反应或重排反应[3](式 1~式 7)[4]。由于天然产物及其类似物的骨架和取代基的多样性，仅仅这些方法还不能满足化学家们在合成上的需要，化学家们还需要进一步发展合成七元碳环的方法。

金属有机化学的发展为七元碳环的合成开辟了一个新的天地[5]。这是因为金属化合物可以通过配位、氧化加成、插入、还原消除等步骤，将两组分或更多组分分子组合在一起来实现不同大小的环系合成 (图 2)。一些环加成反应，例如：[2+2]、[4+4] 或 [6+2] 等，根据 Woodward-Hoffmann 规则，在基态时这些反应是禁阻的。但是当化学家采用金属催化的方法时，则有可能有效地解决这个问题[6]，从而完成金属催化的 [2+2]、[4+4] 或 [6+2] 等环加成反应。

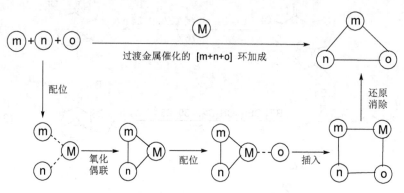

图 2　金属催化的 [m+n+o] 反应示意图

正是由于合成七元碳环的挑战性以及它作为一个基本骨架存在于许多具有重要生理和生物活性的天然产物中这些事实，发展新的合成七元碳环的方法显得非常重要。在本章中，我们将主要介绍不同金属催化的环加成反应是如何来合成七元碳环化合物的。

2　金属催化的 [5+2] 环加成反应

2.1　铑催化的乙烯基环丙烷 (联二烯环丙烷) 和炔、烯、联二烯的 [5+2] 反应

1995 年，Wender 等人首次报道了过渡金属铑催化的分子内 [5+2] 环加成反应[7]。以甲苯为溶剂和 10 mol% 的 RhCl(PPh₃)₃ (Wilkinson 催化剂) 为催化剂，以 88% 的收率将化合物 **1** 转化成为 5,7-并环产物 **2** (式 8)。在该反应中，乙烯基环丙烷和炔基分别被用作五碳组分和二碳组分。

  此后,人们对该类反应的底物、催化剂、选择性和应用等进行了广泛的研究,使 [5+2] 环加成反应成为构建七元碳环最重要的方法之一。从该类反应的发现到今天,[5+2] 环加成反应的底物得到了很大的扩展。如图 3 所示:不仅炔-乙烯基环丙烷可以发生反应,而且烯-乙烯基环丙烷[8]、联二烯-乙烯基环丙烷[9]和炔-联二烯基环丙烷[10]都可以发生反应。

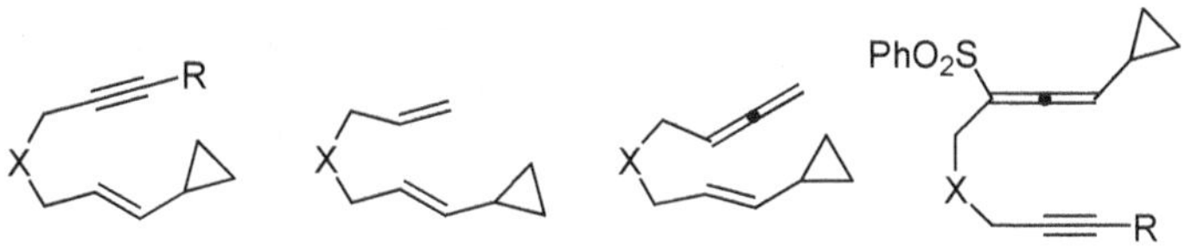

图 3　不同类型的 [5+2] 环加成底物

  如式 9~式 13 所示:不仅分子内 [5+2] 环加成反应可以发生,分子间 [5+2] 环加成反应同样可以进行。炔[11]和联二烯[12]都可以作为二碳组分和乙烯基环丙烷发生分子间 [5+2] 环加成反应,以很好的收率得到七元碳环产物。

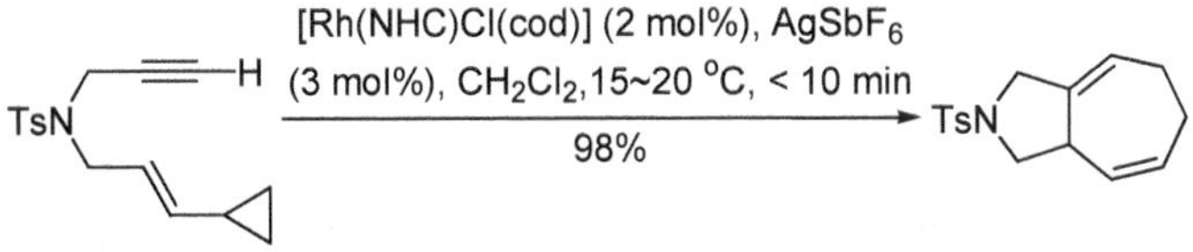

(9)

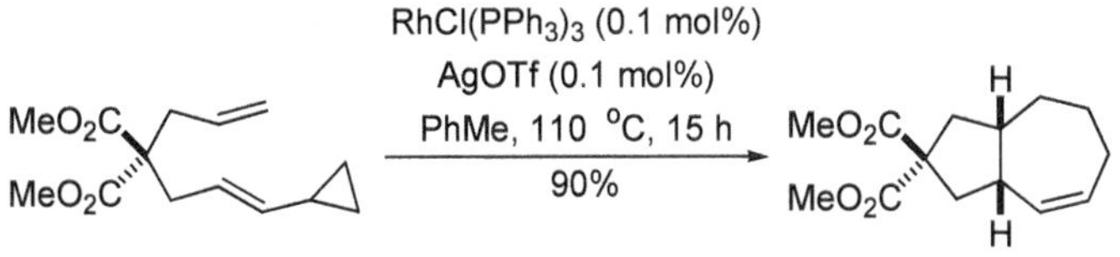

(10)

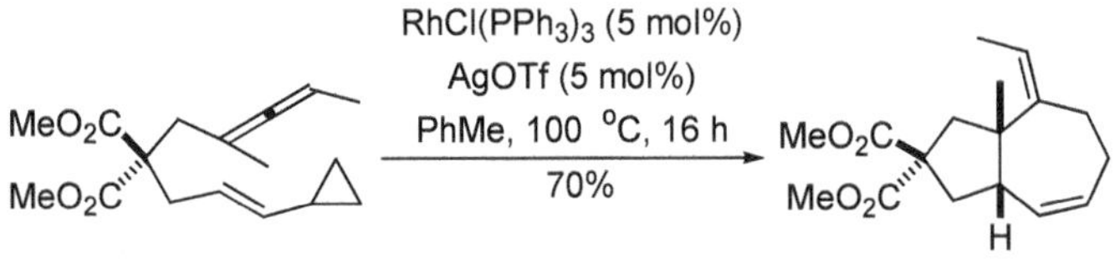

(11)

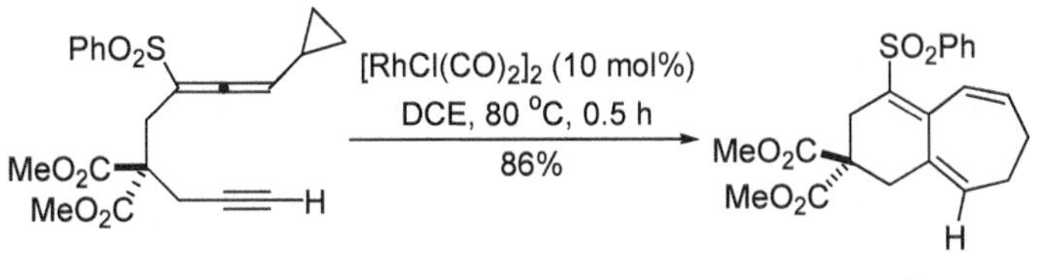

(12)

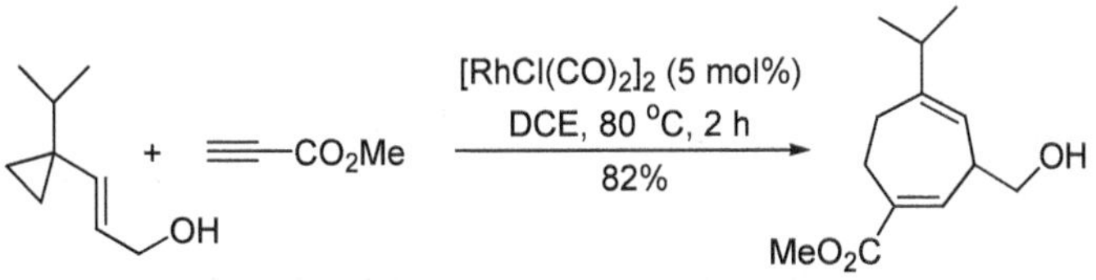

(13)

现在，[5+2] 环加成反应所用的催化剂也有了很大的扩展。1995 年，Wender 等人发现 10 mol% 的 RhCl(PPh₃)₃ (Wilkinson 催化剂) 可以作为该反应的催化剂。1998 年，Wender 等人发现 [RhCl(CO)₂]₂ 作为 [5+2] 环加成反应的催化剂可以使反应在更温和的条件下进行，并且可以缩短反应时间和提高反应的选择性[13]。2002 年，Wender 等人报道了 [(C₁₀H₈)Rh(cod)]SbF₆ 可以作为 [5+2] 环加成反应更为有效的催化剂[14]，催化剂用量可以降至 2 mol%，反应时间可以缩短至 15 min。2006 年，Chung 等人报道了 [Rh(NHC)Cl(COD)]/AgSbF₆ 作为 [5+2] 环加成反应的催化剂[15]，在 2 mol% 催化剂催化下反应可以在 10 min 内完成 (表 1)。

表 1 铑催化的炔-乙烯基环丙烷的分子内 [5+2] 环加成反应以及反应条件比较

序号	底物	产物	反应条件	产率/%
1			RhCl(PPh₃)₃ (10 mol%), PhMe, 110 °C, 2 d	84
2			RhCl(PPh₃)₃ (0.5 mol%), AgOTf (0.5 mol%), PhMe, 110 °C, 20 min	83
3			RhCl(PPh₃)₃ (10 mol%), CF₃CH₂OH, 65 °C, 19 h	90~95
4			[RhCl(CO)₂]₂ (1 mol%), PhMe, 110 °C, 3 h	89
5			[(C₁₀H₈)Rh(cod)]SbF₆ (2 mol%), DCE, rt, 15 min	> 99
6			RhCl(PPh₃)₃ (10 mol%), PhMe, 110 °C, 1.5 h	80
7			[RhCl(CO)₂]₂ (0.5 mol%), CDCl₃, 65 °C, 15 min	78
8			[RhCl(CO)₂]₂ (0.5 mol%), CDCl₃, 30 °C, 14 h	80
9			[Rh(NHC)Cl(cod)] (2 mol%), AgSbF₆ (3 mol%) CH₂Cl₂, 15~20 °C, < 10 min	91

续表

序号	底物	产物	反应条件	产率/%
10	TsN (alkyne-H, cyclopropyl substrate)	TsN (bicyclic product)	[Rh(NHC)Cl(cod)] (2 mol%), AgSbF$_6$ (3 mol%), CH$_2$Cl$_2$, 15~20 °C, < 10 min	98
11			[(C$_{10}$H$_8$)Rh(cod)]SbF$_6$ (5 mol%), DCE, rt, 65 min	90
12	TsN (alkyne-Me, cyclopropyl substrate)	Me, TsN (bicyclic product)	[(C$_{10}$H$_8$)Rh(cod)]SbF$_6$ (5 mol%), DCE, rt, 65 min	90
13			[Rh(NHC)Cl(cod)] (2 mol%), AgSbF$_6$ (2 mol%), CH$_2$Cl$_2$, 15~20 °C, < 10 min	93%
14	MeO$_2$C, MeO$_2$C (alkyne-TMS, cyclopropyl substrate)	TMS, MeO$_2$C, MeO$_2$C (tricyclic product)	[RhCl(CO)$_2$]$_2$ (5 mol%), CDCl$_3$, 30 °C, 3 d	81
15		TMS, MeO$_2$C, MeO$_2$C (tricyclic product)	RhCl(PPh$_3$)$_3$ (10 mol%), PhMe, 110 °C, 7 d	71
14	MeO$_2$C, MeO$_2$C (substrate)	MeO$_2$C, MeO$_2$C (product)	RhCl(PPh$_3$)$_3$ (10 mol%), AgOTf (10 mol%), PhMe, 110 °C, 30 min	82
17	O (ether-linked cyclopropyl substrate) E:Z = 3.3:1	O (bicyclic product) + O (bicyclic product)	[RhCl(CO)$_2$]$_2$ (2 mol%), PhMe, 110 °C, 3 h	84 + 0
18			RhCl(PPh$_3$)$_3$ (10 mol%), PhMe, 110 °C, 2 d	69 + 20
19	O (alkyne-CO$_2$Me, cyclopropyl substrate)	MeO$_2$C, O (bicyclic product)	[(C$_{10}$H$_8$)Rh(cod)]SbF$_6$ (2 mol%), DCE, rt, 10 min	98
20			RhCl(PPh$_3$)$_3$ (10 mol%), AgOTf (10 mol%), PhMe, 110 °C, 1 h	83

续表

序号	底物	产物	反应条件	产率/%
21	TsN（炔-乙烯基环丙烷底物）	TsN（5,7-并环产物）	[(C₁₀H₈)Rh(cod)]SbF₆ (5 mol%)，DCE, 60 °C, 60 min	93
22	（酯桥炔-乙烯基环丙烷底物）	（5,7-并环内酯产物）	[Rh(cod)Cl]₂ (5 mol%)，AgSbF₆ (13 mol%)，HFIP, rt, 2 h	73
23	（酯桥炔-乙烯基环丙烷底物）	（5,7-并环内酯产物）	[Rh(cod)Cl]₂ (5 mol%)，AgSbF₆ (13 mol%)，HFIP, rt, 3 h	84
24	（酯桥炔-乙烯基环丙烷底物）	（5,7-并环内酯产物）	[Rh(cod)Cl]₂ (5 mol%)，AgSbF₆ (13 mol%)，HFIP-CH₂Cl₂, rt, 1 h	78
25	（酯桥炔-乙烯基环丙烷底物）	（5,7-并环内酯产物）	[Rh(cod)Cl]₂ (5 mol%)，AgSbF₆ (13 mol%)，HFIP-CH₂Cl₂, rt, 1 h	97

从表 1 可以看到：以碳桥、氧桥、氮桥、酯桥连接的炔-乙烯基环丙烷化合物都是合适的反应物。乙烯基环丙烷部分可以是简单的乙烯基环丙烷、双键或环丙烷上有取代基的乙烯基环丙烷，炔烃部分可以是端炔或非端炔。酯桥底物需要在非常独特的溶剂六氟异丙醇 (HFIP) 中进行反应，可以合成 5,7-并环的环戊酯[16]。许多铑配合物可以催化该反应，不同催化剂对反应的催化效果不同。一般来讲，正离子铑催化剂 (例如：RhCl(PPh₃)₃/AgOTf、[(C₁₀H₈)Rh(cod)]SbF₆、[Rh(NHC)Cl(cod)]/AgSbF₆) 能够使反应在较短时间内得到较高的产率。而其它的铑催化剂 (例如：RhCl(PPh₃)₃ 或 [RhCl(CO)₂]₂) 则要用较长的反应时间来实现较好的产率 (序号 1~5)。

与炔-乙烯基环丙烷类似，烯-乙烯基环丙烷也可以在铑催化剂作用下发生分子内 [5+2] 环加成反应。如表 2 所示：以碳桥、氧桥和氮桥连接的底物都能以好的收率得到七元碳环产物。简单的乙烯基环丙烷和取代的乙烯基环丙烷都可以作为五碳组分参与反应，双键上的取代基对反应的影响不大。

用 [RhCl(CO)₂]₂ 也可以催化烯-乙烯基环丙烷的 [5+2] 反应，但发现产物中还有 [5+2+1] 产物生成，其中的羰基来自于催化剂中的 CO。Yu 等人用计算化学协助发现了在 CO 的条件下，[RhCl(CO)₂]₂ 可以催化烯-乙烯基环丙烷的 [5+2+1] 反应来合成八元碳环，并将其用于多个天然产物的合成中[17]。

表 2　铑催化的烯-乙烯基环丙烷的分子内 [5+2] 环加成反应

序号	底物	产物	反应条件	产率/%
1	MeO₂C, MeO₂C (结构)	MeO₂C 产物	[(C₁₀H₈)Rh(cod)]SbF₆ (5 mol%), DCE, 60 °C, 6 h	96
2			RhCl(PPh₃)₃ (0.1 mol%), AgOTf (0.1 mol%), PhMe, 110 °C, 15 h	90
3	MeO₂C, MeO₂C (结构)	MeO₂C 产物	RhCl(PPh₃)₃ (10 mol%), AgOTf (10 mol%), PhMe, 100 °C, 5 d	77
4	O (结构)	O 产物	RhCl(PPh₃)₃ (5 mol%), AgOTf (5 mol%), THF, 65 °C, 10 h	70 (94 by GC)
5	MeO₂C, MeO₂C (结构)	MeO₂C 产物	[(C₁₀H₈)Rh(cod)]SbF₆ (10 mol%), DCE, 70 °C, 10 h	75 + 0
6		+	RhCl(PPh₃)₃ (5 mol%), AgOTf (5 mol%), PhMe, 110 °C, 15 h	0 + 78
7		MeO₂C 产物	RhCl(PPh₃)₃ (5 mol%), AgOTf (5 mol%), PhMe, 85 °C, 66 h	67 (2.3:1)
8	MeO₂C, MeO₂C (结构)	MeO₂C 产物	[(C₁₀H₈)Rh(cod)]SbF₆ (5 mol%), DCE, 60 °C, 6.5 h	90
9			RhCl(PPh₃)₃ (1 mol%), AgOTf (1 mol%), PhMe, 85 °C, 10 h	90
10	MeO₂C, MeO₂C (结构)	MeO₂C 产物	RhCl(PPh₃)₃ (10 mol%), AgOTf (10 mol%), PhMe, 110 °C, 1 h	92
11	MeO₂C, MeO₂C (结构)	MeO₂C 产物	RhCl(PPh₃)₃ (10 mol%), AgOTf (10 mol%), PhMe, 110 °C, 1 h	94
12	TsN (结构)	TsN 产物	[(C₁₀H₈)Rh(cod)]SbF₆ (5 mol%), DCE, 60 °C, 19 h	76

如式 14~式 16 所示：联二烯同样可以作为二碳组分参与铑催化的分子内 [5+2] 环加成反应[18]。在含有 [RhCl(CO)2]2 (5 mol%) 的甲苯溶液中，碳桥相连的末端双甲基取代的联二烯-乙烯基环丙烷可以在 2 h 内以 93% 的收率得到含有环外双键的七元环产物。末端单取代或无取代的联二烯-乙烯基环丙烷也可以进行该类反应，并得到好的收率。

$$\text{(14)}$$

$$\text{(15)}$$

$$\text{(16)}$$

乙烯基环丙烷和烯/炔不仅可以发生分子内 [5+2] 环加成反应，也可以发生分子间 [5+2] 环加成反应。1998 年，Wender 等人发表了分子间 [5+2] 环加成反应[19](式 17)。他们的实验结果表明：富电子炔烃、缺电子炔烃、共轭炔烃、端炔和非端炔都能发生该类反应，甚至乙炔也能发生该类反应。

$$\text{(17)}$$

$R^1 = R^2 = H, 79\%; R^1 = CO_2Et, R^2 = H, 93\%$
$R^1 = CO_2Et, R^2 = Me, 92\%; R^1 = CH_2OMe, R^2 = H, 88\%$
$R^1 = CH_2OH, R^2 = H, 74\%; R^1 = Ph, R^2 = H, 81\%$
$R^1 = R^2 = Et, 65\%; R^1 = cyclopropyl, R^2 = H, 88\%$
$R^1 = cyclohex-1-enyl, R^2 = H, 75\%$

后续研究表明：一些非活化的简单乙烯基环丙烷也可以发生分子间 [5+2] 反应[20]。如式 18 所示：在回流的 1,2-二氯乙烷 (DCE) 溶液中，使用 5 mol% 的 [Rh(CO)2Cl]2 催化剂即可有效地催化异丙基取代的乙烯基环丙烷 **3** 和丙炔酸甲酯 **4** 发生 [5+2] 环加成反应，以 82% 的收率得到七元环产物 **5**。2010

年，Wender 等人报道：在回流的 1,2-二氯乙烷 (DCE) 溶液中，使用 0.2~0.5 mol% 的 $[(C_{10}H_8)Rh(cod)]SbF_6$ 催化剂可以在室温下催化乙烯基环丙烷和炔的反应，5 min 即可以很好的收率得到 [5+2] 环加成产物 (式 19)[21]。

$$(18)$$

$$(19)$$

与分子内反应类似，联二烯化合物也可以和乙烯基环丙烷发生分子内 [5+2] 环加成反应[22]。2005 年，Wender 等人首次报道了联二烯化合物作为二碳组分参与的分子间 [5+2] 环加成反应。如式 20 所示：在 1,2-二氯乙烷 (DCE) 中，使用 1 mol% 的 $[RhCl(CO)_2]_2$ 即可催化烷氧基取代的乙烯基环丙烷和多取代联二烯

$$(20)$$

序号	R^1	R^2	R^3	产率 (6:7)
1	≡—TMS	H	Me	95% (1:1.8)
2	≡—Ph	H	Me	83% (1:1.6)
3	≡—Ph	CH_2CO_2Et	Me	92% (1:2)
4	≡—TMS	C_4H_9	Me	80% (2:5)
5	≡—CH_2CH_2OH	C_4H_9	Me	65% (1:1.2)
6	⸜⸝	H	Me	69% (2:1)
7	CN	H	Me	99% (2:3)
8	CN	H	⬡	99% (5:2)

发生分子间 [5+2] 环加成反应。该反应一般在 1 h 之内完成并得到好的收率，一般生成双键的顺反异构体两种产物。非共轭的联二烯化合物也能发生类似的反应，但由于联二烯参与反应的部位不同而生成两种异构体。

研究发现：分子内的 [5+2] 环加成反应也可以在水相中进行 (表 3)[23]。Wender 等人利用水溶性配体 **L1** 与铑催化剂配位，首先得到催化剂 [Rh(nbd)(**L1**)]+SbF6-。然后，使用该催化剂在水相 (或甲醇与水混合溶剂) 中有效地催化乙烯基环丙烷和烯/炔的分子内 [5+2] 环加成反应，反应结束后该催化剂可以回收再利用。氧桥相连的烯-乙烯基环丙烷底物在水相 (序号 1) 或甲醇与水的混合溶剂 (序号 3) 中可以得到很好的收率，水相中的反应与甲苯中的反应在产率上没有明显的变化 (序号 2 和 序号 4)。在甲醇与水的混合溶剂 (序号 5 和 序号 7) 中，碳桥相连的烯-乙烯基环丙烷底物同样可以得到很好的收率。两类底物中环丙烷都可以有甲基取代基，双取代的烯-乙烯基环丙烷底物同样可以得到好的收率 (序号 9)。

表 3　水相铑催化的 [5+2] 环加成反应

序号	底物	产物	反应条件	产率
1			**A**, H₂O, 90 °C, 12 h	80%
2			**B**, PhMe, 110 °C, 1 h	80%
3			**A**, 20% MeOH/H₂O, 90 °C, 1.5 h	79%
4			**B**, PhMe, 110 °C, 1 h	81%
5			**A**, 20% MeOH/H₂O, 70 °C, 14 h	85%
6			**B**, PhMe, 110 °C, 2 h	91%

续表

序号	底物	产物	反应条件	产率
7			**A**, 20% MeOH/H₂O, 70 °C, 12 h	80%
8			**B**, PhMe, 110 °C, 10 h	90%
9			**A**, 20% MeOH/H₂O, 70 °C, 12 h	83%
10			**B**, PhMe, 110 °C, 1 h	94%

A: 10 mol% [Rh(nbd)(**L1**)]⁺SbF₆⁻; **B**: [RhCl(PPh₃)₃], AgOTf; E = CO₂Me.

如果采用环丙基亚胺作为五碳组分，在 5 mol% 的 [Rh(CO)₂Cl]₂ 催化下可以得到氮杂七元环产物 (式 21)[24]。

$$\text{环丙基} \xrightarrow{N-R} + \overset{CO_2Me}{\underset{CO_2Me}{|||}} \xrightarrow[\substack{PhMe,\ 60\ ^\circ C,\ 12.5\ h \\ 61\%\sim91\%}]{[Rh(CO)_2Cl]_2\ (5\ mol\%)} \quad (21)$$

铑催化的 [5+2] 环加成反应有两种可能的反应机理 (式 22)[25]。在第一条路径中，金属铑催化剂首先与乙烯基环丙烷的双键配位拉近三元环和铑催化剂的距离。然后，发生三元环的开环反应得到铑杂六元环。接着，二碳组分烯/炔发生配位插入得到铑杂八元环。最后，经还原消除反应得到七元环产物，并同时释放出催化剂。在第二条路径中，金属催化剂首先与乙烯基环丙烷中的烯和二碳组分的烯/炔部分配位，进而发生氧化环化得到铑杂五元环。然后，三元环发生开环反应得到铑杂八元环。最后，经还原消除反应得到七元环产物。

$$(22)$$

Houk 等人通过 DFT 计算研究表明[26]：该反应机理是按照第一条路径进行的。根据他们计算出的反应途径的详细势能面，烯/炔部分的插入步骤 (即形成铑杂八元环的步骤) 是反应的决速步骤。Yu 等人发展了几种不同的 [3+2] 环加成反应，他们的结果也验证了该反应途径的正确性 (式 23~式 26)[27]。

$$(23)$$

$$(24)$$

$$(25)$$

$$(26)$$

Houk 和 Wender 等人还对烯、炔和联二烯与乙烯基环丙烷发生的 [5+2] 环加成反应的反应活性进行了比较[28]。在 2π 体系的插入反应中，乙烯、联二烯和乙炔之间的反应活化能相差不大，分别为 22.5、22.4 和 21.3 kcal/mol。但是，它们之间的还原消除反应的活化能相差较大。其中，乙烯底物在还原消除中所需的活化能较大 (29.3 kcal/mol) (表 4)。所以，[RhCl(CO)$_2$]$_2$ 的催化下，乙烯与乙烯基环丙烷的反应必须在较高温度下才能进行，而乙炔和联二烯则可以在比较温和的条件下发生。

表 4 乙烯、联二烯、乙炔与 1-甲氧基-1-乙烯基环丙烷反应活化能比较

底　　物	2π 插入自由能	还原消除自由能
乙烯	22.5 kcal/mol	29.3 kcal/mol
联二烯	22.4 kcal/mol	20.0 kcal/mol
乙炔	21.3 kcal/mol	14.5 kcal/mol

Wender 等人将分子间 [5+2] 环加成反应与 Nazarov 反应串联，可以高效地构建双环 [5.3.0] 结构。如式 27 所示：乙烯基环丙烷首先与另一分子中的炔发生分子间 [5+2] 环加成反应，得到含有七元碳环的中间体。然后，该中间体发生 Nazarov 反应，得到 5,7-并环产物。

$$(27)$$

不同底物的反应如表 5 所示：芳基取代的炔酮可以高效的发生该类反应，端炔和非端炔都可以得到很好的收率 (序号 1~4)。简单烯 (序号 5)、氧杂环己烯 (序号 6)、乙氧基取代的烯 (序号 7) 类底物也可以高效进行该串联反应。

表 5　铑催化的串联的 [5+2] 环加成反应和 Nazarov 环化反应[①②③]

序号	底物	时间	[5+2] 产物	反应条件	Nazarov 产物
1		1 h	90%	B, 2 h	92% (dr 2.0:1)
2		20 h	93%	B, 1.5 h	89% (dr > 20:1)
3		2.5 h	95%	B, 10 h	96% (dr 19:1)
4		0.5 h	88%	A, 1 h	80%
5		16 h	74%	A, 1 h	85% (2:1)

序号	底物	时间	[5+2] 产物	反应条件	Nazarov 产物
6	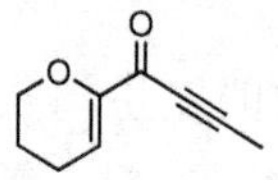	15 h	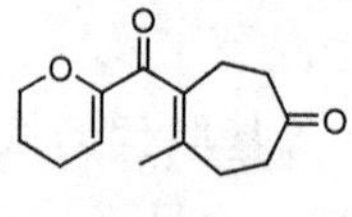 90%	B③, 2.5 h	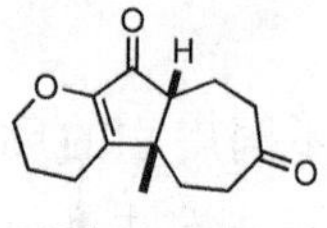 95% (dr > 20:1)
7	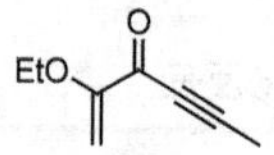	17 h	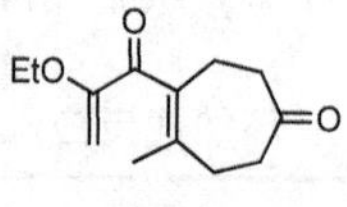 82%	B④, 16 h	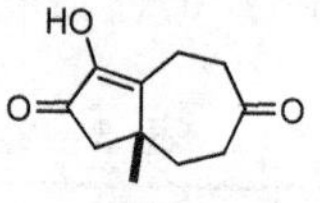 90%

① [5+2] 反应条件：2.5~5 mol% [Rh(CO)₂Cl]₂, DCE/TFE (95:5), 80 ℃; 酸淬灭。
② Nazarov 反应条件：A. TMSOTf (1.1~2 eq.), DCM, rt; B. 10 mol% AgSbF₆, DCE, 80 ℃。
③ 反应温度：室温。
④ 反应温度：50 ℃。

铑催化的 [5+2] 环加成反应 (式 28) 还可以和 Diels-Alder 反应串联，高效的构建具有复杂结构的多环体系 (式 29 和式 30)[29]。

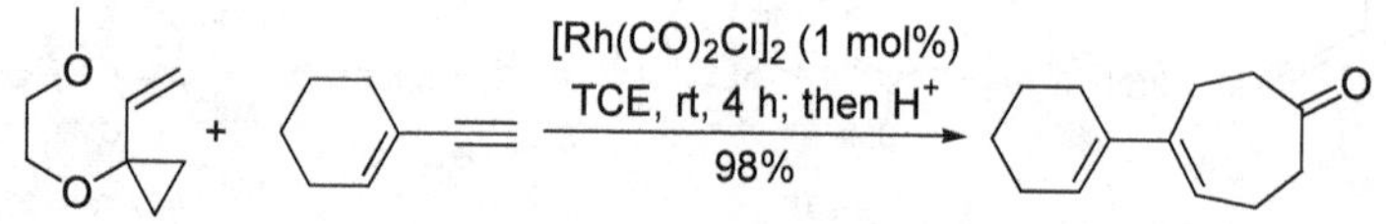

(28)

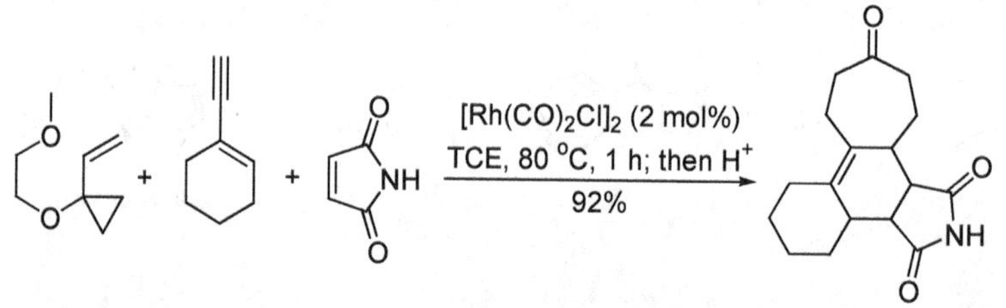

(29)

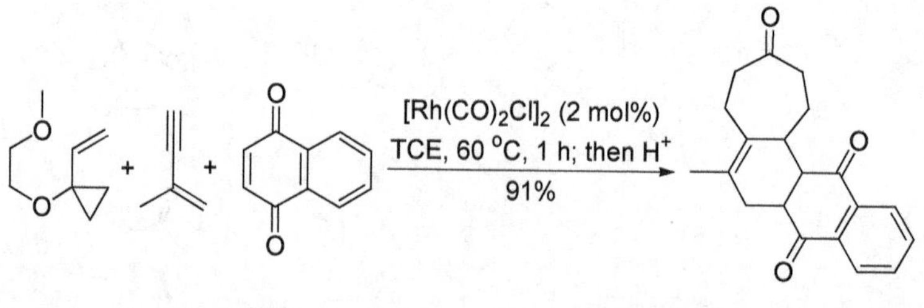

(30)

Mukai 等人报道[30]：使用炔作为二碳组分和联二烯环丙烷作为五碳组分，在铑催化剂作用下可以发生分子内 [5+2] 环加成反应得到七元碳环结构。如式 31 所示：对于不同的底物，要选择使用不同的催化剂、催化剂浓度和溶剂等。氮桥、氧桥、碳桥底物都可以进行该类反应，个别底物还会生成一个含有环戊烯的副产物。端炔、硅基、正丁基取代的炔都可以发生该反应。该反应在室温下即可发生，得到中等以上收率，如果升温至 80 ℃，反应可以在一小时以内完成。

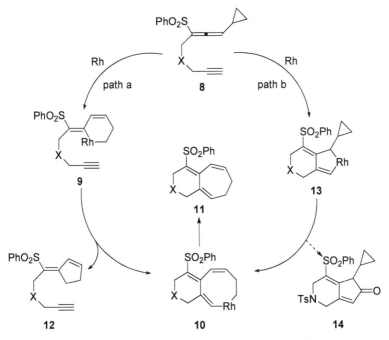

$$\text{(31)}$$

R = H, n-Bu, TMS
X = CH_2(CO_2Me)_2, C(SO_2Ph)_2, CH_2, O, NTs

如图 4 所示，该反应有两条可能的途径：在第一条路径中，铑催化剂首先与底物 **8** 的联二烯的端烯和环丙烷部分作用，形成铑杂六元环 **9**。然后，**9** 再与炔发生配位插入反应，形成铑杂八元环中间体 **10**。最后，经铑催化剂的还原消除反应得到产物 **11**。如果在中间体 **9** 时直接发生铑催化剂的还原消除反应，则得到副产物 **12**。而实验表明某些底物可以得到该消除反应的产物，表明反应很可能是按照第一条路径进行的。在第二条反应路径中，铑催化剂首先与底物 **8** 中的炔和联二烯端烯作用，发生氧化环金属化反应得到铑杂五元环中间体 **13**。然后，**13** 再发生三元环的开环反应得到铑杂中间体 **10**。最后，经铑催化剂的还原消除反应得到产物 **11**。如果在 CO 气氛下，中间体 **13** 可能会发生 CO 的插入反应得到副产物 **14**。

图 4 Rh 催化的分子内 [5+2] 环加成反应示意图

实验表明：在 CO 气氛下 (10 atm) 和 10 mol% 的 [Rh(CO)₂Cl]₂ 催化下，化合物 **15** 在 100 °C 的甲苯中可以生成 48% 的 [5+2] 产物 **16** 和 13% 的 [2+2+1] 产物 **17** (式 32)。这说明第二条路径也是可能的，Rh 催化的分子内反应机理可能与反应条件有很大关系。

2.2 **铑催化的乙烯基环丙烷和烯的不对称 [5+2] 反应**

如果在反应体系中加入合适的手性配体，则可以发生铑催化的不对称 [5+2] 环加成反应[31](表 6)。Wender 等人经过尝试发现：(R)-BINAP 是一种较好的配体，碳桥、氧桥和氮桥底物都能发生反应。乙烯部分的 R-基团为 Me 或 CH₂OBn 等取代基分别得到大于 95% ee 和大于 99% ee (序号 1 和 序号 2)，但 R-基团是 H 时只得到 52% ee (序号 3)。他们发现：烯-乙烯基环丙烷底物一般能得到好的收率和很好的对映选择性 (序号 1~5)。但是，炔-乙烯基环丙烷的反应可以给出较好的产率和较低的对映选择性 (序号 6 和 序号 7)。

2009 年，Hayashi 等人[32]报道：在 5 mol% 的 [RhCl(C₂H₄)₂]₂ 和 7.5 mol% 的手性膦配体 **19** 作用下，炔-乙烯基环丙烷底物可以很好的对映选择性得到分子内 [5+2] 环加成反应的七元环产物。如表 7 所示：该反应一般可以得到大于 95% ee，弥补了 Wender 等人所报道的不对称 [5+2] 反应的不足。各种类型取代的炔基 (序号 1~5) 都能得到很好的产率和对映选择性，端炔底物生成的产物也能达到 53% 的收率和 92% ee (序号 6)，甲基取代的环丙烷以 87% 的收率和 99% ee 得到产物 (序号 7)。在 Hayashi 的反应条件下，氮桥、氧桥和碳桥底物也可以发生分子内 [5+2] 环加成反应，并得到很好的收率和对映选择性 (序号 8 和 序号 9)。

表 6 [((R)-BINAP)Rh]⁺ (**18**) 催化的不对称分子内 [5+2] 反应

序号	底物	产物	反应条件	产率
1	R = Me	R = Me	70 °C, 2 d, 0.05 mol/L	72%, > 95% ee
2	R = CH₂OBn	R = CH₂OBn	70 °C, 2 d, 0.01 mol/L	80%, > 99% ee
3	R = H	R = H	50 °C, 1.5 d, 0.03 mol/L	73%, 52% ee
4			40~60 °C, 8 d, 0.01 mol/L	90%, 96% ee
5			70 °C, 6 d, 0.01 mol/L	92%, 95% ee
6	X = TsN	X = TsN	25 °C, 12 d, 0.01 mol/L	87%, 56% ee
7	X = O	X = O	70 °C, 2 d, 0.01 mol/L	95%, 22% ee

$$序号 1：\text{R = Me}，\text{R = Me}，70\,^{\circ}C，2\,d，0.05\,mol/L，72\%，> 95\%\,ee$$

表 7　Rh-催化的分子内 [5+2] 环加成反应

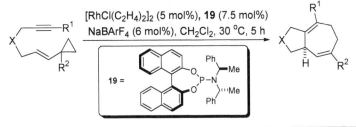

[RhCl(C₂H₄)₂]₂ (5 mol%), **19** (7.5 mol%)
NaBArF₄ (6 mol%), CH₂Cl₂, 30 °C, 5 h

序号	X	R¹	R²	产率/%	ee/%
1	TsN	Ph	H	89	99
2	TsN	4-MeOC₆H₄	H	89	98
3	TsN	4-ClC₆H₄	H	90	94
4	TsN	Me	H	87	> 99.5
5	TsN	ᵢPr	H	87	99
6	TsN	H	H	53	92
7	TsN	Ph	Me	87	99
8	O	PhCH₂CH₂	H	90	95
9	(CO₂Me)₂C	Ph	H	82	83

2.3 钌催化的乙烯基环丙烷和炔烃的 [5+2] 反应

2000 年，Trost 等人报道了钌催化的分子内 [5+2] 环加成反应[33]。他们发现：在丙酮溶液中，炔-乙烯基环丙烷底物在 CpRu(CH₃CN)₃PF₆ 的催化下室温即可发生 [5+2] 环加成反应。如表 8 所示：该反应以很高的收率得到七元环结构产物，碳桥、氧桥和氮桥连接的炔-乙烯基环丙烷底物都可以发生该类反应。在炔-乙烯基环丙烷底物中，炔部分既可以是端炔，也可以是非端炔。炔-乙烯基环丙烷底物的乙烯基环丙烷的双键具有较好的兼容性，无论是双取代还是三取代双键只发生 [5+2] 反应。底物中的环丙烷上也可以有取代基存在 (序号 5)，但部分底物可能有 β-H 消除产物生成。

表 8 钌催化的分子内 [5+2] 环加成反应

序号	底物	产物	产率
1	$R^1 = R^2 = R^3 = H$	$R^1 = R^2 = R^3 = H$	87%
2	$R^1 = R^2 = R^3 = H$	$R^1 = R^2 = R^3 = H$	83%
3	$R^1 = Ph, R^2 = R^3 = H$	$R^1 = Ph, R^2 = R^3 = H$	82%
4	$R^1 = R^2 = Me, R^3 = H$ (E:Z = 2.5:1)	$R^1 = R^2 = Me, R^3 = H$ (E:Z = 2.5:1)	87%
5	$R^1 = Me, R^2 = H, R^3 = Me$	$R^1 = Me, R^2 = H, R^3 = Me$	75%
6	X = O, R = Ph	X = O, R = Ph	77%
7	X = NTs, R = TMS	X = NTs, R = TMS	84%
8	R = TBDMS	R = TBDMS	92%, dr = 3.1:1
9	R = TBDMS	R = TBDMS	73%, dr = 5.1:1
10	R = H	R = H	70% dr = 1.5 :1

续表

序号	底物	产物	产率
11	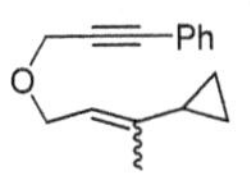 E:Z = 2.5:1	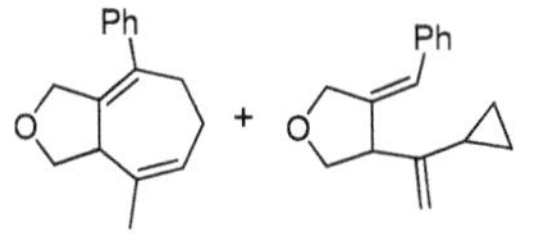 E:Z = 2.5:1	80% (1.7:1)
12	Z only	Z only	78% (1:14)
13	E only	E only	82% (6.2:1)
14	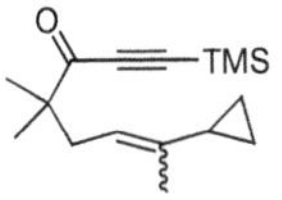 E:Z = 2.0:1	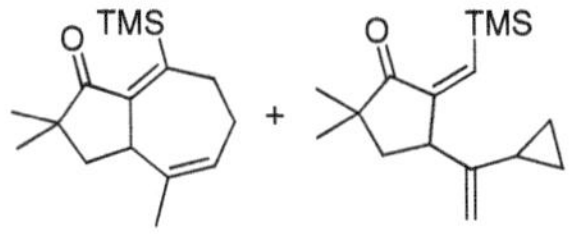	75% (3.7:1)

反应条件: 10 mol% CpRu(CH$_3$CN)$_3$PF$_6$, 0.2 mol/L 丙酮 (序号 9 和 10 为 DMF 溶液), 室温。

　　研究发现: 烯-乙烯基环丙烷在 CpRu(CH$_3$CN)$_3$PF$_6$ 催化下并不能得到七元环产物, 而是以 66% 的收率得到钌的配合物 (式 33)[34]。

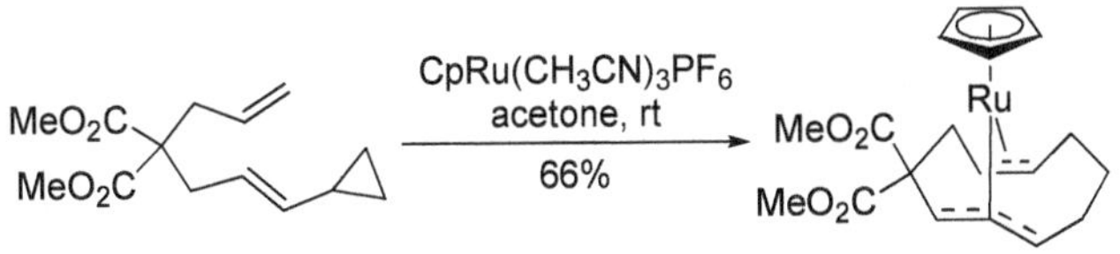

$$\text{MeO}_2\text{C} \quad \xrightarrow[\substack{\text{acetone, rt} \\ 66\%}]{\text{CpRu(CH}_3\text{CN)}_3\text{PF}_6} \quad \text{MeO}_2\text{C} \qquad (33)$$

　　钌催化的 [5+2] 环加成反应可能的反应机理如图 5 所示: 钌催化剂首先与炔-乙烯基环丙烷中的炔和双键配位, 形成中间体 20。然后, 20 发生氧化反应得到钌杂五元环中间体 21。接着, 中间体 21 再发生三元环的开环反应得到钌杂八元环中间体 22。最后, 22 经还原消除反应给出 [5+2] 反应产物 23, 同时释放出催化剂。

　　对上述反应的区域选择性研究显示[35], 三元环通过有两种方式的开环得到区域异构体 24 和 25 (表 9)。不同的取代基对开环方式有一定的影响, 反式三元环与顺式三元环的开环方式选择性也不一致。反式三元环显示出较好的选择性 (序号 1), 醛基取代的三元环以 24:25 = 1:12 的比例得到 83% 的总收率。酯基 (序号 2 和 序号 3)、氰基 (序号 5)、甲酰基乙烯基 (序号 7) 取代底物以 25 为主要产物, 羰基 (序号 4) 和三异丙基硅氧甲基 (序号 9 和 序号 10) 取代底

物以 **24** 作为主要产物。苯磺酰基 (序号 6) 和叔丁基二甲基硅氧甲基 (序号 8) 取代底物的反应没有反应的选择性。

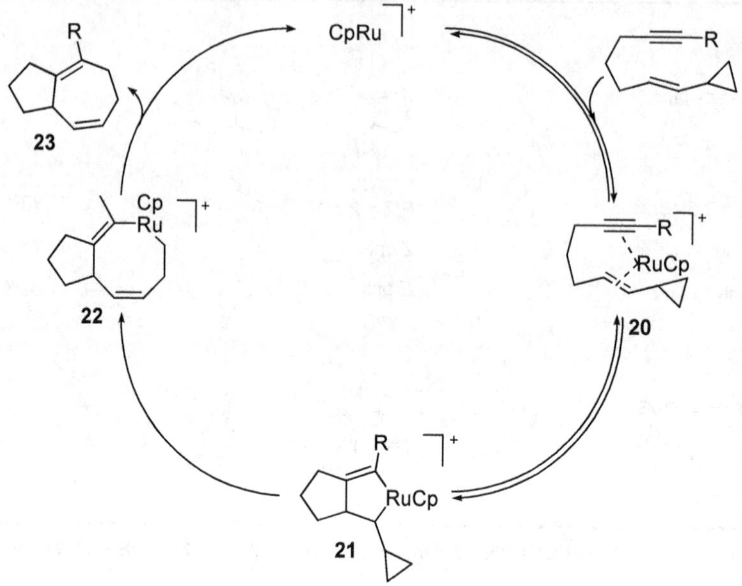

图 5　钌催化的分子内 [5+2] 环加成反应机理示意图

表 9　钌催化的反式环丙烷的 [5+2] 环加成反应

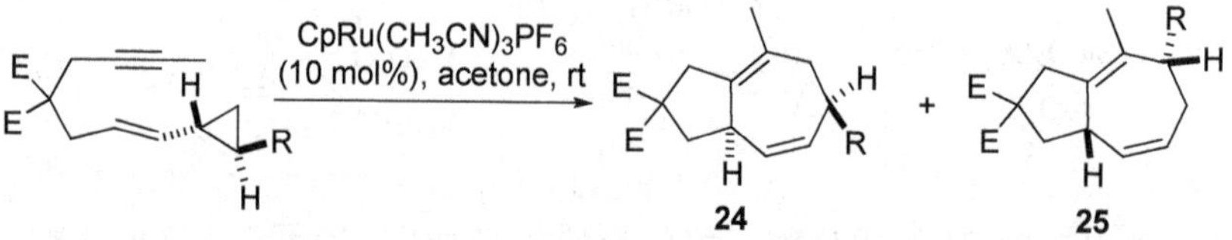

序号	R	反应时间	24:25	产率
1	CHO	0.5 h	1:12	83%
2	CO$_2$Me	2 h	1:2	90%
3	CO$_2$Me	2 h	1:2.5	88%
4	COMe	3 h	1.5:1	83%
5	CN	2 h	1:1.9	87%
6	SO$_2$Ph	2 h	1:1	78%

续表

序号	R	反应时间	**24:25**	产率
7	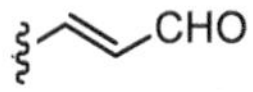 ⌇—⌇—CHO	0.5 h	1:1.6	82%
8	CH$_2$OTBDMS	2 h	1:1	90%
9	CH$_2$OTIPS	2 h	3:1	81%
10	CH$_2$OTIPS	2 h	2:1	88%

如表 10 所示：在顺式三元环底物的反应中，醛基取代底物显示了特别的反应性质得到单一产物 **25** (序号 1)。酯基底物以 **26:27** = 2:1 的比例得到产物，总收率 93% (序号 2)。羰基、氰基、TIPS 硅氧甲基和甲基取代底物有很好的反应选择性，产物 **26:27** 的比例均大于 20:1。

表 10 钌催化的顺式环丙烷的 [5+2] 环加成反应

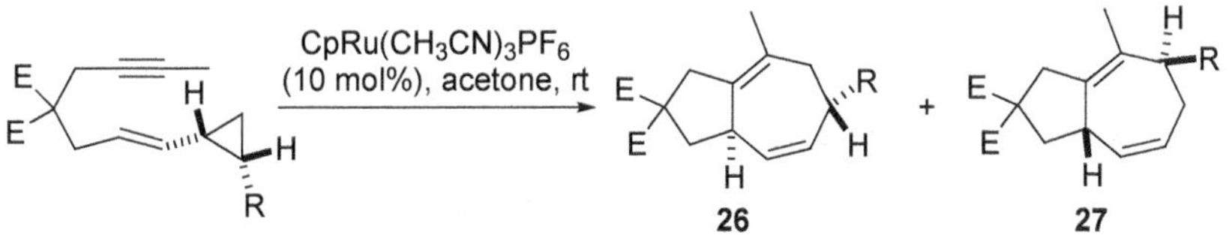

序号	R	反应时间	**26:27**	产率
1	CHO	0.5 h	—	80%
2	CO$_2$Me	3 h	>2:1	93%
3	COMe	2 h	>20:1	87%
4	CN	2 h	>20:1	81%
5	CH$_2$OTIPS	2 h	>20:1	85%
6	Me	5 h	>20:1	87%

Trost 等人发现：如果将炔-乙烯基环丙烷的环丙烷部分再并一个六元环，所得底物同样可以进行 [5+2] 环加成反应并生成三环体系化合物[36]。如式 34 所示：化合物 **28** 在 10 mol% 的 [CpRu(NCCH$_3$)$_3$]PF$_6$ 的催化下，可以高效的转化

为 5,7,5-并环的三环化合物 (**29**)。如果改变取代基的位置，还可以构建不同类型的 5,7,5-三元体系 (式 35) 和 5,5,7-三元体系 (式 36)。

$$\text{(34)}$$

$$\text{(35)}$$

$$\text{(36)}$$

2.4 铁催化的乙烯基环丙烷和炔烃的 [5+2] 反应

不仅金属铑、钌可以催化乙烯基环丙烷和烯、炔的 [5+2] 反应，金属铁的配合物也可以催化分子内 [5+2] 反应。2008 年，Furstner 等人报道了他们合成的铁配合物可以催化 Alder-ene、[4+2]、[5+2]、[2+2+2] 反应[37]。实验表明：含有环辛二烯的铁配合物 **L2** 比 **L1** 适用性更广，能够催化 **L1** 不能催化的 $R^2 = H$ 的化合物。利用该方法学，可以合成不同取代的 5/7 和 6/7 环系结构 (表 11)。

表 11 铁催化的分子内 [5+2] 反应

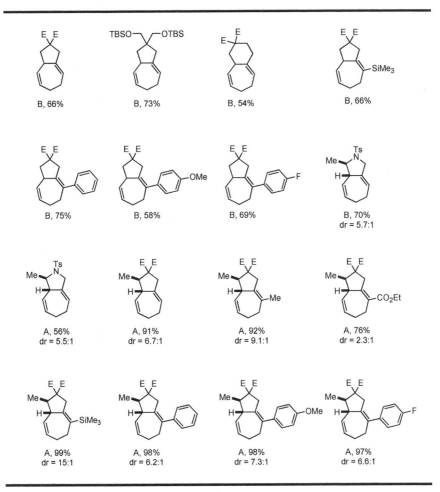

注：E = COOEt。

2.5 II 型 [5+2] 反应尝试和结果

受到分子内的 I 型和 II 型 Diels-Alder 反应的启发[38]，Yu 等人提出了 II 型 [5+2] 环加成反应，希望利用该方法可以高效地合成含有桥环结构的七元环化合物 (图 6)[27d]。

但是，通过对反应条件和反应底物进行筛选，他们并没有发现预期的 II 型 [5+2] 反应，而是得到了一个 [3+2] 环加成产物。如式 37~式 39 所示：利用该方法可以高效的构建 5,6- 或 5,7-并环产物。

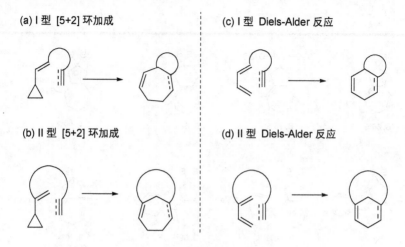

(a) I 型 [5+2] 环加成

(c) I 型 Diels-Alder 反应

(b) II 型 [5+2] 环加成

(d) II 型 Diels-Alder 反应

图 6 I 型与 II 型 [5+2] 和 Diels-Alder 反应

$$\text{(37)}$$

[Rh(dppm)]SbF$_6$ (5 mol%)
DCE, 95 °C, 4A MS, 36 h
88%, dr > 19:1

$$\text{(38)}$$

[Rh(dppm)]SbF$_6$ (5 mol%)
DCE, 95 °C, 4A MS, 10 h
91%

$$\text{(39)}$$

[Rh(dppm)]SbF$_6$ (5 mol%)
DCE, 95 °C, 4A MS, 36 h
82%

3 金属催化的 [4+3] 环加成反应

3.1 钯催化的共轭二烯和亚甲基环丙烷的 [4+3] 反应

在 2003 年，Mascarenas 等人发展了钯催化的分子内 [3+2] 环加成反应[39]。在该反应中，烯作为二碳组分，亚甲基环丙烷作为三碳组分参与反应。在 2007

年，他们将原来 [3+2] 反应底物中双键换为共轭二烯，发展了一个钯催化的分子内 [4+3] 反应[40]。该 [4+3] 反应是在二氧六环溶剂中进行的，具有亚甲基环丙烷和丁二烯结构的化合物 **30** 可在 Pd$_2$dba$_3$ 的催化下发生 [4+3] 环加成反应，得到含有七元环结构的化合物 **31** (式 40 和式 41)。在该反应中，亚甲基环丙烷作为三碳组分，丁二烯作为四碳组分参与反应。该反应同时还有 5,5-并环的副产物 **32** 生成，它是通过分子内 [3+2] 环加成得到。在这个 [3+2] 反应途径径中，亚甲基环丙烷式作为三碳组分参与反应，而双烯中的第一个烯是作为二碳组分参与反应的。

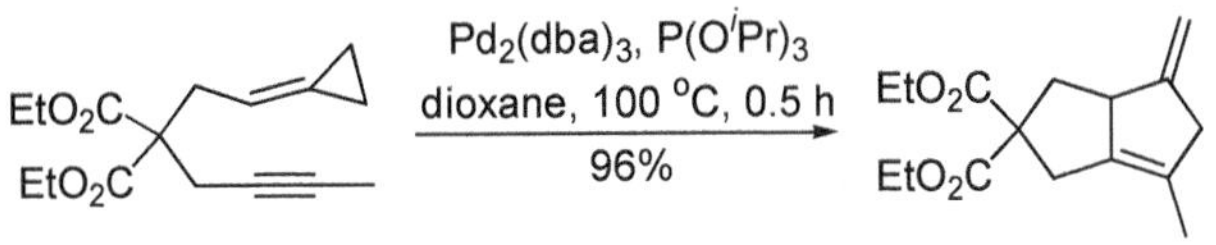

(40)

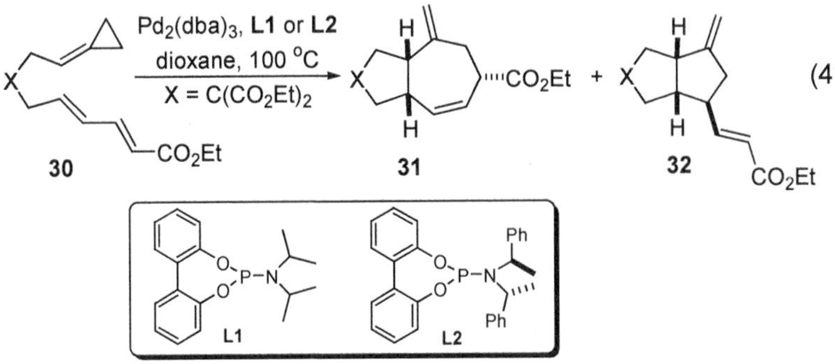

(41)

Mascarenas 等人筛选了一系列膦配体，发现膦配体 **L1** 和 **L2** 可以抑制副产物 **32** 的产生，从而提高主产物 **31** 的收率。在 6 mol% Pd$_2$dba$_3$ 和 24 mol% **L1** 共同作用下反应 3 小时，底物 **30** 以 65% 的收率得到 [4+3] 产物 **31**。在此条件下，[3+2] 副产物 **32** 的收率只有 8%。如果使用手性化合物 **L2** 作为膦配体，[4+3] 产物的收率为 73%，而 ee 值为 47%。这是对过渡金属催化的 [4+3] 环加成反应对映选择性的第一例报道。

一般来说，**L2** 的反应选择性比 **L1** 要好 (表 12)。氧桥、碳桥和氮桥底物都可以发生该类反应，得到中等以上收率。不同构型的丁二烯都可以作为四碳组分参与 [4+3] 反应，但是产物中取代基的构型有所不同 (序号 1~4)。单取代的丁二烯或者多取代的丁二烯结构都可以发生 [4+3] 反应。

表 12 钯催化的分子内 [4+3] 环加成反应

序号	底物	[4+3] 产物	31:32[①]	(25) 产率
1			A. 10:1	70%
2			B. 10:1	74%
3			A. 1.4:1	32%
4			B. 2.1:1	56%
5	E = CO₂Et		A. 2.8:1	37%
6			B. 15:1	58%
7			A. 1.6:1	38%
8			B. 4:1	60%
9			A. > 8:1	40%
10			A. 3.3:1	56%
11			B. 3.5:1	59%
12			B. 4:1	61%

① 反应条件：A. 二氧六环, 101 ℃ (50 mmol/L), 2~3 h, Pd₂dba₃ (6 mol%)，亚磷酰胺, **L1** (24 mol%)。
B. **L2** (24 mol%) 作为配体。

式 42 给出了该 [4+3] 反应的机理。底物 **33** 首先与钯催化剂作用，形成钯杂四元环 **34**。然后，钯杂四元环 **34** 可能直接与分子内的双键配位，发生双键的插入反应形成钯杂六元环 **35**。钯杂四元环 **34** 也可能先发生重排反应得到中间体 **36**，接着再与双键作用得到 **35**。中间体 **35** 如果直接发生还原消除反应，

则得到 [3+2] 环加成产物 **37**。如果体系中还存在另一双键，则会再次发生双键的配位和重排反应，从而形成钯杂八元环 **38**。最后，钯杂八元环 **38** 经还原消除反应得到 [4+3] 环加成产物 **39**[38]。

$$
\begin{array}{cccc}
\textbf{33} & \textbf{34} & \textbf{35} & \textbf{37}
\end{array}
\tag{42}
$$

$$
\begin{array}{ccc}
\textbf{36} & \textbf{38} & \textbf{39}
\end{array}
$$

R = CH=CHR'

三亚甲基甲烷 (TMM) 是 Trost 等人发现的一种三碳二电子体系[41]。它可以由化合物 **40** 在 PdL_n 作用下得到，并作为三碳组分参与 [3+2][42]、[4+3][43] 和 [6+3][44]环加成反应，用于合成五、七、九元环化合物。1987 年，Trost 等人报道了以三亚甲基甲烷 (TMM) 作为三碳组分与二烯进行的分子间 [4+3] 反应[42]。该反应中四碳组分由 1,6-烯炔体系在钯催化剂作用下得到[45]，再和 TMM 作用，以很好的收率得到 [4+3] 产物。利用该方法可以高效合成七元碳环 (表 13)。

表 13 钯催化的 [4+3] 环加成反应①

$$
\text{TMS} \diagup \diagdown \text{OAc} \xrightarrow{PdL_n} \text{TMM} \xrightarrow{[4+3]}
$$

40　　　　TMM

序号	底物	产物和非对映异构体比例	时间/h	产率/%
1	CO_2CH_3 (环戊烯)	CO_2CH_3　1.9:1	8.5	76
2	CO_2CH_2Bn	BnH_2CO_2C　5.7:1	8	88

序号	底物	产物和非对映异构体比例	时间	产率
3	TBDMSO, CO₂CH₃	TBDMSO CO₂CH₃ 2.4:1	4	87
4	CO₂CH₃ TBDMSO	CO₂CH₃ TBDMSO 2.2:1	3	65
5	SO₂Ph TBDMSO	SO₂Ph TBDMSO 1.4:1	2.5	73
6	CO₂CH₃ PMBO	CO₂CH₃ PMBO 1.5:1	22	80

① Pd(OAc)$_2$, (*i*-PrO)$_3$P (35 mol%), *n*-BuLi (10 mol%), THF, 室温。

如式 43 所示:该反应是按照分步反应机理进行的。化合物 **40** 首先在 PdL$_n$ 的作用下得到三亚甲基甲烷 (TMM)。然后 TMM 和二烯发生加成得到中间体 **41**。如果 A 位碳原子参与反应得到七元环产物,而 B 位碳原子参与反应则得到五元环产物。

$$(43)$$

3.2 铂催化的共轭二烯和联二烯的 [4+3] 反应

2008 年,Mascarenas 等人报道了 Pt-催化联二烯和 1,3-二烯的分子内 [4+3] 环加成反应。如表 14 所示[46]:在 10 mol% 的 PtCl$_2$ 催化下,分子内的丁二烯和联二烯结构可以发生 [4+3] 环加成反应得到具有环庚烷结构的产物。碳桥和氧桥化合物都能发生该类反应，联二烯端位单取代 (序号 1) 或双取代 (序号 2~9) 的底物都可以得到很好的收率。减少催化剂的用量至 2 mol%，对反应的产率没有明显的影响 (序号 3)。该反应也可以在室温下进行 (序号 4)，在反应体系中加入 CO (1 atm) 则可以缩短反应时间 (序号 5)。丁二烯部分的取代基对反应产率的影响较小 (序号 6~9)。

表 14　铂催化的丁二烯-联二烯的 [4+3] 环加成反应[①]

序号	底物	产物	温度/°C	时间/h	产率/%
1			110	5	62
2			110	2	92
3			110	12	90
4			23	18	95
5			23	2	98[②]
6			110	2	81
7			110	3	62
8			110	12	72
9			110	12	73

① PtCl$_2$ (10 mol%) 或 PtCl$_2$ (2 mol%) 的甲苯溶液；E = CO$_2$Et。

② 1 atm CO。

3.3　金催化的共轭二烯和联二烯的 [4+3] 反应

2009 年，Mascarenas 等人报道了金催化的联二烯和 1,3-二烯的分子内 [4+3] 反应[47]。其中，丁二烯底物作为四碳组分而联二烯底物作为三碳组分。该反应一般在室温下就能很快反应，得到很好收率。由表 15 可以发现：联二烯底物的端位既可以是单取代的，又可以是二取代的。但是，当取代基位阻较大 (例如：三级丁基) 时，[4+3] 反应需要升温至 85 ℃ 才能使反应在 3 小时内完成，并得到 85% 的收率 (序号 5)。含各种取代基的丁二烯底物均可以得到很好的收率 (序号 6~8)，使用 10 mol% 的 AuCl 或者 10 mol% 的 AuCl₃ 作为催化剂的反应收率非常接近 (大于 70%) (序号 10 和 序号 11)。

表 15　金催化的丁二烯与联二烯的 [4+3] 环加成反应①

序号	底物		产物	时间/h	比例	产率/%
1	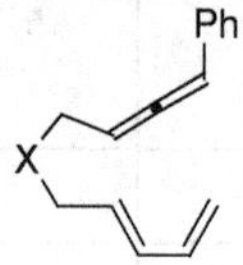		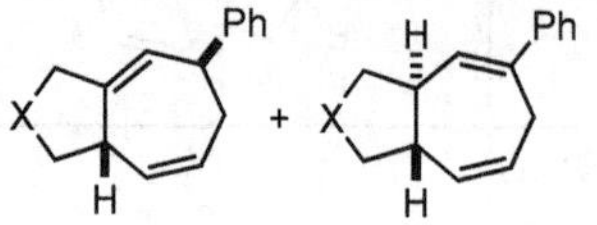	3	1:2	85
2	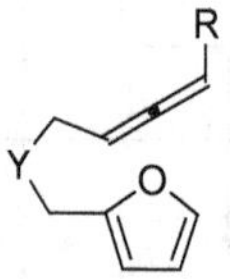	R = Me	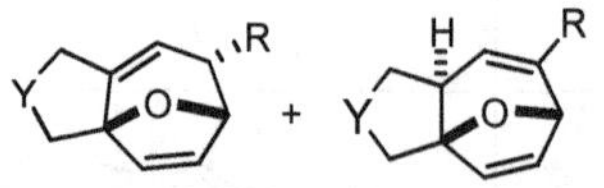	1	1:3	82
3		R = Ph		12	0:1	50
4		R = ᵗBu		20	0:1	57
5		R = ᵗBu		3	0:1	85
6	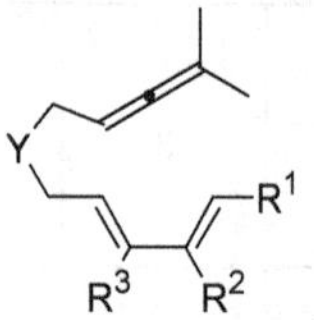	R¹ = Me	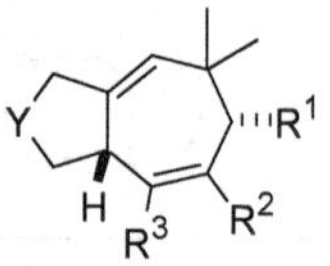	2		93
7		R² = Me		2		84
8		R³ = Me		2		77
9	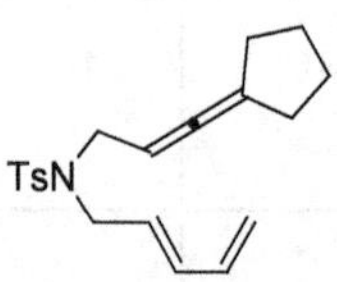		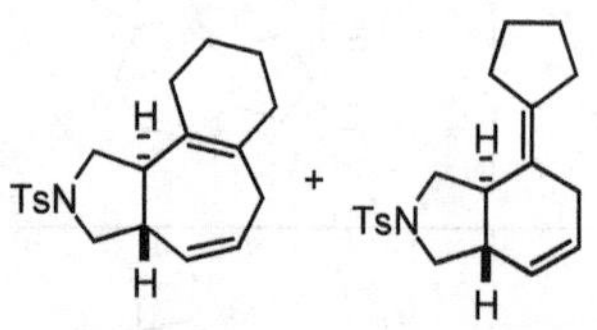	3	3:1	66
10②				2	1:0	74
11③				2	1:0	70

① [(IPr)AuCl] (10 mol%), AgSbF₆ (10 mol%), CH₂Cl₂, 室温；X = C(CO₂Me)₂, Y = C(CO₂Et)₂。
② AuCl (10 mol%)。
③ AuCl₃ (10 mol%)。

　　如图 7 所示：Mascarenas 等人认为：在铂或金催化的联烯-丁二烯分子内 [4+3] 环加成反应机理中，金属首先活化联烯部分形成烯丙基正离子和金属的配合物。然后，再发生 [4+3] 环加成反应，经 [1,2]-氢迁移后金属离去生成反应产物。DFT 计算表明[46]：烯丙基正离子和金属配合物的形成是必须的，形成卡宾的 1,2-氢迁移是反应的决速步骤。

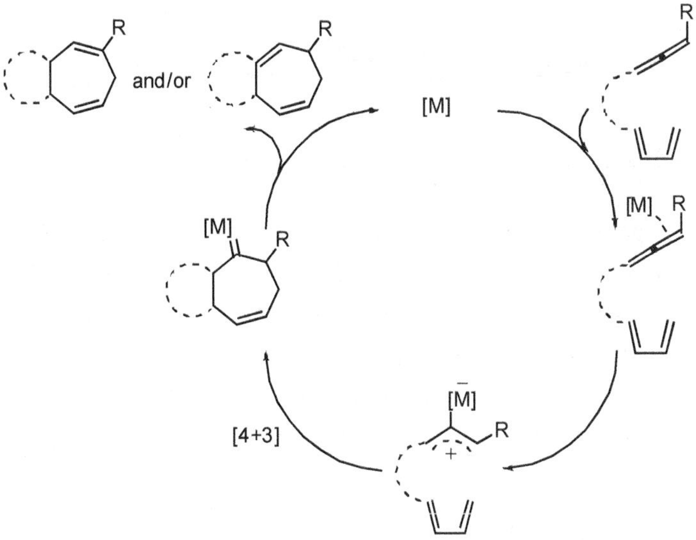

图 7 联烯-丁二烯 [4+3] 环加成反应机理 (M = Au 或 Pt 配合物)

2009 年，Toste 等人发表了 Au-催化的分子内 [4+3] 环加成反应。在二氯甲烷中，使用 5 mol% 的 (o-biphenyl)(t-Bu)₂PAuCl/AgSbF₆ 即可催化分子内丁二烯和联二烯的 [4+3] 环加成反应。如式 44 所示：该方法以较好的收率得到七元环状化合物[48]，可以用于环庚二烯化合物的构造。

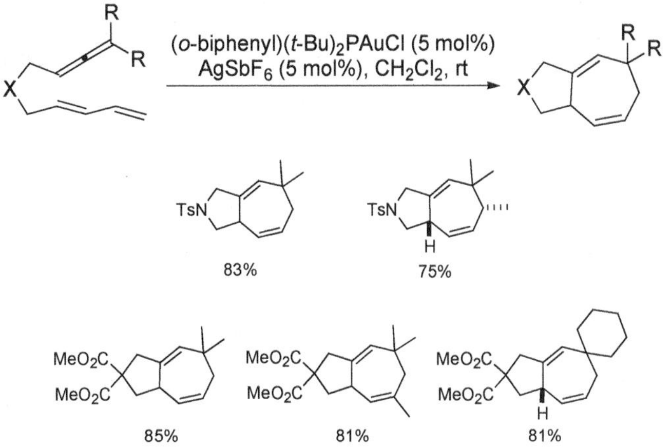

(44)

如果换用 5 mol% 的 IPrAuCl/AgSbF₆ 作为催化剂，反应在二苯亚砜存在下会发生氧原子的迁移，得到一个含有双键的环庚酮结构 (式 45)。

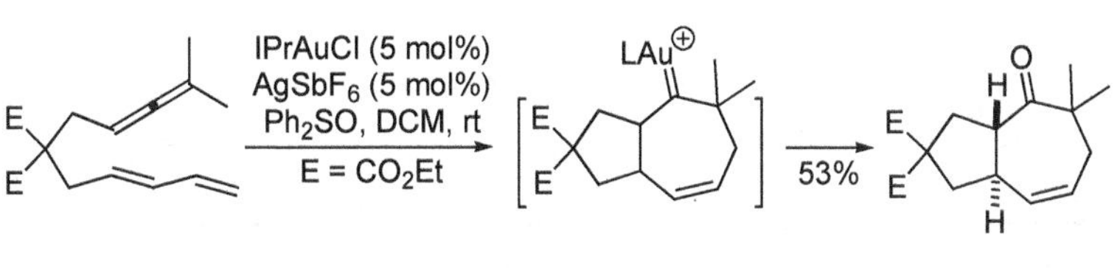

(45)

4　金属催化的 [6+1] 环加成反应

4.1　铑催化联二烯基环丁烷和一氧化碳的 [6+1] 反应

2004 年，Wender 等人发展了一种合成七元环状化合物的新方法。如表 16 所示[49]：在金属铑的催化下，联烯基取代的环丁烷可以用作一个六碳组分与一分子 CO 发生 [6+1] 环加成反应，以中等或很好的收率得到环庚烯酮产物 (序号 1~3)。四元环部分还可以与其他环系相并，从而得到多环体系的 [6+1] 产物 (序号 4~8)。他们还发现：底物中的硅氧取代基或烷氧取代基对该反应有促进作用。但是，乙烯基取代的环丁烷不能发生该类反应，可能是因为双键和铑催化剂的配位作用较弱的原因。

表 16　铑催化的 [6+1] 环加成反应

序号	底物	条件	产物	产率
1		A, 24 h		93%
2		B, 44 h		70% (5:1)
3		C, 48 h		55%
4		D, 11 h		89%
5		D, 22 h		90%
6		B, 20 h		53%

续表

序号	底物	条件	产物	产率
7	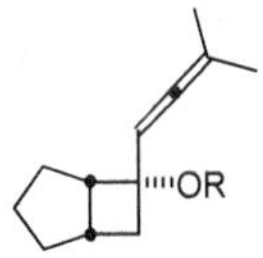	E, 40 h	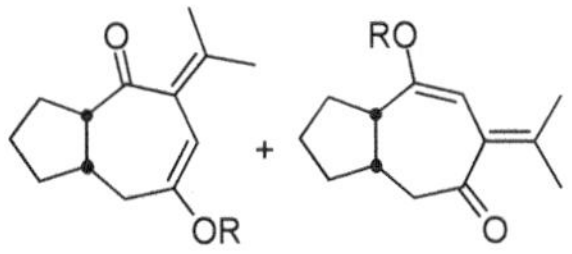	56% (3:4)
8	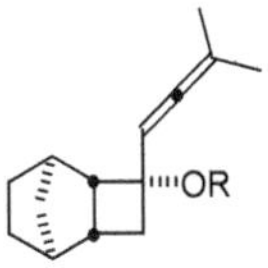	C, 44 h	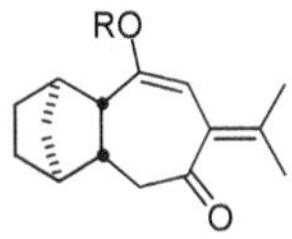	85%

A: [RhCl(CO)₂]₂ (10 mol%), toluene, CO (2 atm), 80 °C。
B: [RhCl(CO)₂]₂ (2 mol%), *m*-xylene, CO (1 atm), 80 °C。
C: [RhCl(CO)₂]₂ (10 mol%), *m*-xylene, CO (1 atm), 80 °C。
D: [RhCl(CO)₂]₂ (2 mol%), toluene, CO (1 atm), 80 °C。
E: [RhCl(CO)₂]₂ (10 mol%), *m*-xylene, CO (2 atm), 90 °C。
R = (CH₂)₂OCH₃。

该反应的机理如式 46 所示：催化剂首先与联二烯发生配位，然后发生四元环碳-碳键的断裂得到中间体 **42**。中间体 **42** 如果直接发生铑的还原消除，可以得到六元环产物 **43**[50]。在一氧化碳存在下，会优先发生一氧化碳的插入反应得到中间体 **44**。接着，再发生催化剂的还原消除得到七元碳环产物 **45**。

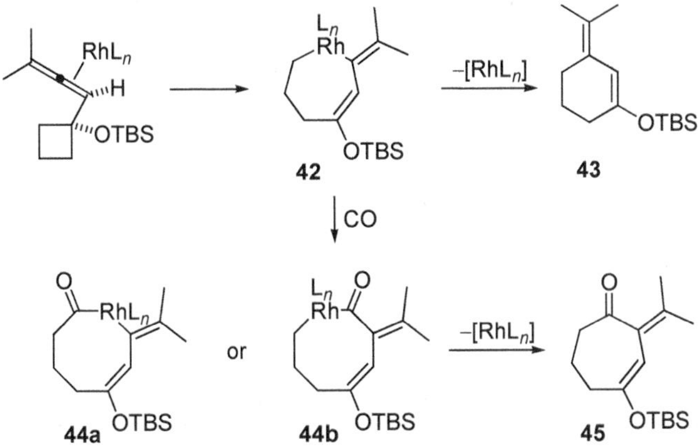

(46)

5 金属催化的 [3+2+2] 环加成反应

5.1 铑催化的亚甲基环丙烷、烯和炔的 [3+2+2] 反应

2008 年，Evans 等人发展了一种 Rh-催化的分子间 [3+2+2] 反应。如式 47

所示[51]：氮桥、氧桥和碳桥底物均能和炔烃发生该类反应，得到好的收率和反应选择性。端炔和甲基炔都能发生反应，乙烯部分 R^1 也可以为 H 或 Me。如果反应中使用具有非对称结构的炔烃底物，反应则存在区域选择性的问题。但 Evans 等人通过条件筛选，一般均能得到很好的区域选择性。

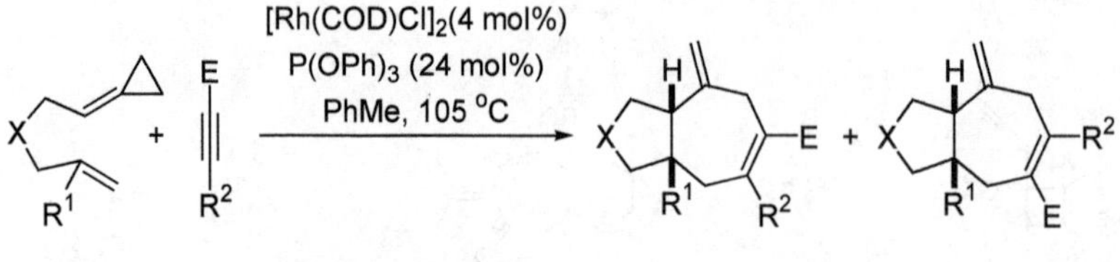

(47)

X	R^1	E	R^2	比例	产率
NTs	H	CO_2Me	Me	10:1	80%
NTs	Me	CO_2Me	H	5:1	85%
NTs	H	COMe	Me	> 9:1	82%
NTs	Me	COMe	H	> 9:1	91%
O	H	CO_2Me	Me	12:1	61%
O	Me	CO_2Me	H	> 9:1	68%
O	H	COMe	Me	> 9:1	66%
O	Me	COMe	H	> 9:1	83%
$C(CO_2Me)_2$	H	CO_2Me	Me	9:1	88%
$C(CO_2Me)_2$	Me	CO_2Me	H	4:1	82%
$C(CO_2Me)_2$	H	COMe	Me	> 9:1	81%
$C(CO_2Me)_2$	Me	COMe	H	> 9:1	95%

如图 8 所示：Evans 等人提出了 [3+2+2] 反应的两种可能的循环途径。这两种循环途径首先都是铑催化剂和亚甲基环丙烷的环丙烷部分发生氧化加成形成铑杂四元环，铑催化剂同时与双键和三键配位。在循环 A 中，铑杂四元环与三键和双键依次发生插入反应得到中间体 46a。在循环 B 中，铑杂四元环与双键和三键依次发生双键的插入反应得到中间体 46b。最后；中间体 46a 或 46b 发生还原消除形成产物并释放出催化剂活性物种。

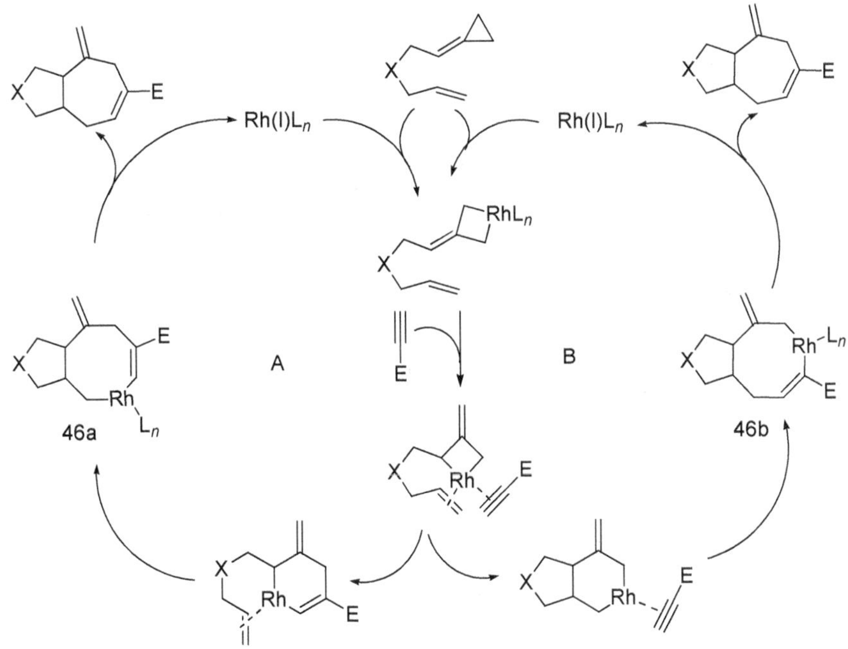
Rh(I)L$_n$
Rh(I)L$_n$
RhL$_n$
A
B
46a
46b
E
X

图 8 铑催化的分子内 [3+2+2] 环加成反应机理图

5.2 镍催化的亚甲基环丙烷和炔的 [3+2+2] 反应

2004 年，Saito 等人发展了一种 Ni-催化的 [3+2+2] 环加成反应，可以选择性地合成庚二烯化合物。如式 48 所示[52]：大位阻的端炔可以得到好的分离产率，(例如：叔丁基, 89%)，富电子或缺电子芳基取代的乙炔也可以作为二碳组分参与反应。虽然不对称炔理论上应生成区域异构体，但反应并没有发现区域异构体。氮取代和氧取代的炔烃也能作为二碳组分参与该反应[53]。

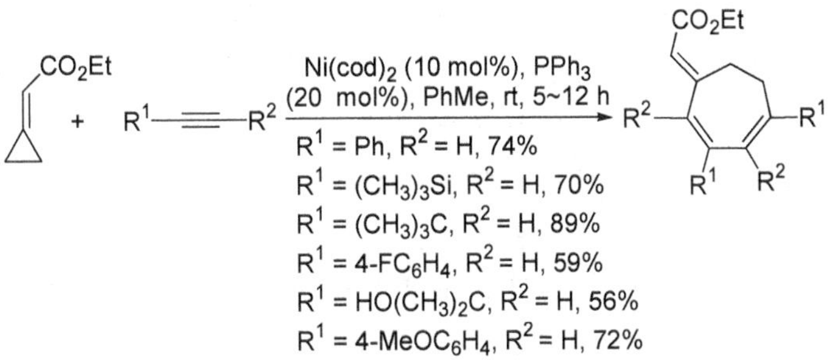
CO$_2$Et
+
R^1—≡—R^2
Ni(cod)$_2$ (10 mol%), PPh$_3$
(20 mol%), PhMe, rt, 5~12 h
R^1 = Ph, R^2 = H, 74%
R^1 = (CH$_3$)$_3$Si, R^2 = H, 70%
R^1 = (CH$_3$)$_3$C, R^2 = H, 89%
R^1 = 4-FC$_6$H$_4$, R^2 = H, 59%
R^1 = HO(CH$_3$)$_2$C, R^2 = H, 56%
R^1 = 4-MeOC$_6$H$_4$, R^2 = H, 72%

(48)

随后，Saito 等人拓展了这一反应方法学的应用。如式 49 所示：他们利用一分子的大位阻端炔和一分子的共轭烯炔作为二碳组分进行 [3+2+2] 环加成反应，并与 Diels-Alder 反应串联合成了 6,7-并环结构。如果将两分子共轭烯炔作为二碳组分进行 [3+2+2] 反应后再与 Diels-Alder 反应串联，则可以合成含有 6,7,6-并环结构的产物 (式 50)[54]。

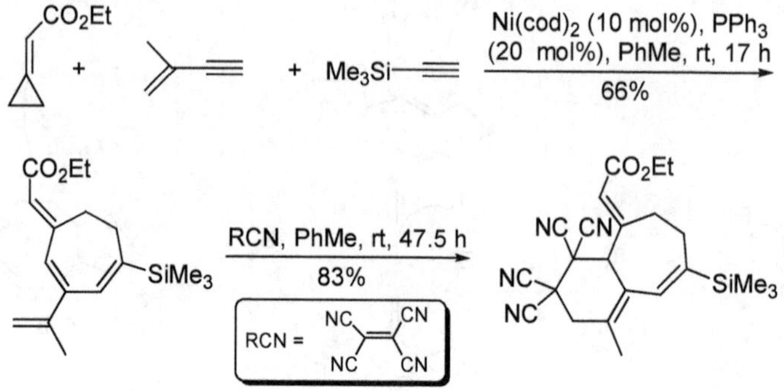

(49)

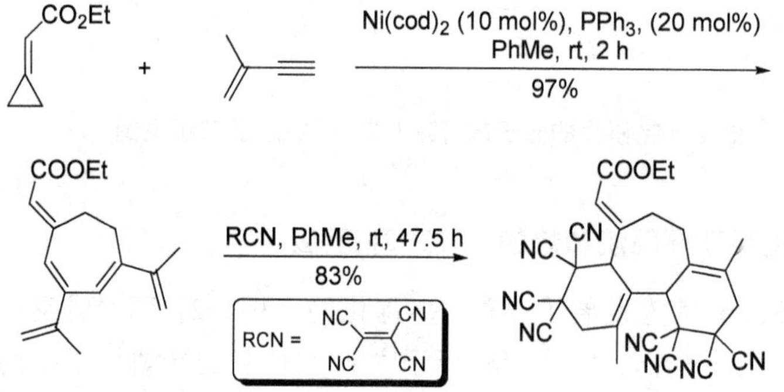

(50)

Saito 等人认为该反应的机理如图 9 所示[55]：首先，镍催化剂选择性地与两分子炔烃配位形成镍杂五元环。如式 51 所示：这一步对反应的选择性非常重要。使用大位阻取代的炔烃 (例如：三甲基硅基) 主要形成 2,4-二取代的五元环，这主要是动力学控制的结果，形成的产物有较小的空间位阻。使用烷基取代的炔烃则形成 2,4-二取代和 3,4-二取代五元环的混合物，3,4-二取代五元环的形成是电子效应影响的结果。全氟代辛基乙炔主要形成 2,5-二取代五元环，分子轨道分析表明 2,5-取代五元环是热力学稳定的，并可能是动力学优先的。接着，亚甲基环丙烷的双键部分插入该五元环。该插入反应的选择性主要受到位阻的影响，一般在位阻小的一侧插入。然后，再发生重排反应得到 Ni-杂的八元环。最后，经还原消除得到产物并释放出催化剂。如果在亚甲基环丙烷插入后直接还原消除，则会得到一个六元环产物。

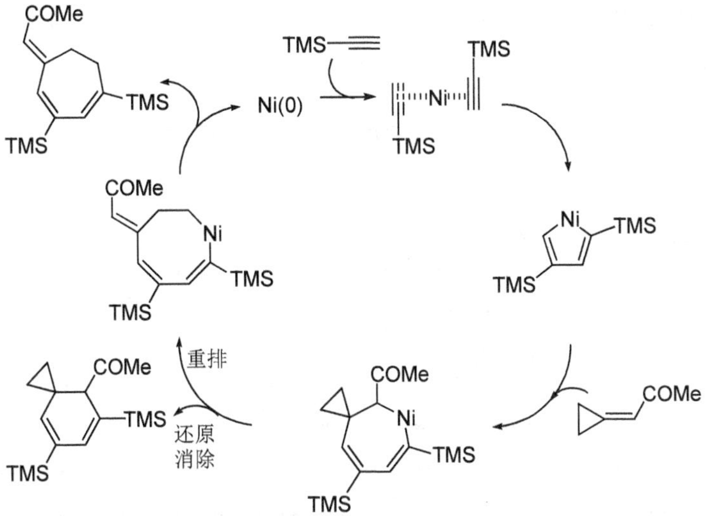

图 9　镍催化的分子内 [3+2+2] 环加成反应机理图

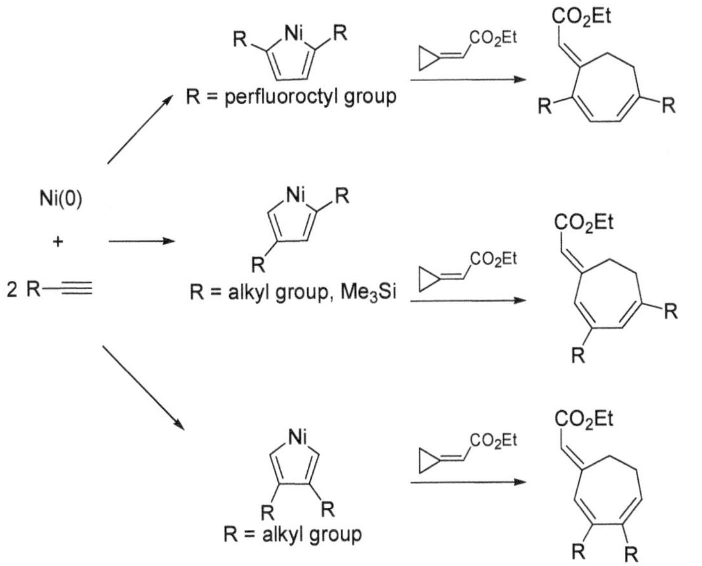

(51)

　　虽然还有其它可能的反应机理，但该反应机理能够更合理地解释观察到的实验现象。

5.3　钯催化的亚甲基环丙烷、烯和炔的 [3+2+2] 反应

　　2003 年，Mascarenas 等人报道了钯催化的亚甲基环丙烷和炔的分子内 [3+2] 环加成反应[38]。2010 年，他们在该反应底物中引入另一组分的烯烃，发展了钯催化的分子内 [3+2+2] 反应[56]（表 17）。虽然该反应存在有 [3+2] 和 [3+2+2] 的竞争反应，但通过条件筛选可以使 [3+2+2] 环加成反应产物为主要产物或唯

一产物。该反应可以得到中等以上的收率，碳桥、氧桥和氮桥连接的底物均可发生该类反应。

表 17　钯催化的分子内 [3+2+2] 环加成反应[①]

序号	底物	[3+2+2]:[3+2]	[3+2+2] 产物	产率/%
1		2.3:1		68
2		1:0		84
3		1:0		58
4		2:1		51
5		1.5:1		49
6		1.4:1		48

续表

序号	底物	[3+2+2]:[3+2]	[3+2+2] 产物	产率
7	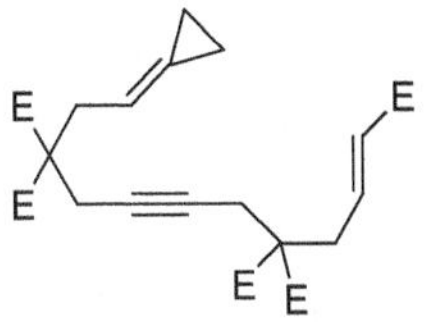	9:1	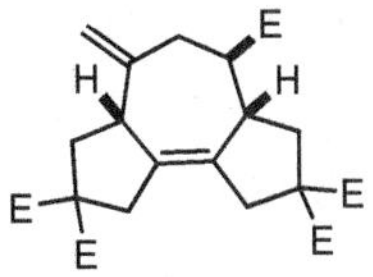	75
8	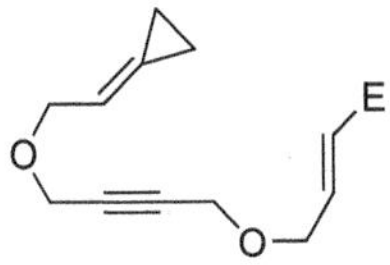	1:0	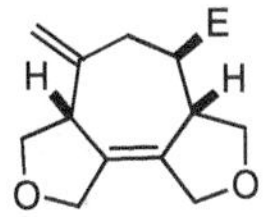	60

① Pd$_2$(dba)$_3$ (10 mol%), **L3** (26 mol%), dioxane, 90 °C, 1~2 h；E = CO$_2$Et。

该反应的机理如式 52 所示：首先，Pd-催化剂与三元环作用形成 Pd-杂四元环。然后，Pd-杂四元环发生重排，并使分子中的三键与 Pd 发生配位。接着，发生插入反应得到 Pd-杂六元环中间体。此时，如果 Pd-杂六元环中间体直接发生还原消除，则得到 [3+2] 环加成产物。如果分子中还有另一分子烯烃，则再次发生烯烃的配位插入，得到 Pd-杂八元环。最后，经还原消除反应得到 [3+2+2] 环加成产物。

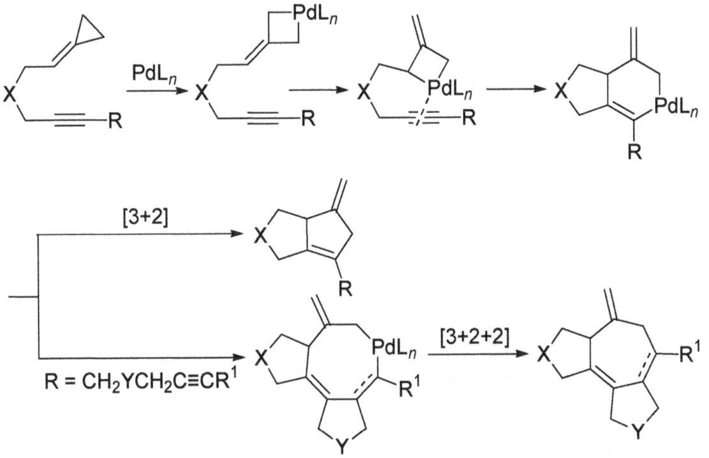

(52)

6 金属催化的 [3+3+1] 环加成反应

2008 年，Chung 等人发展了一种制备七元环状化合物的方法[57]。如式 53

所示：在 5 mol% 的 PtCl$_2$ 作用下，化合物 **47** 首先被转化成为乙烯基取代的联环丙烷产物 **48**。然后，化合物 **48** 和 CO 在铑催化剂的作用下发生 [3+3+1] 环加成反应得到 6,7-并环产物 **49**。三元环上可以有甲基取代 (序号 1~3)，各种氮桥底物都可以发生该类反应 (序号 1, 4~6)，氧桥底物也可以得比较好的收率 (序号 7 和 序号 8)。除了烷基取代底物可以发生该反应外，芳基取代底物也可以发生该反应 (序号 9)。但是，芳基取代的氮桥底物不能发生该类反应。

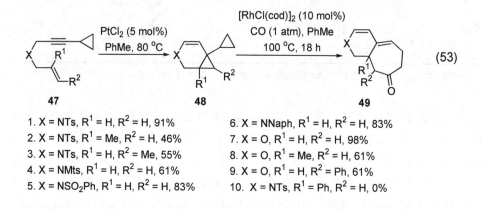

$$(53)$$

1. X = NTs, R^1 = H, R^2 = H, 91%
2. X = NTs, R^1 = Me, R^2 = H, 46%
3. X = NTs, R^1 = H, R^2 = Me, 55%
4. X = NMts, R^1 = H, R^2 = H, 61%
5. X = NSO$_2$Ph, R^1 = H, R^2 = H, 83%
6. X = NNaph, R^1 = H, R^2 = H, 83%
7. X = O, R^1 = H, R^2 = H, 98%
8. X = O, R^1 = Me, R^2 = H, 61%
9. X = O, R^1 = H, R^2 = Ph, 61%
10. X = NTs, R^1 = Ph, R^2 = H, 0%

在类似的条件下，另一种结构的乙烯基取代联环丙烷 **50** 也可以发生 [3+3+1] 环加成反应，得到 6,7-并环产物 (式 54)。

$$(54)$$

1. X = NTs, R = Me, 95% (71/24)
2. X = NTs, R = Et, 90% (79/11)
3. X = N-o-Ts, R = Me, 85% (51/34)
4. X = NSO$_2$Ph, R = Me, 92% (64/28)
5. X = NMts, R = Me, 90% (62/28)
6. X = NNaph, R = Me, 78% (44/34)

该反应的机理如式 55 所示[58]：乙烯基配位的铑 **51** 首先对烯丙位的三元环 **52** 发生开环反应，再重排得到铑杂四元环中间体 **53**。接着，**53** 发生另一个三元环的开环反应和 CO 的插入反应，得到异构体 **54** 或 **55**。最后，发生还原消除得到产物 **56**。

如式 56 所示：化合物 **57** 的反应具有类似的机理 ：首先，两个三元环的开环反应得到中间体 **58**。然后，发生 CO 的插入反应得到异构体 **59** 或 **60**。最后，经还原消除得到产物 **61**。如果中间体 **58** 直接发生还原消除，则得到副产物 **62**。

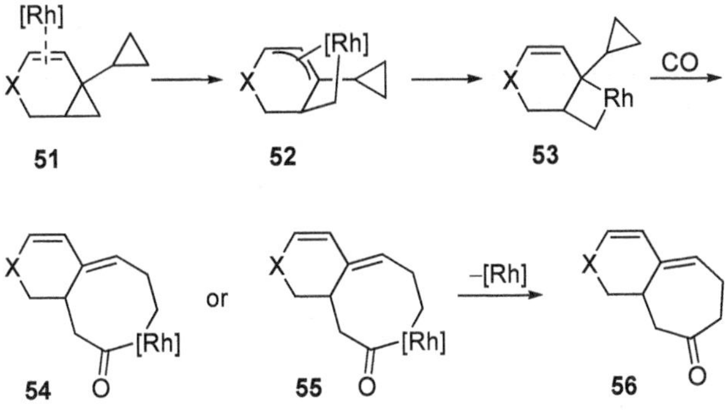

(55)

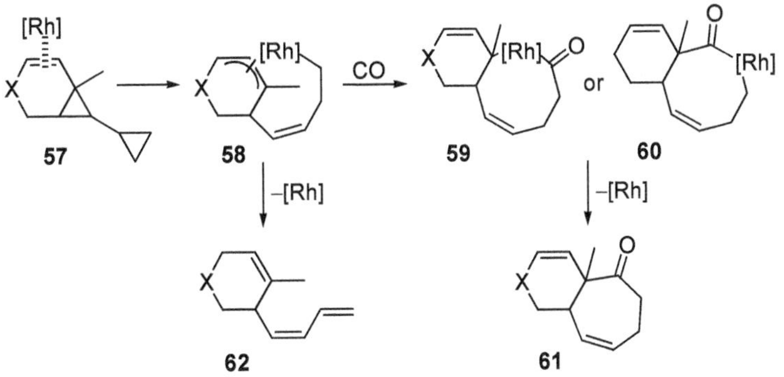

(56)

7 金属催化的 [4+2+1] 环加成反应

2004 年，Montgomery 等人[59]发展了一个镍催化的分子间 [4+2+1] 反应。该反应在四氢呋喃中进行，使用 10 mol% 的 Ni(COD)₂ 作为催化剂。如表 18 所示：分别使用共轭二烯作为四碳组分、炔烃作为二碳组分和三甲基硅基重氮甲烷作为一碳组分，即可发生 [4+2+1] 反应得到 5,7-并环的产物。碳桥 (序号 1 和 序号 2)、氮桥 (序号 3) 和氧桥 (序号 3~8) 连接的底物都能很好发生该反应。端炔或非端炔都能发生该反应，炔烃取代基对反应产率没有明显影响 (序号 1 和 序号 2)。不同取代的共轭二烯也可以发生该反应。

表 18 镍催化的 [4+2+1] 环加成反应

序号	底物	产物	产率 (dr)
1			76% (13:1)
2			78% (> 95:5)
3			68% (> 95:5)
4			65% (10:1)
5			62% (16:1)
6			45% (4:1)
7			49% (> 95:5)
8			74% (> 95:5)

他们还对该反应的机理进行了研究，从四条可能的反应途径中认证了与实验结果最符合的一种途径。如式 57 所示：首先，化合物 **63** 和卡宾中间体 **64** 发生烯烃复分解反应，得到中间体 **66**。然后，中间体 **66** 发生 [2+2] 反应得到中

间体 **67**。接着，中间体 **67** 经还原消除后得到化合物 **68**。最后，化合物 **68** 再发生 [3,3] 重排，得到产物 **69**。

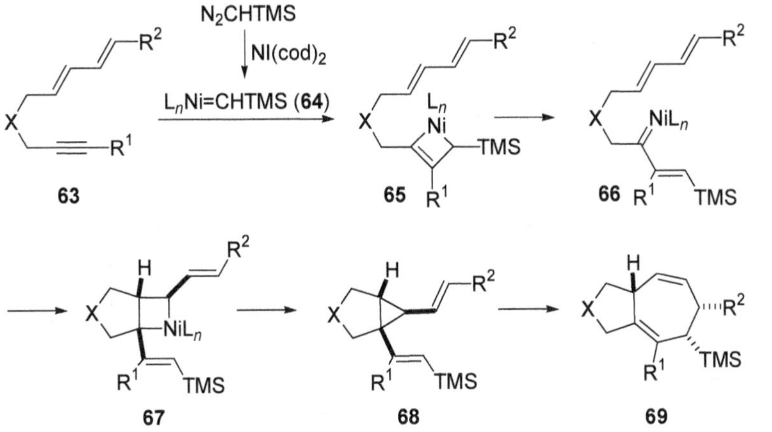

(57)

8 金属催化的 [2+2+2+1] 环加成反应

2000 年，Ojima 等人[60]发现了 11-十二烯-1,6-二炔的环化反应，运用该方法可以合成 5,7,5-三环体系。2004 年，他们在研究 11-十二烯-1,6-二炔的环化反应时首次发现了铑催化的分子内 [2+2+2+1] 反应[61]。如式 58 所示：在 [Rh(COD)Cl]₂ 的催化下，11-十二烯-1,6-二炔可以在在 CO 气氛下 (1 atm) 发生分子内 [2+2+2+1] 环加成反应得到 5,7,5-环系化合物。

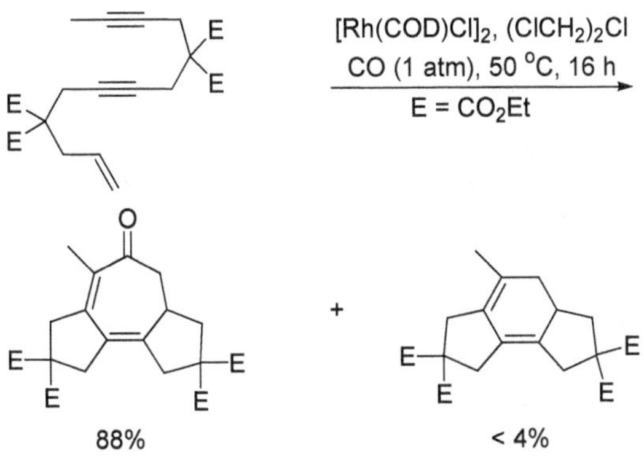

(58)

如表 19 所示：不仅碳桥底物能够以很高的收率得到 [2+2+2+1] 产物 (序号 1~4)，各种氮桥和氧桥底物也可以得很高的收率。

表 19　铑催化的 [2+2+2+1] 环加成反应

序号	底物	产物	条件	产率
	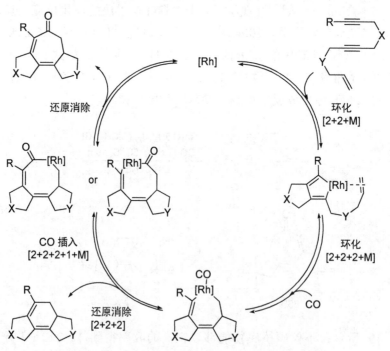			
1	R = OMe		50 °C, 36 h	92%
2	R = OBn		80 °C, 22 h	91%
3	R = OAc		60 °C, 22 h	82%
4	R-R = OC(CH₃)₂O		60 °C, 24 h	78%
5	X = C(CO₂Et)₂, Y = O		50 °C, 24 h	97%
6	X = NTs, X = NTs		50 °C, 22 h	84%
7	X = C(CO₂Et)₂, Y = t-BocN		50 °C, 24 h	70%

图 10　铑催化的分子内 [2+2+2+1] 环加成反应机理

作者认为该反应分为四步进行 (图 10)：首先，铑催化剂选择性地与二炔部分配位形成铑杂五元环。接着，烯烃进行配位插入形成铑杂 5,7,5-环系中间体。然后，体系中的 CO 发生配位插入形成铑杂 5,8,5-环系中间体。最后，经还原消除得到最终产物。如果在第三步没有发生 CO 的插入反应，而是直接发生还原消除则得到副产物。Rodriguez-Otero 等人[62]对该类反应进行了理论计算，得到了与该反应机理类似的结果。

9　金属催化的环加成反应在天然产物合成上的应用

9.1　(+)-Aphanamol I 的全合成

2000 年，Wender 等人利用 Rh-催化的分子内 [5+2] 环加成反应作为关键反应步骤合成了天然产物 (+)-Aphanamol I (式 59)[63]。Aphanamol I 是一种倍半萜烯，1984 年由 Nishizawa 等人从 *Aphanamixis grandifolia* 中分离得到[64]。Mehta[65]、Wickbeerg[66]和 Harmata[67]等人都先后完成了 Aphanamol I 的全合成工作。在 Wender 等人的合成中，他们使用化合物 **70** 作为底物。将其在含有 0.5 mol% 的 [RhCl(CO)$_2$]$_2$ 甲苯中回流反应 30 min，以 93% 的收率得到 5,7-并环产物 **71**。然后，**71** 再经后续转化生成天然产物 (+)-Aphanamol I。

$$(59)$$

70　　　　　　　**71**　　　　(+)-Aphanamol I

9.2　(+)-Frondosin A 的全合成

Frondosin A 是从海绵 *Dysidea frondosa* 中分离得到的提取物之一[68]，两种对映异构体都具有生理活性[69]，是潜在的抗 HIV 药物。2007 年，Trost 等人[70]首次报道了 (+)-Frondosin A 的全合成且使用钌催化的 [5+2] 环加成反应作为关键反应构建了七元环结构。如式 60 所示：在 10 mol% 的 CpRu(CH$_3$CN)$_3$PF$_6$ 的催化下，化合物 **72** 被转化生成 88% 的七元环产物 **73**。然后，**73** 再经过后续转化生成天然产物 (+)-Frondosin A。

$$(60)$$

72   **73**   (+)-Frondosin A

9.3 (+)-Dictamnol 的全合成

1999 年，Wender 等人[71]利用 Rh-催化的 [5+2] 环加成反应作为关键反应合成了天然产物 (+)-Dictamnol。如式 61 所示：在含有 2.5 mol% 的 [RhCl(CO)₂]₂ 二氯乙烷溶液中，乙烯基环丙烷-联烯化合物 **74** 以 76% 的收率被转化成为 5,7-并环产物 **75**。然后，**75** 再经过后续转化生成天然产物 (+)-Dictamnol。

$$(61)$$

74   **75**   (+)-Dictammol

9.4 Tremulenediol A 和 Tremulenolide A 的全合成

Tremulenediol A 和 Tremulenolide A 是从霉菌病原体 *Phellinus tremulae* 中提取得到的倍半萜类化合物[70]，1998 年，Davies 等人[73]报道了 Tremulenediol A 和 Tremulenolide A 的外消旋合成路线。2005 年，Martin 等人[74]完成了 Tremulenediol A 和 Tremulenolide A 的对映选择性合成。如式 62 所示：他们以

$$(62)$$

76

Tremulenediol A   Tremulenolide A

$[RhCl(CO)_2]_2$ 催化的 [5+2] 环加成反应作为关键反应，以 85% 的收率一步构建了 5,7-双环化合物 **76**。然后，**76** 再经多步转化生成天然产物 Tremulenediol A。最后，经过二氧化锰氧化以 86% 的收率得到天然产物 Tremulenolide A。

9.5 (–)-Pseudolaric acid B 的全合成

(–)-Pseudolaric acid B 是从中药土槿皮中提取的一种化合物[75]。(–)-Pseudolaric acid B 是一种潜在的抗真菌药物。2007 年，Trost 等人[76]利用 [5+2] 环加成反应作为关键反应，完成了 (–)-Pseudolaric acid B 的全合成工作。如式 63 所示：在含有 11 mol% 的 $[(C_8H_{10})Rh(cod)]SbF_6$ 二氯甲烷溶液中，化合物 **77** 以 88% 的收率经一步反应构建出 5,7-并环产物 **78**。然后，**78** 再经过后续转化生成天然产物 (–)-Pseudolaric acid B。但是，使用钌催化剂时该反应不发生。

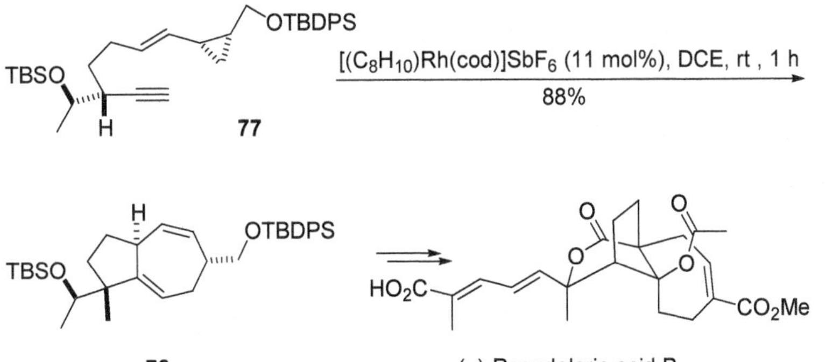

(63)

77 **78** (–)-Pseudolaric acid B

10 反应实例

例 一[77]

铑催化的 [5+2] 环加成反应制备七元环化合物

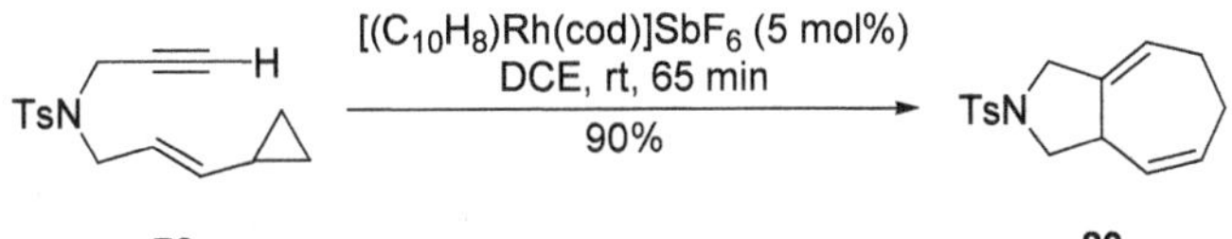

(64)

79 **80**

将催化剂 $[(C_8H_{10})Rh(cod)]SbF_6$ (99.3 mg, 173 μmol) 的 CH_2Cl_2 (1.25 mL)

溶液分四次加入底物 **79** (1.00 g, 3.46 mmol) 的 CH₂Cl₂ (17.3 mL) 的溶液中。每次加入间隔 15 min，反应在室温总计反应 55 min。然后，将反应液浓缩后经快速硅胶柱色谱分离，分离所得粗品再经过重结晶后得到产物 **80** (900.3 mg, 90%) 的白色固体。

例 二[78]

钌催化的 [5+2] 环加成反应制备官能团化的七元环化合物

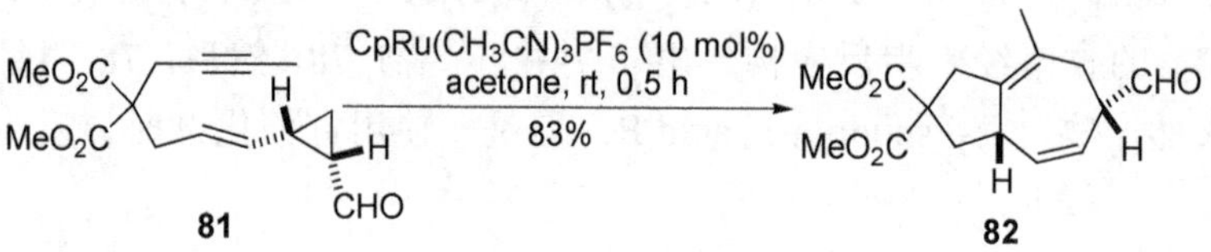

(65)

在氩气保护下，将化合物 **81** (72 mg, 0.25 mmol) 加入到无水丙酮 (0.6 mL) 中。然后，将催化剂 CpRu(CH₃CN)₃PF₆ (11 mg, 0.025 mmol) 加入到该溶液中。生成的混合物在室温搅拌 30 min 后用快速硅胶柱色谱分离，得到无色油状液体产物 **82** (63 mg, 83%)。

例 三[79]

金催化的 [4+3] 环加成反应制备七元环化合物

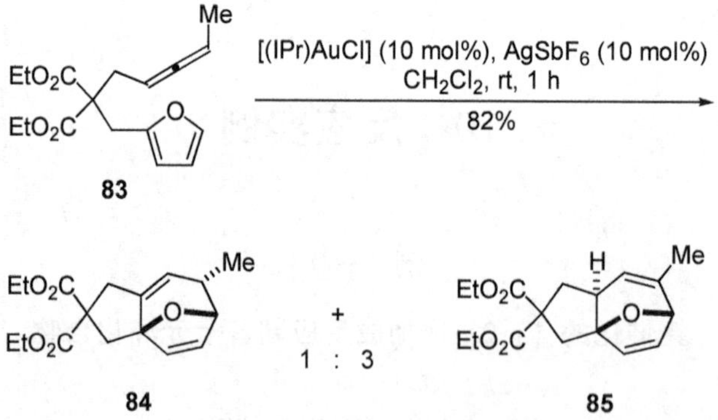

(66)

在氩气保护下，将化合物 **83** (50 mg, 0.16 mmol) 的 CH₂Cl₂ (0.4 mL) 溶液加入到 [(IPr)AuCl] (10.1 mg, 0.016 mmol) 和 AgSbF₆ (5.6 mg, 0.016 mmol) 的 CH₂Cl₂ (0.4 mL) 溶液中。室温下搅拌 1 h 后，过滤反应物。滤液浓缩后经快速硅胶柱色谱分离，得到产物 **84** 和 **85** 的混合物 (41 mg, 82%, **84:85** = 1:3)。

例 四[80]

镍催化的 [3+2+2] 环加成反应制备七元环化合物

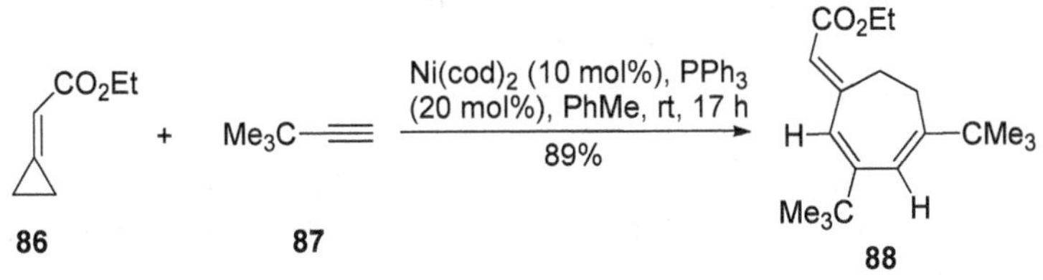

$$(67)$$

在氩气保护下，分批将 **86** (126 mg, 1 mmol) 和 **87** (411 mg, 5 mmol) 的无水甲苯 (0.5 mL) 溶液加入到 Ni(cod)$_2$ (27.5 mg, 0.1 mmol) 和 PPh$_3$ (52.5 mg, 0.2 mmol) 的无水甲苯 (0.5 mL) 溶液中。室温搅拌，直到 TLC 和 GC-MS 检测到 **86** 完全反应。反应液用氧化铝柱过滤，滤液浓缩后经柱色谱分离得产物 **88** (258 , 89%)。

例 五[81]

钯催化的 [3+2+2] 环加成反应制备七元环化合物

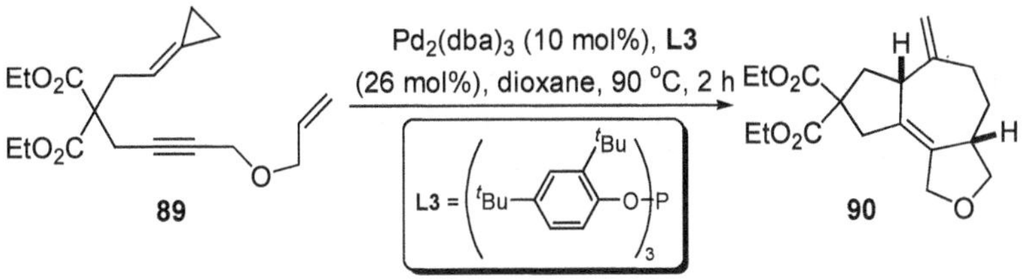

$$(68)$$

氩气保护下，将化合物 **89** (50 mg, 0.150 mmol) 的二氧六环 (1 mL) 溶液加入到催化剂 Pd$_2$(dba)$_3$ (13.6 mg, 0.015 mmol) 和膦配体 **L3** (25.2 mg, 0.039 mmol) 的二氧六环 (1 mL) 溶液中。然后升温至 90 ℃ 反应 1~2 h，冷却至室温后加入乙醚稀释 (8 mL)。混合物经短硅胶柱过滤，滤液浓缩后经快速硅胶柱色谱分离得到无色油状液体产物 **90** (34 mg, 68%)。

11　参考文献

[1]　(a) Mehta, G.; Singh, V. *Chem. Rev.* **1999**, *99*, 881. (b) Hartung, I. V.; Hoffmann, H. M. R. *Angew. Chem., Int. Ed.* **2004**, *43*, 1934.

[2]　Butenschon, H. *Angew. Chem., Int. Ed.* **2008**, *47*, 5287.

[3] Herndon, W. C. *Chem. Rev.* **1972**, *72*, 157.

[4] (a) Harmata, M. *Tetrahedron* **1997**, *53*, 6235. (b) Harmata, M. *Acc. Chem. Res.* **2001**, *34*, 595. (c) Prie, G.; Prevost, N.; Twin, H.; Fernandes, S. A.; Hayes, J. F.; Shipman, M. *Angew. Chem., Int. Ed.* **2004**, *43*, 6517. (d) Harmata, M.; Rashatasakhon, P. *Org. Lett.* **2000**, *2*, 2913. (e) Niess, B.; Hoffmann, H. M. R. *Angew. Chem., Int. Ed.* **2005**, *44*, 26. (f) Wender, P.A.; Lee, H. Y.; Wilhelm, R. S.; Williams, P. D. *J. Am. Chem. Soc.* **1989**, *111*, 8954. (g) Davies, D. M. E.; Murray, C.; Berry, M.; Orr-Ewing, A. J.; Booker-Miburn, K. I. *J. Org. Chem.* **2007**, *72*, 1449. (h) Domingo, L. R.; Zaragoza, R. J. *J. Org. Chem.* **2000**, *65*, 5480. (i) Zheng, S.; Lu, X. *Org. Lett.* **2009**, *11*, 3978.

[5] (a) Yet, L. *Chem. Rev.* **2000**, *100*, 2963. (b) Lautens, M.; Klute, W.; Tam, W. *Chem. Rev.* **1996**, *96*, 49. (c) Fruhauf, H.-W. *Chem. Rev.* **1997**, *97*, 523. (d) Ojima, I.; Tzamarioudaki, M.; Li, Z.; Donovan, R. J. *Chem. Rev.* **1996**, *96*, 635.

[6] Yu, Z.-X.; Wang, Y.; Wang, Y.-Y. *Chem. Asian. J.* **2010**, *5*, 1072.

[7] Wender, P. A.; Takahashi, H.; Witulski, B. *J. Am. Chem. Soc.* **1995**, *117*, 4720.

[8] (a) Wender, P. A.; Husfeld, C. O.; Langkopf, E.; Love, J. A. *J. Am. Chem. Soc.* **1998**, *120*, 1940. (b) Wender, P. A.; Husfeld, C. O.; Langkopf, E.; Love, J. A.; Plleuss, N. *Tetrahedron* **1998**, *54*, 7203.

[9] Wender, P. A.; Glorius, F.; Husfeld, C. O.; Langkopf, E.; Love, J. A. *J. Am. Chem. Soc.* **1999**, *121*, 5348.

[10] Inagaki, F.; Sugikubo, K.; Miyashita, Y.; Mukai, C. *Angew. Chem., Int. Ed.* **2010**, *49*, 2206.

[11] (a) Wender, P. A.; Rieck, H.; Fuji, M. *J. Am. Chem. Soc.* **1998**, *120*, 10976. (b) Wender, P. A.; Barzilay, C. M.; Dyckman, A. J. *J. Am. Chem. Soc.* **2001**, *123*, 179.

[12] Wegner, H. A.; Meijere, A.; Wender, P. A. *J. Am. Chem. Soc.* **2005**, *127*, 6530.

[13] Wender, P. A.; Sperandio, D. *J. Org. Chem.* **1998**, *63*, 4164

[14] Wender, P. A.; Williams, T. *Angew. Chem., Int. Ed.* **2002**, *41*, 4550.

[15] Lee, S. I.; Park, S. Y.; Park, J. H.; Jung, I. G.; Choi, S. Y.; Chung, Y. K.; Lee, B. Y. *J. Org. Chem.* **2006**, *71*, 91.

[16] Saito, A.; Ono, T.; Hanzawa, Y. *J. Org. Chem.* **2006**, *71*, 6437.

[17] (a) Wang, Y.; Wang, J.; Su, J.; Huang, F.; Jiao, L.; Liang, Y.; Yang, D.; Zhang, S.; Wender, P. A.; Yu, Z.-X. *J. Am. Chem. Soc.* **2007**, *129*, 10060. (b) Jiao, L.; Yuan, C.; Yu, Z.-X. *J. Am. Chem. Soc.* **2008**, *130*, 4421. (c) Fan, X.; Tang, M.-X.; Zhuo, L.-G.; Tu, Y. Q.; Yu, Z.-X. *Tetrahedron Lett.* **2009**, *50*, 155. (d) Fan, X.; Zhuo, L.-G.; Tu, Y. Q.; Yu, Z.-X. *Tetrahedron* **2009**, *65*, 4709. (e) Yuan, C.; Jiao, L.; Yu, Z.-X. *Tetrahedron Lett.* **2010**, *51*, 5674. (f) Liang, Y.; Jiang, X.; Yu, Z.-X. *Chem. Commun.* **2011**, *47*, 6659.

[18] Wender, P. A.; Glorius, F.; Husfeld, C. O.; Langkopf, E.; Love, J. A. *J. Am. Chem. Soc.* **1999**, *121*, 5348.

[19] Wender, P. A.; Rieck, H.; Fuji, M. *J. Am. Chem. Soc.* **1998**, *120*, 10976.

[20] Wender, P. A.; Barzilay, C. M.; Dyckman, A. J. *J. Am. Chem. Soc.* **2001**, *123*, 179.

[21] Wender, P. A.; Sirois, L. E.; Stemmler, R. T.; Williams, T. J. *Org. Lett.* **2010**, *12*, 1604.

[22] Wegner, H. A.; Meijere, A.; Wender, P. A. *J. Am. Chem. Soc.* **2005**, *127*, 6530.

[23] Wender, P. A., Love, J. A.; Williams, T. J. *Synlett* **2003**, 1295.

[24] Wender, P. A.; Pedersen, T. M.; Scanio, M. J. C. *J. Am. Chem. Soc.* **2002**, *124*, 15154.

[25] Wender, P. A.; Husfeld, C. O.; Langkopf, E.; Love, J. A. *J. Am. Chem. Soc.* **1998**, *120*, 1940.

[26] Yu Z.-X.; Wender, P. A.; Houk, K. N. *J. Am. Chem. Soc.* **2004**, *126*, 9154.

[27] (a) Jiao, L.; Ye, S.; Yu, Z.-X. *J. Am. Chem. Soc.* **2008**, *130*, 7178. (b) Jiao, L.; Lin, M.; Yu, Z.-X. *Chem. Commun.* **2010**, *46*, 1059. (c) Jiao, L; Lin, M.; Zhuo, L.-G.; Yu, Z.-X. *Org. Lett.* **2010**, *12*, 2528. (d) Li, Q.; Jiang, G.-J.; Jiao, L.; Yu, Z.-X. *Org. Lett.* **2010**, *12*, 1332.

[28] Yu, Z.-X.; Cheong, P. H.-Y.; Liu, P.; Legault, C. Y.; Wender, P. A.; Houk, K. N. *J. Am. Chem. Soc.* **2008**, *130*, 2378.

[29] Wender, P. A.; Gamber, G. G.; Scanio, M. J. *Angew. Chem., Int. Ed.* **2001**, *40*, 3895.

[30]   Inagaki, F.; Sugikubo, K.; Miyashita, Y.; Mukai, C. *Angew. Chem., Int. Ed.* **2010**, *49*, 2206.

[31]   Wender, P. A.; Haustedt, L. O.; Lim, J.; Love, J. A.; Willams, T. J.; Yoon, J-Y. *J. Am. Chem. Soc.* **2006**, *128*, 6302.

[32]   Shintani, R.; Nakatsu, H.; Takatsu, K.; Hayashi, T. *Chem. Eur. J.* **2009** *15*, 8692.

[33]   Trost, B. M.; Toste, F. D.; Shen, H. *J. Am. Chem. Soc.* **2000**, *122*, 2379.

[34]   Trost, B. M.; Toste, F. D. *Angew. Chem., Int. Ed.* **2001**, *40*, 1114.

[35]   Trost, B. M.; Shen, H. C. *Org. Lett.* **2000**, *2*, 2523.

[36]   Trost, B. M.; Shen, H. C. *Angew. Chem., Int. Ed.* **2010**, *40*, 2313.

[37]   Furstner, A.; Majima, K.; Martin, R.; Krause, H.; Kattnig, E.; Goddard, R.; Lehmann, C. W. *J. Am. Chem. Soc.* **2008**, *130*, 1992.

[38]   Bear, B. R.; Sparks, S. M.; Shea, K. J. *Angew. Chem., Int. Ed.* **2001**, *40*, 820.

[39]   (a) Delgado, A.; Rodriguez, J. R.; Castedo, L.; Mascarenas, J. L. *J. Am. Chem. Soc.* **2003**, *125*, 9282. (b) Duran, J.; Gulias, M.; Castedo, L.; Mascarenas, J. L. *Org. Lett.* **2005**, *7*, 5693. (c) Gulias, M.; Garcia, R.; Delgado, A.; Castedo, L.; Mascarenas, J. L. *J. Am. Chem. Soc.* **2006**, *128*, 384.

[40]   Gulias, M.; Duran, J.; Lopez, F.; Castedo, L.; Mascarenas, J. L. *J. Am. Chem. Soc.* **2007**, *129*, 11026.

[41]   (a) Trost, B. M.; Chan, D. M. T. *J. Am. Chem. Soc.* **1983**, *105*, 2315. (b) Gordon, D. J.; Fenske, R. F.; Nanninga, T. N.; Trost, B. M. *J. Am. Chem. Soc.* **1981**, *103*, 5974.

[42]   Trost, B. M. *Angew. Chem., Int. Ed.* **1986**, 25, 1.

[43]   Trost, B. M.; MacPherson, D. T. *J. Am. Chem. Soc.* **1987**, *109*, 3483.

[44]   Trost, B. M.; Seoane, P. R. *J. Am. Chem. Soc.* **1987**, *109*, 615.

[45]   Trost, B. M.; Lautens, M. *J. Am. Chem. Soc.* **1985**, *107*, 1781.

[46]   Trillo, B.; Lopez, F.; Gulias, M.; Castedo, L.; Mascarenas, L. M. *Angew. Chem., Int. Ed.* **2008**, *47*, 951.

[47]   Trillo, B.; Lopez, F.; Montserrat, S.; Gregori, U.; Castedo, L.; Lledos, A.; Mascarenas, J. M. *Chem. Eur. J.* **2009**, *15*, 3336.

[48]   Mauleon, P.; Zeldin, R. M.; Gonzalez, A. Z.; Toste, F. D. *J. Am. Chem. Soc.* **2009**, *131*, 6348.

[49]   Wender, P. A.; Deschamps, N. M.; Sun, R. *Angew. Chem., Int. Ed.* **2006**, *45*, 3957.

[50]   Hayashi, M.; Ohmatsu, T.; Meng, Y.-P.; Saigo, K. *Angew. Chem., Int. Ed.* **1998**, *37*, 837.

[51]   Evans, P. A.; Inglesby, P. A. *J. Am. Chem. Soc.* **2008**, *130*, 12838.

[52]   (a) Saito, S.; Masuda, M.; Komagawa, S. *J. Am. Chem. Soc.* **2004**, *126*, 10540. (b) Komagawa, S.; Saito, S. *Angew. Chem., Int. Ed.* **2006**, *45*, 2446.

[53]   Yamasaki, R.; Terashima, N.; Sotome, I.; Komagawa, S.; Saito, S. *J. Org. Chem.* **2010**. *75*, 480.

[54]   Komagawa, S.; Takeuchi, K.; Sotome, I.; Azumaya, I.; Masu, H.; Yamasaki, R.; Saito, S. *J. Org. Chem.* **2009**, *74*, 3323.

[55]   Saito, S.; Komagawa, S.; Azumaya, I.; Masuda, M. *J. Org. Chem.* **2007**, *72*, 9114.

[56]   Bhargava, G.; Trillo, B.; Araya, M.; Lopez, F.; Castedo, L.; Mascarenas, J. L. *Chem. Commun.* **2010**, *46*, 270.

[57]   Kim, S. Y.; Lee, S. I.; Choi, S. Y.; Chung, Y. K. *Angew. Chem., Int. Ed.* **2008**, *47*, 4914.

[58]   (a) Wender, P. A.; Barzilay, C. M.; Dyckman, A. J. *J. Am. Chem. Soc.* **2001**, *123*, 179. (b) Salomon, R. G.; Salomon, M. F.; Kachinski, J. L. C. *J. Am. Chem. Soc.* **1977**, *99*, 1043.

[59]   (a) Ni, Y.; Montgomery, J. *J. Am. Chem. Soc.* **2004**, *126*, 11162. (b) Ni, Y.; Montgomery, J. *J. Am. Chem. Soc.* **2006**, *128*, 2609.

[60]   Ojima, I.; Lee, S.-Y. *J. Am. Chem. Soc.* **2000**, *122*, 2385.

[61]   (a) Bennacer, B.; Fujiwara, M.; Ojima, I., *Org. Lett.*, **2004**, *6*, 3589. (b) Ojima, I.; Lee, S.-Y. *J. Am. Chem. Soc.* **2000**, *122*, 2385. (c) Bennacer, B.; Fujiwara, M.; Lee, S.-Y.; Ojima, I. *J. Am. Chem. Soc.* **2005**, *127*, 17756.

[62]   Montero-Campillo, M. M.; Rodriguez-Otero, J.; Cabaleiro-Lago, E. *J. Phys. Chem. A* **2008**, *112*, 2423.

[63]   Wender, P. A.; Zhang, L. *Org. Lett.* **2000**, *2*, 2323.

[64] Nishizawa, M.; Inoue, A.; Hayashi, Y.; Satrapradja, S.; Kosela, S.; Iwashita, T. *J. Org. Chem.* **1984**, *49*, 3660.

[65] Mehta, G.; Krishnamurthy, N.; Karra, S. R. *J. Am. Chem. Soc.* **1991**, *113*, 5765.

[66] Hanssen, T.; Wickberg, B. *J. Org. Chem.* **1992**, *57*, 5370.

[67] Harmata, M.; Carter, K. W. *Tetrahedron Lett.* **1997**, *38*, 7985.

[68] Patil, A. D.; Freyer, A. J.; Killmer, L.; Offen, P.; Carte, B.; Jurewicz, A. J.; Johnson, R. K. *Tetrahedron* **1997**, *53*, 5047.

[69] Hallock, Y. F.; Cardellina, J. H.; Boyd, M. R. *Nat. Prod. Lett.* **1998**, *11*, 153.

[70] Trost, B. M.; Hu, Y.; Horne, D. B. *J. Am. Chem. Soc.* **2007**, *129*, 11781.

[71] Wender, P. A.; Fuji, M.; Husfeld, C. O.; Love, J. A. *Org. Lett.* **1999**, *1*, 137-139.

[72] Ayer, W. A.; Cruz, E. R. *J. Org. Chem.* **1993**, *58*, 7529.

[73] Davies, H. M. L.; Doan, B. D. *J. Org. Chem.* **1998**, *63*, 657.

[74] Ashfeld, B. L.; Martin, S. F. *Org. Lett.* **2005**, *7*, 4535.

[75] (a) Yao, J. X.; Lin, X. Y *Acta Chim. Sin. (Engl. Ed.)* **1982**, *40*, 385. (b) Zhou, B. N.; Ying, B. P.; Song, G. Q.; Chen, Z. X.; Han, J.; Yan, Y. F. *Planta Med.* **1983**, *47*, 35.

[76] Trost, B. M.; Waser, J.; Meyer, A. *J. Am. Chem. Soc.* **2007**, *129*, 14556.

[77] Wender, P. A.; Williams, T. J. *Angew. Chem., Int. Ed.* **2002**, *41*, 4550.

[78] Trost, B. M.; Shen, H. C. *Org. Lett.* **2000**, *2*, 2523.

[79] Trillo, B.; Lopez, F.; Montserrat, S.; Gregori, U.; Castedo, L.; Lledos, A.; Mascarenas, J. M. *Chem. Eur. J.* **2009**, *15*, 3336.

[80] Saito, S.; Masuda, M.; Komagawa, S. *J. Am. Chem. Soc.* **2004**, *126*, 10540.

[81] Bhargava, G.; Trillo, B.; Araya, M.; Lopez, F.; Castedo, L.; Mascarenas, J. L. *Chem. Commun.* **2010**, *46*, 270.

金属催化的芳环直接芳基化反应
(Metal-Catalyzed Direct Arylation of Arenes)

兰静波　游劲松[*]

1 历史背景简述

联芳基骨架是许多生物活性分子或功能性化合物的重要结构单元,广泛存在于药物、天然产物、农药、染料、颜料以及各种功能性材料结构中。如式 1 所示[1]:构筑联芳基骨架的方法可以追溯到早期的 Ullmann 反应。一个多世纪以来,有机合成化学家们一直致力于寻找更为简洁高效的方法来构建这样的结构单元[2,3]。

$$2 \ R\overset{}{\underset{}{\bigcirc}} X \xrightarrow{\ Cu\ } R\overset{}{\underset{}{\bigcirc}}\overset{}{\underset{}{\bigcirc}} R \tag{1}$$

除经典的 Ullmann 反应以外,形成联芳基骨架常见方法还包括 Suzuki、Hiyama、Stille、Negishi 和 Kumada 等一系列传统的金属催化的偶联反应。如式 2 所示:它们通常是通过芳基卤代物或者类卤代物与芳基硼、芳基硅、芳基锡、芳基锌、芳基镁等芳基金属试剂进行交叉偶联反应来构建芳基-芳基键,反应的局限性是显而易见的。首先,参与反应的底物均需经过预活化,而制备这些底物通常要经过多步反应。对于许多芳杂环而言,其卤代物或者有机金属试剂的合成本身具有相当难度,从而在一定程度上限制了这些方法的应用和普及。其次,底物制备和偶联反应过程中不可避免地产生大量副产物,这不符合绿色化学和原子经济性的要求。此外,有机金属试剂的官能团兼容性通常不强,反应过程中还容易发生自偶联反应。

$$R^1\overset{}{\underset{}{\bigcirc}} M + X \overset{}{\underset{}{\bigcirc}} R^2 \xrightarrow[\substack{M = B, Sn, Si, Zn, Mg \\ X = I, Br, Cl, OMs, OTf}]{\text{transition metal catalyst}} R^1\overset{}{\underset{}{\bigcirc}}\overset{}{\underset{}{\bigcirc}} R^2 \tag{2}$$

如果能够把芳环 C-H 键视作"官能团",使芳环上的 C-H 键作为化学反应的断裂和重建位点无疑为有机合成化学打开新的篇章。始于 20 世纪 60 年代的各种类型的环金属化反应以及 C-H 键断裂机理的研究为 C-H 键直接功能化反应奠定了基础[4,5]。1963 年,Kleiman 和 Dubeck 报道:二茂镍 (Cp$_2$Ni) 可以断裂偶氮苯的邻位 C-H 键并形成环状 C-金属化合物 (式 3)[6]。此后,通过芳烃 C-金属键之间的插入反应构筑 C-C 键的研究逐渐进入人们的视野[7~9]。1986 年,Lewis 等人首次利用 C-H 键断裂形成环金属化合物的概念实现了芳烃 C-H 键直接功能化的催化反应[10]。自此,作为一个有别于传统偶联反应的全新概念,通过金属催化的 C-H 键断裂和重组来实现芳烃 C-H 键直接功能化反应逐渐成为有机化学领域的研究热点。

$$(3)$$

在各种类型的芳烃 C-H 键功能化反应中，芳烃 C-H 键直接芳基化反应显得尤为重要。1982 年，Ames 等人在进行溴代邻二氮杂萘衍生物与丙烯酸乙酯的 Heck 反应时，意外地得到了苯环 C-H 键直接芳基化的分子内关环产物。如式 4 所示[11]：该反应被认为是芳基卤代物与未活化的芳环 C-H 键之间的直接芳基化反应最早的例子之一[12]。

$$(4)$$

在芳烃 C-H 键直接芳基化反应中，仅一种芳基底物需要预活化或者两种芳基底物均不需要预活化。如式 5 所示[13~26]：这种反应更符合绿色化学和原子经济性的要求。

$$(5)$$

近年来，芳烃 C-H 键的直接芳基化反应作为一种构筑联芳基结构的环境友好、经济高效的合成策略而备受瞩目。与传统的偶联方法相比较，直接芳基化反应通常具有反应底物价廉易得、对空气和潮气不敏感、反应步骤少、易于操作、反应过程中可以最大限度地避免副产物形成等优点。近十年来，芳烃 C-H 键的直接芳基化反应得到了迅猛发展，被越来越多地应用于有机合成。

2 金属催化的芳环直接芳基化反应的定义和机理

2.1 金属催化的直接芳基化反应的定义

在金属催化作用下，通过芳环 C-H 键的断裂与重组实现芳基-芳基键的形成方法被称为金属催化的芳环 C-H 键直接芳基化反应。目前，该类反应又可以分为氧化偶联型直接芳基化反应 (式 6 和式 7) 和芳基卤代物或类卤代物作为亲电偶联底物参与的直接芳基化反应两大类 (式 8)。

$$R^1 \text{—} \langle \rangle \text{—} H \; + \; M \text{—} \langle \rangle \text{—} R^2 \quad \xrightarrow[\text{oxidant}]{\text{transition metal}} \quad R^1 \text{—} \langle \rangle \text{—} \langle \rangle \text{—} R^2 \quad (6)$$

$$R^1 \text{—} \langle \rangle \text{—} H \; + \; H \text{—} \langle \rangle \text{—} R^2 \quad \xrightarrow[\text{oxidant}]{\text{transition metal}} \quad R^1 \text{—} \langle \rangle \text{—} \langle \rangle \text{—} R^2 \quad (7)$$

$$R^1 \text{—} \langle \rangle \text{—} H \; + \; X \text{—} \langle \rangle \text{—} R^2 \quad \xrightarrow{\text{transition metal}} \quad R^1 \text{—} \langle \rangle \text{—} \langle \rangle \text{—} R^2 \quad (8)$$

其中，氧化偶联型直接芳基化反应的发生需要依赖于氧化剂的存在。根据底物的不同，又可以分为芳环 C-H 与芳基金属试剂的氧化偶联反应 (式 6) 和两个芳环之间的 C-H/C-H 交叉氧化偶联反应 (式 7)。芳基金属试剂作为底物参与的直接芳基化反应，在反应过程中将不可避免地生成化学剂量的无用副产物，而且操作相对繁琐。C-H/C-H 交叉氧化偶联反应则展现了更加诱人的应用前景，特别是采用氧气作为氧化剂时更突出其优越性。但是，不同偶联组分之间 C-H 键交叉氧化偶联反应存在有区域选择性问题。因此，有效避免和抑制相同芳环之间的自偶联反应是这类反应面临的巨大挑战。目前，芳基卤代物或类卤代物作为亲电偶联底物参与的直接芳基化反应仍然被认为是合成交叉联芳基类化合物最好的途径之一[21]。

2.2 金属催化的直接芳基化反应机理

近年来，芳环 C-H 键直接芳基化反应机理的研究已经取得了较大的进展。可以根据反应类型将其划分为：分子内直接芳基化反应、定位基导向的分子间直接芳基化反应、不含定位基的分子间直接芳基化反应、芳杂环的分子间直接芳基化反应、芳(杂)环之间 C-H/C-H 氧化偶联反应。

2.2.1 金属催化的分子内直接芳基化反应机理

分子内直接芳基化反应是研究较早的一类反应，通常以钯为催化剂，是构筑 5~7 元并环结构的联芳基化合物的重要手段。在芳基卤代物或类卤代物参与的反应中，首先是钯插入到碳卤键之间形成芳基钯配合物 $ArPdXL_n$。目前，该中间体的形成已经得到公认。但是，从该中间体到形成分子内芳基之间 C-C 键的细节仍存在有争议[3,27,28]。如式 9 所示：人们提出了三种可能的反应中间体。(a) 中间体 ArPdXL$_n$ 可能是作为亲电试剂与分子内另一个芳环反应，经历芳基的亲电取代反应 (S$_E$Ar) 形成了环状二芳基钯配合物 **1**[12,29]。(b) 中间体 ArPdXL$_n$ 通过 Pd(II)/Pd(IV) 之间的催化循环，发生芳环 C-H 键氧化加成反应得到中间体 **2** 后，再经过 σ-键置换得到最终产物[30,31]。(c) 中间体 ArPdXL$_n$ 可能经历了类似 Heck 反应历程的芳基插入反应形成中间体 **3**[27,32]。

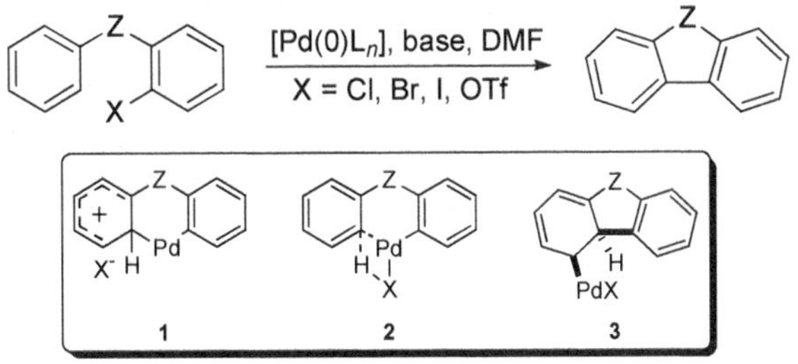

$$ (9) $$

目前，芳基钯配合物经历芳基的亲电取代反应形成环状二芳基钯配合物 **1** 的反应历程获得普遍的认可。Rawal 和 Fagnou 等课题组以芳基卤代物参与的分子内直接芳基化反应为例，均给出了类似的反应机理[12,28,33]。如图 1 所示：首先，钯插入到 C-X 键之间形成芳基钯配合物 ArPdXL$_n$。然后，芳基钯配合物再进攻分子内另一个芳环的邻位 C-H 键形成环状钯配合物。最后，经钯的还原消除反应得到联芳基产物。

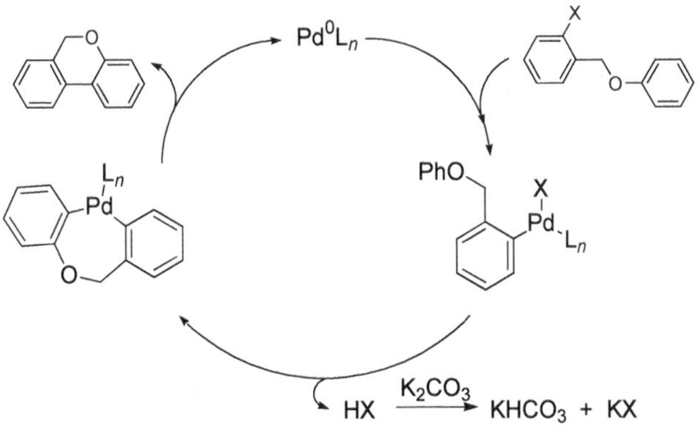

图 1　芳基卤代物参与的分子内直接芳基化反应机理

Fagnou 等人发现：在图 1 中，当卤原子为碘时反应产率很低[12,27]。究其原因可能是在反应中生成的碘离子与芳基钯配合物 ArPdIL$_n$ 作用形成了配位饱和的不具有反应活性的钯物种，从而抑制了随后的芳基亲电反应的发生 (式 10)。如果在反应中加入碳酸银捕获碘离子，反应产率得到了显著提高。

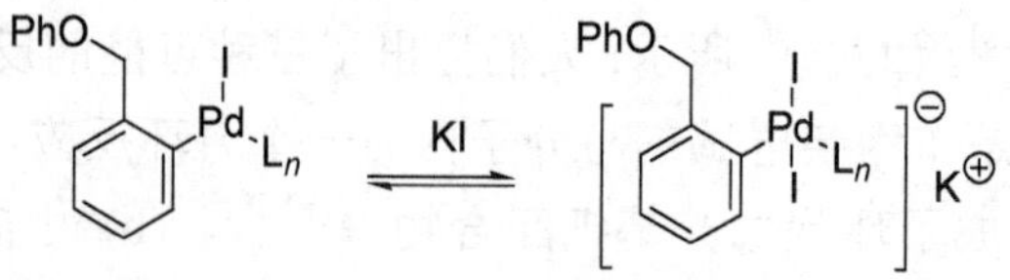

$$(10)$$

2.2.2 定位基导向的分子间直接芳基化反应机理

在不同类型芳环 C-H 键的离解能相差不大的情况下，很难实现区域选择性的 C-H 键直接芳基化反应。为了实现区域选择性芳基化反应，可以在芳环上引入一个能够除去的具有路易斯碱性的定位基团。通过金属与定位基的配位作用，可以选择性地使定位基附近芳环上的 C-H 键发生断裂。通过得到热力学或者动力学上有利的五元或者六元环芳基金属化物，使芳基化反应发生在定位基团的邻位。对于对称性的芳基底物而言，该类反应还涉及单或双芳基化反应的选择性问题。对于不对称底物而言，芳基化反应时的位阻效应是一个重要的影响因素。此时，芳基化大多发生在位阻小的一边。

定位基团往往都具有一对孤对电子，这样才有利于与过渡金属形成五元或者六元的环状过渡态。常用的定位基团主要包括：酚、醇、醚、酮、羧酸、氨基、酰胺、亚胺以及许多含氮杂环。此外，一些芳环侧链的烷基或膦基、膦氧基团等也可以作为定位基团[17]。

近年来，定位基团导向的分子间直接芳基化反应是研究最多的一类反应。用于催化该类反应的过渡金属催化剂主要包括：Pd、Rh、Ru 或 Cu 等的化合物或配合物。

2.2.2.1 Pd-催化的定位基导向的分子间直接芳基化反应机理

Pd-催化的酚氧基导向的分子间直接芳基化反应机理如图 2 所示[34]。首先，

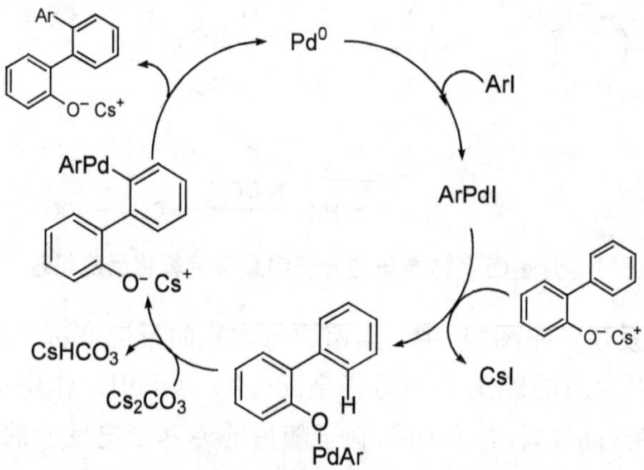

图 2　Pd-催化的酚氧基导向的分子间直接芳基化反应机理

Pd(0) 经氧化成插入芳基碘代物的碳-卤键之间。然后，通过碱金属酚盐的转金属化作用形成酚氧-钯中间体。接着，钯在酚氧基的导向作用下进攻相邻芳环的邻位，并在碱的作用下断裂 C-H 键，进一步发生转金属作用形成二芳基钯配合物。最后，二芳基钯配合物经还原消除得到芳基化反应产物。可以看出：酚氧对钯的配位作用是实现区域选择性 C-H 键断裂并最终形成二芳基钯配合物的关键因素。

    Shi 等人报道了芳基硅烷参与的酰胺导向的芳环直接芳基化反应的机理。如图 3 所示[35]：首先，是 Pd(II) 在酰氧基的导向下断裂邻位 C-H 键形成环钯配合物。然后，通过与芳基硅烷的转金属化过程得到二芳基钯配合物。最后，经还原消除得到产物和 Pd(0)。在 Ag(I) 或 Cu(II) 的存在下，Pd(0) 可以被氧化成 Pd(II) 再次参与下一轮催化循环。

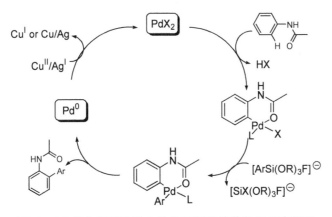

图 3　Pd-催化的酰胺导向的分子间直接芳基化反应机理

2.2.2.2　Rh-催化的定位基导向的分子间直接芳基化反应机理

    Bedford 等人报道了 Rh-催化的苯酚邻位选择性芳基化反应，可能的反应机理如图 4 所示[36,37]。首先，Rh(I) 与芳基卤发生氧化插入反应并与二烃基亚膦酸酯配位。然后，发生邻位导向的 C-H 键消除和转金属化作用得到二芳基铑的环金属化物。接着，环金属化物经还原消除得到酚邻位芳基化的二烃基亚膦酸酯产物中间体。最后，亚膦酸酯产物中间体与未反应的酚进行酯交换反应，在释放出产物的同时实现了助催化剂二烃基亚膦酸酚酯的再生。

2.2.2.3　Ru-催化的定位基导向的分子间直接芳基化反应机理

    亚胺也可以作为一个定位基团，可以实现 Ru-催化下芳基亚胺的邻位芳基化反应[38]。该反应所涉及的机理如图 5 所示：首先，Ru(II) 与芳基溴发生氧化插入反应形成芳基钌配合物。然后，再与亚胺配位进一步形成环芳基钌中间体。最后，经还原消除得到邻位芳基化产物。

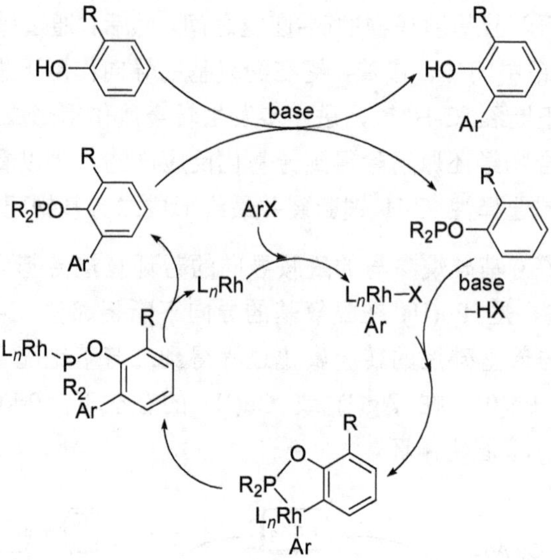

图 4 Rh-催化的酚氧亚磷酸酯导向的分子间直接芳基化反应机理

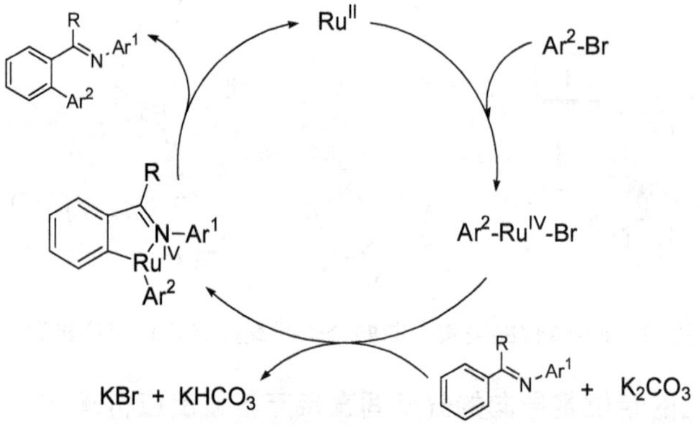

图 5 Ru-催化的亚胺导向的分子间直接芳基化反应机理

事实上，咪唑、吡唑、噁唑、咪唑啉、噁唑啉和吡啶等许多含氮杂环可以作为分子间直接芳基化的导向基团。Oi 等人报道了在 Ru(II)-膦配合物催化下芳基卤代物对于芳基噁唑啉或芳基咪唑啉的邻位选择性直接芳基化反应。如图 6 所示[39]：他们为该反应提出了两种可能的反应途径。在途径 A 中：首先，钌配合物与卤代芳烃发生氧化插入反应生成芳基钌中间体。然后，芳基噁唑啉或芳基咪唑啉与芳基钌中间体发生邻位定向的钌化作用生成环状芳基钌配合物。最后，再经还原消除反应得到目标产物。在途径 B 中：首先，芳基噁唑啉或芳基咪唑啉与钌配合物形成环状芳基钌配合物，实现芳环的邻位定向的钌化反应。然后，环状芳基钌配合物再插入到卤代芳烃的碳-卤键之间形成二芳基钌化合物。最后，经还原消除得到目标产物。

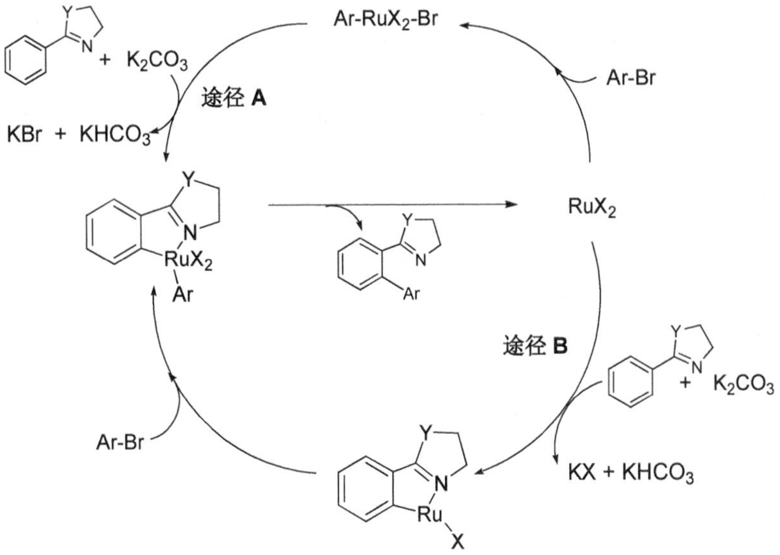

图 6　Ru-催化的含氮杂环导向的分子间直接芳基化反应机理

2.2.2.4　Cu-催化的定位基导向的分子间直接芳基化反应机理

在 Pd、Rh 和 Ru 等过渡金属催化下，芳环上各种定位基往往都是通过环金属化作用将芳基化反应引导在邻位上进行。2009 年，Gaunt 等人报道了铜催化的芳基高碘化物与酰胺基定位的芳烃的直接芳基化反应[40]。有趣的是，该芳基化反应发生在导向基团的间位，其反应机理如式 11 所示。首先，芳基高碘化物与三氟醋酸铜形成亲电能力极强的芳基三价铜物种 PhCu(III)(OTf)₂。然后，该物种对芳环上氨基的间位发生亲电进攻。形成的邻位碳正离子被酰胺的羰基氧所稳定，得到芳环的亲电加成中间体。这一过程是实现间位选择性的关键步骤。最后，再发生脱氢和还原消除得到最终的间位芳基化反应产物。

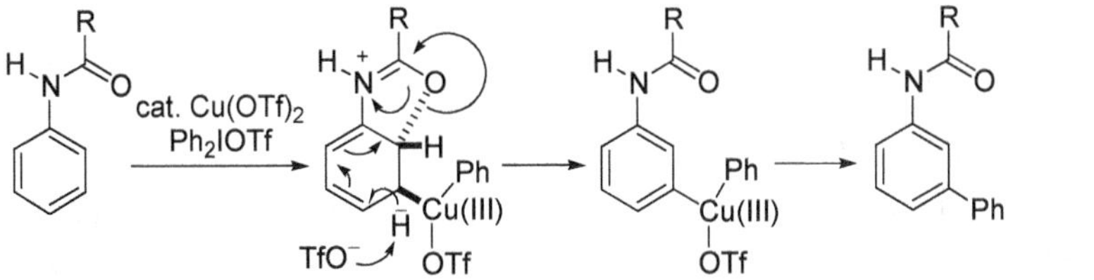

(11)

2.2.3　不含定位基的分子间直接芳基化反应机理

不含定位基的分子间直接芳基化反应在反应活性和反应的区域选择性上面临较大的挑战，到目前为止仍然只有为数不多的例子。2006 年，Fagnou 等人实现了 Pd-催化的溴代芳烃与不含任何官能团的苯环的直接芳基化反应[41]。他们通过苯与富电子芳烃苯甲醚和缺电子芳烃氟苯的竞争性实验,并辅助同位素效应实验对该反应的机理进行了研究。如图 7 所示:不同于芳烃亲电取代或者自由基反应机理,该反应可能是通过芳环去质子化反应机理进行的。因此,芳环上 C-H 键的酸性可能是影响该反应区域选择性和活性的重要因素。在这个反应机理中,可能存在两种不同的催化循环途径。在途径 A 中:新戊酸或新戊酸根阴离子可以从钯催化剂中游离出来,然后在下一个催化循环中再与芳基钯结合,从而实现与钯的可逆结合。在途径途径 B 中:新戊酸或新戊酸根阴离子则始终作为配体参与钯的配位。

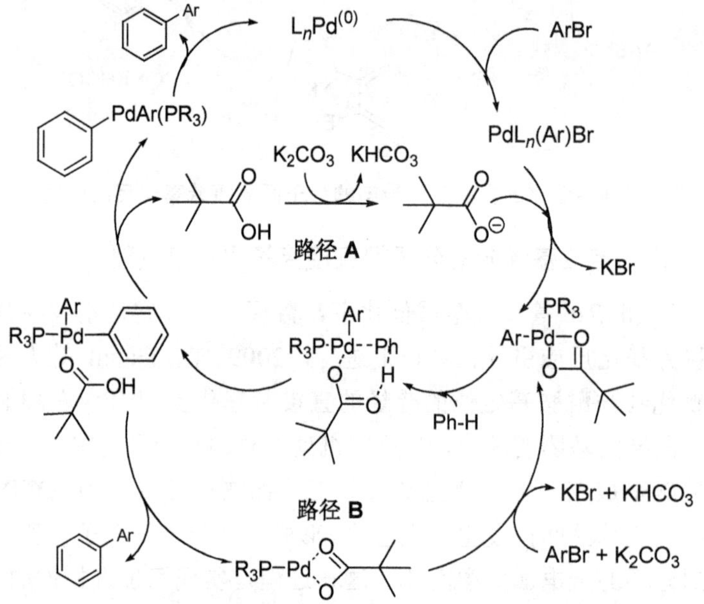

图 7 Pd-催化的溴代芳烃对于非官能化苯环的直接芳基化反应机理

近年来,使用 Cu 或 Fe 等廉价金属催化的芳环 C-H 键直接芳基化反应得到了更多的关注。Daugulis 等人使用碘化亚铜作为催化剂,实现了多氟代苯与卤代芳烃的偶联反应。他们提出的反应机理如式 12 所示[42]:首先,五氟苯与亚铜通过氧化加成形成五氟苯-铜配合物。然后,五氟苯-铜配合物与卤代芳烃发生氧化插入反应得到二芳基铜配合物。最后,经还原消除脱去亚铜离子得到芳基化反应产物。

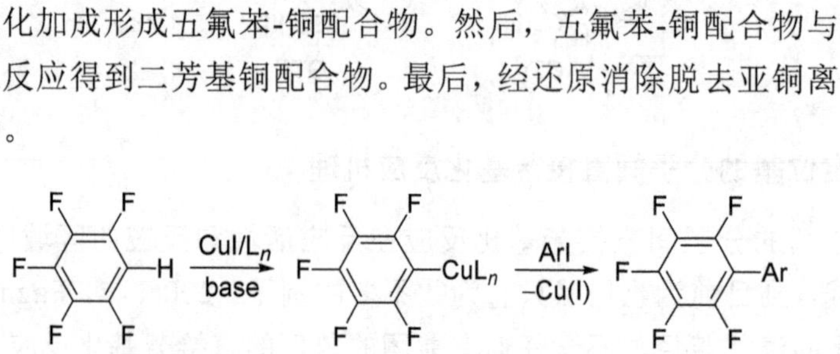

(12)

Charette 等报道了 Fe-催化的卤代芳烃与不含定位基的芳环的分子间直接芳基化反应[43]。该反应的动力学同位素效应 (KIE) 值仅为 1.04，与自由基反应中的 KIE 值基本一致。因此，该反应可能经历了一个自由基历程而不是去质子化历程。加入自由基捕捉剂 TEMPO 可以完全抑制该反应的进行，进一步证实了自由基反应历程的可能性。他们提出的反应机理如图 8 所示：首先，铁配合物的中心金属经单电子氧化后与活化芳卤键形成最初的自由基和氧化金属中间体。然后，自由基加成到非功能化的苯环上形成二芳基自由基中间体。最后，经还原消除得到联苯类化合物。与此同时，三价铁中心被还原为二价实现催化剂的再生，而生成的氢卤酸则被叔丁醇钾捕获。

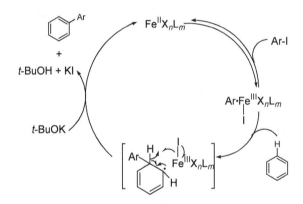

图 8　Fe-催化的卤代芳烃对于多氟代苯的直接芳基化反应机理

2.2.4　芳杂环的分子间直接芳基化反应机理

由于芳杂环化合物种类众多，有关芳杂环的直接芳基化反应类型也较多，所涉及的反应机理的差别也较大[19,21]。由于篇幅有限，在此仅简要介绍其中一些较为典型的反应机理。

2.2.4.1　Pd-催化的芳杂环的直接芳基化反应机理

Sánchez 等人研究了 Pd-催化的碘苯与苯并噁唑的直接芳基化反应[44]。如图 9 所示：该反应的机理不同于 Fagnou 等提出的金属化和去质子化协同作用机理 (CMD)[45]，也不同于得到普遍认可的富电子芳杂环直接芳基化的亲电反应机理[46]，而更可能是经历了苯并噁唑环的开环-闭环的历程。

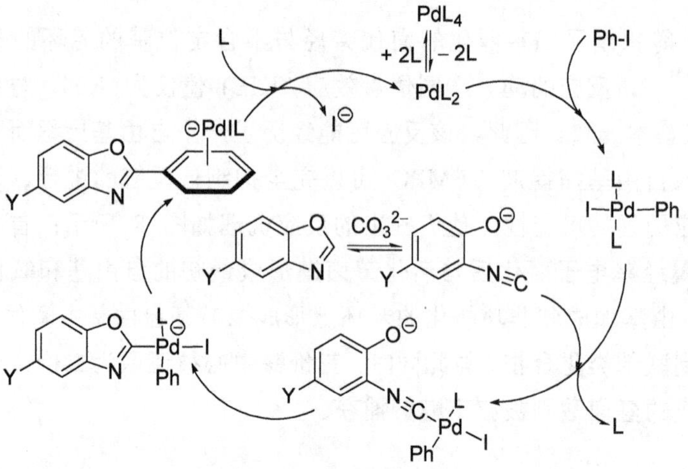

图 9 Pd-催化的苯并噁唑的直接芳基化反应机理

2.2.4.2 Rh-催化的芳杂环的直接芳基化反应机理

Sames 等人报道了 Rh-催化的吲哚 C-2 位选择性芳基化反应。其催化反应机理如图 10 所示[47]：首先，铑催化剂经氧化加成插入到芳基碘中得到一个 Rh(Ⅲ) 中间体。该中间体可以分离出来，并且可以有效地催化该反应的进行。然后，Rh(Ⅲ) 中间体与吲哚发生转金属作用形成二芳基铑金属配合物。最后，经还原消除得到芳基化吲哚产物和铑催化剂。

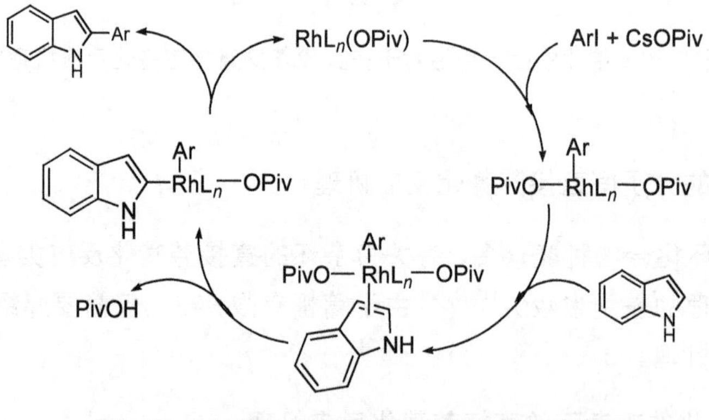

图 10 Rh-催化的吲哚直接芳基化反应机理

Bergman 等人发展了一类由 Rh-催化的卤代芳烃与唑类化合物的直接芳基化反应[48,49]。其催化机理如图 11 所示：首先，Rh-催化剂与唑类化合物的氮原子配位形成配合物。然后，发生分子内转金属化作用得到芳基铑化合物。芳基铑化合物通过氧化加成插入到卤代芳烃的碳-卤键之间，形成二芳基铑化合物。最后，经还原消除得到最终产物。

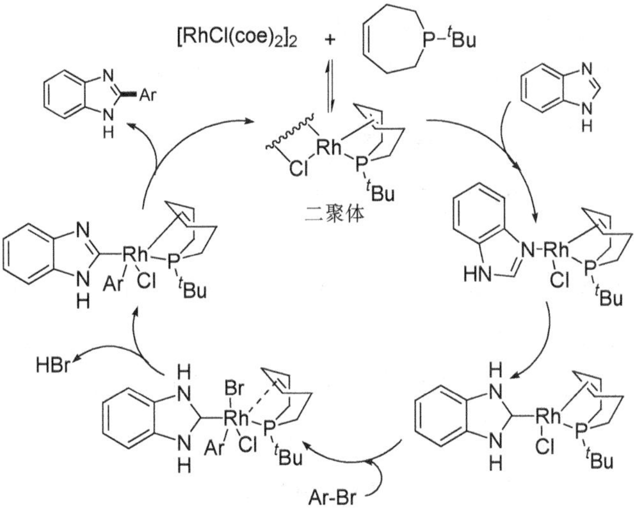

图 11　Rh-催化的苯并咪唑的直接芳基化反应机理

2.2.4.3　Pd /Cu 联合催化的芳杂环的直接芳基化反应机理

Fairlamb 等人报道了 Pd/Cu-联合催化的 2′-脱氧腺苷的嘌呤环上 8-位 C-H 的直接芳基化反应[50]。如图 12 所示：在碱的作用下，嘌呤环上 8-位 C-H 键

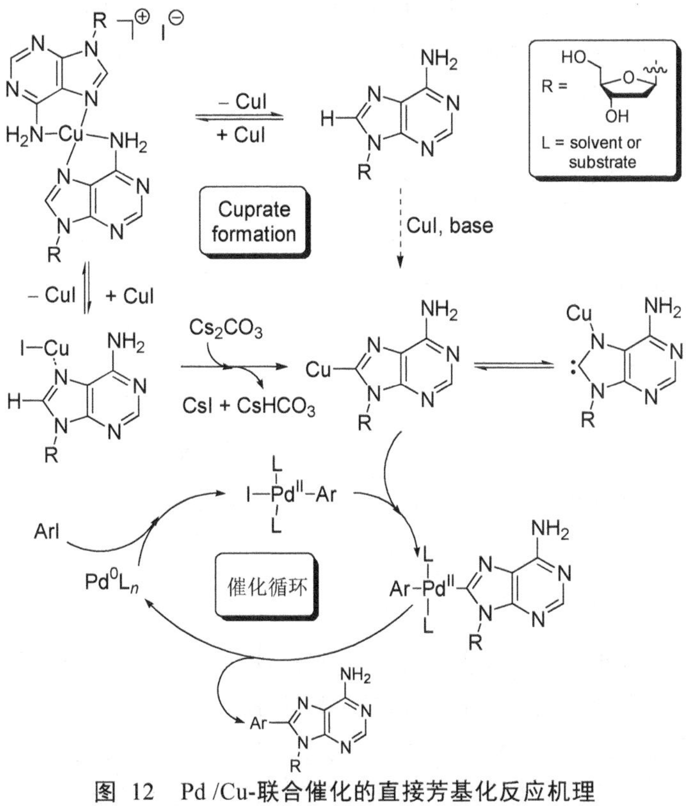

图 12　Pd /Cu-联合催化的直接芳基化反应机理

发生断裂形成芳基铜化合物。然后，芳基铜化合物作为活化的芳基授体参与 Pd-催化循环。在形式上，该反应历程类似于 Pd/Cu-联合催化的 Sonogashira 反应。

2.2.5 芳(杂)环 C-H/C-H 氧化偶联反应机理

2.2.5.1 芳环 C-H/C-H 的氧化自偶联反应机理

芳环的自身氧化偶联二聚反应很早就已经得到关注，并被广泛应用。特别是酚、萘酚和萘胺等富电子芳环的自身偶联二聚反应不仅具有悠久的历史，而且已经用于合成许多重要化合物，例如：手性联萘化合物、各种联芳基型高分子单体化合物等[51,52]。但是，本节对这类反应不作讨论，而主要讨论在近年来基于 C-H 键活化机制的一些较为典型的芳环 C-H/C-H 的自身氧化偶联反应。

Sanford 等人报道：使用过硫酸氢钾 (oxone) 作为氧化剂，Pd(OAc)$_2$ 可以催化芳基吡啶的自身氧化偶联二聚反应[53]。如式 13 所示：它们提出了 Pd(II)/Pd(IV) 参与的双 C-H 键活化反应机理。由于吡啶导向基的定位作用，Pd(II) 首先和芳基吡啶生成环钯配合物完成第一步 C-H 键活化。然后，Pd(II) 在过硫酸氢钾的作用下被氧化成 Pd(IV)，再参与第二步 C-H 键的活化，形成双芳基环钯配合物。由于 Pd(IV) 金属中心具有更强的亲电性和更高的反应活性，第二步 C-H 键活化的区域选择性有所下降。如果芳基间位有取代基时，将得到 2,2'-位和 2,6'-位偶联的混合物。

(13)

Daugulis 等人报道了 Cu(II)/O$_2$-催化的各种芳杂环及多氟代芳烃的自身氧化偶联反应。他们提出的反应机理如式 14 所示[54]：首先，在碱的作用下脱除芳烃的酸性氢得到芳基金属化物。然后，芳基金属化物再与卤化铜反应得到芳基铜化合物。最后，经芳基铜化合物的氧化自偶联反应得到二聚产物。

$$Ar\text{-}H \rightleftharpoons \xrightarrow{base} Ar\text{-}M \xrightarrow[- MCl]{CuCl_2} Ar\text{-}CuCl \xrightarrow{O_2} Ar\text{-}Ar \qquad (14)$$

2.2.5.2 芳(杂)环 C-H/C-H 的交叉氧化偶联反应机理

在芳(杂)环 C-H/C-H 双活化的直接交叉氧化偶联反应中，反应的区域选择性和有效抑制或避免相同芳环之间的自身偶联反应非常具有挑战性。目前，这方面的研究尚处于起步阶段。Fagnou 等人报道了 Pd(TFA)$_2$-催化的 N-乙酰基吲哚衍生物高选择性地在 3-位与未活化芳烃发生分子间的交叉氧化偶联反应[55]。如图 13 所示：首先，Pd(II) 优先与富电子的吲哚作用，在 3-位发生亲电芳基金属化反应 (S$_E$Ar) 形成杂芳基钯化合物。然后，杂芳基钯化合物与未活化的芳烃经历协同作用下的金属钯化和去质子化过程 (CMD) 形成杂芳基-芳基-钯化合物。该 CMD 途径取决于未活化芳烃的 C-H 键的酸性，而不是芳烃的亲核性。在两个转金属化过程中，由亲电反应性控制活化一个组分 (富电子的芳杂环)，而由 C-H 键酸性选择性地控制活化另一个组分，从而有效地避免了两组分之间的自身偶联反应。在催化循环中两个互补的转金属化作用实现了反应性与选择性的完美结合，最终完成催化循环。

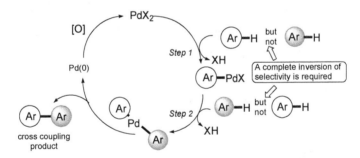

图 13 Pd-催化的芳杂环与芳环之间 C-H/C-H 交叉氧化偶联反应机理

You 等人基于两类杂芳烃间 π-电子特性的不同，发展了杂芳烃与杂芳烃之间的 C-H/C-H 交叉氧化偶联反应。他们提出的反应机理如图 14 所示[56]：首先，Pd(II) 离子和富电子噻吩发生亲电芳基取代反应 (S$_E$Ar) 生成 Pd-噻吩中间体。然后，N-甲基咪唑与 Pd-噻吩中间体的钯金属中心配位，生成氮配位的噻吩-Pd-咪唑配合物，该配合物中间体较之噻吩的自身偶联中间体 (另一分子噻吩与噻吩金属钯中间体形成的 π-金属配合物) 能量更低和更稳定。因此，噻吩-Pd-咪唑配合物是形成噻吩金属钯后主要的反应中间体，该过程实现了反应性与选择性的倒置。接着，噻吩-Pd-咪唑配合物进一步发生协同转金属化作用与去质子化过程 (CMD)，得到交叉氧化偶联反应的二杂芳基钯中间体。最后，经还原消除获得到交叉偶联产物和释放出 Pd(0)。

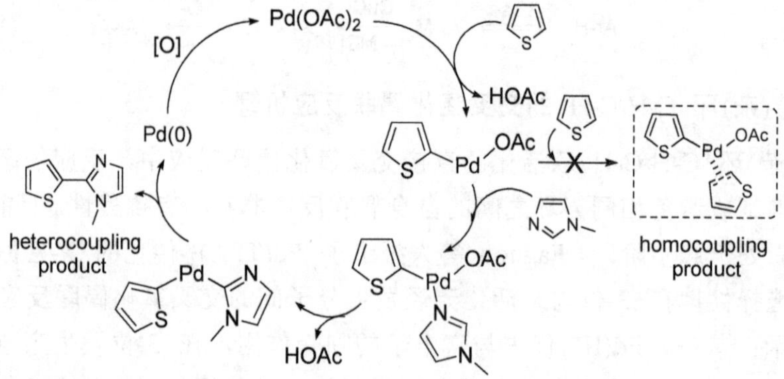

图 14 Pd-催化的芳杂环与芳杂环之间 C-H/C-H 交叉氧化偶联反应机理

3 金属催化的芳环直接芳基化反应条件综述

过渡金属元素具有未充满的价层 d-轨道，可以和各种电子供体形成不同形式的金属配合物或有机金属化合物中间体，从而有效降低反应的活化能而促进反应的进行。从 20 世纪 60 年代开始，人们就注意到许多过渡金属及其配合物可以有效切断各种芳环或芳杂环的 C-H 键形成芳(杂)基金属化合物[4,5]。近年来，过渡金属催化的直接芳基化反应受到了广泛关注。在金属催化的直接芳基化反应中，涉及到不同种类的过渡金属催化剂、添加剂、碱、反应溶剂、反应条件和反应类型。

3.1 Pd-催化的直接芳基化反应

Pd-催化的直接芳基化反应的研究报道最多，其中包括：分子内和分子间的直接芳基化反应、芳杂环的芳基化反应以及芳(杂)环之间 C-H/C-H 氧化偶联反应等。

3.1.1 无配体条件下 Pd(II)-催化体系

由于溶解度的关系，Pd(OAc)$_2$ 是各种芳基-芳基偶联反应中最常用的钯催化剂之一。早在 1983 年，Ames 等人就首次实现了 Pd(OAc)$_2$ 催化下 2-溴代二芳基醚的分子内直接芳基化反应[57]。如式 15 所示：他们使用 Pd(OAc)$_2$ 作为催化剂和 Na$_2$CO$_3$ 作为碱，在 170 ℃ 的 DMA 溶剂中反应得到了二苯并呋喃产物。无论参与偶联的芳环上带有吸电子基团还是供电子基团，一般都能得到了较好的收率。

$$(15)$$

如式 16 和式 17 所示[34,58]：在 Pd(OAc)$_2$ 或者 PdCl$_2$ 催化下，多种取代酚和萘酚可以实现直接芳基化反应。通过选择适当的反应条件和调节芳基碘代物与碱的用量，带有两个活性反应位点的酚可以选择性地得到单芳基化和双芳基化的产物。

$$(16)$$

$$(17)$$

如式 18 所示[59]：在 Pd(OAc)$_2$ 的催化下，碘苯与吲哚发生直接芳基化反应可以得到 66% 的 2-苯基取代吲哚。

$$(18)$$

如式 19 所示[60]：Pd(MeCN)$_2$Cl$_2$ 在有机溶剂中具有较好的溶解性，能够很好地催化新戊酰基保护的吲哚与芳基甲酸的脱羧偶联反应。该反应体系能够有效实现吲哚 C-3 位的直接芳基化反应，多种取代吲哚和芳基甲酸均可作为适用的底物。

$$(19)$$

如式 20 所示[61]：使用 AgNO$_3$ 作为氧化剂和 KF 作为碱，[Pd(PhCN)$_2$Cl$_2$] 也可以催化实现 5-溴代-2,2′-联噻吩衍生物的自身氧化偶联反应生成寡聚噻吩衍生物。

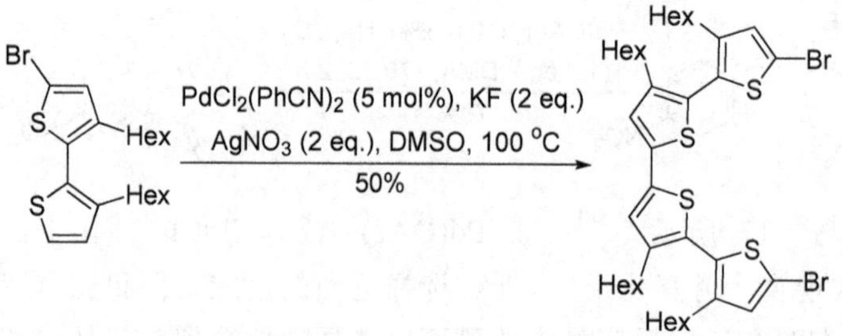

(20)

3.1.2 钯/炭催化体系

在钯催化的芳环 C-H 键直接芳基化反应中，Pd(0) 被普遍认为是反应的中间体。因此，单质钯也可能催化该类反应。如式 21 所示[62]：以 Zn 作为助催化剂，Pd/C 可以在水溶液中催化吡啶的直接芳基化反应，得到中等产率的 2-苯基吡啶。

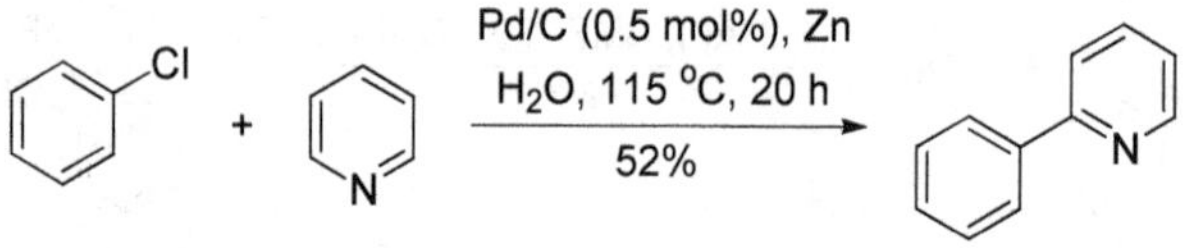

(21)

如式 22 所示[63]：在 Pd(OH)$_2$/C 催化下，噻唑经直接芳基化反应选择性地得到 5-芳基噻唑产物。

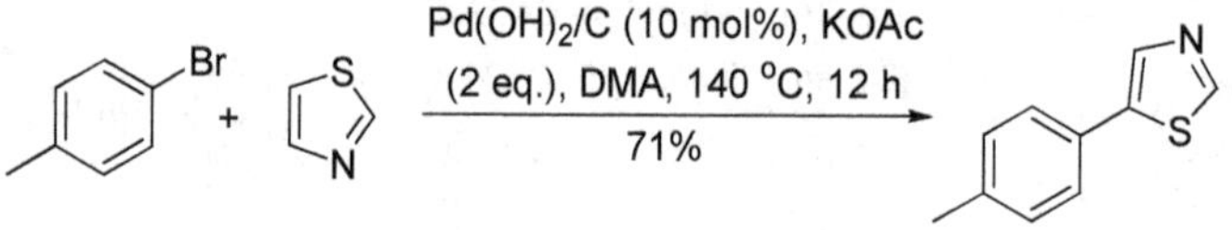

(22)

3.1.3 Pd-膦催化体系

3.1.3.1 Pd-膦配合物催化体系

Pd(PPh$_3$)$_4$ 是一种常见的 Pd-配合物，广泛应用于各种类型的 Pd-催化的偶联反应。早在 1989 年，Ohta 等人[64]就报道了 Pd(PPh$_3$)$_4$ 催化的芳杂环化合物的直接芳基化反应，这可能是芳杂环直接芳基化反应最早的例子之一。如式 23 和式 24 所示：使用 KOAc 作为碱，Pd(PPh$_3$)$_4$ 可用在 DMA 溶剂中催化 N-取代吲哚与 2-氯吡嗪的直接芳基化反应。根据吲哚上 N-取代基性质的不同，反应可以选择性地发生在 C-2 或 C-3 位上。

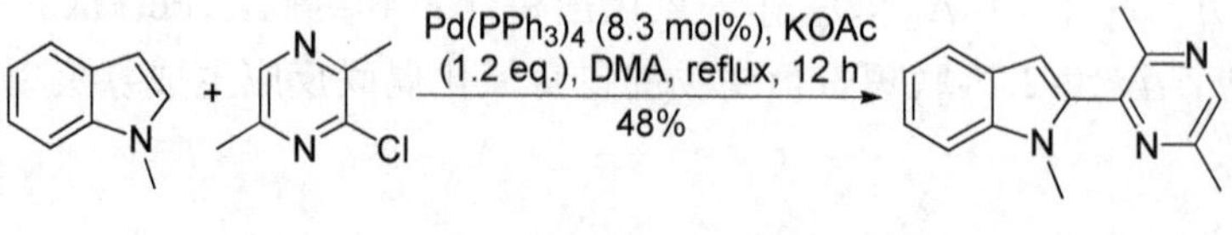

(23)

$$(24)$$

如式 25 所示[65]：Pd(PPh$_3$)$_4$ 还可以催化实现噻吩或呋喃 α-位的区域选择性直接芳基化反应。

$$(25)$$

Pd(PPh$_3$)$_4$ 可以容易地催化吲哚类化合物的分子内直接芳基化反应，方便地构筑五元环的联芳基稠环结构。如式 26 所示[66,67]：该反应条件也可以扩展到六元或七元环结构的构建。如果在吲哚 3-位含有给电子基团，2-位的反应活性就会降低，需要在较高温度下才能得到理想的收率。

$$(26)$$

Pd(PPh$_3$)$_2$Cl$_2$ 也是常见的 Pd-催化剂。在其催化作用下，中氮茚可以在五元环上氮原子的邻位选择性地实现直接芳基化反应 (式 27)[68]。

$$(27)$$

在 AgNO$_3$/KF/DMSO 反应体系中，Pd(PPh$_3$)$_2$Cl$_2$ 还可以高产率地催化噻吩 C-5 位的直接芳基化反应。如式 28 所示[69]：该反应不对噻吩环上的 C-Br 键产生影响且不生成自身偶联副产物。

$$(28)$$

使用 Pd(PPh$_3$)$_2$Br$_2$ 作为催化剂可以实现溴代芳烃参与的分子内直接芳基化

反应 (式 29)[70]。

$$(29)$$

三环己基膦-二氯化钯 [Pd(PCy$_3$)$_2$Cl$_2$] 是一类重要的脂肪族膦-钯配合物。它可以很容易地催化氯代芳烃参与的分子内直接芳基化反应，以较高的产率得到碗型稠环芳烃 (式 30)[71]。

$$(30)$$

在各种商品化的钯配合物中，双(二苯基膦)二茂铁二氯化钯 [PdCl$_2$(dppf), dppf = 1,1′-bis(diphenylphosphanyl)ferrocene] 具有较高的催化活性。如式 31 所示[72,73]: PdCl$_2$(dppf) 可以催化实现二(邻碘苯甲酰)二胺类化合物的分子内直接芳基化反应，用于构筑一系列不同尺寸的多环化合物。

$$(31)$$

如式 32 所示[33]: 使用 Cs$_2$CO$_3$ 作为碱和 DMA 作为溶剂，环钯配合物可以催化碘代芳烃与酚的分子内直接芳基化反应，生成高达 97% 的三环吡喃产物。

$$(32)$$

3.1.3.2　原位生成 Pd-膦配合物的催化体系

PPh$_3$ 是最常见且价廉的三芳基膦配体。如式 33 所示[74]：在 Pd(OAc)$_2$ 催化的碘苯与 N-取代吲哚的 C-2 位选择性芳基化反应中，PPh$_3$ 起到了配位和稳定 Pd-中间体的作用。因此，在催化剂用量较低的情况下也获得了理想的产率。

$$\text{(33)}$$

PPh$_3$/Pd(OAc)$_2$ 催化体系也可以实现卤代芳烃对唑类化合物的芳基化反应[75]，2-位有取代基的咪唑、噁唑、噻唑等唑类化合物均可用作合适的底物 (式 34)。

$$\text{(34)}$$

三(对甲基苯基)膦 [(p-Tol)$_3$P] 是在三苯基膦基础上发展而来的具有较高催化活性和易于实现选择性反应的三芳基膦配体。采用 (p-Tol)$_3$P/Pd(OAc)$_2$ 催化体系，可以较好地实现各种以吡咯为桥联基团的溴代芳烃和苯环之间的分子内直接芳基化反应 (式 35)[76]。

$$\text{(35)}$$

三环己基膦 (PCy$_3$) 是一种非常重要的脂肪族膦配体。PCy$_3$/PdCl$_2$ 可以催化实现多种芳基卤代物与 2-呋喃甲醛的直接芳基化反应生成芳基呋喃衍生物。如式 36 所示[77]：使用 KOAc 作为碱和 DMF 作为溶剂，对氯碘苯与呋喃甲醛的反应产率可以达到 87%。

$$\text{(36)}$$

三叔丁基膦 [P(t-Bu)$_3$] 也是常见的脂肪族膦配体。采用 P(t-Bu)$_3$/Pd(OAc)$_2$/

Cs_2CO_3/DMF 催化反应体系，可以实现环戊二烯(茂)以及二茂金属化合物 (M = Fe, Co, Ni, $TiCl_2$ 或 $ZrCl_2$) 的多芳基化反应 (式 37)[78,79]。

$$(37)$$

但是，P(t-Bu)$_3$ 和 PMe(t-Bu)$_2$ 等脂肪族膦配体通常具有较低的稳定性。由于它们容易被氧化，许多脂肪族膦配体往往以镂盐的形式储存和使用。在催化反应中，直接将镂盐投入反应体系中即可。它们与体系中的碱作用后可以释放出膦配体，然后原位生成 Pd-膦配合物后进行催化反应。如式 38 所示[80,81]：使用 Pd(OAc)$_2$ 和 P(t-Bu)$_3$·HBF$_4$ 的混合物即可有效地催化吡啶 N-氧化物的邻位芳基化反应。

$$(38)$$

如式 39 所示[82]：在 Pd(OAc)$_2$ 催化的溴代芳烃与多氟代苯的芳基化反应中，也直接使用 PMe(t-Bu)$_2$·HBF$_4$ 作为配体的前体物。

$$(39)$$

丁基二金刚烷基膦配体 (PBuAd$_2$) 是一个典型的大位阻脂肪族膦配体，在 Pd-催化的各种偶联反应中显示出较好的催化活性。如式 40 所示：PBuAd$_2$/Pd(OAc)$_2$ 催化体系可以容易地实现多种氯代芳烃与噻吩、苯并噻吩、苯并呋喃、苯并噁唑、异噁唑、咪唑、噻唑、苯并噻唑、三唑、咖啡因等芳杂环分子 C-H 的直接芳基化反应[83]。

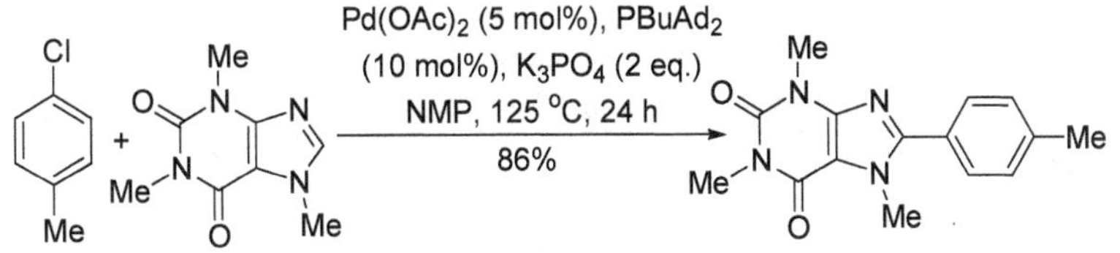

(40)

为了提高膦配体与许多过渡金属 (例如：Ru、Rh 或 Pd 等) 的配位能力，增强合物的催化活性和区域选择性，化学家们还发展了许多富电子型的双烷基邻联苯基膦配体。如式 41 所示[21]：部分重要的膦配体具有固定的缩写或代号，例如 X-Phos、t-Bu-X-Phos、DavePhos、JohnPhos 和 S-Phos 等。

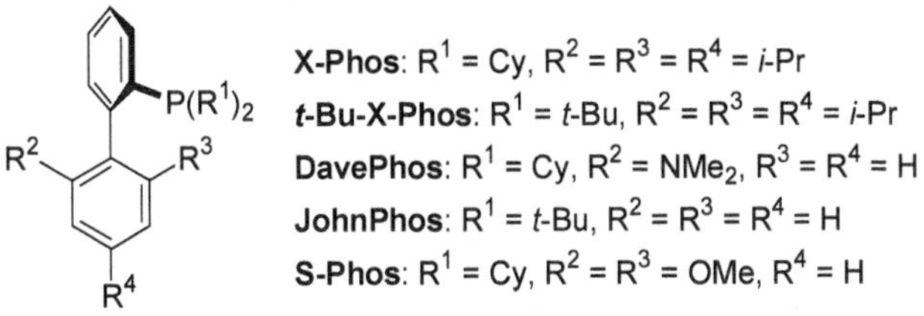

X-Phos: R^1 = Cy, R^2 = R^3 = R^4 = i-Pr
t-Bu-X-Phos: R^1 = t-Bu, R^2 = R^3 = R^4 = i-Pr
DavePhos: R^1 = Cy, R^2 = NMe$_2$, R^3 = R^4 = H
JohnPhos: R^1 = t-Bu, R^2 = R^3 = R^4 = H
S-Phos: R^1 = Cy, R^2 = R^3 = OMe, R^4 = H

(41)

采用 X-Phos/Pd(OAc)$_2$ 催化体系，可以方便地实现芳基磺酸酯与苯并噁唑 2-位 C-H 的芳基化反应，得到普遍较高的反应产率 (82%~97%) (式 42)[84]。

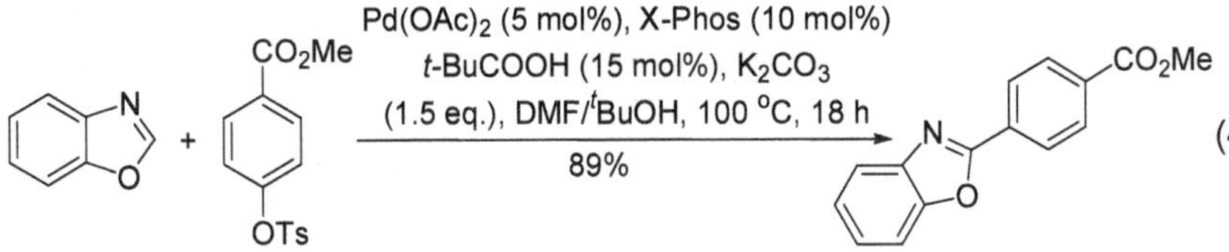

(42)

在 t-Bu-X-Phos/Pd(OAc)$_2$ 催化下，2-苯基吡啶可以与 2,6-二甲氧基苯甲酸发生脱羧偶联反应 (式 43)[85]。

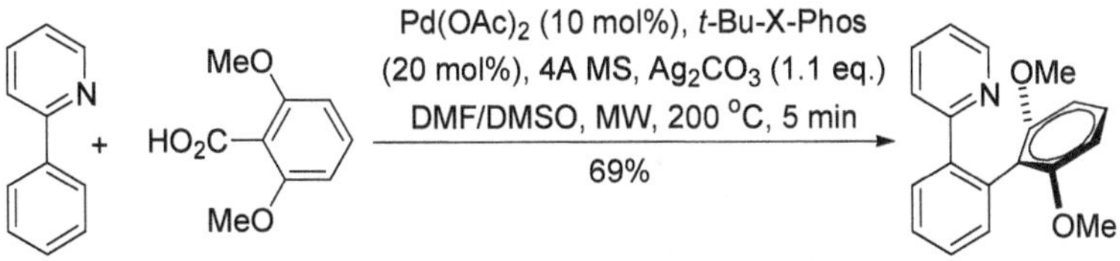

(43)

使用不含有任何官能团的苯环作为反应底物时，DavePhos/Pd(OAc)$_2$ 催化体系显示出很好的催化活性。如式 44 所示[41]：使用 K$_2$CO$_3$ 作为碱和 DMA 作为溶剂，多种溴代芳烃均可取得较好的反应产率。但是，氯代芳烃和碘代芳烃在相同的反应条件下的芳基化产率较低。

$$\text{(44)}$$

在 JohnPhos/Pd(OAc)$_2$ 催化的 3,4-二氰基噻吩的 2,5-位 C-H 的双芳基化反应中,使用 4-甲氧基溴苯作为芳基化试剂可以获得 76% 的双芳基化产率 (式 45)[86]。

$$\text{(45)}$$

采用 S-Phos/Pd(OAc)$_2$ 催化体系可以实现氯代芳烃与五氟苯的酸性 C-H 的芳基化反应,产率高达 99% (式 46)[87]。

$$\text{(46)}$$

在三(2-呋喃基)膦/Pd(OAc)$_2$ 催化下,邻碘三氟甲苯可以与 N-(2-溴乙基)苯并吡唑发生分子间成环反应。如式 47 所示[88]:同步或先后发生了吡唑环上 C-H 的直接芳基化反应和苯环上 C-H 的直接烷基化反应,得到 96% 的联芳基稠环化合物。

$$\text{(47)}$$

由酒石酸衍生的亚膦酸酯型膦配体 HASPO 在空气中能够稳定存在。在 HASPO/Pd(OAc)$_2$ 催化体系中,4-溴甲苯可以顺利实现与吲哚 3-位 C-H 的区域选择性芳基化反应 (式 48)[89]。

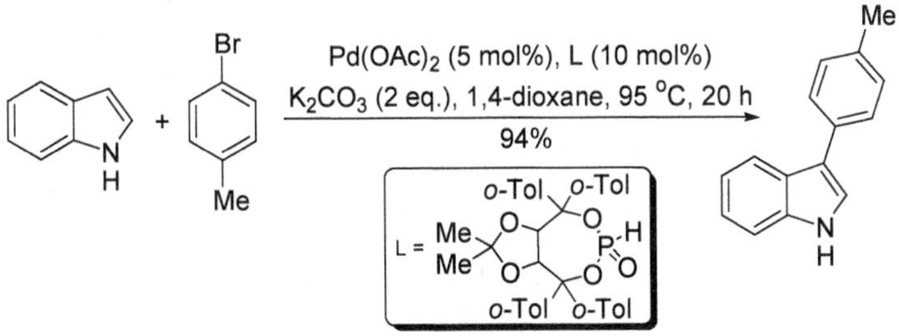

(48)

如式 49 所示：在 Pd(OAc)$_2$ 催化的分子内芳基化反应中，使用不同取代的二芳基邻联苯基膦配体显示出不同的催化活性和反应选择性[90]。当采用双(三氟甲基苯基)邻联苯基膦作为配体时，可以有效抑制脱溴产物的生成而大大提高反应产率。

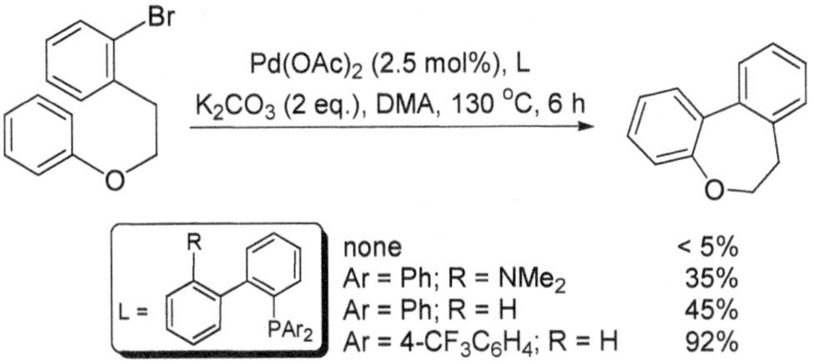

(49)

none	< 5%
Ar = Ph; R = NMe$_2$	35%
Ar = Ph; R = H	45%
Ar = 4-CF$_3$C$_6$H$_4$; R = H	92%

3.1.4 Pd -氮杂环卡宾催化体系

氮杂环卡宾 (NHC) 具有较好的空气和热稳定性，能与许多过渡金属形成卡宾金属配合物。它们已经广泛应用于各种传统的偶联反应中，被喻为膦配体的替代品[91]。

近年来，Pd-氮杂环卡宾催化体系在芳环直接芳基化反应中也受到一定程度的关注[92,93]。如式 50 所示[92]：采用 1,3-双(2′,4′,6′-三甲基苯基)咪唑鎓卡宾 (IMes) 为配体，Pd(OAc)$_2$ 可以较好地催化实现碘苯与噁唑环上 2-位 C-H 的区域选择性芳基化反应，产率达到 88%。但遗憾的是，仍然不能有效避免双芳基化反应而只得到 11% 的 2,5-双芳基化产物。

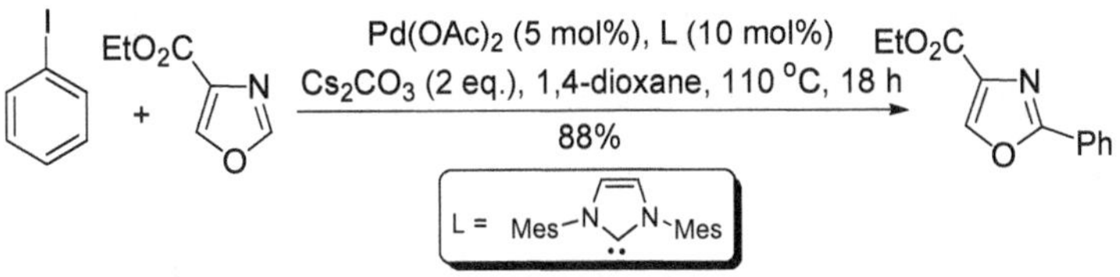

(50)

3.1.5 外加添加剂条件下 Pd-催化体系

新戊酸 (PivOH) 是 Pd 催化的直接芳基化反应中常用的添加剂。其酸根阴离子可以与 Pd 配位并与芳环 C-H 形成氢键，在二芳基钯中间体的形成过程中起到了关键的桥联作用。如式 51 所示[94]：使用 Cs₂CO₃ 作为碱和 PivOH 作为添加剂，Pd(OAc)/DavePhos 可以在甲苯溶液中催化实现溴代芳烃与 1-甲基-7-氮杂吲哚-7-氮氧化物 6-位 C-H 的选择性芳基化反应，产率在 46%~87% 之间。

$$\text{(51)}$$

邻硝基苯甲酸 (o-NO₂PhCO₂H)、对硝基苯甲酸 (p-NO₂PhCO₂H) 和邻苯基苯甲酸 (o-Ph-PhCO₂H) 等一系列的芳香酸也是芳环 C-H 键直接芳基化反应的常见添加剂。研究发现：在吲哚 2-位 C-H 的选择性芳基化反应中，使用 o-NO₂PhCO₂H 作为添加剂可以得到最佳的反应效果 (式 52)[95]。

$$\text{(52)}$$

如式 53 所示[94]：使用 o-NO₂PhCO₂H 作为添加剂，Pd(OAc)₂ 可以在无配体条件下催化实现碘代芳烃对于 1-甲基-6-芳基-7-氮杂吲哚的 2-位 C-H 的芳基化反应，产率在 58%~77% 之间。

$$\text{(53)}$$

三氟醋酸 (TFA) 和三氟甲烷磺酸 (HOTf) 等也是芳环 C-H 键直接芳基化反应的常见添加剂。如式 54 所示：使用 TFA 作为添加剂和二甲氨基甲酰基作为酚的保护基和导向基团，酚类化合物可以顺利地与未活化的简单芳烃之间发生交叉氧化偶联反应[96]。

$$\text{(54)}$$

以 HOTf 为添加剂时，还可以实现芳基高碘化物与多种酚酯的芳环上邻位 C-H 的芳基化反应 (式 55)[97]。

$$(55)$$

有些时候，芳环与芳环之间的 C-H/C-H 交叉氧化偶联反应在酸性环境中进行，需要使用有机碱 (例如：3-硝基吡啶) 或无机碱 (例如：新戊酸铯和醋酸铯等) 作为添加剂[98]。如式 56 所示：3-硝基吡啶对于吡咯衍生物与苯的 C-H/C-H 交叉氧化偶联反应具有明显的促进作用。

$$(56)$$

四丁基溴化铵 (Bu₄NBr)、十八冠六 (18-C-6) 和二环己基并十八冠六 (DCH-18-C-6) 等相转移催化剂也可以作为芳环 C-H 键直接芳基化反应的添加剂 (式 57)[99]。

$$(57)$$

Ag₂O 也是芳环直接芳基化反应的一种常见添加剂。如式 58 所示：Ag₂O 可以作为芳基硼酸与乙酰苯胺衍生物邻位 C-H 的芳基化反应的有效添加剂[100]，可能充当了共氧化剂或碱的作用，也可能兼而有之。研究发现：AgF 也有类似的作用。如式 59 所示[35]：AgF 有可能还为反应提供氟离子源促进 C-Si 键的断裂。

$$(58)$$

$$(59)$$

在芳环 C-H 键直接芳基化反应中，ZnCl$_2$、ZnCN$_2$、CuI 或 CuCl 等也常被用作添加剂[101~103]。在添加剂 ZnCl$_2$ 的存在下，卤代芳烃与吡咯的直接芳基化反应可以容易地实现 (式 60)[102]。有学者将亚铜盐存在下 Pd-催化的直接芳基化反应称为 Pd/Cu-双金属联合催化策略[50,103]，该策略已经在芳杂环的直接芳基化反应中被广泛应用。

$$(60)$$

3.1.6 氧化剂存在下 Pd-催化体系

芳环 C-H 与芳基金属试剂的氧化偶联反应以及两个芳环之间的 C-H/C-H 交叉氧化偶联反应通常需要在氧化剂的存在下进行。常用的氧化剂主要有三种类型：无机氧化剂、有机氧化剂和氧气/空气。

3.1.6.1 无机氧化剂

Ag$_2$O 以及各种 Ag(I) 盐 (包括：AgF、AgOAc、Ag$_2$CO$_3$ 和 AgNO$_3$ 等) 均是氧化型直接芳基化反应常见的氧化剂。如式 61 所示[104]：以 Ag$_2$CO$_3$ 作为氧化剂，喹啉氮氧化物与苯之间的交叉氧化偶联反应可以在 Pd(OAc)$_2$ 催化下实现。

$$(61)$$

CuO 以及各种 Cu(II) 盐 (包括：CuBr$_2$、CuCl$_2$、CuF$_2$、Cu(OAc)$_2$ 和 Cu(OTf)$_2$ 等) 也是氧化型直接芳基化反应的常见氧化剂。如式 62 所示[105]：在 PdCl$_2$ 催化的 4-甲基苯基三氯化锡与菲之间的交叉氧化偶联反应中，使用 CuCl$_2$ 作为氧化剂可以获得较高的收率。

$$ (62) $$

过硫酸氢钾 (oxone) 是一种常见的无机氧化剂,近年来被广泛应用于各种氧化型直接芳基化反应。如式 63 所示[53]:采用 oxone 作为氧化剂, Pd(OAc)$_2$ 可以高效和高选择性地催化实现芳基吡啶的自身氧化偶联反应。

$$ (63) $$

K$_2$S$_2$O$_8$ 和 Na$_2$S$_2$O$_8$ 属于强无机氧化剂,近年来也常被用作芳环 C-H/C-H 交叉氧化偶联反应的氧化剂[96,106]。如式 64 所示[96]:使用 Na$_2$S$_2$O$_8$ 作为氧化剂,二甲氨基甲酰基作为酚的保护基和导向基团的酚类化合物与未活化的简单芳烃之间的交叉氧化偶联反应可以顺利地实现。在该催化体系中,富电简单芳烃 (例如:邻二甲苯、邻二甲氧基苯等) 和缺电简单芳烃 (例如:邻二氯苯、邻二氟苯等) 均可获得很高的产率和区域选择性。

$$ (64) $$

3.1.6.2 有机氧化剂

对苯二醌 (BQ) 是常见的有机氧化剂。使用 BQ 作为氧化剂,Pd(MeCN)$_2$(BF$_4$)$_2$ 可以顺利地催化芳基硼酸参与的直接芳基化反应 (式 65)[107]。

$$ (65) $$

3.1.6.3 氧气/空气存在下的催化氧化

在氧气或空气存在下的催化氧化反应中,往往需要无机或有机氧化剂作为助氧化剂来实现气态氧到钯的传递,例如:各种二价铜盐、杂多酸、对苯二醌等[108~112]。如式 66 所示[108]:在三氟甲烷磺酸铜存在下,可以实现 Pd(OAc)$_2$/O$_2$ 催化的酰胺定位的芳烃与未活化芳烃之间的交叉氧化偶联反应。

在对苯二醌以及氧气存在下，Pd(OAc)$_2$ 可以有效地催化芳基氟硼酸盐与取代苯甲酸的邻位芳基化反应 (式 67)[110]。

在气态氧存在下，Pd(OAc)$_2$ 可以有效地催化酰胺定位的芳环与未活化苯环的交叉氧化偶联反应。如式 68 所示[111]：添加 10% 的二甲基亚砜 (DMSO) 能够有效降低反应中钯黑的生成。

近年来的研究还发现：在 Pd(OAc)$_2$/O$_2$ 催化的芳基硼酸与芳烃或杂芳烃的交叉氧化偶联反应中，无需添加任何金属或非金属助氧化剂就可获得理想的产率 (式 69)[112]。

3.2 Rh-催化的直接芳基化反应

在各种类型的芳环 C-H 键直接芳基化反应中，Rh 是除 Pd 以外较早受到关注的过渡金属催化剂[113~117]。研究发现：RhCl(PPh$_3$)$_3$ (Wilkinson 催化剂) 能够有效地催化四苯基锡与吡啶定位的芳环进行邻位 C-H 的芳基化反应 (式 70)[113]。

如式 71 所示[47]：[Rh(coe)₂Cl]₂/[(4-F₃CC₆H₄)₃P] 体系可以有效地催化芳基碘化物与吲哚的 2-位 C-H 的区域选择性芳基化反应。

$$
\begin{array}{c}
\text{[Rh(coe)}_2\text{Cl]}_2\ (2.5\ \text{mol\%}) \\
\text{(4-F}_3\text{CC}_6\text{H}_4)_3\text{P}\ (15\ \text{mol\%}),\ \text{CsOPiv} \\
\xrightarrow[\hspace{3cm}]{(1.4\ \text{eq.}),\ \text{dioxane},\ 120\ ^\circ\text{C},\ 24\ \text{h}} \\
82\%
\end{array}
\tag{71}
$$

如式 72 所示[114]：[Rh(coe)₂Cl]₂/P(cy)₃/Et₃N 体系可以有效地催化苯并咪唑、噻唑和噁唑等杂环化合物的直接芳基化反应。

$$
\begin{array}{c}
\text{[Rh(coe)}_2\text{Cl]}_2\ (5\ \text{mol\%}) \\
\text{PCy}_3\ (40\ \text{mol\%}),\ \text{NEt}_3 \\
\xrightarrow[\hspace{3cm}]{(4\ \text{eq.}),\ \text{THF},\ 135\ ^\circ\text{C},\ 18\ \text{h}} \\
73\%
\end{array}
\tag{72}
$$

利用 NaBPh₄ 作为芳基化试剂和亚胺作为导向基团，[RhCl(cod)]₂ 可以有效地催化二苯甲酮亚胺的芳环上邻位 C-H 的芳基化反应 (式 73)[115]。该反应在形成单芳基化和双芳基化产物的同时还会产生氨基二苯基甲烷，说明二苯甲酮亚胺自身可以作为一个氢受体。氢的来源可能由反应过程中形成的氢化铑物种提供，该氢化铑物种将亚胺还原为相应的胺的同时使催化剂得以再生。

$$
\begin{array}{c}
\text{[RhCl(cod)]}_2\ (1\ \text{mol\%}),\ \text{NH}_4\text{Cl} \\
\xrightarrow[\hspace{3cm}]{o\text{-xylene},\ 120\ ^\circ\text{C},\ 44\ \text{h}}
\end{array}
\tag{73}
$$

26%   20%   51%

在 RhCl(C₂H₄)₂]₂ 催化的 2-吡啶作为导向基团的芳环或芳杂环的芳基化反应中，使用芳基硼酸作为芳基化试剂、三(对三氟甲基苯基)膦作为配体、2,2,6,6-四甲基哌啶-N-氧化物 (TEMPO) 为氧化剂可以实现高度的区域选择性 (式 74)[116]。

$$
\begin{array}{c}
\text{[RhCl(C}_2\text{H}_4)_2]_2\ (5\ \text{mol\%}),\ \text{P}[p\text{-CF}_3\text{C}_6\text{H}_4]_3 \\
(20\ \text{mol\%}),\ \text{TEMPO}\ (4\ \text{eq.}) \\
\xrightarrow[\hspace{3cm}]{1,4\text{-dioxane}/t\text{-BuOH},\ 130\ ^\circ\text{C},\ 8\ \text{h}} \\
82\%
\end{array}
\tag{74}
$$

3.3 Ru-催化的直接芳基化反应

Ru-催化剂较多地应用在各种定位基存在下的芳环 C-H 键的直接芳基化反应中[118~123]。如式 75 所示[118]：[RuCl$_2$(η^6-C$_6$H$_6$)$_2$]$_2$/PPh$_3$/K$_2$CO$_3$ 体系可以高效地催化 1-氮杂菲与溴苯的芳基化反应。

$$
\begin{array}{c}
\text{[RuCl}_2(\eta^6\text{-C}_6\text{H}_6)_2]_2 \text{ (2.5 mol\%)} \\
\text{PPh}_3 \text{ (10 mol\%), K}_2\text{CO}_3 \text{ (2 eq.)} \\
\xrightarrow{\quad\text{NMP, 120 °C, 20 h}\quad} \\
95\%
\end{array}
\tag{75}
$$

使用二金刚烷基膦氧化物作为配体，[RuCl$_2$(p-Cymene)]$_2$ 可以高效地催化氯代芳烃与 2-苯基吡啶底物中苯环上 C-H 的芳基化反应 (式 76)[120]。

$$
\begin{array}{c}
\text{[RuCl}_2(p\text{-Cymene)]}_2 \text{ (2.5 mol\%)} \\
\text{(1-Ad)}_2\text{P(O)H (10 mol\%)} \\
\xrightarrow{\quad\text{K}_2\text{CO}_3 \text{ (3 eq.), NMP, 120 °C, 24 h}\quad} \\
95\%
\end{array}
\tag{76}
$$

RuH$_2$(CO)(PPh$_3$)$_3$ 可以催化芳基硼酸酯与酮羰基定位的芳环的直接芳基化反应。研究发现：在该反应体系中加入甲基叔丁基酮作为氢捕获剂时，可以有效地抑制酮羰基被还原为醇的副反应发生 (式 77)[121,122]。

$$
\begin{array}{c}
\text{RuH}_2\text{(CO)(PPh}_3)_3 \text{ (2 mol\%)} \\
\xrightarrow{\quad\text{Pinacolone (4 eq.), refulx, 4 h}\quad} \\
98\%
\end{array}
\tag{77}
$$

3.4 Ni-催化的直接芳基化反应

在卤代芳烃与苯、萘或吡啶等未活化芳环的芳基化反应中，使用 5% 的环戊二烯-镍金属配合物 (Cp$_2$Ni) 作为催化剂即可获得中等的反应产率。但是，该反应需要使用 112 倍 (物质的量) 的苯，减少苯的用量会导致收率的大幅降低 (式 78)[124]。

$$
\begin{array}{c}
\text{Cp}_2\text{Ni (5 mol\%), BEt}_3 \text{ (5 mol\%)} \\
\xrightarrow{\quad t\text{-BuOK (3.0 eq.), 80 °C, 12 h}\quad} \\
74\%
\end{array}
\tag{78}
$$

Ni(OAc)₂/dppf 体系可以有效地催化唑类化合物 2-位 C-H 的芳基化反应。如式 79 所示[125]：甚至氯代芳烃作为芳基化试剂也展示出较高的反应活性。

$$(79)$$

NiBr₂ 催化的唑类化合物的直接芳基化反应可以得到中等到良好的反应产率 (式 80)[126]。

$$(80)$$

3.5 Ir-催化的直接芳基化反应

如式 81 所示[127]：使用 5 mol% 的环戊二烯铱配合物 [Cp*IrHCl]₂ 即可催化实现芳基碘化合物与苯的直接芳基化反应。

$$(81)$$

使用化学计量的银盐作为添加剂，[Ir(cod)(py)PCy₃]PF₆ 可以高效地催化碘代芳烃与富电子芳杂环的直接芳基化反应 (式 82)[128]。

$$(82)$$

3.6 Cu-催化的直接芳基化反应

3.6.1 Cu-催化的不同芳环之间的交叉偶联反应

近年来，铜盐催化的直接芳基化反应得到了较大发展，CuI 是其中研究较多的一类 Cu-催化剂。如式 83 所示[42]：在 120~140 ℃ 的 DMF 和间二甲苯混合溶液中，CuI/邻菲啰啉体系可以催化实现 C-H 酸性较强的多氟苯类底物与卤代芳烃的偶联反应。

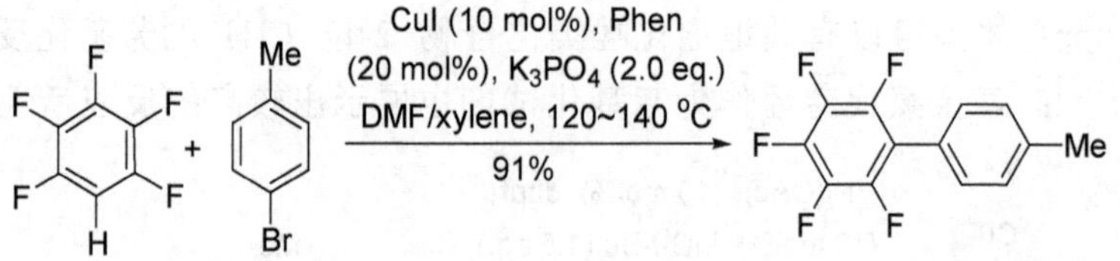

$$
\text{（结构式，式 83）} \quad (83)
$$

在不加入配体情况下采用叔丁醇锂作为碱，CuI 还能有效催化碘代芳烃与苯并噁唑、噁唑、噻唑、苯并噻唑、三唑、苯并咪唑、咖啡因等富电子五元芳杂环和缺电子的吡啶氮氧化物的芳基化反应（式 84）[129]。

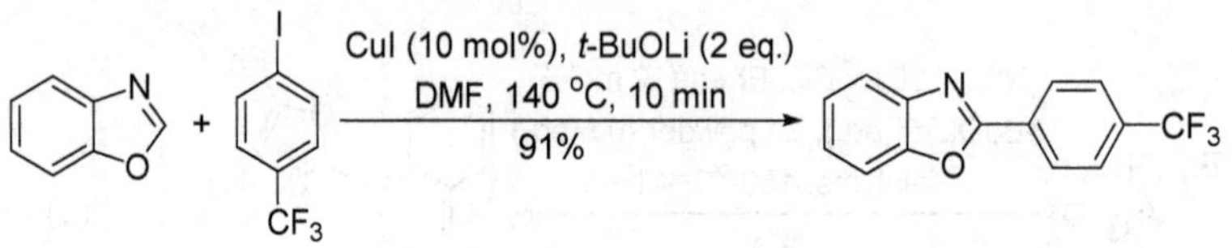

$$
\text{（反应式）} \quad (84)
$$

Cu(OTf)$_2$ 也是目前常见的 Cu(II)-催化剂。采用 Cu(OTf)$_2$ 作为催化剂，使用 2,6-二叔丁基吡啶（2,6-dtbpy）作为配体，能够催化芳基高碘化物与吲哚底物中吡咯环的芳基化反应[130]。如式 85 和式 86 所示：吡咯氮上的取代基可有效控制 C-2 位和 C-3 位的区域选择性。

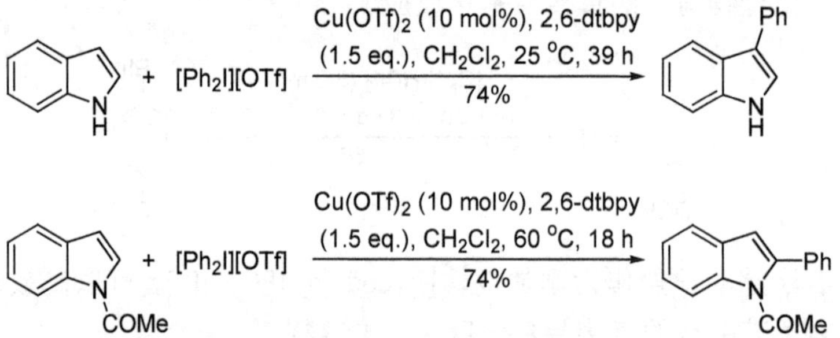

$$
\text{（反应式）} \quad (85)
$$

$$
\text{（反应式）} \quad (86)
$$

Cu(OTf)$_2$ 也能有效催化芳基高碘化物对酰胺基定位的芳环的间位芳基化反应（式 87）[40]。该反应具有条件温和、无需加入配体和产率较高等优点。

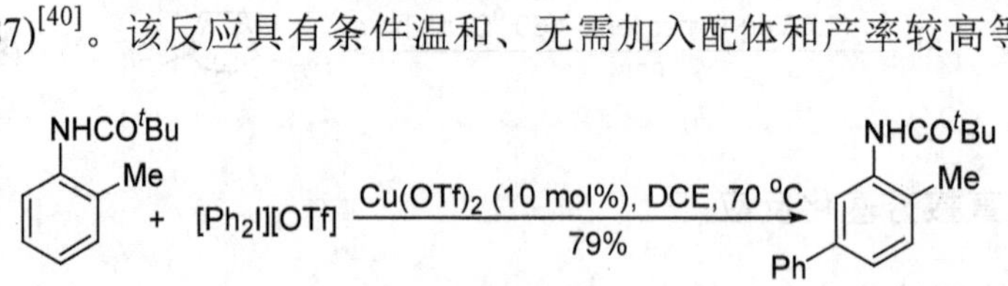

$$
\text{（反应式）} \quad (87)
$$

3.6.2　Cu-催化的氧化自偶联反应

唑类化合物的自偶联二聚反应是构筑双齿配体的理想方法[54,131,132]。在空气作为氧化剂条件下，使用 20 mol% 的 Cu(OAc)$_2$ 即可高效地催化唑类化合物的自身氧化偶联反应（式 88）[131]。该催化体系也可用于不同唑类化合物之间的交叉氧化偶联反应，但产率并不理想。

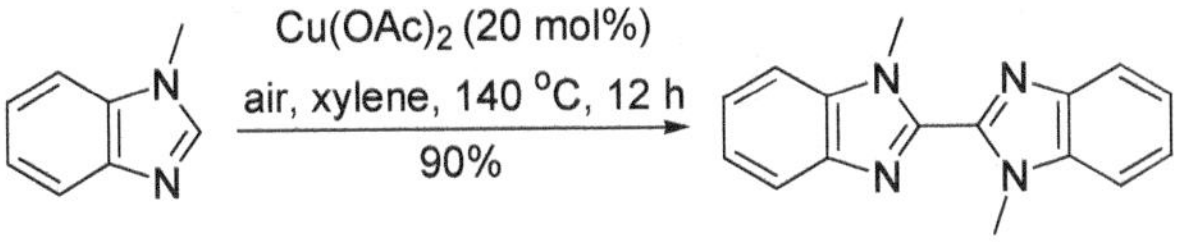
Cu(OAc)2 (20 mol%)
air, xylene, 140 °C, 12 h
90%
N
N

(88)

在氧气存在下，$CuCl_2$ 可以催化一系列噻唑、苯并呋喃、2-氯噻吩、1-丁基咪唑、1-丁基三唑、2-甲氧基吡嗪、3,5-二氯吡啶等芳杂环以及缺电的多氟苯类芳烃的自身偶联反应（式 89）[54]。其中碱对该反应有较大的影响：使用叔丁醇锂会产生大量的酚类副产物，抑制了自身偶联的发生。酚的产生很可能是由于反应中形成的芳基锂中间体和氧气直接反应，或是高价的芳基铜中间体与来自水的氢氧根反应所致。该反应对于硝基、氰基、氨基或酯基等官能团均具有较好的兼容性。

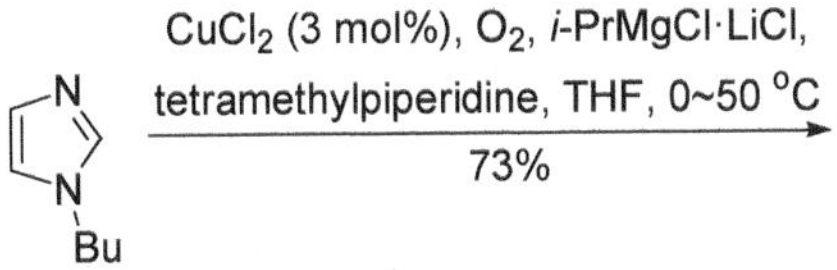
CuCl2 (3 mol%), O2, i-PrMgCl·LiCl,
tetramethylpiperidine, THF, 0~50 °C
73%
N
Bu
Bu Bu

(89)

3.7 Fe-催化的直接芳基化反应

铁是地球上分布最广的过渡金属元素，约占地壳质量的 5.1%，含量仅次于氧、硅和铝。因此，Fe-催化的芳环和芳杂环的直接芳基化反应无疑具有经济和环境友好的优点。如式 90 和式 91 所示[133,134]：使用邻菲啰啉或者 2,6-二叔丁基吡啶作为配体，三(乙酰丙酮)铁可以催化实现芳基溴化镁与含氮杂环或亚胺作为定位基的芳环 C-H 的芳基化反应。

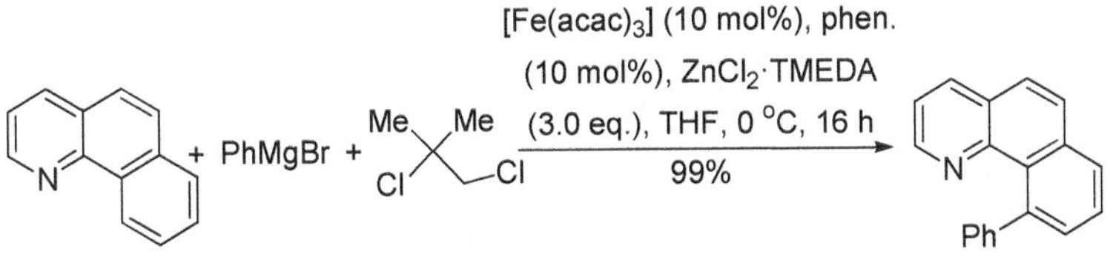
[Fe(acac)3] (10 mol%), phen.
(10 mol%), ZnCl2·TMEDA
(3.0 eq.), THF, 0 °C, 16 h
99%
+ PhMgBr +
Me Me
Cl Cl
N
Ph

(90)

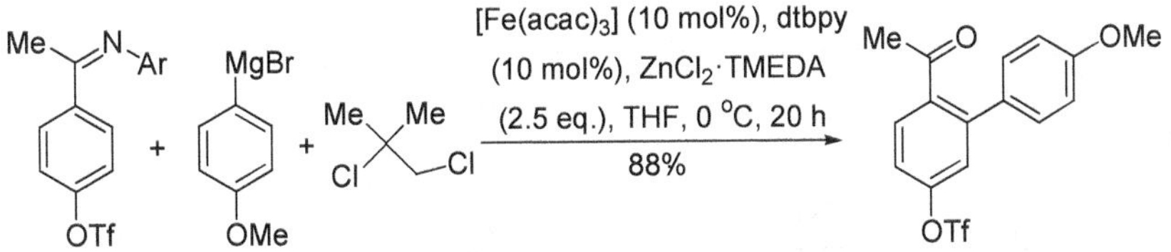
[Fe(acac)3] (10 mol%), dtbpy
(10 mol%), ZnCl2·TMEDA
(2.5 eq.), THF, 0 °C, 20 h
88%
Me N Ar
OTf
MgBr
OMe
Me Me
Cl Cl
Me O
OMe
OTf

(91)

使用磷酸钾作为碱和吡唑作为添加剂，硫酸铁/大环多胺/空气体系可以催化实现芳基硼酸与苯的交叉氧化偶联反应（式 92）[135]。

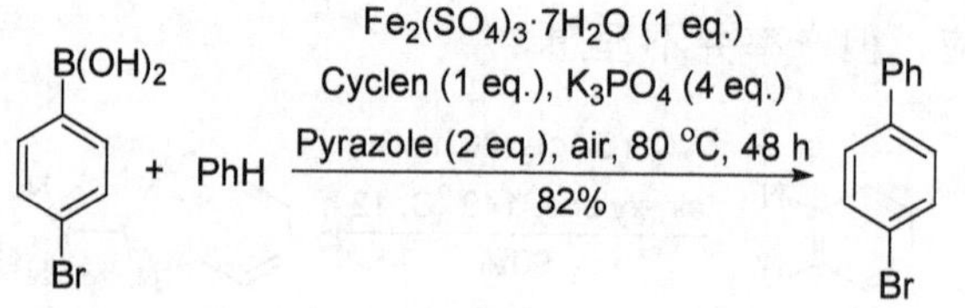

$$
\text{（92）}
$$

如式 93 所示[43]：醋酸亚铁/4,7-二苯基-1,10-菲啰啉体系可以催化实现碘代芳烃与苯的直接芳基化反应。

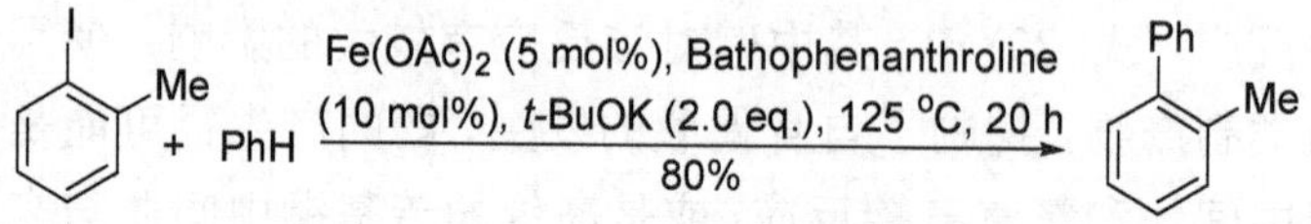

$$
\text{（93）}
$$

使用六甲基二硅胺烷基锂 (LiHMDS) 作为碱，三氯化铁/二甲基乙二胺 (DMEDA) 体系可以催化实现溴代芳烃与非功能化和未活化苯环的直接芳基化反应 (式 94)[136]。当反应底物为碘代芳烃时，使用叔丁醇钾代替六甲基二硅胺烷基锂可以得到更好的效果。

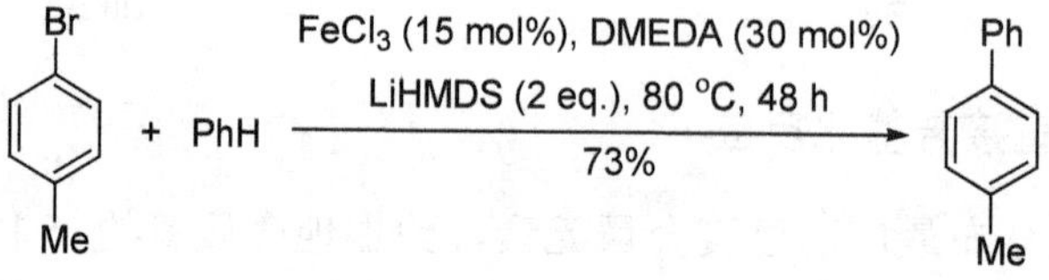

$$
\text{（94）}
$$

3.8 Pd/Cu-联合催化的直接芳基化反应

使用四丁基氟化铵作为添加剂，PdCl$_2$(PPh$_3$)$_2$/CuI 联合体系可以催化噻唑 2-位 C-H 的芳基化反应 (式 95)[137]。若采用 Pd(OAc)$_2$/PPh$_3$ 体系，则可有效地实现噻唑 5-位 C-H 的芳基化反应。

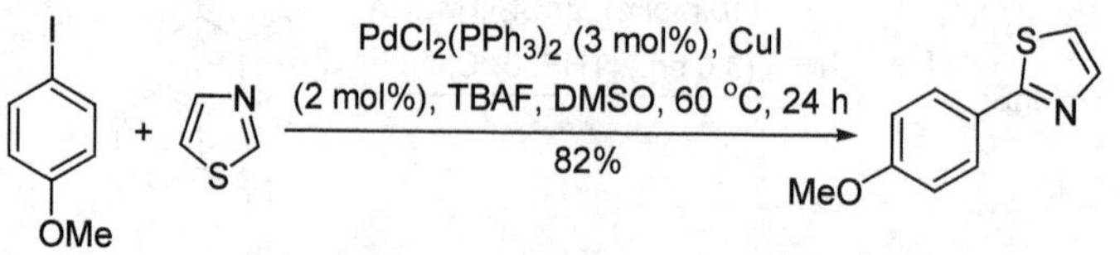

$$
\text{（95）}
$$

在 Pd(OAc)$_2$/CuI 催化的咪唑、苯并咪唑和吲哚等含氮杂环的 C-2 位芳基化反应中，底物的 N-H 甚至无需保护 (式 96)[138]。

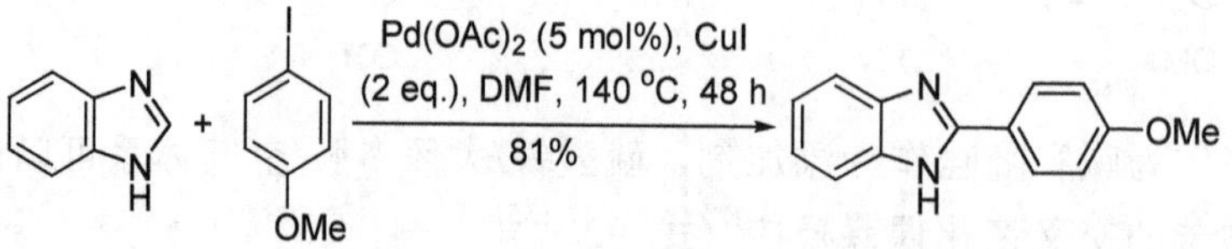

$$
\text{（96）}
$$

使用碳酸铯或者六氢吡啶作为碱，Pd(OAc)₂/CuI 体系可以高效地催化嘌呤环 8-C-H 的芳基化反应 (式 97 和式 98)[50,139~141]。

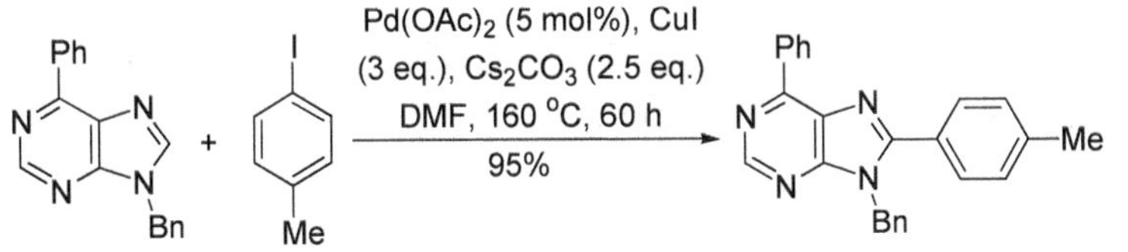

(97)

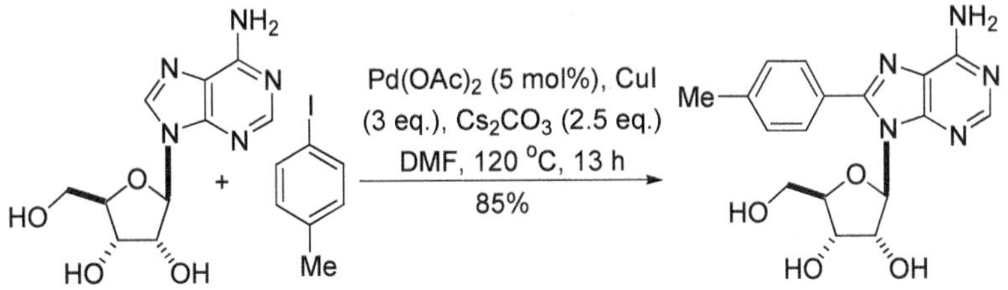

(98)

在合适的反应条件下，只需使用 0.25 mol% 的二叔丁基氯化膦-二氯化钯配合物 (PXPd) 和 1 mol% 的亚铜盐双膦配合物 Cu(Xantphos)I (Xantphos = 9,9-二甲基-4,5-双(二苯基膦)氧杂蒽) 即可高效地催化苯并噁唑、苯并噻唑和苯并咪唑等唑类化合物的 C2-H 的芳基化反应 (式 99)[142]。

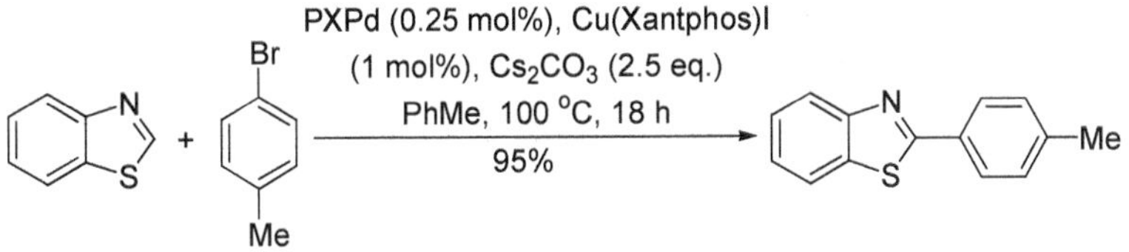

(99)

4 金属催化的芳环直接芳基化反应类型综述

在金属催化的芳基直接芳基化反应中，反应底物涉及到不同种类的芳环和芳杂环，芳基化试剂包括各种芳基金属试剂、卤代芳烃、类卤代芳烃和各种未预活化的芳烃和杂芳烃。其反应类型包括分子内、分子间、有定位基、无定位基、芳杂环之间、芳环与芳杂环之间、芳环或芳杂环 C-H/C-H 双活化的交叉氧化偶联反应、自偶联反应等多种类型。

4.1 分子内直接芳基化反应

芳环 C-H 键的分子内直接芳基化反应是构建联(杂)芳基稠环结构的有效策略，是目前 C-H 键功能化反应中研究最早的反应之一，在有机合成化学中占有重要的地位。

4.1.1 联芳基稠环结构的构筑

在 Pd-催化剂的存在下，不同连接基团 (CH₂O、COO、NRCO、SO₂NR) 连接的两个苯环间的分子内芳基-芳基偶联反应均可顺利地实现，得到不同结构的联芳基稠环化合物 (式 100)[143]。

$$\text{(100)}$$

在 Pd/膦配体体系催化下，芳基碘代、溴代和氯代物等底物均可发生分子内芳基化反应。如式 101 所示[27]：反应中生成的碘离子会使 Pd-催化剂中毒，因而溴代物和氯代物可以得到更好的产率。当在反应中加入碳酸银对碘离子进行捕获后，产率得到了显著提高。

$$\text{(101)}$$

使用 LiCl 和 n-Bu₄NBr 作为添加剂，醋酸钯可以催化实现 1,5-二芳基吡唑的分子内芳基-芳基偶联反应得到中等产率的产物 (式 102)[144]。

$$\text{(102)}$$

Larock 等人报道了基于钯迁移策略的分子内芳基化反应合成联芳基稠环化合物[145,146]。如式 103 所示：首先，该反应发生钯催化的 C-H 键断裂和金属 Pd 的插入反应。然后，再发生 1,4-Pd 迁移反应形成双芳基环钯化合物。最后，再通过还原消除反应完成分子内芳基化反应过程。

$$\text{(103)}$$

4.1.2 芳基吡咯、芳基吲哚稠环结构的构筑

通过碘苯与吡咯的分子内直接芳基化反应可以合成具有五元稠环结构的芳基吡咯化合物。如式 104 所示[147]：首先让吡咯钠盐与 2-碘苄溴反应生成 N-(邻碘苯甲基)吡咯，然后在醋酸钯/三苯基膦的催化下发生环化反应。

$$ (104) $$

在 Pd(PPh$_3$)$_4$ 的催化下，利用 3-位氰基或醛基等吸电子基团取代的吲哚衍生物的分子内芳基化反应可以构筑带有 5~6 元并环结构的芳基-吲哚偶联产物 (式 105)[148]。该反应体系还能扩展到氮杂吲哚衍生物，但生成五元环产物的收率相对较低。

$$ (105) $$

在 Pd(OAc)$_2$ 催化下，使用含吲哚功能团的 Baylis-Hillman 加成产物作为底物可以实现吲哚分子内的直接芳基化反应 (式 106)[149,150]。

$$ (106) $$

使用 KOAc 作为碱和 Bu$_4$NCl 作为添加剂，Pd(OAc)$_2$/PPh$_3$ 体系可以催化吲哚的分子内直接芳基化反应得到 7~9 元脂肪环的稠环芳基吲哚化合物 (式 107)[151]。

$$ (107) $$

使用 KOAc 作为碱和 DMA 作为溶剂，Pd(PPh$_3$)$_4$ 可以定量地催化实现 N-

甲基-2-(邻溴苯基)-3-(3-吲哚基)顺丁烯二酰亚胺的分子内直接芳基化反应 (式 108)[152]。

$$(108)$$

4.1.3 芳基呋喃、芳基噻吩稠环结构的构筑

使用 K_2CO_3 作为碱和 Ag_2CO_3 作为添加剂，$Pd(OAc)_2/PCy_3$ 体系可以高效地催化 3-取代呋喃和 2-取代噻吩的分子内直接芳基化反应 (式 109)[27]。

$$(109)$$

使用 Et_2NH 作为碱和 DMA 作为溶剂，$Pd(OAc)_2/PCy_3$ 体系可以高效地催化由硅桥联的芳基三氟甲烷磺酸酯与呋喃、噻吩、苯并噻吩衍生物的分子内直接芳基化反应，获得一系列硅桥联的芳基呋喃或噻吩稠环化合物 (式 110)[153]。

$$(110)$$

在基于呋喃、噻吩、苯并噻吩的分子内直接芳基化反应中，使用 $Pd(OAc)_2/$ $P(2\text{-furyl})_3/Cs_2CO_3$ 催化反应可以得到一系列芳基呋喃和芳基噻吩稠环化合物 (式 111)[154,155]。

$$(111)$$

4.1.4 芳基咪唑稠环结构的构筑

利用 Pd(OAc)₂/PPh₃/K₂CO₃/DMSO 催化体系，可以通过 1-(邻碘苯甲基)咪唑 C5-H 的分子内芳基化反应合成 5H-咪唑并[5,1-a]异吲哚产物 (式 112)[147]。

$$\text{Pd(OAc)}_2 \text{ (5 mol\%), PPh}_3}$$

$$\frac{\text{(10 mol\%), K}_2\text{CO}_3 \text{ (2 eq.)}}{\text{DMSO, 100 °C, 22 h}}$$

$$78\%$$

(112)

利用 Pd(OAc)₂/(o-Tol)₃P/KOAc/DMF 催化体系，在微波条件下可以通过 2-碘-1-苄基咪唑的分子内直接芳基化反应合成 5H-咪唑并[2,1-a]异吲哚产物 (式 113)[156]。

$$\text{Pd(OAc)}_2 \text{ (10 mol\%), (o-Tol)}_3\text{P}$$

$$\frac{\text{(30 mol\%), KOAc (2 eq.), DMF}}{\text{150 °C, MW, 15 min}}$$

$$40\%$$

(113)

利用 Pd(OAc)₂/PPh₃/CuI/Cs₂CO₃/DMF 催化体系，可以通过咪唑 2-C-H 的分子内直接芳基化反应合成一系列含有 5~8 元脂肪环的 2-芳基咪唑稠环化合物 (式 114)[157]。

$$\text{Pd(OAc)}_2 \text{ (10 mol\%), PPh}_3}$$

$$\frac{\text{(20 mol\%), CuI (2 eq.), Cs}_2\text{CO}_3}{\text{(1 eq.), DMF, 140 °C, 14 h}}$$

$$78\%$$

(114)

利用 Pd(OAc)₂/K₂CO₃/Bu₄NBr/DMF 催化体系，可用通过 2-取代咪唑、4,5-二取代咪唑和苯并咪唑的分子内芳基化反应分别构筑芳基咪唑稠环结构 (式 115~式 117)[150]。

$$\text{Pd(OAc)}_2 \text{ (20 mol\%), K}_2\text{CO}_3}$$

$$\frac{\text{(2 eq.), Bu}_4\text{NBr (1 eq.)}}{\text{DMF, 110 °C, 15 min}}$$

$$46\%$$

(115)

Pd(OAc)₂ (20 mol%), K₂CO₃
(2 eq.), Bu₄NBr (1 eq.)
DMF, 110 °C, 15 min
71%

(116)

Pd(OAc)₂ (20 mol%), K₂CO₃
(2 eq.), Bu₄NBr (1 eq.)
DMF, 110 °C, 15 min
32%

(117)

4.1.5 芳基吡啶、芳基(异)喹啉稠环结构的构筑

使用 Pd₂(dba)₃/P(t-Bu)₃ 作为催化剂和 K₃PO₄ 作为碱，3-氯-N-(4-吡啶基)吡啶-2-胺在二氧六环溶剂中发生分子内直接芳基化反应，以 52% 的产率得到联吡啶稠环化合物 9H-吡咯并[2,3-b:4,5-c']联吡啶 (式 118)[158]。

Pd₂(dba)₃ (10 mol%), P(t-Bu)₃
(40 mol%), K₃PO₄ (2 eq.)
dioxane, 120 °C, 36 h
52%

(118)

以 PdCl₂(PPh₃)₂ 作为催化剂和 NaOAc 作为碱，喹啉在 180 ℃ 的 DMA 中发生 4-C-H 的分子内直接芳基化反应得到含不同取代基的 7H-吲哚并[2,3-c]喹啉衍生物 (式 119)[159]。

PdCl₂(PPh₃)₂ (0.2~1 mol%)
NaOAc (1.47 eq.)
DMA, 180 °C, MW, 10 min
58%~76%

(119)

Pd Cl₂(PPh₃)₂ 可以催化剂异喹啉 3-C-H 的分子内直接芳基化反应，生成芳基异喹啉稠环化合物 11H-吲哚并[3,2-c]异喹啉。如式 120 所示[160]：微波辐射对该反应有明显的促进作用。

PdCl₂(PPh₃)₂, NaOAc·3H₂O
(2.45 eq.), DMA, heat

(120)

PdCl₂(PPh₃)₂ = 10 mol%, 130 °C (oil bath), 88 h, 65%
PdCl₂(PPh₃)₂ = 20 mol%, 130 °C (oil bath), 16 h, 78%
PdCl₂(PPh₃)₂ = 1 mol%, 180 °C (MW), 10 min, 71%
PdCl₂(PPh₃)₂ = 1 mol%, 200 °C (MW), 10 min, 79%

4.1.6 芳基二嗪稠环结构的构筑

在 $Pd(OAc)_2$ 催化下，哒嗪、嘧啶和吡嗪等二嗪化合物可以发生分子内直接芳基化反应生成芳基二嗪稠环化合物[161]。如式 121~式 123 所示：嘧啶得到最高产率而吡嗪得到较低产率，哒嗪则得到两个区域选择性异构体的混合物。

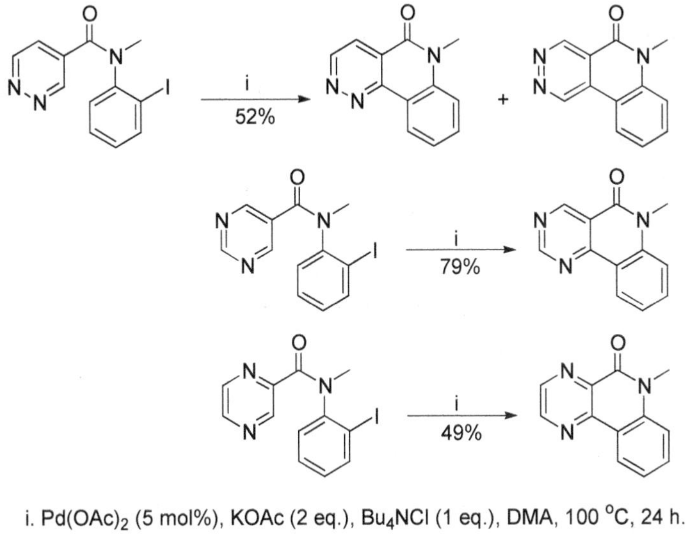
i
52%
+
i
79%
i
49%
i. Pd(OAc)2 (5 mol%), KOAc (2 eq.), Bu4NCl (1 eq.), DMA, 100 °C, 24 h.

(121)

(122)

(123)

如式 124 所示[162]：5- 或 6-氨基嘧啶衍生物可以通过嘧啶环上 C-H 的分子内直接芳基化反应生成芳基嘧啶稠杂环化合物。

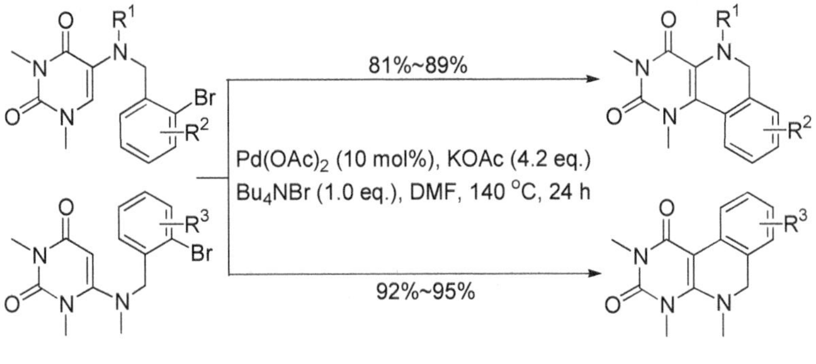
81%~89%
Pd(OAc)2 (10 mol%), KOAc (4.2 eq.)
Bu4NBr (1.0 eq.), DMF, 140 °C, 24 h
92%~95%

(124)

4.2 定位基导向的分子间直接芳基化反应

芳烃 C-H 键的直接功能化反应具有区域选择性问题，芳环上官能团的电子性质和定位效应是两个重要的影响因素。通常，实现芳环上区域选择性芳基化的方法之一就是引入导向基团，依靠导向基团上的氧、氮、硫、磷或碳原子与过渡金属配位来引导区域选择性 (式 125)。导向基团往往都具有一对孤对电子，通过与过渡金属配位形成 5~6 元环状过渡态来实现区域选择性。

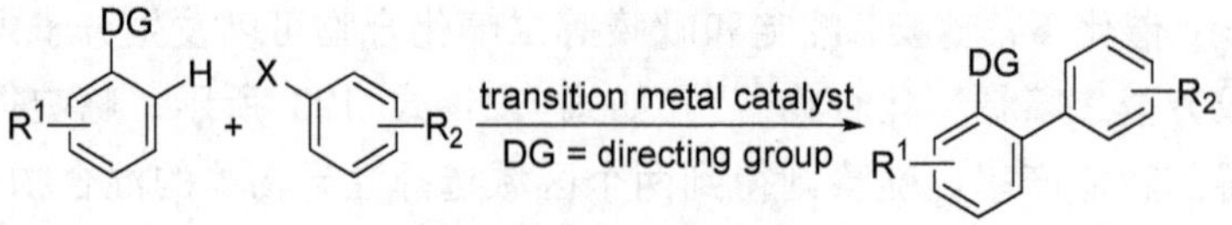

(125)

4.2.1　酚羟基导向的分子间直接芳基化反应

苯酚的酚羟基对分子间的 C-H 键直接芳基化具有邻位导向作用，生成邻苯基苯酚产物。而邻苯基苯酚又可以通过酚羟基对相邻苯环的邻位 C-H 的导向作用实现直接芳基化反应[34]。如式 126 所示[163]：2-叔丁基苯酚可以与过量的溴苯连续发生两次芳基化反应得到三联苯类化合物。当酚的 2,6-位有取代基时，芳基化反应则发生在酚羟基的对位。如式 127 所示：2,6-二叔丁基苯酚与对溴苯甲酸乙酯反应高选择性地生成对位芳基化产物，反应主要是通过芳基卤化钯对酚对位的亲电进攻实现的[163]。苯酚与过量的溴苯之间则可以发生多次芳基化反应，在酚周围先后引入五个苯环 (式 128)[164]。

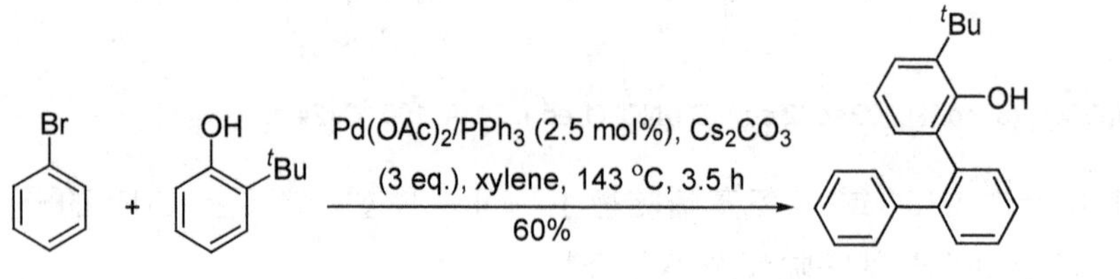

(126)

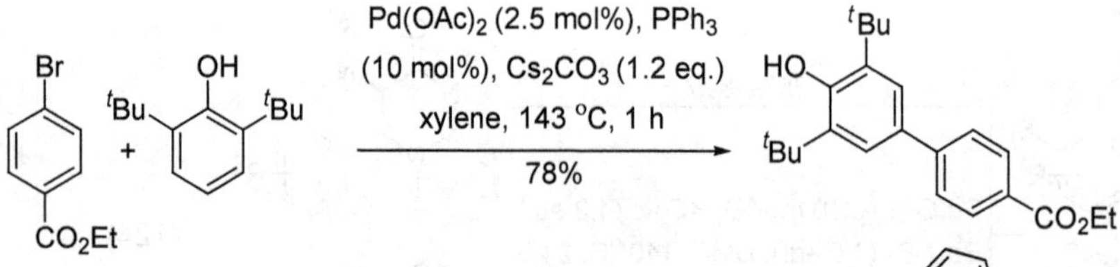

(127)

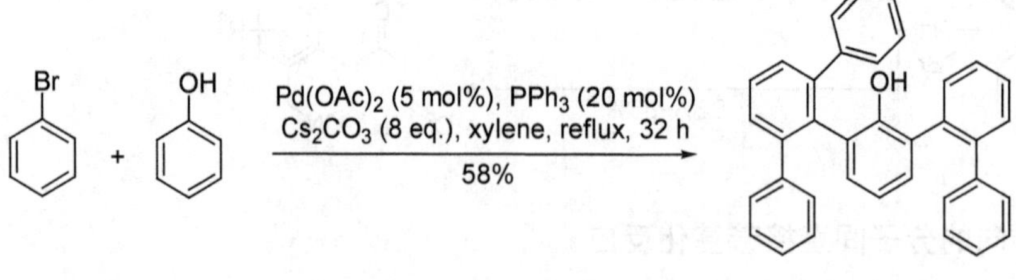

(128)

使用 5 mol% 的 RhCl(PPh₃)₃ 作为催化剂和 15 mol% 的 P(*i*-Pr)₂(OAr) 作为辅助配体，2-位取代苯酚可以发生高产率和高选择性的邻位芳基化反应 (式 129)[36,37]。在 [RhCl(cod)]₂/P(NMe₂)₃ 催化下，苯酚和 4-溴苯甲醚的偶联反应主要得到双芳基化反应产物 (式 130)[37]。有趣的是，反应体系中同时使用 K₂CO₃

和 Cs$_2$CO$_3$ 两种碱可以有效地提高芳基化的产率 (式 131 和式 132)[165]。

$$(129)$$

$$(130)$$

$$(131)$$

$$(132)$$

4.2.2 醇羟基导向的分子间直接芳基化反应

如式 133 所示[166~169]：α,α-双取代联芳基甲醇的羟基可以作为导向基团来实现芳基卤代物与苄醇相邻苯环 C-H 的芳基化反应。该反应还存在有芳环-异丙醇之间的 C-C 键断裂的竞争性副反应：首先 C$_{(sp2)}$-C$_{(sp3)}$ 键断裂形成丙酮和活性芳基中间体，然后再发生分子内芳基-芳基偶联反应生成苯并菲衍生物 (式 134)[167]。

$$(133)$$

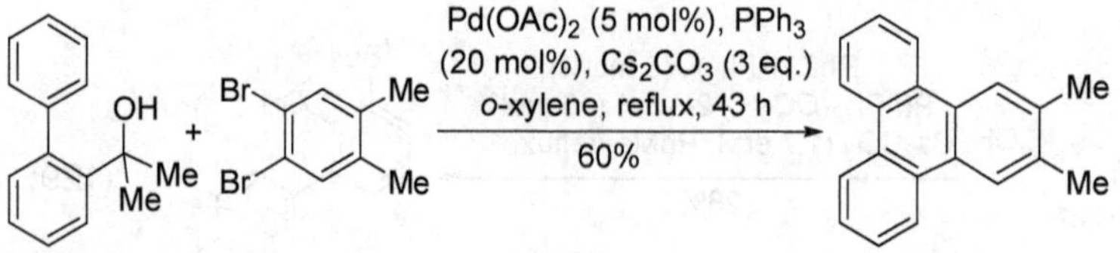
OH
Me
Me
Br
Br
Me
Me
Pd(OAc)2 (5 mol%), PPh3
(20 mol%), Cs2CO3 (3 eq.)
o-xylene, reflux, 43 h
60%
Me
Me

(134)

4.2.3 醛、酮羰基导向的分子间直接芳基化反应

醛和酮官能团也可以作为导向基来诱导芳基卤代物与芳环 C-H 键的直接芳基化反应[170~172]。如式 135 所示：苄基苯基酮和溴代芳烃的反应可以得到中等产率的三芳基化产物。该反应对溴代芳烃和苄基苯基酮上取代基的电子性质非常敏感，含有供电子基团的溴代芳烃会降低芳基化反应速度，而苄基苯基酮的芳环上有吸电子基团则可以提高邻位芳基化反应的速度。

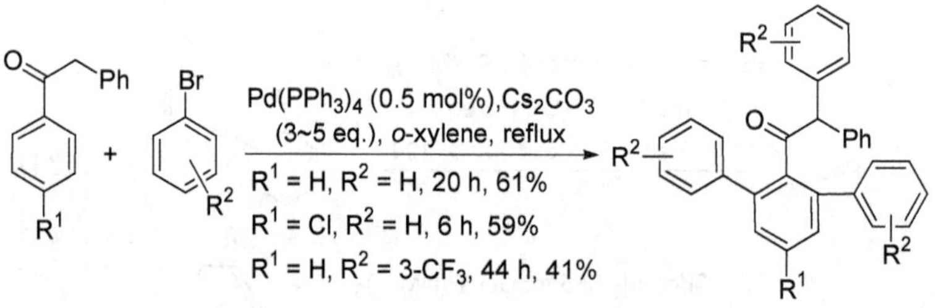
O
Ph
R1
Br
R2
Pd(PPh3)4 (0.5 mol%),Cs2CO3
(3~5 eq.), o-xylene, reflux
R1 = H, R2 = H, 20 h, 61%
R1 = Cl, R2 = H, 6 h, 59%
R1 = H, R2 = 3-CF3, 44 h, 41%
R2
O
Ph
R2
R2
R1

(135)

在过渡金属催化的芳环 C-H 键直接芳基化反应中，芳基卤代物或者类卤代物是主要的芳基化试剂。但是，仍有部分研究基于有机金属化合物作为芳基化试剂。如式 136 所示[121,122]：在钌催化剂的存在下，芳基硼酸酯与芳酮的芳基化反应可以获得中等的收率，同时伴随着酮被还原产生的副产物醇。当增加一倍量的芳酮时，偶联反应的产率可提高到 82%。在体系中加入甲基叔丁基酮作为氢捕获剂时，可以有效抑制苄醇副产物的产生 (式 137)。

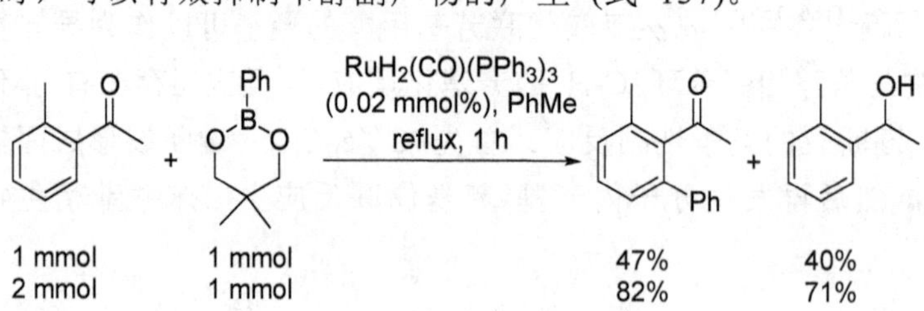
O
Ph
B
O
O
RuH2(CO)(PPh3)3
(0.02 mmol%), PhMe
reflux, 1 h
O
Ph
OH
1 mmol
2 mmol
1 mmol
1 mmol
47%
82%
40%
71%

(136)

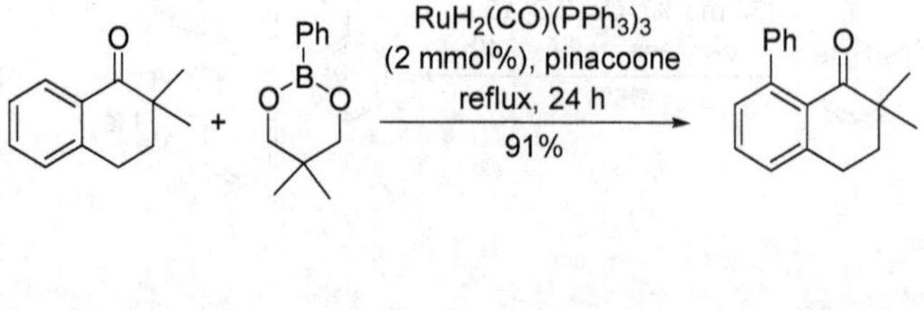
O
Ph
B
O
O
RuH2(CO)(PPh3)3
(2 mmol%), pinacoone
reflux, 24 h
91%
Ph
O

(137)

4.2.4 胺或酰胺导向的分子间直接芳基化反应

酰胺可作为导向基团可以实现苯甲酰苯胺的直接芳基化反应[173]。如式 138 所示：芳基三氟甲磺酸酯和芳基溴代物均可以较高的产率生成双芳基化产物。尽管底物分子中含有活性较高的 N-H 官能团，但并没有发现 N-芳基化产物。

$$(138)$$

在 $Pd(OAc)_2$ 的催化下，N-芳基吡咯烷酮可以与芳基高碘化物发生酰胺导向的直接芳基化反应 (式 139)[174]。

$$(139)$$

在 CF_3CO_2H 和银盐的存在下，$Pd(OAc)_2$ 可以催化实现苄胺芳环上邻位 C-H 的直接芳基化反应 (式 140)[175]。该反应条件也同样适用于各种仲胺、乙酰苯胺或者丙酰苯胺衍生物的邻位芳基化反应 (式 141)[176]。

$$(140)$$

$$(141)$$

在钯催化下，通过新戊酰胺导向的直接芳基化反应可以用于制备邻位芳基取代的苯胺衍生物 (式 142)[177]。

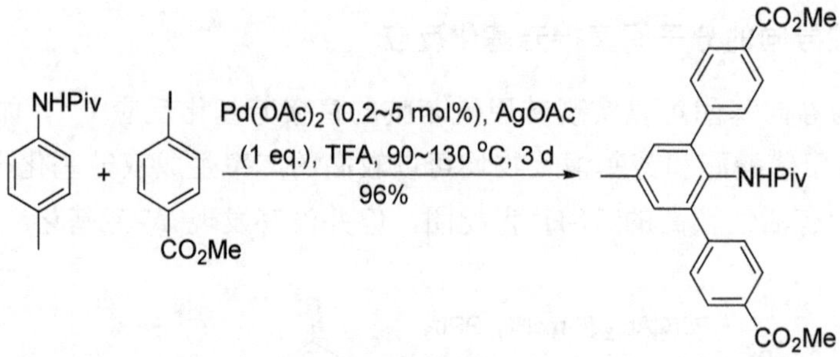

$$(142)$$

4.2.5　亚胺导向的分子间直接芳基化反应

在钌催化下的邻位芳基化反应中[38]，亚胺可以被用作定位基团。亚胺上烷基取代基的基团大小将会影响单芳基化和双芳基化产物的比例。亚胺上的烷基基团与新引入的芳基之间的位阻作用是导致该结果的主要因素。如式 143 所示：甲基和乙基取代亚胺生成的单芳基化和双芳基化产物的比例相差不大，而亚胺上只有氢原子时只得到双芳基化反应产物。

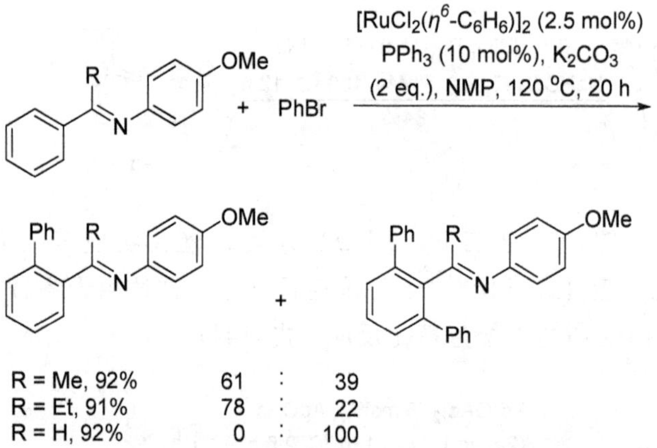

$$(143)$$

R = Me, 92%　　61 ： 39
R = Et, 91%　　78 ： 22
R = H, 92%　　　0 ： 100

在钌催化下，芳基氯代物也可以实现与亚胺的直接芳基化反应。但是，需要加入一定量的二金刚烷基膦氧化物作为配体。如式 144 所示[120]：生成的芳基化产物经水解后得到相应的醛或酮。

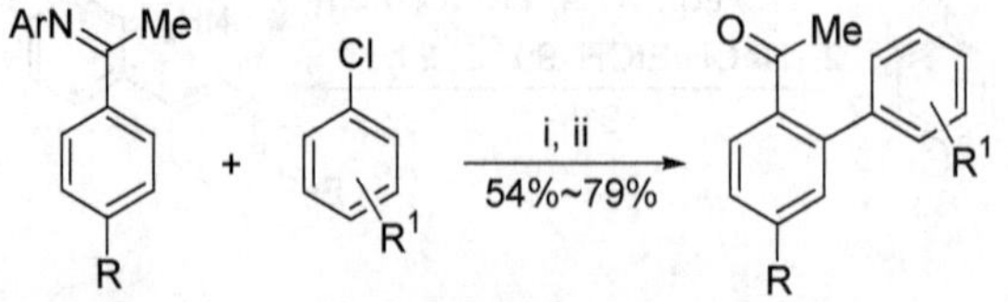

$$(144)$$

反应条件: i. [RuCl₂(p-cymene)]₂ (2.5 mol%), Ad₂P(O)H (10 mol%), K₂CO₃ (2~3 eq.), 3A MS, NMP, 120 ℃, 16~24 h; ii. HCl (1 mol/L), 3 h

4.2.6 吡啶或喹啉导向的分子间直接芳基化反应

吡啶和喹啉是高效导向基团,非常容易诱导钯催化的芳基高碘化物与芳烃的直接芳基化反应[174]。如式 145 所示:这类反应对位阻效应较为敏感,可以通过调节芳环上取代基团的位置来实现区域选择性。当使用不对称的芳基高碘化物作为芳基化试剂时,位阻小的芳基可以选择性地偶联到芳环上。

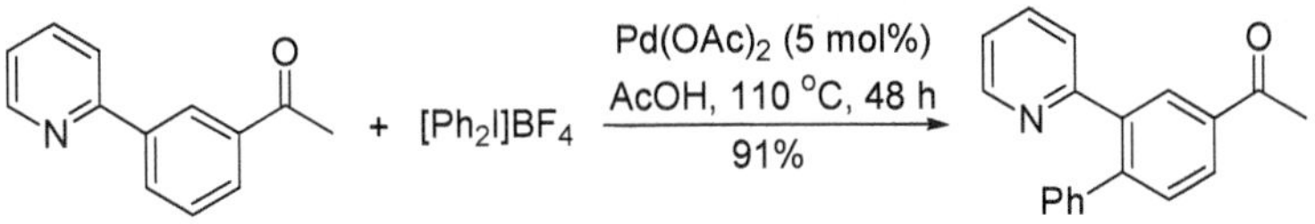

(145)

如式 146 所示[178]:在 Pd(OAc)₂/AgOAc 体系催化的反应中,使用过量的碘苯也能够高产率和高选择性地实现 2-苯基吡啶的单芳基化反应。但是,当反应时间足够长时仍然可以得到双芳基化产物。

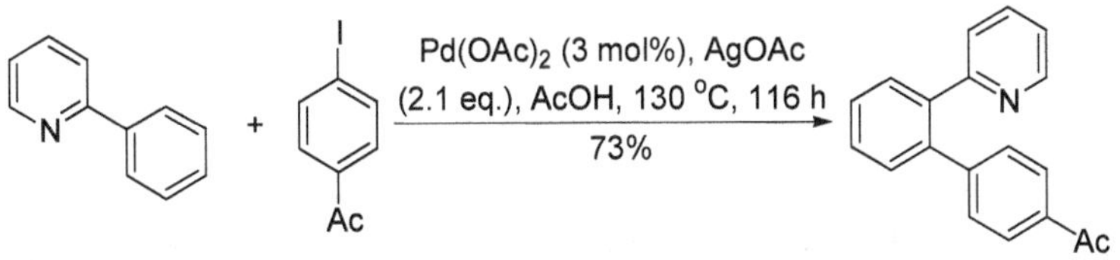

(146)

在 Ru-催化剂作用下,可以实现氯代芳烃或芳基磺酸酯与吡啶衍生物的邻位芳基化反应[179]。如式 147 和式 148 所示:当使用氯代芳烃作为芳基化试剂时,生成以双芳基化为主的单、双芳基化产物的混合物。当使用芳基磺酸酯作为芳基化试剂时,则选择性地得到单芳基化产物。

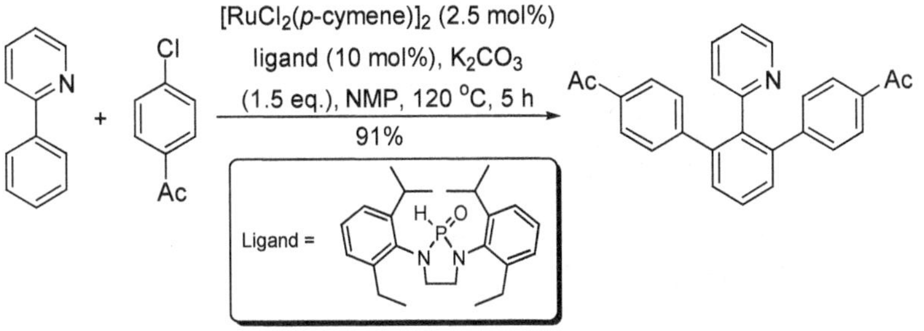

(147)

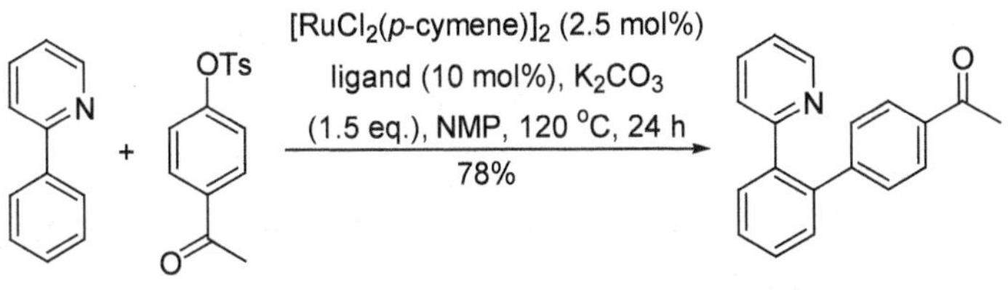

(148)

在 4A 分子筛添加剂存在下，铑催化剂可以催化芳酰氯与喹啉的脱羰基直接芳基化反应 (式 149)[180]。在该反应中，Rh(I) 可能首先与芳酰氯发生氧化加成形成 ArCORh(III)Cl$_2$ 中间体。其高度区域选择性主要得益于喹啉中 N-原子的导向作用。

$$(149)$$

4.2.7 噁唑啉、咪唑啉、吡唑导向的分子间直接芳基化反应

各种含氮五元杂环都有可能作为分子间直接芳基化反应的导向基团。在 Ru(II)/膦配合物催化下，芳基卤代物可以选择性地在 2-芳基咪唑啉的芳环邻位上进行直接芳基化反应[39]。如式 150 所示：在 [RuCl$_2$(η^6-C$_6$H$_6$)]$_2$ 催化下，2-苯基-4,5-二氢咪唑与 1.2 倍量的溴苯反应可以得到单芳基和二芳基化产物的混合物，当使用 2.5 倍量的溴苯时则只得到双芳基产物。在咪唑啉 N-原子上引入大位阻取代基可以使芳基咪唑啉键旋转受阻，从而优先得到单芳基化产物。N-对甲苯磺酰基取代的衍生物不能发生反应，可能是由于对甲苯磺酰基的强吸电特性降低了 N-原子的配位能力。

$$(150)$$

R = H, 64%   31 : 69
R = H (2.5 eq.), 90%   0 : 100
R = C(O)Me, 76%   89 : 11
R = C(O)t-Bu, 84%   86 : 14
R = C(O)Ph, 88%   77 : 23
R = Ts, 0%

反应条件: [RuCl$_2$(η^6-C$_6$H$_6$)]$_2$ (2.5 mol%), PPh$_3$ (10 mol%)
K$_2$CO$_3$ (2 eq.), NMP, 120 °C, 20 h

该催化体系也适用于 2-芳基噁唑啉的直接芳基化反应 (式 151~式 153)[39]。2-苯基-4,5-二氢噁唑与稍过量的溴苯反应可以得到 60% 的单和双芳基化产物的混合物，与 2.5 倍量的溴苯反应则定量得到双芳基化反应产物。5,5-二甲基-2-苯基-4,5-二氢噁唑中 5-位上的两个甲基并不影响产物的产率和单/双异构体的比例，而使用 4,4-二甲基-2-苯基-4,5-二氢噁唑可以专一地生成生单芳基化产物。

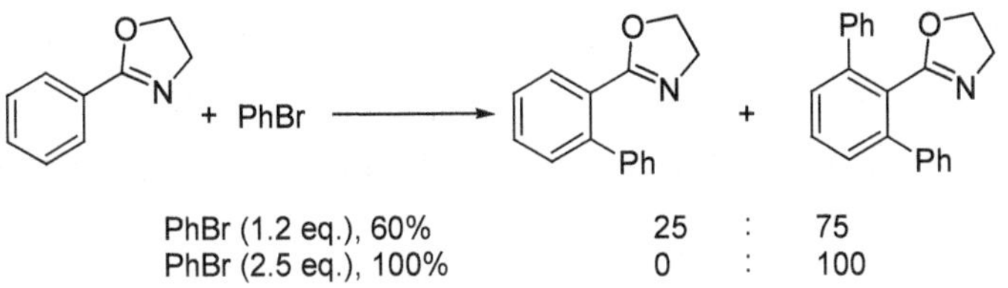

(151)

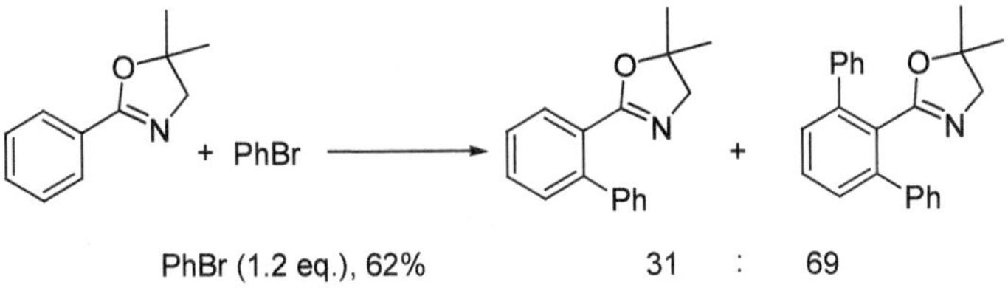

PhBr (1.2 eq.), 60%   25 : 75
PhBr (2.5 eq.), 100%   0 : 100

(152)

PhBr (1.2 eq.), 62%   31 : 69

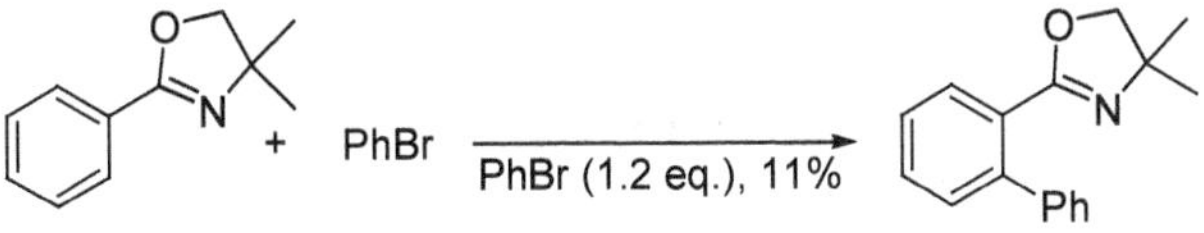

(153)

反应条件: [RuCl$_2$(η^6-C$_6$H$_6$)]$_2$ (2.5 mol%), PPh$_3$ (10 mol%),
K$_2$CO$_3$ (2 eq.), NMP, 120 °C, 20 h

在 PdOAc 催化的碘代芳烃与 1-苯基吡唑的直接芳基化反应中，吡唑起到导向基团的作用 (式 154)[178]。

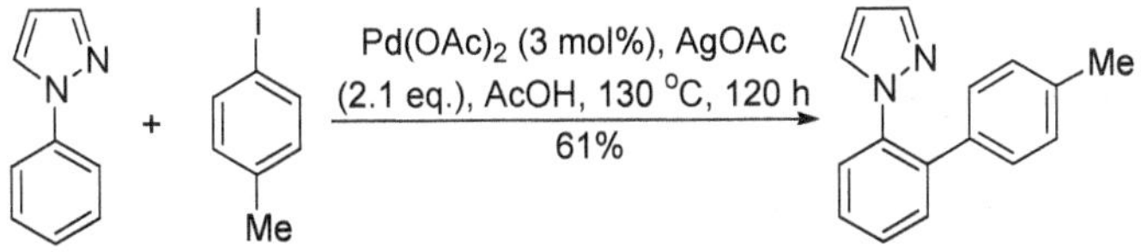

(154)

4.2.8　醚氧导向的分子间直接芳基化反应

如式 155 所示[27]：溴代和氯代芳烃与 10 倍量 (物质的量) 的 1,3-苯并二噁烷反应可以高产率地形成芳基化产物，醚的氧原子被用作导向基团。虽然大位阻的溴代芳烃也能高产率地得到目标产物，但碘代芳烃在此反应条件下主要生成自身偶联产物。

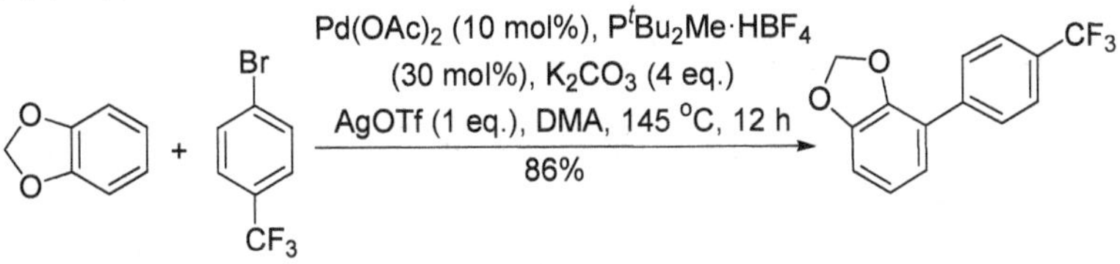

(155)

4.2.9　烷基导向的分子间直接芳基化反应

在钯催化下，邻碘苯甲醚通过类似多米诺效应的偶联反应生成具有并环结构的吡喃和呋喃衍生物[181~184]。在这种不同寻常的多米诺偶联反应中，三分子邻碘苯甲醚结合在一起，高产率地生成了取代二苯并吡喃稠环化合物 (式 156)。在该反应中，甲醚上甲基的导向作用是实现反应选择性的关键，反应中可能生成了五元环钯中间体。

$$(156)$$

在式 157 所示的叔丁基取代的碘代芳烃的自偶联反应中，侧链上的烷基对钯环中间体的形成起到了导向和稳定化作用[185]。

$$(157)$$

4.2.10 膦配体导向的分子间直接芳基化反应

在二叔丁基膦二茂铁作为底物的芳基化反应中，底物自身的膦配体充当了导向基团的作用。如式 158 所示[186]：该反应可以用于制备具有空间位阻且对空气稳定的五苯基二茂铁膦配体。

$$(158)$$

4.3 不含定位基的分子间直接芳基化反应

不含定位基团的分子间直接芳基化反应存在有两个挑战性的问题：难以控制反应的区域选择性和难以避免芳环的自身偶联反应。因此，主要使用一些不涉及区域选择性反应的底物或者具有某种特殊结构的底物。

由于薁 C-1 位的富电子特性，它在醋酸钯催化的直接芳基化反应中具有较好的反应活性和选择性。如式 159 所示[187]：尽管薁具有如此特殊的结构，其反应产率仍然较低。

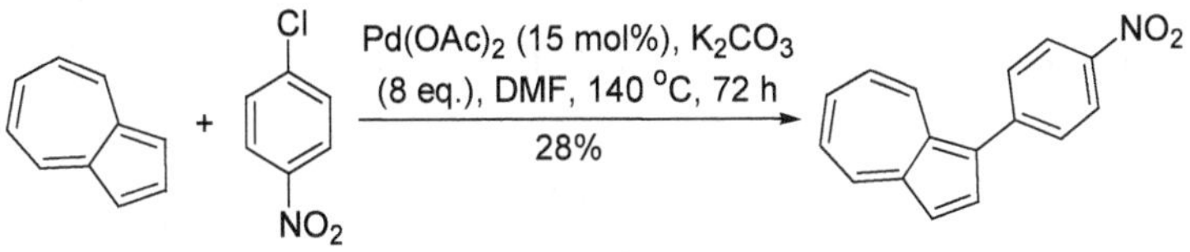

(159)

双金属铑催化剂可以高效地催化卤苯与不含任何官能团的苯的直接芳基化反应。如式 160 所示[188]：氯代芳烃也能取得中等的收率。铑阴离子和铑阳离子两种形式共同存在于双金属铑催化剂中，其中，(1,5-环辛二烯)二氯化铑为阴离子，铑与氮膦配体形成的金属配合物为阳离子。

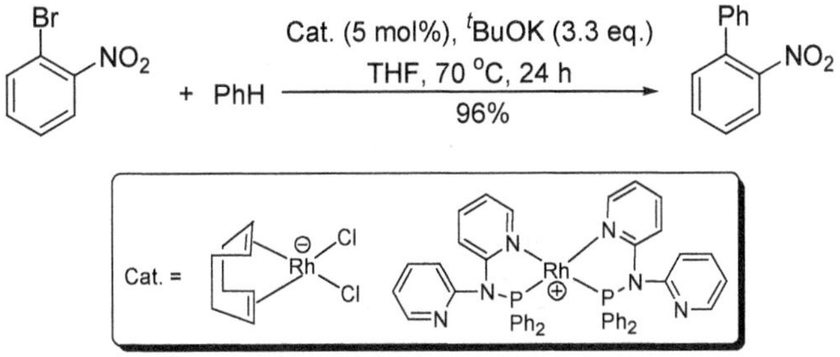

(160)

多氟苯类底物芳环上 C-H 有一定的酸性，容易控制芳基化反应的区域选择性。如式 161 所示[42]：利用 CuI 作为催化剂可以实现卤代芳烃与多氟苯的直接芳基化反应。

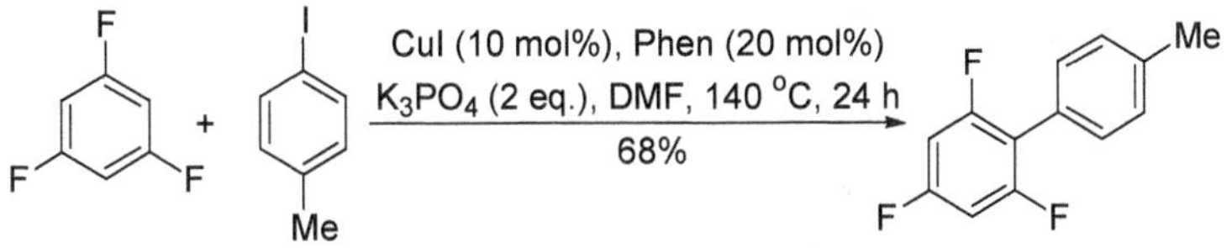

(161)

使用 Pd(OAc)$_2$/O$_2$/Cu(OAc)$_2$/TFA 催化体系，在室温下就可实现不含定位基的富电性的甲苯类化合物与芳基硼酸的交叉氧化偶联反应 (式 162)[112]。

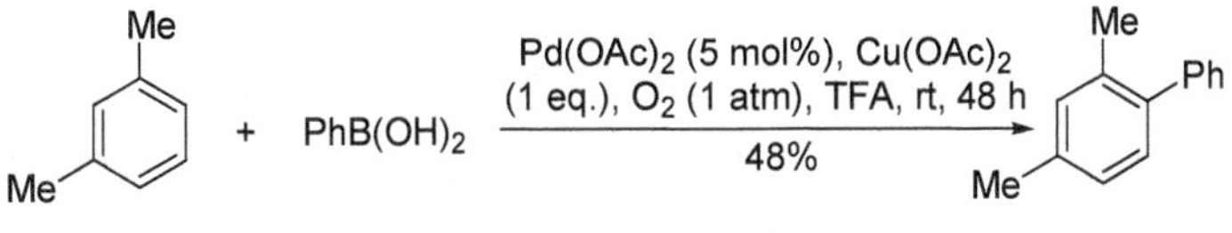

(162)

4.4　芳杂环的分子间直接芳基化反应

4.4.1　吡咯、吲哚、中氮茚的直接芳基化反应

使用 Pd(OAc)$_2$ 作为催化剂，溴代或碘代芳烃与吡咯和吲哚在 C-2 位进行

直接芳基化反应可在无需保护 N-H 的情况下进行[59]。由于溴代芳烃活性较低，其反应转化率和 C-2/C-3 位的选择性也比较低。但是，在反应体系中加入化学计量的二异丙胺可以显著提高溴代芳烃的转化率 (式 163 和式 164)。

以咪唑鎓卡宾-钯配合物为催化剂，在相当温和的条件下即可实现二芳基碘氟硼酸盐与吲哚 C-2 位的直接芳基化反应。如式 165 所示[189]：无论吲哚上 N-H 保护与否均可得到较高的产率。

中氮茚是一个含有五、六元并环氮桥结构的吲哚类似物。它具有 N-取代吡咯或吲哚的类似特性，常被用作富电子底物进行研究。如式 166 所示[45]：使用 Pd(OAc)$_2$/PCy$_3$/K$_2$CO$_3$ 和少量新戊酸组成催化体系，对叔丁基溴苯可以在 DMA 溶液中与中氮茚的 C3-H 发生高效的芳基化反应。

4.4.2 呋喃、噻吩的直接芳基化反应

相对于其它单杂原子五元杂环而言，呋喃或苯并呋喃的直接芳基化反应的研究较少，产率也普遍较低。如式 167 所示[190]：溴代芳烃与 2-甲基-5-酰基呋喃的 C-4 位发生直接芳基化反应得到了中等产率的产物。

相对而言，噻吩的芳基化反应产率普遍较高。如式 168 和式 169 所示[191]：使用 RhCl(CO)/亚磷酸三(六氟异丙醇酯)配合物作为催化剂，芳基碘代物与 3-甲氧基噻吩的 α-位芳基化反应可以在微波辐射下完成，产率高达 94%。但是，2,3-二甲基呋喃在相同条件下的反应产率只有 66%。

$$\text{(168)}$$

$$\text{(169)}$$

使用 Pd(OAc)$_2$/PPh$_3$ 作为催化剂还可以实现 4-溴-3-硝基苯甲醚对苯并噻吩的 C-2 位直接芳基化反应，得到中等产率的 2-(2-硝基-4-甲氧基苯基)苯并噻吩 (式 170)[192]。

$$\text{(170)}$$

4.4.3 噁唑、噻唑的直接芳基化反应

许多生物碱分子中含有 2,5-二芳基噁唑结构，因此噁唑的 C2-位和 C5-位芳基化反应备受关注。如式 171 和 172 所示[193,194]： 2-芳基和 5-芳基噁唑为底物，分别与碘代芳烃的直接芳基化反应可以用于合成 2,5-二芳基噁唑类化合物。该反应在水溶液中进行，具有产率高和条件温和的优点。

$$\text{(171)}$$

$$\text{(172)}$$

使用 Cs$_2$CO$_3$ 为碱，Pd(OAc)$_2$/PPh$_3$ 可以催化碘代芳烃与吡啶并噁唑或苯并噁唑的 C-2 位的直接芳基化反应 (式 173 和式 174)[44,195]。

$$(173)$$

$$(174)$$

芳基噻唑和芳基苯并噻唑类化合物广泛应用于药物和光电材料等领域。噻唑和苯并噻唑的直接芳基化反应是合成这些化合物较为经济和高效的途径之一。如式 175 所示：通过噻唑的 C-2 位和 C-5 位直接芳基化反应可以先后引入含有推电子和吸电子基团的两个不同芳基，用于合成具有荧光特性的 2,5-二芳基噻唑衍生物[196]。

$$(175)$$

将噻唑氧化形成 N-氧化物之后，可以显著提高环上特定反应位点的反应活性[197]。如式 176～式 178 所示：在室温下即可实现 C-2 位的直接芳基化反应。适当提高反应温度，还可以分别实现 C-5 和 C-4 位的选择性芳基化反应。

$$(176)$$

$$(177)$$

$$\text{(178)}$$

使用 NaOH 作为碱，Pd/Cu-联合催化剂可以在较为温和的条件下催化溴代芳烃与苯并噻唑的直接芳基化反应 (式 179)[198]。

$$\text{(179)}$$

4.4.4　含咪唑环类化合物的直接芳基化反应

咪唑、苯并咪唑、咪唑并吡啶、咪唑并嘧啶、嘌呤、黄嘌呤、咪唑并吡嗪、咪唑并哒嗪、咪唑并三唑等含咪唑环化合物以及它们的芳基化产物是许多生物活性分子和药物分子的重要结构单元。因此，研究咪唑类化合物的直接芳基化反应具有重要意义。

N-取代咪唑有 C-2、C-4 和 C-5 三个反应位点，通过控制反应条件实现区域选择性芳基化反应具有重要价值。研究发现：Pd/膦催化体系可以实现 N-苄基咪唑 C-5 位的直接芳基化反应 (式 180)[199]。而使用 Pd(OAc)$_2$/CuI 催化体系，则可以进一步实现 N-苄基-5-芳基咪唑 C-2 位的直接芳基化反应 (式 181)。

$$\text{(180)}$$

$$\text{(181)}$$

唑类化合物的直接芳基化反应常用 Pd 作为催化剂。近年来的研究发现：CuI 也能有效促进碘代芳烃与 N-甲基苯并咪唑 C-2 位的直接芳基化反应，但反应需要使用化学计量的 CuI (式 182)[200]。

$$\text{(182)}$$

如式 183 所示[114]：使用 [Rh(coe)₂Cl]₂/PCy₃/Et₃N 催化体系也可以实现苯并咪唑的直接芳基化反应。

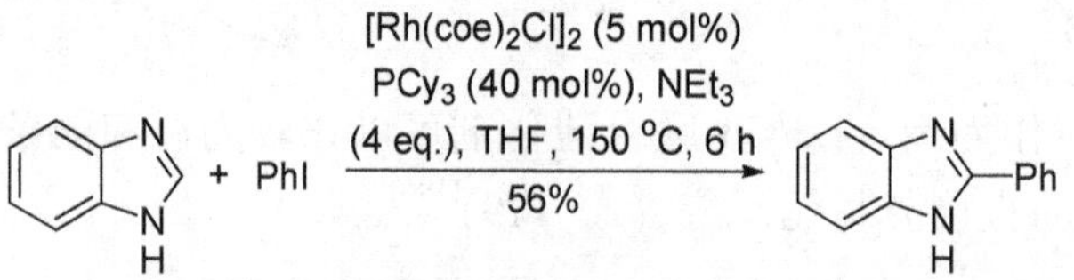

$$
\text{(183)}
$$

2-氰基-4,2′-二氟-5′-(7-三氟甲基咪唑并[1,2-a]3-嘧啶基)联苯是一种 γ-氨基丁酸受体激动剂。如式 184 所示[201]：它可以通过 7-三氟甲基咪唑并[1,2-a]嘧啶 C-3 位的直接芳基化反应来制备。

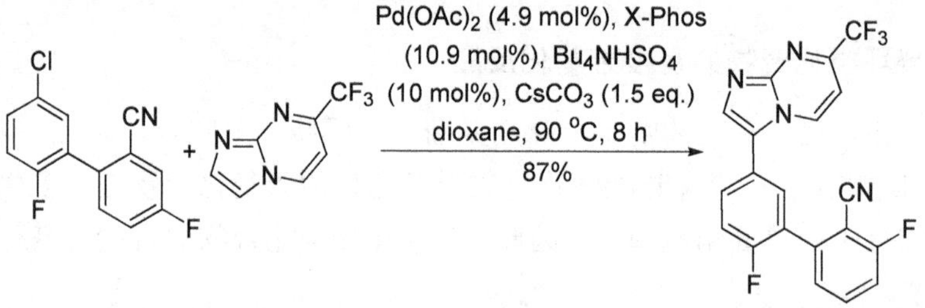

$$
\text{(184)}
$$

溴代芳烃与黄嘌呤类化合物 C-8 位的直接芳基化反应可以在亚铜盐催化下实现[202]。如式 185 所示：使用 CuI/邻菲啰啉催化体系，4-溴代-N,N-二甲基苯胺下与黄嘌呤经直接芳基化反应生成 8-芳基黄嘌呤衍生物。该产物具有较强的荧光特性，有望发展成为细胞荧光成像试剂。

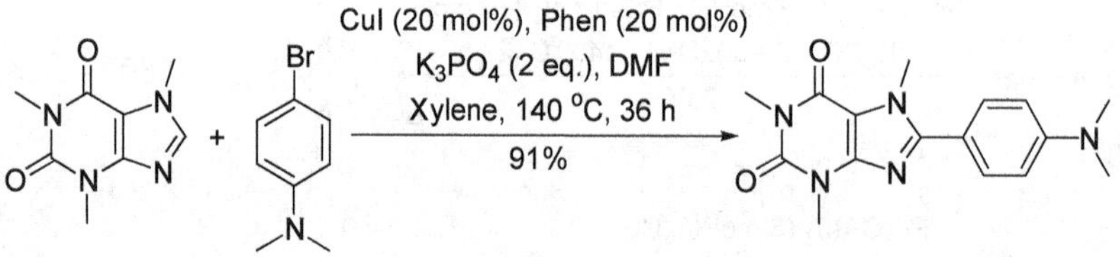

$$
\text{(185)}
$$

4.4.5　六元芳杂环的直接芳基化反应

吡啶和喹啉等含氮六元芳杂环的直接芳基化反应活性通常较低，但可以通过形成相应的 N-氧化物来提高环上 C-H 键的反应活性。如式 186 所示[203]：Pd-膦催化体系可以有效地催化吡啶和喹啉 N-氧化物的直接芳基化反应。

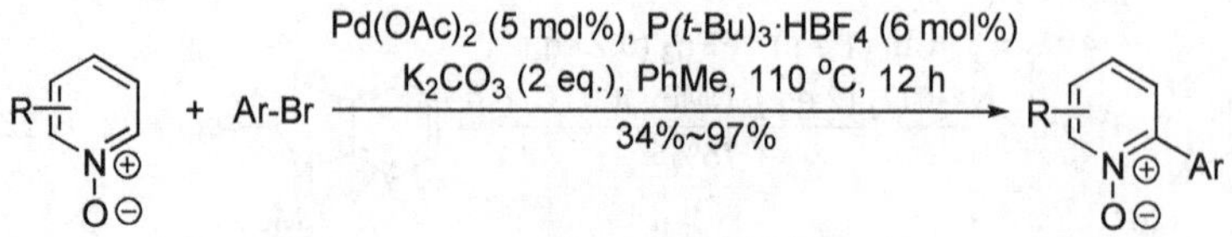

$$
\text{(186)}
$$

在 Pd-膦催化体系下，哒嗪、嘧啶和吡嗪的 *N*-氧化物也可以顺利地发生直接芳基化反应[81,204,205]。如式 187 所示：多种卤代芳烃甚至氯代芳烃均可用作该反应的芳基化试剂。

$$(187)$$

反应条件：i. Pd(OAc)$_2$ (5 mol%), P(*t*-Bu)$_3$·HBF$_4$ (15 mol%) CuCN or CuBr (0~10 mol%), K$_2$CO$_3$ (2 eq.), dioxane or PhMe, 110 ^{o}C, 12 h; ii. Pd/C, HCO$_2$NH$_4$, MeOH, or Pd/C H$_2$, MeOH, or NH$_4$OH

近年来，吡啶、喹啉、哒嗪、嘧啶和吡嗪等含氮六元杂环的直接芳基化反应也受到关注。如式 188 和式 189 所示[117]：[RhCl(CO)$_2$]$_2$ 可以有效地催化实现芳基溴与吡啶和喹啉衍生物的直接芳基化反应。

$$(188)$$

$$(189)$$

使用大位阻的醇锂试剂 Et$_3$COLi 作为碱，CuI/1,10-菲啰啉催化体系可以催化碘苯与哒嗪和嘧啶的直接芳基化反应。如式 190 和式 191 所示[206]：4-苯基哒嗪和 5-苯基嘧啶的产率分别为 60% 和 31%。

$$(190)$$

$$(191)$$

最近有人报道：使用叔丁醇钾作为碱，Cy$_3$PAuCl 可以催化溴代芳烃与吡嗪 C-H 键的芳基化反应[207]。如式 192 所示：富电子溴代芳烃可以获得较好的产率，但缺电子溴代芳烃的产率较低。但是，加入催化量的 AgBF$_4$ 可以显著提高芳基化反应的产率。

$$(192)$$

4.5 芳(杂)环 C-H/C-H 氧化偶联反应

4.5.1 芳环的自身氧化偶联反应

1965 年，VanHelden 和 Verberg 首次报道使用化学计量的 PdCl$_2$ 可以促进苯的自身偶联反应得到联苯。此后，人们已经发展了各种各样的催化条件来促进未活化的简单芳烃的自身氧化偶联反应。2001 年，Sasson 等人报道：在 Zr(IV)、Mn(II) 和 Co(II) 盐联合促进下，PdCl$_2$ 可以催化苯的自身偶联反应得到高产率的联苯 (式 193)[208]。在该条件下，甲苯和甲氧基苯等取代芳烃也能够得到中等以上的产率，但产物的区域选择性不太理想。

$$(193)$$

利用吡啶作为导向基团和过硫酸氢钾 (oxone) 作为氧化剂，Pd(OAc)$_2$ 可以在异丙醇溶剂中催化实现 2-(2-甲基芳基)吡啶的高效和高选择性自身氧化偶联反应，产率达到 86% (式 194)[53]。

$$(194)$$

4.5.2 芳杂环的自身氧化偶联反应

低聚噻吩由于具有良好的导电性和电致发光特性，成为构筑各种光电材料的理想选择。低聚噻吩的传统合成方法需要预先制备卤代噻吩和噻吩金属化合物，然后再进行偶联反应。这种制备方法不仅步骤冗长，而且会产生大量的副产物。采用 Pd(II) 催化剂的噻吩衍生物的自身氧化偶联反应，可以有效避免传统偶联反应带来的不必要的预活化过程[209]。如式 195 所示：在氟化银氧化剂的存在下，PdCl$_2$(PhCN)$_2$ 可以在 DMSO 溶液中催化噻吩醛的自身氧化偶联反应，得到 69% 的 5,5'-二醛基-2,2'-联噻吩产物。

$$
\begin{array}{c}
\text{PdCl}_2\text{(PhCN)}_2 \text{ (3 mol\%), AgF} \\
\xrightarrow[\quad 69\% \quad]{\text{(2 eq.), DMSO, 60 }^{\circ}\text{C, 5 h}}
\end{array}
\tag{195}
$$

最近，有人报道了 Pd(II)-催化的吲哚衍生物的选择性自身偶联反应[210]。如式 196 和式 197 所示：使用 Cu(OAc)$_2$·H$_2$O 作为氧化剂，大部分底物在室温条件下就能获得高达 95% 的收率；使用 AgOAc 作为氧化剂时，在氧气存在下几乎专一性地生成 3-乙酰氧基联吲哚衍生物。

$$
\begin{array}{c}
\text{Pd(TFA)}_2 \text{ (5 mol\%), Cu(OAc)}_2\text{·H}_2\text{O} \\
\xrightarrow[\quad \text{up to 95\%} \quad]{\text{(1.5 eq.), DMSO, N}_2\text{, rt, 8 h}}
\end{array}
\tag{196}
$$

$$
\begin{array}{c}
\text{Pd(TFA)}_2 \text{ (5 mol\%), AgOAc (2 eq.)} \\
\xrightarrow[\quad \text{up to 80\%} \quad]{\text{DMSO, O}_2\text{, 60 }^{\circ}\text{C, 12 h}}
\end{array}
\tag{197}
$$

近来的研究发现：使用 Pd(OAc)$_2$/Cu(OAc)$_2$/K$_2$CO$_3$ 催化体系，中氮茚-1-甲酸甲酯可以在 60 ℃ 的 DMF 溶液中定量地发生选择性二聚反应 (式 198)[211]。

$$
\begin{array}{c}
\text{Pd(OAc)}_2 \text{ (5 mol\%), Cu(OAc)}_2 \\
\text{(1.5 eq.), K}_2\text{CO}_3 \text{ (2.0 eq.)} \\
\xrightarrow[\quad 99\% \quad]{\text{DMF, 60 }^{\circ}\text{C, 2 h}}
\end{array}
\tag{198}
$$

在 Cu-催化下，N-甲基苯并咪唑、N-苄基苯并咪唑和 N-烯丙基苯并咪唑也能够发生自身偶联反应 (式 199)[132]。但是，在相同的条件下，酰基、磺酰基 N-取代苯并咪唑衍生物不能发生自偶联反应，苯并噁唑和噻唑衍生物的自身偶联反应也不理想。

$$
\begin{array}{c}
\text{Cu(OAc)}_2 \text{ (10 mol\%), Ag}_2\text{CO}_3 \\
\text{(20 mol\%), O}_2 \text{ (1 atm)} \\
\xrightarrow[\quad 81\% \quad]{\text{xylene, 140 }^{\circ}\text{C, 24 h}}
\end{array}
\tag{199}
$$

4.5.3 芳环 C-H/C-H 的交叉氧化偶联反应

要实现高效的芳环 C-H/C-H 的交叉氧化偶联反应必须抑制芳环的自身偶联反应。因此，必须解决金属催化剂连续选择性活化两个不同偶联组分的问题。如式 200 所示：在 Pd(OAc)₂/K₂S₂O₈ 催化体系中，通过调节芳烃和三氟醋酸在反应体系中的浓度，在室温下即可实现不同芳烃之间的交叉氧化偶联反应[106]。

$$
\begin{array}{c}
\text{Pd(OAc)}_2 \text{ (5 mol\%), K}_2\text{S}_2\text{O}_8 \\
\underline{\text{(1.5 eq.), TFA (0.5 eq.), rt, 24 h}} \\
25\%
\end{array}
\tag{200}
$$

如式 201 所示[212]：使用 Pd(OAc)₂ 作为催化剂、Ag₂CO₃ 作氧化剂、对苯二醌和二甲亚砜作为氧化助剂，1-氮杂菲可以高效和高选择性地实现 C10-H 与未活化简单芳烃的 C-H/C-H 交叉氧化偶联。该反应条件可以有效地抑制两个偶联组分的自偶联反应，其高度区域选择性得益于 1-氮杂菲中 N-原子的导向作用。

$$
\begin{array}{c}
\text{Pd(OAc)}_2 \text{ (10 mol\%), Ag}_2\text{CO}_3 \\
\text{(2 eq.), DMSO (4 eq.)} \\
\underline{\text{BQ (0.5 eq.), 130 }^\circ\text{C, 12 h}} \\
67\%
\end{array}
\tag{201}
$$

在式 202 所示的条件下，Pd(OAc)₂ 可以高效地催化 N-新戊酰苯胺衍生物与未活化芳烃之间的 C-H/C-H 交叉氧化偶联反应[111]。在该反应中，N-新戊酰基起到导向基团的作用，使邻位或间位取代的衍生物都能高效和高选择性地在邻位发生单芳基化反应。但是，使用 N-乙酰基团作为导向基时的产率略有下降。

$$
\begin{array}{c}
\text{Pd(OAc)}_2 \text{ (5 mol\%), Pd(OAc)}_2\text{, DMSO} \\
\underline{\text{TFA (5 eq.), O}_2 \text{ (1 atm), 90 }^\circ\text{C, 18 h}} \\
91\%
\end{array}
\tag{202}
$$

4.5.4 芳杂环 C-H/C-H 的交叉氧化偶联反应

利用两类芳杂环之间 π-电子特性的不同，芳杂环分子间的 C-H/C-H 交叉氧化偶联反应可以在 Pd(II) 催化下实现[56]。在式 203 所示的反应条件下，咖啡因、可可碱和茶碱等多种黄嘌呤衍生物可与噻吩和呋喃等直接发生交叉氧化偶联反应。例如：咖啡因与 2-甲基噻吩之间的反应收率高达 96%。该催化体系同样适用于其它芳杂环之间的 C-H/C-H 交叉氧化偶联反应。对于一些 Pd-催化下产率较低的反应，加入催化量的亚铜盐能够显著地促进反应的进行。如式 204 所示：加入 10 mol% CuBr 后，吡啶氮氧和 2-甲基噻吩之间的偶联反应收率可以达到 78%。

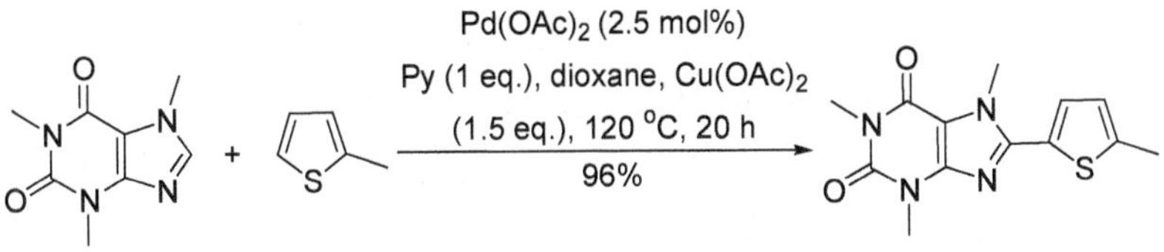

$$(203)$$

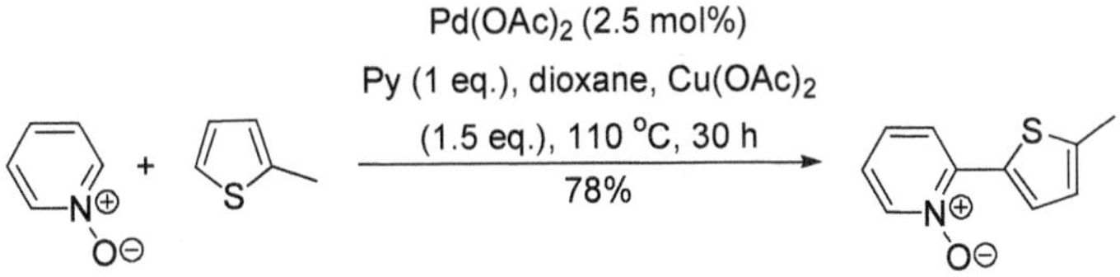

$$(204)$$

4.5.5 芳环与芳杂环之间的 C-H/C-H 交叉氧化偶联反应

早在 20 世纪 80 年代，Itahara 等人就报道了使用化学计量 Pd(OAc)$_2$ 促进的呋喃、噻吩、吡咯和吲哚衍生物与苯的分子间 C-H/C-H 交叉氧化偶联反应（图 15）[213]。尽管这些反应的选择性和产率都很低，但这是过渡金属活化芳环与芳杂环 C-H/C-H 键直接构筑芳基化杂芳烃的首次尝试。

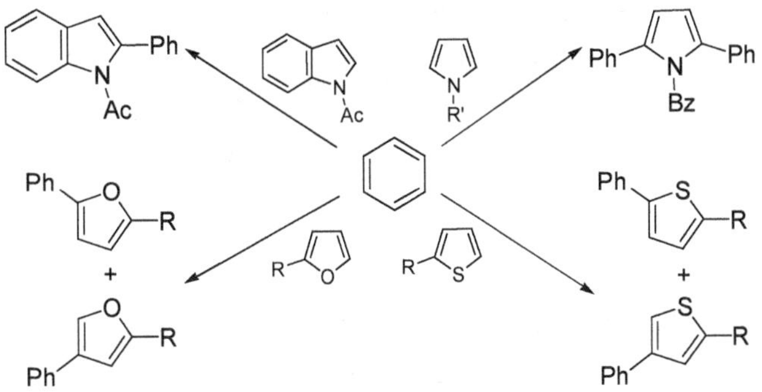

图 15 化学计量 Pd(OAc)$_2$ 促进的苯与芳杂环之间的交叉氧化偶联反应

在式 205 所示的反应条件下[55]，N-乙酰基吲哚衍生物可以高产率和高选择性地在 C-3 位与未活化芳烃发生交叉氧化偶联反应。通过对反应条件的控制，不仅可以避免吲哚衍生物之间和未活化芳烃的自身偶联反应，还可以有效抑制吲哚 C-2 位芳基化反应和双芳基化反应。其中，3-硝基吡啶可以稳定 Pd(0)，防止生成钯黑，而催化量的新戊酸铯可能在反应初期作为配体促进反应的进行。

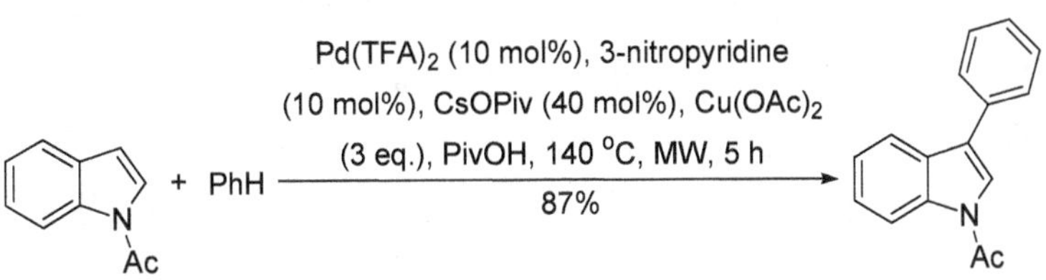

$$(205)$$

在式 206 所示的反应条件下[109]，使用 10 mol% 的 Pd(OAc)₂ 即可有效地催化苯并呋喃与苯之间的交叉氧化偶联反应得到 2-苯基苯并呋喃产物。二甲苯和甲氧基苯等富电子芳烃也能够得到较好的收率，硝基苯、对二氟苯和 1,4-双三氟甲基苯等缺电子芳烃不是合适的底物。

$$
\text{（苯并呋喃）} + \text{PhH} \xrightarrow[\substack{\text{O}_2\,(\,3\,\text{atm}),\ \text{AcOH, } 120\,^{\circ}\text{C, } 1.5\,\text{h}\\ 98\%}]{\text{Pd(OAc)}_2\,(10\,\text{mol\%}),\ \text{HPMV}\,(10\,\text{mol\%})} \text{（2-苯基苯并呋喃）} \quad (206)
$$

吡啶本身的 C-H 键具有较低的反应活性，因此不易进行直接取代反应生成芳基吡啶。但是，将它们氧化成为氮氧化合物能够显著提高 2-C-H 键的活性。在 Pd(II) 催化下，吡啶 N-氧化物和吡嗪 N-氧化物与未活化芳烃之间的 C-H/C-H 交叉氧化偶联反应可以容易地进行[104]。如式 207 所示：由于吡啶 N-氧化物有两个 2-C-H，通常得到单和双芳基化反应产物的混合物。当增加吡啶环上的空间位阻时，单芳基化反应主要发生在位阻较小的位点上。

$$
\text{（吡啶 N-氧化物）} + \text{PhH} \xrightarrow[\substack{(2.2\ \text{eq.}),\ 130\,^{\circ}\text{C, } 16\,\text{h}\\ 79\%\\ \text{mono-} : \text{di-} = 3:1}]{\text{Pd(OAc)}_2\,(10\,\text{mol\%}),\ \text{Ag}_2\text{CO}_3} \text{（产物 1）} + \text{（产物 2）} \quad (207)
$$

5 金属催化的芳环直接芳基化反应在复杂分子合成中的应用

5.1 Rhazinilam 的全合成[214]

Rhazinilam (4) 被证实具有类似紫杉醇和长春新碱的功效，能够干扰微管蛋白的聚合动力学过程，有望发展成为一类新型抗癌药物[215,216]。因此，Rhazinilam 是一个非常合适的全合成目标化合物[217,218]。

Trauner 等人[214]利用分子内的 C-H 键直接芳基化反应构筑了 Rhazinilam 中扭曲的九元环骨架，完成了 Rhazinilam 的全合成工作。如式 208 所示：它们以容易获得的外消旋内酯化合物 5 为原料，经过几步转化合成 Rhazinilam 的关键中间体 6。经过大量的条件筛选，他们最终采用了 Fagnou 等人[90]报道的 Pd-催化的分子内直接芳基化反应来完成九元环的构建。利用"DavePhos"作为配体，在 8.7 mol% Pd(OAc)₂ 作用下以 47% 的收率获得了扭曲的、九元环的内酰胺化合物 **8**。最后，**8** 再经过水解和脱保护等步骤最终得到目标化合物 Rhazinilam (**4**)。

$$(208)$$

在上述全合成实施中，酰胺化合物 **9** 上氮原子的 MOM 保护基被证明是环化反应成功的关键所在。当使用没有 MOM 保护基的化合物进行环化反应时，完全不能得到目标联芳基产物。MOM 基的存在可能避免了偶联过程中不必要的配合物 **13** 的形成。

5.2 Euchrestifoline 的全合成[219]

Euchrestifoline (**11**) 是 1996 年从中药材山黄皮的叶子中提取出来的一种活性成分 (式 209)[220]。2008 年，Knölker 等人首次实现了 Euchrestifoline 的全合成。他们在逆合成分析中指出：通过溴苯和氨基苯并吡喃 (**16**) 依次发生 Pd-催化的 N-芳基化反应和 Pd-催化的分子内芳环的 C-H/C-H 交叉氧化偶联反应，可以构筑其分子中的四环骨架。在对 **17** 进行催化氧化偶联的同时，其中的烯烃可以经 Wacker 氧化转变成为色胺酮结构。

合成路线如式 209 所示：首先，2-甲基-5-硝基苯酚 (**13**) 在铜盐催化下与炔丙醇三氟甲烷磺酸酯 (**12**) 生成醚 **14**。然后，**14** 经热力学诱导的 [3,3]-σ 迁移重排定量地被转化成为硝基苯并吡喃 **15**。接着，**15** 经硝基的还原得到化合物 **16** 后，再经 Buchwald-Hartwig N-芳基化反应得到关键中间体 **17**。最后，在催化量的 Pd(OAc)$_2$ 的作用下"一锅法"完成了 Wacker 氧化和分子内芳环 C-H/C-H 交叉氧化偶联反应，以 40% 的产率得到环化产物 Euchrestifoline (**11**)。

反应条件：i. Pd(OAc)$_2$ (10 mol%), Cu(OAc)$_2$, (2.5 eq.), aq. HOAc, 90 °C, 5 h, 57%; ii. Pd(OAc)$_2$ (0.1 eq.), Cu(OAc)$_2$ (0.1 eq.), HOAc, 90 °C, 24 h, 44%; iii. (1) LiAlH$_4$, THF, 0~25 °C, 17 h; (2) 2.5% aq. HCl, 60 °C, 1 h, 70%.

5.3 芳烃寡聚物的合成[221]

通过溶液相的化学合成方法来实现富勒烯、碳纳米管以及相关的多碳共轭分子的合成是一种极具诱惑力的方向。最近，Scott 等人成功地完成了最大的碗状聚芳烃化合物 **22** 和 **25** 的合成工作。如式 210 所示：他们以化合物 **20** 为原料，经钯催化的 Suzuki 偶联反应得到中间体 **21**。然后，在微波辐射下，通过钯催化的分子内直接芳基化反应得到 35% 的目标产物 **22**。

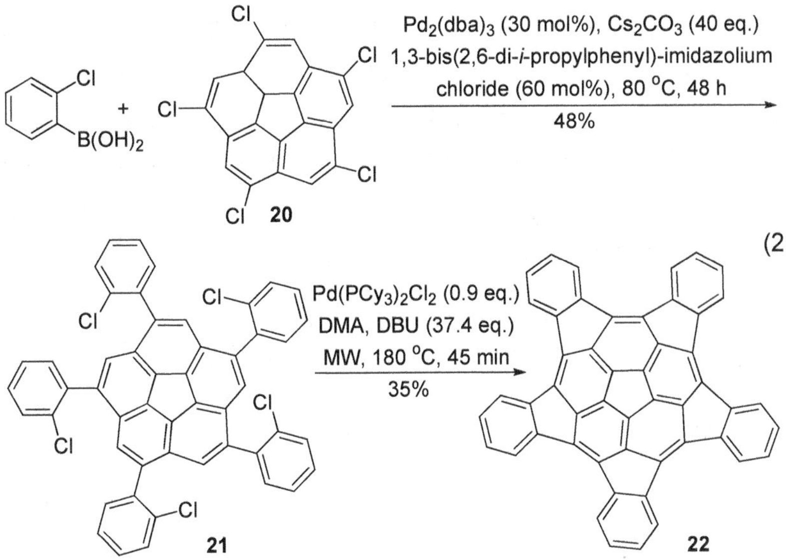

(210)

在类似的反应条件下，以化合物 **23** 为原料得到 13% 的目标产物 **25**（式 211）。

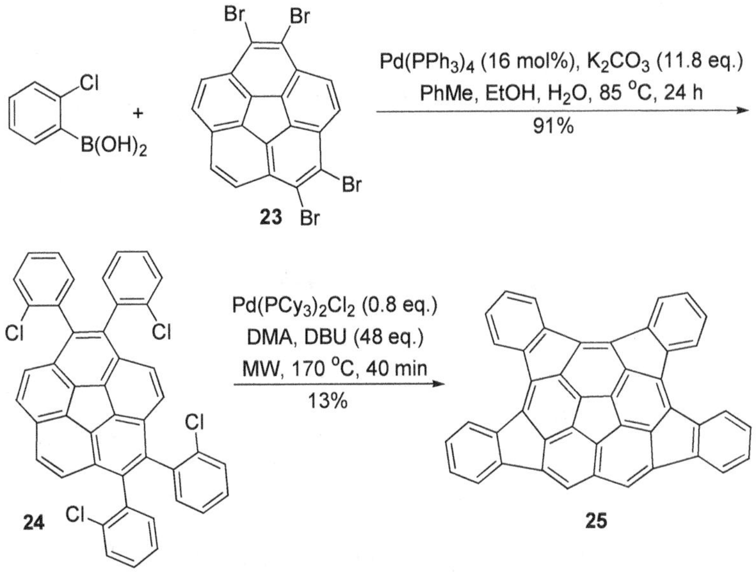

(211)

5.4 4-Deoxycarbazomycin B 的合成[108]

咔唑类化合物广泛存在于自然界中，它们通常具有抗菌、抗病毒或抗癌等性质。由于它们还具有较强的荧光特性，因此也被作为荧光功能材料广泛应用于荧光传感器或有机光电材料等领域[222]。Shi 等人报道：利用乙酰氨基导向的芳环

C-H 键直接芳基化反应可以实现功能化咔唑的合成[108]。式 212 所示：4-Deoxycarbazomycin B 是具有咔唑骨架的天然产物 Carbazomycin B 的前体。首先，他们利用 Pd-催化的乙酰苯胺与苯之间的 C-H/C-H 交叉氧化偶联反应，以 41% 的收率合成了联芳基类化合物 **26**。然后，再通过分子内芳环 C-H 键的直接胺化反应，以 91% 的收率构建了所需的咔唑骨架。最后，通过水解反应成功地得到了 4-Deoxycarbazomycin B。

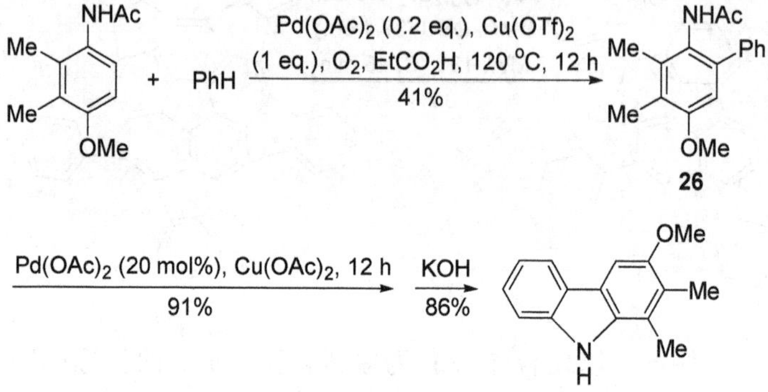

4-Deoxycarbazomycin B (**27**)

(212)

6 金属催化的芳环直接芳基化反应实例

例 一

2,2′,3,3′,5,5′,6,6′-八氟-4,4′-二甲氧基联苯的合成[54]

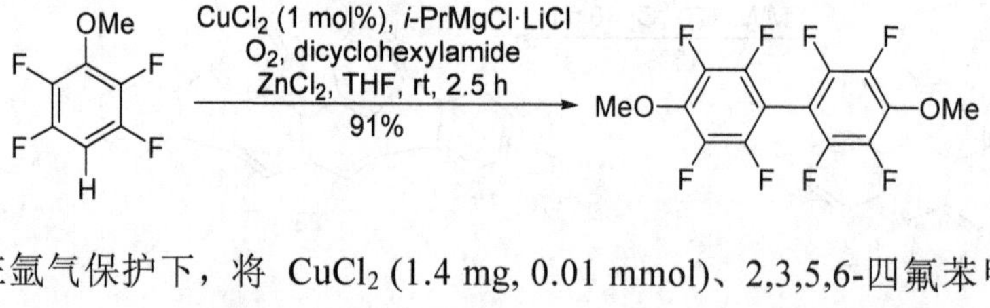

(213)

在氩气保护下，将 $CuCl_2$ (1.4 mg, 0.01 mmol)、2,3,5,6-四氟苯甲醚 (180 mg, 1.0 mmol) 和 $Cy_2NMgCl·LiCl$ (1.3 mL, 1.3 mmol) 加入到反应瓶中。通入干燥的氧气 15 s 后，将反应瓶密闭。在室温下反应 2.5 h 后，加入乙酸乙酯 (50 mL)。所得混合物用饱和食盐水洗涤，水相用乙酸乙酯萃取。合并的有机相经无水 Na_2SO_4 干燥后，减压蒸去溶剂。生成的残留物经硅胶柱色谱 (正己烷-乙酸乙酯，1:0~9:1) 分离纯化得到目标产物 (163 mg, 91 %)，熔点 86~88 °C。

例 二

联苯的合成[43]

$$\text{(214)}$$

在氩气保护下，将碘苯 (0.5 mmol, 1 eq.) 的无水苯 (12.5 mmol, 100 eq.) 溶液加入到含有 Fe(OAc)$_2$ (0.025 mmol, 5 mol%)、4,7-二苯基-1,10-菲啰啉 (0.05 mmol, 10 mol%) 和 t-BuOK (1.0 mmol, 2 eq.) 的反应瓶中。将反应在室温下搅拌 20 min 后，升温至 80 ℃ 继续反应 20 h。然后，将反应体系冷至室温，加入 CH$_2$Cl$_2$-正己烷 (1:1) (2 mL) 稀释反应。反应混合物经硅胶垫过滤，滤饼用 CH$_2$Cl$_2$-正己烷 (1:1) (15 mL) 洗涤。合并的有机相在减压下蒸去溶剂，所得残留物经硅胶柱色谱 (正己烷) 纯化得到白色固体状产物 (75 mg, 89%)，熔点 69~70 ℃。

例 三

10-苯基-1-氮杂菲的合成[180]

$$\text{(215)}$$

在氮气保护下，将 1-氮杂菲 (89 mg, 0.5 mmol, 1 eq.)、[Rh(cod)Cl]$_2$ (12 mg, 0.025 mmol, 5 mol%)、Na$_2$CO$_3$ (106 mg, 1 mmol, 2 eq.)、4A MS (600 mg) 和苯甲酰氯 (105 mg, 0.75 mmol, 1.5 equiv) 的二甲苯 (3 mL) 混合物在 145 ℃ 反应 16 h。然后，将其冷至室温后经硅藻土过滤，滤饼用甲苯 (10 mL) 洗涤。合并的滤液在减压下蒸去溶剂，所得残留物经快速硅胶柱色谱 (石油醚-乙酸乙酯，30:1) 纯化得到白色固体产物 (118.0 mg, 93%)，熔点 91~93 ℃。

例 四

2-苯基吲哚的合成[189]

$$\text{(216)}$$

在氮气保护下，将 [Ph₂I]BF₄ (735.4 mg, 2.0 mmol, 2.0 eq.) 加入到含有吲哚 (117.2 mg, 1.00 mmol, 1.0 eq.) 和 IMesPd(OAc)₂ (26.5 mg, 0.05 mmol, 0.05 eq.) 的乙酸 (10 mL) 溶液中。所得混合物在 25 ℃ 反应 15 h 后，经硅藻土过滤。合并的滤液在减压下蒸去溶剂，所得油状物用二氯甲烷 (50 mL) 溶解。用硫酸氢钠水溶液洗涤和无水硫酸镁干燥后，减压下蒸去溶剂。所得残留物经硅胶柱色谱 (正己烷-乙酸乙酯，96:4) 纯化得到白色固体产物 (155.9 mg, 81%)，熔点 188~189 ℃。

例 五

1,3,7-三甲基-8-(5-甲基噻吩-2-)黄嘌呤的合成[56]

(217)

在氮气保护下，将 2-甲基噻吩 (147.3 mg, 1.5 mmol) 加入到含有 Pd(OAc)₂ (2.8 mg, 0.0125 mmol)、Cu(OAc)₂·H₂O (150 mg, 0.75 mmol)、咖啡因 (97.1 mg, 0.5 mmol) 和吡啶 (39.6 mg, 0.5 mmol) 的 1,4-二氧六环 (0.6 mL) 溶液中。所得混合物在 120 ℃ 反应 20 h 后冷至室温，加入 CH₂Cl₂ 稀释。经硅藻土过滤后，合并的有机相在减压下蒸去溶剂。所得残留物经硅胶柱色谱 (二氯甲烷-丙酮，30:1) 分离纯化得到白色固体产物 (139.4 mg, 96%)，熔点 222~225 ℃。

7　参考文献

[1]　Ullmann, F.; Bielecki, J. *Chem. Ber.* **1901**, *34*, 2174.

[2]　Hassan, J.; Sévignon, M.; Gozzi, C.; Schulz, E.; Lemaire, M. *Chem. Rev.* **2002**, *102*, 1359.

[3]　Ackermann, L. *Modern Arylation Methods*, Wiley-VCH, Weinheim, **2009**.

[4]　Ryabov, A. D. *Chem. Rev.* **1990**, *90*, 403.

[5]　Dyker, G. *Angew. Chem., Int. Ed.* **1999**, *38*, 1698.

[6]　Kleinman, J. P.; Dubeck, M. *J. Am. Chem. Soc.* **1963**, *85*, 1544.

[7]　Bruce, M. I. *Angew. Chem., Int. Ed.* **1977**, *16*, 73.

[8]　Omae, I. *Coord. Chem. Rev.* **1980**, *32*, 235.

[9]　Arlen, C.; Pfeffer, M.; Bars, O.; Grandjean, D. *J. Chem. Soc., Dalton Trans.* **1983**, 1535.

[10]　Lewis, L. N.; Smith, J. F. *J. Am. Chem. Soc.* **1986**, *108*, 2728.

[11]　Ames, D. E.; Bull, D. *Tetrahedron* **1982**, *38*, 383.

[12]　Campeau, L.-C.; Fagnou, K. *Chem. Commun.* **2006**, 1253.

[13] Ritleng, V.; Sirlin, C.; Pfeffer, M. *Chem. Rev.* **2002**, *102*, 1731.

[14] Corbet, J.-P.; Mignani, G. *Chem. Rev.* **2006**, *106*, 2651.

[15] Kakiuchi, F.; Chatani, N. *Adv. Synth. Catal.* **2003**, *345*, 1077.

[16] Echavarren, A. M.; Gómez-Lor, B.; González, J. J.; de Frutos, Ó. *Synlett* **2003**, *5*, 585.

[17] Alberico, D.; Scott, M. E.; Lautens, M. *Chem. Rev.* **2007**, *107*, 174.

[18] Fairlamb, I. J. S. *Annu. Rep. Prog. Chem., Sect. B* **2007**, *103*, 68.

[19] Bellina, F.; Rossi, R. *Tetrahedron* **2009**, *65*, 10269.

[20] Chen, X.; Engle, K. M.; Wang, D.-H.; Yu, J.-Q. *Angew. Chem., Int. Ed.* **2009**, *48*, 5094.

[21] Ackermann, L.; Vicente, R.; KaPdi, A. R. *Angew. Chem., Int. Ed.* **2009**, *48*, 9792.

[22] McGlacken, G. P.; Bateman, L. M. *Chem. Soc. Rev.* **2009**, *38*, 2447.

[23] Ashenhurst, J. A. *Chem. Soc. Rev.* **2010**, *39*, 540.

[24] Colby, D. A.; Bergman, R. G.; Ellman, J. A. *Chem. Rev.* **2010**, *110*, 624.

[25] Sehnal, P.; Taylor, R. J. K.; Fairlamb, I. J. S. *Chem. Rev.* **2010**, *110*, 824.

[26] Xu, L.-M.; Li, B.-J.; Yang, Z.; Shi, Z.-J. *Chem. Soc. Rev.* **2010**, *39*, 712.

[27] Campeau, L.-C.; Parisien, M.; Jean, A.; Fagnou, K. *J. Am. Chem. Soc.* **2006,** *128*, 581.

[28] García-Cuadrado, D.; Braga, A. A. C.; Maseras, F.; Echavarren, A. M. *J. Am. Chem. Soc.* **2006**, *128*, 1066.

[29] Campeau, L.-C.; Stuart D. R.; Fagnou, K. *Aldrichim. Acta* **2007**, *40*, 35.

[30] Pinto, A.; Neuville, L.; Retailleau, P.; Zhu, J. *Org. Lett.* **2006**, *8*, 4927.

[31] Mota, A. J.; Dedieu, A.; Bour, C.; Suffert, J. *J. Am. Chem. Soc.* **2005**, *127*, 7171.

[32] Hughes, C. C.; Trauner, D. *Angew. Chem., Int. Ed.* **2002**, *41*, 1569.

[33] Hennings, D. D.; Iwasa, S.; Rawal, V. H. *J. Org. Chem.* **1997**, *62*, 2.

[34] Satoh, T.; Kawamura, Y.; Miura, M.; Nomura, M. *Angew. Chem., Int. Ed.* **1997**, *36*, 1740.

[35] Yang, S. D.; Li, B. J.; Wan, X. B.; Shi, Z. J. *J. Am. Chem. Soc.* **2007**, *129*, 6066.

[36] Bedford, R. B.; Coles, S. J.; Hursthouse, M. B.; Limmert, M. E. *Angew. Chem., Int. Ed.* **2003**, *42*, 112.

[37] Bedford, R. B.; Limmert, M. E. *J. Org. Chem.* **2003**, *68*, 8669.

[38] Oi, S.; Ogino, Y.; Fukita, S.; Inoue, Y. *Org. Lett.* **2002**, *4*, 1783.

[39] Oi, S.; Aizawa, E.; Ogino, Y.; Inoue, Y. *J. Org. Chem.* **2005**, *70*, 3113.

[40] Phipps, R. J.; Gaunt, M. J. *Science* **2009**, *323*, 1593.

[41] Lafrance, M.; Fagnou, K. *J. Am. Chem. Soc.* **2006**, *128*, 16496.

[42] Do, H.-Q.; Daugulis, O. *J. Am. Chem. Soc.* **2008**, *130*, 1128.

[43] Vallée, F.; Mousseau, J. J.; Charette, A. B. *J. Am. Chem. Soc.* **2010**, *132*, 1514.

[44] Sánchez, R. S.; Zhuravlev, F. A. *J. Am. Chem. Soc.* **2007**, *129*, 5824.

[45] Gorelsky, S. I.; Lapointe, D.; Fagnou, K. *J. Am. Chem. Soc.* **2008**, *130*, 10848.

[46] Lane, B. S.; Brown, M. A.; Sames, D. *J. Am. Chem. Soc.* **2005**, *127*, 8050.

[47] Wang, X.; Lane, B. S.; Sames, D. *J. Am. Chem. Soc.* **2005**, *127*, 4996.

[48] Lewis, J. C.; Berman, A. M.; Bergman, R. G.; Ellman, J. A. *J. Am. Chem. Soc.* **2008**, *130*, 2493.

[49] Lewis, J. C.; Wu, J. Y.; Bergman, R. G.; Ellman, J. A. *Angew. Chem., Int. Ed.* **2006**, *45*, 1589.

[50] Storr, T. E.; Baumann, C. G.; Thatcher, R. J.; Ornellas, S. D.; Whitwood, A. C.; Fairlamb, I. J. S. *J. Org. Chem.* **2009**, *74*, 5810.

[51] Whiting, D. A. in *Comprehensive Organic Synthesis*, Ed. Trost, B.; Fleming, I.; Pattenden, G. *Pergamon, Oxford.* **1991**, *3*, 659-703.

[52] Stanforth, S. P. *Tetrahedron* **1998**, *54*, 263.

[53] Hull, K. L.; Lanni, E. L.; Sanford, M. S. *J. Am. Chem. Soc.* **2006**, *128*, 14047.

[54] Do, H.-Q.; Daugulis, O. *J. Am. Chem. Soc.* **2009**, *131*, 17052.

[55] Stuart, D. R.; Fagnou, K. *Science* **2007**, *316*, 1172.

[56] Xi, P.; Yang, F.; Qin, S.; Zhao, D.; Lan, J.; Gao, G.; Hu, C.; You, J. *J. Am. Chem. Soc.* **2010**, *132*,

1822.

[57] Ames, D. E.; Opalko, A. *Synthesis* **1983**, 234.

[58] Miura, M.; Satoh T. in *Modern Arylation Methods* (Ed. L. Ackermann), Wiley-VCH, Weinheim, **2009**, 335.

[59] Wang, X.; Girbkov, D.V.; Sames, D. *J. Org. Chem.* **2007**, *72*, 1476.

[60] Cornella, J.; Lu, P.; Larrosa, I. *Org. Lett.* **2009**, *11*, 5506.

[61] Takahashi, M.; Masui, K.; Sekiguchi, H.; Kobayashi, N.; Mori, A.; Funahashi, M.; Tamaoki, N. *J. Am. Chem. Soc.* **2006**, *128*, 10930.

[62] Mukhopadhyay, S.; Rothenberg, G.; Gitis, D.; Baidossi, M.; Ponde, D. E.; Sasson, Y. *J. Chem. Soc. Perkin Trans. 2* **2000**, 1809.

[63] Parisien, M.; Valette, D; Fangou, K. *J. Org. Chem.* **2005**, *70*, 7578.

[64] Akita, Y.; Itagaki, Y.; Takizawa, S.; Ohta, A. *Chem. Pharm. Bull.* **1989**, *37*, 1477.

[65] Ohta, A.; Akita, Y.; Ohkuwa, T.; Chiba, M.; Fukunaga, R.; Miyafuji, A.; Nakata, T.; Tani, N.; Aoyagi, Y. *Heterocycles* **1990**, *31*, 1951.

[66] Kozikowski, A. P.; Ma, D. *Tetrahedron Lett.* **1991**, *32*, 3317.

[67] Kozikowski, A. P.; Ma, D.; Brewer, J.; Sun, S.; Costa, E.; Romeo, E.; Guidotti, A. *J. Med. Chem.* **1993**, *36*, 2908.

[68] Park, C.-H.; Ryabova, V.; Seregin, I. V.; Sromek, A.W.; Gevorgyan, V. *Org. Lett.* **2004**, *6*, 1159.

[69] Kobayashi, K.; Sugie, A.; Takahashi, M.; Masui, K.; Mori, A. *Org. Lett.* **2005**, *7*, 5083.

[70] Kim, D.; Petersen, J. L.; Wang, K. K. *Org. Lett.* **2006**, *8*, 2313.

[71] Wang, L.; Shevlin, P. B. *Org. Lett.* **2000**, *2*, 3703.

[72] Cuny, G.; Bois-Choussy, C. M.; Zhu, J. *Angew. Chem., Int. Ed.* **2003**, *42*, 4774.

[73] Gerfaud, T.; Neuville, L.; Zhu, J. *Angew. Chem., Int. Ed.* **2009**, *48*, 572.

[74] Lane, B. S.; Sames, D. *Org. Lett.* **2004**, *6*, 2897.

[75] Pivsa-Art, S.; Satoh, T.; Kawamura, Y.; Miura, M.; Nomura, M. *Bull. Chem. Soc. Jpn.* **1998**, *71*, 467.

[76] Ren, H.; Li, Z.; Knochel, P. *Chem. Asian J.* **2007**, *2*, 416.

[77] McClure, M. S.; Glover, B.; McSorley, E.; Millar, A.; Osterhout, M. H.; Roschanger, F. *Org. Lett.* **2001**, *3*, 1677.

[78] Miura, M.; Pivsa-Art, S.; Dyker, G.; Heiermann, J.; Satoh, T.; Nomura, M. *Chem. Commun.* **1998**, 1889.

[79] Dyker, G.; Heiermann, J.; Miura, M.; Inoh, J.-I.; Pivsa-Art, S.; Satoh, T.; Nomura, M. *Chem. Eur. J.* **2000**, *6*, 3426.

[80] Campeau, L.-C.; Rousseaux, S; Fagnou, K. *J. Am. Chem. Soc.* **2005**, *127*, 18020.

[81] Leclerc, J.-P.; Fagnou, K. *Angew. Chem., Int. Ed.* **2006**, *45*, 7781.

[82] Lafrance, M.; Rowley, C. N.; Woo, T. K.; Fagnou, K. *J. Am. Chem. Soc.* **2006**, *128*, 8754.

[83] Chiong, H. A.; Daugulis, O. *Org. Lett.* **2007**, *9*, 1449.

[84] Ackermann, L.; Althammer, A.; Fenner, S. *Angew. Chem., Int. Ed.* **2009**, *48*, 201.

[85] Voutchkova, A.; Coplin, A.; Leadbeater, N. E.; Crabtree, R. H. *Chem. Commun.* **2008**, 6312.

[86] Yokooji, A.; Satoh, T.; Miura, M.; Nomura, M. *Tetrahedron* **2004**, *60*, 6757.

[87] Lafrance, M.; Shore, D.; Fagnou, K. *Org. Lett.* **2006**, *8*, 5097.

[88] Laleu, B.; Lautens, M. *J. Org. Chem.* **2008**, *73*, 9164.

[89] Ackermann, L.; Barfüßer, S. *Synlett* **2009**, 808.

[90] Campeau, L.-C.; Parisien, M.; Fagnou, K. *J. Am. Chem. Soc.* **2004**, *126*, 9186.

[91] Herrmann, W. A. *Angew. Chem., Int. Ed.* **2002**, *41*, 1290.

[92] Hoarau, C.; de Kerdaniel, A. D. F.; Bracq, N.; Grandclaudon, P.; Couture, A.; Marsais, F. *Tetrahedron Lett.* **2005**, *46*, 8573.

[93] Campeau, L.-C.; Thansandote, P.; Fagnou, K. *Org. Lett.* **2005**, *7*, 1857.

[94]   Huestis, M. P.; Fagnou, K. *Org. Lett.* **2009**, *11*, 1357.

[95]   Lebrasseur, N.; Larrosa, I. *J. Am. Chem. Soc.* **2008**, *130*, 2926.

[96]   Zhao, X.; Yeung, C. S.; Dong, V. M. *J. Am. Chem. Soc.* **2010**, *132*, 5837.

[97]   Xiao, B.; Fu, Y.; Xu, J.; Gong, T.-J.; Dai, J.-J ; Yi, J.; Liu, L. *J. Am. Chem. Soc.* **2010**, *132*, 468.

[98]   Stuart, D. R.; Villemure, E.; Fagnou, K. *J. Am. Chem. Soc.* **2007**, *129*, 12072.

[99]   Chabert, J. F. D.; Joucla, L.; David, E.; Lemaire, M. *Tetrahedron* **2004**, *60*, 3221.

[100]   Shi, Z. J.; Li, B. J.; Wan, X. B.; Cheng, J.; Fang, Z.; Cao, B.; Qin, C. M.; Wang, Y. *Angew. Chem., Int. Ed.* **2007**, *46*, 5554.

[101]   Mariampillai, B.; Alliot, J.; Li, M.; Lautens, M. *J. Am. Chem. Soc.* **2007**, *129*, 15372.

[102]   Rieth, R. D.; Mankad, N. P.; Calimano, E.; Sadighi, J. P. *Org. Lett.* **2004**, *6*, 3981.

[103]   Bellina, F.; Cauteruccio, S.; Mannina, L.; Rossi, R.; Viel, S. *Eur. J. Org. Chem.* **2006**, 693.

[104]   Cho, S. H.; Hwang, S. J.; Chang, S. *J. Am. Chem. Soc.* **2008**, *130*, 9254.

[105]   Kawai, H.; Kobayashi, Y.; Oi, S.; Inoue, Y. *Chem. Commun.* **2008**, 1464.

[106]   Li, R.; Jiang, L.; Lu, W. *Organometallics* **2006**, *25*, 5973.

[107]   Nishikata, T.; Abela, A. R.; Huang, S.; Lipshutz, B. H. *J. Am. Chem. Soc.* **2010**, *132*, 4978.

[108]   Li, B.-J.; Tian, S.-L.; Fang, Z.; Shi, Z.-J. *Angew. Chem., Int. Ed.* **2008**, *47*, 1115.

[109]   Dwight, T. A.; Rue, N. R.; Charyk, D.; Josselyn, R.; DeBoef, B. *Org. Lett.* **2007**, *9*, 3137.

[110]   Wang, D.-H.; Mei, T.-S.; Yu, J.-Q. *J. Am. Chem. Soc.* **2008**, *130*, 17676.

[111]   Brasche, G.; García-Fortanet, J.; Buchwald, S. L. *Org. Lett.* **2008**, *10*, 2207.

[112]   Yang, S.-D.; Sun, C.-L.; Fang, Z.; Li, B.-J.; Li, Y.-Z.; Shi, Z.-J. *Angew. Chem., Int. Ed.* **2008**, *47*, 1473.

[113]   Oi, S.; Fukita, S.; Inoue, Y. *Chem. Commun.* **1998**, 2439.

[114]   Lewis, J. C.; Wiedemann, S. H.; Bergman, R. G.; Ellman, J. A. *Org. Lett.* **2004**, *6*, 35.

[115]   Ueura, K.; Satoh, T.; Miura, M. *Org. Lett.* **2005**, *7*, 2229.

[116]   Vogler, T.; Studer, A. *Org. Lett.* **2008**, *10*, 129.

[117]   Berman, A. M.; Lewis, J. C.; Bergman, R. G.; Ellman, J. A. *J. Am. Chem. Soc.* **2008**, *130*, 14926.

[118]   Oi, S.; Fukita, S.; Hirata, N.; Watanuki, N.; Miyano, S.; Inoue, Y. *Org. Lett.* **2001**, *3*, 2579.

[119]   Oi, S.; Sato, H.; Sugawara, S.; Inoue, Y. *Org. Lett.* **2008**, *10*, 1823.

[120]   Ackermann, L. *Org. Lett.* **2005**, *7*, 3123.

[121]   Kakiuchi, F.; Kan, S.; Igi, K.; Chatani, N.; Murai, S. *J. Am. Chem. Soc.* **2003**, *125*, 1698.

[122]   Kakiuchi, F.; Matsuura, Y.; Kan, S.; Chatani, N. *J. Am. Chem. Soc.* **2005**, *127*, 5936.

[123]   Deng, G.; Zhao, L.; Li, C.-J. *Angew. Chem., Int. Ed.* **2008**, *47*, 6278.

[124]   Kobayashi, O.; Uraguchi, D.; Yamakawa, T. *Org. Lett.*, **2009**, *11*, 2679.

[125]   Cavinet, J.; Yamaguchi, J.; Ban, I.; Itami, K. *Org. Lett.* **2009**, *11*, 1733.

[126]   Hachiya, H.; Hirano, K.; Satoh, T.; Miura, M. *Org. Lett.* **2009**, *11*, 1737.

[127]   Fujita, K.-I.; Nonogawa, M.; Yamaguchi, R. *Chem. Commun.* **2004**, 1926.

[128]   Join, B.; Yamamoto, T.; Itami, K. *Angew. Chem., Int. Ed.* **2009**, *48*, 3644.

[129]   Do, H.-Q.; Daugulis, O. *J. Am. Chem. Soc.* **2007**, *129*, 12404.

[130]   Phipps, R. J.; Grimster, N. P.; Gaunt, M. J. *J. Am. Chem. Soc.* **2008**, *130*, 8172.

[131]   Li, Y.; Jin, J.; Qian, W.; Bao, W. *Org. Biomol. Chem.*, **2010**, *8*, 326.

[132]   Monguchi, D.; Yamamura, A.; Fujiwara, T.; Somete, T.; Mori, A. *Tetrahedron Lett.* **2010**, *51*, 850.

[133]   Norinder, J.; Matsumoto, A.; Yoshikai, N.; Nakamura, E. *J. Am. Chem. Soc.* **2008**, *130*, 5858.

[134]   Yoshikai, N.; Matsumoto, A.; Norinder, J.; Nakamura, E. *Angew. Chem., Int. Ed.* **2009**, *48*, 2925.

[135]   Wen, J.; Zhang, J.; Chen, S. Y.; Li, J. ; Yu, X. Q. *Angew. Chem., Int. Ed.* **2008**, *47*, 8897.

[136]   Liu, W.; Cao, H.; Lei, A. W. *Angew. Chem., Int. Ed.* **2010**, *49*, 2004.

[137]   Mori, A.; Sekiguchi, A.; Masui, K.; Shimada, T.; Horie, M.; Osakada, K.; Kawamoto, M.; Ikeda, T. *J. Am. Chem. Soc.* **2003**, *125*, 1700.

[138]   Bellina, F.; Cauteruccio, S.; Rossi, R. *Eur. J. Org. Chem.* **2006**, 1379.

[139]   Čerňa, I.; Pohl, R.; Klepetářová, B.; Hocek, M. *Org. Lett.* **2006**, *8*, 5389.

[140] Cerna, I.; Pohl, R.; Hocek, M. *Chem. Commun.* **2007**, 4729.

[141] Storr, T. E.; Firth, A. G.; Wilson, K.; Darley, K.; Baumann, C. G.; Fairlamb, I. J. S. *Tetrahedron* **2008**, *64*, 6125.

[142] Huang, J.; Chan, J.; Chen, Y.; Borths, C. J.; Baucom, K. D.; Larsen, R. D.; Faul, M. M. *J. Am. Chem. Soc.* **2010**, *132*, 3674.

[143] Ames, D. E.; Opalko, A. *Tetrahedron* **1984**, *40*, 1919.

[144] Hernaindez, S.; SanMartin, R.; Tellitu, I.; Domínguez, E. *Org. Lett.* **2003**, *5*, 1095.

[145] Campo, M. A.; Huang, Q.; Yao, T.; Tian, Q.; Larock, R. C. *J. Am. Chem. Soc.* **2003**, *125*, 11506.

[146] Campo, M. A.; Larock, R. C. *J. Am. Chem. Soc.* **2002**, *124*, 14326.

[147] Arai, N.; Takahashi, M.; Mitani, M.; Mori, A. *Synlett* **2006**, 3170.

[148] Desarbre, E.; Mérour, J.-Y. *Heterocycles* **1995**, *41*, 1987.

[149] Lee, H. S.; Kim, S. H.; Kim, T. H.; Kim, J. N. *Tetrahedron Lett.* **2008**, *49*, 1773.

[150] Lee, H. S.; Kim, S. H.; Gowrisankar, S.; Kim, J. N. *Tetrahedron* **2008**, *64*, 7183.

[151] Beccalli, E. M.; Broggini, G.; Martinelli, M.; Paladino, G.; Rossi, E. *Synthesis* **2006**, 2404.

[152] Routier, S.; Mérour, J.-Y.; Dias, N.; Lansiaux, A.; Bailly, C.; Lozach, O.; Meijer, L. *J. Med. Chem.* **2006**, *49*, 789.

[153] Shimizu, M.; Mochida, K.; Hiyama, T. *Angew. Chem., Int. Ed.* **2008**, *47*, 9760.

[154] Martins, A.; Alberico, D.; Lautens, M. *Org. Lett.* **2006**, *8*, 4827.

[155] Martins, A.; Lautens, M. *J. Org. Chem.* **2008**, *73*, 8705.

[156] de Figueiredo, R. M.; Thoret, S.; Huet, C.; Dubois, J. *Synthesis* **2007**, 529.

[157] Gracias, V.; Gasiecki, A. F.; Pagano, T. G.; Djuric, S.W. *Tetrahedron Lett.* **2006**, *47*, 8873.

[158] Hostyn, S.; Van Baelen, G.; Lemière, G. L. F.; Maes, B. U. W. *Adv. Synth. Catal.* **2008**, *350*, 2653.

[159] Hostyn, S.; Maes, B. U. W.; Van Baelen, G.; Gulevskaya, A.; Meyers, C.; Smits, K. *Tetrahedron* **2006**, *62*, 4676.

[160] Van Baelen, G.; Meyers, C.; Lemière, G. L. F.; Hostyn, S.; Dommisse, R.; Maes, L.; Augustyns, K.; Haemers, A.; Pieters, L.; Maes, B. U. W. *Tetrahedron* **2008**, *64*, 11802.

[161] Basolo, L.; Beccalli, E. M.; Borsini, E.; Broggini, G. *Tetrahedron* **2009**, *65*, 3486.

[162] Majumdar, K. C.; Sinha, B.; Maji, P. K.; Chattopadhyay, S. K. *Tetrahedron* **2009**, *65*, 2751.

[163] Kawamura, Y.; Satoh, T.; Miura, M.; Nomura, M. *Chem. Lett.* **1998**, 931.

[164] Kawamura, Y.; Satoh, T.; Miura, M.; Nomura, M. *Chem. Lett.* **1999**, 961.

[165] Oi, S.; Watanabe, S.-I.; Fukita, S.; Inoue, Y. *Tetrahedron Lett.* **2003**, *44*, 8665.

[166] Terao, Y.; Wakui, H.; Satoh, T.; Miura, M.; Nomura, M. *J. Am. Chem. Soc.* **2001**, *123*, 10407.

[167] Terao, Y.; Wakui, H.; Nomoto, M.; Satoh, T.; Miura, M.; Nomura, M. *J. Org. Chem.* **2003**, *68*, 5236.

[168] Terao, Y.; Nomoto, M.; Satoh, T.; Miura, M.; Nomura, M. *J. Org. Chem.* **2004**, *69*, 6942.

[169] Wakui, H.; Kawasaki, S.; Satoh, T.; Miura, M.; Nomura, M. *J. Am. Chem. Soc.* **2004**, *126*, 8658.

[170] Satoh, T.; Kametani, Y.; Terao, Y.; Miura, M.; Nomura, M. *Tetrahedron Lett.* **1999**, *40*, 5345.

[171] Satoh, T.; Miura, M.; Nomura, M. *J. Organomet. Chem.* **2002**, *653*, 161.

[172] Terao, Y.; Kametani, Y.; Wakui, H.; Satoh, T.; Miura, M.; Nomura, M. *Tetrahedron* **2001**, *57*, 5967.

[173] Kametani, Y.; Satoh, T.; Miura, M.; Nomura, M. *Tetrahedron Lett.* **2000**, *41*, 2655.

[174] Kalyani, D.; Deprez, N. R.; Desai, L. V.; Sanford, M. S. *J. Am. Chem. Soc.* **2005**, *127*, 7330.

[175] Lazareva, A.; Daugulis, O. *Org. Lett.* **2006**, *8*, 5211.

[176] Shabashov, D.; Daugulis, O. *J. Org. Chem.* **2007**, *72*, 7720.

[177] Daugulis, O.; Zaitsev, V. G. *Angew. Chem., Int. Ed.* **2005**, *44*, 4046.

[178] Shabashov, D.; Daugulis, O. *Org. Lett.* **2005**, *7*, 3657.

[179] Ackermann, L.; Althammer, A.; Born, R. *Angew. Chem., Int. Ed.* **2006**, *45*, 2619.

[180] Zhao, X.; Yu, Z. *J. Am. Chem. Soc.* **2008**, *130*, 8136.

[181] Dyker, G. *Angew. Chem., Int. Ed.* **1992**, *31*, 1023.

[182] Dyker, G. *J. Org. Chem.* **1993**, *58*, 6426.

[183] Dyker, G. *Chem. Ber.* **1994**, *127*, 739.

[184] Dyker, G.; Kellner, A. *J. Organomet. Chem.* **1998**, *555*, 141.

[185] Dyker, G. *Angew. Chem., Int. Ed.* **1994**, *33*, 103.

[186] Kataoka, N.; Shelby, Q.; Stambuli, J. P.; Hartwig, J. F. *J. Org. Chem.* **2002**, *67*, 5553.

[187] Dyker, G.; Borowski, S.; Heiermann, J.; Körning, J.; Opwis, K.; Henkel, G.; Köckerling, M. *J. Organomet. Chem.* **2000**, *606*, 108.

[188] Proch, S.; Kempe, R. *Angew. Chem., Int. Ed.* **2007**, *46*, 3135.

[189] Deprez, N. R.; Kalyani, D.; Krause, A.; Sanford, M. S. *J. Am. Chem. Soc.* **2006**, *128*, 4972.

[190] Gottumukkala, A. L.; Doucet, H. *Adv. Synth. Catal.* **2008**, *350*, 2183.

[191] Yanagisawa, S.; Sudo, T.; Noyori, R.; Itami, K. *J. Am. Chem. Soc.* **2006**, *128*, 11748.

[192] Fournier Dit Chabert, J.; Chatelain, G.; Pellet-Rostaing, S.; Bouchu, D.; Lemaire, M. *Tetrahedron Lett.* **2006**, *47*, 1015.

[193] Ohnmacht, S. A.; Mamone, P.; Culshaw, A. J.; Greaney, M. F. *Chem. Commun.* **2008**, 1241.

[194] Flegeau, E. F.; Popkin, M. E.; Greaney, M. F. *Org. Lett.* **2008**, *10*, 2717.

[195] Zhuravlev, F. A. *Tetrahedron Lett.* **2006**, *47*, 2929.

[196] Shikuma, J.; Mori, A.; Masui, K.; Matsuura, R.; Sekiguchi, A.; Ikegami, H.; Kawamoto, M.; Ikeda, T. *Chem. Asian J.* **2007**, *2*, 301.

[197] Campeau, L.-C.; Bertrand-Laperle, M.; Leclerc, J.-P.; Villemure, E.; Gorelsky, S.; Fagnou, K. *J. Am. Chem. Soc.* **2008**, *130*, 3276.

[198] Miyaoku, T.; Mori, A. *Heterocycles* **2009**, *77*, 151.

[199] Bellina, F.; Cauteruccio, S.; Di Fiore, A.; Marchetti, C.; Rossi, R. *Tetrahedron* **2008**, *64*, 6060.

[200] Yoshizumi, T.; Tsurugi, H.; Satoh, T.; Miura, M. *Tetrahedron Lett.* **2008**, *49*, 1598.

[201] Cameron, M.; Foster, B. S.; Lynch, J. E.; Shi, Y.-J.; Dolling, U.-H. *Org. Proc. Res. Dev.* **2006**, *10*, 398.

[202] Zhao, D.; Wang, W.; Yang, F.; Lan, J.; Yang, L.; Gao, G.; You, J. *Angew. Chem., Int. Ed.* **2009**, *48*, 3296.

[203] Campeau, L.-C.; Stuart, D. R.; Leclerc, J.-P.; Bertand-Laperle, M.; Villemure, E.; Sun, H.-Y.; Lasserre, S.; Guimond, N.; Lecavallier, M.; Fagnou, K. *J. Am. Chem. Soc.* **2009**, *131*, 3291.

[204] Campeau, L.-C.; Schipper, D. J.; Fagnou, K. *J. Am. Chem. Soc.* **2008**, *130*, 3266.

[205] Larivée, A.; Mousseau, J. J.; Charette, A. B. *J. Am. Chem. Soc.* **2008**, *130*, 52.

[206] Do, H.-Q.; Khan, R. M. K.; Daugulis, O. *J. Am. Chem. Soc.* **2008**, *130*, 15185.

[207] Li, M.; Hua, R. *Tetrahedron Lett.* **2009**, *50*, 1478.

[208] Mukhopadhyay, S.; Rothenberg, G.; Lando, G.; Agbaria, K.; Kazanci, M.; Sasson, Y. *Adv. Synth. Catal.* **2001**, *343*, 455.

[209] Masui, K.; Ikegami, H.; Mori, A. *J. Am. Chem. Soc.* **2004**, *126*, 5074.

[210] Liang, Z.; Zhao, J.; Zhang, Y. *J. Org. Chem.* **2010**, *75*, 170.

[211] Xia, J.-B.; Wang, X.-Q.; You, S.-L. *J. Org. Chem.* **2009**, *74*, 456.

[212] Hull, K. L.; Sanford, M. S. *J. Am. Chem. Soc.* **2007**, *129*, 11904.

[213] Itahara, T. *J. Org. Chem.* **1985**, *50*, 5272.

[214] Bowie, A. L., Jr.; Hughes, C. C.; Trauner, D. *Org. Lett.* **2005**, *7*, 5207.

[215] Linde, H. H. A. *Helv. Chim. Acta* **1965**, *48*, 1822.

[216] Abraham, D. J.; Rosenstein, R. D.; Lyon, R. L.; Fong, H. H. S. *Tetrahedron Lett.* **1972**, *13*, 909.

[217] Ratcliffe, A. H.; Smith, G. F.; Smith, G. N. *Tetrahedron Lett.* **1973**, *14*, 5179.

[218] Johnson, J. A.; Li, N.; Sames, D. *J. Am. Chem. Soc.* **2002**, *124*, 6900.

[219] Gruner, K. K.; Knöker, H. *J. Org. Biomol. Chem.* **2008**, *6*, 3902.

[220] Wu, T.-S.; Wang, M.-L.; Wu, P.-L. *Phytochemistry* **1996**, *43*, 785.

[221] Jackson, E. A.; Steinberg, B. D.; Bancu, M.; Wakamiya, A.; Scott, L. T. *J. Am. Chem. Soc.* **2007**, *129*, 484.

[222] Knölker, H.-J.; Reddy, K. R. *Chem. Rev.* **2002**, *102*, 4303.

金属催化的氧化偶联反应
(Metal-Catalyzed Oxidative Coupling Reaction)

杨帆　崔秀灵[*]

1　氧化偶联反应简述

氧化偶联反应在医药、农药、化工和材料等有机化合物的合成中发挥着日益重要的作用。其中，有关 C-H 键 (包括：sp、sp^2 和 sp^3 杂化的 C-H 键) 的官能化反应在有机合成化学中是最具基础性、简便性、可靠性和应用普适性的一种化学转化类型。近年来，这些化学转化受到了广泛的关注，已成为有机化学领域的一个研究热点。

过渡金属催化氧化偶联反应可以追溯到 1869 年，Glaser 利用末端炔烃的自身氧化偶联反应制备共轭二炔烃。如式 1 所示：将末端炔烃在氨水和乙醇的混合溶剂中经铜盐 (CuCl) 处理，即可顺利地得到 1,3-二炔产物。现在，在空气存在下铜盐催化的末端炔烃的自身氧化偶联反应被称之为 Glaser 反应[1,2]。通过对 Glaser 反应的不断改进，钯、钯-铜催化剂和其它金属催化剂均可用于该目的。可以认为：末端炔烃自身偶联反应是生成 $C_{(sp)}$-$C_{(sp)}$ 键的最简便的途径之一。

$$\text{Ph}\!\!\equiv\!\! \xrightarrow{\text{CuCl, NH}_4\text{OH, EtOH}} \text{Ph}\!\!\equiv\!\!\text{—Cu} \xrightarrow{\text{O}_2} \text{Ph}\!\!\equiv\!\!\equiv\!\!\text{—Ph} \qquad (1)$$

末端炔烃与其它试剂 (一般是金属试剂以及含 O- 或 N-原子的路易斯碱试剂) 的氧化偶联反应也得到了迅速发展。例如：末端炔烃与芳基硼酸、胺类化合物、有机锌和有机硅试剂的反应等，由此开发出了合成含有 $C_{(sp)}$-C、$C_{(sp)}$-N 和 $C_{(sp)}$-O 键化合物的简便方法。

芳香化合物是很多药物分子和生物活性天然产物的重要特征骨架。最近，由 $C_{(sp2)}$-H 的官能化反应生成 $C_{(sp2)}$-C、$C_{(sp2)}$-N 和 $C_{(sp2)}$-O 键的报道层出不穷地涌现出来。与此同时，有关 $C_{(sp3)}$-H 键的官能化反应也有一定的进展，出现了一些简便活化 $C_{(sp3)}$-H 键的有效催化体系。但是，一般反应条件较为苛刻，实际操作较为困难，还需要发展更为简便有效的手段。

1.1　氧化偶联反应定义

在经典的偶联反应 (Suzuki[3~6]、Sonogashira[7~10]、Stille[11~16]、Kumada[17~20]、Negishi[21~25]和 Hiyama[26~29]反应) 中，主要是使用有机金属试剂 [RB(OH)$_2$、RC≡CCu、RSnMe$_3$、RMgX、RZnX 和 RSiMe$_3$ 反应] 与卤代烃之间发生的偶联反应 (式 2)。而卤代烃则需要制备，增加了反应步骤和实验流程。

$$R\text{-}M \quad + \quad R'\text{-}X \xrightarrow{\text{Catalyst}} R\text{-}R' \qquad\qquad (2)$$

氧化偶联反应是指反应物中碳原子由低价态转化为高价态的一类氧化反应，例如：C-H、C-M (M 为金属) 键转化为 C-X (X = C、N、O) 键或 C-C 键转化为 C-杂原子键等 (式 3 和式 4)。从本质上讲，这类反应是两个亲核试剂 (一般是有机金属试剂以及路易斯碱试剂) 之间的偶联反应。这类氧化偶联反应必须有氧化剂的参与才能顺利进行，明显不同于传统的亲核试剂与亲电试剂 (一般为烯、炔或芳基的卤化物) 之间的偶联反应。因为传统的偶联反应本质上仅是一种简单的亲核取代反应，并不涉及电子得失。

$$R\text{-}M(H) \quad + \quad R'\text{-}M'(H) \xrightarrow{\text{Cat., [O]}} R\text{-}R' \qquad\qquad (3)$$

M, M' = metal, B, Si, As, *etc.*

$$R\text{-}M(H) \quad + \quad R'\text{-}XH \xrightarrow{\text{Cat., [O]}} R\diagup^{X}\diagdown R' \qquad\qquad (4)$$

M, M' = metal, B, Si, As, *etc*; X = O, S, NH

1.2　氧化偶联反应机理和特点

氧化偶联反应是在氧化剂存在下直接将两个亲核试剂 (nucleophile) 进行偶联，能够对烯、炔和芳烃等的 C-H 键直接进行活化和官能化。毫无疑问，相对于传统的偶联反应，氧化偶联反应具有缩短反应步骤 (step economy) 和原子经济性 (atom economy) 的优点。

氧化偶联反应必须在氧化剂存在下才能顺利进行，催化剂活性物种需要借助氧化剂才能再生并完成催化循环。如式 5 和图 1 所示[30~34]：以 O$_2$ 为氧化剂的钯催化氧化偶联反应可以很好地理解氧化偶联反应的机理。首先，有机金属试剂和路易斯碱等亲核试剂 (RM 或 RH) 与催化剂物种 **A** 依次发生金属转移或配体交换反应，生成亲核试剂配位的活性过渡态 **B** 和 **C**。然后，活性中间体 **C** 发生还原消除反应得到目标产物并生成零价钯物种 **D**。最后，零价钯过渡态 **D** 在氧化剂的作用下再生为催化剂活性物种 **A**，从而完成了催化循环。

$$R-M(H) \quad + \quad R'-M(H) \quad \xrightarrow{[Pd],\ O_2} \quad R-R' \qquad (5)$$

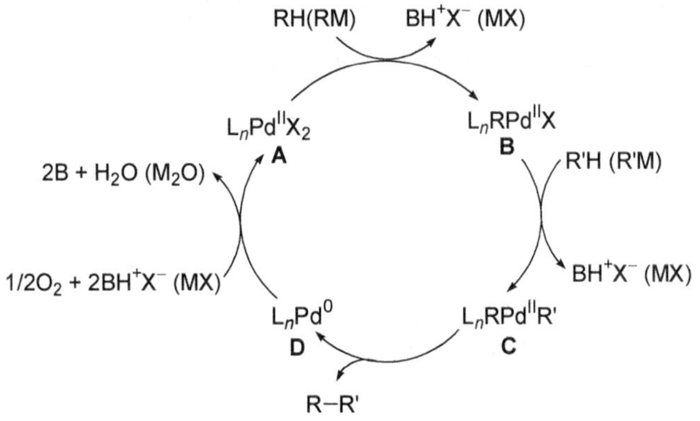

图 1　氧化偶联反应机理

也有文献报道：在上述催化循环由活性中间体 **C** 重新生成催化剂活性物种 **A** 的步骤中，无需经由低价态催化剂物种 **D** 的过程。如式 6 所示[35]：活性中间体 **C** 在氧化剂作用下直接氧化回到高价态的 **A**。

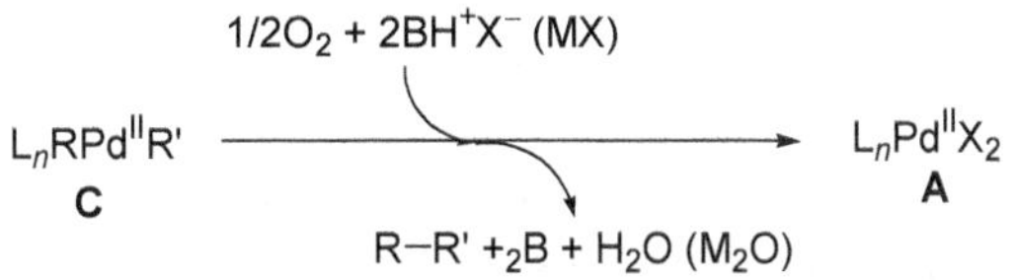

由此可见，氧化剂的参与是氧化偶联反应区别于经典偶联反应的一个显著特征。氧化剂在催化循环中发挥着至关重要的作用，常见的氧化剂包括：氧气、二价铜盐及其氧化物、银盐及其氧化物、对苯醌和 DDQ 等苯醌类氧化剂、二羧酸碘苯、双氧水、叔丁基过氧化氢 (*tert*-Butyl hydroperoxide, TBHP) 和过氧羧酸等过氧化物、$K_2S_2O_8$ 和 oxone 氧化剂 (复盐 $2KHSO_5 \cdot KHSO_4 \cdot K_2SO_4$) 等。毫无疑问，氧气是氧化偶联反应最理想的氧化剂。但是，在很多反应中如果没有助催化剂的参与，氧气本身很难氧化低价催化剂物种。在实际应用中，最常见的氧化剂为对苯醌 (BQ)[36]。如式 7 所示：在使用化学计量的 O_2 和 BQ 作为氧化剂时，它们催化剂活性物种 $L_nPd^{II}X_2$ 再生过程的机理有显著的差异[37~43]。

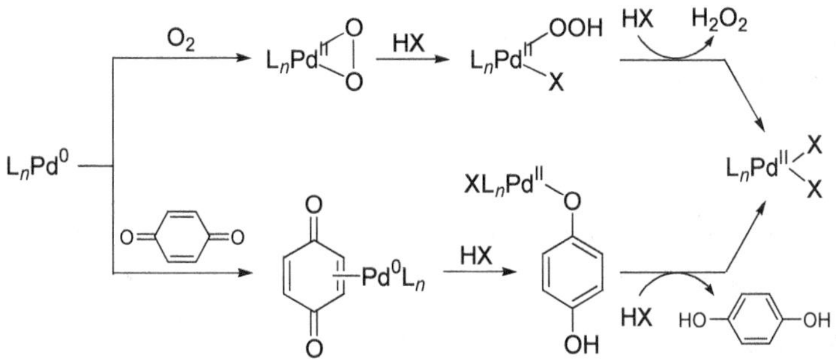

与传统的偶联反应相比较，碱试剂在氧化偶联反应中不是必需的。例如：在芳基硼酸与烯烃的反应中加入一定量的芳基碘化物。在无碱条件下，经典的 Heck 反应和 Suzuki 反应均不能发生，而是选择性地生成芳基硼酸与烯烃的偶联产物 (式 8)。

$$(8)$$

如果在同样的反应中加入 Na_2CO_3，Heck 反应产物的收率可以达到 95% (式 9)[44]。由此可见，传统的偶联反应的顺利进行必须依赖于碱的参与。

$$(9)$$

2 钯、铜、铑催化氧化偶联反应的氧化剂

在过渡金属参与的催化反应中，应用最为广泛、催化反应类型最多、反应条件兼容性最好的是钯、铜和铑催化剂。因为在这些催化体系的应用中，可以允许同时改变助催化剂、氧化剂、添加剂、碱、溶剂和温度等多种影响因素。氧化偶联反应的催化体系多种多样，但金属与氧化剂是最重要的组成部分。其中，最常见的氧化剂包括：空气/氧气、Cu(II) 化合物、Ag(I) 化合物、苯醌类氧化剂等。

2.1 空气/氧气

氧气 (O_2) 作为一种清洁环保的理想氧化剂，一直备受关注。1962 年，有人首次报道：在 N,N,N,N-四甲基乙二胺 (TMEDA) 和 CuCl 的存在下，使用 O_2 作为氧化剂可以完成端炔的催化偶联反应 (式 10)[45]。

$$2\ Ph{\longequal}\ \xrightarrow[\text{97\%}]{\text{CuCl·MEDA, acetone, O}_2}\ Ph{\longequal}{\longequal}Ph\ +\ H_2O \qquad (10)$$

2001 年，Tykwinski 等人报道：在 O_2 存在下，CuCl 可以催化双键和三键共轭的端炔的自身偶联反应。如式 11 所示[46]：庞大的 π-电子共轭体系对该反应没有负面的影响。

$$\xrightarrow[\substack{R = p\text{-Me}_2NC_6H_4,\ 68\% \\ R = p\text{-O}_2NC_6H_4,\ 87\%}]{\text{CuCl, TMEDA, O}_2,\ \text{CH}_2\text{Cl}_2,\ \text{rt}} \qquad (11)$$

2005 年，Fairlamb 等人发现：末端炔烃的自身偶联反应必须使用一定量的氧化剂，并计算了 O_2 作为氧化剂时反应的可行性[47]。随后，Li 等人报道了在室温下空气中钯催化端炔的自身偶联反应。如式 12 所示[48]：以 CuI 为助催化剂，该反应体系具有很好的官能团兼容性。

$$R{\longequal}\ \xrightarrow[\substack{R = Ph,\ 100\% \\ R = 2\text{-Py},\ 91\% \\ R = CH_2OAc,\ 71\% \\ R = n\text{-C}_5H_{11},\ 100\%}]{\substack{\text{Pd(OAc)}_2,\ \text{CuI, DABCO} \\ \text{MeCN, air, rt}}}\ R{\longequal}{\longequal}R \qquad (12)$$

2007 年，Wu 等人报道了以 CuI 为助催化剂二茂铁亚胺环钯化合物催化端炔的自身偶联反应。如式 13 所示[49]：该反应在空气中进行，对多种取代炔烃底物均有很好的催化效果。

$$R{\longequal}\ \xrightarrow[\text{KOAc, DMF, 40 }^\circ\text{C, air}]{\text{Palladacycle, CuI}}\ R{\longequal}{\longequal}R \qquad (13)$$

Palladacycle = （二茂铁亚胺环钯结构式）

R = Ph, 96%;   R = n-C$_5$H$_{11}$, 88%
R = 2-Py, 75%;   R = HO(CH$_3$)$_2$C, 89%

Sain 等报道了以氧气为氧化剂 Cu(II) 盐催化的萘酚类化合物的自身氧化偶联反应。如式 14 所示[50]：这是合成联萘酚的一种简便方法。

氧气作为氧化剂还可应用于钯催化芳烃与 α,β-不饱和醛的偶联反应。Ishii 等人使用钒钼磷杂多酸 $(H_4PMo_{11}VO_{40}·26H_2O)$ 作为助催化剂，在 90 $^\circ$C 下实现了芳烃的烯基化反应 (式 15)[51]。

$$R^1 = R^2 = R^3 = H, 90\%; \qquad R^1 = Br, R^2 = R^3 = H; 95\%$$
$$R^1 = R^2 = H, R^3 = OMe, 92\%; \quad R^1 = R^2 = H, R^3 = CO_2Me, 35\%$$
$$R^1 = R^2 = H, R^3 = CO_3H, 10\%$$

$$\text{Ar = Ph, 61\%}$$
$$\text{Ar = 4-MeC}_6\text{H}_4\text{, 59\%}$$
$$\text{Ar = 4-MeOC}_6\text{H}_4\text{, 45\%}$$

2007 年，DeBoef 等人同样借助于钒钼磷杂多酸为助催化剂，在氧气氛围下实现了苯并噁唑与芳烃通过双 C-H 键活化的氧化偶联反应 (式 16)[52]。

同年，Fujii 等人报道了 Pd(OAc)$_2$ 催化分子内双 C-H 键活化的偶联反应。如式 17 所示[53]：使用氧气为氧化剂，该反应在乙酸中进行 24 h 的收率可达 91%。

2008 年，Stahl 等人以 CuCl$_2$ 为催化剂，在氧气中实现了端炔的氧化胺化反应。如式 18 所示[35]：该反应在 70 ℃ 的甲苯中反应 4 h，即可以中等至较高收率得到预期的目标产物。

$$\text{R = Ph, 89\%}$$
$$\text{R = }n\text{-C}_6\text{H}_{13}\text{, 72\%}$$
$$\text{R = TBSOCH}_2\text{, 78\%}$$

同年，Fagnou 等人报道了 Pd(OAc)$_2$ 催化的分子内双 C$_{(sp^2)}$-H 键活化生成联芳类化合物的方法。如式 19 所示[54]：该反应在空气中进行，得到中等以上的收率。

$$\text{R} \longrightarrow \begin{array}{c} \text{Pd(OAc)}_2 \text{ (3 mol\%), 110 }^{\circ}\text{C} \\ \hline \text{K}_2\text{CO}_3, \text{PivOH, air, 14 h} \\ \hline \text{R = H, 95\%} \\ \text{R = F, 76\%} \\ \text{R = Ac, 74\%} \\ \text{R = NO}_2, 76\% \end{array} \longrightarrow \text{carbazole} \quad (19)$$

随后，Fagnou 等人又发现：以 Pd(OAc)$_2$ 为催化剂在空气中反应，分子内的 C$_{(sp^2)}$-H 键和 C$_{(sp^3)}$-H 键可以发生生成 C$_{(sp^2)}$-C$_{(sp^3)}$ 键的氧化偶联反应 (式 20)[55]。他们认为：在该催化循环中有 Pd(0) 中间体的生成，氧气可以将其重新氧化成为催化活性物种 PdX$_2$。因此，在反应中可能会观察到有钯黑出现。

$$\begin{array}{c} \text{Pd(OAc)}_2 \text{ (10 mol\%), NaO}^t\text{Bu (20 mol\%)} \\ \hline \text{air, PivOH (0.5 mol/L), 120 }^{\circ}\text{C, 15 h} \\ \hline \text{R = H, R' = OMe, 67\%} \\ \text{R = Me, R' = OMe, 65\%} \\ \text{R = CF}_3, \text{R' = OMe, 55\%} \\ \text{R = H, R' = OEt, 69\%} \end{array} \quad (20)$$

2008 年，Shi 等人研究了钯催化的芳烃与芳基硼酸的氧化偶联反应。如式 21 和式 22 所示[56]：该反应可以在室温和常压下的氧气氛围中顺利进行，使用简单芳烃和吲哚类杂芳烃均可得到理想的催化效果。

$$\begin{array}{c} \text{Pd(OAc)}_2 \text{ (5 mol\%), Cu(OAc)}_2 \\ \text{(1 eq.), O}_2 \text{ (1 atm), TFA, rt, 48 h} \\ \hline \text{R = H, 48\%} \\ \text{R = Me, 83\%} \end{array} \quad (21)$$

$$\begin{array}{c} \text{Pd(OAc)}_2 \text{ (5 mol\%)} \\ \text{O}_2 \text{ (1 atm), AcOH, rt, 6~8 h} \\ \hline \text{R = H, R' = H, 83\%} \\ \text{R = H, R' = Bn, 73\%} \\ \text{R = Me, R' = Me, 69\%} \\ \text{R = Cl, R' = Me, 74\%} \end{array} \quad (22)$$

2009 年，Zhao 等人发现：CuI 可用于端炔与亚磷酸酯的氧化偶联反应。如式 23 所示[57]：该反应在干燥的空气中进行，以中等至较高的收率得到了炔基亚磷酸酯。

$$
\underset{R}{|||} + \text{HP(O)(OR')}_2 \xrightarrow[\substack{\text{air, DMSO, 55 °C} \\ \text{R = Ph, R' = Et, 74\%} \\ \text{R = Ph, R' = } i\text{-Pr, 83\%} \\ \text{R = HO(CH}_2)_3, \text{R' = } i\text{-Pr, 81\%} \\ \text{R = PhCO}_2\text{CH}_2, \text{R' = } i\text{-Pr, 87\%}}]{\text{CuI, NEt}_3 \text{ or HNEt}_2} \underset{R}{|||}\text{P(O)(OR')}_2 + \text{H}_2\text{O} \quad (23)
$$

随后，Daugulis 等人报道了 CuCl$_2$ 在氧气条件下有效地催化杂环芳烃和缺电子杂环芳烃的自身偶联反应。如式 24 所示[58]：该催化体系需要使用格氏试剂 i-PrMgCl·LiCl 作为碱。

$$
\text{Ar—H} \xrightarrow[\substack{\text{O}_2, \text{THF, tetramethylpiperidine} \\ \text{ArH = benzofuran, 56\%} \\ \text{ArH = } N\text{-butyltriazole, 73\%} \\ \text{ArH = } N\text{-butylimidazole, 73\%} \\ \text{ArH = ethyl 3,4-diflorobenzoate, 70\%}}]{\text{CuCl}_2 \text{ (1~3 mol\%), } i\text{-PrMgCl·LiCl}} \text{Ar—Ar} \quad (24)
$$

同年，Mori (式 25)[59] 和 Schreiber (式 26)[60]等人相继将 Cu(OAc)$_2$ 应用于氧气存在下的杂环芳烃的酰胺化反应，为简便合成具有生物活性分子提供了一条有效的途径[61]。

$$
\text{(benzazole)}-\text{H} + \text{HN(Me)(Ph)} \xrightarrow[\substack{\text{O}_2 \text{ (1 atm), PPh}_3 \\ \text{xylene, 140 °C, 20 h} \\ \text{X= S, 81\%} \\ \text{X= NMe, 51\%}}]{\text{Cu(OAc)}_2 \text{ (0.2 eq.), NaOAc}} \text{(benzazole)}-\text{N(Me)(Ph)} \quad (25)
$$

$$
\text{(benzazole)}-\text{H} + \text{HN(lactam)} \xrightarrow[\substack{\text{Na}_2\text{CO}_3, \text{PhMe} \\ n = 1, \text{X= NMe, 82\%} \\ n = 1, \text{X= S, 45\%} \\ n = 2, \text{X= NMe, 55\%} \\ n = 3, \text{X= NMe, 55\%}}]{\text{Cu(OAc)}_2, \text{Pyridine}} \text{(benzazole)}-\text{N(lactam)} \quad (26)
$$

2010 年，Lei 等人报道了室温下 Pd(dba)$_2$ 催化的有机锌试剂与端炔的氧化偶联反应。如式 27 所示[62]：该反应在 CO/空气 (体积比 1:10) 的混合气体中进行，空气中的氧气在反应中起氧化剂的作用。π-酸配体 CO 通过对金属原子配位促进了钯中间体 $R^1C{\equiv}CPdR^2$ 的还原消除，对生成目标产物和完成催化循环起着十分重要的作用。

$$
\text{R}^1{=\!\!\!=\!\!\!=} + \text{R}^2\text{ZnCl} \xrightarrow[\substack{\text{CO/air (}V/V = 1:10\text{), rt, 24 h} \\ \text{R}^1 = \text{Ph, R}^2 = n\text{-Bu, 91\%} \\ \text{R}^1 = \text{4-BrC}_6\text{H}_4, \text{R}^2 = n\text{-Bu, 83\%} \\ \text{R}^1 = \text{3-MeOC}_6\text{H}_4, \text{R}^2 = \text{Me, 71\%} \\ \text{R}^1 = \text{2-MeOC}_6\text{H}_4, \text{R}^2 = n\text{-Bu, 86\%}}]{\text{Pd(dba)}_2 \text{ (5 mol\%)}} \text{R}^1{=\!\!\!=\!\!\!=}\text{R}^2 \quad (27)
$$

2010 年，Su 等人报道了在氧气中铜催化的多氟取代苯与端炔的氧化偶联反应。如式 28 所示[63]：该反应使用苯醌类化合物 DDQ 为添加剂，该催化体系具有很好的官能团兼容性。

$$
\begin{array}{c}
\text{CuCl}_2 \text{ (30 mol\%), DDQ (15 mol\%)} \\
\text{1,10-phen. (30 mol\%), O}_2 \\
\hline
^t\text{BuOLi (3 eq.), DMSO, 40 °C} \\
\hline
\text{R = H, R' = Ph, 85\%} \\
\text{R = MeO, R' = Ph, 42\%} \\
\text{R = MeO, R' = 4-FC}_6\text{H}_4\text{, 41\%} \\
\text{R = H, R' = 4-MeOC}_6\text{H}_4\text{, 65\%} \\
\text{R = H, R' = 4-EtO}_2\text{CC}_6\text{H}_4\text{, 57\%}
\end{array}
\tag{28}
$$

2.2 Cu(II) 盐

早在 20 世纪 70 年代，Fujiwara 等人就已经报道：以 Pd(OAc)₂ 为催化剂和 Cu(OAc)₂ 为氧化剂，五元杂环 (例如：呋喃和噻吩) 可以直接与烯烃发生偶联反应 (式 29)[64]。

$$
\begin{array}{c}
\text{Pd(OAc)}_2 \text{ (2 mol\%), Cu(OAc)}_2 \text{ (2 eq.)} \\
\text{100 °C, dioxane/AcOH (4:1), 8 h} \\
\hline
\text{X = S, R = CN, 7.5\% (1/2 = 23:1)} \\
\text{X = O, R = CN, 60\% (1/2 = 1.8:1)} \\
\text{X = O, R = CO}_2\text{Me, 30\% (1/2 = 2.3:1)}
\end{array}
\tag{29}
$$

1 单烷基化   **2** 双烷基化

随后，他们在相同反应条件下实现了苯并五元杂环与烯烃的氧化偶联反应，得到了 2-位或 3-位烯基化产物及其相应的 Z/E-异构体 (式 30)[65]。

$$
\begin{array}{c}
\text{Pd(OAc)}_2 \text{ (2 mol\%), Cu(OAc)}_2 \text{ (2 eq.)} \\
\text{100 °C, dioxane/AcOH (4:1), 8 h}
\end{array}
\tag{30}
$$

2001 年，Mori 等人报道了以 Cu(OAc)₂ 为氧化剂使用 5 mol% Pd(OAc)₂ 催化的芳基硼酸与烯烃的氧化偶联反应。如式 31 所示[66]：该反应在 100 °C 下的 DMF 溶液中进行，一般得到中等水平的产率。

$$
\text{R}\!-\!\!\underset{}{\text{Ar}}\!-\!\text{B(OH)}_2 + \underset{\text{R'}}{\diagdown}\!\!=\!\!\diagup \quad\xrightarrow[\substack{R = H,\ R' = CN,\ 58\% \\ R = H,\ R' = CO_2Et,\ 63\% \\ R = H,\ R' = CO_2Bu,\ 84\% \\ R = H,\ R' = CO_2Et,\ 63\% \\ R = 4\text{-}CF_3,\ R' = CO_2Bu,\ 75\% \\ R = 4\text{-}MeO,\ R' = CO_2Bu,\ 66\%}]{\substack{\text{Pd(OAc)}_2\ (5\ mol\%),\ \text{Cu(OAc)}_2 \\ (2\ eq.),\ \text{DMF},\ 100\ ^{\circ}C,\ 3\ h}} \quad \text{R}\!-\!\!\underset{}{\text{Ar}}\!\!\diagup\!\!=\!\!\diagdown\!\text{R'} \tag{31}
$$

2008 年，Miura 等人报道：在弱碱条件下，使用 $Cu(OAc)_2 \cdot H_2O$ 为氧化剂可以实现钯催化的取代五元杂环的烯基化反应 (式 32)[67]。

$$
\xrightarrow[\substack{Y = S,\ R = {}^tBu,\ R' = CO_2{}^nBu,\ 57\% \\ Y = S,\ R = Ph,\ R' = CO_2{}^nBu,\ 46\% \\ Y = S,\ R = Ph_2(OH)C,\ R' = Ph,\ 30\% \\ Y = S,\ R = Ph_2(OH)C,\ R' = CO_2Et,\ 55\%}]{\substack{\text{Pd(OAc)}_2\ (5\ mol\%),\ \text{Cu(OAc)}_2\cdot H_2O \\ (2\ eq.),\ \text{LiOAc}\ (3\ eq.),\ \text{DMF},\ air,\ 100\ ^{\circ}C}} \tag{32}
$$

Miura 等人的研究工作主要集中于以 $Cu(OAc)_2 \cdot H_2O$ 为氧化剂钯和铑催化的水杨醛、三芳基醇、芳亚胺和芳基硼酸等与非端炔的环化反应[68~72]，提供了一种简便合成多环大共轭体系的方法。如式 33 所示[68]：他们首先以 $[\{RhCl(COD)\}_2]/Ph_4C_5H_2$ 为催化剂实现了三芳基甲醇与非端炔的氧化偶联反应。在该反应过程中，经由 C-H 键和 C-C 键的断裂得到了多取代的萘衍生物。如式 34 所示[69]：使用该催化体系可以成功地实现水杨醛与非端炔的氧化偶联反应。

$$
\xrightarrow[\substack{R^1 = R^2 = H,\ 99\% \\ R^1 = H,\ R^2 = Me,\ 63\% \\ R^1 = H,\ R^2 = Cl,\ 86\% \\ R^1 = MeO,\ R^2 = H,\ 65\% \\ R^1 = Me,\ R^2 = H,\ 85\%}]{\substack{[\{RhCl(cod)\}_2]\ (1\ mol\%) \\ Ph_4C_5H_2\ (4\ mol\%) \\ Cu(OAc)_2\cdot H_2O\ (1\ eq.) \\ o\text{-}xylene,\ N_2,\ 170\ ^{\circ}C,\ 4\ h}} \tag{33}
$$

$$
\xrightarrow[\substack{R^1 = R^2 = H,\ R^3 = Ph,\ 86\% \\ R^1 = H,\ R^2 = Cl,\ R^3 = Ph,\ 78\% \\ R^1 = H,\ R^2 = NO_2,\ R^3 = Ph,\ 46\% \\ R^1 = H,\ R^2 = MeO,\ R^3 = Ph,\ 84\% \\ R^1 = R^2 = H,\ R^3 = 4\text{-}MeC_6H_4,\ 88\% \\ R^1 = R^2 = H,\ R^3 = 4\text{-}ClC_6H_4,\ 75\%}]{\substack{[\{RhCl(cod)\}_2]\ (1\ mol\%),\ Ph_4C_5H_2 \\ (4\ mol\%),\ Cu(OAc)_2\cdot H_2O\ (1\ eq.) \\ o\text{-}xylene,\ N_2,\ 170\ ^{\circ}C,\ 4\ h}} \tag{34}
$$

2009 年，他们报道了钯催化的杂环羧酸与炔烃的内炔环化反应，提供了一种合成多环大共轭杂环体系的简便方法 (式 35)[70]。随后他们发现：二氯(五甲基环戊二烯基)合铑 [(Cp*RhCl₂)]₂ 可以用于芳香亚胺与炔烃的双 C-H 活化的内炔环化反应。如式 36 和式 37 所示[71]：该反应对 C-H 键的活化具有明显的区域选择性，可用于二氢茚酮类亚胺和异喹啉衍生物的简便制备。

$$X = O, R^1 = H, R^2 = CO_2H, R^3 = Ph, 70\%$$
$$X = NMe, R^1 = CO_2H, R^2 = H, R^3 = Ph, 80\%$$
$$X = NMe, R^1 = CO_2H, R^2 = H, R^3 = 4\text{-}MeC_6H_4, 82\%$$

(35)

$$R = Ph, 76\%$$
$$R = 4\text{-}ClC_6H_4, 65\%$$
$$R = 4\text{-}MeC_6H_4, 65\%$$
$$R = 4\text{-}MeOC_6H_4, 45\%$$

(36)

$$R = Ph, 90\%$$
$$R = Pr, 85\%$$
$$R = Me, 85\%$$

(37)

最近，他们又完成了二氯(五甲基环戊二烯基)合铑催化的芳基硼酸与非端炔的反应。如式 38 所示[72]：这种催化反应可用于合成萘和其它稠环芳烃衍生物。

$$R^1 = H, R^2 = Pr, 46\%$$
$$R^1 = Cl, R^2 = Ph, 83\%$$
$$R^1 = H, R^2 = Ph, 78\%$$
$$R^1 = MeO, R^2 = Ph, 72\%$$
$$R^1 = CHO, R^2 = Ph, 79\%$$

(38)

2009 年，Fagnou 等人报道了铑催化的非端炔与乙酰芳胺 (式 39)[73]和芳香醛亚胺 (式 40)[74]的氧化偶联/环化反应，分别生成了吲哚和异喹啉等杂环芳烃衍生物。这些反应使用 Cu(OAc)₂·H₂O 为氧化剂，反应过程涉及到邻位导向基团参与的 C-H 键活化。

$$
\begin{array}{c}
\underset{\text{NHAc}}{\overset{\text{H}}{\underset{}{R\text{—}}}} + \underset{\text{Ph}}{\overset{\text{Me}}{\underset{}{\text{≡}}}}
\xrightarrow[\begin{array}{c}\text{R = H, 79\%}\\\text{R = 4-F, 47\%}\\\text{R = 4-Cl, 62\%}\\\text{R = 2-Me, 66\%}\\\text{R = 4-MeO, 82\%}\end{array}]{\begin{array}{c}\text{[(Cp*RhCl}_2)]_2\text{, (2.5 mol\%), AgSbF}_6\\\text{(10 mol\%), Cu(OAc)}_2\text{·H}_2\text{O (2.1 eq.)}\\\text{\textit{t}-AmOH (0.2 mol/L), 120 }^{\circ}\text{C, 1 h}\end{array}}
\underset{\underset{\text{Ac}}{\text{N}}}{\overset{\text{Me}}{R\text{—}}}\text{—Ph}
\end{array}
\qquad (39)
$$

$$
\begin{array}{c}
\underset{\text{N}^{t}\text{Bu}}{\overset{\text{H}}{\underset{}{R\text{—}}}} + \underset{^{n}\text{Pr}}{\overset{^{n}\text{Pr}}{\underset{}{\text{≡}}}}
\xrightarrow[\begin{array}{c}\text{R = H, 80\%}\\\text{R = 4-OH, 60\%}\\\text{R = 4-CF}_3\text{, 81\%}\\\text{R = 4-NO}_2\text{, 41\%}\\\text{R = 3-MeO, 60\%}\end{array}]{\begin{array}{c}\text{[Cp*Rh(MeCN)}_3\text{][SbF}_6]_2\text{ (2.5 mol\%)}\\\text{Cu(OAc)}_2\text{·H}_2\text{O (2.1 eq.)}\\\text{DCE, 83 }^{\circ}\text{C (reflux), 16 h}\end{array}}
\underset{\text{N}}{\overset{^{n}\text{Pr}}{R\text{—}}}\text{—}^{n}\text{Pr}
\end{array}
\qquad (40)
$$

2.3 Ag(I) 盐

Ag(I) 盐作为一种温和氧化剂常被用于氧化偶联反应，常见的 Ag(I) 盐包括：AgOAc、Ag$_2$CO$_3$、Ag$_2$O、AgF 和 AgI 等。2004 年，Mori 等人报道了 AgF 为氧化剂参与的噻吩类化合物自身氧化偶联反应。如式 41 所示[75]：该反应以 3 mol% 的 Pd(OAc)$_2$ 为催化剂在 DMSO 中进行，反应过程涉及到双 C-H 键的活化。

$$
\underset{\text{S}}{\overset{}{\bigcirc}}\text{—R}
\xrightarrow[\begin{array}{c}\text{R = CHO, 69\%}\\\text{R = CO}_2\text{Et, 85\%}\\\text{R = COMe, 69\%}\\\text{R = 4-MeC}_6\text{H}_4\text{, 58\%}\end{array}]{\begin{array}{c}\text{PdCl}_2\text{(PhCN)}_2\text{ (3 mol\%)}\\\text{AgF, DMSO, 60 }^{\circ}\text{C, 5 h}\end{array}}
\text{R—}\underset{\text{S}}{\bigcirc}\text{—}\underset{\text{S}}{\bigcirc}\text{—R}
\qquad (41)
$$

随后，他们又实现了含有 2~8 个噻吩结构单元的复杂化合物的合成。如式 42 所示[76]：反应物上的溴原子不参与反应，这为产物进一步官能化反应提供了更多的机会。

$$
\underset{\text{Br}}{\overset{\text{Hex}}{\underset{\text{S}}{\bigcirc}}}\text{—}\underset{\text{S}}{\overset{\text{Hex}}{\bigcirc}}\text{—}\underset{\text{S}}{\bigcirc}
\xrightarrow{52\%}
\left(\underset{\text{Br}}{\overset{\text{Hex}}{\underset{\text{S}}{\bigcirc}}}\text{—}\underset{\text{S}}{\overset{\text{Hex}}{\bigcirc}}\text{—}\underset{\text{S}}{\bigcirc}\right)_2
\qquad (42)
$$

反应条件: PdCl$_2$(PhCN)$_2$ (5 mol%), AgNO$_3$/KF, DMSO, 60 $^{\circ}$C

2007 年，Fagnou 等人以 AgOAc 为氧化剂完成了钯催化的吡咯或吲哚与简单取代芳烃的氧化偶联反应，实现了苯环与杂环芳烃上的 C-H 键活化形成新的 C-C 键。如式 43 和式 44 所示[77]：该反应可以选择性地发生在五元杂环的 C-2 位，具有较高的区域选择性。

$$
\text{(43)}
$$

R = Me, R' = CH₃CO, 68%
R = MeOCH₂, R' = CN, 67%
R = MeOCH₂, R' = CH₃CO, 64%
R = MeOCH₂, R' = MeOCO, 66%

(44)

R = H, R' = H, 84%
R = H, R' = MeO, 90%
R = H, R' = Cl, 86%
R = Cl, R' = H, 55%
R = Me, R' = H, 75%

同年，Wu 和 Yang 等人发展了室温下二茂铁亚胺环钯化合物催化芳基硼酸与末端炔烃的氧化偶联反应。如式 45 所示[34]：该反应使用 Ag₂O 为氧化剂，反应体系对缺电子末端炔烃具有很好的催化效果，而经典的 Sonogashira 反应对这类底物普适性较差。

ArB(OH)₂ + R≡ → Ar≡R (45)

Palladacycle (1 mol%)
Ag₂O (1 eq.), KOAc (1.5 eq.)
CH₂Cl₂, N₂, rt, 24 h

Ar = Ph, R = Ph, 95%
Ar = Ph, R = 2-Py, 71%
Ar = 2-Py, R = Ph, 79%
Ar = Ph, R = EtOOC, 80%
Ar = Ph, R = n-C₅H₁₁, 79%
Ar = 2-MeOC₆H₄, R = Ph, 61%

2009 年，Miura 等人报道了取代丙烯酸与非端炔发生的氧化偶联/环化反应。如式 46 所示[78]：该反应使用二氯(五甲基环戊二烯基)合铑 [Cp*RhCl₂]₂ 为催化剂和 Ag₂CO₃ 为氧化剂，生成 α-吡喃酮 (α-pyrone) 衍生物。

(46)

[Cp*RhCl₂]₂ (1 mol%)
Ag₂CO₃ (1 eq.), DMF, 120 °C

R¹ = H, R² = Me, R³ = Ph, 87%
R¹ = H, R² = Me, R³ = 2-thienyl, 86%
R¹ = H, R² = CH₂CO₂H, R³ = Ph, 40%
R¹ = H, R² = Me, R³ = 4-ClC₆H₄, 78%
R¹ = H, R² = Me, R³ = 4-MeC₆H₄, 93%

同年，Zhang 等人报道了钯催化的噻吩和呋喃衍生物与烯烃的氧化偶联反应，AgOAc 被用作氧化剂 (式 47)[79]。随后，他们以 Ag₂CO₃ 为氧化剂发现了钯催化的中氮茚 (indolizines) 与烯烃的氧化偶联反应。如式 48 所示[80]：该反应涉及到双分子 C-H 键的断裂，反应产物具有较高的区域选择性。

Pd(OAc)$_2$ (10 mol%), AgOAc (2 eq.)

Pyridine (2 eq.), DMF, 120 °C

X = S, R = H, R' = CO$_2$^{n}Bu, 83%
X = S, R = MeO, R' = CO$_2$^{n}Bu, 62%
X = S, R = 3-CHOC$_6$H$_4$, R' = CO$_2$^{n}Bu, 75%
X = S, R = Me, R' = CONMe$_2$, 90%
X = O, R = H, R' = CO$_2$^{n}Bu, 76%
X = O, R = Me, R' = CO$_2$^{n}Bu, 90%

(47)

Pd(OAc)$_2$ (10 mol%), Ag$_2$CO$_3$ (1 eq.)

2,2'-bpy (20 mol%), KOAc (2 eq.)

DMF, 100 °C

R = CO$_2$Me, Ar = Ph, 84%
R = CO$_2$Me, Ar = 4-MeOC$_6$H$_4$, 78%
R = CO$_2$Me, Ar = 4-BrC$_6$H$_4$, 69%
R = COMe, Ar = Ph, 70%
R = CN, Ar = Ph, 79%

(48)

2009 年，Su 等人报道：使用 Ag$_2$CO$_3$ 为氧化剂可以实现钯催化的缺电子多氟芳烃与芳基硼酸的氧化偶联反应，该反应具有很好的官能团兼容性 (式 49)[81]。

Pd(OAc)$_2$ (2 mol%), Ag$_2$CO$_3$ (2 eq.)

4-MeC$_6$H$_4$CO$_2$H (0.3 eq.)

K$_2$CO$_3$ (0.5 eq.), DMA, 110 °C

R = F, Ar = Ph, 90%
R = F, Ar = 4-MeOC$_6$H$_4$, 91%
R = F, Ar = 4-CHOC$_6$H$_4$, 35%
R = MeO, Ar = Ph, 75%
R = MeO, Ar = 4-NMe$_2$C$_6$H$_4$, 64%

(49)

2010 年，Zhang 等人以 Ag$_2$CO$_3$ 为氧化剂实现了缺电子芳烃的直接烯基化反应。如式 50 所示[82]：该反应对多氟芳烃和多种烯烃 (缺电子烯烃、富电子烯烃和烷基取代烯烃) 均有很好的催化效果，可以得到良好至优秀的产率和立体选择性。

Pd(OAc)$_2$ (2 mol%), Ag$_2$CO$_3$ (2 eq.)

DMF, PivOH or DMSO, 120 °C

R = F, R' = CO$_2$Et, 69%
R = F, R' = PO(OEt)$_2$, 83%
R = F, R' = CN, 34%
R = F, R' = Ph, 90%
R = Br, R' = CO$_2$^{t}Bu, 61%
R = MeO, R' = Ph, 60%

(50)

同年，Cheng 等人报道了钯催化的烷基芳基酮与芳基碘化物的氧化偶联反应。该反应过程首先是羰基作为导向基团的邻位芳基化反应，然后羰基 α-位的 C-H 键与苯环上 C-H 键断裂生成新的 C-C 键。如式 51 所示[83]：该反应使用 Ag$_2$O 为氧化剂，反应过程可能涉及到双 C-H 键的活化。

$$\text{(51)}$$

反应条件: Pd(OAc)$_2$ (10 mol%), Ag$_2$O (1 eq.), TFA, 120 $^\circ$C, 20 h

R^1 = H, R^2 = i-Pr, R^3 = 4-CO$_2$Et, 68%
R^1 = H, R^2 = i-Pr, R^3 = 4-NO$_2$, 78%
R^1 = H, R^2 = c-Pent, R^3 = 4-NO$_2$, 76%
R^1 = Br, R^2 = c-Hex, R^3 = 4-NO$_2$, 65%
R^1 = Cl, R^2 = c-Hept, R^3 = 4-NO$_2$, 60%

2.4 苯醌类氧化剂

苯醌类化合物是一类常见氧化剂，它在氧化偶联反应中具有某些其它氧化剂所不具备的优势。因为它们可以与金属中心发生配位作用，从而更有利于参与到催化物种的再生反应 (例如：Pd(0) 氧化为 Pd(II) 的催化循环)。

早在 1978 年，Hegedus 等人就报道了利用分子内烯烃 C-H 键的胺化反应合成氮杂环化合物的方法。如式 52 所示[84]：他们利用 PdCl$_2$(CH$_3$CN)$_2$ 为催化剂和苯醌 (BQ) 为氧化剂，反应过程可能涉及双键对钯原子的配位、C-N 键的形成、β-H 的消除等反应。

PdCl$_2$(CH$_3$CN)$_2$ (10 mol%), BQ (1 eq.)
LiCl (10 eq.), THF, reflux, 18 h

R = H, R" = Me, 86%
R = H, R" = Et, 79%
R = Me, R" = Me, 89%
R = CH$_3$CO, R" = Me, 71%

$$\text{(52)}$$

1982 年，他们又实现了分子内烯烃 C-H 键与磺酰胺基 N-H 键直接氧化偶联反应，发展了一种合成氮杂环化合物的简便方法 (式 53)[85]。

PdCl$_2$(CH$_3$CN)$_2$ (10 mol%)
BQ (1 eq.), Na$_2$CO$_3$ (2 eq.)
LiCl (2 eq.), THF, reflux

n = 5, R = H, R' = Ts, 85%
n = 5, R = H, R' = SO$_2$Me, 63%
n = 5, R = Me, R' = Ts, 82%
n = 6, R = H, R' = Ts, 48%

$$\text{(53)}$$

1994 年，Hanaoka 等人报道了在室温下钯催化的分子内烯烃 C-H 键的羧基化反应，合成了一系列 3-位取代的异香豆素化合物 (式 54)[86]。

$$(54)$$

PdCl$_2$(CH$_3$CN)$_2$ (5 mol%)
p-benzoquinone (1.1 eq.), THF, rt
R = Ph, 98%
R = n-Bu, 90%
R = 4-MeC$_6$H$_4$, 73%
R = 4-MeOC$_6$H$_4$, 90%

2003 年，Beccalli 等人发现：在 PdCl$_2$(CH$_3$CN)$_2$ 催化下，含有孤立环外双键的吲哚衍生物可以发生分子内双 C-H 键活化的环化反应。如式 55 所示[87]：该反应使用苯醌 (BQ) 为氧化剂，生成的产物大多具有较高的产率。另外，在 Pd(OAc)$_2$ 催化下，烯烃 C-H 键还可以与吲哚的 N-H 键发生偶合成环反应。

i
R = Me, 99%; R = allyl, 95%
R = Ph, 86%; R = c-Hex, 80%

ii
R = Me, 98%; R = allyl, 88%
R = Ph, 80%; R = c-Hex, 94%

$$(55)$$

反应条件: i. Pd(OAc)$_2$ (5 mol%), BQ (1 eq.), Na$_2$CO$_3$ (1 eq.) DMF, ^{n}Bu$_4$NCq.), 80 °C; ii. PdCl$_2$(CH$_3$CN)$_2$, (10 mol%), BQ (1 eq.), THF, 80 °C.

2004 年，Stoltz 等人报道了钯催化的分子内芳烃-烯烃的氧化 Heck 环化反应 (Fujiwara-Moritani arylations)。如式 56 和式 57 所示[88]：该反应可用于苯并呋喃与苯并二氢呋喃衍生物的高效合成。

Pd(OAc)$_2$ (10 mol%), BQ (1 eq.)
ethyl nicotinate (20 mol%)
NaOAc (20 mol%), t-AmOH/AcOH, 100 °C
R = Me, 77%
R = n-C$_5$H$_{11}$, 72%
R = (CH$_2$)$_4$OBn, 62%

$$(56)$$

Pd(OAc)$_2$ (10 mol%), BQ (1 eq.)
ethyl nicotinate (20 mol%)
NaOAc (20 mol%), t-AmOH/AcOH, 100 °C
R^1 = H, R^2 = H, 74%
R^1 = H, R^2 = Me, 71%
R^1 = Me, R^2 = H, 50%
R^1 = MeO, R^2 = H, 60%

$$(57)$$

同年，White 等人发展了一种钯催化的单取代端烯与 AcOH 的氧化偶联反应，高度区域选择性地高效地合成了乙酸烯丙酯衍生物。如式 58 所示[89]：该反应使用苯醌为氧化剂和 DMSO/AcOH 为溶剂，DMSO 同时还起配体的作用。

$$R \diagup \quad \xrightarrow[\substack{R = Ph, 65\% \\ R = n\text{-}C_7H_{15}, 52\% \\ R = CH_2CO_2Et, 54\% \\ R = PhCH_2O(CH_2)_2, 57\% \\ R = TBDPSO(CH_2)_2, 50\%}]{\substack{Pd(OAc)_2 (10\ mol\%),\ BQ\ (2\ eq.) \\ 4A\ MS,\ DMSO/AcOH,\ air,\ 40\ ^{\circ}C}} \quad R \diagdown OAc \qquad (58)$$

2006 年，Lu 等人报道了一种以苯醌为氧化剂通过吲哚衍生物分子内氧化环化反应高效构建苯环的方法。如式 59 所示[90]：该反应涉及烯基 C-H 键与吲哚 2-位 C-H 键活化。

$$\xrightarrow[\substack{R^1 = H,\ R^2 = Me,\ R^3 = Me,\ 88\% \\ R^1 = H,\ R^2 = CH_2Ph,\ R^3 = Me,\ 65\% \\ R^1 = MeO,\ R^2 = Me,\ R^3 = Me,\ 80\% \\ R^1 = CO_2Me,\ R^2 = Me,\ R^3 = {}^nBu,\ 76\%}]{\substack{Pd(OAc)_2 (5\ mol\%),\ BQ\ (2.1\ eq.) \\ PhMe/AcOH,\ 80\ ^{\circ}C}} \qquad (59)$$

2008 年，Brown 等人研究了有机硅试剂与烯烃反应生成烯烃的甲基化产物 (Fujiwara-Moritani reaction)。如式 60 所示[91]：该反应涉及到 C-Si 键和 C-H 键断裂生成新的 C-C 键，但本质上是一个氧化偶联反应。

$$\xrightarrow[\substack{R = SO_2Ph,\ 80\% \\ R = CO_2Bu,\ > 90\% \\ R = 4\text{-}MeC_6H_4,\ 85\% \\ R = 4\text{-}CF_3C_6H_4,\ 86\%}]{\substack{Pd(OAc)_2 (5\ mol\%) \\ BQ\ (1\ eq.),\ AcOH}} \quad R \diagdown Me \qquad (60)$$

2.5 其它常见氧化剂

除以上几类氧化剂外，其它常见的氧化剂也可用于该目的，例如：过硫酸盐、二羧酸碘苯 (例如:二乙酸碘苯和二新戊酸碘苯) 和过氧化物等。

早在 1985 年，Itahara 等人就报道了过硫酸钾 ($K_2S_2O_8$) 作为氧化剂情况下钯催化的醌类与芳烃之间的氧化偶联反应，以中等收率得到了相应的芳基化产物 (式 61)[92]。

$$\xrightarrow[\substack{Ar = Ph,\ 79\% \\ Ar = 2,5\text{-}Me_2C_6H_3,\ 60\%}]{\substack{Pd(OAc)_2 (5\ mol\%),\ reflux \\ K_2S_2O_8 (1\ eq.),\ AcOH,\ 15\ h}} \qquad (61)$$

2010 年，Wu 和 Cui 等人报道：使用过硫酸钾 (K₂S₂O₈) 为氧化剂和 5 mol% 的 Pd(OAc)₂ 为催化剂，乙酰苯胺和二芳基乙炔经偶联反应生成高达 97% 的多芳基取代萘衍生物。通过对产物荧光性质进行研究，他们发现所有固态产物在 380~450 nm 之间有荧光吸收。如果在乙酰苯胺部分引入给电子基团或在二苯乙炔部分引入吸电子基团，可以使产物的荧光波长发生红移。如式 62 所示[93]：当 R = 4-CH₃ 和 Ar = 4-CF₃Ph 时，所得产物的荧光峰值为 435 nm 和半峰宽为 75 nm，具有很好的蓝光纯度。

$$(62)$$

1999 年，Fujiwara 等人报道了以叔丁基过氧化氢为氧化剂情况下 Pd(OAc)₂ 催化的芳烃与烯烃之间的氧化偶联。如式 63 所示[94]：该反应在乙酸/乙酸酐混合溶剂中进行，反应过程涉及双 C-H 键的活化。

$$(63)$$

2006 年，Gaunt 等人报道：利用过氧化苯甲酸叔丁酯 (*tert*-butyl benzoyl peroxide，简称 ᵗBuOOBz) 为氧化剂和 Pd(OAc)₂ 为催化剂，吡咯衍生物与烯烃经氧化偶联反应可以高度区域选择性地生成 2-位或 3-位烯基取代的吡咯化产物。如式 64 所示[95]：当吡咯衍生物的 N-原子被 Boc- 保护时，烯基化反应选择性地发生在 2-位碳原子上。当吡咯化合物的 N-原子被 TIPS 保护时，烯基化反应选择性地发生在 3-位碳原子上。

$$(64)$$

2007 年，Chan 等人发现二羧酸碘苯类化合物 [例如：二新戊酸碘苯 (PhI(OOC^{t}Bu)$_2$)] 也可以作为氧化剂应用于磺酰胺与醛的氧化偶联反应。如式 65 所示[96]：该反应以 Rh$_2$(esp)$_2$ (esp = $\alpha,\alpha,\alpha',\alpha'$,-tetramethyl-1,3-benzenedipropionate) 为催化剂在乙酸异丙酯 (IPAC) 中进行。

$$
\begin{array}{c}
\text{Rh}_2(\text{esp})_2 \text{ (2 mol\%)}\\
\underset{\begin{array}{l}R^1 = 2\text{-Cl-4-BrC}_6\text{H}_3, R^2 = \text{Ph, 80\%}\\ R^1 = \text{Me}, R^2 = 2,4,6\text{-Me}_3\text{C}_6\text{H}_2, 90\%\\ R^1 = 2\text{-Cl-4-BrC}_6\text{H}_3, R^2 = 4\text{-MeOC}_6\text{H}_4, 98\%\end{array}}{\xrightarrow{\text{PhI(OOC}^t\text{Bu)}_2, \text{IPAC, 0~50 }^\circ\text{C}}}
\end{array}
\tag{65}
$$

2008 年，Powell 等人报道：在过氧化物 ^{t}BuOOBz 的存在下，催化计量的高氯酸铜可用于苄基 C-H 键与 1,3-二羰基化合物的氧化偶联反应。作者提出了 Cu(I)/Cu(II) 的催化循环机理，并认为 Cu(II) 为活性物种。如式 66 所示[97]：在将 Cu(I) 氧化到 Cu(II) 的过程中，过氧化物作为氧化剂起着至关重要的作用。

$$
\begin{array}{c}
\text{Cu(ClO}_4)_2 \text{ (20 mol\%)}\\
\text{bathophenanthroline (5 mol\%)}\\
\underset{\begin{array}{l}R^1 = \text{Me}, R^2 = \text{Ph, 66\%}\\ R^1 = \text{Ph}, R^2 = \text{Ph, 75\%}\\ R^1 = \text{Me}, R^2 = \text{Me, 62\%}\\ R^1 = \text{Me}, R^2 = 4\text{-BrC}_6\text{H}_4, 48\%\end{array}}{\xrightarrow{^t\text{BuOOBz (3 eq.), neat, 60 }^\circ\text{C}}}
\end{array}
\tag{66}
$$

3　其它金属催化的氧化偶联反应

除了常见的钯、铜和铑催化剂外，其它过渡金属也可以用于催化氧化偶联反应，例如：铁、钌、镍、金、铈和钒等。这些金属催化剂有着许多自身独特的性质和特点，其催化反应机制与常见的钯等金属不尽相同。其中，钒催化的反应多为萘酚的不对称自身氧化偶联反应，这部分内容将在不对称氧化偶联反应中予以重点阐述。以下对铁、钌、镍、金和铈催化的氧化偶联反应分别予以介绍。

3.1　铁催化剂

铁催化剂具有价格便宜、来源广泛和易于操作的优点，铁催化的氧化偶联反应一般采用过氧化物为氧化剂，反应机理一般认为是自由基引发的反应机制，过氧化物一般充当自由基引发剂。Li 等人长期从事铁催化剂的应用研究，尤其在铁催化的 1,3-二羰基化合物参与的氧化偶联反应做了大量的原创性工作[98~101]。

2007 年，他们首次报道了 FeCl$_2$ 催化的苄基 C-H 键与 1,3-二羰基化合物的氧化偶联反应。如式 67 所示[98]：该反应在 80 °C 下进行，二叔丁基过氧化氢 (^{t}BuOO^{t}Bu) 被用作氧化剂。

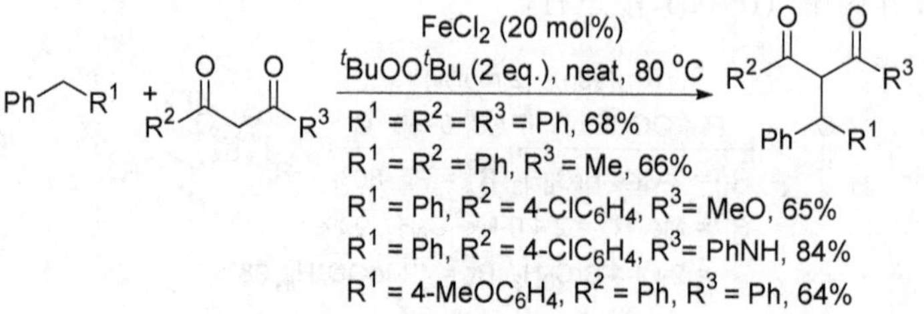

$$
\begin{array}{c}
\text{FeCl}_2\ (20\ \text{mol\%}) \\
{}^t\text{BuOO}{}^t\text{Bu}\ (2\ \text{eq.}),\ \text{neat},\ 80\ ^\circ\text{C}
\end{array}
$$

R^1 = R^2 = R^3 = Ph, 68%
R^1 = R^2 = Ph, R^3 = Me, 66%
R^1 = Ph, R^2 = 4-ClC$_6$H$_4$, R^3= MeO, 65%
R^1 = Ph, R^2 = 4-ClC$_6$H$_4$, R^3= PhNH, 84%
R^1 = 4-MeOC$_6$H$_4$, R^2 = Ph, R^3 = Ph, 64%

(67)

他们提出了 Fe(II)/Fe(III) 的自由基催化循环机理，认为真正的催化剂活性物种是 Fe(III)。如图 2 所示：FeCl$_2$ 在 ^{t}BuOO^{t}Bu 作用下被转化成为活性物种 Fe(III)，而 ^{t}BuOO^{t}Bu 自身被转化成为自由基 ^{t}BuO${}^\bullet$。

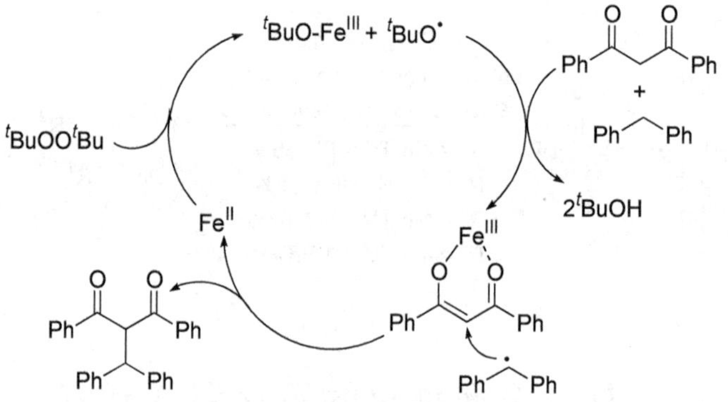

图 2 Fe(II)/Fe(III) 的自由基催化循环机理

2009 年，Li 等人发展了杂环与 1,3-二羰基化合物的氧化偶联反应。如式 68 所示[99]：该反应使用 [Fe$_2$(CO)$_9$] 为催化剂，在回流的 THF 中进行。随后，他们又报道了 FeCl$_3$·6H$_2$O 催化的苯酚与 1,3-二羰基化合物的氧化偶联/环化反应生成苯并呋喃衍生物，为高效构建苯并呋喃骨架提供了一个简便方法 (式 69)[100]。接着，他们又发现了使用 *N,N*-二甲基叔胺作为甲基源与 1,3-二羰基化合物的反应。如式 70 所示[101]：该氧化偶联反应可以用于制备亚甲基桥联双-1,3-二羰基化合物。

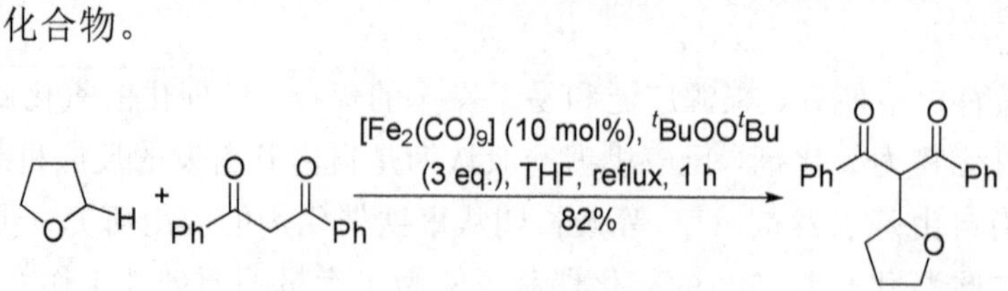

$$
\begin{array}{c}
[\text{Fe}_2(\text{CO})_9]\ (10\ \text{mol\%}),\ {}^t\text{BuOO}{}^t\text{Bu} \\
(3\ \text{eq.}),\ \text{THF},\ \text{reflux},\ 1\ \text{h} \\
\hline
82\%
\end{array}
$$

(68)

$$
\text{(69)}
$$

R^1 = H, R^2 = Ph, R^3 = Et, 75%

R^1 = Bn, R^2 = Ph, R^3 = Et, 71%

R^1 = 4-Cl, R^2 = Ph, R^3 = Et, 51%

R^1 = H, R^2 = 4-MeOC$_6$H$_4$, R^3 = Me, 63%

[FeCl$_3$] H$_2$O (10 mol%), ^{t}BuOO^{t}Bu (2 eq.), DCE, 100 °C, 1 h

$$
\text{(70)}
$$

[Fe$_2$(CO)$_9$] (2.5 mol%) ^{t}BuOOH (2 eq.), rt, 1 h

R^1 = Ph, R^2 = EtO, R^3 = H, 86%

R^1 = Ph, R^2 = EtO, R^3 = Br, 61%

R^1 = Ph, R^2 = MeO, R^3 = Ph, 91%

R^1 = 4-BrC$_6$H$_4$, R^2 = MeO, R^3 = Ph, 88%

R^1 = 4-NO$_2$C$_6$H$_4$, R^2 = EtO, R^3 = Ph, 90%

同年，Vogel 等人报道了二价铁催化的 *N,N*-二甲基叔胺上甲基的 C-H 键与末端炔烃的直接氧化偶联反应。如式 71 所示[102]：该反应不需外加配体和溶剂，催化体系对芳香胺和脂肪胺均有很好的催化效果。

$$
\text{(71)}
$$

FeCl$_2$ (10 mol%) ^{t}BuOO^{t}Bu (2 eq.), 100 °C, air

R^1 = Bn, R^2 = Ph, 42%

R^1 = *n*-octyl, R^2 = Ph, 74%

R^1 = 4-MeC$_6$H$_4$, R^2 = Ph, 88%

R^1 = 4-MeC$_6$H$_4$, R^2 = CO$_2$Et, 61%

R^1 = 4-MeC$_6$H$_4$, R^2 = Cl(CH$_2$)$_3$, 69%

R^1 = 4-MeC$_6$H$_4$, R^2 = 4-MeOC$_6$H$_4$, 57%

接着，Wünsch 等人报道了叔胺 *N*-甲基 C-H 键与噻吩 C-H 键的氧化偶联反应。该反应同样采用二价铁为催化剂，使用 2,2′-联吡啶为配体和吡啶氮氧化物为氧化剂 (式 72)[103]。

$$
\text{(72)}
$$

FeCl$_2$·H$_2$O (10 mol%) KI (20 mol%), bpy (10 mol%) pyridine *N*-oxide, DMAc, 130 °C, 24 h

R^1 = Bn, R^2 = Me, 60%

R^1 = CH$_2$CO$_2$Et, R^2 = Me, 26%

2009 年，Wang 等人发展了一种 FeCl$_3$ 催化的分子内芳环双 C$_{(sp2)}$-H 键活化反应。如式 73 和式 74 所示[104]：该反应使用间氯过氧苯甲酸 (*m*-CPBA) 为氧化剂，在室温下即可顺利地进行，特别适用于萘酚衍生物的自身氧化偶联反应。

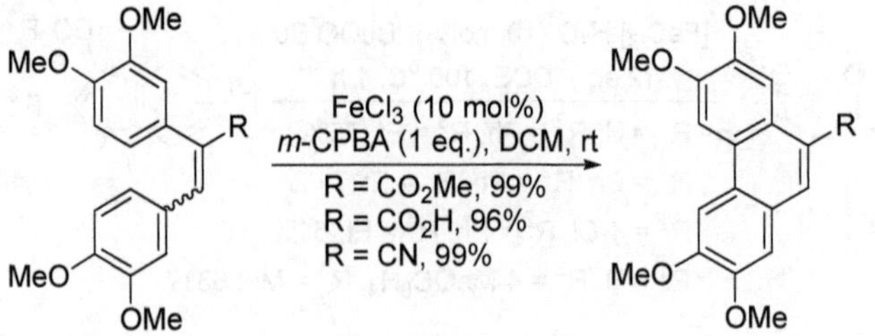
OMe
MeO
R
FeCl3 (10 mol%)
m-CPBA (1 eq.), DCM, rt
R = CO2Me, 99%
R = CO2H, 96%
R = CN, 99%
MeO
OMe

(73)

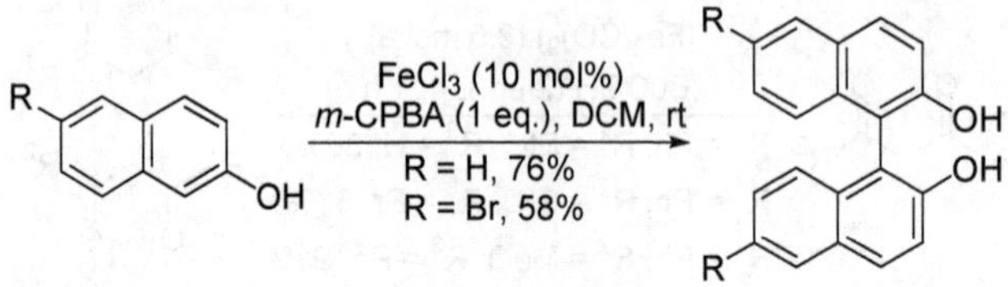
R
OH
FeCl3 (10 mol%)
m-CPBA (1 eq.), DCM, rt
R = H, 76%
R = Br, 58%
OH
OH
R

(74)

3.2 钌催化剂

2005 年，Mizuno 课题组报道了在水相中进行的萘酚或苯酚类化合物的自身氧化偶联反应。如式 75 所示[105]：他们将钌催化剂负载到氧化铝上参与催化反应，即使重复利用 7 次仍然保持原有的催化活性。

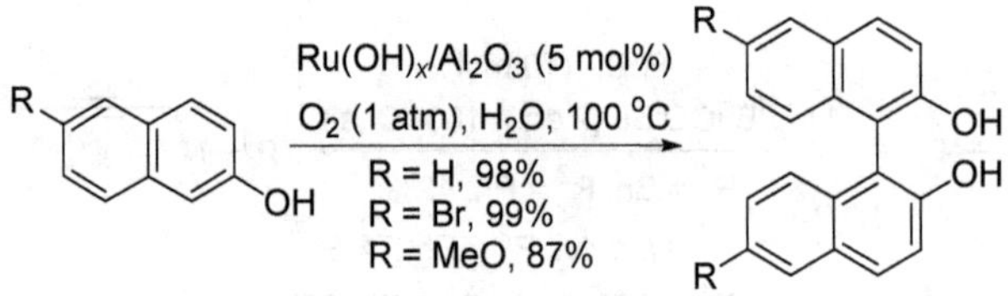
R
OH
Ru(OH)x/Al2O3 (5 mol%)
O2 (1 atm), H2O, 100 °C
R = H, 98%
R = Br, 99%
R = MeO, 87%
OH
OH
R

(75)

如图 3 所示：他们提出了自由基反应机理，催化剂 $Ru(OH)_x/Al_2O_3$ 在催化循环中的作用是作为一种单电子氧化剂。

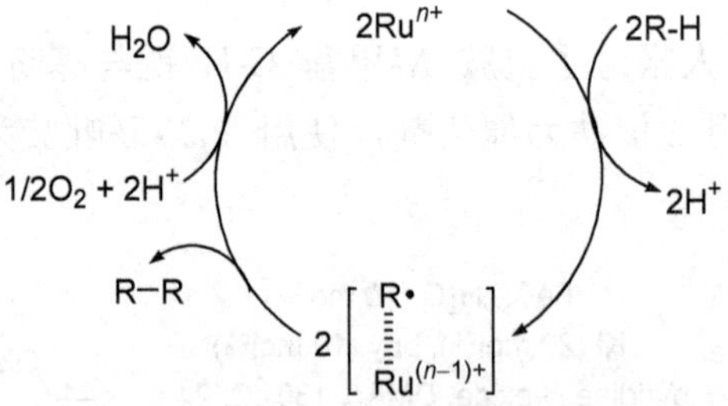
H2O
2Ru^n+
2R-H
1/2O2 + 2H+
2H+
R−R
2
R•
Ru^(n−1)+

图 3　$Ru(OH)_x/Al_2O_3$ 的自由基反应机理

2008 年，Li 等人也报道了一例钌催化的双 C-H 键活化的氧化偶联反应。如式 76 所示[106]：在氧化剂二叔丁基过氧化物 (DTBP) 的作用下，带有导向配位基团的芳烃 C-H 键与环烷烃的 $C_{(sp^3)}$-H 键发生氧化偶联反应生成新的 $C_{(sp^2)}$-$C_{(sp^3)}$ 键。

$$(76)$$

R = 4-F, 71%
R = 3-Me, 53%
R = 4-MeO, 54%
R = 4-CO₂Et, 63%

3.3   镍催化剂

镍盐及其配合物作为催化剂在有机合成反应中已得到了广泛应用,在催化氧化偶联反应中也有报道。2007 年,Mozumdar 等人报道了纳米镍催化的硫醇类化合物的自身氧化偶联反应。如式 77 所示[107]:该反应可以在室温下空气中进行,反应结束后经离心沉淀可回收纳米镍催化剂。

$$(77)$$

R = Ph, 98%
R = PhCH₂, 96%
R = Naphthyl, 93%
R = cyclohexyl, 92%
R = 2-NH₂C₆H₄, 94%

2009 年,Lei 等人报道了镍催化的两个不同端炔之间的交叉偶联反应。如式 78 所示[108]:该氧化偶联反应可以在室温下空气或氧气中进行,为合成不对称 1,3-二炔提供了一种简便的方法。

$$(78)$$

R¹ = Ph, R² = TBS, 60%
R¹ = Ph, R² = CH₂OAc, 86%
R¹ = Ph, R² = CH₂OBn, 93%
R¹ = Ph, R² = CH₂NHPh, 72%
R¹ = 4-BrC₆H₄, R² = CH₂OH, 75%

2010 年,Miura 等人报道了镍催化的杂环芳烃与芳基硅试剂反应,实现了 C-H 键的直接芳基化反应。如式 79 所示[109]:该反应以 2,2'-联吡啶为配体和 CuF₂ 为氧化剂,在 150 ℃ 下的 DMAc 溶液中进行。他们认为:镍催化的反

$$(79)$$

X = O, R = H, R' = Me, 80%
X = O, R = 4-Me, R' = Et, 77%
X = S, R = 4-Me, R' = Et, 43%
X = NMe, R = 4-Me, R' = Et, 65%

反应条件: NiBr₂·diglyme (10 mol%), bpy (10 mol%)
CsF (3 eq.), CuF₂ (2 eq.), DMAc, 150 ℃, 2.5 h

应机理与钯催化的反应机理类似, 可能经历了 Ni(0)/Ni(II) 催化循环, 其中 Ni(II) 为活性物种。低价态的 Ni(0) 在氧化剂 CuF$_2$ 作用下重新生成 Ni(II), 从而完成催化循环。

3.4 金催化剂

氧化偶联反应中所用的金催化剂一般为 Au(III) 化合物。2008 年, Tse 等人报道了金催化的简单芳烃的自身氧化偶联反应。如式 80 所示[110]: 该反应以二乙酸碘苯 [PhI(OAc)$_2$] 为氧化剂在乙酸中进行。

$$
\text{R} \diagdown \text{H} \xrightarrow[\substack{\text{R = H, 71\%} \\ \text{R = 2,5-Me}_2\text{, 81\%} \\ \text{R = 2-MeO, 5-F, 68\%} \\ \text{R = 2-MeO, 5-Br, 56\%} \\ \text{R = 3-CO}_2\text{Me, 4-MeO, 74\%}}]{\substack{\text{HAuCl}_4 \text{ (2 mol\%), HOAc} \\ \text{PhI(OAc)}_2 \text{ (1 eq.), 17 h}}} \text{R} \diagup\diagdown \text{R} \qquad (80)
$$

同年, Wegner 等人利用 HAuCl$_4$ 催化芳基丙炔酸酯的环化反应, 经过两次氧化偶联反应方便地合成了双香豆素化合物 (式 81)[111]。

$$
\xrightarrow[\substack{\text{R = H, 27\%} \\ \text{R = 4-}^t\text{Bu, 55\%} \\ \text{R = 3-MeO, 40\%}}]{\substack{\text{HAuCl}_4 \text{ (5 mol\%), }^t\text{BuOOH} \\ \text{(5 eq.), DCE, 60 }^\circ\text{C, 24 h}}} \qquad (81)
$$

3.5 铈(IV) 催化剂

铈(IV) 具有一定的氧化性, 是一种价格便宜的单电子氧化剂。它们常常被用作单电子转移反应的催化剂, 最常用的铈催化剂是硝酸铈铵 (CAN) 和四正丁基硝酸铈铵 (CTAN)。2003 年, Flowers 等人将 CTAN 成功地应用于 1,3-二羰基化合物与烯丙基硅试剂的氧化偶联反应。如式 82 所示[112]: 该反应在乙腈中进行, CTAN 既是催化剂又起到氧化剂的作用。

$$
\text{R}^1 \diagdown \diagup \text{R}^2 + \diagdown\diagup\text{TMS} \xrightarrow[\substack{\text{R}^1 = \text{Ph, R}^2 = \text{Ph, 78\%} \\ \text{R}^1 = \text{Me, R}^2 = \text{MeO, 81\%} \\ \text{R}^1 = \text{Me, R}^2 = \text{EtO, 73\%}}]{\text{CTAN (2 eq.), MeCN, rt, 4 h}} \qquad (82)
$$

2009 年, 他们又报道了 CTAN 催化的 1,3-二羰基化合物与烯烃的环化反应。如式 83 所示[113]: 该反应在室温下的甲醇中进行, 该催化体系可用于二氢呋喃衍生物的简便合成。

$$\text{R}^1 \underset{\text{O}}{\overset{\text{O}}{\bigcirc}} \text{R}^2 \quad + \quad \underset{\text{Ph}}{\nearrow} \quad \xrightarrow{\text{CTAN (2 eq.), CH}_3\text{CN, rt, 4 h}} \quad \text{R}^1 \underset{\text{O}}{\bigcirc} \underset{\text{R}^2}{\overset{\text{Ph}}{\bigcirc}}$$

$$\text{R}^1 = \text{Ph, R}^2 = \text{Ph, 84\%}$$
$$\text{R}^1 = \text{Ph, R}^2 = \text{EtO, 78\%}$$
$$\text{R}^1 = 4\text{-FC}_6\text{H}_4, \text{R}^2 = \text{MeO, 74\%}$$

(83)

2005 年，Xi 等人发现 CAN 可以在水相中催化芳胺的自身氧化偶联反应。如式 84 所示[114]：该反应可在室温下进行，CAN 在反应中既是催化剂又是氧化剂。

$$\underset{\text{R}^2}{\overset{\text{R}^1}{>}}\text{N} \underset{}{\bigcirc} \quad \xrightarrow{\text{CAN (2 eq.), H}_2\text{O, rt, 2 h}} \quad \underset{\text{R}^2}{\overset{\text{R}^1}{>}}\text{N} \underset{}{\bigcirc} \underset{}{\bigcirc} \text{N} \overset{\text{R}^1}{\underset{\text{R}^2}{<}}$$

$$\text{R}^1 = \text{Et, R}^2 = \text{Et, 81\%}$$
$$\text{R}^1 = \text{Me, R}^2 = \text{Me, 81\%}$$
$$\text{R}^1 = {}^i\text{Pr, R}^2 = \text{Bu, 85\%}$$
$$\text{R}^1 = \text{Bu, R}^2 = \text{Bu, 53\%}$$

(84)

4　邻位导向基团参与 C-H 键活化的氧化偶联反应

利用导向基团的定位效应来实现邻位 C-H 键的官能化是当前金属有机化学研究领域的一个热点。通常，导向基团通过孤对电子与过渡金属原子 (例如：Pd、Ru、Rh 和 Pt 等) 配位，在邻位形成一个五元或六元环的环金属中间体，从而实现邻位 C-H 键的活化。然后，再与另一分子底物作用使反应只发生在导向基团的邻位，表现出较高的区域选择性 (式 85)。目前，这种 C-H 键参与的氧化偶联反应类型主要包括：(a) 与烯烃的氧化偶联反应；(b) 与金属有机试剂的氧化偶联反应；(c) 与卤化试剂和乙酰氧化反应；(d) 与简单芳烃 C-H 键的反应。

$$\underset{\text{R}}{\overset{\text{DG}}{\bigcirc}} \quad \xrightarrow{\text{Functionalization}} \quad \text{FG} \underset{\text{R}}{\overset{\text{DG}}{\bigcirc}} \quad + \quad \text{FG} \underset{\text{R}}{\overset{\text{DG}}{\bigcirc}} \text{FG}$$

(85)

DG = Directing Group

4.1　与烯烃的氧化偶联反应

2002 年，de Vries 等人报道了钯催化的 N-酰基芳胺邻位 C-H 键的烯基化反应。如式 86 所示[115]：该反应使用对苯醌为氧化剂，在 20 ℃ 下的乙酸中进行，无论是带有吸电子和供电子基团的苯酰胺均可用作合适的底物。在该反应条件下，卤苯底物不会发生经典的 Heck 反应（式 87）[116]。2007 年，Guo 等人对该反应体系进行了改进，利用氧气替代对苯醌作为氧化剂也取得了较好的效果[117]。

$$R^1 = H, R^2 = Me, 54\%$$
$$R^1 = H, R^2 = Ph, 55\%$$
$$R^1 = 4\text{-}Me, R^2 = Me, 85\%$$
$$R^1 = 4\text{-}CF_3, R^2 = Me, 29\%$$
$$R^1 = 4\text{-}MeO, R^2 = Me, 62\%$$

(86)

R = 4-I, 3-Me, 54%
R = 3-Br, 4-Me, 67%
R = 3-Cl, 4-MeO, 82%
R = 3-F, 4-MeO, 100%

(87)

2007 年，Shi 等人报道：在酸性条件下，钯催化的 N,N-二甲基苄胺邻位 C-H 键可直接进行烯基化反应。如式 88 所示[118]：该反应以 Cu(OAc)$_2$ 为氧化剂，在三氟乙醇和乙酸混合溶剂中进行，具有很好的官能团兼容性。

R = H, R' = Bn, 86%
R = H, R' = ^{n}Bu, 86%
R = H, R' = CONH$_2$, 82%
R = 3-F, R' = ^{n}Bu, 86%
R = 4-Cl, R' = ^{n}Bu, 85%

(88)

2009 年，Miura 等人报道了以吡唑为导向定位基团的烯基化反应。如式 89 所示[119]：苯环上吡唑邻位的两个 C-H 键可依次与两个不同烯烃反应生成二烯基化产物。

R^1 = Ph, R^2 = CO$_2$^{n}Bu, 70%
R^1 = 2-naphthyl, R^2 = CO$_2$^{n}Bu, 63%
R^1 = 4-ClC$_6$H$_4$, R^2 = 4-MeOC$_6$H$_4$, 70%

(89)

2010 年，Yu 等人报道了以羟基作为导向基团的邻位 C-H 键的烯基化反应。如式 90 所示[120]：反应以 N-保护的氨基酸为配体和 AgOAc 为氧化剂，在六氟代苯中进行可以得到满意的结果。

$$
\begin{array}{c}
\text{Pd(OAc)}_2\ (10\ \text{mol}\%) \\
\text{(+)-MeO}_2\text{C-Leu-OH}\ (20\ \text{mol}\%) \\
\text{AgOAc}\ (4\ \text{eq.}),\ \text{C}_6\text{F}_6,\ 80\ ^{\circ}\text{C},\ 48\ \text{h}
\end{array}
$$

R^1 = 2-Cl, R^2 = CO$_2$Et, 59%

R^1 = 4-Br, R^2 = CO$_2$Et, 32%

R^1 = 2-Me, R^2 = CO$_2$Et, 85%

R^1 = 3-MeO, R^2 = CO$_2$Et, 92%

R^1 = 3,4-(MeO)$_2$, R^2 = SO$_2$OPh, 66%

R^1 = 3,4-(MeO)$_2$, R^2 = PO(OEt)$_2$, 89%

(90)

同年，Glorius 等人报道铑催化剂也可用于乙酰芳胺导向的 C-H 键的烯基化反应。如式 91 所示[121]：该反应使用 AgSbF$_6$ 为助催化剂和 Cu(OAc)$_2$ 为氧化剂。

$$
\begin{array}{c}
\text{[RhCp*Cl}_2\text{]}_2\ (0.5\ \text{mol}\%) \\
\text{AgSbF}_6\ (2\ \text{mol}\%),\ \text{Cu(OAc)}_2\ (2.1\ \text{eq.}) \\
^{t}\text{AmylOH},\ 120\ ^{\circ}\text{C},\ 16\ \text{h}
\end{array}
$$

R^1 = H, R^2 = Ph, 80%

R^1 = 2-Me, R^2 = Ph, 51%

R^1 = 4-OAc, R^2 = Ph, 47%

R^1 = 4-Me, R^2 = 4-BrC$_6$H$_4$, 77%

R^1 = 4-Me, R^2 = naphthyl, 51%

(91)

随后，Wu 和 Cui 等人报道：使用 5 mol% Pd(OAc)$_2$ 为催化剂，以高达 95% 的收率从喹啉氮氧底物得到 2-烯烃取代喹啉产物。如式 92 所示[122]：喹啉氮氧中的氮氧官能团同时起到导向基团和氧化剂的双重作用。该方法不需要外加氧化剂，既降低了生产成本又简化了反应步骤。由于该反应的副产物是水，该方法还具有原子经济和环境友好的优点。

$$
\begin{array}{c}
\text{Pd(OAc)}_2\ (5\ \text{mol}\%) \\
\text{NMP},\ 110\ ^{\circ}\text{C}
\end{array}
$$

R = CN, 65%

R = CO$_2$Et, 86%

R = CO$_2{}^{n}$Bu, 85%

(92)

4.2　与有机金属试剂的氧化偶联反应

导向基团邻位 C-H 键与金属有机试剂 (例如：有机硼、硅或锡试剂等) 的氧化偶联是形成新的 C-C 和 C-杂原子键的新途径。这类反应避免了芳基卤化物的使用，具有简便有效的特点。2002 年，Sames 等人报道了席夫碱和 S-原子配位导向邻位 C-H 键与有机锡试剂的反应。如式 93 所示[123]：该反应区域选择性地发生在 C$_{(sp3)}$-H 键上而没有发生在活性更高的苯环上，实现了 C$_{(sp3)}$-H

键的芳基化和烯基化。2006 年，他们又完成了钌催化的吡咯和哌啶的 $C_{(sp3)}$-H 键与芳基硼酸酯的反应，实现了吡咯和哌啶的邻位芳基化 (式 94)[124]。

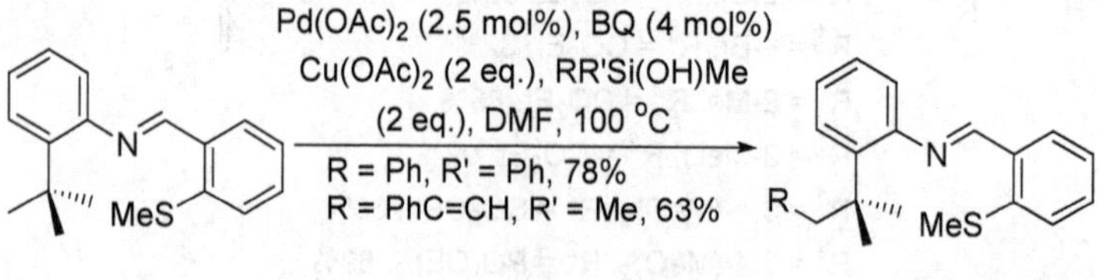

$$
\text{(93)}
$$

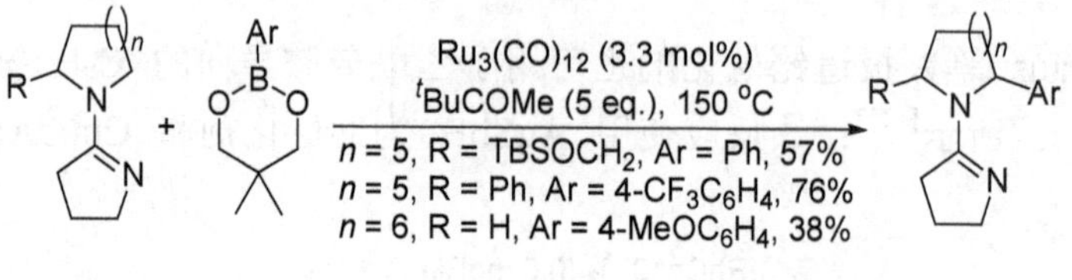

$$
\text{(94)}
$$

2006 年，Yu 等人报道了以噁唑啉为导向基团的 $C_{(sp2)}$-H 键与烷基锡试剂的氧化偶联反应。如式 95 和式 96 所示[125]：使用对苯醌为氧化剂，实现了苯基噁唑啉和苄基噁唑啉苯环上的烷基化反应。

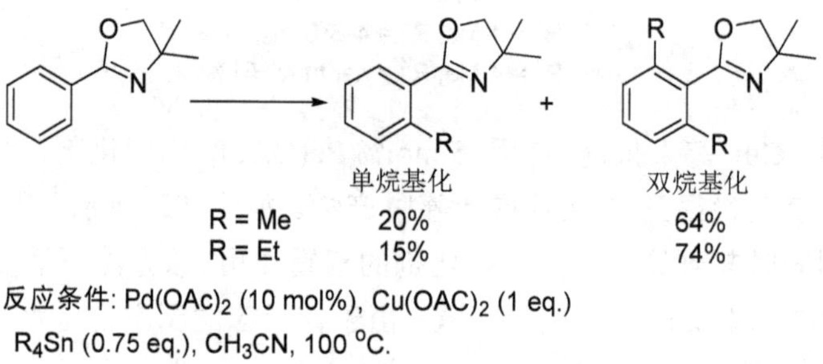

$$
\text{(95)}
$$

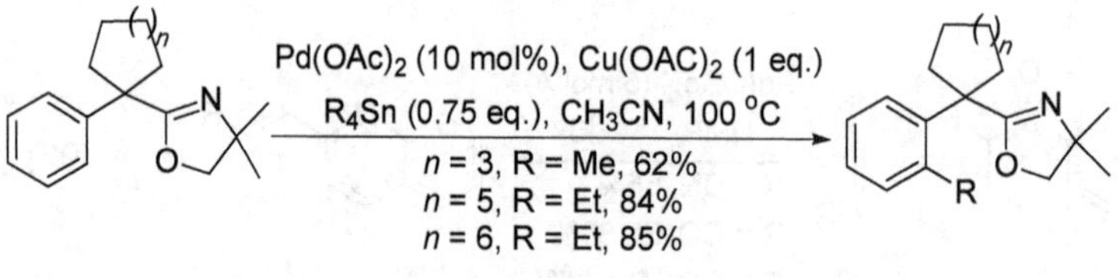

反应条件: Pd(OAc)$_2$ (10 mol%), Cu(OAC)$_2$ (1 eq.)
R$_4$Sn (0.75 eq.), CH$_3$CN, 100 °C.

$$
\text{(96)}
$$

同年，他们又发现了吡啶基团导向的 $C_{(sp2)}$-H 键和 $C_{(sp3)}$-H 键与甲基硼氧六环和烷基硼酸的偶联反应。如式 97~式 99 所示[126]：两类烷基化反应均可在空气中进行。

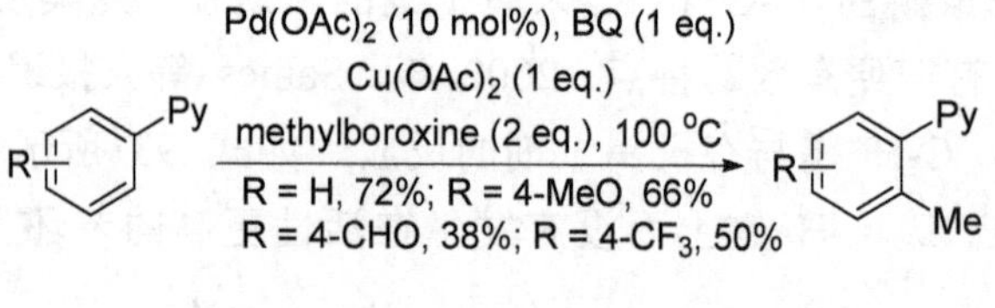

$$
\text{(97)}
$$

$$(98)$$

Pd(OAc)$_2$ (10 mol%), BQ (2 eq.)
Cu(OAc)$_2$ (2 eq.)
methylboroxine (2 eq.), 100 °C
R = H, 72%; R = Et, 70%
R = (CH$_2$)$_3$OH, 51%
R = (CH$_2$)$_2$CO$_2$Me, 70%

$$(99)$$

Pd(OAc)$_2$ (10 mol%), BQ (2 eq.)
Cu(OAc)$_2$ (2 eq.), 100 °C
R = H, R' = Me, 67%
R = H, R' = ^{n}Bu, 75%
R = (CH$_2$)$_4$CH$_3$, R' = ^{n}Bu, 55%

2007 年，Yu 等人又报道了羧基为导向基团的邻位 C-H 键与芳基硼酸酯的氧化偶联反应，实现了芳基和烷基羧酸的直接芳基化反应。如式 100 和式 101 所示[127]：在反应中加入 K$_2$HPO$_4$ 可以直接得到羧酸盐，从而增加了羧基与金属原子的配位作用。接着，他们又报道了 CONHOMe 为导向基团的邻位 C$_{(sp3)}$-H 键的烷基化，该反应可以在空气中进行[128]。

$$(100)$$

Pd(OAc)$_2$ (10 mol%), BQ (0.5 eq.)
^{t}BuOH, Ag$_2$CO$_3$ (1 eq.)
K$_2$HPO$_4$ (1.5 eq.), 120 °C
R = 2-Me, R' = Me, 75%
R = 3-MeO, R' = Me, 71%
R = 3-CO$_2$Me, R' = Ph, 40%

$$(101)$$

Pd(OAc)$_2$ (10 mol%), BQ (0.5 eq.)
^{t}BuOH, Ag$_2$CO$_3$ (1 eq.)
K$_2$HPO$_4$ (1.5 eq.), 120 °C
R = Me, 38%; R = ^{n}Bu, 28%
R = (CH$_2$)$_2$OBn, 30%
R = (CH$_2$)$_2$CO$_2$Me, 30%

2007 年，Shi 等人发现 N-烷基酰胺也可以作为导向基团实现邻位 C-H 键与芳基硼酸的氧化偶联反应。如式 102 所示[129]：以 Cu(OTf)$_2$ 和 Ag$_2$O 为氧化剂，该反应可以在钯催化剂作用下顺利地完成。

$$(102)$$

Pd(OAc)$_2$ (10 mol%), Cu(OTf)$_2$
(1 eq.), Ag$_2$O (1 eq.), PhMe 120 °C
n = 5, R = H, 84%
n = 6, R = H, 85%
n = 6, R = 3-MeO, 80%
n = 6, R = 3-NO$_2$, 31%

2008 年，Studer 等人报道了铑催化的吡啶导向的 C$_{(sp2)}$-H 键与芳基硼酸的氧化偶联反应。如式 103 和式 104 所示[130]：他们以 TEMPO (2,2,6,6-tetramethyl-piperidine-*N*-oxyl) 为氧化剂，实现了噻吩和苯环的直接芳基化反应。

$$(103)$$

[RhCl(C₂H₄)₂]₂ (5 mol%), P(4-CF₃C₆H₄)₃ (20 mol%), TEMPO (1 eq.) dioxane/*t*BuOH, 130 °C
R = H, 99%; R = 3-Cl, 90%
R = vinyl, 87%; R = 3,5-(CF₃)₂, 92%

$$(104)$$

[RhCl(C₂H₄)₂]₂ (5 mol%), P(4-CF₃C₆H₄)₃ (20 mol%), TEMPO (1 eq.) dioxane/*t*BuOH, 130 °C
R = 4-H, 74%; R = 4-Me, 66%
R = 4-vinyl, 68%; R = 3-Cl, 70%

2010 年，Lipshutz 等人报道了离子钯催化剂促进的 $C_{(sp2)}$-H 键与芳基硼酸的氧化偶联反应。如式 105 所示[131]：该反应以酰胺为导向基团在室温下进行，实现了在温和反应条件下的 C-H 活化。

$$(105)$$

[PdI(MeCN)₄](BF₄)₂ (10 mol%)
BQ (2 eq. or 5 eq.), EtOAc, rt
R = 3-Me, R' = Ph, 86%
R = 3-*i*-Pr, R' = 4-Me, 89%
R = 3-Me, R' = 4-CO₂Me, 94%
R = 3-MeO, R' = 4-CO₂Me, 70%

4.3　与卤化试剂的氧化偶联反应

2004 年，Sanford 等人报道了吡啶导向的苯环及其烷烃链上 C-H 键的乙酰氧化反应。如式 106 和式 107 所示[132]：该反应以二乙酸碘苯为氧化剂和乙酰

$$(106)$$

Pd(OAc)₂, PhI(OAc)₂
AcOH, 100 °C
R = H, 83%
R = Me, 78%
R = CHO, 58%

$$(107)$$

Pd(OAc)₂, PhI(OAc)₂
AcOH, 100 °C
80%

氧化试剂, 反应在乙酸中 100 °C 下进行。随后, 他们又将该催化体系的底物扩展到肟导向的 $C_{(sp3)}$-H 键功能化反应, 反应表现出较高的区域选择性, 在有机合成中具有较大的应用价值 (式 108 和式 109)[133]。

$$ (108) $$

$$ (109) $$

2006 年, Sanford 等人发现肟作为导向基团也可以促进 C-H 键的烷氧化和乙酰氧化反应。如式 110 和式 111 所示[134]: 该反应使用价格便宜的 oxone 为氧化剂在甲醇或乙酸中进行, 甲醇和乙酸分别被用作烷氧化试剂或乙酰氧化试剂。

$$ (110) $$

$$ (111) $$

同年, Sanford 等人研究了吡啶为导向基团的苯环 C-H 键的卤化反应, 使用 NCS、NBS 或 NIS 分别实现了 C-H 键的氯化、溴化和碘化反应。如式 112 所示[135]: 这些卤化试剂在反应中还同时起着氧化剂的作用。

$$ (112) $$

几乎同时, Yu 等人报道了噁唑啉为导向基团基于 $C_{(sp3)}$-H 键活化的碘化反应。如式 113 所示[136]: 该反应以二乙酸碘苯为氧化剂和 I_2 为碘化试剂, 真正起到碘化作用的是原位生成的 IOAc。

$$
\begin{array}{c}
\text{Me} \\
\text{Me} \quad \xrightarrow{\quad\quad} \text{N} \\
\text{R}
\end{array}
\xrightarrow[\begin{array}{c}\text{CH}_2\text{Cl}_2,\ 24\ ^\circ\text{C},\ 24\ \text{h}\end{array}]{\begin{array}{c}\text{Pd(OAc)}_2\ (5\ \text{mol}\%) \\ \text{I}_2\ (1\ \text{eq.}),\ \text{PhI(OAc)}_2\ (1\ \text{eq.})\end{array}}
\begin{array}{c}
\text{I} \\
\text{Me} \quad \xrightarrow{\quad\quad} \text{N}
\end{array}
\quad (113)
$$

R = Me, 80%
R = TBSO, 62%
R = CH₂Cl, 60%
R = TBSOCH₂, 45%

$$ \text{I}_2 \quad + \quad \text{PhI(OAc)}_2 \longrightarrow \text{IOAc} \quad + \quad \text{PhI} $$

随后，他们又实现了羧基为导向基团的基于 C-H 键活化的碘化反应 (式 114)[137]。

$$
\text{R} \xrightarrow{\quad\quad} \text{CO}_2\text{H}
\xrightarrow[\begin{array}{c}\text{PhI(OAc)}_2\ (1\sim1.5\ \text{eq.}),\ \text{DMF},\ 100\ ^\circ\text{C},\ 24\ \text{h}\end{array}]{\begin{array}{c}\text{Pd(OAc)}_2\ (10\ \text{mol}\%),\ \text{I}_2\ (1\sim1.5\ \text{eq.})\end{array}}
\text{R} \xrightarrow{\quad\quad} \text{CO}_2\text{H}
\quad (114)
$$

R = 4-Cl, 80%
R = 3-Me, 80%
R = 3-OAc, 65%
R = 4-MeO₂C≡C, 74%

2006 年，他们又完成了 CuCl₂ 催化的吡啶为导向基团基于 $C_{(sp2)}$-H 键活化的氯化反应。如式 115 所示[138]：该反应以 O₂ 为氧化剂和 Cl₂CHCHCl₂ 为溶剂。由于 Cl₂CHCHCl₂ 可以在反应中被转化成为 Cl₂C=CHCl 和 HCl，Cl₂CHCHCl₂ 同时起到溶剂和氯化试剂的作用。

$$
\text{R} \xrightarrow{\quad\quad} \text{N}
\xrightarrow[\begin{array}{c}\text{Cl}_2\text{CHCHCl}_2,\ 130\ ^\circ\text{C},\ 24\ \text{h}\end{array}]{\begin{array}{c}\text{CuCl}_2\ (20\ \text{mol}\%),\ \text{O}_2\ (1\ \text{atm})\end{array}}
\text{R} \xrightarrow{\quad\quad} \text{N}
\quad (115)
$$

R = H, 63%
R = 4-OMe, 93%
R = 4-CO₂Me, 81%

2006 年，Yu 等人报道了 Boc-导向基于 $C_{(sp3)}$-H 键活化的乙酰氧化反应，实现了 Boc-保护的甲基胺的直接官能化反应。如式 116 所示[139]：该反应在 DCE 中进行，二乙酸碘苯和 I₂ 原位反应生成的 IOAc 是真正的乙酰氧化试剂。

$$
\begin{array}{c}\text{Boc} \\ \text{R} \xrightarrow{\quad} \text{N} \xrightarrow{\quad} \text{Me}\end{array}
\xrightarrow[\begin{array}{c}\text{PhI(OAc)}_2\ (1\sim1.6\ \text{eq.}),\ \text{DCE}\ 40\ ^\circ\text{C},\ 24\ \text{h}\end{array}]{\begin{array}{c}\text{Pd(OAc)}_2\ (10\ \text{mol}\%),\ \text{I}_2\ (1\sim1.6\ \text{eq.})\end{array}}
\begin{array}{c}\text{Boc} \\ \text{R} \xrightarrow{\quad} \text{N} \xrightarrow{\quad} \text{OAc}\end{array}
\quad (116)
$$

R = Bu, 83%
R = PhCHMe, 85%
R = MeO(CH₂)₂, 69%
R = 4-MeO₂CC₆H₄, 89%
R = 4-MeO₂SC₆H₄, 84%

同年，Shi 等人以酰胺为导向基团完成了乙酰芳胺的氯化反应。如式 117 所示[140]：采用 CuCl₂ 为氯化试剂和 Cu(OAc)₂ 为氧化剂，该反应具有很好的区域选择性。

$$\text{R} \overset{\text{NHAc}}{\underset{}{\bigcirc}} \quad \xrightarrow[\substack{\text{Cu(OAc)}_2 \text{ (2 eq.), DCE, 90 }^{\circ}\text{C, 48 h} \\ \text{R = H, 80\%; R = 4-Cl, 27\%} \\ \text{R = 4-Me, 78\%; R = 4-OMe, 79\%}]{\text{Pd(OAc)}_2 \text{ (5 mol\%), CuCl}_2 \text{ (2 eq.)}}} \quad \text{R} \overset{\text{NHAc}}{\underset{\text{Cl}}{\bigcirc}} \qquad (117)$$

4.4 与简单芳烃 C-H 键的活化

2008 年，Buchwald 等人报道了钯催化的新戊酰芳胺与简单芳烃反应的芳基化反应。如式 118 所示[141]：该反应以氧气为氧化剂，反应机理可能涉及到双 C-H 键活化过程。

$$\text{R} \overset{\text{NHPiv}}{\underset{}{\bigcirc}} + \text{ArH} \xrightarrow[\substack{\text{O}_2 \text{ (1 atm), 100 }^{\circ}\text{C, 10 h} \\ \text{R = 2-Me, Ar = Ph, 70\%} \\ \text{R = 3-F, Ar = Ph, 68\%} \\ \text{R = 2-Me, 3-Cl, Ar = Ph, 59\%} \\ \text{R = 3-Me, Ar = toluene, 82\%} \\ \text{R = 3-Me, Ar = anisole, 77\%} \\ \text{R = 3-Me, Ar = 1,3-xylene, 62\%}]{\text{Pd(OAc)}_2 \text{ (5 mol\%), DMSO (10 mol\%)}} \text{R} \overset{\text{NHPiv}}{\underset{\text{Ar}}{\bigcirc}} \qquad (118)$$

同年，Shi 等人也发现了酰胺导向的芳环之间双 C-H 键活化的氧化偶联反应。如式 119 和式 120 所示[142]：该反应以 Cu(OTf)$_2$ 为氧化剂在氧气中进行，并可用于去氧咔唑霉素 (4-deoxycarbazomycin B) 的合成。

$$\xrightarrow[\substack{\text{O}_2 \text{ (1 atm), EtCO}_2\text{H, 100 }^{\circ}\text{C, 7 h} \\ \text{ArH = PhH, 78\%} \\ \text{ArH = PhH, 66\%} \\ \text{ArH = 1,2-xylene, 78\%}]{\text{Pd(OAc)}_2 \text{ (10 mol\%), Cu(OTf)}_2 \text{ (20 mol\%)}}} \qquad (119)$$

$$\xrightarrow[41\%]{\text{PhH, Pd(OAc)}_2 \\ \text{Cu(OTf)}_2} \xrightarrow[\substack{75\% \\ \text{4-deoxycarbazomycin B}}]{\substack{\text{1. Pd(OAc)}_2\text{, Cu(OTf)}_2 \\ \text{2. KOH}}} \qquad (120)$$

2010 年，Dong 等人报道了基于双分子 C-H 键活化的 N,N-二甲氨基甲酸苯酚酯类化合物与简单芳烃的氧化偶联反应，氧化剂为便宜易得的过硫酸钠 (式 121)[143]。

$$\text{R} \overset{\text{O}\diagup\text{NMe}_2}{\underset{\text{O}}{\bigcirc}} \xrightarrow[\substack{\text{Na}_2\text{S}_2\text{O}_8 \text{ (3 eq.), TFA (1 mmol), 70 }^{\circ}\text{C} \\ \text{R = 2-Me, ArH = }o\text{-Cl}_2\text{PhH, 80\%} \\ \text{R = H, ArH = }o\text{-Cl}_2\text{PhH, 62\%} \\ \text{R = 2-Ph, ArH = }o\text{-Cl}_2\text{PhH, 73\%} \\ \text{R = H, ArH = ArH = }o\text{-Cl}_2\text{PhH, 78\%} \\ \text{R = 3-MeO, Ar = 1,2-xylene, 76\%}]{\text{ArH (1 mL), Pd(OAc)}_2 \text{ (10 mol\%)}} \text{R} \overset{\text{O}\diagup\text{NMe}_2}{\underset{\text{Ar}}{\bigcirc}} \qquad (121)$$

同年，Li 等人报道了 CuCl$_2$ 促进的 *N*-芳基炔酰胺化合物分子内的环化反应合成吲哚二酮类化合物的新方法。如式 122 所示[144]：该反应涉及醛的 C-H 和芳环 C-H 键的活化。他们通过原位红外和高分辨质谱捕捉到了三价铜反应中间体，并提出了三价铜催化的反应机理。

$$
\begin{array}{c}
\text{CuCl}_2\ (10\ \text{mol\%}),\ \text{O}_2\ (1\ \text{atm}) \\
\text{THF, 100 °C, 4 h} \\
\hline
\text{R}^1 = \text{H, R}^2 = \text{Bn, 80\%} \\
\text{R}^1 = \text{H, R}^2 = \text{allyl, 74\%} \\
\text{R}^1 = \text{3-Me, R}^2 = \text{Me, 86\%} \\
\text{R}^1 = \text{3-(2-thienyl), R}^2 = \text{Me, 60\%}
\end{array}
$$

(122)

5 不对称氧化偶联反应

手性技术推动着手性医药、农药和香精香料等精细化工的快速发展，同时在材料科学和信息科学等其它相关学科中显示出越来越重要的应用前景。催化不对称合成是获得手性化合物最有效的方法，因为它很容易实现不对称增值。在这一富有创新性和挑战性的领域中，催化不对称氧化偶联反应相对于其它不对称合成反应发展较晚。目前的研究工作主要集中于过渡金属催化的萘酚类化合物的不对称自身氧化偶联反应，其它类型的不对称氧化偶联反应也取得了一些进展。

5.1 铜催化的不对称氧化偶联反应

1999 年，Nakajima 等人报道了在室温下 CuCl 催化的 2-萘酚衍生物的自身不对称氧化偶联反应。他们使用手性脯氨酸衍生的二胺为配体，在 3-位取代萘酚底物中获得了较好的催化效果。如式 123 所示[145]：该反应的对映选择性最高可达 77% ee。

$$
\begin{array}{c}
\text{CuCl}\ (10\ \text{mol\%})/\text{L}\ (11\ \text{mol\%}) \\
\text{O}_2,\ \text{CH}_2\text{Cl}_2,\ \text{rt, 24 h} \\
\hline
\text{R} = \text{CO}_2\text{Me, 85\%, 78\% ee} \\
\text{R} = \text{CO}_2\text{Et, 77\%, 73\% ee} \\
\text{R} = \text{COMe, 71\%, 37\% ee} \\
\text{R} = \text{CO}^t\text{Bu, 69\%, 58\% ee}
\end{array}
$$

(123)

Kozlowski 等人长期以来一直致力于手性联萘酚及其衍生物的合成[146]。2001 年，他们报道了铜催化的 2-萘酚类化合物的不对称自身氧化偶联反应。如式 124 所示：使用 1,5-二氮-(顺)-十氢萘 (1,5-diaza-*cis*-decalin) 类衍生物为手性配体的对映选择性最高可达 93% ee。

$$\begin{array}{c} \text{CuCl or CuI/L (10 mol\%)} \\ \text{O}_2\text{, solvent, 40 }^\circ\text{C, 24 h} \\ \hline \text{R = OBn, 77\%, 38\% ee} \\ \text{R = COPh, 88\%, 89\% ee} \\ \text{R = CO}_2\text{Bn, 79\%, 90\% ee} \\ \text{R = CO}_2\text{Me, 85\%, 91\% ee} \end{array}$$

(124)

2004 年，Ha 等人利用 CuCl 和手性二胺配体实现了 3-羟基-2-萘甲酸甲酯的自身氧化偶联反应。如式 1125 所示[147]：该催化体系表现出了较高的催化活性和对映选择性。

$$\begin{array}{c} \text{CuCl (9 mol\%)/L (10 mol\%)} \\ \text{O}_2\text{, CH}_2\text{Cl}_2\text{, MS, 0 }^\circ\text{C, 48 h} \\ \hline \text{95\%, 94\% ee} \end{array}$$

(125)

5.2 钒催化的不对称氧化偶联反应

已经报道的手性钒催化剂主要有两种类型[148]：单核钒配合物和双核钒化合物。与单核催化剂相比较，双核钒催化剂由于具有双活化中心的协同催化作用而具有较高的催化活性。

2001 年，Chen 等人合成一种三齿氧化钒手性催化剂，并成功地将其应用于萘酚类化合物的不对称自身氧化偶联反应。如式 126 所示[149]：该反应可以得到中等到较高收率的联萘酚，对映选择性最高达 68% ee。随后，他们又报道了一种三齿氧钒(IV) 二羧酸盐的合成。如式 127 所示[150]：使用该盐作为手性催化剂，萘酚的不对称氧化偶联反应的对映选择性最高达 87% ee。

$$(126)$$

R^1 = H, R^2 = H, 94%, 62% ee
R^1 = Br, R^2 = H, 97%, 52% ee

V-cat. (10 mol%), O_2, rt, CCl_4

$$(127)$$

V-cat. (10 mol%), O_2
40~45 °C, CCl_4

R^1 = H, R^2 = H, 99%, 84% ee
R^1 = MeO, R^2 = H, 99%, 64% ee
R^1 = BnO, R^2 = H, 95%, 59% ee

几乎同时，Uang 等人将邻羟基苯甲醛亚胺衍生的手性 VO(IV) 化合物成功地应用于萘酚的不对称氧化偶联反应中。他们发现：在氧气氛围中，加入 Lewis 酸可以使该反应在室温下完成 (式 128)[151]。2003 年，他们还报道了从联萘酚衍生的新型手性 VO(IV) 化合物，并将其应用于萘酚的不对称氧化偶联反应中 (式 129)[152]。

$$(128)$$

V-cat. (3 mol%), O_2, rt
TMSCl (2 mol%), DCM, 24 h

R^1 = H, R^2 = H, 82%, 51% ee
R^1 = MeO, R^2 = H, 91%, 51% ee
R^1 = Me, R^2 = H, 50%, 51% ee

$$(129)$$

V-cat. (5 mol%), O_2
CHCl_3, rt

R^1 = H, R^2 = H, 93%, 54% ee
R^1 = MeO, R^2 = H, 96%, 72% ee
R^1 = H, R^2 = OBn, 74%, 68% ee

2002 年，Gong 等人报道了首例联萘酚衍生的双核钒手性催化剂促进的萘酚的不对称氧化偶联反应。如式 130 所示[153]：该反应以氧气为氧化剂，在 0 °C 下 CCl_4 中进行即可得到 86%~99% 的收率和 83%~98% ee 的联萘酚产物。

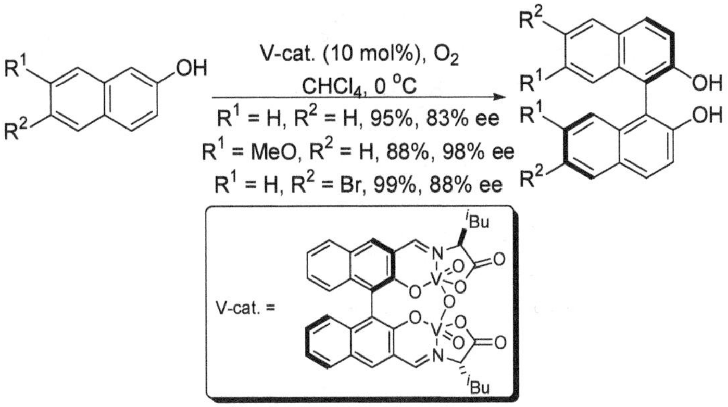
V-cat. (10 mol%), O2
CHCl4, 0 °C
R1 = H, R2 = H, 95%, 83% ee
R1 = MeO, R2 = H, 88%, 98% ee
R1 = H, R2 = Br, 99%, 88% ee
V-cat. =

(130)

接着，他们又合成了联苯酚衍生的双核钒手性催化剂。如式 131 所示[154]：该催化剂具有很好的官能团兼容性，产物的对映选择性均在 90% ee 以上。

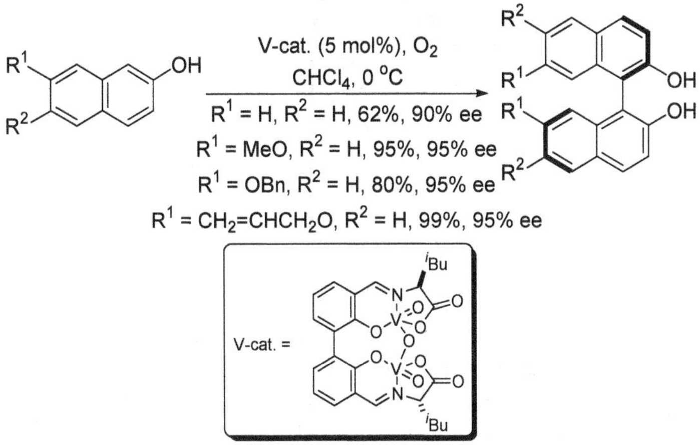
V-cat. (5 mol%), O2
CHCl4, 0 °C
R1 = H, R2 = H, 62%, 90% ee
R1 = MeO, R2 = H, 95%, 95% ee
R1 = OBn, R2 = H, 80%, 95% ee
R1 = CH2=CHCH2O, R2 = H, 99%, 95% ee
V-cat. =

(131)

2007 年，Gong 等人又报道了一种新型八氢联萘酚衍生的双核钒手性催化剂，实现了空气中萘酚的不对称氧化偶联反应 (式 132)[155]。

Sasai 等人[156]报道了一种从联萘酚衍生的新型高效双核钒手性催化剂。如式 133 所示：该催化剂催化的反应在空气下 CH_2Cl_2 中进行，具有反应时间短的优点。随后，他们又合成了八氢联萘酚衍生的双核钒手性催化剂。如式 134 所示：在萘酚的不对称氧化偶联反应中，产物的对映选择性最高可达 97% ee。

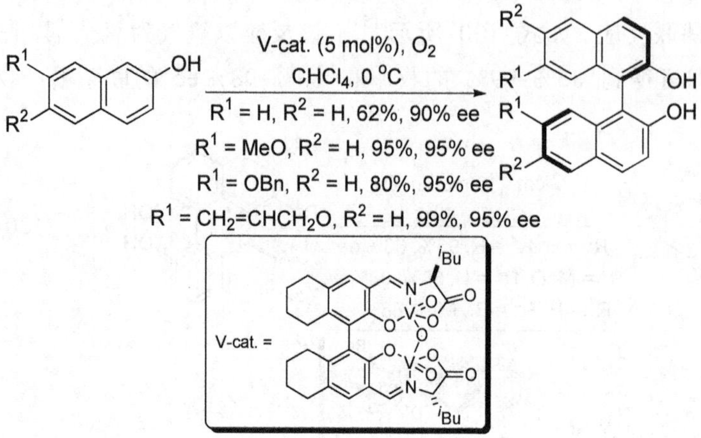

V-cat. (5 mol%), O2
CHCl4, 0 °C
R1 = H, R2 = H, 62%, 90% ee
R1 = MeO, R2 = H, 95%, 95% ee
R1 = OBn, R2 = H, 80%, 95% ee
R1 = CH2=CHCH2O, R2 = H, 99%, 95% ee
V-cat. =

(132)

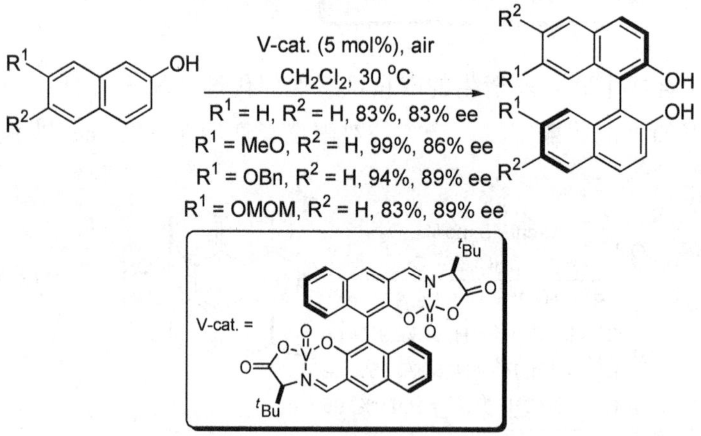

V-cat. (5 mol%), air
CH2Cl2, 30 °C
R1 = H, R2 = H, 83%, 83% ee
R1 = MeO, R2 = H, 99%, 86% ee
R1 = OBn, R2 = H, 94%, 89% ee
R1 = OMOM, R2 = H, 83%, 89% ee
V-cat. =

(133)

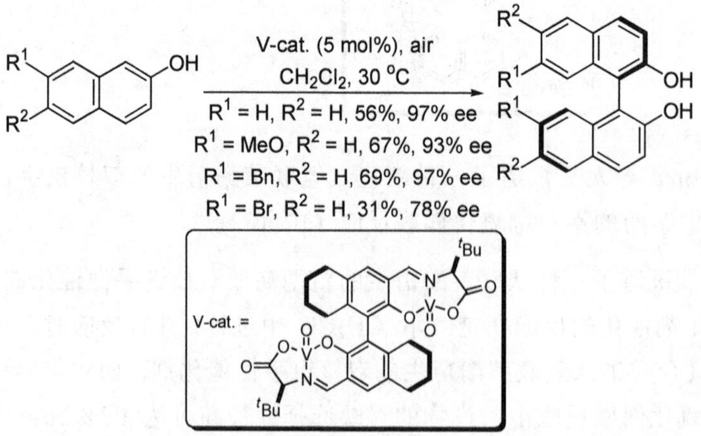

V-cat. (5 mol%), air
CH2Cl2, 30 °C
R1 = H, R2 = H, 56%, 97% ee
R1 = MeO, R2 = H, 67%, 93% ee
R1 = Bn, R2 = H, 69%, 97% ee
R1 = Br, R2 = H, 31%, 78% ee
V-cat. =

(134)

5.3 钯催化的不对称氧化偶联反应

1999 年，Mikami 等人报道了首例钯催化的不对称 Fujiwara-Moritani 反应，实现了简单芳烃与烯烃的不对称氧化偶联反应。如式 135 所示[157]：该反应使用磺酰胺-噁唑啉为手性配体和过氧苯甲酸叔丁酯为氧化剂。

$$
\begin{array}{c}
\text{Pd(OAc)}_2\text{/L (10 mol\%), PhCO}_3{}^t\text{Bu} \\
\text{(1 eq.), PhH, 100 }^\circ\text{C, 9 h} \\
\hline
\text{EWG = CO}_2\text{Me, 33\%, 1\% ee} \\
\text{EWG = NO}_2\text{, 9\%, 27\% ee} \\
\text{EWG = CN, 25\%, 44\% ee}
\end{array}
\tag{135}
$$

2010 年，Yu 等人报道了钯催化的以羧基为导向基团的二苯基乙酸基于 C-H 键活化的不对称烯基化反应。如式 136 所示[158]：反应以 Boc-保护的氨基酸 Boc-L-isoleucine (Boc-Ile-OH·0.5H$_2$O) 为手性配体，得到了中等以上收率和高达 97% ee。

$$ \tag{136} $$

反应条件：Pd(OAc)$_2$/BQ (5 mol%)，**L** (10 mol%) O$_2$ (1 atm)，NaHCO$_3$ (0.5 eq.)，t-amyl OH，90 $^\circ$C

R = Me, R^1 = H, R^2 = H, 73%, 97% ee
R = Me, R^1 = H, R^2 = 4-^{t}Bu, 51%, 95% ee
R = Me, R^1 = H, R^2 = 4-OPiv, 51%, 95% ee
R = Et, R^1 = H, R^2 = H, 61%, 72% ee

5.4 铁催化的不对称氧化偶联反应

2009 年，Katsuki 等人报道了在空气中无外加添加剂条件下铁催化的萘酚的不对称氧化偶联反应。如式 137 所示[159]：该反应使用手性 Salan-Fe(III) 配合物为催化剂。该催化体系对 3-位带有取代基的萘酚具有很高的催化活性，为合成 3,3'-二取代联萘酚提供了一种简便方法。

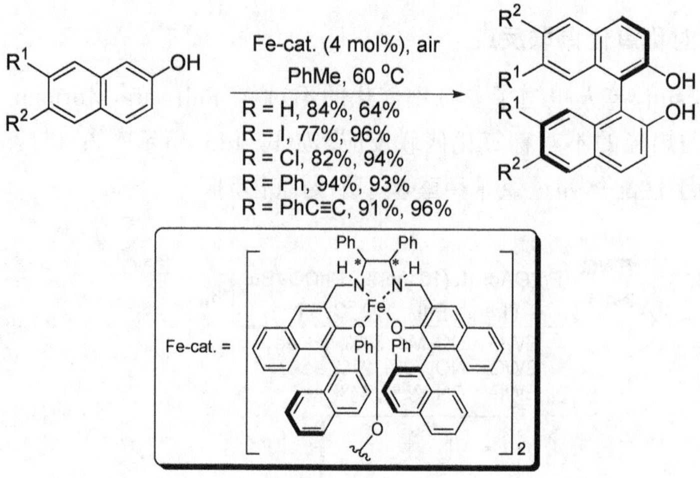

$$(137)$$

R = H, 84%, 64%
R = I, 77%, 96%
R = Cl, 82%, 94%
R = Ph, 94%, 93%
R = PhC≡C, 91%, 96%

6 氧化偶联反应在天然产物合成中的应用

6.1 在合成杀虫剂 Okaramine N 中的应用

　　Okaramine N 是简青霉产生的一种杀虫剂，它是由色氨酸衍生的七元或八元环生物碱。1989 年，Hayashi 等人首次发现和报道了该化合物。2003 年，Corey 等人首次完成了该化合物的全合成[160]。如式 138 所示：在全合成路线中，最关键的一步环化反应是基于钯催化的分子内吲哚与烯烃的氧化偶联反应。

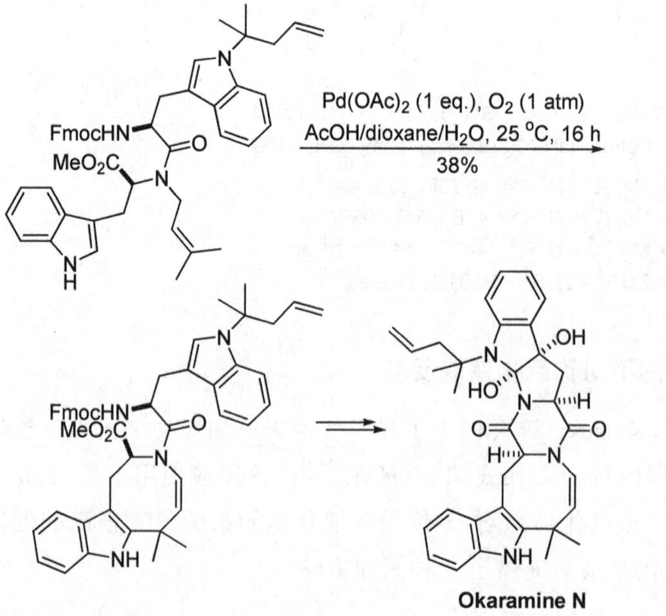

$$(138)$$

Okaramine N

6.2 在合成维生素 E 中的应用

维生素 E 是一种脂溶性维生素，是所有生育酚和生育三烯醇的总称，是脂类化合物主要的天然高效抗氧化剂。由于该化合物对氧敏感且易被氧化，故可保护其它易被氧化的物质，例如：不饱和脂肪酸、维生素 A 和 ATP 等。维生素 E 可以有效地减少过氧化脂质的生成，保护机体细胞免受自由基的毒害，充分发挥被保护物质的特定生理功能。维生素 E 共有八种天然化合物，根据芳环上的甲基化程度分为 α-、β-、γ- 和 δ- 四种衍生物。它们均含有一个苯并二氢吡喃骨架，并且在 2-位有一个 R-构型的手性碳原子。2005 年，Tietze 等人报道：在联萘噁唑啉手性配体存在下，通过不对称钯催化的多米诺反应一步生成新的 C-O 和 C-C 键。如式 139 所示[161]：在该反应步骤对苯醌被用作氧化剂。

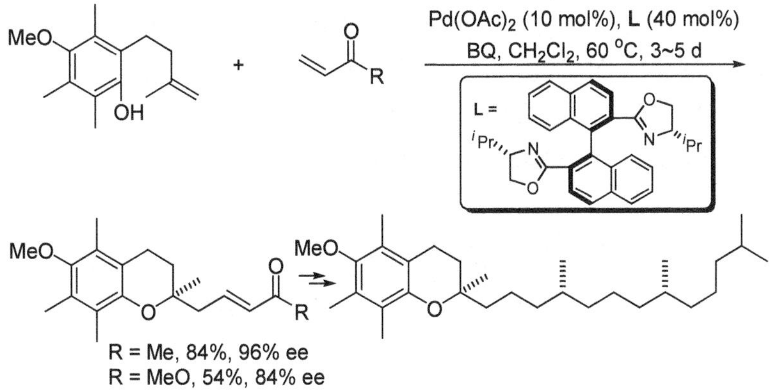

(139)

R = Me, 84%, 96% ee
R = MeO, 54%, 84% ee

6.3 在合成芘醌中的应用

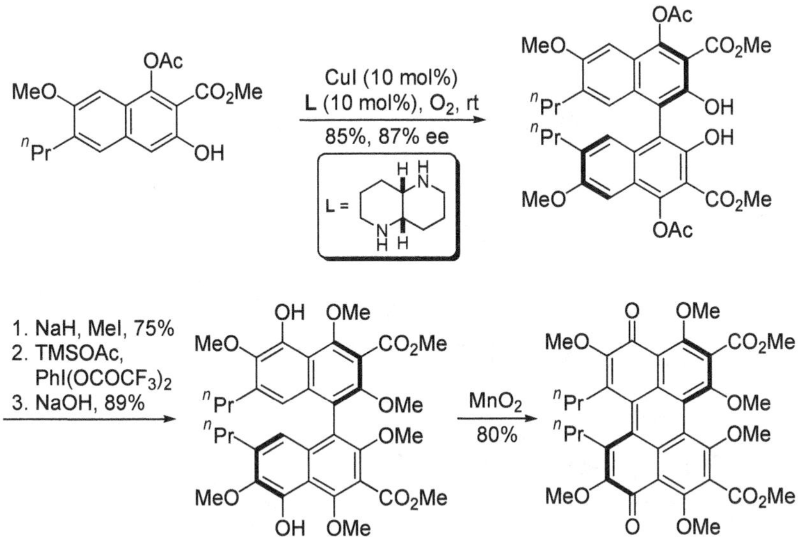

(140)

芘醌是尾孢菌素、弗莱菌素和 Calphostins 等一类天然产物中重要的芳环结构单元,这些天然产物均是强大的蛋白激酶 C 抑制剂而广泛存在于自然界植物和动物体内。利用芘醌的光化学性质,将它们键合在特定调节区域可以作为潜在光动力癌症治疗剂。如式 140 所示[162]:Kozlowski 等人报道了一条合成系列芘醌类菌素化合物的路线。首先,他们通过多步合成得到 2-萘酚衍生物。然后,经铜催化的萘酚的不对称氧化偶联反应得到手性联萘酚衍生物。最后,再经进一步官能化反应和氧化关环反应等步骤得到了芘醌中间体。

6.4 在合成咔唑生物碱中的应用

咔唑生物碱 (例如:Glycozolidine、Murrayafoline A、Clausenaquinone A、Koeniginequinone A 等) 广泛分布于自然界中。它们具有重要的生物和生理活性,例如:抗癌、抗炎症、抗真菌、抗菌和抗病毒等作用。此外,咔唑衍生物还被广泛地应用于有机材料和光电材料,例如:聚合电荧光二极管 (PLED)、有机发光器件 (OLED) 和荧光感应器等。Menéndez 等人利用钯催化分子内芳环间的双 C-H 键活化生成新 C-C 键的方法合成咔唑天然生物碱 (式 141)[163]。

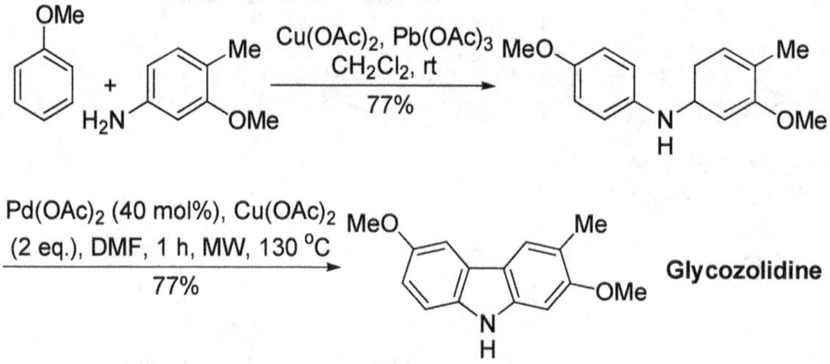

(141)

7 氧化偶联反应实例

例 一

1-甲基-2-(2-甲基苯基)吲哚的合成[56]
(杂环 C-H 键与有机硼试剂的氧化偶联反应)

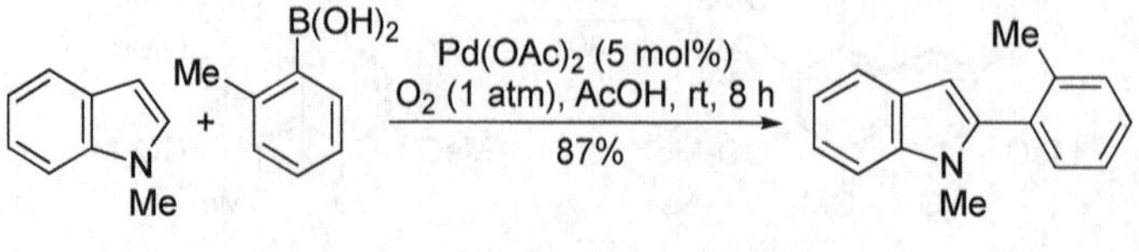

(142)

用注射器将乙酸 (5 mL) 加入到装有 1-甲基吲哚 (65.5 mg, 0.5 mmol)、2-甲基苯基硼酸 (102 mg, 0.75 mmol) 和 Pd(OAc)$_2$ (5.6 mg, 0.025 mmol) 的 Schlenck 反应管中。将体系脱气两次后重新注入氧气 (1 atm)，然后在室温下搅拌 8 h。向反应体系中加入 CH$_2$Cl$_2$ (50 mL)，生成的混合物用饱和 NaHCO$_3$ 水溶液洗涤。合并的有机相，经 MgSO$_4$ 干燥后蒸去溶剂，残留物经柱色谱 (正己烷-二氯甲烷，10:1) 分离纯化得到产物 (96.6 mg, 87%)。

<h2 align="center">例　二</h2>

<h3 align="center">N-甲基-N-苯并噻唑基苯胺的合成[59]</h3>

(杂环 C-H 键与胺 N-H 键的氧化偶联反应)

$$
\text{(苯并噻唑)} + \underset{\text{Ph}}{\text{HN}}-\text{Me} \xrightarrow[\substack{\text{xylene, 140 °C, 20 h} \\ 81\%}]{\substack{\text{Cu(OAc)}_2 \text{ (0.2 eq.), O}_2 \text{ (1 atm)} \\ \text{PPh}_3 \text{ (0.4 eq.), NaOAc (4 eq.)}}} \text{(产物)} \tag{143}
$$

在氧气气氛下，将溶有 Cu(OAc)$_2$ (7.3 mg, 0.04 mmol)、PPh$_3$ (21 mg, 0.08 mmol)、苯噻唑 (22 μL, 0.2 mmol)、N-甲基苯胺 (88 μL, 0.8 mmol) 和 NaOAc (66 mg, 0.8 mmol) 的二甲苯 (1 mL) 溶液在 140 °C 下搅拌 24 h。冷却至室温后，混合液经硅藻土过滤，并用氯仿反复洗涤。合并的滤液用水洗涤三次后用 MgSO$_4$ 干燥，蒸去溶剂得到的残留物经硅胶柱色谱纯化得到产物 (39 mg, 81%)。

<h2 align="center">例　三</h2>

<h3 align="center">2-二苯甲基-1-苯基丁烷-1,3-二酮的合成[98]</h3>

(基于苄基 C-H 键活化的氧化偶联反应)

$$
\text{Ph}\diagup\text{Ph} + \underset{\text{Ph}}{\text{O}}\diagdown\underset{\text{Me}}{\text{O}} \xrightarrow[\substack{\text{(2 eq.), neat, 80 °C, 8 h, N}_2 \\ 66\%}]{\text{FeCl}_2 \text{ (20 mol\%), } ^t\text{BuOO}^t\text{Bu}} \underset{\substack{\text{Ph} \quad \text{Ph}}}{\text{Ph}}\diagup\diagdown\text{Me} \tag{144}
$$

在室温和氮气氛围下，将二叔丁基过氧化氢 (0.188 mL, 1.0 mmol) 滴加到装有 1-苯甲酰丙酮 (81 mg, 0.5 mmol)、FeCl$_2$ (12.6 mg, 0.1 mmol) 和二苯基甲烷 (1 mL, 6.0 mmol) 的反应液中。生成的化合物在 80 °C 下搅拌 8 h 后，用二氯甲烷稀释。然后，经柱色谱 (二氯甲烷-石油醚，2:1, R_f = 0.5) 纯化得到目标产物 (108.2 mg, 66%)。

例 四

2-苯基苯并噁唑的合成[109]

(杂芳环 C-H 键与有机硅试剂的氧化偶联)

$$\text{(苯并噁唑)} + PhSi(OMe)_3 \xrightarrow[\substack{80\%}]{\substack{NiBr_2 \cdot diglyme\ (10\ mol\%),\ bpy \\ (10\ mol\%),\ CsF\ (3\ eq.),\ CuF_2 \\ (2\ eq.),\ DMAc,\ 150\ ^{\circ}C,\ 2.5\ h}} \text{(2-苯基苯并噁唑)} \qquad (145)$$

将溴化镍二甘醇二甲醚 (18 mg, 0.050 mmol) 加入到装有回流管的两颈反应瓶中，并在高真空下加热 5 min。在氮气氛围中，利用标准 Schlenk 技术依次把 2,2′-联吡啶 (bpy, 7.8 mg, 0.050 mmol)、CsF (228 mg, 1.5 mmol)、CuF₂ (102 mg, 1.0 mmol) 和 DMAc (1.0 mL) 加入到反应瓶中。在室温下搅拌 10 min 后，再将溶有苯并噁唑 (60 mg, 0.50 mL) 和三甲氧基苯硅烷 (198 mg, 1.0 mmol) 的 DMAc (2.0 mL)/H₂O (18 mg, 1.0 mmol) 溶液加入反应瓶中。混合液在 150 ℃ 下搅拌 2.5 h，待 GC 检测苯并噁唑消耗完全后加入水淬灭反应。然后，用乙酸乙酯萃取，合并的萃取液用 Na₂SO₄ 干燥。蒸去溶剂得到的残留物用硅胶柱色谱 (正己烷-乙酸乙酯，20:1) 分离得到产物 (78 mg, 80%)。

例 五

O-[2-(3,4-二氯苯基)苯基]-N,N-二甲基氨基甲酸酯的合成[143]

(带有导向基团的芳环 C-H 键与简单芳烃 C-H 键的氧化偶联反应)

$$\text{(PhOCONMe}_2) + \text{(二氯苯)} \xrightarrow[\substack{62\%}]{\substack{Pd(OAc)_2\ (10\ mol\%) \\ Na_2S_2O_8\ (3\ eq.) \\ TFA\ (1\ mmol),\ 70\ ^{\circ}C}} \text{(产物)} \qquad (146)$$

将 TFA (1 mmol) 加入到含有 o-苯基氨基甲酸酯 (0.2 mmol)、Pd(OAc)₂ (0.02 mmol, 10 mol%)、Na₂S₂O₈ (0.6 mmol) 和简单芳烃 (1 mL) 的混合物中。在 70 ℃ 下搅拌 38 h 后，向反应体系加入水淬灭反应。然后，用乙酸乙酯萃取，合并的有机相用 Na₂SO₄ 干燥。蒸去溶剂得到的残留物用硅胶柱色谱 (正己烷-乙酸乙酯，20:1) 分离得到产物 (62%)。

8 参考文献

[1] Glaser, C. *Ber. Dtsch. Chem. Ges.* **1869**, 2422.

[2]   Glaser, C. *Ann. Chem. Pharm.* **1870**, *154*, 137.

[3]   Suzuki, A. *J. Organomet. Chem.* **1999**, *576*, 147.

[4]   Miyaura, N.; Suzuki, A. *Chem. Commun.* **1979**, 866.

[5]   Suzuki, A. *Pure Appl. Chem.* **1991**, *63*, 419.

[6]   Martin, R.; Yang, Y. *Acta Chem. Scand.* **1993**, *4*, 221.

[7]   Kraft, P.; Bajgrowitcz, J.; Denis, C.; Frater, G. *Angew. Chem., Int. Ed.* **2000**, *39*, 2980.

[8]   Sonogashira, K. *Comput. Org. Synth.* **1991**, *3*, 551.

[9]   Sonogashira, K. In *Metal-Catalyzed Cross-Coupling Reactions*; Diederich, F.; Stang, J., Eds.; Wiley-VCH: Weinheim, **1998**; Chapter 5, pp 203-229.

[10]   Tywinski, R. *Angew. Chem., Int. Ed.* **2003**, *42*, 1566.

[11]   Farina, V.; Krishnamurthy, V.; Scott, W. *J. Org. React.* **1997**, *50*, 1.

[12]   Gallager, W.; Terstiege, I.; Malecka, R. E., Jr. *J. Am. Chem. Soc.* **2001**, *123*, 3194.

[13]   Milstein, D.; Stille, J. *J. Am. Chem. Soc.* **1978**, *100*, 3636.

[14]   Stille, J. *Angew. Chem., Int. Ed. Engl.* **1986**, *25*, 508.

[15]   Pereyre, M. In *Tin in Organic Synthesis*; Butterworths: Boston, MA, **1987**; pp 185-207.

[16]   Mitchell, T. *Synthesis* **1992**, 803.

[17]   Tamao, K. In *Comprehensive Organic Synthesis*; Trost, B., Eds.; Permagon: Oxford, **1991**; Vol. 3, pp 435-480.

[18]   Kumada, M. *Pure Appl. Chem.* **1990**, *52*, 669.

[19]   Tamao, K.; Kiso, Y.; Sumitani, K.; Kumada, M. *J. Am. Chem. Soc.* **1972**, *94*, 9268.

[20]   Hayashi, T.; Tajika, M.; Tamao, K.; Kumada, M. *J. Am. Chem. Soc.* **1976**, *98*, 3718.

[21]   Erdik, E. *Tetrahedron* **1998**, *46*, 9577.

[22]   Negishi, E.; King, A.; Okukado, N. *J. Org. Chem.* **1977**, *42*, 1821.

[23]   Negishi, E. *Acc. Chem. Res.* **1982**, *15*, 340.

[24]   Knochel, P.; Singer, R. *Chem. Rev.* **1993**, *93*, 2117.

[25]   Nigishi, E.; Valente, L. F.; Kobayashi, M. *J. Am. Chem. Soc.* **1980**, *102*, 3298.

[26]   Hiyama, T.; Hatanaka, Y. *Pure Appl. Chem.* **1994**, *66*, 1471.

[27]   Hatanaka, Y.; Hiyama, T. *Synlett* **1991**, 845.

[28]   Hiyama, T. In *Metal-Catalyzed Cross-Coupling Reactions*; Diederich, F.; Stang, J., Eds.; Wiley-VCH: Weinheim, **1998**; Chapter 10, pp 421-454.

[29]   Demnark, S. E.; Sweis, R. F. *Acc. Chem. Res.* **2002**, *35*, 835.

[30]   Grennberg, H.; Gogoll, A.; Backvall, J.-E. *Organometallics* **1993**, *12*, 1790.

[31]   Popp, B. V.; Thorman, J. L; Stahl, S. S. *J. Mol. Catal. A: Chem.* **2006**, *251*, 2.

[32]   Gligorich, K. M.; Sigman, M. S. *Angew. Chem., Int. Ed.* **2006**, *45*, 6612.

[33]   Muzart, J. *Chem. Asian J.* **2006**, *1*, 508.

[34]   Yang, F.; Wu, Y.-J. *Eur. J. Org. Chem.* **2007**, 3476.

[35]   Hamada, T.; Ye, X.; Stahl, S. S. *J. Am. Chem. Soc.* **2008**, *130*, 833.

[36]   Beccalli, E. M.; Broggini, G.; Martinelli, M.; Sottocornola, S. *Chem. Rev.* **2007**, *107*, 5318.

[37]   Bäckvall, J.-E.; Hopkins, R. B.; Grennberg, H.; Mader, M. M.; Awasthi, A. K. *J. Am. Chem. Soc.* **1990**, *112*, 5160.

[38]   Bäckvall, J.-E.; Byström, S. E.; Nordberg, R. E. *J. Org. Chem.* **1984**, *49*, 4619.

[39]   Bäckvall, J.-E.; Awasthi, A. K.; Renko, Z. D. *J. Am. Chem. Soc.* **1987**, *109*, 4750.

[40]   Grennberg, H.; Faizon, S.; Bäckvall, J.-E. *Angew. Chem., Int. Ed.* **1993**, *32*, 263.

[41]   Verboom, R. C.; Slagt, V. F.; Bäckvall, J.-E. *Chem. Commun.* **2005**, 1282.

[42]   Wöltinger, J.; Bäckvall, J.-E.; Zsigmond, Á . *Chem. Eur. J.* **1999**, *5*, 1460.

[43]   Bergstad, K.; Grennberg, K.-L.; Bäckvall, J.-E. *Organometallics* **1998**, *17*, 45.

[44]   Yoo, K. S.; Yoon, C. H.; Jung, K. W. *J. Am. Chem. Soc.* **2006**, *128*, 16384.

[45] Hay, A. S. *J. Org. Chem.* **1962**, *27*, 3320.

[46] Zhao, Y.-M.; Ciulei, S. C.; Tykwinski, R. R. *Tetrahedron Lett.* **2001**, *42*, 7721.

[47] Batsanov, A. S.; Collings, J. C.; Fairlamb, I. J. S.; Holland, J. P.; Howard, J. A. K.; Lin, Z.; Marder, T. B.; Parsons, A. C.; Ward, R. C.; Zhu, J. *J. Org. Chem.* **2005**, *70*, 703.

[48] Li, J.-H.; Liang, Y.; Xie, Y.-X. *J. Org. Chem.* **2005**, *70*, 4393.

[49] Yang, F.; Cui, X.-L.; Li, Y.-N.; Zhang, J.-L.; Ren, G.-R.; Wu, Y.-J. *Tetrahedron* **2007**, *63*, 1963.

[50] Sharma, V. B.; Jain, S. L.; Sain B. *J. Mol. Catal. A: Chem.* **2004**, *219*, 61.

[51] (a) Yamada, T.; Sakaguchi, S.; Ishii, Y. *J. Org. Chem.* **2005**, *70*, 5471. (b) Tani, M.; Sakaguchi, S.; Ishii, Y. *J. Org. Chem.* **2004**, *69*, 1221. (c) Yokota, T.; Tani, M.; Sakaguchi, S.; Ishii, Y. *J. Am. Chem. Soc.* **2003**, *125*, 1476.

[52] Dwight, T. A.; Rue, N. R.; Charyk, D.; Josselyn, R.; DeBoef, B. *Org. Lett.* **2007**, *9*, 3137.

[53] (a) Watanabe, T.; Ueda, S.; Inuki, S.; Oishi, S.; Fujii, N.; Ohno, H. *Chem. Commun.* **2007**, 4516. (b) Watanabe, T.; Oishi, S.; Fujii, N.; Ohno, H. *J. Org. Chem.* **2009**, *74*, 4720.

[54] Liégault, B.; Lee, D.; Huestis, M. P.; Stuart, D. R.; Fagnou, K. *J. Org. Chem.* **2008**, *73*, 5022.

[55] Liégault, B.; Fagnou, K. *Organometallics* **2008**, *27*, 4841.

[56] Yang, S.-D.; Sun, C.-L.; Fang, Z.; Li, B.-J.; Li, Y.-Z.; Shi, Z.-J. *Angew. Chem., Int. Ed.* **2008**, *47*, 1473.

[57] Gao, Y. X.; Wang, G.; Chen, L.; Xu, P. X.; Zhao, Y. F.; Zhou, Y. B.; Han, L.-B. *J. Am. Chem. Soc.* **2009**, *131*, 7956.

[58] Do, H.-Q.; Daugulis, O. *J. Am. Chem. Soc.* **2009**, *131*, 17052.

[59] Monguchi, D.; Fujiwara, T.; Furukawa, H.; Mori, A. *Org. Lett.* **2009**, *11*, 1607.

[60] Wang, Q.; Schreiber, S. L. *Org. Lett.* **2009**, *11*, 5178.

[61] Armstrong, A.; Collins, J. C. *Angew. Chem., Int. Ed.* **2010**, *49*, 2282.

[62] Chen, M.; Zheng, X. L.; Li, W. Q.; He, J.; Lei, A. W. *J. Am. Chem. Soc.* **2010**, *132*, 4101.

[63] Wei, Y.; Zhao, H.-Q.; Kan, J.; Su, W.-P.; Hong, M.-C. *J. Am. Chem. Soc.* **2010**, *132*, 2522.

[64] (a) Moritani, I.; Fujiwara, Y. *Tetrahedron Lett.* **1967**, *8*, 1119. (b) Fujiwara, Y.; Moritani, I.; Danno, S.; Teranishi, S. *J. Am. Chem. Soc.* **1969**, *91*, 7166. (c) Fujiwara, Y.; Asano, R.; Moritani, I.; Teranishi, S. *J. Org. Chem.* **1976**, *41*, 1681. (d) Maruyama, O.; Yoshidomi, M.; Fujiwara, Y.; Taniguchi, H. *Chem. Lett.* **1979**, 1229.

[65] Fujiwara, Y.; Maruyama, O.; Yoshidomi, M.; Taniguchi, H. *J. Org. Chem.* **1981**, *46*, 851.

[66] Du, X. L.; Suguro, M.; Hirabayashi, K.; Mori, A. *Org. Lett.* **2001**, *3*, 3313.

[67] Maehara, A.; Satoh, T.; Miura, M. *Tetrahedron* **2008**, *64*, 5982.

[68] Uto, T.; Shimizu, M.; Ueura, K.; Tsurugi, H.; Satoh, T.; Miura, M. *J. Org. Chem.* **2008**, *73*, 298.

[69] Shimizu, M.; Tsurugi, H.; Satoh, T.; Miura, M. *Chem. Asian J.* **2008**, *3*, 881.

[70] (a) Yamashita, M.; Hirano, K.; Satoh, T.; Miura, M. *Org. Lett.* **2009**, *11*, 2337. (b) Yamashita, M.; Horiguchi, H.; Hirano, K.; Satoh, T.; Miura, M. *J. Org. Chem.* **2009**, *74*, 7461.

[71] Fukutani, T.; Umeda, N.; Hirano, K.; Satoh, T.; Miura, M. *Chem. Commun.* **2009**, 5141.

[72] Fukutani, T.; Hirano, K.; Satoh, T.; Miura, M. *Org. Lett.* **2009**, *11*, 5198.

[73] Stuart, D. R.; Bertrand-Laperle, M.; Burgess, K. M. N.; Fagnou K. *J. Am. Chem. Soc.* **2008**, *130*, 16474.

[74] Guimond, N.; Fagnou K. *J. Am. Chem. Soc.* **2009**, *131*, 12050.

[75] Masui, K.; Ikegami, H.; Mori, A. *J. Am. Chem. Soc.* **2004**, *126*, 5074.

[76] Takahashi, M.; Masui, K.; Sekiguchi, H.; Kobayashi, N.; Mori, A.; Funahashi, M.; Tamaoki, N. *J. Am. Chem. Soc.* **2006**, *128*, 10930.

[77] Stuart, D. R.; Villemure, E.; Fagnou K. *J. Am. Chem. Soc.* **2007**, *129*, 12072.

[78] Mochida, S.; Hirano, K.; Satoh, T.; Miura, M. *J. Org. Chem.* **2009**, *74*, 6295.

[79] Zhao, J.-L.; Huang, L.-H.; Cheng, K.; Zhang, Y.-H. *Tetrahedron Lett.* **2009**, *50*, 2758.

[80] Yang, Y.-Z.; Cheng, K. Zhang, Y.-H. *Org. Lett.* **2009**, *11*, 5606.

[81] Wei, Y.; Kan, J.; Wang, M.; Su, W.-P.; Hong, M.-C. *Org. Lett.* **2009**, *11*, 3346.

[82] Zhang, X.-G.; Fan, S.-L.; He, C.-Y.; Wan, X.-L.; Min, Q.-Q.; Yang, J.; Jiang, Z.-X. *J. Am. Chem. Soc.* **2010**, *132*, 4506.

[83] Gandeepan, P.; Parthasarathy, K.; Cheng, C.-H. *J. Am. Chem. Soc.* **2010**, *132*, 8569.

[84] Hegedus, L. S.; Allen, G. F.; Bozell, J. J.; Waterman, E. L. *J. Am. Chem. Soc.* **1978**, *100*, 5800.

[85] Hegedus, L. S.; McKearin, J. M. *J. Am. Chem. Soc.* **1982**, *104*, 2444.

[86] Minami, T.; Nishimoto, A.; Nakamura, Y.; Hanaoka, M. *Chem. Pharm. Bull.* **1994**, *42*, 1700.

[87] Abbiati, G.; Beccalli, E. M.; Broggini, G.; Zoni, C. *J. Org. Chem.* **2003**, *68*, 7625.

[88] Zhang, H.; Ferreira, E. M.; Stoltz, B. M. *Angew. Chem., Int. Ed.* **2004**, *43*, 6144.

[89] Chen, M. S.; White, M. C. *J. Am. Chem. Soc.* **2004**, *126*, 1346.

[90] Kong, A.-D.; Han, X.-L.; Lu, X.-Y. *Org. Lett.* **2006**, *8*, 1339.

[91] Rauf, W.; Brown, J. M. *Angew. Chem., Int. Ed.* **2008**, *47*, 4228.

[92] Itahara, T. *J. Org. Chem.* **1985**, *50*, 5546.

[93] Wu, J. L.; Cui, X. L.; Mi, X.; Li, Y.; Wu, Y. *J. Chem. Comm.* **2010**, 6771

[94] Jia, C.-G.; Lu, W.-J.; Kitamura, T.; Fujiwara, Y. *Org. Lett.* **1999**, *1*, 2097.

[95] Beck, E. M.; Grimster, N. P.; Hatley, R.; Gaunt, M. J. *J. Am. Chem. Soc.* **2006**, *128*, 2528.

[96] Chan, J.; Baucom, K. D.; Murry, J. A. *J. Am. Chem. Soc.* **2007**, *129*, 14106.

[97] Borduas, N.; Powell, D. A. *J. Org. Chem.* **2008**, *73*, 7822.

[98] Li, Z.; Cao, L.; Li, C.-J. *Angew. Chem., Int. Ed.* **2007**, *46*, 6505.

[99] Li, Z.; Yu, Y.; Li, H.-J. *Angew. Chem., Int. Ed.* **2008**, *47*, 7497.

[100] Guo, X.-W.; Yu, R.; Li, H.-J.; Li, Z. *J. Am. Chem. Soc.* **2009**, *131*, 17387.

[101] Li, Li, H.-J.; He, Z.-H.; Guo, X.-W.; Li, W.-J.; Zhao, X.-H.; Li, Z. *Org. Lett.* **2009**, *11*, 4176.

[102] Volla, C. M. R.; Vogel, P. *Org. Lett.* **2009**, *11*, 1701.

[103] Ohta, M.; Quick, M. P.; Yamaguchi, J.; Wünsch, B.; Itami, K. *Chem. Asian J.* **2009**, *4*, 1416.

[104] Wang, K.-L.; Lü, M.-Y.; Yu, A.; Zhu, X.-Q.; Wang, Q.-M. *J. Org. Chem.* **2009**, *74*, 935.

[105] Matsushita, M.; Kamata, K.; Yamaguchi, K.; Mizuno, N. *J. Am. Chem. Soc.* **2005**, *127*, 6632.

[106] Deng, G.-J.; Zhao, L.; Li, C.-J. *Angew. Chem., Int. Ed.* **2008**, *47*, 6278.

[107] Saxena, A.; Kumar, A.; Mozumdar, S. *J. Mol. Catal. A: Chem.* **2007**, *269*, 35.

[108] Yin, W.-Y.; He, C.; Chen, M.; Zhang, H.; Lei, A.-W. *Org. Lett.* **2009**, *11*, 709.

[109] Hachiya, H.; Hirano, K.; Satoh,T.; Miura, M. *Angew. Chem., Int. Ed.* **2010**, *49*, 2202.

[110] Kar, A.; Mangu, N.; Kaiser, H. M.; Beller, M.; Tse, M. K. *Chem. Commun.* **2008**, 386.

[111] Wegner, H. A.; Ahles, S.; Neuburger, M. *Chem. Eur. J.* **2008**, *14*, 11310.

[112] Zhang, Y.; Raines, A. J.; Flowers, R. A. *Org. Lett.* **2003**, *5*, 2363.

[113] Casey, B. M.; Eakin, C. A.; Jiao, J.-L.; Sadasivam, D. V.; Flowers, R. A. *Tetrahedron* **2009**, *65*, 10762.

[114] Xi, C.-J.; Jiang, Y.-F.; Yang, X.-H. *Tetrahedron Lett.* **2005**, *46*, 3909.

[115] Boele, M. D. K.; van Strijdonck, G. P. F.; de Vries, A. H. M.; Kamer, P. C. J.; de Vries, J. G.; van Leeuwen, P. W. N. M. *J. Am. Chem. Soc.* **2002**, *124*, 1586.

[116] Lee, G. T.; Jiang, X.-L.; Prasad, K.; Repič, O.; Blacklock, T. *J. Adv. Synth. Catal.* **2005**, *347*, 1921.

[117] Wang, J.-R.; Yang, C.-T.; Liu, L.; Guo, Q.-X. *Tetrahedron Lett.* **2007**, *48*, 5449.

[118] Cai, G.; Fu, Y.; Li, Y.; Wan, X.; Shi, Z. *J. Am. Chem. Soc.* **2007**, *129*, 7666.

[119] Umeda, N.; Hirano, K.; Satoh, T.; Miura, M. *J. Org. Chem.* **2009**, *74*, 7094.

[120] Lu, Y.; Wang, D.-H.; Engle, K. M.; Yu, J.-Q. *J. Am. Chem. Soc.* **2010**, *132*, 5916.

[121] Patureau, F. W.; Glorius, F. *J. Am. Chem. Soc.* **2010**, *132*, 9982.

[122] Wu, J.-L.; Cui, X.-L.; Chen, L.-M.; Jiang, G.-J.; Wu, Y.-J. *J. Am. Chem. Soc.* **2009**, *132*, 13888.

[123] Sezen, B.; Franz, R.; Sames, D. *J. Am. Chem. Soc.* **2002**, *124*, 13372.

[124] Pastine, S. J.; Gribkov, D. V.; Sames, D. *J. Am. Chem. Soc.* **2006**, *128*, 14220.

[125] Chen, X.; Li, J.-J.; Hao, X.-S.; Goodhue, C. E.; Yu, J.-Q. *J. Am. Chem. Soc.* **2006**, *128*, 78.

[126] Chen, X.; Goodhue, C. E.; Yu, J.-Q. *J. Am. Chem. Soc.* **2006**, *128*, 12634.

[127] Giri, R.; Maugel, N.; Li, J.-J.; Wang, D.-H.; Breazzano, S. P.; Saunders, L. B.; Yu, J.-Q. *J. Am. Chem. Soc.* **2007**, *129*, 3510.

[128] Wang, D.-H.; Wasa, M.; Giri, R.; Yu, J.-Q. *J. Am. Chem. Soc.* **2008**, *130*, 7190.

[129] Shi, Z.; Li, B.; Wan, X.; Cheng, J.; Fang, Z.; Cao, B.; Qin, C.; Wang, Y. *Angew. Chem., Int. Ed.* **2007**, *46*, 5554.

[130] Vogler, T.; Studer, A. *Org. Lett.* **2008**, *10*, 129.

[131] Nishikata, T.; Abela, A. R.; Huang, S.-L.; Lipshutz, B. H. *J. Am. Chem. Soc.* **2010**, *132*, 4978.

[132] (a) Dick, A. R.; Hull, K. L.; Sanford, M. S. *J. Am. Chem. Soc.* **2004**, *126*, 2300. (b) Kalyani, D.; Sanford, M. S. *Org. Lett.* **2005**, *7*, 4149. (c) Dick, A. R.; Kampf, J. W.; Sanford, M. S. *Organometallics* **2005**, *24*, 482.

[133] Desai, L. V.; Hull, K. L.; Sanford, M. S. *J. Am. Chem. Soc.* **2004**, *126*, 9542.

[134] Desai, L. V.; Malik, H. A.; Sanford, M. S. *Org. Lett.* **2006**, *8*, 1141.

[135] Kalyani, D.; Dick, A. R.; Anani, W.Q.; Sanford, M. S. *Org. Lett.* **2006**, *8*, 2523.

[136] (a) Giri, R.; Chen, X.; Hao, X. S.; Li, J. J.; Fan, Z. P.; Yu, J.-Q. *Tetrahedron: Asymmetry* **2005**, *16*, 3502. (b) Giri, R.; Wasa, M.; Breazzano, S. P.; Yu, J.-Q. *Org. Lett.* **2006**, *8*, 5685.

[137] Mei, T.-S.; Giri, R.; Maugel, N.; Yu, J.-Q. *Angew. Chem., Int. Ed.* **2008**, *47*, 5215.

[138] Chen, X.; Hao, X.-S.; Goodhue, C. E.; Yu, J.-Q. *J. Am. Chem. Soc.* **2006**, *128*, 6790.

[139] Wang, D.-H.; Hao, X.-S.; Wu, D.-F.; Yu, J.-Q. *Org. Lett.* **2006**, *8*, 3387.

[140] Wan, X.-B.; Ma, Z.-X.; Li, B.-J.; Zhang, K.-Y.; Cao, S.-K.; Zhang, S.-W.; Shi, Z.-J. *J. Am. Chem. Soc.* **2006**, *128*, 7416.

[141] Brasche, G.; García-Fortanet, J.; Buchwald, S. L. *Org. Lett.* **2008**, *10*, 2207.

[142] Li, B.-J.; Tian, S.-L.; Fang, Z.; Shi, Z.-J. *Angew. Chem., Int. Ed.* **2008**, *47*, 1115.

[143] Zhao, X.-D.; Yeung, C. S.; Dong, V. M. *J. Am. Chem. Soc.* **2010**, *132*, 5837.

[144] Tang, B.-X.; Song, R.-J.; Wu, C.-Y.; Liu, Y.; Zhou, M.-B.; Wei, W.-T.; Deng, G.-B.; Yin, D.-L.; Li, J.-H. *J. Am. Chem. Soc.* **2010**, *132*, 8900.

[145] Nakajima, M.; Miyoshi, I.; Kanayanma, K.; Hashimoto, S.-I.; Noji, M.; Koga, K. *J. Org. Chem.* **1999**, *64*, 2264.

[146] (a) Li, X.-L.; Yang, J.; Kozlowski, M. C. *Org. Lett.* **2001**, *3*, 1137. (b) Li, X.-L.; Hewgley, J. B.; Mulrooney, C. A.; Yang, J.; Kozlowski, M. C. *J. Org. Chem.* **2003**, *68*, 5500.

[147] Kim, K. H.; Lee, D.-W.; Lee, Y.-S.; Ko, D.-H.; Ha, D.-C. *Tetrahedron* **2004**, *60*, 9037.

[148] Takizawa, S.; Katayama, T.; Sasai, H. *Chem. Commun.* **2008**, 4113.

[149] Hon, S.-W.; Li, C.-H.; Kuo, J.-H.; Barhate, N. B.; Liu, Y.-H.; Wang, Y.; Chen, C.-T. *Org. Lett.* **2001**, *3*, 869.

[150] Barhate, N. B.; Chen, C.-T. *Org. Lett.* **2002**, *4*, 2529.

[151] Chu, C.-Y.; Hwang, D.-R.; Wang, S.-K.; Uang, B.-J. *Chem. Commun.* **2001**, 980.

[152] Chu, C.-Y.; Uang, B.-J. *Tetrahedron: Asymmetry* **2003**, *14*, 5.

[153] Luo, Z.-B.; Liu, Q.-Z.; Gong, L.-Z.; Cui, X.; Mi, A-Q.; Jiang, Y.-Z. *Chem. Commun.* **2002**, 914.

[154] Luo, Z.-B.; Liu, Q.-Z.; Gong, L.-Z.; Cui, X.; Mi, A-Q.; Jiang, Y.-Z. *Angew. Chem., Int. Ed.* **2002**, *41*, 4532.

[155] Guo, Q.-X.; Wu, Z.-J.; Luo, Z.-B.; Liu, Q.-Z.; Ye, J.-L.; Luo, S.-W.; Cun,L.-F.; Gong, L.-Z. *J. Am. Chem. Soc.* **2007**, *129*, 13927.

[156] (a) Somei, H.; Asano, Y.; Yoshida, T.; Takizawa, S.; Yamataka, H.; Sasai, H. *Tetrahedron Lett.* **2004**, *45*, 1841. (b) Takizawa, S.; Katayama, T.; Kameyama, C.; Onitsuka, K.; Suzuki, T.; Yanagida, T.; Kawai, T.; Sasai, H. *Chem. Commun.* **2008**, 1810. (c) Takizawa, S.; Katayama, T.; Somei, H.; Asano, Y.; Yoshida, T.; Kameyama, C.; Rajesh, D.; Onitsuka, K.; Suzuki, T.; Mikami, M.; Yamatakay, H.; Jayaprakash, D.; Sasai, H. *Tetrahedron* **2008**, *64*, 3361.

[157]   Mikami, K.; Hatano, M.; Terada, M. *Chem. Lett.* **1999**, 55.

[158]   Shi, B.-F.; Zhang, Y.-H.; Lam, J. K.; Wang, D.-H.; Yu, J.-Q. *J. Am. Chem. Soc.* **2010**, *132*, 460.

[159]   Egami, H.; Katsuki, T. *J. Am. Chem. Soc.* **2009**, *131*, 6082.

[160]   Baran, P. S.; Guerrero, C. A.; Corey, E. J. *J. Am. Chem. Soc.* **2003**, *125*, 5628.

[161]   Tietze, L. F.; Sommer, K. M.; Zinngrebe, J.; Stecker, F. *Angew. Chem., Int. Ed.* **2005**, *44*, 257.

[162]   Mulrooney, C. A.; Li, X.-L.; DiVirgilio, E. S.; Kozlowski, M. C. *J. Am. Chem. Soc.* **2003**, *125*, 6856.

[163]   Sridharan, V.; Martín, M. A.; Menéndez, J. C. *Eur. J. Org. Chem.* **2009**, 4614.

根岸交叉偶联反应
(Negishi Cross-Coupling Reaction)

王中夏

1 历史背景简述

Negishi 交叉偶联反应是形成碳-碳键的重要反应之一，由美国普渡大学 (Purdue University) 化学家 Ei-ichi Negishi 于 20 世纪 70 年代所发现[1~4]。它是指在钯或镍等过渡金属催化下，有机锌试剂与有机亲电试剂 (例如：有机卤化物) 的交叉偶联反应 (式 1)[5]。

$$R^1ZnX \ + \ R^2X' \ \xrightarrow{\text{催化剂}} \ R^1{-}R^2 \ + \ MX \tag{1}$$

X = Cl, Br, I; X' = Cl, Br, I, OTf , *etc.*

虽然 Negishi 本人把有机铝和有机锆试剂也包括在该反应的亲核试剂范围内[6,7]，但本文仅限于讨论有机锌试剂参与的偶联反应。

在发现 Negishi 偶联反应之前，Grignard 试剂与有机卤化物在镍催化下的偶联反应 (Kumada 反应) 已经被报道[8,9]。此后，Murahashi、Negishi、Fauvarque 和 Sekiya 等人的课题组先后进行了钯催化的 Kumada 反应研究，但并没有发现钯比镍更优越。随后，Negishi 课题组用有机铝试剂替代 Grignard 试剂实现了镍和钯催化的烯基-烯基和烯基-芳基交叉偶联反应，第一次发现了其它有机金属试剂替代有机镁试剂参与的催化交叉偶联反应 (式 2)[1,2,10]。

$$\begin{array}{c} \overset{n\text{-}C_5H_{11}}{\underset{H}{\diagup}}\overset{H}{\underset{Al(i\text{-}Bu)_2}{\diagdown}} + \overset{I}{\underset{H}{\diagup}}\overset{H}{\underset{n\text{-}C_4H_9}{\diagdown}} \xrightarrow[\text{M = Pd 74\%, 99\% } E,E]{\text{M(PPh}_3)_n \text{ (5 mol\%)}} \overset{n\text{-}C_5H_{11}}{\underset{H}{\diagup}}\overset{H}{\underset{H}{\diagdown}}\overset{H}{\underset{n\text{-}C_4H_9}{\diagdown}} \end{array} \tag{2}$$

尝试更多的金属试剂后发现：有机锆、硼、锡等试剂都可用作钯催化交叉偶联反应的亲核试剂。但是，有机锌试剂与有机卤化物的偶联反应在速率、产率和立体选择性几方面都有更好的效果[3,4,11]。有机锌试剂参与的反应的特点包括[5,11]：(1) 镍和钯催化剂都能催化该偶联反应，但通常钯催化剂在产率、立体选择性和官能团兼容性方面表现的更好；(2) 反应需要在膦配体的存在下进行，最常用的是 Ph₃P。但是，其它手性或非手性的膦化合物也能用作配体；(3) 与 Kumada 偶联反应比较，有机锌试剂参与的偶联反应具有优良的官能团兼容性；(4) 反应适用于两个 sp²-碳之间的偶联反应，也可以实现 C_{sp2}-C_{sp} 和 C_{sp2}-C_{sp3} 之间的偶联反应；(5) 反应有高度的区域和立体选择性；(6) 与同期研究的其它金属亲核试剂 (Al、Zr、B、Sn) 比较，有机锌试剂活性最高，反应中不需要其它添加剂的存在。这些早期的成就奠定了 Negishi 反应的基础，使之发展成为有机合成中不可或缺的重要反应。

Ei-ichi Negishi 于 1935 年出生于日本，1958 年获东京大学学士学位。随后，他加入到 Teijin 公司。两年后，他到美国宾夕法尼亚大学 (University of Pennsylvania) 继续学习，师从 A. R. Day 教授，于 1963 年获博士学位。此后，他返回到 Teijin 公司工作。1966 年，他加入到普渡大学 H. C. Brown 的课题组进行有机硼化学研究，先后任博士后研究员和研究助理。1972 年他到雪城大学 (Syracuse University) 任助理教授，从此开始了他在过渡金属催化的有机反应领域的研究。他在 1976 年被提升为副教授，并在 1976-1978 年间发展了以他名字命名的偶联反应。1979 年，他回到普渡大学任教授，并在 1999 年被任命为 H. C. Brown 杰出教授[11~13]，2010 年获诺贝尔化学奖。

2　Negishi 反应的机理

过渡金属催化的交叉偶联反应机理一般包括三个步骤：(1) 有机卤化物 (或类卤化物) 对低价金属的氧化加成；(2) 亲核性碳从亲核试剂向过渡金属转移的转金属化过程；(3) 还原消除形成碳-碳键。研究表明：镍和钯催化的 Negishi 偶联反应也是按照这个模式进行反应的 (图 1)[5,14]。

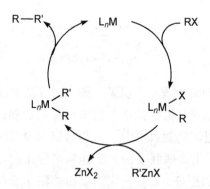

图 1　Negishi 交叉偶联反应机理

钯参与的催化循环一般都是经过 Pd(0) 和 Pd(II) 中间体。镍参与的催化循环大多数也是经由 Ni(0) 和 Ni(II) 中间体，但有的可能是通过 Ni(I) 和 Ni(III) 中间体或者更复杂的催化过程。例如：在最近报道的 Ni(I) 配合物 **1** (R = CH$_3$) 催化的 RZnBr 与 R′I 的偶联反应中，Ni(I)、Ni(II) 和 Ni(III) 中间体均被认为

参与了反应 (图 2)[14~16]。在这个催化循环里，**1** 与 R'I 反应形成 Ni(II) 配合物 **2** 和一个烷基自由基 ·R'。接着，·R' 与 Ni(II) 结合形成 Ni(III) 配合物 **3**。最后，**3** 发生还原消除形成 Ni(I) 配合物 **4**。**4** 与 RZnBr 发生转金属化反应后，再生出活性催化剂 **1** 并进入下一个催化循环。

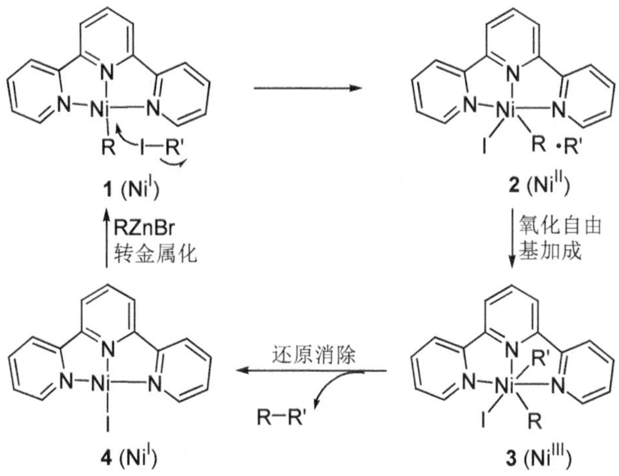

图 2　镍催化烷基-烷基 Negishi 交叉偶联反应机理

3　Negishi 反应条件综述

3.1　亲电试剂[17]

在 Negishi 反应中所使用的亲电试剂以卤化物为主。带有相同有机基团时，卤离子的离去能力次序为：I > Br > Cl > F。早期的研究主要使用碘化物，也使用部分溴化物。氯化物和氟化物由于反应性较低而很少使用。但碘化物价格昂贵，而氯化物便宜易得，对于大规模使用有显著优势。因此，近年对氯化物作为 Negishi 反应的亲电试剂的研究受到广泛的关注，也取得了很大的进展。

含氧化合物也可以作为亲电试剂参与 Negishi 反应，但含氧离去基团一般限于 OTf、OTs 或 OMs[18,19]。其中，OTf 作为离去基团的离去能力介于碘和溴之间。其它含氧离去基团 (例如：RCOO) 虽然也有报道，但通常限于含有高反应活性基团 (例如：烯丙基) 的底物。最近 Shi 等报道：PivO 可以作为离去基团，实现了部分芳基酯或烯基酯在镍催化下的 Negishi 偶联反应 (式 3 和式 4)[20]。

$$\text{2-naphthyl-OPiv} + \text{ArZnCl} \xrightarrow[\substack{\text{THF-DMA, 70 }^\circ\text{C} \\ 66\text{-}85\%}]{\text{NiCl}_2(\text{PCy}_3)_2 \text{ (5 mol\%)}} \text{2-naphthyl-Ar} \qquad (3)$$

$$\underset{\text{OPiv}}{\text{Ph}}\text{C=CHPh} + \text{PhZnCl} \xrightarrow[\substack{\text{THF-DMA, 70 }^\circ\text{C} \\ 88\%}]{\text{NiCl}_2(\text{PCy}_3)_2 \text{ (5 mol\%)}} \underset{\text{Ph}}{\text{Ph}}\text{C=CHPh} \qquad (4)$$

某些硫化物和碲化物 (RSR′ 或 RTeR′) 也能作为亲电试剂参与 Negishi 反应。这些反应的离去基团是 RS 或 RTe，但反应产率通常只有中等[21,22]。

亲电试剂 RX 中的 R 基可以是烷基、烯基、芳基、酰基、杂环等。在带有相同离去基团 X 的亲电试剂中，R 基的反应性次序为[17]：烯丙基 ≥ 炔丙基 > 苄基，酰基 > 烯基 ≥ 炔基 > 芳基 >> 烷基。由于烯丙基和炔丙基的高反应性，离去基团可以是 I、Br、Cl、OAc、OPO(OEt)$_2$、OSO$_2$Ph、OSO$_2$Me、OSiMe$_3$ 等 (式 5)。

$$\text{Me}_3\text{Si}-\!\!\equiv\!\!-\text{ZnCl} + \equiv\!\!\overset{X}{\underset{}{\text{C(CH}_3)_2}} \xrightarrow[> 98\%]{\text{Pd(PPh}_3)_4 \text{ (4 mol\%)}} \text{Me}_3\text{Si}-\!\!\equiv\!\!-\text{CH=C(CH}_3)_2 \qquad (5)$$

$$X = \text{Br, OAc, OMs, OP(O)(OEt)}_2$$

3.2 亲核试剂[6,17]

在 Negishi 偶联反应中，烃基卤化锌、二烃基锌和三烃基锌酸盐都能够作为亲核试剂，但最常用的是烃基卤化锌。这些锌试剂反应性次序为：R$_3$ZnLi > R$_3$ZnMgX > R$_2$Zn > RZnX。对于同类型的锌试剂，不同的有机基团活性次序为：烯丙基 > 苄基 > 芳基 ≥ 烯基 > 烷基 > 炔基。

制备有机锌试剂最常用的方法是有机锂试剂或格氏试剂与无水卤化锌反应或者是有机卤化物与活化的金属锌反应。

3.2.1 有机锂试剂或 Grignard 试剂与无水卤化锌反应[23]

根据反应物配比和反应条件的不同，有机锂试剂或格氏试剂与卤化锌反应能够制备烃基卤化锌、二烃基锌以及三烃基锌酸盐 (式 6)。

$$\text{ZnX}_2 \xrightarrow{\text{RLi}} \text{RZnX(LiX)} \xrightarrow{\text{RLi}} \text{R}_2\text{Zn(LiX)}_2 \xrightarrow{\text{RLi}} \text{R}_3\text{ZnLi(LiX)}_2 \qquad (6)$$

如式 7 所示：使用有机锂试剂和格氏试剂制得的锌试剂其反应性有所差异，这可能是由体系所含的金属盐 (LiX 或 MgX$_2$) 不同引起的。

$$PhZnL_n \ + \ X\diagup\diagdown Hex\text{-}n \xrightarrow[\text{(0.1 mol\%), THF}]{Pd(dppf)Cl_2} Ph\diagup\diagdown Hex\text{-}n \qquad (7)$$

PhZnBr(LiBr), X = I, 23 °C, 20 h, 99%
PhZnBr(LiBr), X = Br, reflux, 24 h, 14%
PhZnBr(MgClBr), X = I, 23 °C, 20 h, 96%
PhZnBr(MgClBr), X = Br, 23 °C, 20 h, 98%

这种方法能制备多种锌试剂，其中包括：烷基、烯基、芳基锌试剂以及含氟锌试剂 (式 8~式 10)[24]。该方法的不足是常常难以得到含活泼官能团的锌试剂，但仔细控制条件也可以制得少数含官能团的锌试剂。

$$\qquad \xrightarrow[\substack{\text{THF-ether-pentane (4:1:1)} \\ \text{2. ZnBr}_2\text{, THF, } -90\ ^{o}C \\ >85\%}]{\text{1. }n\text{-BuLi, }-100\ ^{o}C,\ 3\ min} \qquad (8)$$

$$\qquad \xrightarrow[\substack{\text{2. ZnCl}_2 \\ >90\%}]{\text{1. }n\text{-BuLi, THF, } -70\ ^{o}C} \qquad (9)$$

$$\qquad \xrightarrow[\substack{\text{2. ZnI}_2\text{, } -78\ ^{o}C}]{\text{1. LDA, } -78\ ^{o}C} \qquad (10)$$

3.2.2 锌对 C-X 键的插入 [23]

利用锌对 C-X 键的插入反应来制备含有活泼官能团的有机锌试剂十分有效 (式 11~式 13)。实现这个反应首先要将锌进行活化，常用的活化方法包括：(1) 制成锌-铜偶，即依次用稀盐酸和硫酸铜水溶液处理锌粉，然后分别经水洗和乙醇洗涤后干燥；(2) 制成 Rieke 锌，用钠或钾还原无水卤化锌得到高活性的锌粉，也可以用 Li[C$_{10}$H$_8$] 作为还原剂；(3) 依次用 1,2-二溴乙烷和 Me$_3$SiCl 处理商业锌粉，这样得到的活化锌粉适用于大多数 C-X 键插入反应。

$$\qquad \xrightarrow{\text{Zn/Cu, DMA-PhH}} \qquad \xrightarrow{\text{PhCOCl, Pd(PPh}_3)_4} \qquad (11)$$

$$\qquad \xrightarrow[\text{2. (Ph}_3\text{P)}_2\text{PdCl}_2]{\text{1. Zn*, THF}} \qquad (12)$$

$$\qquad \xrightarrow{\text{Zn*, THF, rt, 2 h}} \qquad (13)$$

使用活化锌粉可以实现苄基氯与芳基氯的选择性反应 (式 14)[25]。

$$\text{（14）}$$

用催化量的 I_2 对锌粉进行活化也有很好的效果。这样活化的锌粉能够与烷基溴顺利反应。对于活性较低的烷基氯，还要求化学计量的溴盐存在 (式 15)[26,27]。

n-Oct-Cl $\xrightarrow[\text{DMA, 80 }^\circ\text{C, 12 h}]{\substack{\text{Zn (1.5 eq.), I}_2\text{ (5 mol\%)} \\ \text{LiBr (1.0 eq.)}}}$ n-Oct-ZnX $\xrightarrow[\text{91\%}]{\substack{(\text{Ph}_3\text{P})_2\text{NiCl}_2\text{ (2 mol\%)} \\ \text{4-ClC}_6\text{H}_4\text{CN}}}$

$$\text{（15）}$$

用插入反应制备有机锌试剂的方法并不限于制备烷基卤化锌，还能够制备烯基和芳基卤化锌 (式 16~式 18)[28,29]。

$$CF_2=CBr_2 + Zn \xrightarrow[97\%]{DMF} CF_2=CBrZnBr \qquad \text{（16）}$$

$\text{+ Zn} \xrightarrow[\text{25~50 }^\circ\text{C,1.5~180 h}]{\text{LiCl (1.5 eq.), THF}}$

$$\text{（17）}$$

$\text{+ Zn} \xrightarrow[\text{THF, 70 }^\circ\text{C, 24 h}]{\text{Me}_3\text{SiCl (3 mol\%)}}$

$$\text{（18）}$$

芳香溴化物也能顺利地发生反应 (式 19)[30]。但对于反应活性低的芳香氯化物而言，则需要催化剂的存在才能反应 (式 20)[31]。这个催化反应也能用于 OTf 和 OMs 取代的芳香衍生物。

$\text{+ Zn} \xrightarrow[\text{THF, reflux}]{\text{Zn*, LiCl (20 mol\%)}}$

$$\text{（19）}$$

$CoBr_2 + Zn \xrightarrow[\substack{\text{2. Py, bpy (1 eq./Co), ClC}_6\text{H}_4\text{FG, 50 }^\circ\text{C}}]{\text{1. AllylCl (0.3 eq.), MeCN, TFA, 25 }^\circ\text{C, 3 min}}$

(0.1 eq.) (1.95 eq.)

$$\text{（20）}$$

最近有人报道：在导向基团 (DG) 的存在下，锌对芳基碘或溴的插入具有很好的选择性，插入反应仅发生在导向基的邻位 (式 21)[32]。在催化剂的存在下，生成的锌试剂可以与亲电试剂发生 Negishi 偶联反应 (式 22)。

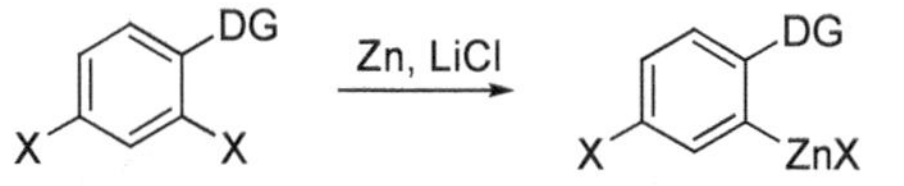

$$X = I, Br; \quad DG = -CO_2Et, -COR, -OAc,$$
$$-N=N-NR_2, -OCON(i\text{-}Pr)_2, -OSO_2Ar$$

(21)

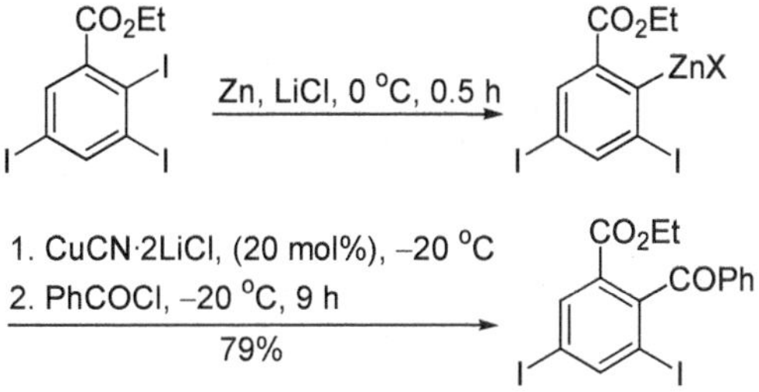

(22)

3.2.3 锌-卤交换

在过渡金属催化剂的存在下，使用易得的烷基锌试剂与其它烃基卤化物发生锌-卤交换反应也可以方便地制得烃基卤化锌 (式 23 和式 24)[33,34]。

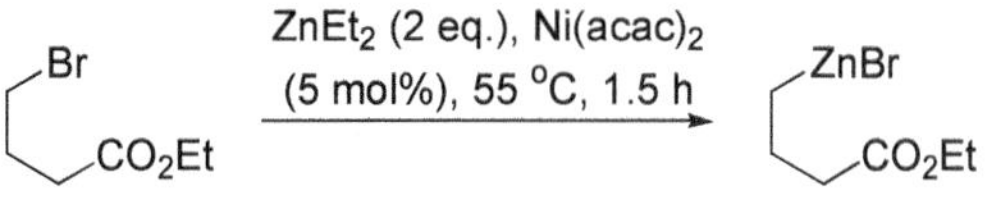

(23)

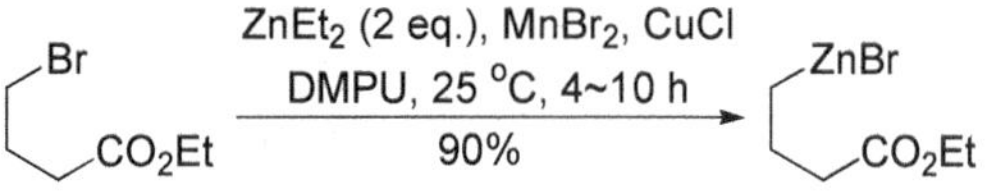

(24)

通过锌-卤交换反应还可以制得含有官能团的二芳基锌试剂，常用的交换试剂是 ZnEt$_2$ 或 Zn(i-Pr)$_2$，一价铜盐 (也可以用其它催化剂) 是常用的催化剂 (式 25)。这样得到的二芳基锌也能够用于 Negishi 偶联反应 (式 26)[35]。

$$RI \quad + \quad ZnEt_2 \quad \xrightarrow{CuX} \quad ZnR_2 \qquad (25)$$

$$2 \text{ FG-ArI} \quad \xrightarrow[\substack{Et_2O\text{-}NMP\ (1:10),\ 25\ ^{\circ}C,\ 12\ h \\ > 90\%}]{^{i}Pr_2Zn\ (1.1\ eq.),\ Li(acac)\ (10\ mol\%)} \quad$$

(26)

$$(FG\text{-}Ar)_2Zn \quad \xrightarrow[52\%\sim86\%]{E^{+},\ Pd(0)\ or\ Cu(I)} \quad FG\text{-}Ar\text{-}E$$

3.2.4 锌-硼交换

锌-硼交换也是常用的制备有机锌试剂的方法。C-C 双键很容易进行硼氢化反应，生成的硼化合物再与二乙基锌或二异丙基锌作用就得到二烷基锌试剂 (式 27 和式 28)[36,37]。

$$(27)$$

$$(28)$$

利用手性硼试剂 [例如：(S)-异松蒎基硼烷，(–)-IpcBH$_2$] 与烯烃反应，再用 Et$_2$BH 处理后与二烷基锌进行锌-硼交换，可以制得手性有机锌试剂 (式 29)[38,39]。

$$(29)$$

也可以利用底物的构型控制实现对映选择性的硼氢化反应，然后再进行锌-硼交换得到高对映选择性的锌试剂 (式 30 和式 31)[40,41]。

$$(30)$$

$$(31)$$

3.2.5 其它方法

在催化量的 Ni(acac)$_2$ 和 1,5-环辛二烯 (cod) 的存在下，烯烃可以与二乙基锌发生锌氢化反应生成烷基锌化合物 (式 32)。烯丙醇或烯丙胺类更容易发生这类反应, 此时可以形成锌杂五元环产物 (式 33)[23]。

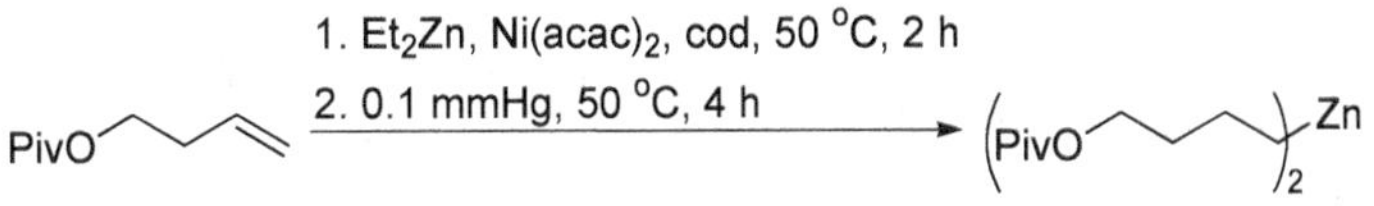

$$\text{PivO}\diagdown\diagdown\diagdown\xrightarrow[\text{2. 0.1 mmHg, 50 °C, 4 h}]{\text{1. Et}_2\text{Zn, Ni(acac)}_2\text{, cod, 50 °C, 2 h}}\left(\text{PivO}\diagdown\diagdown\diagdown\diagdown\right)_2\text{Zn} \qquad (32)$$

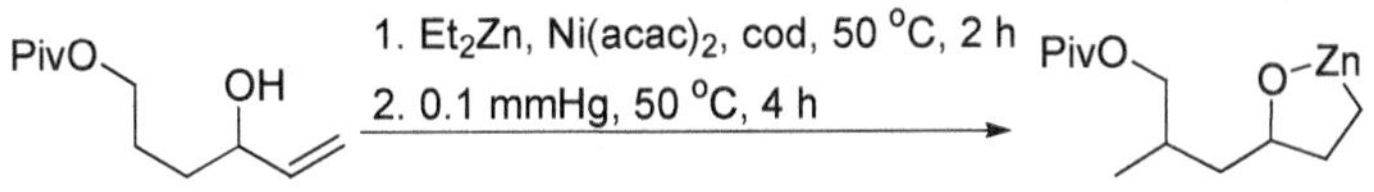

(33)

含有活性氢的化合物 (例如: 末端炔烃) 可以与烷基锌发生交换反应生成新的锌试剂。胺基锌试剂与羰基 α-位的氢、某些芳环上的氢等反应也可得到有机锌试剂 (式 34 和式 35)[42,43]。

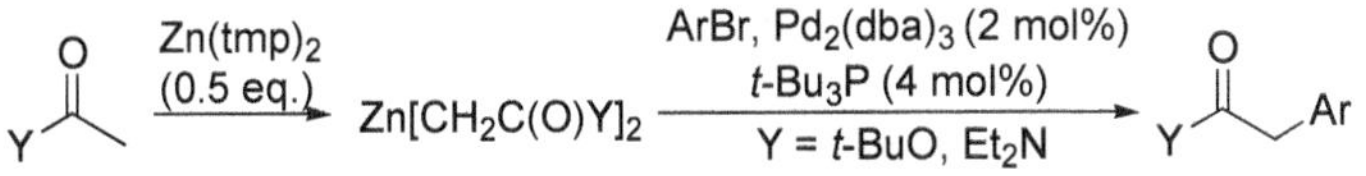

(34)

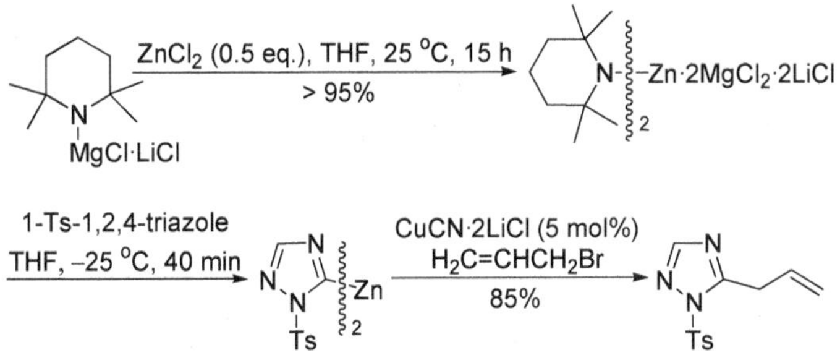

(35)

在适当的催化剂存在下, 某些锌试剂能够与烯烃或炔烃加成生成新的有机锌化合物。如式 36 和式 37 所示[44,45]: 碘化物与 ZnEt$_2$ 发生锌-卤交换反应, 首先生成的锌化合物中间体再与碳-碳双键发生分子内自由基环化反应, 生成新的有机锌化合物。

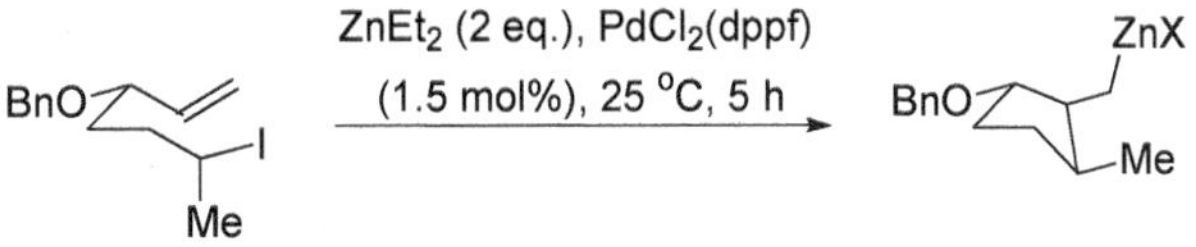

(36)

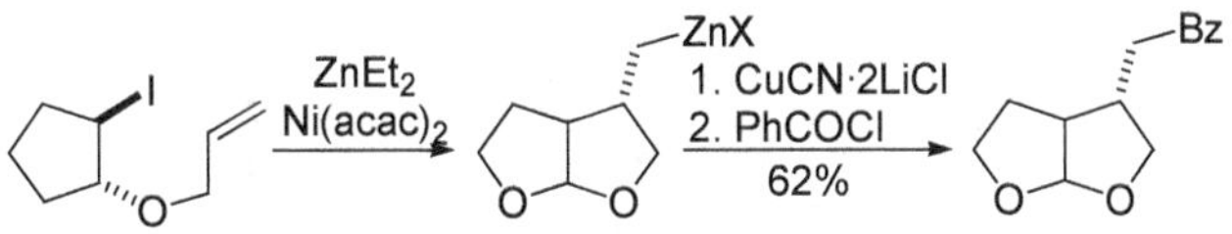

(37)

炔烃底物也可以发生类似的反应 (式 38 和式 39)[46]。

$$PhC\equiv CSiMe_3 + ZnMe_2 \xrightarrow[\text{NMP, }-34\ ^{\circ}C, 4\ h]{\text{Ni(acac)}_2\text{, THF}} \begin{array}{c} Ph \quad SiMe_3 \\ Me \quad ZnL_n \end{array} \quad (38)$$

$$(39)$$
$$\xrightarrow[\text{62\%, >99\% }E]{\begin{array}{c}\text{Ni(acac)}_2\text{, THF}\\ \text{NMP, }-40\ ^{\circ}C, 20\ h\end{array}} $$

Cp$_2$ZrI$_2$ 也能够促进炔烃与锌试剂的加成。烯丙基锌的反应仅需要催化量的锆化合物存在，但其它烷基锌的反应则要求等当量的锆化合物 (式 40)[17]。

$$\xrightarrow[\text{92\%}]{\text{Cp}_2\text{ZrI}_2} \qquad (40)$$

3.3 催化剂

Negishi 反应的催化剂大多是由过渡金属盐与配体原位形成的配合物，也有一些催化剂是经过表征的金属配合物。还有个别的催化体系中使用纳米金属或者负载催化剂等。

3.3.1 金属

催化 Negishi 反应的金属主要是镍和钯，它们与适当的配体组合能够形成高活性的催化剂体系。在本文列举的各种类型的 Negishi 反应中，基本都是使用镍或钯催化剂。

铁和钴的配合物也能够催化 Negishi 反应。但所知的例子不多，而且催化性能比镍和钯差 (式 41~式 45)[47~50]。

$$R^1\text{--}X + ZnAr_2 \xrightarrow[\text{THF, 50 }^{\circ}C, 0.5\text{--}6\ h]{\text{FeCl}_3\text{ (5 mol\%), TMEDA (1.5 eq.)}} \qquad (41)$$

Me$_3$Si— —Ph (/3)	Ph (cyclohexyl)	NC—(/3)— —OMe
X = I, 93%	X = I, 91%	X = I, 86%
	X = Br, 97%	
	X = Cl, 88%	

$$\text{（42）}$$

$$\text{（43）}$$

$$\text{（44）}$$

$$R_2Zn + R^1COCl \xrightarrow[\text{30 min}]{\text{CoBr}_2 \text{ (10 mol\%), THF, NMP, } -10\,^{\circ}C} \begin{matrix} O \\ \| \\ R \end{matrix} R^1 \quad \text{（45）}$$

最近，有人报道了几例铑配合物催化的芳基锌与碘代烷的偶联反应（式 46）[51~53]。

$$RC_6H_4ZnI + X(CH_2)_nCH_2I \xrightarrow[\text{51\%~96\%}]{\substack{[\text{RhCl(cod)}]_2 \text{ (5 mol\%), } \mathbf{L} \\ \text{(10 mol\%), TMU, rt, 24 h}}} RC_6H_4CH_2(CH_2)_nX \quad \text{（46）}$$

R = o, m, p-CO$_2$Et, COPh, CN, Cl
X = H, CO$_2$Et, Ph, OCOPh, Cl, CN
n = 1~9

铜参与锌试剂与卤代烃的偶联反应有两种方式：一种是化学计量反应，另一种是催化反应。将二烃基锌或烃基卤化锌与等当量的 CuCN·2LiCl 反应，生成 RCu(CN)ZnX。这个铜-锌配合物能够发生多种反应，是一个重要的合成试剂。与计量反应相比较，铜催化的 Negishi 偶联反应要少得多。CuX (X = Cl, Br, CN) 能够催化锌试剂与烯丙基氯、烯丙基溴或磷酸烯丙酯的反应，以较高产率得到交叉偶联产物。在手性配体存在下，还可以得到不对称偶联产物（式 47 和式 48）[17,54]。

$$\text{（47）}$$

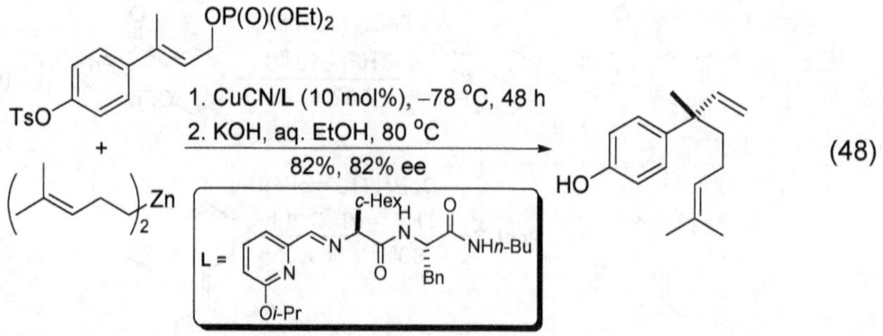

$$(48)$$

3.3.2　配体

　　能够催化 Negishi 偶联反应的金属种类并不多,但选用适当的配体能够极大地提高催化剂的活性和选择性。因此,配体的使用和选择至关重要。

(1) 膦配体

　　PPh₃ 由于便宜易得,被广泛用于与 Ni(II) 或 Pd(II) 络合催化各种偶联反应。由于对不同底物的范围和反应选择性的要求,其它各种膦配体也得到了广泛的研究。在许多偶联反应中,P(o-Tol)₃ 和 P(2-furyl)₃ 都是比 PPh₃ 更好的单齿膦配体。富电子和大位阻的 P(t-Bu)₃ 与钯的组合能够成功地催化芳基或杂芳基氯或溴的 Negishi 偶联反应 (式 49)[55,56],也已经用于天然产物的合成[57]。三环戊基膦-钯体系能催化未活化的烷基碘、溴、氯和磺酸酯与烷基锌试剂的偶联反应[58]。

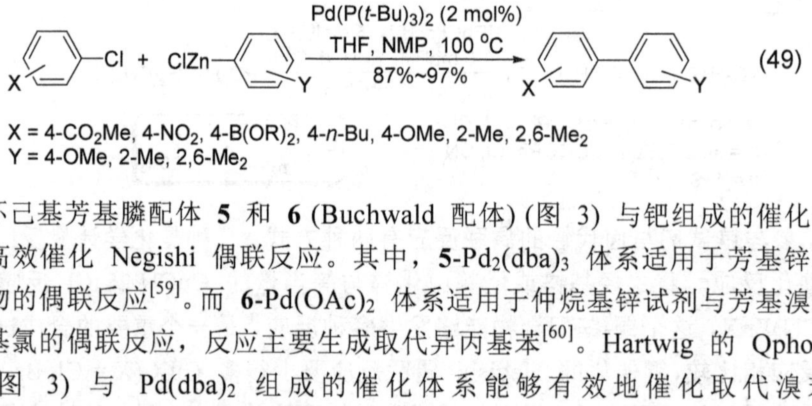

$$(49)$$

X = 4-CO₂Me, 4-NO₂, 4-B(OR)₂, 4-n-Bu, 4-OMe, 2-Me, 2,6-Me₂
Y = 4-OMe, 2-Me, 2,6-Me₂

　　二环己基芳基膦配体 **5** 和 **6** (Buchwald 配体) (图 3) 与钯组成的催化体系也能够高效催化 Negishi 偶联反应。其中,**5**-Pd₂(dba)₃ 体系适用于芳基锌与芳基卤化物的偶联反应[59]。而 **6**-Pd(OAc)₂ 体系适用于仲烷基锌试剂与芳基溴或活化的芳基氯的偶联反应,反应主要生成取代异丙基苯[60]。Hartwig 的 Qphos 配体 **7** (图 3) 与 Pd(dba)₂ 组成的催化体系能够有效地催化取代溴苯与 BrZnCH(R)CONEt₂ 的偶联反应[61]。

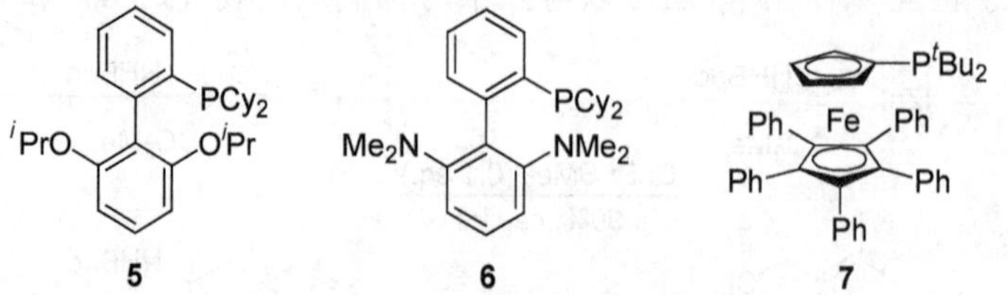

5　　　　　　　　**6**　　　　　　　　**7**

图 3　二烷基芳基膦配体

  P,P-双齿配体的镍或钯配合物也广泛用于催化 Negishi 偶联反应，图 4[17] 列举了部分代表性的结构。

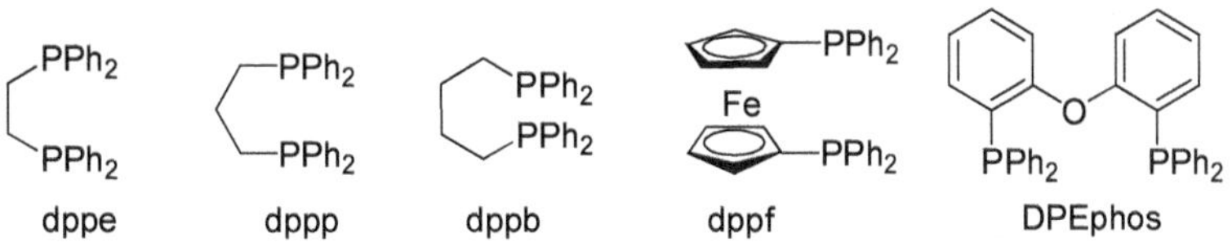

图 4 P,P-双齿配体

  其中，dppf 和 DPEphos 在一些反应体系中比单齿膦配体优越很多。例如：在 1,1-二溴-1-烯烃与烯基锌试剂的偶联反应中，DPEphos-Pd 催化剂可以选择性地催化生成反式偶联产物，选择性远高于单齿膦-Pd 催化体系 (式 50)[56]。Negishi 还报道：Pd(dppf)Cl$_2$ 和 Pd(DPEphos)Cl$_2$ 催化的芳基或烯基碘与芳基、烯基或炔基锌试剂的偶联反应的效率很高，转换数 (TON) 最高可达 10^6 以上 (式 51)[62]。

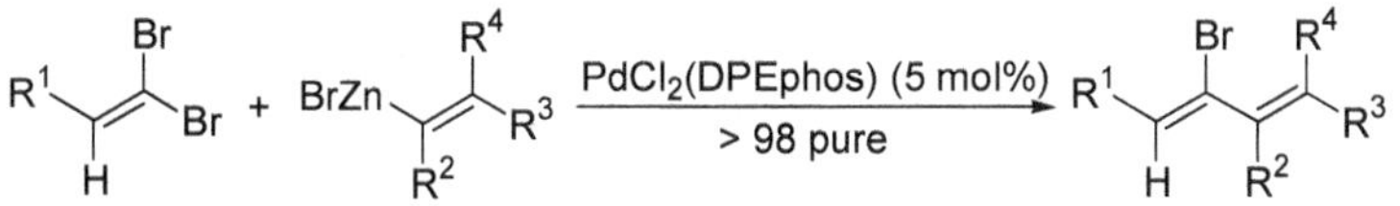

  Kondolff 等报道了一种四膦配体 (图 5)，它与 [PdCl(C$_3$H$_5$)]$_2$ 的组合能够催化烷基或苯基锌与芳基溴的偶联反应[63]。该反应使用很低剂量的催化剂即可得到较高的产率，最高转换数 (TON) 可达 8×10^5。但是，这种膦配体因合成复杂而影响了它的使用。

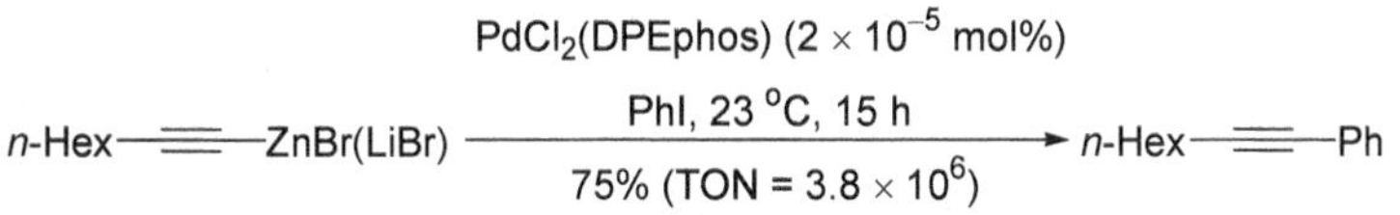

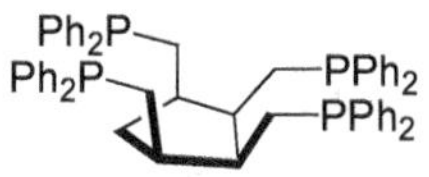

图 5   四膦配体

(2) 卡宾类配体[64]

  N-杂环卡宾 (NHC) 类配体广泛应用于交叉偶联反应，但在 Negishi 偶联反应中的应用相对较晚。2005 年之前只有两篇相关的文章报道，而且催化效果并不好。2005 年，Organ 课题组发现配体 **8** 与 Pd$_2$(dba)$_3$ 的组合能够有效地催化烷基锌试剂与烷基溴的偶联反应 (图 6)[65]。随后，他们发现卡宾配合物 **9** 不仅

具有更好的催化性能，而且具有很高的反应速率和较宽的底物范围。在添加剂
LiCl 或 LiBr 存在下，使用该催化体系还能够实现烷基-烷基、烷基-芳基和芳基-
芳基之间的偶联反应[64]。最近，他们使用改进后的催化剂 **10** 实现了高位阻底
物的室温偶联反应 (式 52)[66]。

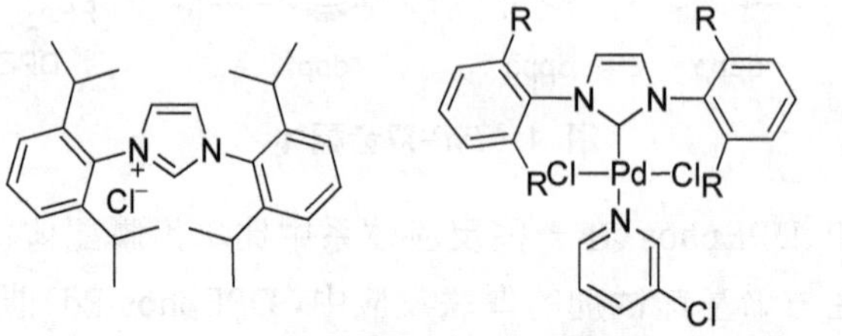

8 **9**, R = CHMe₂; **10**, R = CHEt₂

图 6　卡宾配体前体及卡宾-Pd 配合物

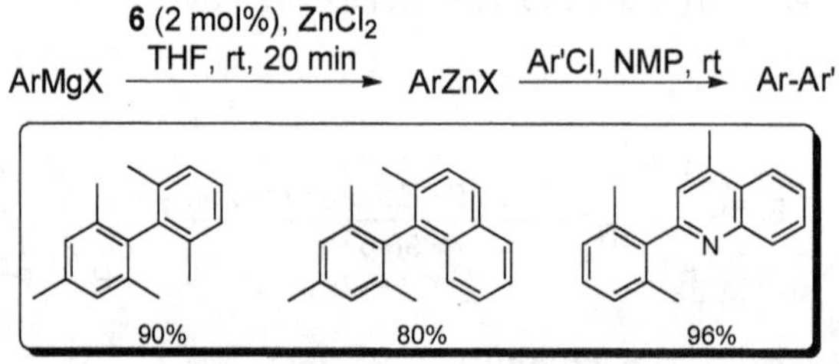

$$ArMgX \xrightarrow[\text{THF, rt, 20 min}]{\textbf{6} \text{ (2 mol\%), ZnCl}_2} ArZnX \xrightarrow{Ar'Cl, \text{ NMP, rt}} Ar\text{-}Ar' \qquad (52)$$

90%　　　80%　　　96%

(3) 含吡啶基的 *N,N,N*-三齿配体

如图 7 所示：Fu 课题组发展了几种手性 *N,N,N*-三齿配体。其中，(*S*)-
R-Pybox 和 (*R*)-R-Pybox 与 Ni(cod)₂ 的组合能够有效地催化伯和仲碘代或溴
代烷烃与烷基锌试剂的偶联反应，也适用于烯丙基氯和 *α*-溴代酰胺参与的偶联反
应。而 Indanyl-Pybox 与 NiCl₂·glyme 的组合则能够有效地催化炔丙基溴与芳基
锌试剂的偶联反应。这些反应均能够得到良好的产率和高度的对映选择性[67~72]。

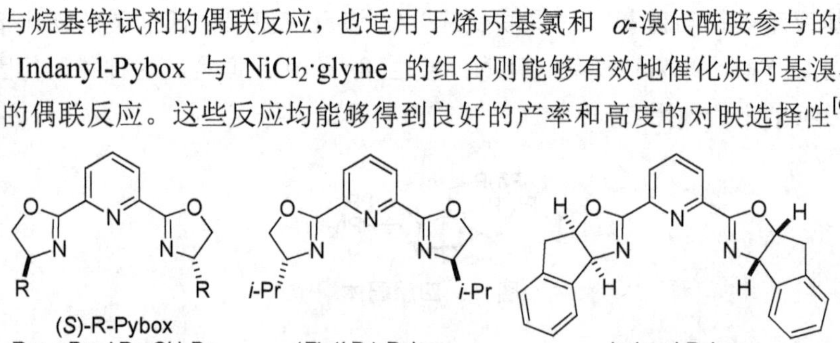

(*S*)-R-Pybox　　　(*R*)-(*i*-Pr)-Pybox　　　Indanyl-Pybox
R = *s*-Bu, *i*-Pr, CH₂Bn

图 7　手性 *N,N,N*-三齿配体

Vicic 等利用 NiMe₂(tmeda) 与三联吡啶反应，得到了一个三联吡啶-Ni(I)
配合物 (图 8)[73]。该配合物能催化烷基锌试剂与伯和仲碘代或溴代烷烃的偶联
反应，并证实该反应是经过一个自由基过程 (图 2)[14]。

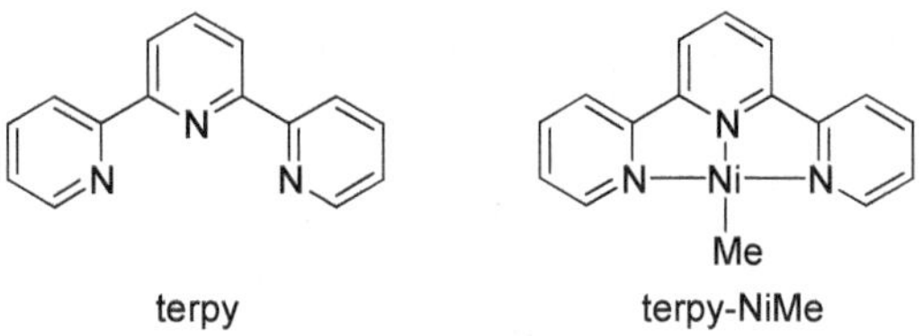

图 8 三联吡啶和它的镍配合物

(4) 其它配体

2002 年，Kambe 等发现丁二烯能够有效地促进镍催化的 Kumada 交叉偶联反应。研究表明：这些催化反应过程中可能形成了双烯丙基镍配合物 **11** (图 9)[74]。后来，人们将这个催化体系改进后用于镍催化的 Negishi 偶联反应。例如：在 NiCl$_2$ 催化的二烷基或二苯基锌与烷基溴反应体系中加入双烯烃 **12** 或 **13**，能够有效地促进该交叉偶联反应。由于这些反应不需其它配体的存在，推测反应过程中也是形成了双烯丙基镍配合物 (**14**)[18]。

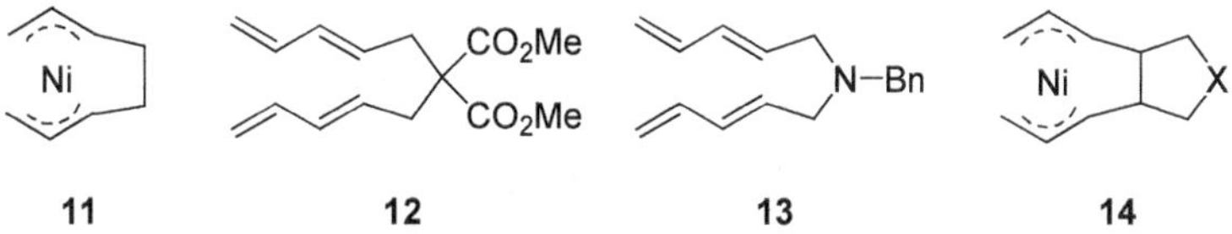

图 9 四烯和双烯丙基镍配合物

使用等当量联吡啶和 NiCl$_2$Py$_4$ 生成的催化体系能够催化烷基锌与芳基碘或溴的交叉偶联反应，得到中等以上产率的偶联产物。实验和计算表明：该反应可能经过一个 Ni(I)/Ni(III) 催化循环[75]。

将亚磷酸二乙酯 [(EtO)$_2$P(O)H] 与 NiCl$_2$ 结合后，能够有效地催化芳基锌试剂与活化的芳基溴、烯基溴或烯基氯的偶联反应。该类反应具有反应条件温和以及催化剂用量小的优点，但对未活化的卤代芳烃效果不好[76,77]。

3.3.3 金属配合物

在大多数催化交叉偶联反应中，催化剂是在反应开始前将金属盐与配体加到反应体系中原位形成的。但是，也有一部分催化剂是预先合成的，而且结构得到了表征。例如：PdCl$_2$(DPEphos)、PdCl$_2$(dppf)、Pd(Pt-Bu$_3$)$_2$、terpy-NiMe、NiCl$_2$(PR$_3$)$_2$、Pd(PR$_3$)$_4$ 和 Ni(PR$_3$)$_4$ 配合物等。

此外，还有一些其它镍或钯配合物催化的 Negishi 偶联反应的报道。如式 53[78]所示：环钯化合物 **15** 能够催化溴代或氯代芳烃与烷基或芳基锌试剂的偶联反应，这是第一例未活化的氯代芳烃参与的 Negishi 偶联反应。

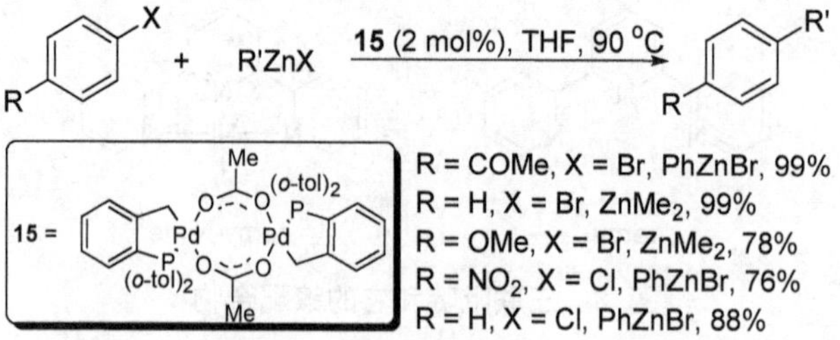

R'ZnX
15 (2 mol%), THF, 90 °C
15 =
R = COMe, X = Br, PhZnBr, 99%
R = H, X = Br, ZnMe2, 99%
R = OMe, X = Br, ZnMe2, 78%
R = NO2, X = Cl, PhZnBr, 76%
R = H, X = Cl, PhZnBr, 88%

(53)

杜邦公司的 Li 报道：*t*-Bu_2POH 与钯生成的配合物 **16** 和 **17** (图 10) 能够有效催化未活化 (unactivated) 和去活化 (deactivated) 的氯苯与芳基锌的偶联反应。但是，应用去活化的氯苯 (*p*-ClC_6H_4OMe) 仅能得到中等的收率 (55%~57%)[79]。

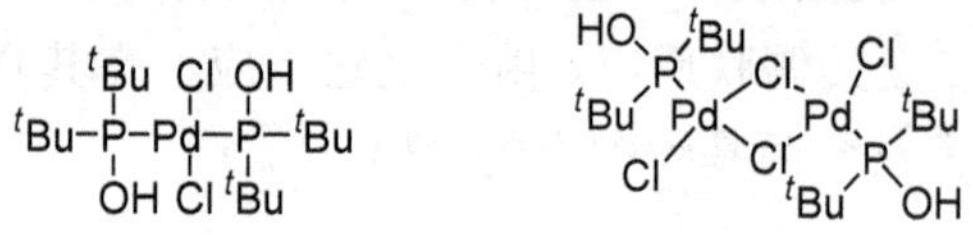

16 **17**

图 10 *t*-Bu_2POH-Pd 配合物

N,N,C,C-四配位的卡宾镍配合物 **18** 和 **19** (图 11) 均能有效地催化芳基氯和芳基锌试剂的偶联反应。配合物 **19** 的催化活性比 **18** 高，催化剂的用量也比较少。双核镍卡宾配合物 **20** 能够催化同样的反应，其催化活性与 **19** 相当但高于 **18**[80,81]。

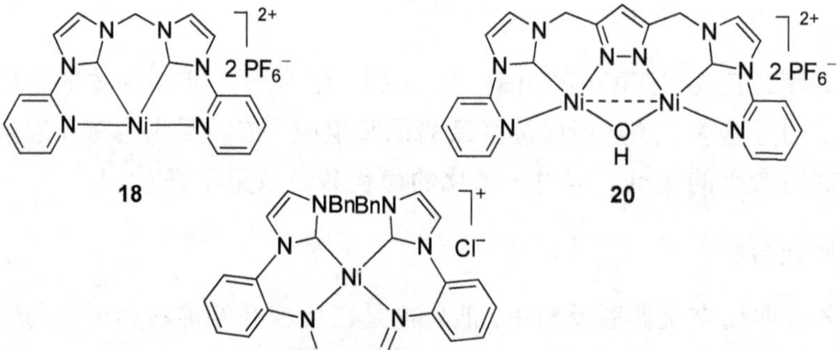

18 **20** **19**

图 11 单核和双核镍卡宾配合物

Pincer 类型的卡宾镍配合物 **21~23** (图 12) 对 Negishi 偶联反应具有较高的催化活性。它们都能够催化富电子的芳基氯与芳基锌试剂的偶联反应，其中 **22** 的催化活性最高。例如：使用 0.1 mol% 的 **22** 不仅能够高效地催化

p-ClC_6H_4OMe 与 *p*-MeC_6H_4ZnCl 的偶联反应 (92%)，而且对 CO_2Et、$CONEt_2$、CN、C(O)Ph 等官能团具有很好的兼容性[81]。

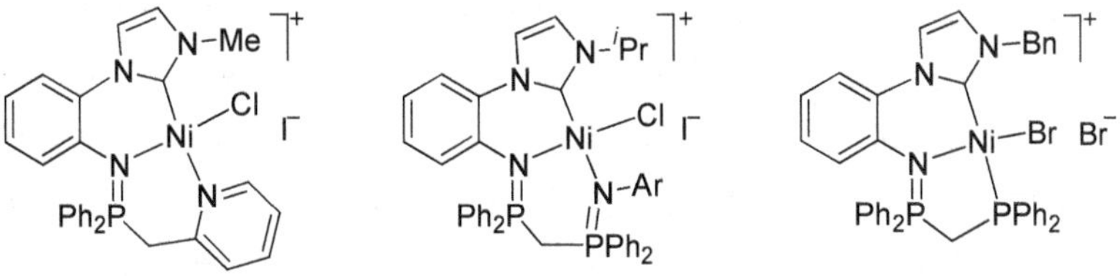

21　22　23

图 12　卡宾 pincer 镍配合物

氨基 pincer 镍配合物 **24~27** (图 13) 是目前对 Negishi 偶联反应催化活性最高的镍催化剂系列，其中 **25** 和 **27** 的催化活性最高。使用 0.02 mol% 的 **25** 或 **27** 就能够催化 *p*-ClC_6H_4OMe 与 *p*-MeC_6H_4ZnCl 的偶联反应，产率高达 96%~97%。该反应不仅对 CO_2Et、$CONEt_2$、CN、C(O)Ph、CF_3 等官能团具有很好的兼容性，也能够催化杂环底物 (例如：2-氯吡啶或 2-呋喃基锌试剂) 参与的偶联反应[82]。

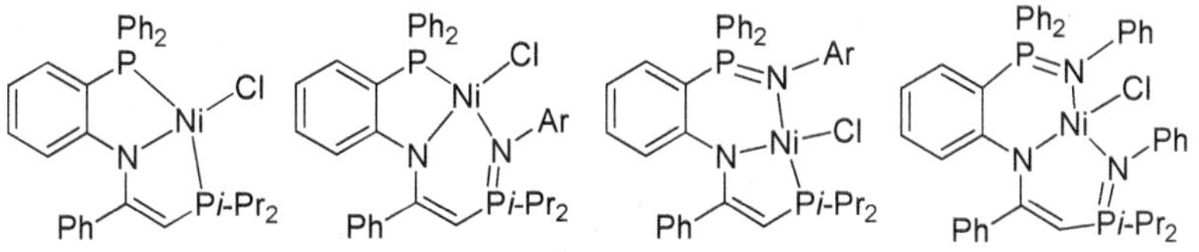

24　25 Ar = *o*-MeC_6H_4　26 Ar = *o*-MeC_6H_4　27

图 13　氨基 pincer 镍配合物

Lei 等人报道了 *S,N,S*-pincer 钯配合物 **28**，它与过量的锌试剂反应生成 **29** (图 14)[83]。配合物 **28** 和 **29** 都能够高效催化伯或仲烷基锌试剂与取代碘苯的偶联反应，最高转化数 (TON) 可达 6.1×10^6。

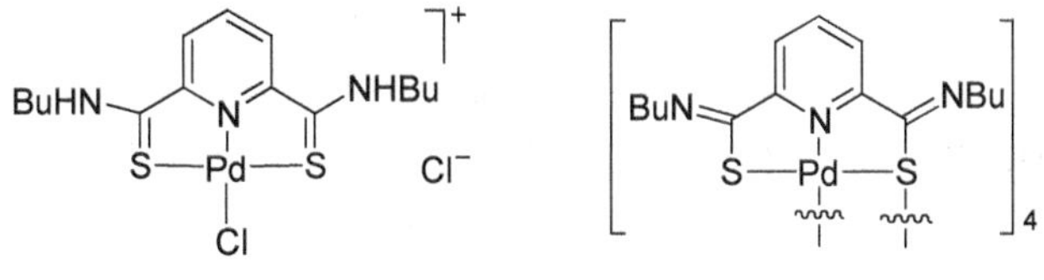

28　29

图 14　Pincer 钯配合物

3.3.4　其它类型的催化剂

2008 年，Lei 报道了纳米钯催化的取代碘苯与烷基、芳基或炔基锌试剂的偶联反应。该反应能够在室温下进行，并且得到较高的产率。纳米钯催化剂较多应用于 Heck 反应，这或许是纳米钯应用于 Negishi 反应的第一个范例[84]。

早在 1999 年就有人报道：Ni/C 可以催化芳基氯与烷基或芳基锌试剂的偶联反应。但是，该反应需要有膦配体的存在来稳定催化中间体。该反应在 THF 中回流 12~24 h 即可完成，得到良好产率的偶联产物[85]。在微波加热条件下，反应时间能够缩短到 15~30 min[86]。在 Ph$_3$P 或 Ph$_3$As 的存在下，Pd/C 能够催化芳基锌与 β-溴或碘代丙烯酸酯偶联反应。如果使用 α,β-二卤代丙烯酸酯作为亲电试剂，则仅仅发生 β-位取代反应[87]。

Vicic 最近报道：在微波辐射条件下，Al$_2$O$_3$ 负载的钯或 Al$_2$O$_3$-SiO$_2$ 负载的镍都能够催化 2-溴吡啶与 2-PyZnBr 的偶联反应，分别得到 66% 和 84% 的产率。但是，后者需要使用 50 mol% 的催化剂，是一个有待改进的方法[88]。

3.4 溶剂、反应温度、添加剂

在过渡金属催化的偶联反应中，溶剂不仅仅用来溶解和稀释反应物，还常常起到助催化剂或促进剂的作用。用于镍或钯催化的交叉偶联反应的溶剂有 20 多种 (表 1)[17]，人们经常优先使用 THF。但是，还常常需要添加极性更大的溶剂来改进反应的结果。

表 1 镍和钯催化的交叉偶联反应常用溶剂

烃类	卤代烃	醚	胺	腈和羰基化合物	极性非质子溶剂	醇和酚	水
甲苯	CH$_2$Cl$_2$	THF	NEt$_3$	MeCN	DMF	MeOH	H$_2$O
苯	CHCl$_3$	乙醚	吡啶	丙酮	DMA	EtOH	
		二氧六环	NMI	乙酸乙酯	DMSO	t-BuOH	
					HMPA	苯酚	
					NMP		

Negishi 反应可以在 THF、二氧六环、DME 等醚类溶剂中进行，有些反应需要极性较大的 NMP 或 NEP 作为共溶剂。甲苯、DMF 或 DMA 等也可用作反应溶剂，多氟代烷或离子液体作溶剂的 Negishi 反应也有零星的报道。总之，对于一个具体的反应而言，使用哪种溶剂更好仍是实验尝试的结果。如式 54 所示：在极性较小的乙醚中反应可以得到更高比例的一取代产物[17,89]。

$$n\text{-Hex} \overset{Cl}{\underset{H}{=}} Cl \xrightarrow[\text{(5 mol\%), PhZnBr}]{\text{Pd(DPEphos)Cl}_2} n\text{-Hex} \overset{Cl}{\underset{H}{=}} Ph + n\text{-Hex} \overset{Ph}{\underset{H}{=}} Ph \qquad (54)$$

THF, 50 °C, recov. 19%　　　　69%　　　　11%

ether, 34 °C, recov. 2%　　　　94%　　　　4%

对于活性较高的底物，Negishi 反应可以在室温甚至更低温度下完成。例如：在镍-四烯催化下，二烷基锌与溴代烷烃能够在室温下顺利完成偶联反应 (式 55)[18]。

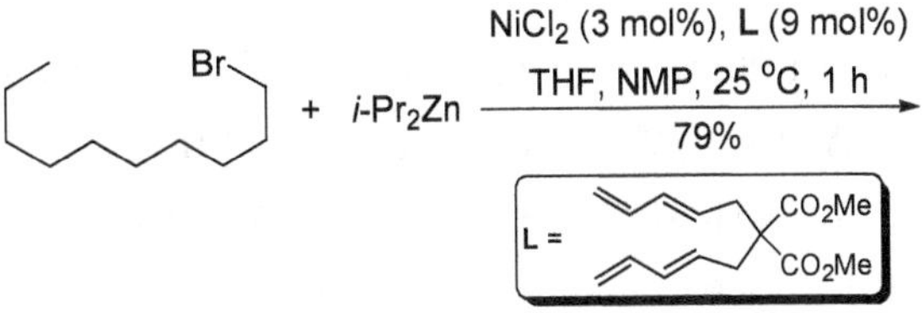

(55)

对于活性较低的底物 (例如：芳香氯化物) 而言，大多数反应需要在加热的条件下进行 (式 56)[59]。

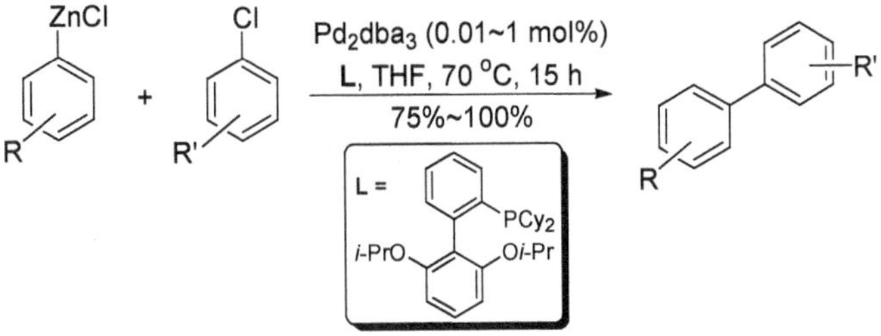

(56)

有些催化剂具有较高的催化活性，可以实现活化的、甚至未活化的芳香氯化物的室温偶联反应，但例子不多[66,76,90,91]。用微波加热可以大大缩短反应时间，大多数反应能够在 30 min 内完成，个别反应甚至可以在 1 min 内完成 (式 57 和式 58)[86,92,93]。

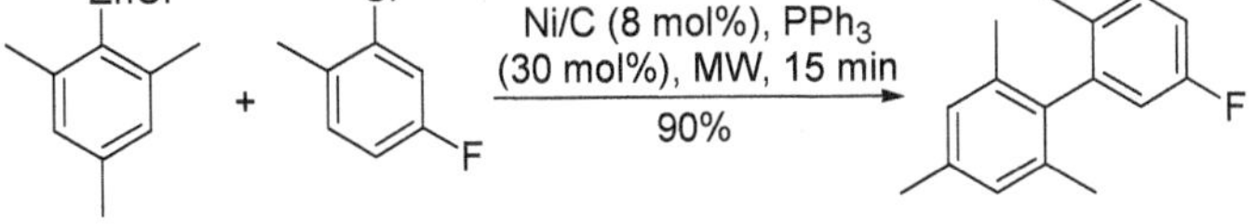

(57)

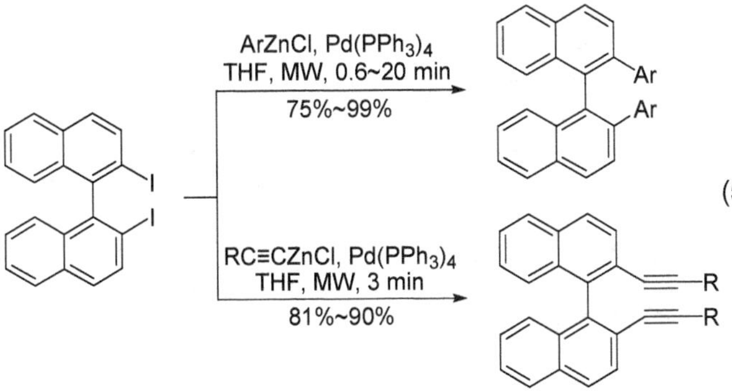

(58)

大多数 Negishi 偶联反应不需要添加剂的存在,但有少数反应需要加入适当的添加剂来提高反应的速度或收率。例如:在 NiCl$_2$-(EtO)$_2$P(O)H 催化的芳基锌试剂与芳基溴或氯的偶联反应中,加入与配体等物质的量的 4-二甲氨基吡啶(DMAP)能够显著提高反应的速率[76]。Knochel 等最近报道:使用 1 倍量的 i-PrI 作为添加剂能够使 Pd(dba)$_2$-RuPhos 催化的二芳基锌与溴代苯胺的室温偶联反应在 5~12 min 完成[94]。在镍催化的烷基-烷基 Negishi 偶联反应中,3-三氟甲基苯乙烯的存在能够使反应有效和快速地进行[14,95]。这可能是因为缺电子的苯乙烯在反应过程中能够与金属中心配位,使得中心金属的电子云密度降低。从而抑制了 β-氢的消除,促进反应中间体 R^1-M-R^2 的还原消除。氟苯乙烯和对三氟甲基苯乙烯也可用于同样的目的[14,95,96]。LiX、R$_4$N$^+$X$^-$、NMI 等也作为添加剂用于某些 Negishi 催化反应[97,98]。

4 Negishi 反应类型综述

4.1 芳基-芳基偶联反应

芳基-芳基偶联反应包括各种取代苯基、萘基、芳香杂环的锌试剂与取代苯基、萘基、芳香杂环亲电试剂的偶联反应。ArZnX、Ar$_2$Zn 和 Ar$_3$Zn$^-$ 都可以与亲电试剂发生催化偶联反应。如图 15 所示[17]:人们已经发展了许多制备芳基锌试剂的方法,使得芳基-芳基 Negishi 偶联反应适用于更多的芳香底物。

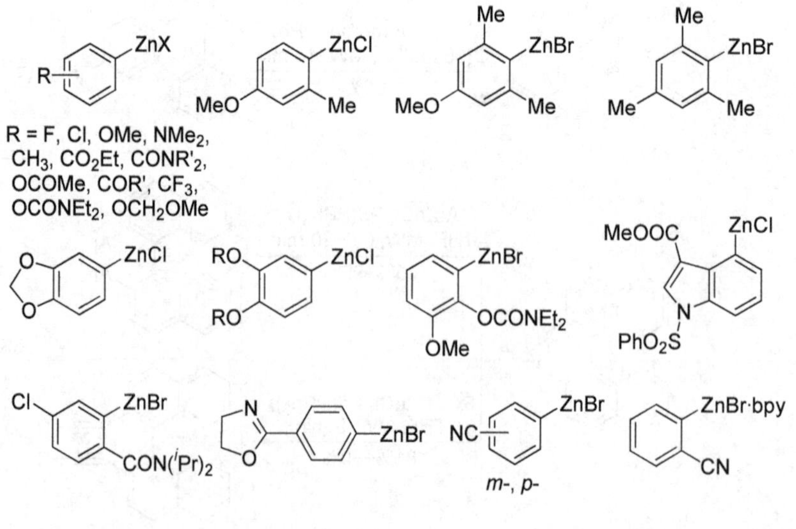

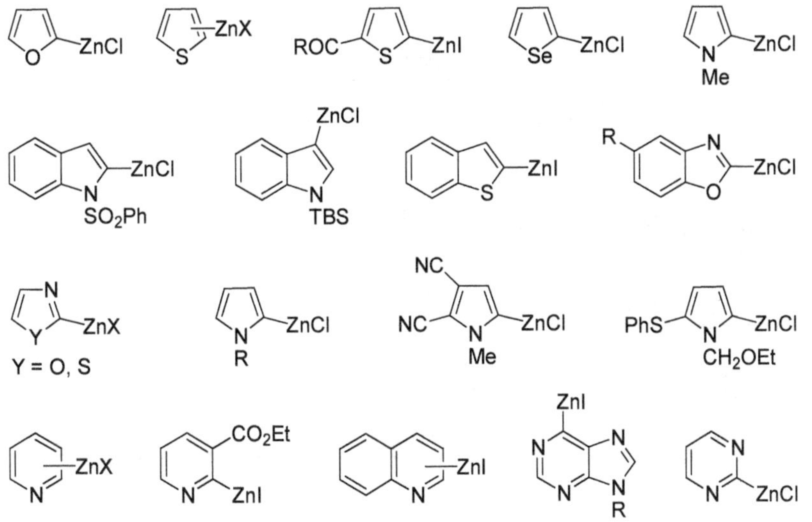

图 15　芳基锌试剂

含有拉电子基团的芳基锌试剂亲核性较弱，一般只能与活性较高的亲电试剂反应。文献报道的几乎都是与芳基溴或碘的反应，仅有个别与活化的芳基氯反应的例子。但具有较低活性的芳基氯便宜易得，适合大规模使用。因此，对芳基氯的活化和转化更应该受到重视。近十年来，人们已经发现一些镍和钯催化剂能够有效地催化芳基氯参与的 Negishi 偶联反应。

Miller 等早在 1998 年就报道：使用 Ni(acac)$_2$ 与 dppf、PPh$_3$、P(O^{i}Pr)$_3$ 组合或直接使用 PdCl$_2$(dppf) 作为催化剂，能够催化 ArZnCl (Ar = Ph、p-MeC$_6$H$_4$) 或 Ph$_2$Zn 与芳基氯的偶联反应。使用 CN、CO$_2$Me、EtC(O) 等拉电子官能团活化的芳基氯时，偶联产物的产率可达 80%~89%。如果使用未活化的芳基氯，偶联产率也能够达到 63%~75%[90]。2001 年，Fu 等报道使用 Pd(P^{t}Bu$_3$)$_2$ 作为催化剂可以实现包括富电子芳基氯在内的 Negishi 偶联反应 (式 49)[55]。该反应也适用于大位阻的芳基氯和杂环氯代物，具有较宽的底物范围。此外，使用 Buchwald 配体配位的钯配合物[59]、卡宾配位的镍或钯配合物[66,80,81]、氨基 pincer 镍配合物[82]等都能够有效地催化芳基氯与芳基锌试剂的偶联反应。

在手性配体存在下，虽然可以实现适当底物的催化不对称偶联反应，但结果还不够满意。2006 年，Espinet 等报道在手性配体 (R,S_p)-(–)-PFNMe 的存在下，钯能够催化溴代萘与萘基锌试剂的不对称偶联反应。根据所使用的钯试剂和底物上取代基的差异，生成的产物可以达到 55%~95% 的产率和 49%~85% ee (式 59)[99]。如果使用 Pd$_2$dba$_3$-(R,S_p)-(–)-PFNMe 作为催化剂和改用微波加热，生成的产物可以达到 65%~95% 产率和 43%~60% ee[100]。

$$\text{(59)}$$

[Pd] = Pd$_2$dba$_3$, [(MeCN)$_4$Pd](BF$_4$)$_2$, Pd(OAc)$_2$
R = R' = Me, OMe, OBn
R = H, R' = Me
R = OBn, R' = OMe

(R,S_p)-(−)-PFNMe

4.2 芳基-烯基偶联反应或烯基-芳基偶联反应

该类反应是指芳基锌试剂与烯基卤的偶联反应或者烯基锌试剂与芳基卤的偶联反应两种方式 (式 60 和式 61)[46,101]。由于两种偶联方式得到同样的偶联产物,因此可以选择原料易得或更容易反应的方式。在一些情况下,烯基锌试剂可以容易地通过炔烃与烷基或芳基锌的加成得到,此时可以考虑使用烯基-芳基偶联反应。在另一些情况下,烯基卤 (例如: 3-卤代丙烯酸甲酯) 容易制备,此时适合芳基-烯基偶联反应。此外,从羰基化合物容易衍生出磷酸烯基酯或三氟甲基磺酸烯基酯等活性高的亲电试剂,也适合选用芳基-烯基偶联反应方式[11]。

$$\text{(60)}$$

$$\text{(61)}$$

在部分这类反应中,产物中的烯烃以最稳定的构型存在。如式 62 所示:使用具有 Z- 和 E-构型的混合碘代烯烃为底物,经钯催化与 PhZnBr 偶联后得到完全具有 E-构型的产物[102]。但是,也有相当多的例子表明:无论是经过芳基卤与烯基锌试剂的偶联反应还是经过芳基锌试剂与烯基卤的偶联反应,底物中碳-碳双键的几何构型在产物中得到保持 (式 60、式 61 和式 63)[103]。

$$\text{(62)}$$

$$
\text{Ph-S} \begin{matrix} O & R^1 \\ \\ \end{matrix} \text{OH} + \text{PhZnBr} \xrightarrow[\substack{71\%\sim94\% \\ R = H, n\text{-Bu} \\ R^1 = H, n\text{-Bu}, n\text{-Oct}}]{\text{Pd(PPh}_3)_4, \text{THF, DMF, rt}} \text{Ph-S} \begin{matrix} O & R^1 \\ \\ R & Ph \end{matrix} \text{OH} \qquad (63)
$$

催化剂也能够改变该类反应的选择性。例如：在 Pd(P^{t}Bu$_3$)$_2$ 或 Pd$_2$dba$_3$-NHC 的催化下，2-溴-1,3-二烯与 PhZnCl 或烷基锌的偶联反应生成构型保持的产物 (式 64)[56]，而其它钯催化剂则导致与溴相连的碳原子构型的反转。使用烷基锌、烯基锌、炔基锌试剂发生的偶联反应得到同样的结果[104]。

$$ (64) $$

R^5 = Ph, alkyl, CH=CH$_2$, C≡CH
PdL$_n$ = Pd(PPh$_3$)$_4$, PdCl$_2$(PPh$_3$)$_2$, PdCl$_2$(tfp)$_2$,
PdCl$_2$(dppf), PdCl$_2$(DPEphos)

烯基氯化物作为亲电试剂与芳基锌的偶联反应也已经有报道 (式 65)[55]，但烯基锌与芳基氯的偶联反应十分少见。

$$ (65) $$

4.3 炔基-芳基偶联反应

由于炔基锌试剂容易制备，所以通常用炔基锌与芳基卤的偶联反应来制备芳基炔。反应适用于含多种取代基的炔和各种芳基亲电试剂。HC≡CZnX、RC≡CZnX、TMSC≡CZnX、EtO$_2$CC≡CZnX、RCH=C(Me)C≡CZnX、EtOC≡CZnX、R$_2$NC≡CZnX 等都能够用于这个反应，取代苯基和杂环卤化物也都能够用作亲电试剂。早期，只有芳基碘或活化的芳基溴化物用于该反应。后来发现：选择适当的催化剂，芳基溴和氯都能顺利反应。炔基-芳基偶联反应的催化剂主要是钯化合物，常用的催化剂包括：Pd(PPh$_3$)$_4$、Pd(PPh$_3$)$_2$Cl$_2$、Pd(dppf)Cl$_2$、Pd(DPEphos)Cl$_2$ 和 Pd[P(2-furyl)$_3$]$_2$Cl$_2$ 等 (式 66~式 72)[6,105~111]。

$$
\text{R}\!\!-\!\!\!\equiv\!\!\!-\!\!\text{ZnBr} + \text{PhI} \xrightarrow[\substack{R = H, 95\% \\ R = CF_3, 96\%}]{\text{Pd(PPh}_3)_4 (5 \text{ mol}\%)} \text{R}\!\!-\!\!\!\equiv\!\!\!-\!\!\text{Ph} \qquad (66)
$$

$$\text{TsN(R)—C≡C—ZnBr} + \text{ArI} \xrightarrow[\substack{48\%\sim81\%}]{\substack{\text{Pd}_2\text{dba}_3\ (5\ \text{mol\%}),\ \text{PPh}_3 \\ (20\ \text{mol\%}),\ \text{THF, rt, 3 h}}} \text{TsN(R)—C≡C—Ar} \qquad (67)$$

R = Ph, *n*-Pr
Ar = Ph, *p*-MeC$_6$H$_4$, *p*-MeOC$_6$H$_4$, *o*-MeOC$_6$H$_4$, *p*-NO$_2$C$_6$H$_4$

$$\text{(68)}$$

$$\text{(69)}$$

$$\text{(70)}$$

R = 吗啉基, 吡咯烷基, Me$_2$N

$$\text{(71)}$$

$$\text{(72)}$$

4.4 炔基-烯基偶联反应

在催化条件下，炔基锌试剂可以与烯基碘、溴、氯发生偶联反应。碘化物的反应活性最高，氯化物最低，钯或者镍催化剂常用于该目的。这类反应通常具有良好的立体选择性，反应中几乎完全保持底物卤代烯的几何构型（式 73 和式 74）[112,113] (注意: 式 64 所示的例外情况)。

适当地控制反应条件，1,1-二卤代烯烃与炔基锌的偶联反应可以选择性地取代一个卤素或者两个卤素。如果取代一个卤素话，则反位的卤素优先被取代（式 75）[114]。

表 2 列举了更多的有关炔基-烯基偶联反应的结果[6]。

$n\text{-Hex}\!\!=\!\!=\!\!\text{ZnBr}$ + (I—CH=CH—Br) $\xrightarrow[\text{THF, 23 °C, 2 h}]{\text{Pd(PPh}_3)_4 \text{ (3 mol%)}}$

$$n\text{-Hex}\!\!=\!\!=\!\!\text{—CH=CH—Br} \xrightarrow[\substack{\text{23 °C, 4 h} \\ 90\%}]{\text{PhC≡CZnBr}} n\text{-Hex}\!\!=\!\!=\!\!\text{—CH=CH—}\!\!=\!\!=\!\!\text{Ph} \tag{73}$$

$$R\!\!=\!\!=\!\!\text{ZnBr} + \text{(cis I–CH=CH–CO}_2\text{ZnBr)} \xrightarrow[\substack{\text{DMF, Et}_2\text{O, rt, 12 h} \\ 75\%\sim88\%}]{\text{Pd(MeCN)}_2\text{Cl}_2 \text{ (5 mol%)}} R\!\!=\!\!=\!\!\text{—CH=CH–CO}_2\text{H} \tag{74}$$

R = n-C$_5$H$_{11}$, MeOCH$_2$, Me$_3$Si

$$\text{Ph–CCl=CCl}_2\text{ (Ph–C(Cl)=CCl)} + \text{(ZnCl–C≡C–SiMe}_3) \xrightarrow[\substack{\text{THF, rt, 6 h} \\ 84\%}]{\text{Pd(dppf)Cl}_2 \text{ (5 mol%)}} \text{Ph–C(Cl)=C(Cl)–}\!\!=\!\!=\!\!\text{–SiMe}_3 \tag{75}$$

表 2 炔基锌与卤代烯烃偶联反应举例

卤代烃	炔基锌	条件	产率/%	文献
Bu (cis) —I	HC≡CZnCl	Pd(PPh$_3$)$_4$, THF, rt	65	[4]
Bu (trans) —I	PentC≡CZnCl	Pd(PPh$_3$)$_4$, THF, rt	76	[4]
MeO$_2$C–C(Me)=CH–Br	BuC≡CZnCl	Pd(PPh$_3$)$_4$, THF, rt	65	[4]
ClZnO–CH=C(Me)–CH$_2$I	(cyclohexenyl)—≡—ZnCl	Pd(PPh$_3$)$_2$Cl$_2$, LiBu, DMF, 70°C, 5 h	68	[115]
F$_2$C=CFI	HexC≡CZnCl	Pd(PPh$_3$)$_4$, THF, 20 °C, 24 h	62	[116]
TBDMSO (epoxide enone) –I	CH$_2$=C(Me)–C≡C–ZnCl	Pd(dba)$_2$, P(2-furyl)$_3$, DMF, rt, 1 h	73	[117]
EtOOC–C(Br)=CH–Ph	PhC≡CZnCl	Pd(PPh$_3$)$_4$, THF, 60 °C	88	[118]
Me$_3$Si–CH=CH–Br	(thienyl)—≡—ZnCl	Pd(PPh$_3$)$_4$, THF, 0 °C, 15 h	87	[119]
TBDMSO–CH$_2$–CH(Me)–CH=CBr$_2$	Ph$_3$SiC≡CZnCl	Pd(DPEphos)$_2$Cl$_2$, THF, 0 °C, 6 h	99	[120]

卤代烃	炔基锌	条件	产率/%	文献
	HexC≡CZnCl	Pd(PPh₃)₄, THF, rt, 1 h	78	[121]
	EtOOCC≡CZnCl	Pd(PPh₃)₄, THF, rt, 1 h	83	[112]
	PhC≡CZnCl	Pd(dba)₂, dppf, THF, 65 °C, 22 h		[122]

4.5 烯基-烯基偶联反应

烯基-烯基偶联反应是合成共轭二烯的重要方法，在天然产物的合成中有很多应用[123,124]。在多数情况下，卤代烯烃的构型得以保持（式 76 和式 77)[124~126]。但是，要注意某些底物或者催化剂可能会改变产物的构型（式 64)[104]。

$$(76)$$

$$(77)$$

α-卤代-α,β-不饱和羰基化合物的 Negishi 偶联反应比 β-卤代-α,β-不饱和羰基化合物的反应要困难得多。一是它的反应性比 β-卤代化合物低，二是它在催化反应过程中不稳定。因此，有关该类反应的早期研究常常得到较低产率的产物[127]。Negishi 课题组发展了几种有关此类底物的偶联方法，使之能够在钯催化下顺利地发生偶联反应。其中包括：(1) 首先将羰基保护起来，然后将其转化为锌试剂后再与其它烯基卤偶联（式 78)；(2) 通过优化 α-卤代-α,β-不饱和羰基化合物与烯基锌试剂偶联的条件，发现极性非质子溶剂（例如：NMP 和 DMF)能极大地改进反应结果，Cl₂Pd(PPh₃)₂ 和 Pd(PPh₃)₄ 都能催化这个反应（式 79)。对有些底物而言，需要使用 Cl₂Pd[P(2-furyl)₃]₂ 这样更有效的催化剂。在发展了由 α-卤代-α,β-不饱和羰基化合物与锌粉直接制备锌试剂的方法之后，利用它的锌试剂与另一个卤代烯烃偶联也成为一种有用的方法（式 80)[127]。

$$\text{(78)}$$

$$\text{(79)}$$

$$\text{(80)}$$

1,1-二卤代烯烃与烯基锌试剂的偶联反应与炔基锌的偶联反应类似，在单取代反应中 R 基反位的卤素优先被取代 (式 50)[56]。如式 81 所示[128]：这种选择性可以用于生物活性物质全合成中关键中间体的合成。

$$\text{(81)}$$

4.6 烷基-烷基偶联反应

实现过渡金属高效催化的烷基-烷基偶联反应需要解决两个问题：(1) 反应过程中形成的烷基过渡金属中间体容易发生 β-氢消除；(2) 形成的二烷基过渡金属中间体发生还原消除的速度太慢。1999 年，Knochel 等人报道了使用 Ni(acac)$_2$-LiI 有效地催化 3-丁基-5-溴-1-戊烯与 ZnEt$_2$ 发生的偶联反应 (式 82)。而对照实验表明：1-溴-3-丁基戊烷与 ZnEt$_2$ 仅仅发生溴-锌交换反应 (式 83)。因此，Knochel 等人认为：碳-碳双键在偶联反应中起到了关键的作用，并推测在反应过程中形成了 Ni(II)-烯配合物中间体 (图 16)。这种碳-碳双键对金属的配位作用降低了中心金属的电子云密度，从而使二烷基金属中间体更容易发生还原消除。卤代烃分子中含有 CN 或者羰基等基团时，同样对偶联反应有促进作用[97,129]。

$$\text{(82)}$$

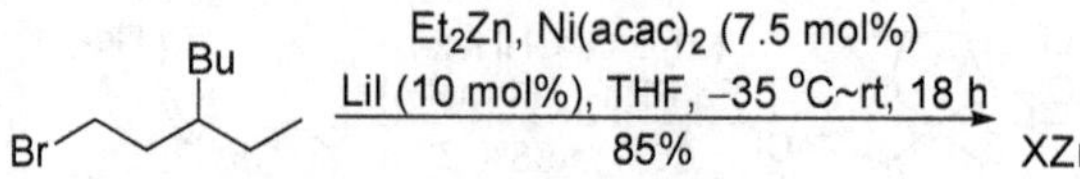

$$\text{(83)}$$

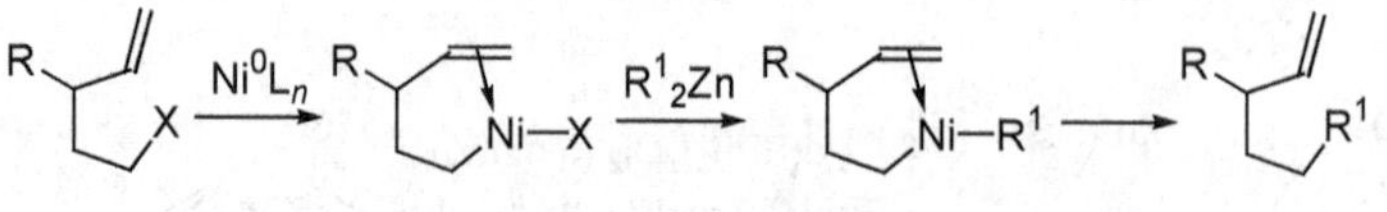

图 16　碳-碳双键在催化过程中可能的参与作用

进一步研究发现：在反应体系中添加含有碳-碳双键或者羰基等试剂，也能够促进 $C_{(sp3)}$-$C_{(sp3)}$ 键的偶联反应。其中，对氟苯乙烯、对- 和间-三氟甲基苯乙烯具有最好的效果。如果同时添加 Bu$_4$NI，该催化反应还能实现伯卤代烃与仲烷基锌的偶联反应（式 84）[130]。

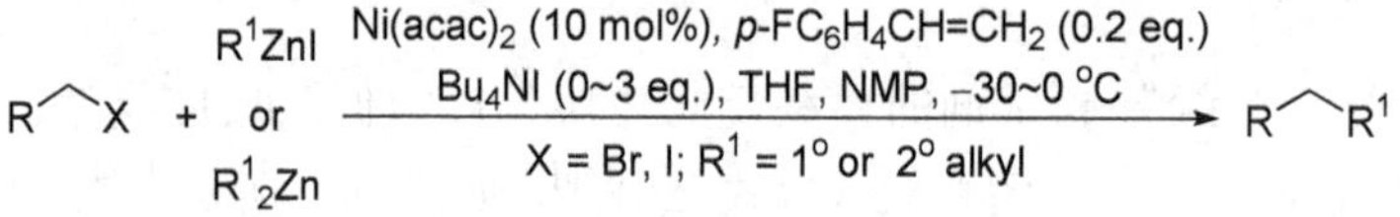

$$\text{(84)}$$

后来的研究发现：更多的催化剂体系能够催化 $C_{(sp3)}$-$C_{(sp3)}$ 偶联反应，包括 Ni-三联吡啶催化剂（图 2 和图 8）[14]、Pd-卡宾催化剂（图 6）[64,65]、Ni-四烯催化剂（图 9）[18]和 Pd-三环戊基膦催化剂等[58]。值得注意的是：Fu 等报道的 Pybox 系列配体（图 7）与 Ni(II) 组成的催化剂体系还能够实现不对称的 $C_{(sp3)}$-$C_{(sp3)}$ 偶联反应[67~72]（式 85）[68]。

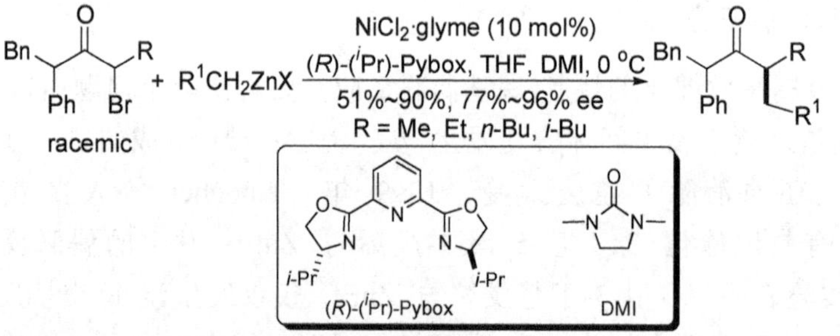

$$\text{(85)}$$

4.7　烷基-芳基偶联反应和芳基-烷基偶联反应

烷基锌试剂与芳基碘、溴、氯的偶联反应都有报道，甚至包括富电子的芳基氯（式 86）[85,131]。

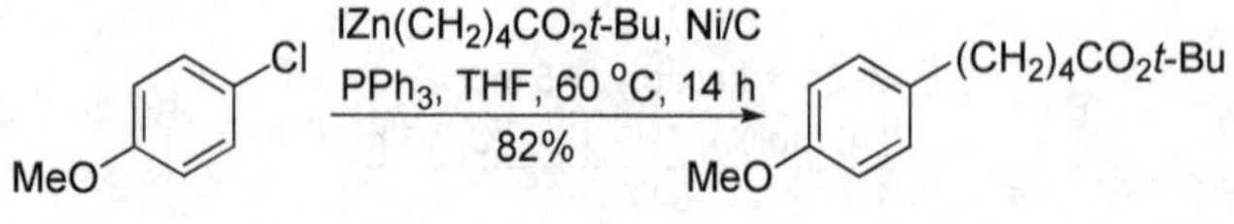

$$\text{(86)}$$

这些偶联反应具有很好的官能团兼容性。可以兼容 RC(O)、CHO、CO_2R、CO_2H、CN、C(O)NHR、NH_2、CF_3 等众多官能团，也能够与杂环卤代物进行偶联反应[75,132,133]。例如：Buchwald 等利用配体 **6** (图 3) 与 $Pd(OAc)_2$ 组成催化体系催化仲烷基锌试剂与芳基溴或氯的偶联反应。如式 **87** 所示[60]：该催化体系能够有效地抑制仲烷基的异构化，高产率和高选择性地生成偶联产物取代异丙苯。

$$\text{(87)}$$

R = 4-OMe, X = Br, 92%	37	:	1
R = 4-Ph, X = Br, 95%	39	:	1
R = 4-CHO, X = Br, 89%	46	:	1
R = 4-CHO, X = Cl, 93%	45	:	1
R = 2-OMe, X = Br, 97%	43	:	1
R = 2-CN, X = Br, 89%	47	:	1
R = 2-CN, X = Cl, 94%	27	:	1
R = 4-CO2Me, X = Br, 94%	20	:	1
R = 4-CO2Me, X = Cl, 98%	22	:	1

最近，Knochel 报道了一个高度立体选择性的烷基-芳基偶联反应。如式 **88** 和式 **89** 所示[134]：在钯催化下，取代环己基锌与芳基卤发生偶联反应生成热力学最稳定的偶联产物。

$$\text{(88)}$$

$$\text{(89)}$$

芳基锌与烷基卤的偶联反应相对较少。如式 90 所示[95]：使用缺电子取代苯乙烯作为添加剂和镍催化剂可以实现这种偶联反应。有人报道：使用铁或铑催化剂也可以实现芳基-烷基偶联反应 (式 91 和式 92)[47,52]。

$$\text{(90)}$$

$$\text{(91)}$$

$$\text{(92)}$$

4.8 烷基-烯基偶联反应和烯基-烷基偶联反应

与芳基-烯基或烯基-芳基的偶联反应相似，烷基-烯基偶联反应和烯基-烷基偶联反应也很容易进行。钯或镍催化剂均可用于这些反应，而且具有良好的立体选择性，反应主要得到烯基构型保持的产物 (式 93 和式 94)[120,135]。但是，某些底物或者催化剂还是有可能够改变这种选择性 (式 64)[104]。

$$\text{(93)}$$

$$\text{(94)}$$

在极性非质子溶剂中使用钯催化剂，α-卤代-α,β-不饱和羰基化合物和 β-卤代-α,β-不饱和羰基化合物都可以与烷基锌试剂发生偶联反应，生成相应的交叉

偶联产物 (式 95 和式 96)[127,136]。

$$n = 1,2; R = H, Me;$$

$$R^1 = Me, n\text{-Bu}, i\text{-Bu}, n\text{-Hex}, PhCH_2, Me_3SiC{\equiv}C(CH_2)_2, CH_2{=}CH(CH_2)_2$$

$$R = n\text{-Bu}, (CH_2)_3CH{=}CH_2, (CH_2)_3CN, (CH_2)_4Cl,$$
$$(CH_2)_5N\text{-Phth}, (CH_2)_{11}OC(O)^tBu$$

1,1-二卤代烯烃也能够与烷基锌催化偶联反应，反应的选择性与已经讨论过的偶联反应基本一致[137]。

烯基锌与卤代烷的偶联反应相对较少。最近有人报道：FeCl₃-tmeda 能够有效地催化这种偶联反应 (式 97)[138]。该反应有较宽的底物范围和高度的立体选择性，伯和仲氯代和溴代烷烃都能够参与该偶联反应。

4.9 酰基参与的偶联反应

由于有机锌试剂较低的反应性，它可以与酰氯或酸酐发生偶联反应形成酮而不会进一步发生锌试剂与酮的加成。

铜催化的有机锌试剂与酰氯的偶联反应是制备酮的重要方法。在这个反应中，铜试剂 CuCN·2LiCl 首先与锌试剂 RZnX 作用形成铜-锌试剂 RCu(CN)ZnX。然后，铜-锌试剂再与酰氯发生偶联反应形成酮 (式 98)[23]。

铜-锌试剂与从有机锂试剂或 Grignard 试剂衍生的有机铜试剂具有类似的

反应性。它们具有反应条件温和和官能团兼容性好的优点，但需要使用等当量的铜试剂。

镍、钯或铑催化剂都能有效地催化有机锌试剂与酰氯或者酸酐的偶联反应[17,139]。由于酰氯和酸酐具有较高的活性，这类偶联反应可以在十分温和的条件下进行 (式 99~式 101)[35,140,141]。

$$(99)$$

$$(100)$$

R = CH₂Ph, (CH₂)₅Me, (CH₂)₄COOEt,
(CH₂)₂COOEt, CH₂COOEt, CH₂CN

$$(101)$$

反应条件: i. *i*-Pr₂Zn (1.1 eq.), Li(acac) (10 mol%),
Et₂O, NMP, 25 °C, 12 h; ii. MeCOCl, Pd(dba)₂
(2.5 mol%), tfp (5 mol%)

在钯催化剂的存在下，使用手性锌试剂与酰氯的偶联反应可以得到构型保持的偶联产物 (式 102)[142]。

$$(102)$$

酸酐的反应与酰氯类似[139]。如式 103 所示[143]：在零价钯试剂的催化下，芳香羧酸酐与芳基或烷基锌试剂发生偶联反应生成酮。

$$(103)$$

如式 104 所示：也可以由羧酸盐与氯甲酸乙酯反应原位制得相应的酸酐，然后再在催化条件下与烷基或芳基锌试剂发生偶联反应得到酮。

$$R^1CO_2Na \ + \ ClCOOEt \xrightarrow[\substack{58\%\sim99\%}]{\substack{1.\ THF,\ rt \\ 2.\ R^2ZnI,\ Pd(PPh_3)_4,\ THF,\ 70\ ^oC}} \ R^1\underset{O}{\overset{O}{\|}}R^2 \qquad (104)$$

在镍、钯、铑等试剂的催化下，环状酸酐与锌试剂反应生成酮酸产物 (式 105)[139]。在手性配体存在下，可以得到具有光学活性的偶联产物 (式 106)[144]。

$$\xrightarrow[\substack{92\%}]{\substack{Et_2Zn,\ Ni(COD)_2\ (5\ mol\%),\ bpy\ (6\ mol\%) \\ p\text{-}FC_6H_4CH=CH_2\ (10\ mol\%),\ THF,\ 0\ ^oC,\ 3\ h}} \qquad (105)$$

$$\xrightarrow[\substack{(5\ mol\%),\ THF,\ 50\ ^oC}]{\substack{L^*,\ (10\ mol\%),\ [Rh(nbd)Cl]_2}} \qquad (106)$$

如式 107 所示[145]：混合二烃基锌也可以用作该类反应的锌试剂。这主要是利用了混合二烃基锌中两个不同基团的转移速率不同的性质。二烃基锌中不同基团转移的速率顺序是：$Ph > Me > Et \gg i\text{-}Pr \approx CH_2TMS$。

$$\xrightarrow[]{\substack{Ni(COD)_2,\ bpy,\ 0\sim23\ ^oC}} \qquad (107)$$

5 Negishi 反应在天然产物合成中的应用

5.1 Reveromycin B 的全合成

Reveromycins 是一类链霉菌属的土壤放线菌代谢物，它们对某些人类的肿瘤细胞株有强的抗增殖活性。因此，它们是非常合适的全合成目标，Reveromycin B 是其中一种。

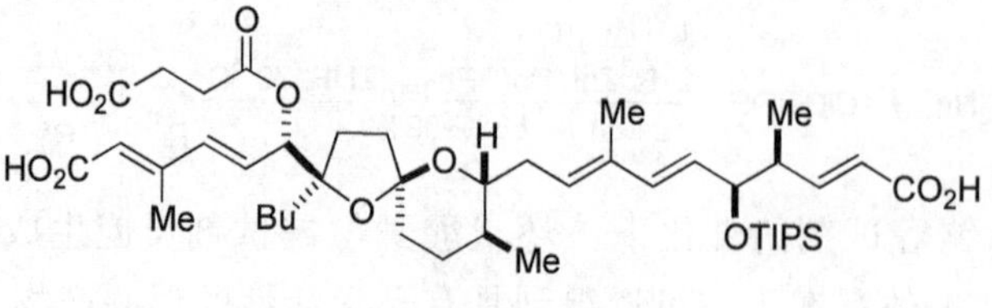

Reveromycin B

1999 年，Drouet 和 Theodorakis[146,147] 报道了该化合物的全合成。如式 108 所示：其中的两个关键片段是通过 Negishi 偶联反应连接起来后，再经过进一步转化得到 Reveromycin B。

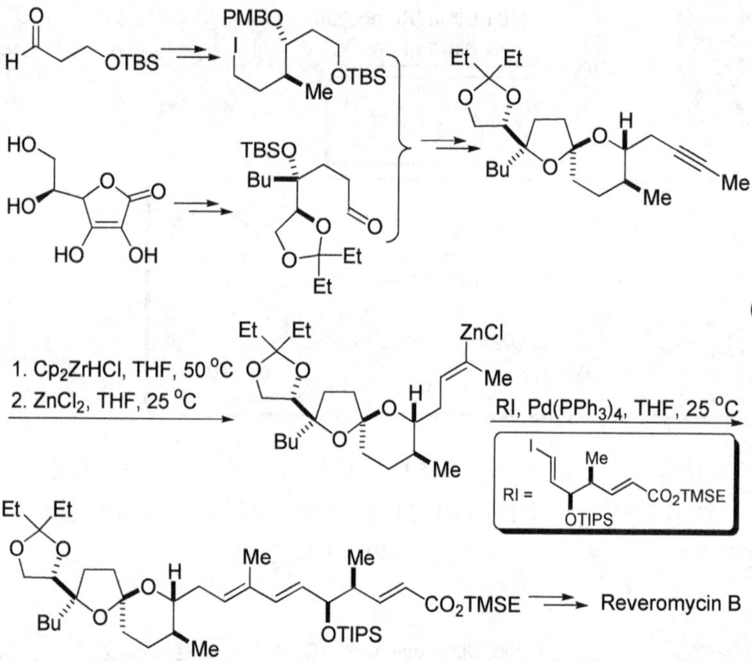

(108)

5.2 Fluvirucinine A₁ 的全合成

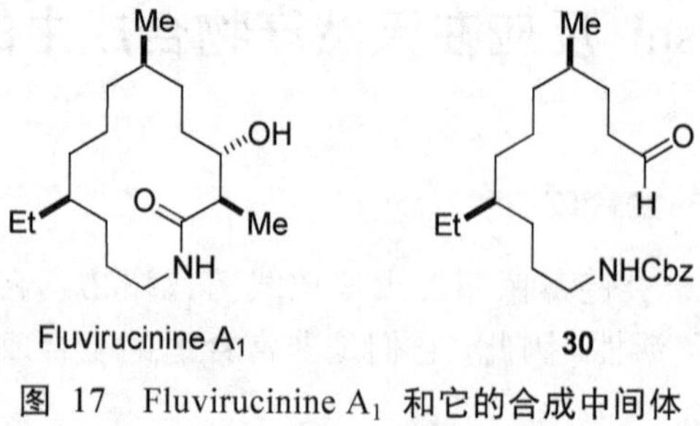

Fluvirucinine A₁   30

图 17 Fluvirucinine A₁ 和它的合成中间体

Fluvirucins 是从放线菌中分离得到的一类大环内酰胺类抗生素，Fluvirucinine A$_1$ 是其中的核心结构 (图 17)。

1999 年，Suh 等人[148]经 16 步反应得到了化合物 **30**，并以此为关键中间体完成了 Fluvirucinine A$_1$ 的全合成。2008 年，Fu 等利用两次不对称 Negishi 偶联反应，经历 8 步反应完成了中间体 **30** 的合成 (式 109)[71]。

(109)

5.3 环三肽 K-13 的全合成

环三肽 K-13 是从嗜盐小单孢菌亚种 exilisia K-13 分离得到的化合物。它是血管紧张素 I 转换酶的非竞争性强抑制剂和氨基肽酶 B 的弱抑制剂。自从该天然产物被分离和鉴定之后，已经有几个课题组完成了它的全合成。最近，Jackson 课题组利用分子内 Negishi 交叉偶联反应作为关键步骤完成了对它的全合成 (式 110)[149,150]。

6　Negishi 反应实例

例　一

1,3-二甲氧基-2-(4-甲氧基苯基)苯的合成[59]

　　在 0 ℃ 和搅拌下，将正丁基锂溶液 (0.33 mL, 2.5 mol/L 的己烷溶液, 0.825 mmol) 在 10 min 内滴加到 1,3-二甲氧基苯 (98 μL, 0.75 mmol) 的 THF (1 mL) 溶液里，升至室温搅拌 2 h。所得芳基锂溶液冷至 −78 ℃ 后，一次加入固体 ZnCl₂ (0.9 mmol, 1.8 eq.)。生成的混和物分别在 −78 ℃ 搅拌 30 min 和在室温搅拌 1 h 后，得到 ArZnCl 溶液。接着，依次加入 Pd₂(dba)₃ (2.3 mg, 0.5 mol%)，

配体 (4.7 mg, 2.0 mol%) 和对氯苯甲醚 (61 μL, 0.5 mmol)，并用 THF (0.5 mL) 冲洗反应瓶壁。将反应瓶密封后放进一个预热到 70 ℃ 的油浴加热搅拌，直至芳基氯完全消耗 (GC 监测)。将反应混合物冷至室温，加水 (1 mL) 后用乙醚提取 (4 × 10 mL)。合并的有机相用 Na$_2$SO$_4$ 干燥，浓缩得到粗产品经硅胶柱色谱纯化 (己烷-乙酸乙酯梯度淋洗，1:0 至 50:1) 得无色固体产品 (122 mg, 100%)。

例　二

2-乙炔基对二甲苯的合成[6,105]

$$\text{(112)}$$

　　将 HC≡CMgBr (6.0 mL, 0.5 mol/L 的 THF 溶液, 3.0 mmol) 和 ZnBr$_2$ (675 mg, 3.0 mmol) 的 THF 溶液混合，得到 HC≡CZnBr 溶液。向这个溶液里加入 2-碘对二甲苯 (464 mg, 2.0 mmol) 和 Pd(PPh$_3$)$_4$ (115 mg, 0.1 mmol)。生成的混合物在室温下搅拌 3 h 后，加入 NaCl 水溶液终止反应。用乙醚提取混合物，提取液用 Mg$_2$SO$_4$ 干燥。浓缩后的粗产物用硅胶柱色谱纯化 (己烷) 得到 2-乙炔基对二甲苯 (220 mg, 85 %)。

例　三

1-(邻甲苯基)环戊烯[55]

$$\text{(113)}$$

　　用注射器将 ZnCl$_2$ 溶液 (0.5 mol/L 的 THF 溶液, 3.15 mL, 1.6 mmol) 加入到 Schlenk 瓶中。然后，滴加 o-MeC$_6$H$_4$MgCl (1.0 mol/L 的 THF 溶液, 1.5 mL, 1.5 mmol)。所得混合物在室温下搅拌 20 min 后，加入 NMP (2.2 mL)。接着搅拌 5 min 后再加入 Pd(P^{t}Bu$_3$)$_2$ (10.2 mg, 0.020 mmol) 和 1-氯环戊烯 (158 mg, 1.0 mmol)。将反应混合物在 100 ℃ 的油浴里搅拌 2 h 后，冷却到室温。加入盐酸 (1.0 mol/L, 6 mL)，并用乙醚提取 (4 × 8 mL)。合并的有机相后依次用水洗 (5 × 10 mL)、MgSO$_4$ 干燥和浓缩。得到的粗产品经柱色谱纯化 (戊烷) 得无色液体 1-(邻甲苯基)环戊烯 (153 mg, 97%)。

例 四

(5E,7E)-十四碳-5,7-二烯的合成[151]

$$\text{(114)}$$

在 –78 ℃ 和搅拌下，向 (E)-1-辛烯基碘 (1.85 g, 7.5 mmol) 的乙醚 (2 mL) 溶液里加入叔丁基锂 (8.5 mL, 1.76 mol/L, 15 mmol)。所得混合物在 –78 ℃ 搅拌 1 h 后，再在室温下搅拌 1 h。蒸干溶剂，残留物溶于 THF (5 mL)。将所得 (E)-1-辛烯基锂溶液加到无水 ZnCl₂ (1.02 g, 7.5 mmol) 的 THF (5 mL) 溶液里。室温搅拌 2 h 后，将所得溶液加入到 Pd(PPh₃)₄ (0.289 g, 0.25 mmol)，(E)-1-己烯基碘 (1.05 g, 5 mmol) 和 THF (1 mL) 的混合物中。补加 THF 使溶液总体积达 10 mL。所得的混合物在室温下搅拌 1 h 后，加入 1 mol/L 盐酸终止反应。GLC 分析表明 (5E,7E)-十四碳-5,7-二烯的产率为 95%。

例 五

2-[2-(5-氯-1-二氢茚基)乙基]-[1,3]二氧戊环的合成[69]

$$\text{(115)}$$

在一个玻璃容器 (4 mL) 内加入 (DME)NiBr₂ (35.3 mg, 0.100 mmol)，(S)-(i-Pr)-Pybox (39.2 mg, 0.130 mmol)，(±)-1-溴-5-氯二氢化茚 (232 mg, 1.00 mmol) 和 DMA (1.75 mL)。所得橘黄色混合物放置 15 min 后冷至 0 ℃，一次加入锌试剂 (约 1.6 mol/L 的 DMA 溶液, 1.0 mL, 1.6 mmol)。这时，原来的多相体系迅速变成清亮的棕红色溶液。反应混合物在 0 ℃ 搅拌 24 h 后，加入乙醇 (0.3 mL) 破坏过量的锌试剂。所得橘黄色液体经柱色谱纯化 (8% 乙酸乙酯-己烷)，得到无色油状液体。两次实验产率和对映选择性分别为 210 mg (83%, 91% ee) 和 204 mg (81%, 91% ee)。

7 参考文献

[1]   Negishi, E.-i.; Baba, S. *J. Chem. Soc., Chem. Comm.* **1976**, 596.

[2]   Baba, S.; Negishi, E.-i. *J. Am. Chem. Soc.* **1976**, *98*, 6729.

[3]   Negishi, E.-i.; King, A. O.; Okudado, N. *J. Org. Chem.* **1977**, *42*, 1821.

[4]   King, A. O.; Okukado, N.; Negishi, E.-i. *J. Chem. Soc., Chem. Commun.* **1977**, 683.

[5]   Kürti, L.; Czakó, B. *Strategic Applications of Named Reactions in Organic Synthesis.* Academic Press: Amsterdam, **2005**.

[6]   de Meijere, A.; Diederich, F. Eds., *Metal-Catalyzed Cross-Coupling Reactions.* 2nd ed. Wiley-VCH: Weinheim, **2004**.

[7]   Negishi, E.-i.; de Meijere, Eds. *A Handbook of Organopalladium Chemistry for Organic Synthesis.* John Wiley & Sons: New York, **2002**.

[8]   Tamao, K.; Sumitani, K.; Kumada, M. *J. Am. Chem. Soc.* **1972**, *94*, 4374.

[9]   Corriu, R. J. P.; Masse, J. P. *J. Chem. Soc., Chem. Comm.* **1972**, 144.

[10]   Negishi, E.-i. *J. Organomet. Chem.* **2002**, *653*, 34.

[11]   Negishi, E.-i.; Hu, Q.; Huang, Z.; Qian, M.; Wang, G. *Aldrichimica Acta* **2005**, *38*, 71.

[12]   *J. Chem. Soc., Perkin Trans. 1* **2001**, 9-xi.

[13]   Negishi, E.-i.; Anastasia, L. *Chem. Rev.* **2003**, *103,* 1979.

[14]   Phapale, V. B.; Cárdenas, D. J. *Chem. Soc. Rev.* **2009**, *38*, 1598.

[15]   Anderson, T. J.; Jones, G. D.; Vicic, D. A. *J. Am. Chem. Soc.* **2004**, *126*, 8100.

[16]   Jones, G. D.; Martin, J. L.; McFarland, C.; Allen, O. R.; Hall, R. E.; Haley, A. D.; Brandon, R. J.; Konovalova, T.; Desrochers, P. J.; Pulay, P.; Vicic, D. A. *J. Am. Chem. Soc.* **2006**, *128*, 13175.

[17]   Rappoport, Z.; Marek, I. Eds. *The Chemistry of Organozinc Compounds.* John Wiley & Sons: Chichester, **2006**.

[18]   Terao, J.; Todo, H.; Watanabe, H.; Ikumi, A.; Kambe, N. *Angew. Chem., Int. Ed.* **2004**, *43*, 6180.

[19]   Organ, M. G.; Avola, S.; Dubovyk, I.; Hadei, N.; Assen, E.; Kantchev, B.; O'Brien, C. J.; Valente, C. *Chem. Eur. J.* **2006**, *12*, 4749.

[20]   Li, B.-J.; Li, Y.-Z.; Lu, X.-Y.; Liu, J.; Guan, B.-T.; Shi, Z.-J. *Angew. Chem., Int. Ed.* **2008**, *47*, 10124.

[21]   Alves, D.; Schumacher, R. F.; Brandão, R.; Nogueira, C. W.; Zeni, G. *Synlett* **2006**, 1035.

[22]   Baba, Y.; Toshimitsu, A.; Matsubara, S. *Synlett* **2008**, 2061.

[23]   Knochel, P.; Jones, P. Eds. *Organozinc Reagents: A Practical Approach* Oxford University Press: New York, **1999**.

[24]   Tucker, C. E.; Majid, T. N.; Knochel, P. *J. Am. Chem. Soc.* **1992**, *114*, 3983.

[25]   Dong, Z.; Manolikakes, G.; Li, J.; Knochel, P. *Synthesis* **2009**, 681.

[26]   Huo, S. *Org. Lett.* **2003**, *5*, 423.

[27]   Jubert, C.; Knochel, P. *J. Org. Chem.* **1992**, *57*, 5425.

[28]   Sase, S.; Jaric, M.; Metzger, A.; Malakhov, V.; Knochel, P. *J. Org. Chem.* **2008**, *73*, 7380.

[29]   Ikegami, R.; Koresawa, A.; Shibata, T.; Takagi, K. *J. Org. Chem.* **2003**, *68*, 2195.

[30]   Kim, S.-H.; Slocum, T. B.; Rieke, R. D. *Synthesis* **2009**, 3823.

[31]   Kazmierski, I.; Gosmini, C.; Paris, J.-M.; Périchon, J. *Synlett* **2006**, 881.

[32]   Boudet, N.; Sase, S.; Sinha, P.; Liu, C.-Y.; Krasovskiy, A.; Knochel, P. *J. Am. Chem. Soc.* **2007**, *129*, 12358.

[33]   Vettel, S.; Vaupal, A.; Knochel, P. *J. Org. Chem.* **1996**, *61*, 7473.

[34] Klement, I.; Chau, K.; Cahiez, G.; Knochel, P. *Tetrahedron Lett.* **1994**, *35*, 1177.

[35] Kneisel, F. F.; Dochnahl, M.; Knochel, P. *Angew. Chem., Int. Ed.* **2004**, *43*, 1017.

[36] Langer, F.; Waas, J.; Knochel, P. *Tetrahedron Lett.* **1993**, *34*, 5261.

[37] Langer, F.; Schwink, L.; Devasagayaraj, A.; Chavant, P.-Y.; Knochel, P. *J. Org. Chem.* **1996**, *61*, 8229.

[38] Boudier, A.; Flachsmann, F.; Knochel, P. *Synlett* **1998**, 1438.

[39] Hupe, E.; Knochel, P. *Org. Lett.* **2001**, *3*, 127.

[40] Micouin, L.; Oestreich, M.; Knochel, P. *Angew. Chem., Int. Ed.* **1997**, *36*, 245.

[41] Hupe, E.; Calaza, M. I.; Knochel, P. *Chem. Eur. J.* **2003**, *9*, 2789.

[42] Hlavinka, M. L.; Hagadorn, J. R. *Tetrahedron Lett.* **2006**, *47*, 5049.

[43] Wunderlich, S. H.; Knochel, P. *Angew. Chem., Int. Ed.* **2007**, *46*, 7685.

[44] Stadtmüller, H.; Tucker, C. E.; Vaupel, A.; Knochel, P. *Tetrahedron Lett.* **1993**, *34*, 7911.

[45] Vaupel, A.; Knochel, P. *Tetrahedron Lett.* **1994**, *35*, 8349.

[46] Stüdemann, T.; Knochel, P. *Angew. Chem., Int. Ed.* **1997**, *36*, 93.

[47] Nakamura, M.; Ito, S.; Matsuo, K.; Nakamura, E. *Synlett* **2005**, 1794.

[48] Czaplik, W. M.; Mayer, M.; Cvengroš, J.; von Wangelin, A. J. *ChemSusChem* **2009**, *2*, 396.

[49] Reddy, C. K.; Knochel, P. *Angew. Chem., Int. Ed.* **1996**, *35*, 1700.

[50] Avedissian, H.; Bérillon, L.; Cahiez, G.; Knochel, P. *Tetrahedron Lett.* **1998**, *39*, 6163.

[51] Ejiri, S.; Odo, S.; Takahashi, H.; Nishimura, Y.; Gotoh, K.; Nishihara, Y.; Takagi, K. *Org. Lett.* **2010**, *12*, 1692.

[52] Takahashi, H.; Inagaki, S.; Nishihara, Y.; Shibata, T.; Takagi, K. *Org. Lett.* **2006**, *8*, 3037.

[53] Takahashi, H.; Inagaki, S.; Yoshii, N.; Gao, F.; Nishihara, Y.; Takagi, K. *J. Org. Chem.* **2009**, *74*, 2794.

[54] Knochel, P. ed. *Handbook of Functionalized Organometallics: Application in Synthesis* Wiley-VCH, Weinheim, **2005**.

[55] Dai, C.; Fu, G. C. *J. Am. Chem. Soc.* **2001**, *123*, 2719.

[56] Zeng, X.; Qian, M.; Hu, Q.; Negishi, E.-i. *Angew. Chem., Int. Ed.* **2004**, *43*, 2259.

[57] Fu, G. C. *Acc. Chem. Res.* **2008**, *41*, 1555.

[58] Zhou, J.; Fu, G. C. *J. Am. Chem. Soc.* **2003**, *125*, 12527.

[59] Milne, J. E.; Buchwald, S. L. *J. Am. Chem. Soc.* **2004**, *126*, 13028.

[60] Han, C.; Buchwald, S. L. *J. Am. Chem. Soc.* **2009**, *131*, 7532.

[61] Hama, T.; Culkin, D. A.; Hartwig, J. F. *J. Am. Chem. Soc.* **2006**, *128*, 4976.

[62] Huang, Z.; Qian, M.; Babinski, D. J.; Negishi, E.-i. *Organometallics* **2005**, *24*, 475.

[63] Kondolff, I.; Doucet, H.; Santelli, M. *Organometallics* **2006**, *25*, 5219.

[64] Kantchev, E. A. B.; O'Brien, C. J.; Organ, M. G. *Angew. Chem., Int. Ed.* **2007**, *46*, 2768.

[65] Hadei, N.; Kantchev, E. A. B.; O'Brien, C. J.; Organ, M. G. *Org. Lett.* **2005**, *7*, 3805.

[66] Çalimsiz, S.; Sayah, M.; Mallik, D.; Organ, M. G. *Angew. Chem., Int. Ed.* **2010**, *49*, 2014.

[67] Zhou, J.; Fu, G. C. *J. Am. Chem. Soc.* **2003**, *125*, 14726.

[68] Fischer, C. ; Fu, G. C. *J. Am. Chem. Soc.* **2005**, *127*, 4594.

[69] Arp, F. O.; Fu, G. C. *J. Am. Chem. Soc.* **2005**, *127*, 10482.

[70] Gong, H.; Sinisi, R.; Gagne, M. R. *J. Am. Chem. Soc.* **2007**, *129*, 1908.

[71] Son, S.; Fu, G. C. *J. Am. Chem. Soc.* **2008**, *130*, 2756.

[72] Smith, S. W.; Fu, G. C. *J. Am. Chem. Soc.* **2008**, *130*, 12645.

[73] Anderson, T. J.; Jones, G. D.; Vicic, D. A. *J. Am. Chem. Soc.* **2004**, *126*, 8100.

[74] Terao, J.; Watanabe, H.; Ikumi, A.; Kuniyasu, H.; Kambe, N. *J. Am. Chem. Soc.* **2002**, *124*, 4222.

[75] Phapale, V. B.; Guisán-Ceinos, M.; Buñuel, E.; Cárdenas, D. J. *Chem. Eur. J.* **2009**, *15*, 12681.

[76] Gavryushin, A.; Kofink, C.; Manolikakes, G.; Knochel, P. *Org. Lett.* **2005**, *7*, 4871.

[77] Gavryushin, A.; Kofink, C.; Manolikakes, G.; Knochel, P. *Tetrahedron* **2006**, *62*, 7521.

[78]   Herrmann, W. A.; Böhm, V. P.W.; Reisinger, C.-P. *J. Organomet. Chem.* **1999**, *576*, 23.

[79]   Li, G. Y. *J. Org. Chem.* **2002**, *67*, 3643.

[80]   Xi, Z.; Zhou, Y.; Chen, W. *J. Org. Chem.* **2008**, *73*, 8497.

[81]   Zhang, C.; Wang, Z.-X. *Organometallics* **2009**, *28*, 6507.

[82]   Wang, L.; Wang, Z.-X. *Org. Lett.* **2007**, *9*, 4335.

[83]   Wang, H.; Liu, J.; Deng, Y.; Min, T.; Yu, G.; Wu, X.; Yang, Z.; Lei, A. *Chem. Eur. J.* **2009**, *15*, 1499.

[84]   Liu, J.; Deng, Y.; Wang, H.; Zhang, H.; Yu, G.; Wu, B.; Zhang, H.; Li, Q.; Marder, T. B.; Yang, Z.; Lei, A. *Org. Lett.* **2008**, 10, 2661.

[85]   Lipshutz, B. H.; Blomgren, P. A. *J. Am. Chem. Soc.* **1999**, *121*, 5819.

[86]   Lipshutz, B. H.; Frieman, B. A.; Lee, C.-T.; Lower, A.; Nihan, D. M.; Taft, B. R. *Chem. Asian J.* **2006**, *1*, 417.

[87]   Yin, L.; Liebscher, J. *Chem. Rev.* **2007**, *107*, 133.

[88]   Moore, L. R.; Vicic, D. A. *Chem. Asian J.* **2008**, *3*, 1046.

[89]   Shi, J.; Negishi, E.-i. *J. Organomet. Chem.* **2003**, *687*, 518.

[90]   Miller, J. A.; Farrell, R. P. *Tetrahedron Lett.* **1998**, *39*, 6441.

[91]   Lipshutz, B. H.; Blomgren, P. A.; Kim, S.-K. *Tetrahedron Lett.* **1999**, *40*, 197.

[92]   Krascsenicsová, K.; Walla, P.; Kasák, P.; Uray, G.; Kappe, C. O.; Putala, M. *Chem. Commun.* **2004**, 2606.

[93]   Walla, P.; Kappe, C. O. *Chem. Commun.* **2004**, 564.

[94]   Kienle, M.; Knochel, P. *Org. Lett.* **2010**, *12*, 2702.

[95]   Giovannini, R.; Knochel, P. *J. Am. Chem. Soc.* **1998**, *120*, 11186.

[96]   Jensen, A. E.; Dohle, W.; Knochel, P. *Tetrahedron* **2000**, *56*, 4197.

[97]   Netherton, M. R.; Fu, G. C. *Adv. Synth. Cat.* **2004**, *346*, 1525.

[98]   Achonduh, G. T.; Hadei, N.; Valente, C.; Avola, S.; O'Brien, C. J.; Organ, M. G. *Chem. Commun.* **2010**, 4109.

[99]   Genov, M.; Fuentes, B.; Espinet, P.; Pelaz, B. *Tetrahedron: Asymmetry* **2006**, *17*, 2593.

[100] Genov, M.; Almorín, A.; Espinet, P. *Tetrahedron: Asymmetry* **2007**, *18*, 625.

[101] Agrios, K. A.; Srebnik, M. *J. Organomet. Chem.* **1993**, *444*, 15.

[102] Kabir, M. S.; Monteb, A.; Cook, J. M. *Tetrahedron Lett.* **2007**, *48*, 7269.

[103] Ma, S.; Ren, H.; Wei, Q. *J. Am. Chem. Soc.* **2003**, 125, 4817.

[104] Zeng, X.; Hu, Q.; Qian, M.; Negishi, E.-i. *J. Am. Chem. Soc.* **2003**, *125*, 13636.

[105] Negishi, E.-i.; Kotora, M.; Xu, C. *J. Org. Chem.* **1997**, *62*, 8957.

[106] Rodríguez, D.; Castedo, L.; Saá, C. *Synlett* **2004**, 783.

[107] Sakamoto, T.; Shiga, F.; Yasuhara, A.; Uchiyama, D.; Kondo, Y.; Yamanaka, H. *Synthesis* **1992**, 746.

[108] Chen, Q.; He, Y. *Tetrahedron Lett.* **1987**, *28*, 2387.

[109] Novák, Z.; Kotschy, A. *Org. Lett.* **2003**, 5, 3495.

[110] Liu, F.; Negishi, E.-i. *J. Org. Chem.* **1997**, *62*, 8591.

[111] Sonoda, M.; Inaba, A.; Itahashi, K.; Tobe, Y. *Org. Lett.* **2001**, *3*, 2419.

[112] Negishi, E.-i.; Qian, M.; Zeng, F.; Anastasia, L.; Babinski, D. *Org. Lett.* **2003**, *5*, 1597.

[113] Abarbri, M.; Cintiat, J. C.; Parrain, J. L.; Duchêne, A. *Synthesis* **1996**, 82.

[114] Shi, J.-C.; Zeng, X.; Negishi, E.-i. *Org. Lett.* **2003**, *5*, 1825.

[115] Negishi, E.-i.; Ay, M.; Gulevich, Y. V.; Noda, Y. *Tetrahedron Lett.* **1993**, *34*, 1437.

[116] Tellier, F.; Sauvtre, R.; Normant, J.-F. *Tetrahedron Lett.* **1986**, *27*, 3147.

[117] Negishi, E.-i.; Tan, Z.; Liou, S.-Y.; Liao, B. *Tetrahedron* **2000**, *56*, 10197.

[118] Rossi, R.; Bellina, F.; Bechini, C.; Mannina, L.; Vergamini, P. *Tetrahedron* **1998**, *54*, 135.

[119] Andreini, B. P.; Carpita, A.; Rossi, R.; Scamuzzi, B. *Tetrahedron* **1989**, *45*, 5621.

[120] Shi, J.; Zeng, X.; Negishi, E.-i. *Org. Lett.* **2003**, *5*, 1825.

[121] Negishi, E.-i.; Liu, F.; Choueiry, D.; Mohamud, M. M.; Silveira Jr., A.; Reeves, M. *J. Org. Chem.* **1996**, *61*, 8325.

[122] Bellina, F.; Ciucci, D.; Rossi, R.; Vergamini, P. *Tetrahedron* **1999**, *55*, 2103.

[123] Nicolaou, K. C.; Bulger, P. G.; Sarlah, D. *Angew. Chem., Int. Ed.* **2005**, *44*, 4442.

[124] Negishi, E.-i.; Huang, Z.; Wang, G.; Mohan, S.; Wang, C.; Hattori, H. *Acc. Chem. Soc.* **2008**, *41*, 1474.

[125] Dutheuil, G.; Paturel, C.; Lei, X.; Couve-Bonnaire, S.; Pannecoucke, X. *J. Org. Chem.* **2006**, *71*, 4316.

[126] Su, M.; Kang, Y.; Yu, W.; Hua, Z.; Jin, Z. *Org. Lett.* **2002**, *4*, 691.

[127] Negishi, E.-i. *J. Organomet. Chem.* **1999**, *576*, 179.

[128] Bonazzi, S.; Eidam, O.; Güttinger, S.; Wach, J.-Y.; Zemp, I.; Kutay, U.; Gademann, K. *J. Am. Chem. Soc.* **2010**, *132*, 1432.

[129] Giovannini, R.; Stüdemann, T.; Devasagayaraj, A.; Dussin, G.; Knochel, P. *J. Org. Chem.* **1999**, *64*, 3544.

[130] Jensen, A. E.; Knochel, P. *J. Org. Chem.* **2002**, *67*, 79.

[131] Lipshutz, B. H. *Adv. Synth. Catal.* **2001**, *343*, 313.

[132] Manolikakes, G.; Dong, Z.; Mayr, H.; Li, J.; Knochel, P. *Chem. Eur. J.* **2009**, *15*, 1324.

[133] Schade, M. A.; Metzger, A.; Hug, S.; Knochel, P. *Chem. Commun.* **2008**, 3046.

[134] Thaler1, T.; Haag1, B.; Gavryushin, A.; Schober, K.; Hartmann, E.; Gschwind, R. M.; Zipse, H.; Mayer, P.; Knochel, P. *Nature Chem.* **2010**, *2*, 125.

[135] Wang, C.; Tobrman, T.; Xu, Z.; Negishi, E.-i. *Org. Lett.* **2009**, *11*, 4092.

[136] Albrecht, D.; Bach, T. *Synlett* **2007**, 1557.

[137] Tan, Z.; Negishi, E.-i. *Angew. Chem., Int. Ed.* **2006**, *45*, 762.

[138] Hatakeyama, T.; Nakagawa, N.; Nakamura, M. *Org. Lett.* **2009**, *11*, 4496.

[139] Johnson, J. B.; Rovis, T. *Acc. Chem. Res.* **2008**, *41*, 327.

[140] Kalinin, A. V.; da Silva, A. J. M.; Lopes, C. C.; Lopes, C.; Snieckus, V. *Tetrahedron Lett.* **1998**, *39*, 4995.

[141] Iwai, T.; Nakai, T.; Mihara, M.; Ito, T.; Mizuno, T.; Ohno, T. *Synlett* **2009**, 1091.

[142] Boudier, A.; Knochel, P. *Tetrahedron Lett.* **1999**, *40*, 687.

[143] Wang, D.; Zhang, Z. *Org. Lett.* **2003**, *5*, 4645.

[144] Cook, M. J.; Rovis, T. *J. Am. Chem. Soc.* **2007**, *129*, 9302.

[145] Johnson, J. B.; Yu, R. T.; Fink, P.; Bercot, E. A.; Rovis, T. *Org. Lett.* **2006**, *8*, 4307.

[146] Drouet, K. E.; Theodorakis, E. A. *J. Am. Chem. Soc.* **1999**, *121*, 456.

[147] Drouet, K. E.; Theodorakis, E. A. *Chem. Eur J.* **2000**, *6*, 1987.

[148] Suh, Y.-G.; Kim, S.-A.; Jung, J.-K.; Shin, D.-Y.; Min, K.-H.; Koo, B.-A.; Kim, H.-S. *Angew. Chem., Int. Ed.* **1999**, *38*, 3545.

[149] Nolasco, L.; Pérez-González, M.; Caggiano, L.; Jackson, R. F. W. *J. Org. Chem.* **2009**, *74*, 8280.

[150] Pérez-González, M.; Jackson, R. F. W. *Chem. Commun.* **2000**, 2423.

[151] Negishi, E.-i.; Takahashi, T.; Baba, S.; van Horn, D. E.; Okukado, N. *J. Am. Chem. Soc.* **1987**, *109*, 2393.

索　引